高职高专系列教材

机 械 工 程 基 础

主　编　李纯彬　刘静香
参　编　王　伟　程鹏飞　付　靖

机 械 工 业 出 版 社

本书是根据高职高专教育的特点，以生产实际所需的基本知识、基本理论、基本技能为基础，遵循“以应用为目的，以必需、够用为度”的原则而编写的。全书主要包括机械工程材料、工程力学、机械传动、公差与配合、液压传动、机械制造六部分内容，共12章。全书涉及内容广泛，但各章相互联系紧密，因而形成了一个有机的整体。

本书主要作为高职、高专及成人高校非机械类专业的机械工程基础教材，可供多数专业使用，也可供工厂技术管理人员参考。

本书配有电子课件，可登录机械工业出版社教材服务网 www.cmpedu.com 下载，或发送电子邮件至 cmpgaozhi@sina.com 索取。咨询电话：010-88379375。

图书在版编目（CIP）数据

机械工程基础/李纯彬，刘静香主编．—北京：机械工业出版社，2013.4（2023.6重印）
高职高专系列教材
ISBN 978-7-111-43239-5

Ⅰ.①机… Ⅱ.①李…②刘… Ⅲ.①机械工程-高等职业教育-教材 Ⅳ.①TH

中国版本图书馆CIP数据核字（2013）第154518号

机械工业出版社（北京市百万庄大街22号 邮政编码100037）
策划编辑：王海峰 责任编辑：王英杰 王海峰 安桂芳
版式设计：常天培 责任校对：陈秀丽
封面设计：鞠 杨 责任印制：任维东
北京富博印刷有限公司印刷
2023年6月第1版·第16次印刷
184mm×260mm·21印张·515千字
标准书号：ISBN 978-7-111-43239-5
定价：58.00元

电话服务
客服电话：010-88361066
010-88379833
010-68326294

网络服务
机 工 官 网：www.cmpbook.com
机 工 官 博：weibo.com/cmp1952
金 书 网：www.golden-book.com
机工教育服务网：www.cmpedu.com

前言

本书是根据高等职业技术教育非机械类专业的“机械基础课程教学基本要求”而编写的。鉴于非机械类种类繁多，其对机械基础知识的内容要求也不尽相同，因此，本书取材范围较广，以便能够适应多数专业的需要。全书主要包括机械工程材料、工程力学、机械传动、公差与配合、液压传动、机械制造六部分内容，共12章。全书涉及内容广泛，但各章相互联系紧密，因而形成了一个有机的整体。

本书基于高等职业教育的特点，按照“以应用为目的，以必需、够用为度，以讲清概念、强化应用为教学特点”的原则，精选教学内容；在保证基本知识和基本理论的前提下，摒弃了比较繁琐的理论推导和复杂的计算；以简明为宗旨，结合工程应用实例，突出了实用性和综合性，注重对学生基本技能的训练和综合能力的培养。

本书采用最新颁布的国家标准和行业标准；充分重视了新材料、新工艺、新技术等方面的基本知识的引入，书中图文对照，插图多使用立体图、结构示意图，简明易懂；各章均附有习题，便于学生思考和练习，从而加深对课程内容的理解。

在本书编写过程中，参考了一些相关教材，学习、汲取了同行的教研成果，并从中引用了一些例题、习题和图表，在此表示衷心的感谢！

本书主要作为高职、高专及成人高校非机械类专业的机械工程基础教材，可供多数专业使用，也可供工厂技术管理人员参考。

本书由河南机电高等专科学校教师编写和审稿，李纯彬副教授、刘静香副教授担任主编并统稿；徐起贺教授任主审。

本书编写分工为：绪论，第一章、第十一章、第十二章由李纯彬编写，第二章、第三章、第四章由刘静香编写，第五章、第十章由王伟编写，第六章、第七章由程鹏飞编写，第八章、第九章由付靖编写。

限于编者的水平，书中难免有不当或错漏之处，恳请读者批评指正。

编　者

目　录

绪　论

第一节　机械的概念与组成

机械是人类在长期生产和生活实践中创造出来的重要劳动工具。它用以减轻人的劳动强度，改善劳动条件，提高劳动生产率和产品质量，帮助人类创造更多的社会财富，丰富人类的物质文化生活。随着科学技术的飞速发展，使用机械进行生产的水平已经成为衡量一个国家技术水平和现代化程度的重要标志之一。

机械是机器和机构的总称。机器的种类很多，在生产中，常见的机器有汽车、内燃机、电动机、各种机床、机器人等；在日常生活中，常用的机器有缝纫机、洗衣机、电风扇等。虽然它们的结构和用途各不相同，但却有共同的特征。

一、机器的特征

图 0-1 所示为单缸四冲程内燃机，它由气缸体 1、曲轴 2、连杆 3、活塞 4、进气阀 5、排气阀 6、推杆 7、凸轮 8 和齿轮 9、10 组成。当燃气推动活塞 4 作往复移动时，通过连杆 3 使曲轴 2 作连续转动，从而将燃气产生的热能转换为曲柄转动的机械能。齿轮、凸轮和推杆的作用是按一定的运动规律按时开闭阀门，以吸入燃气和排出废气。

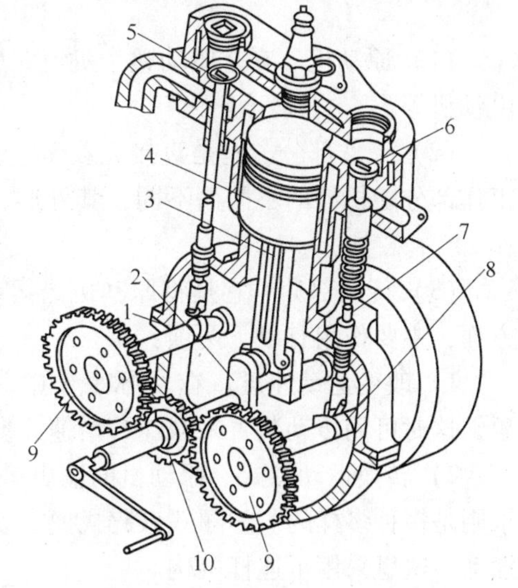

图 0-1　单缸四冲程内燃机
1—气缸体　2—曲轴　3—连杆　4—活塞
5—进气阀　6—排气阀　7—推杆　8—凸轮
9、10—齿轮

图 0-2 所示为颚式破碎机，它由电动机 1、带轮 2 和 4、V 带 3、偏心轴 5、动颚 6、定颚 7、肘板 8 及机架 9 等组成。当电动机通过 V 带驱动带轮转动时，偏心轴则绕轴线转动，使动颚作平面运动，轧碎动颚与定颚之间的物料，从而做有用的机械功。

由以上两个实例可以看出，机器具有以下共同的特征：

1）它们都是人为的多个实物组合体。

2）组成机器的各部分之间具有确定的相对运动。

3）它们被用来代替或减轻人的劳动强度，完成机械功或转换机械能。

凡同时具有以上三个特征的实物组合体称为机器。仅具有前两个特征的称为机构。

机器通常由若干个机构所组成。在内燃机中，就有曲柄滑块机构、齿轮机构、凸轮机构等。最简单的机器只含有一个机构，如电动机和鼓风机。从运动的观点看，机器与机构并无差异，其区别仅在于机构只能用来传递运动和动力或改变运动形式，而机器却能完成有用的机械功或能量转换。

二、机器的组成

按照机器各部分实物体功能的不同，一部完整的机器，通常都是由原动机、工作部分、传动部分三个主要部分以及辅助系统和控制系统组成的。

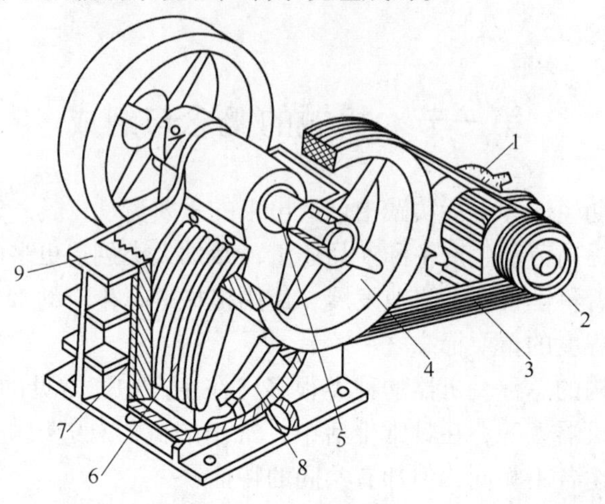

图 0-2　颚式破碎机

1—电动机　2、4—带轮　3—V 带　5—偏心轴
6—动颚　7—定颚　8—肘板　9—机架

（1）原动机　它是驱动整个机器完成预定功能的动力源，如图 0-1、图 0-2 中的内燃机、电动机等。

（2）工作部分　它是直接完成工艺动作的部分，如颚式破碎机中的动颚和定颚。通常工作部分随机器的不同而不同，其外形、性能、结构和尺寸等主要取决于工艺要求和工艺动作。

（3）传动部分　它是将原动机的运动和动力传递给工作部分的中间环节。在传递运动方面，主要作用有以下两项：

1）改变运动速度。在实际工作中，常存在着工作部分和原动机之间的速度不协调现象，这时可用传动装置来减速、增速或变速。

2）转换运动形式。原动机的输出运动一般是转动，而工作部分的运动形式根据工艺要求则是多种多样的。如颚式破碎机要求动颚作复杂的运动，要把电动机的转动转换为动颚的摆动，这里采用了连杆机构。

常用的传动部分有机械传动、电气传动、液压传动，其中机械传动应用最为广泛。机械传动通常由各种机构（如齿轮机构、连杆机构、凸轮机构等）和各种零件（如带—带轮、链—链轮、轴—轴承等）组成。

三、构件和零件

所谓构件是指机构的基本运动单元。构件可以是一个零件，如图 0-3a 所示的曲轴；也可由若干相互无相对运动的零件所组成，如图 0-3b 所示的内燃机连杆，它是由连杆体、连杆盖、螺栓、螺母等多个零件所组成的。

零件是制造单元。机械中的零件可以分为两类，一类称为通用零件，它在各类机械中都能遇到，如齿轮、螺栓、螺母、轴等；另一类称为专用零件，仅在某些专门行业中才用到的零件，如内燃机的活塞与曲轴、汽轮机的叶片、机床的床身等。

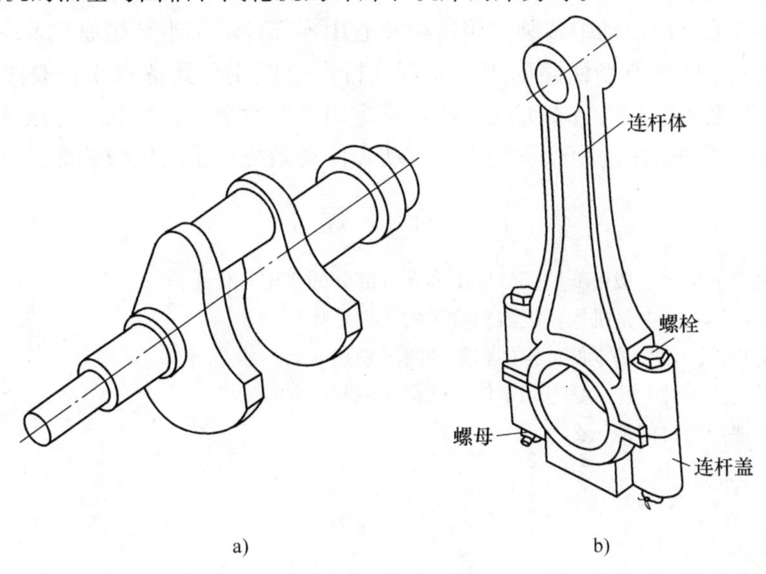

图 0-3　构件与零件
a）曲轴　b）内燃机连杆

第二节　本课程的内容、性质和任务

一、本课程的内容

本课程的主要内容分为以下六部分。

第一部分：主要介绍机械常用工程材料的力学性能和工艺性能；钢的常用热处理方法及其应用；钢铁材料；非铁金属与粉末冶金材料；非金属材料。

第二部分：主要介绍构件的受力分析、力系的简化和构件的平衡条件，以及构件在外力作用下的变形、受力和破坏规律，强度（抵抗破坏能力）和刚度（抵抗变形能力）计算的方法。

第三部分：主要介绍常用机构、机械传动的工作原理、特点、应用，以及连接与轴系零部件的结构、特点、标准及其应用。

第四部分：主要介绍光滑圆柱形结合的公差与配合，几何公差，表面粗糙度的基本知识及其应用。

第五部分：主要介绍液压传动常用元件及典型基本回路的工作原理、特点及应用。

第六部分：主要介绍毛坯的生产与选择、金属切削加工与机械装配的方法和特点及应用。

二、本课程的性质和任务

本课程是一门重要的专业基础课，理论性、实践性比较强，是后续专业课程学习的重要技术基础，是近机类、非机类专业的主干基础课程之一。本课程在教学中具有承上启下的作用，是工程技术人员的必修课程。

通过本课程的学习，学生应了解金属材料的性能、钢的常用热处理的基本知识、工业常用材料及其选择；掌握物体的受力分析与平衡条件及计算，掌握物体在承载的情况下，其基本变形的强度和刚度计算；了解互换性、尺寸公差与配合、几何公差、表面粗糙度等基本知识及其应用；熟悉机械传动中各种常用机构和通用零部件的基本结构原理及应用；初步掌握液压传动中常用元件及典型回路的工作原理、特点及应用，具备阅读一般液压系统图的能力；了解和掌握毛坯生产的基本方法、特点及应用；熟悉金属切削加工方法的工艺特点，熟悉几种典型通用切削机床的用途、组成、运动和传动系统；了解机械装配的基本方法。

习　题

0-1　一部完整的机器一般由哪些部分所组成？各部分的作用是什么？

0-2　什么是机器？什么是机构？机器和机构的区别是什么？

0-3　什么是构件？什么是零件？构件和零件的区别是什么？

0-4　什么是通用零件？什么是专用零件？试举例说明。

0-5　学习本课程的目的是什么？

第一章　机械常用工程材料及钢的热处理

第一节　金属材料的性能

金属材料是现代工业中最重要的一种工程材料，广泛用于工农业和国防工业等部门。为了合理地使用金属材料，必须了解和熟悉金属材料的性能。金属材料的性能包括使用性能和工艺性能，使用性能是指金属材料在使用过程中所表现出来的性能，包括力学性能、物理性能、化学性能；工艺性能是指金属材料在各种加工过程中所表现出来的性能，包括铸造性能、锻造性能、热处理性能和切削性能等。选用金属材料时通常是以力学性能的指标作为主要依据。

一、金属材料的力学性能

金属材料抵抗不同性质载荷的能力称为金属材料的力学性能，过去常称为机械性能。它的主要指标是强度、塑性、硬度、冲击吸收能量和疲劳强度等。上述指标既是选用材料的重要依据，又是控制、检验材料质量的重要参数。

1. 强度和塑性

强度是指材料在载荷（外力）作用下抵抗塑性变形和破坏的能力。抵抗外力的能力越大，则强度越高。根据受力情况不同，材料的强度可分为抗拉强度、抗压强度、抗弯强度、抗扭强度和抗剪强度等。常用的强度指标为静拉伸试验条件下，材料抵抗塑性变形能力的屈服强度 R_{eH}、R_{eL}和抵抗破坏能力的抗拉强度 R_m。

塑性是材料产生塑性变形的能力，其指标为伸长率 A 和断面收缩率 Z。A 和 Z 值越大，材料的塑性越好。伸长率 A 是指材料受拉断裂时，一定长度的绝对伸长量与原有长度的百分比。详见第三章第二节的相关内容。

2. 硬度

硬度是指金属材料抵抗比它更硬物体压入其表面的能力，即抵抗局部塑性变形的能力。它是金属材料的重要性能之一，也是检验工模具和机械零件质量的一项重要指标。由于测定硬度的试验设备比较简单，操作方便、迅速，又属无损检验，故在生产上和科研中应用都十分广泛。

测定硬度的方法比较多，常用的方法是压入法，它是用一定的静载荷（压力）把压头压在金属表面上，然后通过测定压痕的面积或深度来确定其硬度。常用硬度试验方法有布氏硬度和洛氏硬度。

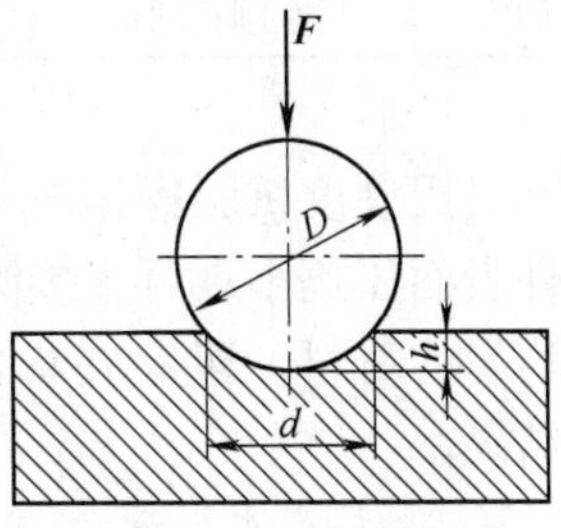

（1）布氏硬度　布氏硬度试验法是用一定直径为 D 的硬质合金球，在规定试验力 F 的作用下，压入被测试金属的表面（图 1-1），停留一定时间后卸除载荷，测量被测金属表面上所形成的压痕直径 d，由此计算压痕的球缺面积 S，然后再求出压痕

图 1-1　布氏硬度试验原理示意图

的单位面积所承受的平均压力（F/S），以此作为被测试金属的布氏硬度值。

布氏硬度用符号 HBW 表示，习惯上只写硬度的数值而不标出单位。一般硬度符号 HBW 前面的数值为硬度值，符号后面数值表示试验条件的指标，依次表示球体直径、试验力大小及试验力保持时间（保持时间为 10～15s 时不标注）。例如，600HBW1/30/20 表示用直径 1mm 的硬质合金球，在 294N（30kgf = 294N）试验力作用下保持 20s，测得的布氏硬度值为 600。

当试验力 F 与球体直径 D 选定时，硬度值只与压痕直径 d 有关。d 越大，则布氏硬度值越小；反之，d 越小，硬度值越大。实际测试时，用刻度放大镜测出压痕直径 d，然后根据 d 值查表，即可求得所测的硬度值。

布氏硬度多适用于测定未经淬火的各种钢、灰铸铁和非铁金属及合金的硬度。对于硬度 >650HBW 的金属材料不适用。由于布氏硬度试验法压痕面积大，故测量精度较高且试验数据稳定，但不宜用于较薄的零件及成品零件的硬度检查。

（2）洛氏硬度　洛氏硬度试验与布氏硬度试验一样，也是一种压入硬度试验。但它不是测量压痕面积，而是测量压痕深度，以深度大小表示材料的硬度值。

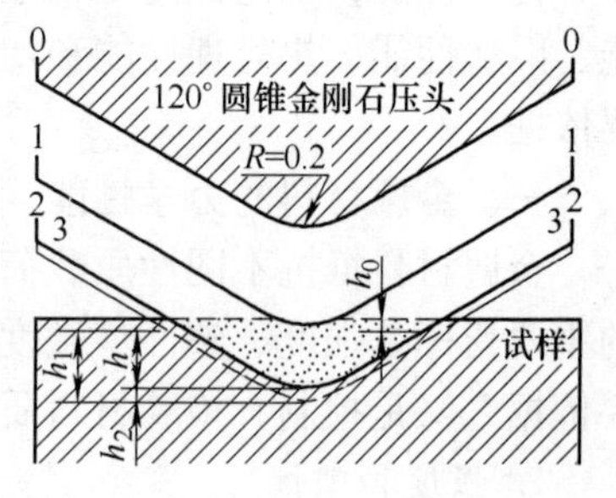

图 1-2　洛氏硬度实验原理图

洛氏硬度试验原理如图 1-2 所示，它是以圆锥角为 120° 的金刚石圆锥体或一定直径的钢球或硬质合金球为压头，在规定试验力作用下压入被测金属材料的表面，由压头在金属表面所形成的压痕深度来确定其硬度值。在相同的试验条件下，压痕深度越小，则材料的硬度值越高。

实际测量时，为了减少因材料（试样）表面不平引起的误差，应先加初载荷，后加主载荷，并可在洛氏硬度试验机的刻度盘上，直接读出硬度值。

根据被测材料，选用的压头类型和载荷的不同，常用的洛氏硬度有 HRA、HRB、HRC 三种，它们的试验条件和应用范围见表 1-1。其中以 HRC 应用最广。

表 1-1　常用洛氏硬度的试验条件和应用范围

硬度符号	所用压头	测量范围（硬度）	总试验力 /N	应用举例
HRA	金刚石圆锥	20～88	588.4	碳化物、硬质合金、淬火工具钢、深层表面硬化钢
HRB	直径为 1.587 5mm 钢球	20～100	980.7	软钢、铜合金、铝合金
HRC	金刚石圆锥	20～70	1 471	淬火钢、调质钢、深层表面硬化钢

洛氏硬度试验操作简单迅速，可直接从表盘上读出硬度值。它没有单位，测量范围大，试件表面压痕小；可直接测量成品或较薄工件的硬度。但由于压痕较小，对内部组织和硬度不均匀的材料，测量结果不够准确，故需在试件不同部位测定三点取其算术平均值来作为测量结果。

3. 冲击吸收能量

以上讨论的是静载荷下的力学性能指标，但机械设备中有很多零件要承受冲击载荷，如突然吃刀时的加工零件、压力机的冲头、锻锤的锤杆等。对于这些承受冲击载荷的零件，不仅要求有高的强度和一定的塑性，而且还要求有足够的冲击吸收能量。

冲击吸收能量是指在冲击载荷作用下，金属材料抵抗破坏的能力。为了评定金属材料的冲击吸收能量，需进行一次冲击试验，应用最普遍的是一次冲击试验。

一次冲击试验通常是在摆锤式冲击试验机上进行的，为了使试验结果有相互比较，所用试样必须标准化。按 GB/T 229—2007 规定，冲击试验标准试样有夏比 U 型缺口试样和夏比 V 型缺口试样两种。试验时，将按规定制作的标准冲击试样的缺口背向摆锤方向放在冲击试验机上支座 C 处（图 1-3），把质量为 m 的摆锤抬到 b_1 高度，使摆锤具有位能 mgh_1（g 为重力加速度）。然后释放摆锤，将试样冲断，并向另一方向升高到 h_2 高度，这时摆锤具有位能为 mgh_2。故摆锤冲断试样失去的位能为（$mgh_1 - mgh_2$），这就是试样变形和断裂所消耗的功，称为冲击吸收能量 K。即

$$K = mg(h_1 - h_2) \tag{1-1}$$

根据两种试样缺口形状不同，冲击吸收能量分别用 KU 和 KV 表示，单位为焦耳（J）。冲击吸收能量的值可从试验机的刻度盘上直接读得。

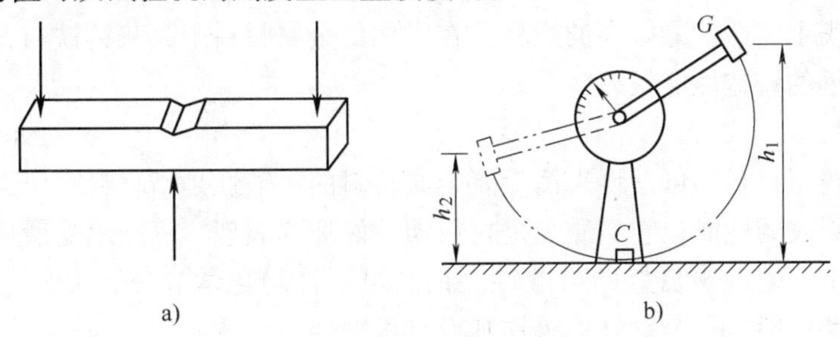

图 1-3 冲击试验原理图

a）冲击试样 b）冲击试验示意图

一般把冲击吸收能量值低的材料称为脆性材料，冲击吸收能量值高的材料称为韧性材料。脆性材料在断裂前无明显塑性变形，断口较平整、呈晶状或瓷状，有金属光泽；韧性材料在断裂前有明显的塑性变形，断口呈纤维状、无光泽。

4. *疲劳强度*

许多机械零件（如轴、齿轮、连杆、弹簧等）都是在交变应力（指大小和方向随时间作周期性变化）下工作的，零件工作时所承受的应力通常都低于材料的屈服强度。零件在这种交变载荷作用下，经过长时间工作也会发生破坏，通常这种破坏现象称为金属的疲劳断裂。

疲劳断裂与缓慢加载时破坏不同，无论是脆性材料，还是塑性材料，疲劳断裂时都不产生明显的塑性变形，断裂是突然发生的。因此，疲劳断裂具有很大的危险性，常造成严重事故。据统计，在损坏的机械零件中，大部分是由于疲劳断裂造成的。

工程上规定，材料经受无数次应力循环而不产生断裂的最大应力称为疲劳强度。通过试验可测得材料承受的交变应力 σ 和断裂前应力循环次数 N 之间的关系曲线，如图 1-4 所示。从曲线上可以看出，应力值越低，断裂前的应力循环次数越多，当应力降低到某一定值后，曲线与横坐标轴平行。这表明，当应力低于此值时，材料可经受无数次应力循环而不断裂。对称循环应力的疲劳强度用 σ_{-1} 表示。实践证明，当钢铁材料的应力循环次数达到 10^7 次

时，零件仍不断裂，则可将此时的最大应力作为它的疲劳强度。对于非铁合金和某些超高强度钢，工程上规定应力循环次数为10^8次时的最大应力作为它们的疲劳强度。

为提高零件的疲劳强度，可采取改善零件的结构形状、降低零件的表面粗糙度、提高表面加工质量和应用化学热处理、淬火等各种表面强化处理的方法。

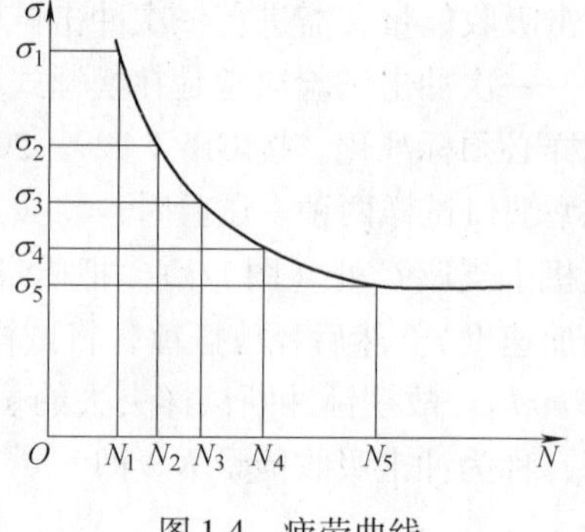

图1-4　疲劳曲线

二、金属材料的工艺性能

金属材料的工艺性能是指金属材料所具有的能够适应各种加工工艺要求的能力。工艺性能实质上是力学、物理、化学性能的综合表现。金属材料常用铸造、塑性加工、焊接和切削加工等方法制造成零件。各种加工方法对材料提出了不同的要求。

1. 铸造性能

铸造性能是指浇注铸件时，金属材料易于成形并获得优质铸件的性能。流动性、收缩率、偏析倾向是表示铸造性能好坏的指标。在常用的金属材料中，灰铸铁与青铜具有良好的铸造性能，而铸钢的铸造性能较差。

2. 锻造性能

锻造性能一般用材料的可锻性来衡量。金属材料的可锻性是指材料在压力加工时，能改变形状而不产生裂纹的性能。它实质上是材料塑性好坏的表现。钢能承受锻造、轧制、冷拉和挤压等变形加工，表现出良好的可锻性。钢的可锻性与化学成分有关，低碳钢的可锻性好，碳钢的可锻性一般较合金钢好，铸铁则没有可锻性。

3. 焊接性能

金属材料的焊接性是指材料在通常的焊接方法和焊接工艺条件下，能获得质量良好焊缝的性能。焊接性好的材料，易于用一般的焊接方法和加工工艺进行焊接，焊缝中不易产生气孔、夹渣或裂纹等缺陷，其强度与母材相近。焊接性差的材料要用特殊的方法和工艺进行焊接。因此，焊接性能影响金属材料的应用。在常用金属材料中，低碳钢具有良好的焊接性，高碳钢和铸铁的焊接性较差。

4. 切削加工性能

切削加工性能是指对工件材料进行切削加工的难易程度。金属材料的切削加工性能不仅与材料本身的化学成分、金相组织有关，还与刀具的几何形状等有关。通常，可根据材料的硬度和韧性，对材料的切削加工性作大致的判断。硬度过高或过低，韧性过大的材料，其切削性能较差。碳钢硬度为150~250HBW时，有较好的切削加工性。硬度过高，刀具寿命短甚至不能切削加工；硬度过低，不易断屑，容易粘刀，加工后的表面粗糙。灰铸铁具有良好的切削加工性能。

第二节　金属学基础

金属的性能主要取决于材料的化学成分和组织结构，化学成分不同其性能也不相同，即使相同成分的材料，当采用不同的热加工工艺或热处理后，由于其内部结构和组织状态的改变，性能也会有很大差异。因此，研究金属材料的结构及其组织状态，对生产、加工、使用现有材料和发展新型材料具有重要的意义。

一、金属及其合金的晶体结构与结晶

1. 纯金属的实际晶体结构

在自然界，除了少数固体物质属于非晶体外，大多数固态物质都是晶体。晶体是指其内部原子按一定几何规律作有规则的周期性排列的物质，如金刚石、石墨及一切固态的金属和合金。而非晶体内部的原子是无规则地堆积在一起，如松香、沥青、普通玻璃等。非晶体没有固定熔点，且具有各向同性。

当晶体内部原子排列的位向完全一致时称为单晶体（图1-5a）。而实际金属都是由许多结晶位向不同的单晶体组成的聚合体，称为多晶体，如图1-5b所示。每个小的单晶体称为晶粒，晶粒与晶粒之间的界面称为晶界。单晶体具有各向异性的特征，多晶体的性能是各不同方位单晶体的统计平均性能，因而显示出各向同性。

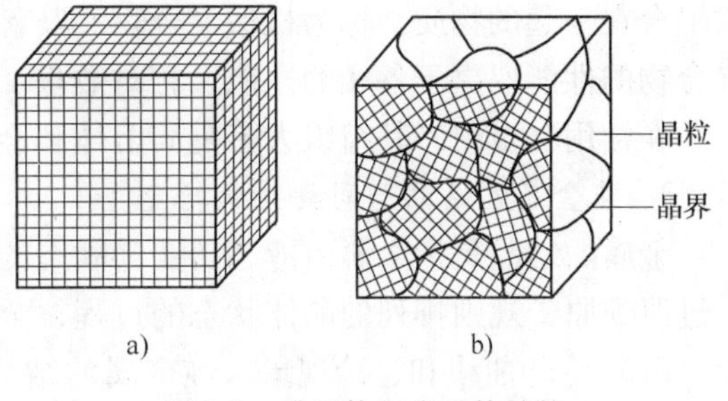

图1-5　单晶体与多晶体结构
a）单晶体　b）多晶体

金属晶体中的晶体缺陷、杂质、晶界等，对金属的性能往往有重大影响，如晶界的耐蚀性差、熔点低等。

2. 合金的晶体结构

纯金属一般都具有优良的导电性和导热性，但由于纯金属强度、硬度较低，无法满足生产中对金属材料的一些高性能要求，且纯金属提炼困难，价格较贵，所以在应用上受到一定的限制。因此，在实际生产中大量使用的金属材料，都是根据需要配制成的各种不同成分的合金，如碳钢、铸铁、合金钢、黄铜、硬铝等。

（1）合金的基本概念　合金是指由两种或两种以上的金属元素（或金属与非金属元素）组成的、具有金属特性的物质。例如，碳钢和铸铁是由铁和碳两种元素组成的合金；黄铜是由铜和锌组成的合金；硬铝是由铝、铜、镁等元素组成的合金等。

组成合金的最基本的、独立的物质称为组元。组元通常是纯元素，但也可以是稳定的化合物。根据组成合金组元数目的不同，合金可以分为二元合金、三元合金和多元合金等。例如，钢是由铁和碳组成的二元合金，黄铜是由铜和锌组成的二元合金等。

在合金中，把同一化学成分、同一晶体结构和物理性能相同，并与其他部分以界面分开的均匀组成部分称为相。不同相之间有明显的界面。越过界面，结构和性质会发生突变。组成合金的各组元相互作用而形成多种相，并以不同的数量、大小、形状互相搭配构成合金组织。合金的性能取决于它的组织，而组织的性能又首先取决于其组成相的性能，因此，由不同相组成的组织，具有不同的性能。为了了解合金的组织与性能，有必要首先了解构成合金组织的相及其性能。

（2）合金的相结构

1）固溶体。合金各组元在固态时具有互相溶解的能力，形成与某组元晶格类型相同的合金，称为固溶体。例如，钢中的铁素体就是碳在α-Fe中的固溶体；黄铜就是锌（溶质）原子溶于铜（溶剂）的晶格中而形成的固溶体。

固溶体虽然仍保持溶剂金属的晶格类型，但由于溶质与溶剂原子尺寸的差别，会造成晶格畸变（变形），从而提高合金的硬度和强度。通过溶入溶质元素，使固溶体的强度、硬度增高的现象，称为固溶强化。固溶强化是提高材料力学性能的重要途径之一。

2）金属化合物。金属化合物是合金的组元间相互作用而形成的具有明显金属特性的化合物，其晶格类型和性能完全不同于任一组元，而且其组成可用分子式表示。

金属化合物一般具有复杂的晶体结构，熔点高，硬而脆。它能提高合金的强度、硬度和耐磨性，但会降低塑性。金属化合物是合金钢、硬质合金和许多非铁合金的重要组成相。

3）机械混合物。组成合金的各组元在固态下既不溶解，也不形成化合物，而以混合形式组合在一起的物质，称为机械混合物。其各相仍保持原来的晶格结构和性能。因此，机械混合物的性能取决于各相的性能、相对数量、形状、大小及分布情况。

在常用合金中，其组织大多是固溶体和金属化合物的机械混合物。

3. 纯金属的结晶与同素异构转变

金属的结晶是指金属由液态转变为固态的过程，也就是原子由不规则排列的液体状态逐步过渡到原子规则排列的晶体状态的过程，金属的晶体结构是在结晶过程中逐步形成的。

（1）冷却曲线和过冷现象　纯金属的结晶是在一定温度下进行的。它的结晶过程可用图 1-6 所示的冷却曲线来描述。由图可见，冷却曲线上有一水平线段，这就是实际结晶温度 T_n。因为结晶时有大量潜热放出，补偿了散失在空气中的热量，使温度不随冷却时间的增长而下降，所以线段是水平的。从图中还可以看到，金属的实际结晶温度 T_n 低于理论结晶温度 T_0，此现象称为过冷。理论结晶温度与实际结晶温度之差称为过冷度，用 ΔT 表示，即 $\Delta T = T_0 - T_n$。

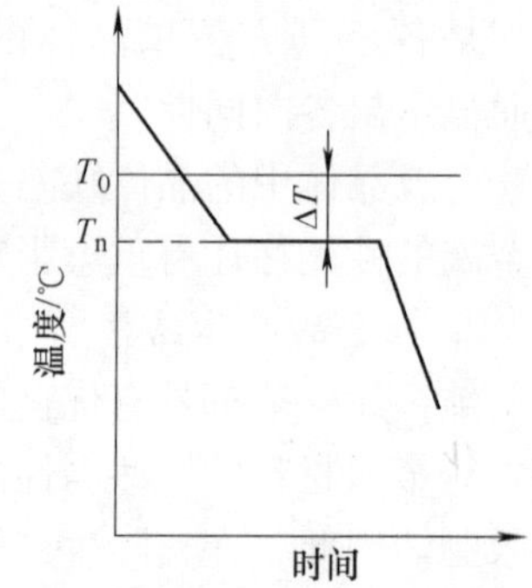

图 1-6　纯金属冷却曲线

金属结晶时过冷度不是一个恒定值。液体金属的冷却速度越快，实际结晶温度就越低，即过冷度越大。实践证明，金属总是在一定的过冷度下结晶的，所以过冷是金属结晶的必要条件。

（2）纯金属的结晶过程　纯金属的结晶过程是在冷却曲线上水平线段内发生的，是晶核的不断形成和长大的过程。

在液态金属中的小范围内，总是存在着类似晶体中原子规则排列的小集团，但在结晶温度以上，这些原子集团是不稳定的，瞬间出现又会瞬间消失。当低于结晶温度时，原子集团变得比较稳定，不再消失，而成为结晶核心（即晶核）。这些晶核在结晶过程中不断吸附周围液体中的原子而长大。与此同时，在液体中又会不断产生出新的晶核并且长大，直至全部液体金属都转变为固体，最后形成由许多外形不规则、位向各不相同的小晶体（晶粒）组成的多晶体结构，如图 1-7 所示。

（3）金属晶粒大小与控制　金属晶粒的大小可以用单位体积内晶粒的数目来表示。晶粒大小对金属材料的力学性能有很大影响，一般情况下晶粒数目越多，晶粒越细小，常温下金属的强度、塑性和韧性越高。

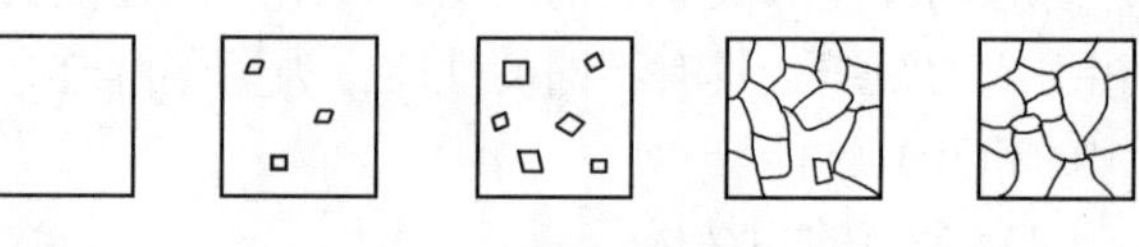

图 1-7　结晶过程示意图

由上述可知，晶粒大小决定于晶核数目的多少和晶核长大的速率。晶核越多，每个晶核长大的余地就越小，长成的晶粒就越细；若晶核长大的速率小，长成的晶粒尺寸就小。反之则晶粒粗大。因此，凡是能促进晶核生成和抑制晶粒长大的因素都能细化晶粒。过冷度和难溶杂质是影响晶粒大小的两个主要因素。提高冷却速率，增大过冷度，可使晶粒变细。难溶杂质对细化晶粒的作用十分明显。因此，在生产实践中，常用向液态金属加入难溶固态物质的方法，增加晶核数目，细化晶粒。难溶的固态物质称为孕育剂，这种处理方法称为孕育处理或变质处理。

（4）金属的同素异构转变　为了便于分析、比较各种晶体内部原子的排列规则，通常将每个原子视为一个几何质点，并用一些假想的几何线条将各质点连接起来，形成一个空间几何格架，此格架称为晶格。在金属材料中，最常见的晶格有体心立方晶格和面心立方晶格。

大多数金属在结晶后晶格类型不再变化，但有些金属（如铁、锰、钛等）在结晶成固体后继续冷却时，其晶格类型还会发生一定的变化。金属在固态下发生晶格变化的过程，称为金属的同素异构转变。

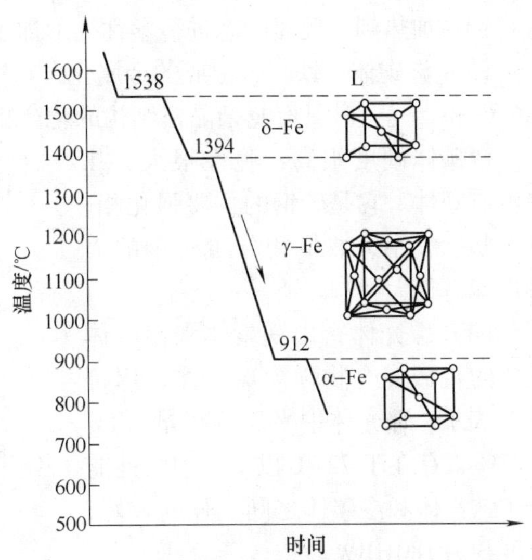

图1-8　纯铁的冷却曲线及晶体结构变化

图1-8所示为纯铁的冷却曲线及晶体结构变化，由图可知，液态纯铁在1 538℃进行结晶，得到具有体心立方晶格的δ-Fe；继续冷却到1 394℃时发生同素异构转变，δ-Fe转变为面心立方晶格的γ-Fe；再继续冷却到912℃时又发生同素异构转变，γ-Fe转变为体心立方晶格的α-Fe；再继续冷却到室温，晶格类型不再发生变化。这些转变可以用下式表示

$$\underset{\text{体心}}{\delta-\mathrm{Fe}} \xleftrightarrow{1\,394℃} \underset{\text{面心}}{\gamma-\mathrm{Fe}} \xleftrightarrow{912℃} \underset{\text{体心}}{\alpha-\mathrm{Fe}}$$

二、铁碳合金及其相图

钢铁材料是现代工业生产中应用最广泛的金属材料，其基本组元是铁和碳两种元素，故称为铁碳合金。不同成分的铁碳合金，在不同的温度下，具有不同的组织，因而表现出不同的性能。学习和掌握铁碳合金相图，对于了解钢铁材料的性能，采取正确的热加工工艺具有十分重要的意义。

1. 铁碳合金的基本组织和性能

在铁碳合金中，铁和碳的结合方式为：在液态时，铁和碳可以无限互溶；在固态时，碳可溶解在铁中形成固溶体，或与铁形成化合物。此外，还可以形成由固溶体和化合物组成的混合物。固态下出现的基本组织如下：

（1）铁素体　碳溶于α-Fe中形成的间隙固溶体称为铁素体，用符号F表示。铁素体保持α-Fe的体心立方晶格。

铁素体溶解碳的能力很小，在727℃时可达到最大溶碳量 $w_C=0.021\,8\%$。由于铁素体溶碳量很低，因此，其性能与纯铁相似，强度、硬度不高，塑性、韧性很好。

（2）奥氏体　碳溶于 γ-Fe 中形成的间隙固溶体称为奥氏体，用符号 A 表示。奥氏体保持 γ-Fe 的面心立方晶格。

奥氏体溶解碳的能力较大，在 1 148℃时可达最大溶碳量 $w_C = 2.11\%$。随着温度的下降，溶解度逐渐减小，在 727℃时溶碳量 $w_C = 0.77\%$；奥氏体的存在温度较高（727 ~ 1 394℃），是铁碳合金一个重要的高温相。奥氏体的力学性能与其溶碳量及晶粒的大小有关，奥氏体的硬度较低（170 ~ 200HBW），塑性较好（$A = 40\% \sim 50\%$），因此，在生产中，常将钢材加热到奥氏体状态进行塑性变形加工。

（3）渗碳体　铁与碳形成的金属化合物称为渗碳体，化学分子式为 Fe_3C。渗碳体中 $w_C = 6.69\%$，是一种具有复杂晶格结构的化合物。

渗碳体硬度很高，脆性很大，几乎没有塑性。它是碳钢的主要强化相，其形状、大小、数量和分布对钢的力学性能有很大影响。

（4）珠光体　由铁素体和渗碳体组成的机械混合物称为珠光体，用符号 P 表示。珠光体中平均溶碳量 $w_C = 0.77\%$，存在于 727℃以下。力学性能介于铁素体和渗碳体之间。强度较好，硬度约为 180HBW。

（5）莱氏体　由奥氏体和渗碳体组成的机械混合物称为莱氏体，用符号 Ld 表示，莱氏体中平均溶碳量 $w_C = 4.3\%$，存在于 1 148 ~ 727℃ 温度范围内的莱氏体，称为高温莱氏体。温度低于 727℃时，莱氏体由珠光体和渗碳体组成，称为低温莱氏体，用符号 Ld′表示。莱氏体的性能与渗碳体相似，硬度很高，塑性、韧性极差。

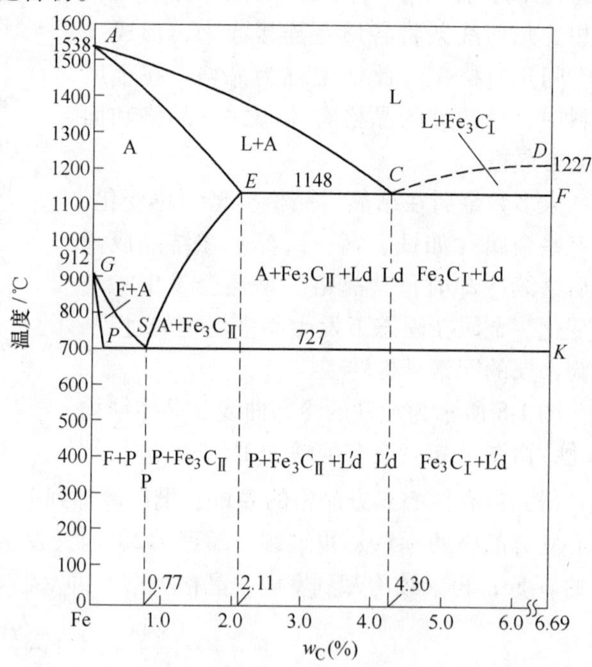

图 1-9　简化了的铁碳合金相图

2. 铁碳合金相图分析

（1）特性点及意义　图 1-9 所示为简化了的铁碳合金相图，表 1-2 为铁碳合金相图中的主要特性点的温度、成分及含义。

表 1-2　$Fe\text{-}Fe_3C$ 合金相图的特性点

特性点	温度/℃	w_C（%）	含　义
A	1 538	0	纯铁的熔点
C	1 148	4.3	共晶点 $L_C \xrightarrow{1\,148℃} Ld\ (A + Fe_3C)$
D	1 227	6.69	渗碳体的熔点
E	1 148	2.11	碳在 γ-Fe 中的最大溶解度点
G	912	0	纯铁的同素异构转变点 γ-Fe $\xrightarrow{912℃}$ α-Fe
S	727	0.77	共析点 $A_S \xrightarrow{727℃} P\ (F + Fe_3C)$

（2）$Fe\text{-}Fe_3C$ 相图中的特性线　*ACD* 线为液相线，当液态合金冷却到 *AC* 线温度时，开始结晶出奥氏体；液态合金冷却到 *CD* 线时，开始结晶出渗碳体，称为一次渗碳体，用 $Fe_3C_{Ⅰ}$ 表示。

AECF 线为固相线，在此线以下，合金完成结晶，全部变为固体状态。*AE* 线为奥氏体结晶终了线，*ECF* 线是共晶线，是一条水平恒温线。液态合金冷却到共晶线温度(1 148℃)时，将发生共晶转变而生成莱氏体。共晶转变的表达式为

$$L_C \xrightleftharpoons{1\,148℃} Ld\ (A + Fe_3C)$$

$w_C = 2.11\% \sim 6.69\%$ 的铁碳合金结晶时均会发生共晶转变。

ES 线是碳在奥氏体中的溶解度线，通常称为 A_{cm} 线。碳在奥氏体中的最大溶解度是 *E* 点（$w_C = 2.11\%$），随着温度的降低，碳在奥氏体中的溶解度减小，将由奥氏体中析出二次渗碳体，用 $Fe_3C_{Ⅱ}$ 表示。以区别直接从液相中结晶出来的 $Fe_3C_{Ⅰ}$。

GS 线是奥氏体冷却时开始向铁素体转变的温度线，通常称为 A_3 线。

PSK 线称为共析线，通常称为 A_1 线。奥氏体冷却到共析线温度（727℃）时，将发生共析转变生成珠光体。共析转变的表达式为

$$A_S \xrightleftharpoons{727℃} P\ (F + Fe_3C)$$

$w_C > 0.021\,8\%$ 的铁碳合金均会发生共析转变。

表 1-3 列出了 $Fe\text{-}Fe_3C$ 相图的主要特性线及其含义。

表 1-3　$Fe\text{-}Fe_3C$ 相图中的主要特性线

特性线	名称	含　义
ACD 线	液相线	合金温度在此线以上时处于液态
AECF 线	固相线	合金在此线温度结晶终了，处于固态
ECF 线	共晶线	液态合金在此线上发生共晶转变
PSK 线	共析线（A_1 线）	奥氏体在此线上发生共析转变
GS 线	A_3 线	奥氏体转变为铁素体的开始线
ES 线	A_{cm} 线	碳在奥氏体中的溶解度曲线

（3）铁碳合金的分类　根据铁碳合金的成分和室温组织不同，可将铁碳合金分为工业纯铁、钢和白口铸铁三大类。

1）工业纯铁。碳的质量分数小于 0.021 8% 的铁碳合金。它是电器、电动机及电工仪表上用的磁性材料。

2）钢。碳的质量分数为 0.021 8% ~2.11% 的铁碳合金。按室温组织不同又分为以下三种。

①共析钢。碳的质量分数为 0.77%，室温组织为珠光体。

②亚共析钢。碳的质量分数为 0.021 8% ~0.77%，室温组织为珠光体 + 铁素体。

③过共析钢。碳的质量分数为 0.77% ~2.11%，室温组织为珠光体 + 渗碳体。

3）白口铸铁。碳的质量分数为 2.11% ~6.69% 的铁碳合金。按室温组织不同又分为以下三种。

①共晶白口铸铁。碳的质量分数为 4.3%，室温组织为低温莱氏体。

②亚共晶白口铸铁。碳的质量分数为2.11%～4.3%，室温组织为低温莱氏体＋珠光体＋渗碳体。

③过共晶白口铸铁。碳的质量分数为4.3%～6.69%，室温组织为低温莱氏体＋渗碳体。

3. 碳的质量分数及杂质对铁碳合金性能的影响

（1）碳的质量分数与平衡组织间的关系　任何成分的铁碳合金室温时均由铁素体和渗碳体两相组成。随着碳的质量分数的增加，铁素体的相对量减少，渗碳体的相对量增多，同时渗碳体的形状和分布也有所不同，因而形成不同的组织。室温时，随着碳的质量分数的增加，铁碳合金组织变化如下

$$F+P \rightarrow P \rightarrow P+Fe_3C_{II} \rightarrow P+Fe_3C_{II}+Ld' \rightarrow Ld' \rightarrow Fe_3C_{I}+Ld'$$

（2）碳的质量分数与力学性能的关系　在铁碳合金中，渗碳体一般认为是一种强化相，所以合金中渗碳体的量越多，分布越均匀，材料的硬度、强度就越高，但塑性、韧性越差。图1-10所示为铁碳合金中碳的质量分数对碳钢力学性能的影响。从图中可以看出，当$w_C<0.9\%$时，随着碳的质量分数的增加，钢的强度和硬度直线上升，而塑性、韧性却不断降低；而当$w_C>0.9\%$后，网状渗碳体的存在不仅使钢的塑性、韧性进一步降低，而且强度也明显下降。为了保证工业上使用的钢具有足够的强度，并且有一定的塑性和韧性，钢中碳的质量分数一般都不超过1.4%。

对于$w_C>2.11\%$的白口铸铁，由于组织中含有大量的渗碳体，材质特别硬脆，既难以切削加工，又不能通过塑性加工的方法成形，因此在机械制造中应用较少。

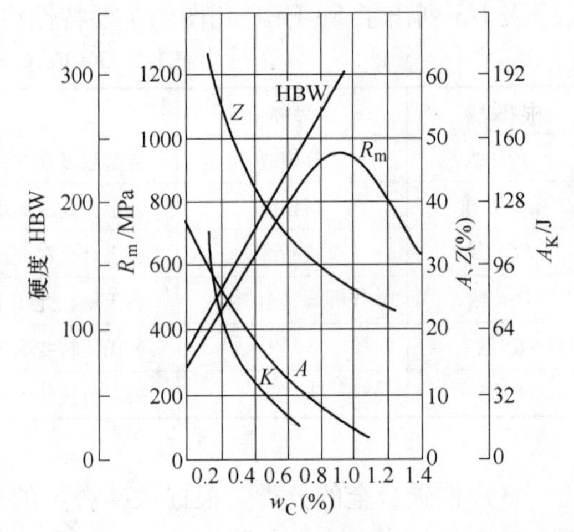

图1-10　碳的质量分数对碳钢力学性能的影响

（3）杂质对铁碳合金力学性能的影响　铁碳合金除含碳外，一般还含有锰、硅、磷、硫等元素，硅、锰是有益元素，可改善铁碳合金的性能，提高其强度和硬度。

磷和硫为有害元素。硫与铁会形成化合物FeS，而FeS与Fe形成低熔点的共晶体（熔点为985℃），分布在奥氏体晶界上，当进行热压力加工时钢就会沿晶界碎裂，这种现象称为钢的热脆性。锰能消除硫的热脆性。磷降低钢的塑性和韧性，尤其在低温时影响更大，这种现象称为冷脆性。所以钢中要严格控制硫、磷的含量。

4. $Fe-Fe_3C$相图的应用

（1）作为选用钢铁材料的依据　$Fe-Fe_3C$相图较直观地反映了铁碳合金的组织随成分和温度变化的规律，这就为钢铁材料的选用提供了依据。如一般机械零件和建筑结构件等，都需要强度较高、塑性及韧性好、焊接性好的材料，故应选用碳含量较低的钢材（$w_C<0.25\%$）；各种机器零件需要强度、塑性、韧性等综合性能较好的材料，应选用碳含量适中的钢（$w_C=0.3\%\sim0.5\%$）；各种工具、刃具、量具、模具要求硬度高、耐磨性好的材料，则可选用碳含量较高的钢（$w_C=0.85\%\sim1.3\%$）。白口铸铁硬度高，脆性大，不能锻造和

切削加工，但铸造性能好，耐磨性高，适于制造不受冲击、要求耐磨、形状复杂的工件，如拉丝模、球磨机的磨球等。

（2）在铸造生产上的应用　根据 $Fe-Fe_3C$ 相图的液相线，可以找出不同成分的铁碳合金的熔点，从而确定合金的熔化浇注温度（温度一般在液相线以上 50 ~ 100℃）。从 $Fe-Fe_3C$ 相图中还可以看出，靠近共晶成分的铁碳合金不仅熔点低，而且结晶温度区间也较小，故具有良好的铸造性。因此生产上总是将铸铁的成分选在共晶成分附近。

（3）在锻压工艺方面的应用　根据 $Fe-Fe_3C$ 相图可以选择钢材的锻造或热轧温度范围。通常锻、轧温度选在单相奥氏体区内，这是因为钢处于奥氏体状态时，强度较低，塑性较好，便于成形加工。因此，钢材的热轧、锻造时要将钢加热到单相奥氏体区。

（4）在热处理方面的应用　$Fe-Fe_3C$ 相图对于制订热处理工艺有着特别重要的意义。各种热处理工艺的加热温度都是依据 $Fe-Fe_3C$ 相图选定的，这将在后面的章节中介绍。

第三节　钢的热处理

钢的热处理是指钢在固态下，采用适当方式进行加热、保温和冷却，以改变钢的内部组织，从而获得所需性能的一种工艺方法。

通过适当的热处理，可以充分发挥钢材的潜力，显著提高钢的力学性能，延长零件的使用寿命；还可以消除铸、锻、焊等热加工工艺造成的各种缺陷，为后续工序做好组织准备。因此，热处理在机械制造中占有十分重要的地位。

根据热处理加热和冷却方式的不同，热处理大致分类如下：

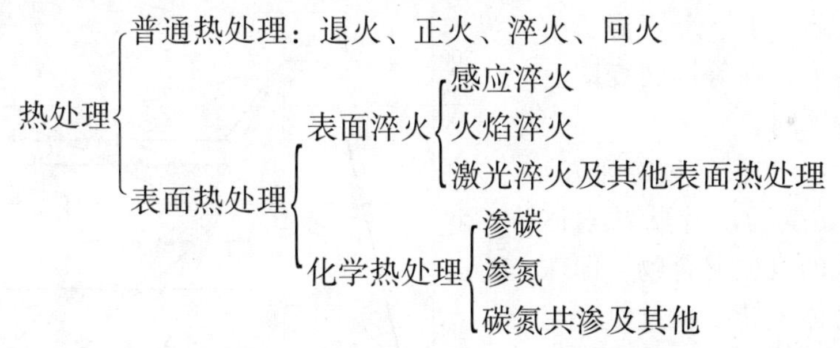

热处理方法虽然很多，但都是由加热、保温和冷却三个阶段组成。通常用热处理工艺曲线表示，如图 1-11 所示。因此，要了解各种热处理方法对钢的组织与性能的改变情况，必须首先研究钢在加热（包括保温）和冷却过程中的相变规律。

一、钢的热处理组织转变

1. 钢加热时的组织转变与保温

大部分钢铁零件进行热处理时，都要加热到相变点以上，以获得全部或部分奥氏体组织。由 $Fe-Fe_3C$ 相图可知，共析钢在 A_1 线（727℃）温度以下时为珠光体，要使珠光体变为奥氏体，必须把钢加热到 A_1 线以上某一温度。对于亚共析钢和过共析钢，应分别加热到 A_3 线和 A_{cm} 线以上。而且均要保温一段时间，使零件内、外温度一致，成分均匀，以便在冷却后得到均匀的组织和稳定的性能。

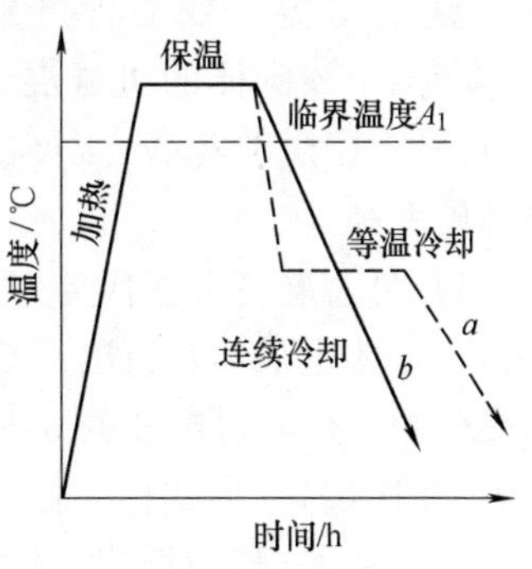

图 1-11　热处理工艺曲线

珠光体全部转变成奥氏体的初期晶粒细小，但加热温度过高或保温时间过长，奥氏体晶粒会长大，影响材料的力学性能。因此，热处理时加热温度不可太高，保温时间不能太长，以便冷却后获得细晶粒组织。

2. 钢冷却时的组织转变

钢经过加热、保温得到均匀奥氏体以后，采用不同的方式进行冷却便能获得不同的组织和性能，即热处理后钢的组织及力学性能很大程度上取决于奥氏体的冷却条件。

在热处理生产中，常用的冷却方式有两种：等温冷却和连续冷却。等温冷却是将奥氏体化的钢快速冷却到 A_1 以下某一温度进行保温，使奥氏体在该温度下完成转变，然后冷却到室温（图 1-11*a* 曲线）。连续冷却是将奥氏体化的钢以一定的冷却速率连续冷却到室温（图 1-11*b* 曲线），使奥氏体在一个温度范围内连续转变。

（1）奥氏体的等温转变　奥氏体在冷却到临界温度 A_1 以下时并不是立即发生转变，而是要停留一段时间，这段时间称为孕育期。这种在孕育期暂时存在的奥氏体称为过冷奥氏体。

图 1-12 所示为由实验室获得的共析钢奥氏体等温转变图，图中粗实线分别为等温冷却曲线和共析钢奥氏体等温转变曲线，细实线为连续冷却曲线，虚线为温度线。A_1 线以上的区域是奥氏体稳定区，*aa* 线左面是过冷奥氏体区，*aa* 线是奥氏体开始转变线，*bb* 线是转变终了线，两曲线之间是奥氏体的转变区。*bb* 线右面为奥氏体转变的产物区。曲线的转折处（550℃）通常称为等温转变图的“鼻子”。每种成分的钢都有自己的等温转变图，可在有关的手册中查到。

（2）奥氏体等温转变的产物　等温转变按转变温度可分为高温、中温、低温三种转变，在等温转变图上可划出三个转变区间。

1）高温转变。奥氏体过冷到 727 ~550℃，等温转变为层片状铁素体和渗碳体所组成的机械混合物，即珠光体，称为珠光体型转变。过冷度越大，层片状越薄，硬度也越高。

2）中温转变。奥氏体过冷到 550 ~230℃，等温转变为含过量碳的铁素体和微小渗碳体的机械混合物，称为贝氏体（用 B 表示）。贝氏体比珠光体硬度高。

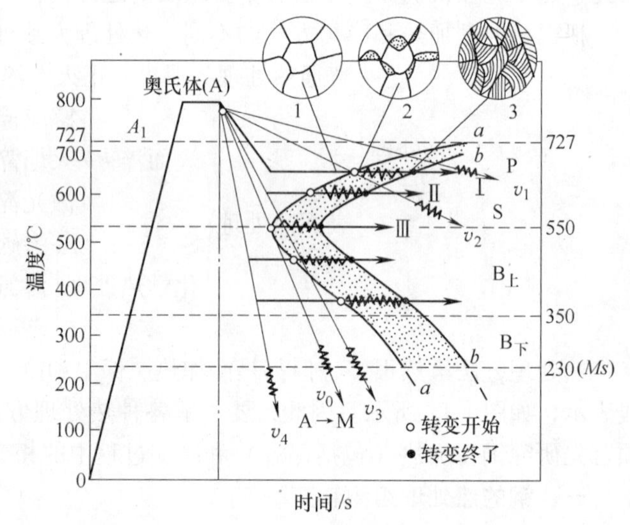

图 1-12　共析钢奥氏体等温转变图

3）低温转变。奥氏体过冷到 230℃（*Ms*）以下时，由于温度过低，奥氏体来不及分解，渗碳体也来不及析出，只发生晶格的改变（γ-Fe 变为 α-Fe），碳原子全部保留在 α-Fe 的晶格中，形成过饱和的 α-Fe 固溶体，称为马氏体（用 M 表示）。一般马氏体的硬度很高（60 ~65HRC），但塑性、韧性很差。

3. 奥氏体等温转变图的应用

在生产实践中，钢热处理的冷却方式多数为连续冷却。奥氏体的转变是在一个温度区间内进行的。将某一冷却速率的冷却曲线画在奥氏体等温转变图上（图1-12），根据两曲线相交位置，可以大致确定钢在连续冷却时获得的组织及性能。

当冷却速率为v_1（相当于随炉冷却）时，按其与奥氏体等温转变曲线相交的位置判断，奥氏体转变为珠光体。

当冷却速率为v_2（相当于在空气中冷却）时，转变产物为索氏体（即细珠光体，用S表示）。

当冷却速率为v_3（相当于在油中冷却）时，转变产物为托氏体和马氏体的混合组织。

当冷却速率为v_4（相当于在水中冷却）时，冷却曲线与奥氏体等温转变曲线不相交，奥氏体过冷到Ms以下转变为马氏体。

若过冷速率为v_0，冷却曲线恰好与奥氏体等温转变曲线“鼻尖”相切，这是奥氏体全部过冷到Ms以下转变为马氏体的最小冷却速率，称为临界冷却速率。它对钢的热处理冷却方式有重要意义。

二、钢的普通热处理

常用热处理工艺可分为预备热处理和最终热处理两类。预备热处理用来消除坯料、半成品的某些缺陷，为后续的冷加工和最终热处理作组织准备。退火和正火是常见的预备热处理，淬火和回火则常作为最终热处理。

1. 退火

退火是将钢件加热到某一适当温度范围，保温一定时间，然后进行缓慢冷却（一般是随炉冷却）的热处理工艺。

退火的主要目的是：

1）降低硬度，改善工件的切削加工性能。

2）消除残余应力，防止工件的变形与开裂。

3）细化晶粒，改善组织，以提高钢的力学性能，并为最终热处理做好组织上的准备。

2. 正火

将钢件加热至A_3或A_{cm}线以上某一温度范围，经保温使之完全奥氏体化，然后在空气中冷却的热处理工艺称为正火。

正火的目的和退火相同，与退火相比，正火的冷却速率较快，所以得到的珠光体组织更细，强度和硬度都有所提高。此外，正火操作简便，生产周期短，生产率高，比较经济。因此，正火工艺应用广泛，尤其对低、中碳钢和低碳合金钢特别适用。

3. 淬火

淬火是将钢件加热至A_1或A_3线以上某一温度，保温，然后在水、盐水或油中急剧冷却的热处理工艺。

淬火的目的主要是使钢件得到马氏体（或贝氏体）组织，然后与适当的回火相配合，以获得机械零件所需的使用性能。淬火与回火是强化钢材，提高机械零件使用寿命的重要手段，它们通常作为钢件的最终热处理。

淬火工艺有两个概念应加以重视和区别：一是淬硬性，二是淬透性。淬硬性是指钢经淬火后能达到的最高硬度，主要取决于钢中的碳含量，碳含量越高，淬火后获得的硬度也越高。淬透性是指钢经淬火获得淬硬层深度的能力，淬透性越好，淬硬层越厚。淬透性主要取决于钢的化学成分和淬火冷却方式。一般来说，碳的质量分数相同的碳素钢和合金钢的淬硬性没有差别，而合金钢的淬透性高于碳素钢。

4. 回火

将淬火钢件重新加热到 A_1 线以下某一温度，保温一定的时间，然后空冷到室温的热处理工艺，称为回火。淬火钢件必须及时回火，因而回火一般指对钢件淬火后的再处理。回火的目的是减少或消除工件淬火时产生的内应力，稳定组织，调整强度、硬度，提高塑性，使钢件获得较好的综合力学性能等。回火一般是热处理的最后一道工序。

淬火后的钢件根据对其力学性能的要求，配以不同温度的回火。按回火温度范围，可将回火分为低温回火、中温回火和高温回火。

（1）低温回火（150～250℃）　低温回火的目的是降低淬火内应力，提高韧性，并保持高硬度和高耐磨性。主要用于高碳钢和合金钢制作的切削刃具、量具、冲压模具、滚动轴承、渗碳件以及表面淬火零件等。回火后的硬度一般为58～64HRC。

（2）中温回火（350～500℃）　可显著减小钢件的淬火应力，提高弹性和屈服强度。常用于各种弹簧和某些模具。回火后的硬度一般为35～50HRC。

（3）高温回火（500～650℃）　高温回火可消除淬火应力，使钢件获得优良的综合力学性能。通常把淬火加高温回火相结合的热处理工艺称为调质处理。它广泛应用于汽车、拖拉机、机床制造中的重要结构件（如连杆、螺柱、齿轮及传动轴等）的热处理。回火后的硬度一般为200～330HBW。

三、钢的表面热处理

在交变载荷、冲击载荷作用下的零件，它的表面层承受较高的应力，并不断被磨损，因此要求它的表面具有高的强度、硬度、耐磨性及疲劳强度，而心部则要求具有足够的塑性和韧性，如果只通过普通的热处理方法去解决这些问题是很难满足要求的。生产上广泛应用表面热处理来强化钢件表层。

钢的表面热处理可分为表面淬火和化学热处理两大类。

1. 钢的表面淬火

表面淬火是利用快速加热的方法使钢的表面奥氏体化，在热量来不及传到钢件心部之前就进行快速冷却的热处理工艺。它主要是改变钢件的表层组织。钢件在表面淬火前，一般需进行正火或调质处理，表面淬火后要进行低温回火。

按表面加热的方法不同，表面淬火可分为感应淬火、火焰淬火和接触电阻加热淬火等。由于感应加热速度快，生产率高，产品质量好，易实现机械化和自动化，所以感应淬火应用广泛，但设备较贵，不宜用于单件或形状复杂的钢件。

2. 钢的化学热处理

化学热处理是将钢件置于一定温度的活性介质中保温，使一种或几种元素渗入它的表层，以改变其化学成分、组织和性能的热处理工艺。它与表面淬火相比，其特点是不仅改变了钢件表层的组织，而且表层的化学成分也发生了变化。

化学热处理的种类很多，按渗入元素的不同可分为渗碳、渗氮、碳氮共渗、渗硼、渗金属等。不论哪一种化学热处理，都是通过以下三个基本过程完成的。

1）分解。介质在一定温度下发生分解，产生渗入元素的活性原子。如［C］、［N］等。

2）吸收。活性原子被钢件表面吸收，也就是活性原子由钢的表面进入铁的晶格而形成固溶体或形成化合物。

3）扩散。被钢件吸收的活性原子由表面向内部扩散，形成一定厚度的扩散层（即渗层）。

目前在机械制造工业中，常用的化学热处理方法及其作用见表1-4。

表1-4　钢的常用化学热处理方法及其作用

工艺方法	渗入元素	作　用	应用举例
渗碳（900～950℃）淬火＋低温回火	C	提高钢件表面硬度、耐磨性和疲劳强度，使能承受重载荷	齿轮、轴、活塞销、万向联轴器、链条等
渗氮（500～600℃）	N	提高钢件表面硬度、耐磨性、抗胶合性、疲劳强度、耐蚀性及耐回火性	镗杆、精密轴、齿轮、量具、模具等
碳氮共渗 淬火＋低温回火	C、N	提高钢件表面硬度、耐磨性。低温共渗还能提高工具的热硬性	齿轮、活塞销、链条、工具、模具、液压件等

第四节　常用金属材料

工业上常用的金属材料分为钢铁材料和非铁金属材料两大类。非铁金属材料则包括除钢铁以外的金属及其合金。

一、钢铁材料

钢的品种多，规格全，价格低，并且可用热处理的方法改善其力学性能，所以是工业中应用最广的材料。在实际中，我国多年来是按用途、钢的质量和钢的化学成分三个方面对钢进行分类的。

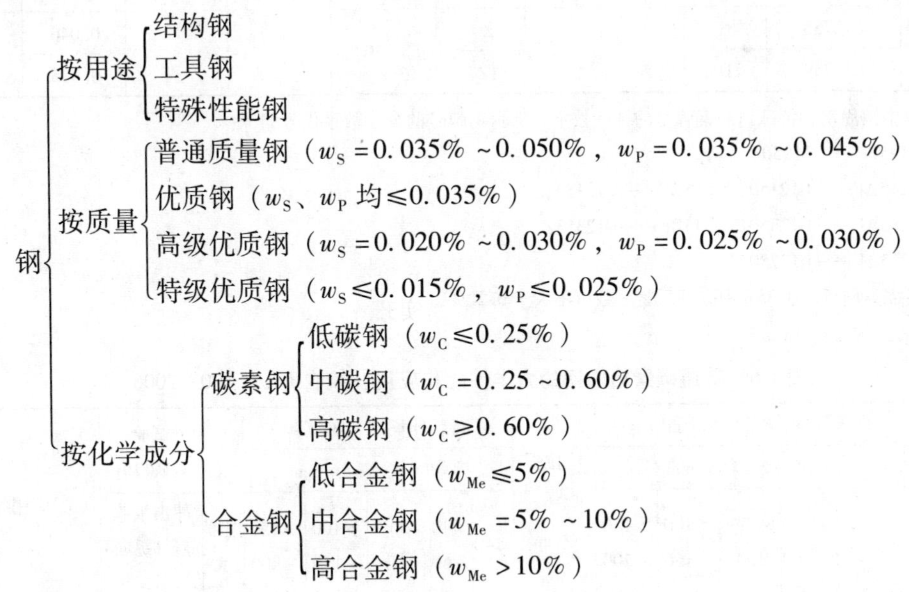

1. 碳素钢

碳素钢有较好的力学性能和良好的工艺性能，价格低廉，在工业中应用广泛。

（1）碳素结构钢　这类碳钢中碳的质量分数一般为0.06%～0.38%，钢中的有害杂质相对较多，但价格便宜，工艺性能好，大多用于要求不高的机械零件和一般工程结构件，加工成形后一般不进行热处理。通常轧制成钢板或各种型材供应。

碳素结构钢的牌号表示方法是由屈服强度“屈”字汉语拼音首位字母Q、屈服强度数值、质量等级符号、脱氧方式四个部分按顺序组成。质量等级有A、B、C、D四种，其中A级质量最低，D级质量最高。脱氧方法用F（沸腾钢）、Z（镇静钢）、TZ（特殊镇静钢）表示，其中“Z”和“TZ”可以省略。如Q235AF，表示屈服强度 $R_{eH}=235\text{MPa}$，质量等级为A级的沸腾钢。

普通碳素结构钢的牌号和化学成分见表1-5，普通碳素结构钢的力学性能和应用见表1-6。

表1-5　普通碳素结构钢的牌号和化学成分（摘自GB/T 700—2006）

牌号	统一数字代号①	等级	厚度（或直径）/mm	脱氧方法	化学成分（质量分数）（%）≤				
					C	Si	Mn	P	S
Q195	U11952	—	—	F、Z	0.12	0.30	0.50	0.035	0.040
Q215	U12152	A	—	F、Z	0.15	0.35	1.20	0.045	0.050
	U12155	B							0.045
Q235	U12352	A	—	F、Z	0.22	0.35	1.40	0.045	0.050
	U12355	B			0.20②				0.045
	U12358	C		Z	0.17			0.040	0.040
	U12359	D		TZ				0.035	0.035
Q275	U12752	A	—	F、Z	0.24	0.35	1.50	0.045	0.050
	U12755	B	≤40	Z	0.21			0.045	0.045
			>40		0.22				
	U12758	C	—	Z	0.20			0.040	0.040
	U12759	D		TZ				0.035	0.035

① 表中镇静钢、特殊镇静钢牌号的统一数字，沸腾钢牌号的统一数字代号如下：
Q195F——U11950；
Q215AF——U12150，Q215BF——U12153；
Q235AF——U12350，Q235BF——U12353；
Q275AF——U12750。

② 经需方同意，Q235B中碳的质量分数可不大于0.22%。

表1-6　普通碳素结构钢的力学性能和应用（摘自GB/T 700—2006）

牌号	等级	屈服强度① R_{eH}/(N/mm²)≥ 厚度（或直径）/mm						抗拉强度② R_m/(N/mm²)	断后伸长率 A(%)≥ 厚度（或直径）/mm					冲击试验（V型缺口）		应用举例
		≤16	>16~40	>40~60	>60~100	>100~150	>150~200		≤40	>40~60	>60~100	>100~150	>150~200	温度/℃	冲击吸收能量（纵向）/J≥	
Q195	—	195	185	—	—	—	—	315~430	33	—	—	—	—	—	—	承受载荷不大的金属结构件、铆钉、垫圈、冲压件及焊接件
Q215	A	215	205	195	185	175	165	335~450	31	30	29	27	26	—	—	
	B													+20	27	

（续）

牌号	等级	屈服强度①R_{eH}/(N/mm²)≥						抗拉强度②R_m/(N/mm²)	断后伸长率 A(%)≥					冲击试验（V型缺口）		应用举例
		厚度(或直径)/mm							厚度(或直径)/mm							
		≤16	>16~40	>40~60	>60~100	>100~150	>150~200		≤40	>40~60	>60~100	>100~150	>150~200	温度/℃	冲击吸收能量(纵向)/J≥	
Q235	A	235	225	215	215	195	185	370~500	26	25	24	22	21	—	—	金属结构件、钢板、钢筋、型钢、螺栓、螺母、短轴、心轴。Q235C可用作重要的焊接件
	B													+20	27③	
	C													0		
	D													-20		
Q275	A	275	265	255	245	225	215	410~540	22	21	20	18	17	—	—	强度较高，用于制造承受中等载荷的零件，如键、转轴、拉杆、链轮
	B													+20	27	
	C													0		
	D													-20		

① Q195 的屈服强度值仅供参考，不作为交货条件。

② 厚度大于 100mm 的钢材，抗拉强度下限允许降低 20N/mm²。宽带钢（包括剪切钢板）抗拉强度上限不作交货条件。

③ 厚度小于 25mm 的 Q235B 级钢材，如供方能保证冲击吸收能量值合格，经需方同意，可不作检验。

（2）优质碳素结构钢　这类钢因有害杂质较少，其强度、塑性、韧性均比碳素结构钢好。主要用于制造较重要的机械零件，一般要进行热处理。牌号用两位数字表示，这两位数字表示钢中平均碳的质量分数的万分数。如 45 钢表示平均碳的质量分数为 0.45%。如果是高级优质钢，则在牌号后面加 A 表示，在牌号后面加 E，则表示特级优质钢。如果是沸腾钢则加 F。如含锰量较高时，则在牌号后面加锰元素符号 Mn，如 65Mn。

常用优质碳素结构钢牌号、力学性能及应用举例见表 1-7。

表 1-7　常用优质碳素结构钢牌号、力学性能及应用举例

钢号	力学性能≥					应用举例
	R_{eH}/MPa	R_m/MPa	A(%)	Z(%)	K/J	
08F	175	295	35	60	—	低碳钢强度、硬度低，塑性、韧性高，冷塑性变形能力和焊接性好，热处理强化效果不够显著。其中碳含量较低的钢，如 08F、10 常轧制成薄钢板，广泛用于深冲压和深拉延制品；碳含量较高的钢（15~25）可用作渗碳钢，用于制造表硬心韧的中、小尺寸的耐磨件
10	205	335	31	55	—	
15	225	375	27	55	—	
20	245	410	25	55	—	
25	275	450	23	50	71	
30	295	495	21	50	63	中碳钢的综合力学性能较好，热塑性加工性和可加工性较佳，冷变形能力和焊接性中等。多在调质或正火状态下使用，还可用于表面淬火处理以提高零件的疲劳性能和表面耐磨性，其中 45 钢应用最广泛。主要用来制造齿轮、连杆、轴类、套筒等零件
35	315	530	20	45	55	
40	335	570	19	45	47	
45	335	600	16	49	39	
50	375	630	14	40	31	
55	380	645	13	35	—	

（续）

钢号	力学性能≥					应用举例
	R_{eH}/MPa	R_m/MPa	A(%)	Z(%)	K/J	
60	400	675	12	35	—	高碳钢具有较高的强度、硬度、耐磨性和良好的弹性，切削性能、焊接性能较差，淬火开裂倾向大，主要用于制造弹簧、轧辊和凸轮等，其中65是常用的弹簧钢
65	410	695	10	30	—	
65Mn	430	735	9	30	—	

（3）碳素工具钢　碳素工具钢因碳的质量分数比较高（w_C =0.65% ~1.35%），硫、磷杂质含量较少，经淬火、低温回火后硬度比较高，耐磨性好，但塑性较低。主要用于制造各种低速切削刀具、量具和模具。

碳素工具钢按质量可分为优质和高级优质两类。碳素工具钢的牌号由代号“T”（“碳”字汉语拼音首字母）后加数字组成。数字表示钢中平均碳质量分数的千分数。如T8钢，表示平均碳的质量分数为0.8%的优质碳素工具钢。若是高级优质碳素工具钢，则在牌号末尾加字母“A”，如T12A，表示平均碳的质量分数为1.2%的高级优质碳素钢。

（4）铸钢　许多形状复杂的零件，很难通过锻压等方法加工成形，用铸铁时性能又难以满足需要，此时常选用铸钢铸造获取铸钢件。铸钢在机械制造尤其是重型机械制造业中应用非常广泛。铸钢的牌号首位冠以“铸钢”两字的汉语拼音首字母“ZG”，在“ZG”后面有两组数字，第一组数字表示最低屈服强度，第二组数字表示最低抗拉强度值。如ZG310—570，表示 R_{eH}不小于310MPa，R_m 不小于570MPa的铸钢。

2. 合金钢

在碳素钢中加入一定量的合金元素（Si、Mn、Cr、Ni、Mo、V、Ti等），即构成合金钢。它与碳素钢相比，热处理工艺性较好，力学性能指标更高，还能满足某些特殊性能要求。但合金钢的冶炼、加工都比较困难，价格也较贵。因此，合金钢常用于制造受载荷较大的重要零件。但应注意，使用合金钢时要进行热处理，以便充分发挥其潜在的能力。合金钢按用途可分为合金结构钢、合金工具钢和特殊性能钢三类。

（1）合金结构钢　合金结构钢是用于制造承受较大载荷或截面较大的重要机械零件，如齿轮、各种轴类、活塞销等。它要求具有较高的力学性能和较好的工艺性能，是合金钢中应用最广，用量最大的一类钢。

合金结构钢的牌号以两位数字+合金元素+数字表示，前面的两位数字表示碳的质量分数的万分数，合金元素后的数字表示该元素的质量分数的百分数，质量分数低于1.5%的元素后面不加注数字。如30SiMn2MoV，表示 w_C =0.26% ~0.33%，w_{Mn} =1.6% ~1.8%，w_{Si}、w_{Mo}、w_V 均低于1.5%。

根据性能和用途的不同，合金结构钢又可分为低合金高强度结构钢、易切削钢、合金渗碳钢、合金调质钢、合金弹簧钢和滚动轴承钢等。滚动轴承钢是制造轴承的专用钢，其牌号以G和元素符号+数字来表示。碳的质量分数不标出，数字表示Cr的质量分数的千分数。例如，GCr15表示Cr的质量分数为1.5%。GB/T 1591—2008规定了低合金高强度结构钢的牌号表示方法，其与碳素结构钢相同。易切削钢的钢号冠以易或Y。

（2）合金工具钢　合金工具钢是在碳素工具钢的基础上加入少量合金元素（Si、Mn、Cr、V等）制成的。由于合金元素的加入，提高了材料的热硬性、耐磨性，改善了热处理性能。合金工具钢常用来制造各种量具、模具和刀具等，因而对应的也就有量具钢、模具钢和刃具钢之分，其性能、化学成分和组织状态也不同。

合金工具钢的编号方法与合金结构钢相似，但碳的质量分数的表示方法为：平均碳的质量分数≥1%时，钢号中不标出；平均碳的质量分数<1%时，则以千分之几（一位数字）表示。如CrMn钢的平均碳的质量分数为1.3%～1.5%，而9Mn2V钢的平均碳的质量分数为0.85%～0.95%。合金工具钢均属高级优质钢，但牌号后不加标A。

刃具钢又有低合金刃具钢和高速工具钢之分。低合金刃具钢主要是含铬的钢，而高速工具钢是一种含钨、铬、钒等合金元素较多的钢。高速工具钢有很高的热硬性，当切削温度高达550℃左右时，其硬度仍无明显下降。此外，它还具有足够的强度、韧性和刃磨性，所以它是重要的切削刀具材料。常用的高速工具钢有W18Cr4V、W6Mo5Cr4V2等。

(3) 特殊性能钢　特殊性能钢是一种含有较多合金元素，并具有某些特殊的物理、化学性能的合金钢，其牌号表示方法与合金工具钢基本相同。特殊性能钢的种类很多，在机械制造中常用的特殊性能钢有不锈钢、耐热钢和耐磨钢。

不锈钢中的主要合金元素是铬和镍。因为铬与氧接触后在钢表面形成一层致密的氧化膜，保护钢免受进一步氧化。一般铬的质量分数不低于12%才具有良好的耐蚀不锈性能，适用于化工设备、医疗器械等。常用的不锈钢有12Cr13、20Cr13、30Cr13、12Cr18Ni9等。

耐热钢是在高温下不发生氧化并具有较高强度的钢。钢中常含有较多铬和硅，以保证具有高的抗氧化性和高温下的力学性能。耐热钢用于制造在高温条件下工作的零件，如内燃机气阀、加热炉管道，以及航空、航天工业中的一些重要零件等。常用的耐热钢有12Cr18Ni9Si3、40Cr10Si2Mo、10Cr17等。

耐磨钢主要用于制造在强烈冲击和严重磨损条件下工作的零件，如坦克和拖拉机履带、破碎机颚板、球磨机筒体衬板等。因此，要求这类零件具有良好的韧性和耐磨性。

耐磨钢通常是指高锰钢。其成分包括：碳的质量分数为1.0%～1.3%，锰的质量分数为11%～14%，牌号为ZGMn13。这种钢机械加工困难，基本上是铸造成形的，有一定的脆性。常用的有ZGMn13-1、ZGMn13-2、ZGMn13-3和ZGMn13-4等牌号。

3. 铸铁

在$Fe\text{-}Fe_3C$相图中，碳的质量分数为2.11%～6.69%的铁碳合金称为白口铸铁（断口呈银白色），其中的碳大部分是以渗碳体形式存在。这类铸铁由于硬而脆，很难进行切削加工，因此很少直接用来制造机械零件，实用价值不大。实际上，在铸铁中的碳，如果经过石墨化过程，就可以以石墨（碳的一种同素异构物）的形式存在。这类铸铁由于其中的碳以石墨形式存在，加之其中硫、磷和其他杂质的含量较高，所以与钢相比，它的力学性能较低，但它具有优良的铸造性能和切削加工性能，以及耐压、耐磨和减振性能，并且生产工艺简单，成本低廉，因此在工程中得到广泛的应用。在各种机械设备中，它的用量一般占总质量的50%以上，有的甚至高达90%。这类铸铁按石墨的形态不同，又可分为灰铸铁、球墨铸铁、可锻铸铁和蠕墨铸铁。这里只介绍应用最多的灰铸铁和球墨铸铁。

(1) 灰铸铁　灰铸铁因断口呈暗灰色而得名。碳在灰铸铁组织中以片状石墨的形态存在，它相当于在钢的基体上有了许多微小裂纹，对基体产生割裂和削弱作用，因此灰铸铁的力学性能远不如钢，如抗拉强度较低（抗压强度则较高，约为抗拉强度的3～5倍），塑性和韧性很差（$A<0.5\%$），是一种典型的脆性材料。但由于石墨具有自润滑、储油、吸振和

断屑等作用，所以灰铸铁具有良好的耐磨性、减振性、切削加工性和铸造工艺性等。因此，灰铸铁常用于受力不大，冲击载荷小、需要减振或耐磨的各种零件，如机床床身、机座、箱壳、阀体等。灰铸铁的牌号用 HT 及最低抗拉强度的一组数字表示，如 HT200，表明它是最低抗拉强度为 200MPa 的灰铸铁。

（2）球墨铸铁　碳在铸铁组织中以球状石墨形态存在。球化处理是在浇注前向一定成分的铁液中，加入一定数量的球化剂（镁或稀土镁合金）和墨化剂（硅铁或硅钙合金），使石墨呈球状，对基体的割裂作用及应力集中都大为减小，因而有较高的力学性能，抗拉强度甚至高于碳钢。因此，球墨铸铁广泛地应用于机械制造、交通、冶金等工业部门。目前，常用来制造气缸套、曲轴、活塞等机械零件。球墨铸铁的牌号由 QT 及两组数字组成，两组数字分别表示最低抗拉强度和最低伸长率。如 QT400—18，其最低抗拉强度为 400MPa，最低伸长率为 18%。

二、非铁金属材料

与钢铁相比，非铁金属材料的强度较低。应用它的目的，主要是利用其某些特殊的物理化学性能，如铝、镁、钛及其合金密度小，铜、铝及其合金导电性好，镍、钼及其合金能耐高温等。因此，工业上除大量使用钢铁材料外，非铁金属材料也得到广泛应用。非铁金属材料种类繁多，一般工业部门最常用的有铜及其合金、铝及其合金、滑动轴承合金、钛及其合金等。

1. 铜及铜合金

纯铜外观为紫红色。由于纯铜是用电解法制造出来的，又名电解铜。它具有良好的导电性、导热性、耐蚀性；强度不高，硬度很低，易于冷、热压力加工。由于纯铜价格昂贵，为贵金属，一般不做机械零件，主要用于制作导电材料及配制铜合金。

工业上使用的纯铜，其铜的质量分数为 99.5% ~99.95%。其代号有 T1、T2、T3、T4 四种。T 为“铜”字汉语拼音首字母，数字为顺序号，顺序号越大，杂质含量越高。

（1）黄铜　以铜和锌为主组成的合金统称为黄铜。黄铜的强度、硬度和塑性随含锌量的增加而升高，锌的质量分数为 30% ~32% 时，塑性达最大值，锌的质量分数为 45% 时，强度最高。除铜和锌以外，再加入少量的其他元素的铜合金称为特殊黄铜，如锡黄铜、铅黄铜等。黄铜一般用于制造耐蚀和耐磨零件，如弹簧、阀门、管件等。

黄铜的牌号用黄铜或 H 与后面两位数字来表示。数字表示铜的质量分数，其余为锌。如 H65 表示铜的质量分数为 65%，锌的质量分数为 35%。特殊黄铜则在牌号中标出合金元素的质量分数，例如，HSn90—1 表示铜的质量分数为 90%、锡的质量分数为 1%、其余为锌的锡黄铜。

（2）白铜　白铜是以镍为主要合金元素的铜合金，因色白而得名。它的表面很光亮，不易锈蚀，具有较好的强度和优良的塑性，能进行冷、热变形。冷变形能提高其强度和硬度，其电阻率较高。主要用于制造船舶仪器零件、化工机械零件及医疗器械等。锰含量高的锰白铜可制作热电偶丝。

白铜的牌号用白铜或 B 与后面两位数字来表示。数字表示镍的质量分数，其余为铜。如 B19 表示镍的质量分数为 19%，铜的质量分数为 81%。特殊白铜则在牌号中标出合金元素的含量。

（3）青铜　青铜是指铜与锌或镍以外的元素组成的合金。按化学成分不同，青铜分为锡青铜、无锡青铜两类。

铜与锡组成的合金称为锡青铜。锡青铜是人类历史上应用最早的一种合金，它具有良好的力学性能、铸造性能、耐蚀性和减摩性，是一种很重要的减摩材料。主要用于摩擦零件和耐蚀零件的制造，如蜗轮、轴瓦等，以及在水、水蒸气和油中工作的零件。

除锡以外的其他合金元素与铜组成的合金，统称为无锡青铜。主要包括铝青铜、铍青铜、铅青铜和硅青铜等。它们通常作为锡青铜的廉价代用材料使用。

压力加工青铜的牌号以 Q 为代号，后面标出主要元素的符号和含量，如 QSn4—3，表示锡的质量分数为 4%、锌的质量分数为 3%、其余为铜的锡青铜。铸造铜合金的牌号用 ZCu 及合金元素符号和质量分数组成。如 ZCuSn5Pb5Zn5 的合金名称为 5-5-5 锡青铜，锡、铅、锌的质量分数各为 5%，其余为铜。

2. 铝及铝合金

纯铝显著的特点是密度小（$2.7\times10^3 kg/m^3$），熔点低（660℃），导电性和塑性好，在空气中有良好的耐蚀性，但强度和硬度低。纯铝主要用作导电材料或制造耐蚀零件，而不能用于制造承载零件。

铝中加入适量的铜、镁、硅、锰等元素即构成铝合金。它有足够的强度、较好的塑性和良好的耐蚀性，且多数可以热处理强化。因此，要求质量轻、强度高的零件多用铝合金。

铝合金分为变形铝合金和铸造铝合金两大类。变形铝合金具有较高的强度和良好的塑性，可通过压力加工制作各种半成品，且可以焊接。主要用于制作各种型材和结构件，如发动机机架、飞机大梁等。变形铝合金又分为防锈铝合金（代号为 5A05、3A21 等）、硬铝合金（代号为 2A11、2A12 等）、超硬铝合金（代号为 7A04、7A09 等）和锻铝合金（代号为 2A50、2A70 等）。

铸造铝合金包括铝-镁、铝-锌、铝-硅、铝-铜等合金。铝-硅和铝-锌合金具有良好的铸造性能，可以铸成各种形状复杂的零件。但塑性低，不易进行压力加工。应用最广的是硅铝合金，又称硅铝明。各类铸造铝合金的代号均以 ZL（铸铝）加三位数字组成，第一位数字表示合金类别（1 为铝-硅系，2 为铝-铜系，3 为铝-镁系，4 为铝-锌系），第二位、第三位数字为合金顺序号，序号不同者，化学成分也不同。如 ZL102 表示 2 号铝-硅系铸造铝合金。若优质合金则在代号后面加“A”。

3. 轴承合金

轴承合金是用来制造滑动轴承（轴瓦和轴承衬）的专用合金。要求具有足够的强度、硬度和耐磨性，足够的塑性和韧性，较小的摩擦因数和磨合能力，良好的导热性、耐蚀性和低的膨胀系数等。

为了满足上述要求，轴承合金的理想组织应由塑性好的软基体和均匀分布在软基体上的硬质点构成（或者相反）。软基体组织塑性高，能与轴（颈）磨合，并承受冲击载荷；软组织被磨凹后可储存润滑油，以减少摩擦和磨损，而凸起的硬质点则起支承作用。具备这种组织的典型合金是锡基轴承合金和铅基轴承合金。

锡基轴承合金是 Sn-Sb-Cu 系合金，实质上是一种锡合金。其牌号有 ZSnSb12Pb10Cu4、ZSnSb12Cu6Cd1、ZSnSb11Cu6、ZSnSb8Cu4 和 ZSnSb4Cu4 等，适于制造最重要的轴承，如汽轮机、涡轮机、内燃机等的高速、重载轴承。

铅基轴承合金是 Pb-Sb-Sn-Cu 系合金，实质上是一种铅合金，它的性能略低于锡基轴承合金。但由于锡基轴承合金的价格昂贵，所以对某些要求不太高的轴承常采用价廉的铅基轴承合金，如汽车、拖拉机的曲轴轴承、电动机轴承等一般用途的工业轴承。

4. 粉末冶金及硬质合金

将金属粉末（或掺入部分非金属粉末）放在模具内加压成形，然后烧结而成为金属零件或金属材料的生产方法，称为粉末冶金。粉末冶金既是制取用普通冶炼方法难以得到的金属材料的一种特殊冶金工艺，又是制造各种精密机器零件的一种加工方法。

硬质合金是以难溶的金属碳化物（碳化钨、碳化钛等）为基体，以钴、镍等金属作粘结剂，用粉末冶金的方法制成的合金材料。

硬质合金的主要用途是制作刀具，特点是具有很高的热硬性。但是，由于其本身的硬度太高，又比较脆，很难进行机械加工，故经常将其制成一定规格的刀片，镶焊或装夹在刀体上使用。

常用的硬质合金类型见第十二章第二节相关内容。

第五节　常用非金属材料及复合材料

随着生产的发展，非金属材料和新型材料应用日益广泛、种类繁多，本节只介绍工程结构和机械零件常用的工程塑料、橡胶、工业陶瓷及新型材料。

一、工程塑料

塑料是以高分子聚合物（通常称为树脂）为基础，加入一定添加剂，在一定温度、压力下可塑制成型的材料。按塑料的应用范围可分为通用塑料、工程塑料和特种塑料等。工程塑料是指常在工程技术中用作结构材料的塑料。它们的机械强度高、质轻、绝缘、减摩、耐磨，或具备耐热、耐蚀等特种性能，而且成型工艺简单，生产率高，是一种良好的工程材料。因而可代替金属制作某些机械零件或作其他特殊用途。

常用工程塑料种类甚多，如聚酰胺（PA），商业上称作尼龙或锦纶，聚甲醛（POM）、ABS塑料、聚碳酸酯（PC）等。聚酰胺的机械强度较高，耐油、耐蚀、耐磨、自润滑性好、消声、减振，机械工业中应用比较广泛，大量用于制造小型零件（齿轮、轴承等），以代替非铁金属及其合金。尼龙的品种很多，机械工业中多用尼龙6、尼龙66、尼龙610、尼龙1010等，其中尼龙1010是我国独创的，是用蓖麻油为原料制成的。

二、橡胶材料

橡胶是一种有机高分子材料，橡胶可分为天然橡胶和合成橡胶两类。

天然橡胶属于天然树脂，主要成分是聚异戊二烯。天然橡胶的抗拉强度与回弹性比多数合成橡胶好，但耐热老化性和耐大气老化性较差，不耐臭氧，不耐油和有机溶剂，易燃烧。它一般用作轮胎、电线电缆的绝缘护套等。

合成橡胶是石油或乙醇、乙炔、天然气体或其他产物经过加工、提炼而获得的，并具有类似橡胶性质的合成产物。这种材料可以用来代替天然橡胶。常用的合成橡胶有丁苯橡胶、氯丁橡胶、聚氨酯橡胶、硅橡胶、氟橡胶等。

橡胶具有高的弹性、优良的伸缩性能和积储能量的能力，还有良好的耐磨性、隔音性和阻尼特性。未硫化橡胶还能与某些树脂掺合改性，之后可与其他材料（金属、纤维、石棉、塑料等）结合成为兼有两者特点的复合材料。在机械工业中广泛用来制造密封件、减振件、传动件、轮胎和电线外套等。

三、工业陶瓷

陶瓷是用天然或人工合成的粉状化合物（由金属元素和非金属元素形成的无机化合物），经过成型和高温烧结制成的多相固体材料。

利用天然硅酸盐矿物（如粘土、长石、石英等）为原料制成的陶瓷称为普通陶瓷或传统陶瓷；用纯度高的人工合成原料（如氧化物、氮化物、碳化物、硅化物、硼化物、氟化物等）制成的陶瓷称为特种陶瓷或现代陶瓷。现代陶瓷具有独特的物理、化学、力学性能，如耐高温、抗氧化，耐蚀性和高温强度高，但几乎不能产生塑性变形，脆性大。它是一种高温结构材料，可用于制作切削刀具、高温轴承、泵的密封圈等。

常用的工程陶瓷有普通陶瓷、氧化铝陶瓷、氮化硅陶瓷、碳化硅陶瓷、氮化硼陶瓷等。

四、复合材料

由两种或两种以上物理、化学性能不同的物质，经人工合成的材料称为复合材料。复合材料常以树脂、橡胶、陶瓷和金属为基体相，以纤维、粒子和片状物为增强相，从而构成不同的复合材料。

1. 玻璃纤维增强树脂基复合材料

它是以玻璃纤维及其制品为增强剂，以树脂为粘结剂制成的，又称为玻璃钢。其中以尼龙、聚烯烃类、聚苯乙烯类等热塑性树脂为粘结剂制成的热塑性玻璃钢，具有较高的介电、耐热和抗老化性能，其力学性能达到甚至超过某些金属材料，可用来制造轴承、齿轮、仪表盘、罩壳、叶片等零件。而以环氧树脂、酚醛树脂、有机硅树脂、聚酯树脂等热固性树脂为粘结剂的热固性玻璃钢，具有密度小、强度高、介电性和耐蚀性以及成型工艺性好等优点，可用来制造车身、船体、直升机旋翼等。

2. 层合复合材料

层合复合材料是由两层或两层以上不同材料结合而成的。其目的是更为有效地发挥各层材料的优点，获得最佳性能的组合。常见的层合复合材料有双层金属复合材料和塑料—金属多层复合材料。

双层金属复合材料是最简单的层合复合材料，它是通过胶合、熔合、铸造、钎焊等方法将不同性质的金属复合在一起的。它可以是普通钢与不锈钢或其他合金钢的复合，也可以是钢与非铁金属的复合。这样既能满足零件对心部的要求，又能满足对表层的要求，可节约贵重金属，降低成本。

塑料—金属多层复合材料以SF型三层复合材料为例，它以钢板为基体，以烧结铜网或多孔青铜为中间层，以聚四氟乙烯或聚甲醛塑料为表层，构成具有高承载能力的减摩自润滑复合材料。它的物理、力学性能取决于钢基体，减摩和耐磨性能取决于塑料表层，中间层是为了获得高的粘结力和储存润滑油。目前应用较多的材料有SF—1（以聚四氟乙烯为表层）和SF—2（以聚甲醛为表层）。

习　题

1-1　金属材料有哪些基本的力学性能和工艺性能？

1-2　什么是硬度？HBW、HRA、HRB、HRC各代表什么方法测量出的硬度？

1-3　金属结晶过程是怎样的？影响晶粒大小的因素有哪些？晶粒大小对力学性能有什么影响？

1-4　铁碳合金的基本组织有哪几种？它们各有什么性能特点？

1-5　绘出简化的 $Fe\text{-}Fe_3C$ 相图，解释主要特性点和特性线的意义。

1-6　$Fe\text{-}Fe_3C$ 相图在实际生产中有何应用？

1-7　什么是热处理？它由哪几个阶段组成？热处理的目的是什么？

1-8　什么是表面淬火？常用的表面淬火方法有哪几种？

1-9　工件淬火后为什么要及时回火？回火的目的是什么？回火按回火温度可分几种？它们分别应用在什么场合？

1-10　根据碳在铸铁中的形态，铸铁分为哪几种？

1-11　说明下列牌号属于何种钢？数字的含义是什么？主要用途是什么？

Q235A，45，40Cr，T12A，W18Cr4V，GCr15，HT200，20CrMnTi，5CrMnMo，QT400—18，12Cr18Ni9，ZG310—570。

1-12　有下列零件，试选用它们的材料：普通螺钉、弹簧垫圈、手工锯条、卧式车床主轴、高精度量规、机床齿轮、滚动轴承、柴油机曲轴。

1-13　铝合金分为哪几类？各自的特点是什么？

1-14　说明含锌量对黄铜性能的影响。青铜分为哪几类？

1-15　什么是工程塑料？它有哪些性能？

1-16　什么是复合材料？常用的是哪两类？

第二章　静　力　学

机器和工程结构都是由许多构件所组成的。为了保证机器或结构能够正常工作，设计时必须分析各构件的受力情况。当构件处于平衡状态时，还要研究其平衡条件，进而确定作用在构件上的未知力。静力学研究的是刚体在力系作用下的平衡规律。

第一节　静力学基础

一、静力学的基本概念

1. 力和力系

人们在长期大量的生活和生产实践中，逐步形成了对力的感性认识。例如，当人们用手握、举、推、拉物体时，由于肌肉的紧张而感到力的作用，这种感性认识上升到理性，就建立起了抽象的力的概念。力是物体间相互的机械作用，这种作用产生的效应一般表现在两个方面，一是物体运动状态的改变，二是物体形状的改变。通常把前者称为力的运动效应，后者称为力的变形效应。

实践表明，力对物体的作用效应取决于力的三要素，即力的大小、方向、作用点。显然，力是矢量，可以用有向线段来表示，如图 2-1 所示。线段 AB 的长度按比例表示力的大小，线段 AB 的方位和箭头指向表示力的方向，沿力的方向画出的直线称为力的作用线，A 或 B 表示力的作用点。通常用黑体字母（如 $\boldsymbol{F}$）表示力是矢量，用普通字母 F 表示力的大小。

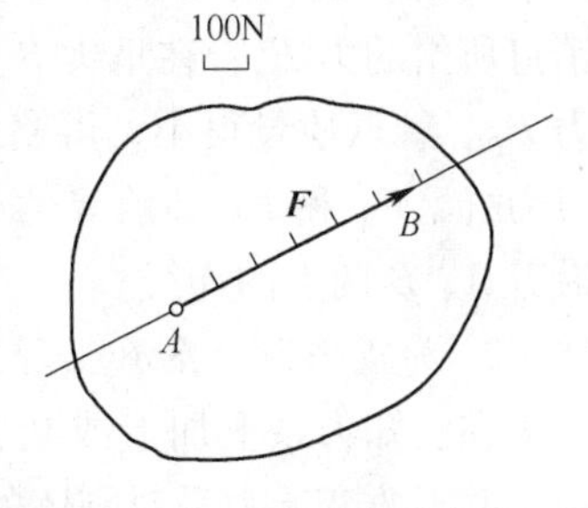

图 2-1　力的表示法

在国际单位制中，力的常用单位是牛顿（N）或千牛顿（kN）。

作用于同一物体上的一组力称为力系。如果一个力系作用于物体上而不改变物体的原有运动状态，则称该力系为平衡力系。如果两个力系对同一物体的作用效应完全相同，则称这两个力系为等效力系。如果一个力对物体的作用效应和一个力系对同一物体的作用效应完全相同，则该力称为力系的合力，力系中的每一个力称为该合力的分力。

2. 平衡的概念

平衡是指物体相对于地球处于静止或匀速直线运动状态。当物体在力系作用下处于平衡状态时，该力系必须满足一定的条件，这个条件称为力系的平衡条件，此力系称为平衡力系。

3. 刚体的概念

所谓刚体是指在力的作用下，其内部任意两点之间的距离始终保持不变的物体。这是一个理想化的力学模型。实际物体在力的作用下，都会产生程度不同的变形。但是，这些微小的变形，对研究物体的平衡问题不起主要作用，可以略去不计，而将物体抽象为刚体。

二、力的基本性质

1. 二力平衡条件

作用在刚体上的两个力，使刚体保持平衡的必要和充分条件是：这两个力的大小相等，方向相反，且作用在同一直线上，即 $\boldsymbol{F}_1 = -\boldsymbol{F}_2$，如图 2-2a 所示。

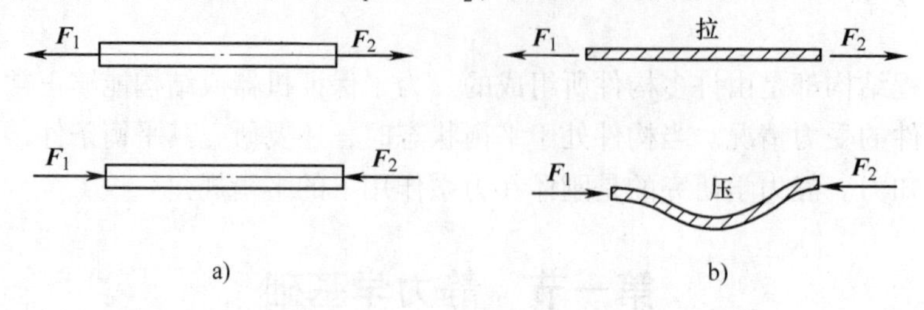

图 2-2　二力平衡条件

此条件表明了作用于刚体上的最简单的力系平衡时所必须满足的条件。需要指出的是，此条件对变形体而言只是必要条件而非充分条件，如图 2-2b 所示的绳索受拉仍能处于平衡状态，而受压时并不能保持平衡。

在工程中，常把只受两个力作用而平衡的构件称为二力构件，或称二力杆。对于二力杆来说，若已知二力的作用点，则根据二力平衡条件，两个力必沿作用点的连线。如图 2-3 所示的棘轮机构中，棘爪在 A 点受到圆柱形销钉所给的力 $\boldsymbol{F}_A$，在爪尖 B 点受到棘轮给的力 $\boldsymbol{F}_B$，棘爪质量很小，可略去不计，棘爪为二力杆，$\boldsymbol{F}_A$ 和 $\boldsymbol{F}_B$ 必然等值、反向，作用线沿着 A、B 两点的连线。

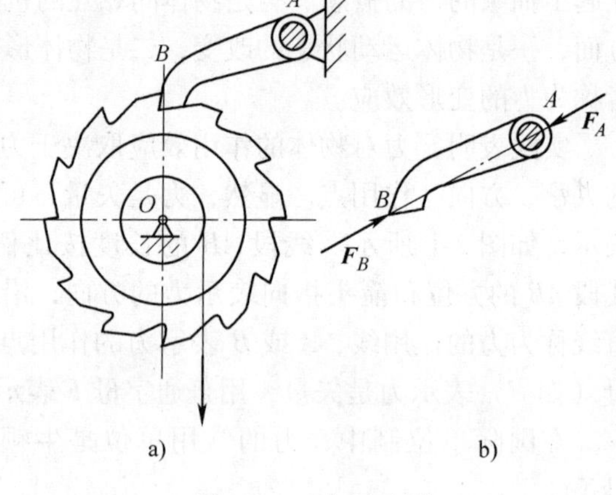

图 2-3　二力杆示例

2. 加减平衡力系原理

在已知力系上加上或减去任意的平衡力系，并不改变原力系对刚体的作用。

此原理是研究力系等效变换的重要依据。

推论 1　力的可传性原理

作用于刚体上某点的力，可以沿着它的作用线移到刚体内任意一点，并不改变该力对刚体的作用。

推导过程如图 2-4 所示。由此可见，力对刚体的作用效应与力的作用点在作用线上的位置无关。因此，作用于刚体上的力的三要素是力的大小、方向和作用线。

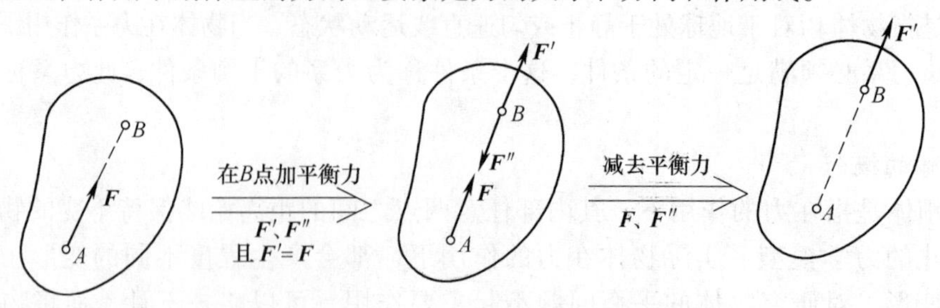

图 2-4　力的可传性原理推导

3. 力的平行四边形法则

作用在物体上同一点的两个力，可以合成为作用点在该点的一个合力，合力的大小和方向由这两个力为边构成的平行四边形的对角线确定。如图2-5a所示，合力矢 $\boldsymbol{F}_R$ 等于这两个分力矢 $\boldsymbol{F}_1$、$\boldsymbol{F}_2$ 的矢量和，即

$$\boldsymbol{F}_R = \boldsymbol{F}_1 + \boldsymbol{F}_2 \tag{2-1}$$

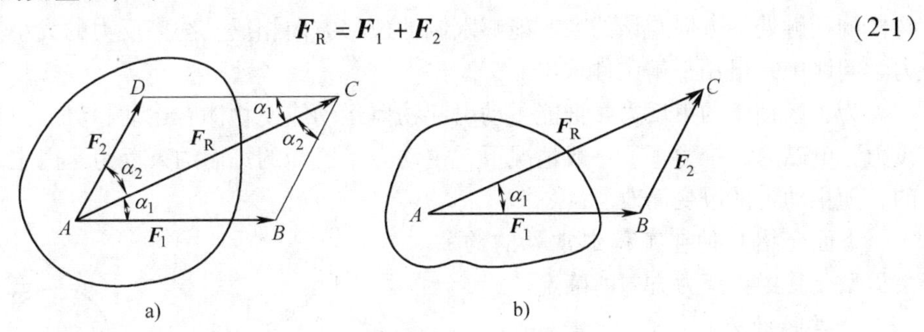

图2-5 力的合成

应用此法则求两汇交力合力的大小和方向（即合力矢）时，可不必作出力的平行四边形，只需画出力的三角形即可。其方法是：作矢量 $\boldsymbol{AB}$ 代表力矢 $\boldsymbol{F}_1$，再从 $\boldsymbol{F}_1$ 的终点 B 作矢量 $\boldsymbol{BC}$ 代表力矢 $\boldsymbol{F}_2$，最后从 $\boldsymbol{F}_1$ 的起点 A 向 $\boldsymbol{F}_2$ 的终点 C 作矢量 $\boldsymbol{AC}$，即为合力矢 $\boldsymbol{F}_R$。这种方法称为力的三角形法则。若改变 $\boldsymbol{F}_1$ 和 $\boldsymbol{F}_2$ 合成的顺序，其结果不变。

力的平行四边形法则是力系合成的法则，也是力系分解的法则。

推论2 三力平衡汇交定理

作用于刚体上三个相互平衡的力，若其中两个力的作用线汇交于一点，则此三力必在同一平面内，且第三个力的作用线通过汇交点。

证明：如图2-6所示，在刚体的 A、B、C 三点上，分别作用三个相互平衡的力 $\boldsymbol{F}_1$、$\boldsymbol{F}_2$、$\boldsymbol{F}_3$。根据力的可传性原理，将 $\boldsymbol{F}_1$ 和 $\boldsymbol{F}_2$ 移到汇交点 O，然后根据力的平行四边形法则，得合力 $\boldsymbol{F}_{12}$。根据二力平衡条件，$\boldsymbol{F}_3$ 应与 $\boldsymbol{F}_{12}$ 等值、反向、共线，所以 $\boldsymbol{F}_3$ 必定与 $\boldsymbol{F}_1$ 和 $\boldsymbol{F}_2$ 共面，且通过 $\boldsymbol{F}_1$ 与 $\boldsymbol{F}_2$ 的交点 O。

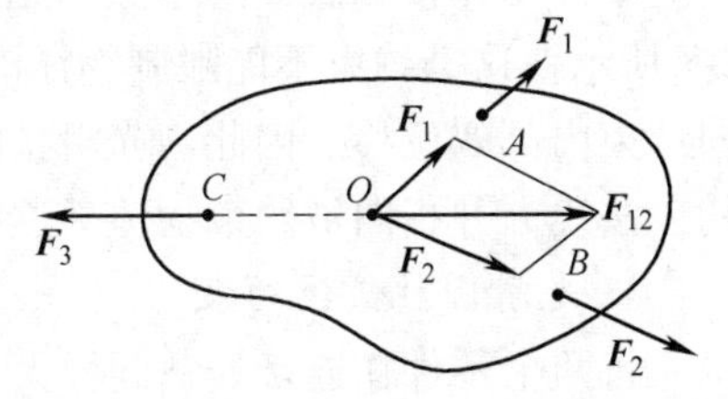

图2-6 三力平衡汇交定理

4. 作用与反作用定律

两物体间相互作用的作用力和反作用力总是大小相等、方向相反，沿着同一直线，分别作用在这两个物体上。

这个定律表明力总是成对出现的，有作用力就必有反作用力，它们同时出现，同时消失。

应当注意，作用与反作用定律中的一对力和二力平衡条件中的一对力是有区别的。作用力与反作用力分别作用在两个物体上，而二力平衡条件中的两个力则作用在同一个物体上。

三、约束和约束反力

在空间可以自由运动，其位移不受任何限制的物体称为自由体，如空中飞行的飞机、炮弹和火箭等。而大多数物体在空间的位移却要受到一定的限制，这样的物体称为非自由体。如机车受铁轨的限制，只能沿轨道运动；电机转子受轴承的限制，只能绕轴线转动；重物由

钢索吊住，不能下落等。

对非自由体的某些位移起限制作用的周围物体称为约束。例如，铁轨是机车的约束，轴承是电机转子的约束，钢索是重物的约束。

约束对被约束物体的作用力称为约束反力或约束力。约束反力总是作用在约束与被约束物体的接触处，方向与该约束所能够限制的位移方向相反。约束反力的大小是未知的，在静力学问题中，可用平衡条件求出。

为了区别于约束反力，把能主动引起物体运动或使物体有运动趋势的力称为主动力，如重力、电磁力、推力等。一般情况下，主动力是已知的。而约束反力是由主动力的作用引起的，随主动力的改变而改变。

下面介绍几种在工程中常见的约束类型及其约束反力方向的确定。

1. 柔性约束

由绳索、链条、传动带等对物体构成的约束，称为柔性约束。此类约束只能受拉，不能受压，即约束只能限制物体沿柔性物体的中心线离开的运动。因此，其约束力作用在接触点，方向总是沿柔性物体中心线而背离被约束物体，即拉力，通常用符号 $\boldsymbol{F}_T$ 表示，如图 2-7 所示。

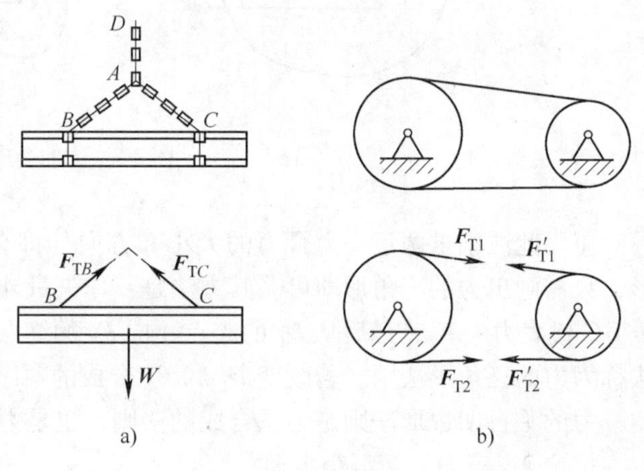

图 2-7　柔性约束

2. 光滑面约束

不计物体接触表面间摩擦的光滑平面或曲面对物体所构成的约束称为光滑面约束，如图 2-8 所示。这类约束不能限制物体沿约束表面切线的位移，只能阻碍物体沿接触表面法线并向约束内部的位移。因此，光滑接触面对物体的约束反力作用在接触点处，方向沿接触表面的公法线，并指向被约束物体。这种约束反力称为法向反力，通常用符号 $\boldsymbol{F}_N$ 表示。

3. 光滑圆柱铰链约束

将两个零件在连接处钻同样大小的孔，用圆柱形销钉连接起来便构成了圆柱铰链约束。若不计摩擦，则此结构可视为光滑圆柱铰链约束。这种约束限制被约束物体间的相对移动，但不限制物体绕销钉的相对转动。光滑圆柱铰链约束在机械工程中有许多具体应用形式。

（1）固定铰链支座约束　若构成光滑圆柱铰链约束中的一个构件固定在地面或机架上，则构成固定铰链支座，如图 2-9a 所示，其简图如图 2-9b 所示。

因不计摩擦，铰链中的圆柱销与物体的圆孔间的接触是两个光滑圆柱面的接触，本质上相当于光滑面约束，但接触点不能确定，所以固定铰链支座约束反力在垂直于销钉轴线的平面内，通过销钉中心，方向待定。通常用过销钉中心的两个正交分力 $\boldsymbol{F}_x$、$\boldsymbol{F}_y$ 来表示，两个分力的指向是假定的，如图 2-9c 所示。

（2）中间铰链约束　若构成光滑圆柱铰链约束中的两个构件均为活动构件，则构成中间铰链约束，如图 2-10a 所示，其简图如图 2-10b 所示。

中间铰链约束反力特点与固定铰链支座约束相同，通常也用两个正交分力来表示，如图 2-10c 所示。

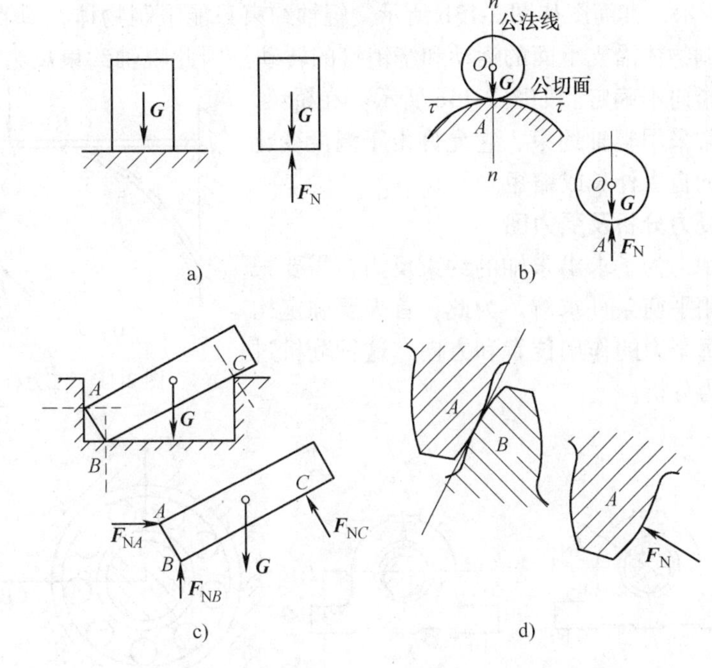

图 2-8 光滑面约束

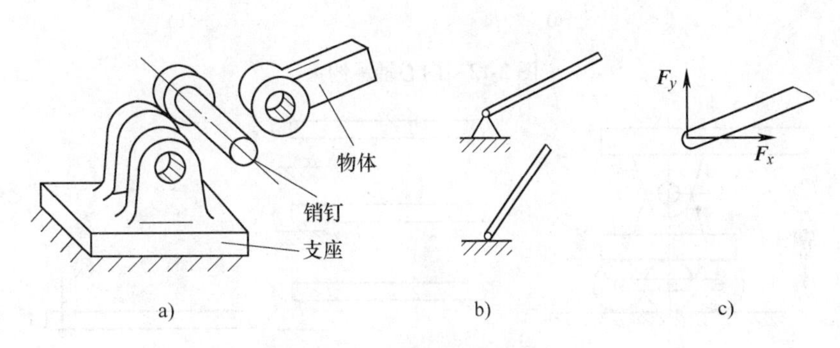

图 2-9 固定铰链支座约束

必须指出，当铰链连接的构件为二力杆时，根据二力平衡条件，其约束力不能用正交分力表示，只能用一个力来表示，该力的作用线必沿二力杆所受两力作用点的连线，方向可以假设。如图 2-11a 所示的支架中，若不计 BC 杆的重力，则 BC 杆为二力杆，其固定铰链支座 B 和中间铰链 C 对杆的约束力只能分别用一个力表示，即 $\boldsymbol{F}_B$ 和 $\boldsymbol{F}_C$，如图 2-11b 所示。

另外，机械中对转轴起支承作用的向心滑动轴承（图 2-12a）和向心滚动轴承（图 2-12b），它们的约束性质与圆柱铰链约束相同，约束反力通常也用两个正交分力来表示。

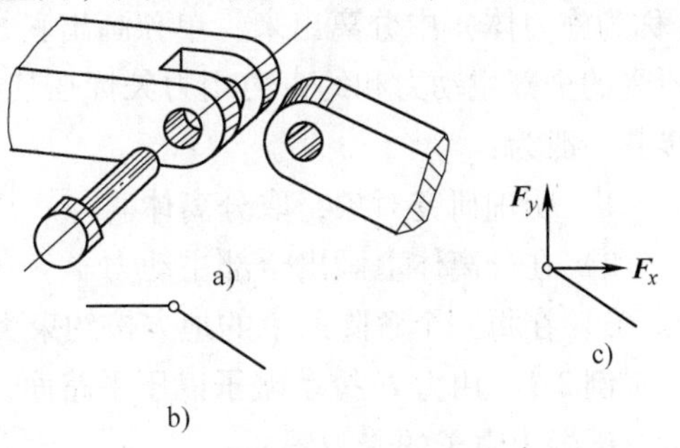

图 2-10 中间铰链约束

4. 辊轴约束

将物体的铰链支座用几个辊轴支承在光滑平面上，就称为辊轴约束，也称为活动铰链支座，如图 2-13a 所示，其简图如图 2-13b 所示。辊轴约束只能限制物体在垂直于支承面方向的移动，不能限制物体沿支承面的运动和绕销钉的转动。因此辊轴约束反力通过销钉中心，垂直于支承面，指向不确定。如图 2-13c 所示。在桥梁、屋架等结构中经常采用辊轴约束，它允许由于温度变化而引起结构跨度的自由伸长或缩短。

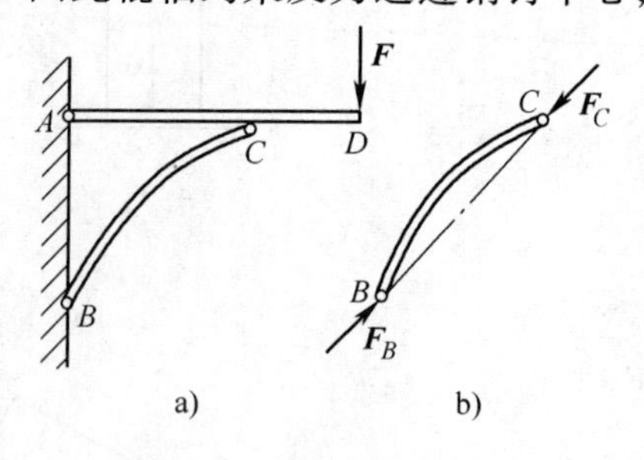

图 2-11　二力杆受力分析

四、物体的受力分析及受力图

在工程实际中，为了求出未知的约束反力，需要根据已知条件，应用平衡条件求解。为此，首先要确定构件受了几个力，每个力的作用位置和方向，这种分析过程称为物体的受力分析。

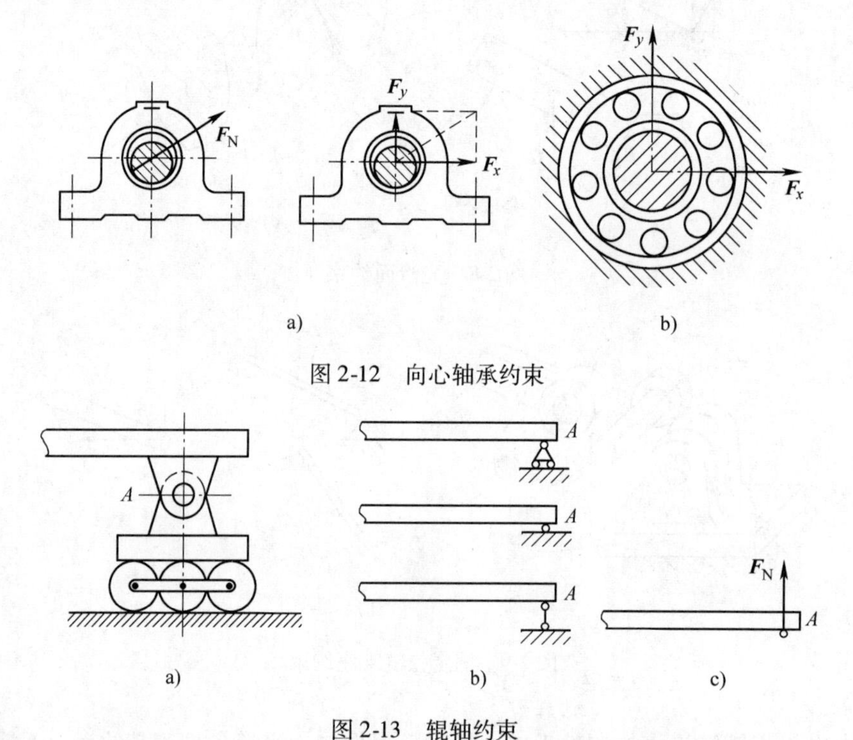

图 2-12　向心轴承约束

图 2-13　辊轴约束

为了清晰地表示物体的受力情况，需要将研究的物体（称为受力体）从周围的物体（称为施力体）中分离出来，单独画出它的简图，这个过程称为取分离体。在分离体上将其所受的全部主动力和约束力用力矢标在其相应的位置上，即得到物体的受力图。画受力图的步骤一般为：

1）明确研究对象，取分离体。

2）在分离体上画出全部主动力。

3）在每一个解除约束的地方按约束类型和约束性质画出相应的约束反力。

例 2-1　用力 $\boldsymbol{F}$ 拉动碾子以压平路面，重为 $\boldsymbol{W}$ 的碾子受到一石块的阻碍，如图 2-14a 所示。试画出碾子的受力图。

解　1）取碾子为研究对象（即取分离体），并单独画出其简图。

2）画主动力。有重力 $\boldsymbol{W}$ 和过碾子中心的拉力 $\boldsymbol{F}$。

3）画约束反力。因碾子在 A 和 B 两处受到石块和地面的约束，如不计摩擦，均为光滑面约束，故在 A 处受石块的法向反力 $\boldsymbol{F}_{NA}$ 的作用，在 B 处受地面的法向反力 $\boldsymbol{F}_{NB}$ 的作用，它们都沿着碾子上接触点的公法线而指向圆心。

碾子的受力图如图 2-14b 所示。

例 2-2　水平放置的 AB 杆如图 2-15a 所示，在 D 点受铅垂向下的力 $\boldsymbol{F}$ 作用，杆的质量略去不计，试画出 AB 杆的受力图。

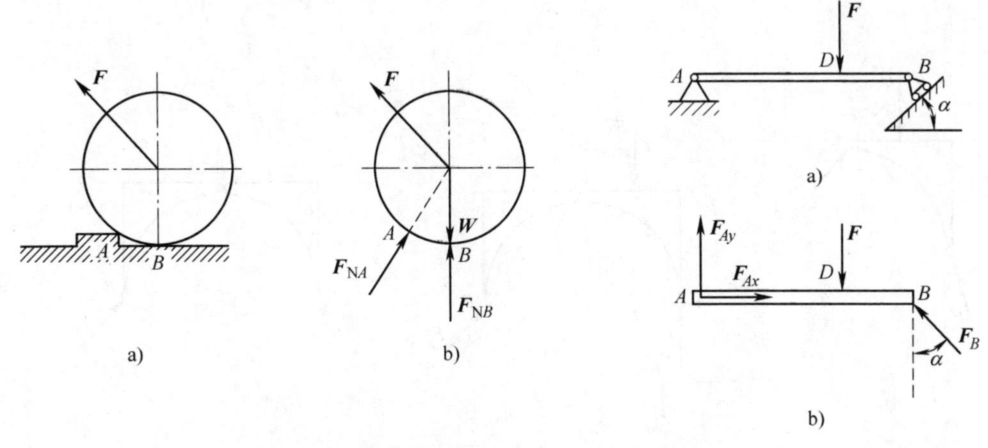

图 2-14　碾子受力分析　　图 2-15　AB 杆受力分析

解　1）取 AB 杆为研究对象，并单独画出其简图。

2）画主动力。有铅垂向下的力 $\boldsymbol{F}$ 作用。

3）画约束反力。杆 A 端的约束为固定铰链支座约束，所以约束反力通过铰链中心，用两个正交分力 $\boldsymbol{F}_{Ax}$、$\boldsymbol{F}_{Ay}$ 来表示。杆 B 端为辊轴约束，约束反力 $\boldsymbol{F}_B$ 过铰链中心而垂直支承面，其指向可以假设向左上方（也可以假设向右下方）。

AB 杆的受力图如图 2-15b 所示。

例 2-3　如图 2-16a 所示的三铰拱桥，由左、右两拱铰接而成。设各拱自重不计，在拱上作用有载荷 $\boldsymbol{F}$。试分别画出拱 AC、CB 和整个系统的受力图。

解　1）取拱 BC 为研究对象，画出其分离体。由于拱 BC 自重不计，只在 B、C 两处受到铰链约束，所以拱 BC 在二力作用下平衡，故其为二力杆。其受力如图 2-16b 所示。

2）取拱 AC 为研究对象，画出其分离体。由于自重不计，因此主动力只有载荷 $\boldsymbol{F}$。拱在铰链 C 处受到拱 BC 给它的约束反力 $\boldsymbol{F}_C'$ 的作用，根据作用和反作用定律，$\boldsymbol{F}_C' = -\boldsymbol{F}_C$。拱在 A 处受到固定铰链支座给它的约束反力 $\boldsymbol{F}_A$ 的作用，由于方向未定，可用两个正交分力 $\boldsymbol{F}_{Ax}$ 和 $\boldsymbol{F}_{Ax}$ 代替。

拱 AC 的受力图如图 2-16c 所示。

再进一步分析可知，由于拱 AC 在 $\boldsymbol{F}$、$\boldsymbol{F}_C'$ 和 $\boldsymbol{F}_A$ 三个力作用下平衡，故根据三力平衡汇交定理，可确定铰链 A 处约束反力 $\boldsymbol{F}_A$ 的方向。点 D 为力 $\boldsymbol{F}$ 和 $\boldsymbol{F}_C'$ 作用线的交点，当拱 AC 平衡时，反力 $\boldsymbol{F}_A$ 的作用线必通过点 D（图 2-16d），至于 $\boldsymbol{F}_A$ 的指向，暂且假定如图 2-16d 所示，以后由平衡条件确定。

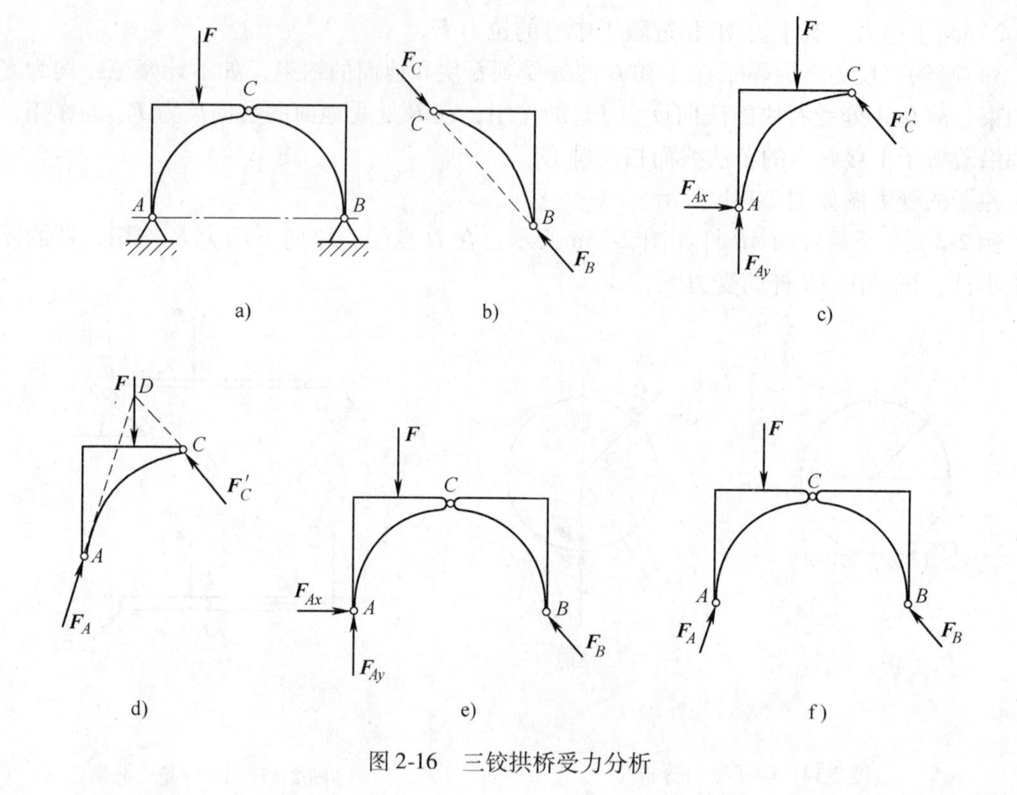

图 2-16　三铰拱桥受力分析

3）取整个系统为研究对象，去掉不影响系统结构的外部约束（固定铰链支座 A、B），画出系统的分离体。系统受到的主动力有力 $\boldsymbol{F}$。约束反力有固定铰链支座 A 处的两个正交分力 $\boldsymbol{F}_{Ax}$ 和 $\boldsymbol{F}_{Ay}$（或 $\boldsymbol{F}_A$），固定铰链支座 B 处的约束力 $\boldsymbol{F}_B$。由于铰链 C 处所受的力互为作用力与反作用力关系，即 $\boldsymbol{F}'_C = -\boldsymbol{F}_C$，这些力都成对地作用在整个系统内，称为内力。内力对系统的作用效应相互抵消，并不影响整个系统的平衡，故内力在受力图上不必画出。在受力图上只需画出系统以外的物体给系统的作用力，这种力称为外力。这里，载荷 $\boldsymbol{F}$ 和约束反力 $\boldsymbol{F}_B$、$\boldsymbol{F}_{Ax}$ 和 $\boldsymbol{F}_{Ay}$ 都是作用于整个系统的外力。

整个系统的受力图如图 2-16e 或 f 所示。

第二节　力矩与平面力偶系

一、力矩

1. 力矩的概念

日常生活及工程中常用扳手拧螺母（图 2-17）。经验表明，使螺母转动的效应不仅与力 $\boldsymbol{F}$ 的大小有关，而且与 O 点到力 $\boldsymbol{F}$ 作用线的垂直距离 d 有关。由物理学可知，力使物体绕 O 点转动的效应称为力 $\boldsymbol{F}$ 对 O 点之矩，简称力矩。在平面问题中，力对点之矩为代数量，其大小等于力 $\boldsymbol{F}$ 的大小与该力到转动中心（矩心）的距离 d（力臂）的乘积，即

$$M_O(F) = \pm Fd \tag{2-2}$$

其正负号规定为：力使物体绕矩心逆时针转向转动时为正，反之为负。力矩的常用单位

为 N · m 或 kN · m。

由力矩的定义可知：

1）力矩的大小或转向随着矩心位置的变化而变化。当力的作用线通过矩心，即力臂等于零时，力矩为零。

2）对于刚体而言，当力沿其作用线滑移时，力对点之矩不变。

2. 合力矩定理

设有平面汇交力系 $\boldsymbol{F}_1$、$\boldsymbol{F}_2$、…、$\boldsymbol{F}_n$，其合力为 $\boldsymbol{F}_R$。由于合力与力系等效，所以合力对平面内任一点之矩等于所有各分力对该点之矩的代数和。即

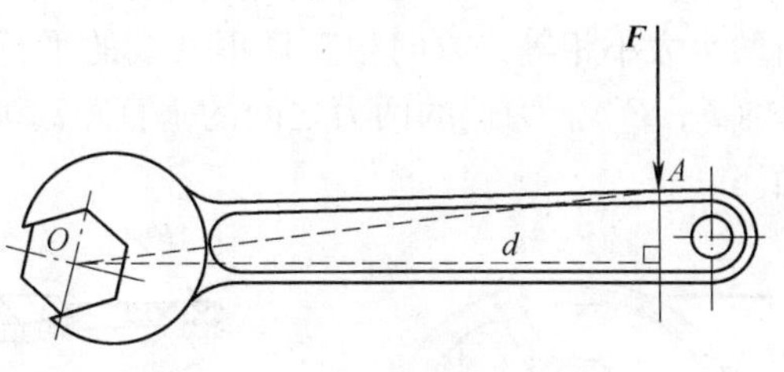

图 2-17　扳手拧螺母

$$M_O(\boldsymbol{F}_R)=\sum M_O(\boldsymbol{F}_i) \tag{2-3}$$

这就是合力矩定理。该定理适用于有合力的任何力系。

当合力的力臂不易求出时，常将力分解为两个易确定力臂的分力（通常是正交分解），然后应用合力矩定理计算力矩。

例 2-4　如图 2-18a 所示直齿圆柱齿轮，受到啮合力 $\boldsymbol{F}$ 的作用。设 $F=1\ 400\text{N}$，压力角 $\alpha=20°$，齿轮的节圆半径 $r=60\text{mm}$，试计算力 $\boldsymbol{F}$ 对于轴心 O 的力矩。

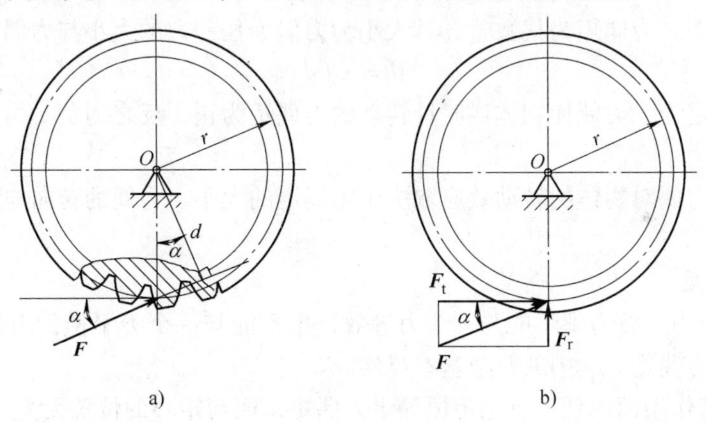

图 2-18　直齿圆柱齿轮

解　计算力 $\boldsymbol{F}$ 对点 O 的力矩，可直接按力矩的定义求得（图 2-18a），即

$$\begin{aligned}M_O(\boldsymbol{F})&=Fd=Fr\cos\alpha\\&=1\ 400\text{N}\times60\text{mm}\times\cos20°\\&=78.93\text{N}\cdot\text{m}\end{aligned}$$

另外也可以根据合力矩定理，将力 $\boldsymbol{F}$ 分解为径向力 $\boldsymbol{F}_r$ 和圆周力 $\boldsymbol{F}_t$（图 2-18b），由于径向力 $\boldsymbol{F}_r$ 通过矩心 O，则

$$\begin{aligned}M_O(\boldsymbol{F})&=M_O(\boldsymbol{F}_r)+M_O(\boldsymbol{F}_t)\\&=0+F\cos\alpha\cdot r=1\ 400\text{N}\times\cos20°\times60\text{mm}\\&=78.93\text{N}\cdot\text{m}\end{aligned}$$

显然，对本例而言，用合力矩定理求力矩更为简单。

二、平面力偶系

1. 力偶与力偶矩

实践中，常见到汽车驾驶人用双手转动方向盘（图 2-19a）、钳工用丝锥攻螺纹（图 2-19b）等。在方向盘、丝锥等物体上，都作用了成对的等值、反向且不共线的平行力。这种由两个大小相等、方向相反且不共线的平行力组成的力系，称为力偶，如图 2-20 所示，记作（$\boldsymbol{F}$，$\boldsymbol{F}'$）。力偶的两力之间的垂直距离 d 称为力偶臂，力偶所在的平面称为力偶的作用面。

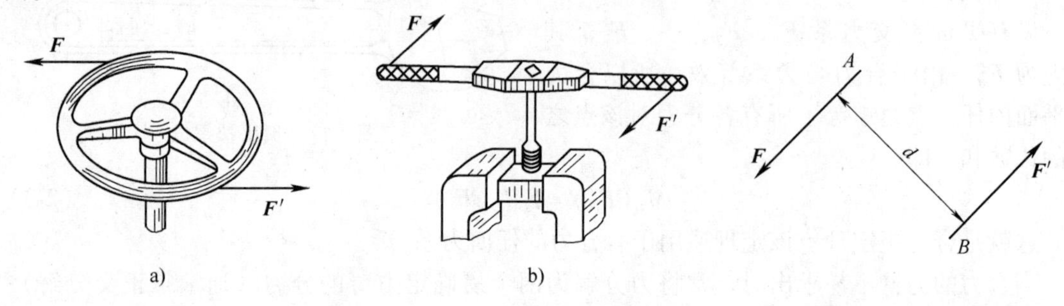

图 2-19　力偶工程实例　　　　图 2-20　力偶

力偶是力学中的一个基本物理量。它对物体只产生转动效应，其转动效应用力偶矩度量。在平面问题中，力偶矩为代数量，其大小为力偶中任一力的大小与力偶臂的乘积，即

$$M = \pm Fd \tag{2-4}$$

其正负号规定为：力偶使物体逆时针转动的力偶矩为正，反之为负。力偶矩的单位与力矩相同。

综上所述，力偶对物体的转动效应取决于力偶矩的大小、力偶的转向与力偶作用面的方位这三个要素。

2. 力偶的性质

1）力偶无合力。故力偶不能与一个力等效，也不能与一个力平衡，力偶只能与力偶平衡。因此，力和力偶是力学中的两个基本要素。

2）力偶对其作用面内任一点之矩恒等于力偶矩，而与矩心的位置无关。

设物体上作用有力偶（$\boldsymbol{F}$，$\boldsymbol{F}'$），如图 2-21 所示。在力偶作用面内任取一点 O，设 O 到力 $\boldsymbol{F}$ 的距离为 x，则力偶（$\boldsymbol{F}$，$\boldsymbol{F}'$）对 O 点之矩为

$$M_O(\boldsymbol{F},\boldsymbol{F}') = M_O(\boldsymbol{F}) + M_O(\boldsymbol{F}') = -Fx + F(x+d) = Fd = M$$

上式即说明了力偶的力偶矩与矩心的位置无关这一性质。

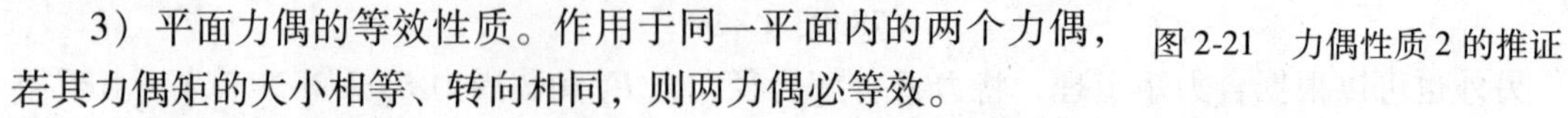

图 2-21　力偶性质 2 的推证

3）平面力偶的等效性质。作用于同一平面内的两个力偶，若其力偶矩的大小相等、转向相同，则两力偶必等效。

由性质 3 可得到如下推论：

只要保持力偶矩的大小和力偶的转向不变，可以同时改变力偶中力的大小和力偶臂的长短或在其作用面内任意移转，均不改变它对刚体的作用效应。

由于力偶对物体的作用效应完全取决于力偶矩的大小和转向，因此力偶可用图 2-22 所示的符号表示。

3. 平面力偶系的合成与平衡

作用于同一物体同一平面内的一组力偶称为平面力偶系。由力偶的性质可知，刚体在平面力偶系作用下的效应与一个力偶等效。因此，平面力偶系可以合成为一个合力偶，则合力偶的力偶矩等于原力偶系中各力偶矩的代数和，即

$$M = \Sigma M_i \tag{2-5}$$

当平面力偶系的合力偶矩为零时，则力偶系对物体的转动效应为零，物体处于平衡状态。因此平面力偶系平衡的必要和充分条件是力偶系中各力偶矩的代数和等于零，即

$$\Sigma M_i = 0 \tag{2-6}$$

例 2-5　图 2-23 所示的工件上有三个力偶，已知 $M_1 = M_2 = 10\text{N}\cdot\text{m}$，$M_3 = 20\text{N}\cdot\text{m}$；固定螺柱 A 和 B 的距离 $l = 200\text{mm}$。求两个光滑螺柱所受的水平力。

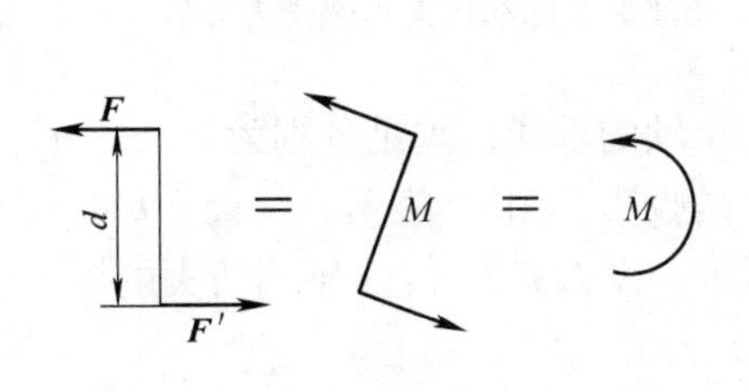

图 2-22　力偶的表示法

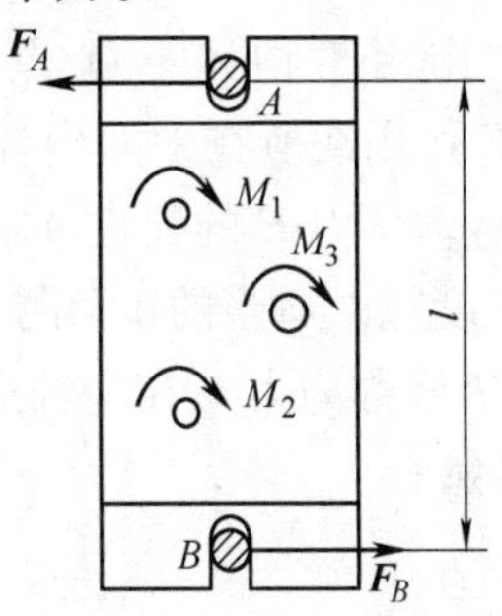

图 2-23　工件受力分析

解　1）选工件为研究对象，画受力图。工件在水平面内受三个力偶和两个螺柱的水平反力的作用。根据力偶系的合成定理，三个力偶合成后仍为一力偶，如果工件平衡，必有一反力偶与它相平衡。因此螺柱 A 和 B 的水平反力 $\boldsymbol{F}_A$ 和 $\boldsymbol{F}_B$ 必组成一力偶，它们的方向假设如图 2-23 所示，则 $F_A = F_B$。

2）列平衡方程。

由力偶系的平衡条件知

$$\Sigma M_i = 0$$

$$F_A \cdot l - M_1 - M_2 - M_3 = 0$$

解得

$$F_A = \frac{M_1 + M_2 + M_3}{l} = \frac{(10 + 10 + 20)\ \text{N}\cdot\text{m}}{0.2\text{m}} = 200\text{N}$$

因为 F_A 是正值，故所假设的方向是正确的，而螺柱 A 和 B 所受的力则应与 $\boldsymbol{F}_A$ 和 $\boldsymbol{F}_B$ 大小相等、方向相反。

第三节　平面力系的平衡

一、平面力系的概念

力系中各力的作用线均在同一平面内的力系称为平面力系。平面力系按作用线相互之间的几何位置关系又可分为平面汇交力系、平面平行力系与平面任意力系。各力的作用线汇交于一点的平面力系称为平面汇交力系；各力的作用线相互平行的平面力系称为平面平行力系；各力的作用线任意分布的平面力系称为平面任意力系。

图 2-24a 所示为电动机支承架，其中梁 AB 的受力（图 2-24b）即为平面任意力系。有些构件虽不是受平面力系的作用，但当构件有一个对称平面，而且作用于构件的力系也对称于该平面时，则可以把它简化为对称平面内的平面力系。如高炉加料小车的受力，就可简化为料车对称平面内的平面力系（图 2-25）。平面力系是工程中最常见的力系，因此研究平面力系具有重要意义。

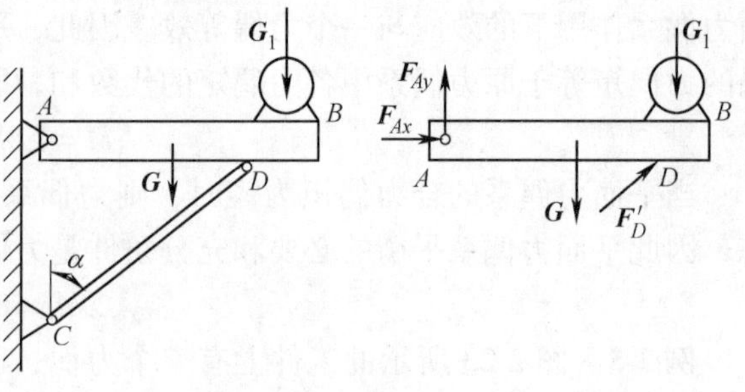

图 2-24　电动机支承架受力分析

二、力的投影

1. 力在直角坐标轴上的投影

设力 $\boldsymbol{F}$ 作用于物体上 A 点（图 2-26），在力 $\boldsymbol{F}$ 作用线所在平面内任取一直角坐标系 Oxy。从力 $\boldsymbol{F}$ 的起点 A 和终点 B 分别作 x、y 轴的垂线，垂足分别为 a、b、a'、b'。线段 ab 的长度冠以适当的正负号称为力 $\boldsymbol{F}$ 在 x 轴上的投影，用 F_x 表示；线段 $a'b'$ 的长度冠以适当的正负号称为力 $\boldsymbol{F}$ 在 y 轴上的投影，用 F_y 表示。设力 $\boldsymbol{F}$ 与 x、y 轴间所夹的锐角分别为 α、β，显然有

$$\begin{cases} F_x = \pm ab = \pm F\cos\alpha \\ F_y = \pm a'b' = \pm F\sin\alpha \end{cases} \tag{2-7}$$

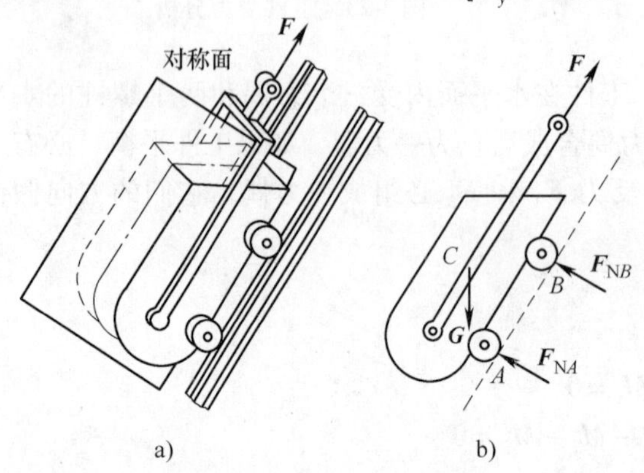

图 2-25　加料小车受力的简化

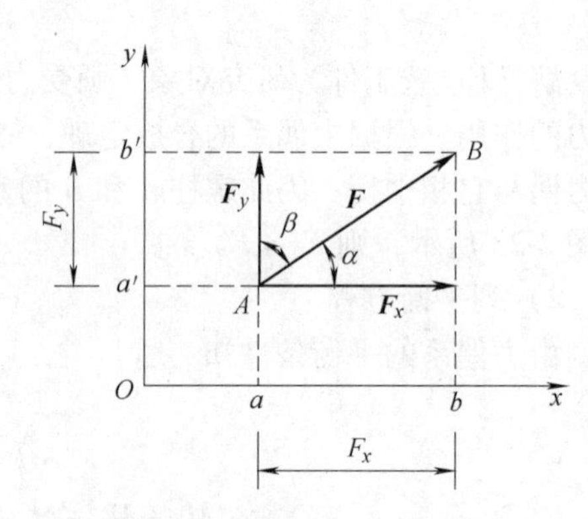

图 2-26　力在坐标轴上的投影

投影的正负号规定如下：由 a 到 b（或由 a' 到 b'）的指向与坐标轴正向一致时为正，反之为负。因此，力在坐标轴上的投影为代数量。

如果已知力 $\boldsymbol{F}$ 在 x、y 轴上的投影 F_x 和 F_y，则可求出 $\boldsymbol{F}$ 的大小和方向。

$$\begin{cases} F = \sqrt{F_x^2 + F_y^2} \\ \tan\alpha = \left|\dfrac{F_y}{F_x}\right| \end{cases} \tag{2-8}$$

式中，α 为力 $\boldsymbol{F}$ 与 x 轴所夹的锐角，力 $\boldsymbol{F}$ 的指向由 F_x、F_y 的正负号来确定。

如果把力 $\boldsymbol{F}$ 沿 x、y 轴分解，可得到两个正交分力 $\boldsymbol{F}_x$、$\boldsymbol{F}_y$。显然，投影 F_x、F_y 的绝对值分别等于分力 $\boldsymbol{F}_x$、$\boldsymbol{F}_y$ 的大小。

2. 合力投影定理

有一平面汇交力系 $\boldsymbol{F}_1$、$\boldsymbol{F}_2$、…、$\boldsymbol{F}_n$（图 2-27a），则连续使用力的平行四边形法则，可得该汇交力系的合力 $\boldsymbol{F}_R$（图 2-27b），根据矢量投影定理（证明从略）得

$$\begin{cases} F_{Rx} = F_{1x} + F_{2x} + \cdots + F_{nx} = \Sigma F_{ix} \\ F_{Ry} = F_{1y} + F_{2y} + \cdots + F_{ny} = \Sigma F_{iy} \end{cases} \tag{2-9}$$

上式表明，合力在某一轴上的投影等于各分力在同一轴上投影的代数和，此即为合力投影定理。

算得合力的投影 F_{Rx} 和 F_{Ry} 后，则可求出合力的大小和方向，即

$$\begin{cases} F_R = \sqrt{F_{Rx}^2 + F_{Ry}^2} \\ \tan\alpha = \left| \dfrac{F_{Ry}}{F_{Rx}} \right| \end{cases} \tag{2-10}$$

式中，α 为力 $\boldsymbol{F}_R$ 与 x 轴所夹的锐角，力 $\boldsymbol{F}_R$ 的指向由 F_{Rx}、F_{Ry} 的正负号来确定。

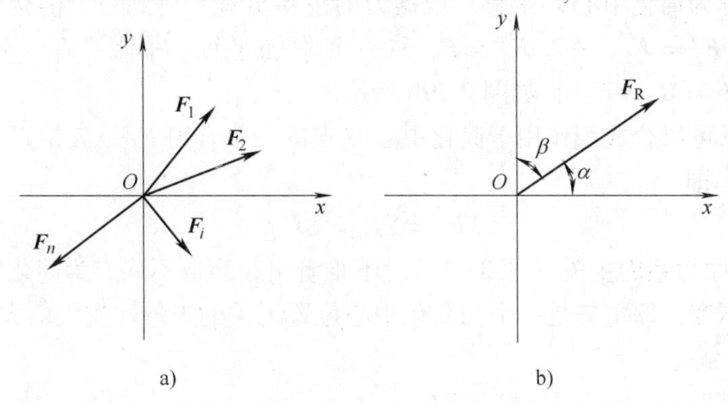

图 2-27　合力投影定理

三、平面任意力系向一点的简化

平面任意力系的简化，通常是利用力的平移定理，将力系向一点简化。

1. 力的平移定理

欲将作用于刚体上 A 点的力 $\boldsymbol{F}$ 平移至刚体上任一点 B（图 2-28a），可在 B 点加上一对平衡力 $\boldsymbol{F}'$ 和 $\boldsymbol{F}''$（图 2-28b），并使 $\boldsymbol{F} = \boldsymbol{F}' = -\boldsymbol{F}''$，显然，三个力 $\boldsymbol{F}$、$\boldsymbol{F}'$、$\boldsymbol{F}''$ 组成的新力系与原来的一个力 $\boldsymbol{F}$ 等效。而力 $\boldsymbol{F}''$ 与力 $\boldsymbol{F}$ 等值、反向且作用线平行，构成力偶（$\boldsymbol{F}$，$\boldsymbol{F}''$）。这样，就把作用于点 A 的力 $\boldsymbol{F}$ 平移到另一点 B，但同时附加上一个相应的力偶，这个力偶称为附加力偶，如图 2-28c 所示。显然，附加力偶的力偶矩为

$$M = M_B(\boldsymbol{F})$$

可见，作用于刚体上的力 $\boldsymbol{F}$ 可平行移到刚体上的任一点，但必须同时附加一个力偶，其力偶矩等于原来的力 $\boldsymbol{F}$ 对新作用点之矩。这就是力的平移定理。

需要指出：力的平移定理的逆定理也成立，且力的平移定理只适用于刚体，对变形体不适用。

力的平移定理揭示了力对刚体作用的两个方面的效应，即移动效应和转动效应。利用力的平移定理可解释生活与工程问题中的一些力学现象，例如，打乒乓球时，弧圈球是怎样拉

出来的；用丝锥攻螺纹时，为什么不允许单手转动丝锥，而要求双手转动丝锥且用力均匀等。

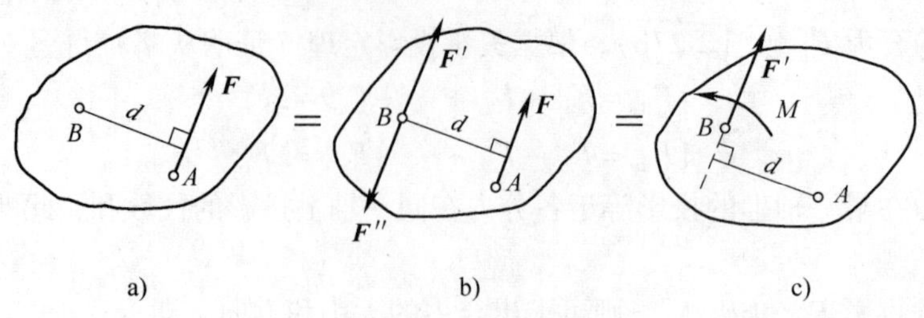

图 2-28　力的平移

2. 平面任意力系向一点的简化

设刚体上作用一平面任意力系 $\boldsymbol{F}_1$、$\boldsymbol{F}_2$、…、$\boldsymbol{F}_n$，如图 2-29a 所示。将力系中各力向平面内任一点 O（称为简化中心）平移。根据力的平移定理，得到一个汇交于 O 点的平面汇交力系 $\boldsymbol{F}_1' = \boldsymbol{F}_1$、$\boldsymbol{F}_2' = \boldsymbol{F}_2$、…、$\boldsymbol{F}_n' = \boldsymbol{F}_n$ 和一个附加平面力偶系 $M_1 = M_O(\boldsymbol{F}_1)$、$M_2 = M_O(\boldsymbol{F}_2)$、…、$M_n = M_O(\boldsymbol{F}_n)$，如图 2-29b 所示。

平面汇交力系可以合成为作用于简化中心 O 点的一个合力 $\boldsymbol{F}_R'$，矢量 $\boldsymbol{F}_R'$ 等于力 $\boldsymbol{F}_1'$、$\boldsymbol{F}_2'$、…、$\boldsymbol{F}_n'$ 的矢量和，即

$$\boldsymbol{F}_R' = \Sigma \boldsymbol{F}_i' = \Sigma \boldsymbol{F}_i \tag{2-11}$$

矢量 $\boldsymbol{F}_R'$ 称为原力系的主矢（图 2-29c）。不难看出，当取不同点为简化中心时，主矢 $\boldsymbol{F}_R'$ 的大小和方向均不变，即主矢是一个与简化中心位置无关的矢量。主矢的大小和方向可用下式计算，即

$$\begin{cases} F_{Rx}' = \Sigma F_x \\ F_{Ry}' = \Sigma F_y \\ F_R' = \sqrt{(\Sigma F_x)^2 + (\Sigma F_y)^2} \\ \tan\alpha = \left| \dfrac{\Sigma F_y}{\Sigma F_x} \right| \end{cases} \tag{2-12}$$

式中，α 为主矢 $\boldsymbol{F}_R'$ 与 x 轴所夹的锐角，其具体指向由 ΣF_x、ΣF_y 的正负号来确定。

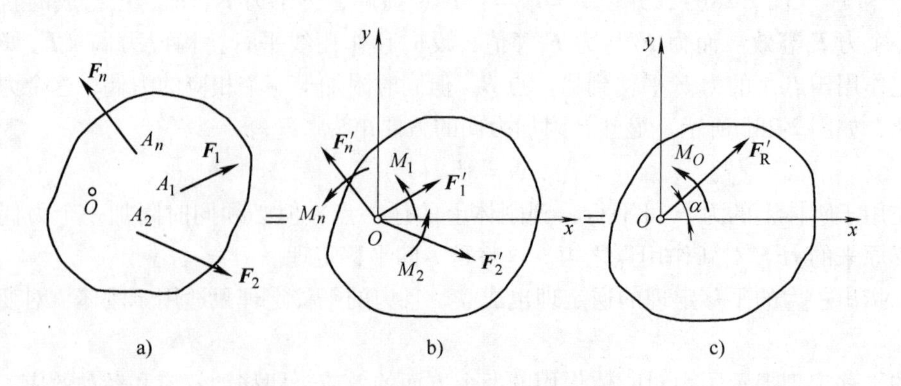

图 2-29　平面力系向一点的简化

平面附加力偶系可以合成为一个合力偶，此力偶的力偶矩 M_O 等于各附加力偶矩的代数和，即

$$M_O = M_1 + M_2 + \cdots + M_n = M_O(\boldsymbol{F}_1) + M_O(\boldsymbol{F}_2) + \cdots + M_O(\boldsymbol{F}_n) = \Sigma M_O(\boldsymbol{F}_i) \quad (2\text{-}13)$$

式中，M_O 称为原力系对简化中心的主矩（图 2-29c）。取不同点为简化中心时，所得的主矩一般是不同的，即一般情况下主矩与简化中心的位置有关。

综上所述，平面任意力系向作用面内任一点简化，一般可以得到一个主矢和一个主矩。主矢作用于简化中心，等于力系中各力的矢量和；主矩 M_O 等于力系中各力对简化中心之矩的代数和。原力系与主矢和主矩的联合作用等效。

下面应用平面任意力系的简化结果，分析固定端约束及其约束反力的特点。所谓固定端约束，就是物体的一部分固嵌于另一物体所构成的约束。这种约束不仅限制物体在约束处沿任何方向的移动，也限制物体在约束处的转动。例如，建筑物中的阳台横梁（图 2-30a）、夹持在刀架上的刀具（图 2-30b）、切削加工时的镗刀（图 2-30c）等，相对于约束它们的墙体、刀架和套筒均不能移动和转动。固定端的力学模型如图 2-31a 所示，在平面问题中，固定端与物体接触的周围构成了一个平面任意力系（图 2-31b），该力系向固定端 A 点简化可得一个力和一个力偶。一般情况下这个力的大小和方向均为未知量，可用两个正交分力来表示。因此，在平面力系情况下，固定端 A 处的约束反力可简化为两个约束反力 $\boldsymbol{F}_{Ax}$、$\boldsymbol{F}_{Ay}$，和一个力偶矩为 M_A 的约束反力偶，如图 2-31c 所示。

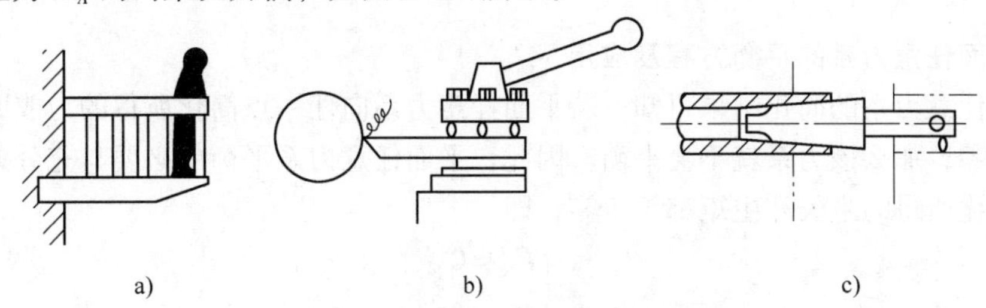

图 2-30 固定端约束的工程实例

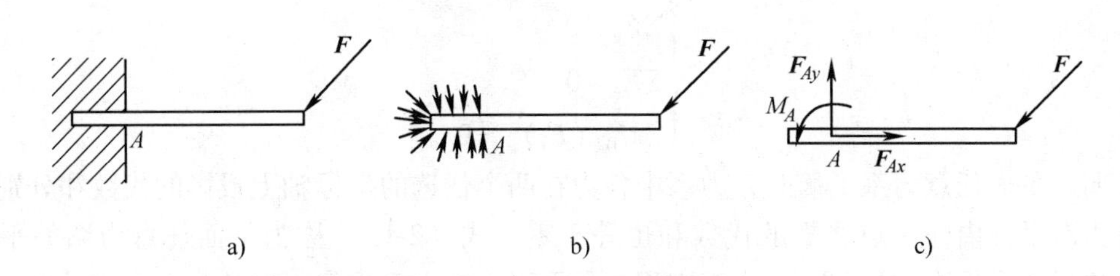

图 2-31 固定端约束反力分析

3. 平面任意力系简化结果的讨论

平面任意力系向一点简化得到的主矢和主矩并不是最后的简化结果，现根据主矢与主矩存在的各种情况来讨论平面力系简化的最后结果。

1）$\boldsymbol{F}_R' = 0$，$M_O \neq 0$，原力系简化为一个力偶，其力偶矩等于原力系对简化中心的主矩。由于力偶对其作用面内任一点之矩恒等于力偶矩，所以在这种情况下，主矩与简化中心的选择无关。

2）$\boldsymbol{F}_R' \neq 0$，$M_O = 0$，力系简化为作用于简化中心的一个合力 $\boldsymbol{F}_R$。因为主矩为零，所以

$F_R = F_R'$，而合力的作用线恰好通过选定的简化中心 O。

3）$F_R' \neq 0$，$M_O \neq 0$，力系仍可以简化为一个合力 F_R。由力的平移定理的逆过程（图 2-32）可知，其主矢 F_R'与主矩 M_O 可进一步合成为一个合力 F_R，合力的大小 $F_R = F_R'$，合力作用线到简化中心的距离为

$$d = \frac{|M_O|}{F_R}$$

至于合力的作用线在 O 点的哪一侧，需根据主矢的方向和主矩的转向确定。

4）$F_R' = 0$，$M_O = 0$，力系为一平衡力系。

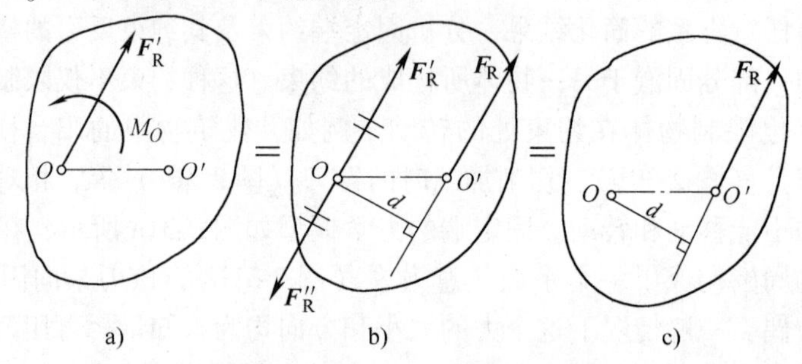

图 2-32　力系简化结果分析

四、平面任意力系的平衡方程及应用

由平面任意力系的简化结果可知，若平面任意力系向任一点简化所得的力或力偶中只要有一个不为零，那么该力系就不会平衡。因此，平面任意力系平衡的必要与充分条件是力系向任一点简化所得的主矢和主矩都等于零，即

$$\begin{cases} F_R' = 0 \\ M_O = 0 \end{cases} \tag{2-14}$$

将式（2-12）和式（2-13）代入式（2-14），可得

$$\begin{cases} \Sigma F_x = 0 \\ \Sigma F_y = 0 \\ \Sigma M_O(F_i) = 0 \end{cases} \tag{2-15}$$

上式表明，平面任意力系平衡时，力系中各力在两个任选的坐标轴上投影的代数和分别等于零，各力对平面内任一点之矩的代数和也等于零。式（2-15）称为平面任意力系的平衡方程。它包括两个投影方程和一个力矩方程，是平面任意力系平衡方程的基本形式。平面任意力系有三个独立的平衡方程，只能求解三个未知数。

应该指出，投影轴和矩心可以任意选取。但在求解实际问题时，为了使方程尽可能出现较少的未知量而便于计算，通常选取未知力的交点为矩心，投影轴则尽可能与该力系中多个力的作用线垂直或平行。

五、平面特殊力系的平衡方程

由平面一般力系的平衡方程能方便地得到平面特殊力系的平衡方程。

1. 平面汇交力系

若平面汇交力系汇交于 O 点（图 2-33a），则式（2-15）中的 $\Sigma M_O(F_i) \equiv 0$，因而平

面汇交力系的平衡方程为

$$\begin{cases}\Sigma F_x = 0 \\ \Sigma F_y = 0\end{cases} \tag{2-16}$$

由此可见，平面汇交力系有两个独立的平衡方程，只能求解两个未知数。

2. 平面平行力系

设平面平行力系的各力与 y 轴平行（图 2-33b），则式（2-15）中的 $\Sigma F_x \equiv 0$，因而平面平行力系的平衡方程为

$$\begin{cases}\Sigma F_y = 0 \\ \Sigma M_O(\boldsymbol{F}_i) = 0\end{cases} \tag{2-17}$$

由此可见，平面平行力系有两个独立的平衡方程，只能求解两个未知数。

另外，平面平行力系的平衡方程还有两力矩式，即

$$\begin{cases}\Sigma M_A(\boldsymbol{F}) = 0 \\ \Sigma M_B(\boldsymbol{F}) = 0\end{cases} \tag{2-18}$$

其中 A、B 两点的连线不能与各力的作用线平行。

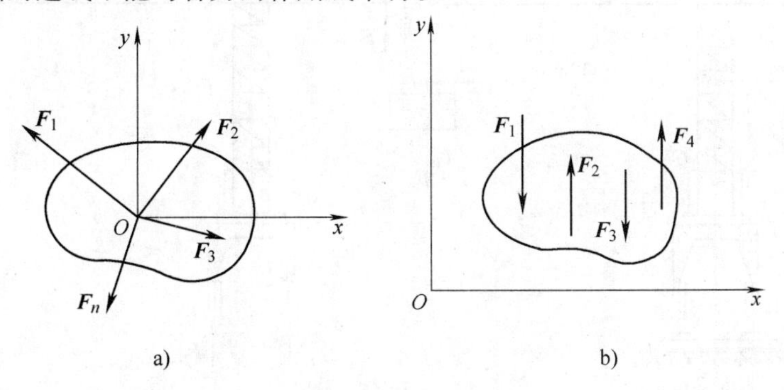

图 2-33 平面特殊力系

例 2-6 如图 2-34a 所示三角支架由杆 AB、BC 组成，A、B、C 处均为光滑铰链，在销钉 B 上悬挂一重物，已知重物的重力 $G=10\text{kN}$，杆件自重不计，试求杆件 AB、BC 所受的力。

解 1）取销钉 B 为研究对象，画受力图，如图 2-34b 所示。由图可见该力系为一平面汇交力系。

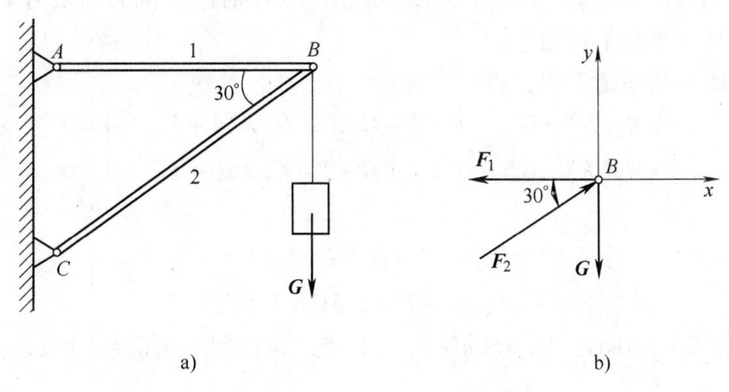

图 2-34 三角支架受力分析

2）列平衡方程并求解。建立直角坐标系 Bxy，根据式（2-16）得

$$\begin{cases}\Sigma F_x=0 & F_2\cos30°-F_1=0\\ \Sigma F_y=0 & F_2\sin30°-G=0\end{cases}$$

解方程可得

$$\begin{cases}F_1=17.32\text{kN}\\ F_2=20\text{kN}\end{cases}$$

F_1、F_2 均为正值，表示力的实际指向与假设指向相同。若计算结果为负值，则表示力的实际指向与假设指向相反。根据作用与反作用定律，杆件 AB 所受的力为 17.32kN（拉力）；BC 所受的力为 20kN（压力）。

例 2-7 塔式起重机如图 2-35a 所示。已知机身重 $G=220\text{kN}$，作用线通过塔架的中心，最大起重量 $F_P=50\text{kN}$，平衡锤重 $F=30\text{kN}$。试求满载和空载时轨道 A、B 的约束力，并分析起重机在使用过程中会不会翻倒。

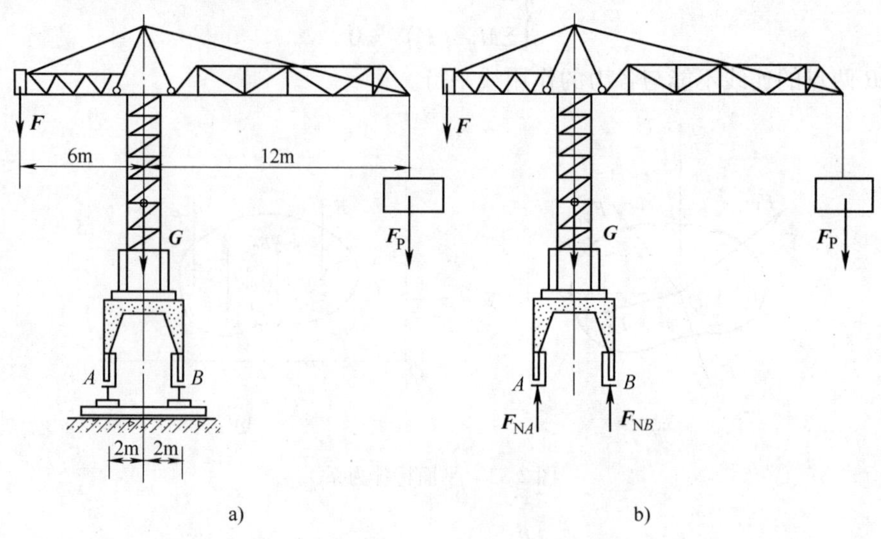

图 2-35 起重机受力分析

解 1）求解轨道对起重机的约束力。取起重机为研究对象，画受力图，如图 2-35b 所示。起重机上作用有已知力 $\boldsymbol{G}$、$\boldsymbol{F}_P$、$\boldsymbol{F}$，以及轨道 A、B 对起重机的约束力 $\boldsymbol{F}_{NA}$、$\boldsymbol{F}_{NB}$。由图可见，这些力组成一平面平行力系。

根据式（2-18）列平衡方程，得

$$\begin{cases}\Sigma M_A(\boldsymbol{F})=0 & F\times4-G\times2-F_P\times14+F_{NB}\times4=0\\ \Sigma M_B(\boldsymbol{F})=0 & F\times8+G\times2-F_P\times10-F_{NA}\times4=0\end{cases}$$

解方程可得

$$\begin{cases}F_{NA}=2F+0.5G-2.5F_P\\ F_{NB}=-F+0.5G+3.5F_P\end{cases}$$

将 $F=30\text{kN}$，$G=220\text{kN}$，$F_P=50\text{kN}$ 代入上式，即得起重机满载时轨道 A、B 对起重机的约束力

$$\begin{cases} F_{NA}=(2\times30+0.5\times220-2.5\times50)\text{kN}=45\text{kN} \\ F_{NB}=(-30+0.5\times220+3.5\times50)\text{kN}=255\text{kN} \end{cases}$$

当起重机空载时，$F_P=0$，代入即得起重机空载时轨道 A、B 对起重机的约束力

$$\begin{cases} F_{NA}=(2\times30+0.5\times220)\text{kN}=170\text{kN} \\ F_{NB}=(-30+0.5\times220)\text{kN}=80\text{kN} \end{cases}$$

2）分析起重机的翻倒问题。满载时，起重机若要翻倒，必绕 B 点翻倒。为了保证起重机不至于绕 B 点翻倒，必须使 $F_{NA}>0$；空载时，起重机若要翻倒，必绕 A 点翻倒。为了保证起重机不至于绕 A 点翻倒，必须使 $F_{NB}>0$。由前面计算结果可知，F_{NA}、F_{NB} 均大于零，故起重机不会翻倒。

利用上述分析起重机翻倒问题的方法，可完成起重机在使用过程中，根据最大起重量确定平衡锤的重量这一实际问题。

例 2-8 图 2-36a 所示悬臂梁 AB 作用有载荷集度为 $q=4\text{kN/m}$ 的均布载荷及集中载荷 $F=5\text{kN}$。已知 $\alpha=25°$，$l=3\text{m}$，求固定端 A 的约束反力。

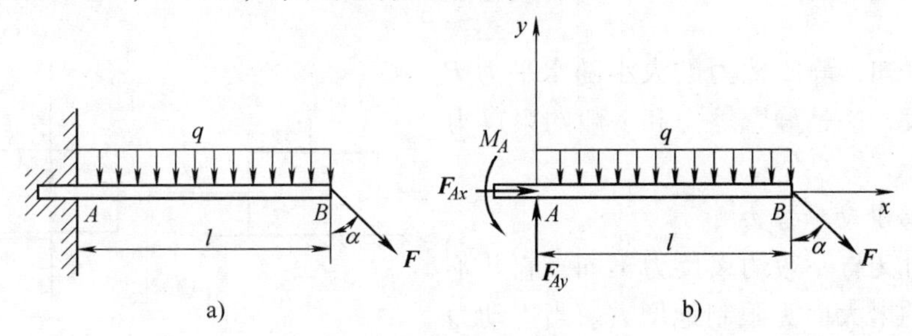

图 2-36 悬臂梁受力分析

解 1）取梁 AB 为研究对象，画受力图，如图 2-36b 所示。梁上作用有均布载荷 q，集中载荷 $\boldsymbol{F}$ 及固定端约束反力 $\boldsymbol{F}_{Ax}$、$\boldsymbol{F}_{Ay}$、M_A。由图可见，该力系为一平面任意力系。

2）列平衡方程。建立直角坐标系 Axy，根据式（2-15）得

$$\begin{cases} \Sigma F_x=0,\ F_{Ax}+F\sin\alpha=0 \\ \Sigma F_y=0,\ F_{Ay}-F\cos\alpha-ql=0 \\ \Sigma M_A(\boldsymbol{F}_i)=0,\ M_A-Fl\cos\alpha-ql\left(\dfrac{1}{2}l\right)=0 \end{cases}$$

解方程得

$$\begin{cases} F_{Ax}=-F\sin\alpha=(-5\times\sin25°)\ \text{kN}=-2.11\text{kN} \\ F_{Ay}=F\cos\alpha+ql=(5\times\cos25°+4\times3)\ \text{kN}=16.53\text{kN} \\ M_A=Fl\cos\alpha+ql\times\dfrac{1}{2}l=\left(5\times3\times\cos25°+4\times3\times\dfrac{3}{2}\right)\text{kN}=31.59\text{kN} \end{cases}$$

其中 F_{Ax} 为负值，表示 F_{Ax} 假设的指向与实际指向相反。

第四节 考虑摩擦时物体的平衡问题

前面各节都把物体之间的接触表面看作是绝对光滑的，但实际上绝对光滑的接触面是不

存在的，或多或少总存在一些摩擦。只是当物体间接触面比较光滑或润滑良好时，才忽略其摩擦作用而看成是光滑接触的。但在有些情况下，摩擦却是不容忽视的。例如，螺旋千斤顶的自锁要依靠摩擦来工作，带传动、摩擦轮传动以及靠摩擦工作的离合器、制动器等都是利用摩擦实现运动和能量传送的机械装置。

一、滑动摩擦力和滑动摩擦定律

当相互接触的两个物体之间有相对滑动趋势或相对滑动时，接触面间有阻碍相对滑动的阻力，方向与相对滑动的趋势或相对滑动的方向相反，该阻力称为滑动摩擦力。

1. 静滑动摩擦力

如图2-37a 所示，在粗糙的水平面上放置一重为 $\boldsymbol{G}$ 的物体，并在该物体上作用一水平拉力 $\boldsymbol{P}$。由经验可知，当拉力较小时，物体保持静止但有向右滑动的趋势。为使物体平衡，接触面上除法向约束反力 $\boldsymbol{F}_N$ 外，还有一个阻碍物体沿水平面向右滑动的切向力，此力称为静滑动摩擦力，简称静摩擦力，以 $\boldsymbol{F}_S$ 表示，方向与两物体间相对滑动趋势的方向相反，如图2-37b 所示，大小可根据平衡方程求得，即

$$F_S = P$$

由上式可知，静摩擦力的大小随水平力 $\boldsymbol{P}$ 的增大而增大，这是静摩擦力和一般约束反力共同的性质。

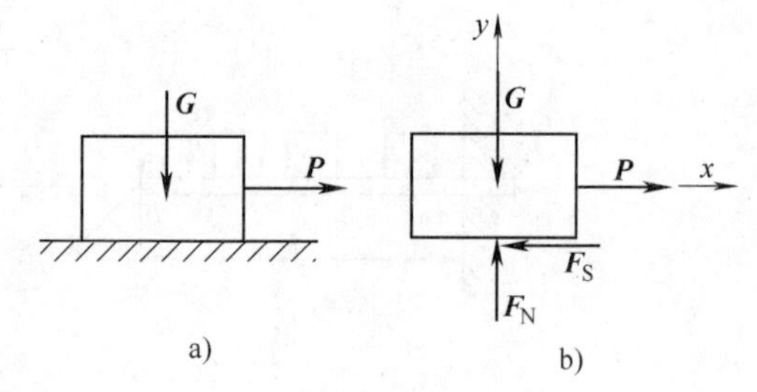

图2-37　滑动摩擦

2. 最大静滑动摩擦力

静摩擦力又与一般约束反力不同，它并不随主动力 $\boldsymbol{P}$ 的增大而无限制地增大。当主动力 $\boldsymbol{P}$ 增大到某一极限值时，物体处于将要滑动而尚未开始滑动的临界状态。此时静摩擦力达到最大值，即为最大静滑动摩擦力，简称最大静摩擦力，以 $\boldsymbol{F}_{max}$ 表示。

实验证明，最大静摩擦力的大小与两物体间的法向反力成正比，即

$$F_{max} = f_s F_N \tag{2-19}$$

这就是静滑动摩擦定律。其中，f_s 是静摩擦因数，其值与接触物体的材料和表面情况（如表面粗糙度、温度和湿度等）有关，而与接触面积的大小无关。一般材料之间的静摩擦因数的数值可在工程手册中查到。

3. 动滑动摩擦力

在图2-37 中，当主动力 $\boldsymbol{P}$ 增大到略大于 $\boldsymbol{F}_{max}$ 时，接触面之间将出现相对滑动。此时，接触物体之间仍作用有阻碍相对滑动的阻力，这种阻力称为动滑动摩擦力，简称动摩擦力，以 $\boldsymbol{F}_d$ 表示。实验表明，动摩擦力的大小与接触物体间的法向反力成正比，即

$$F_d = fF_N \tag{2-20}$$

这就是动滑动摩擦定律。其中，f 是动摩擦因数，它除与接触物体的材料和表面情况有关外，还与物体的相对滑动速度有关。一般可近似认为动摩擦因数与静摩擦因数相等。

二、摩擦角和自锁现象

考虑摩擦时，支承面对平衡物体的约束反力包括法向反力 $\boldsymbol{F}_N$ 和静摩擦力 $\boldsymbol{F}_S$。法向反力 $\boldsymbol{F}_N$ 和静摩擦力 $\boldsymbol{F}_S$ 的合力 $\boldsymbol{F}_R$ 称为支承面的全反力，如图2-38a 所示。全反力 $\boldsymbol{F}_R$ 与法向反力 $\boldsymbol{F}_N$ 之间的夹角 φ 随着摩擦力的增大而增大。当物体处于将滑而未滑动的临界状态时，静摩

擦力达到最大值，φ 也达到最大值 φ_m，如图 2-38b 所示。全反力与法线间夹角的最大值 φ_m 称为摩擦角。由图 2-38b 可得

$$\tan\varphi_m = \frac{F_{max}}{F_N} = \frac{f_s F_N}{F_N} = f_s \qquad (2\text{-}21)$$

即摩擦角的正切等于静摩擦因数。可见，摩擦角与摩擦因数一样，都是表示材料的表面性质的一个物理量。

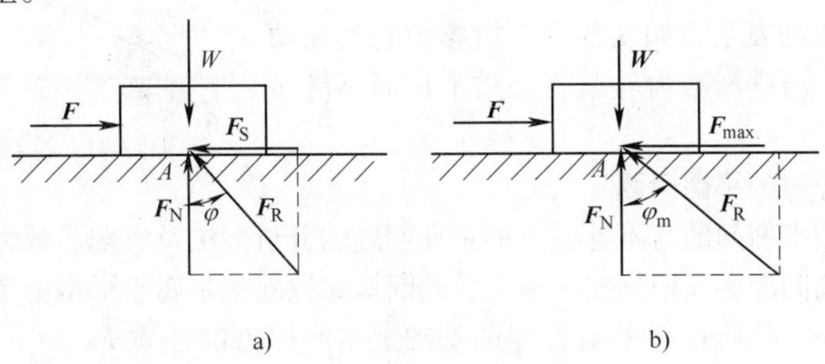

图 2-38 全反力与摩擦角

物块平衡时，静摩擦力可在零与最大值 F_{max} 之间变化，所以全反力与法线间的夹角 φ 也在零与摩擦角 φ_m 之间变化，即 $0 < \varphi < \varphi_m$，表明物体平衡时全反力作用线的位置不可能超出摩擦角的范围。

如果作用于物块的全部主动力的合力 $\boldsymbol{Q}$ 的作用线在摩擦角范围之内，则无论这个力怎样大，物块必保持静止，这种现象称为自锁现象。因为在这种情况下，主动力的合力 $\boldsymbol{Q}$ 与法线间的夹角 $\alpha < \varphi_m$，所以，主动力的合力 $\boldsymbol{Q}$ 和全反力 $\boldsymbol{F}_R$ 必能满足二力平衡条件，如图 2-39 所示。

利用摩擦角及自锁原理可解决许多工程中的实际问题。例如，斜面自锁条件在工程实际中就得到广泛的应用。如图 2-40 所示，重为 $\boldsymbol{G}$ 的物块置于倾角为 α 的斜面上，设物块与斜面间的摩擦角为 φ_m。当物块平衡时，斜面对物块的全反力 $\boldsymbol{F}_R$ 与 $\boldsymbol{G}$ 构成平衡力系，由于全反力 $\boldsymbol{F}_R$ 的作用线不能超出摩擦角 φ_m 的范围，所以斜面上物块的自锁条件为

$$\alpha \leqslant \varphi_m = \arctan f_s$$

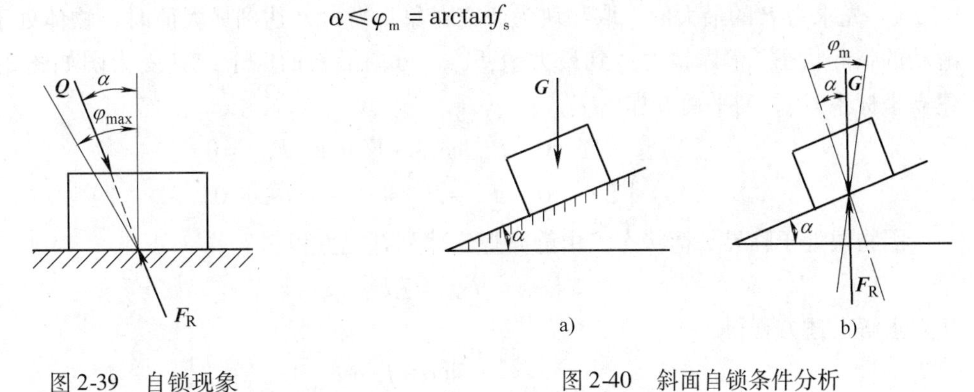

图 2-39 自锁现象

图 2-40 斜面自锁条件分析

利用上述条件，可测定材料的静摩擦因数。欲测两种材料的摩擦因数，将其材料分别做成可转动的斜面与物块。将物块置于斜面上，如图 2-41 所示。转动斜面，使斜面倾角 α 由

零逐渐增大，当物块处于将要滑动而尚未滑动的临界状态时，测出倾角 α。此时斜面倾角 α 等于摩擦角 φ_m，由下式可计算出静摩擦因数

$$f_s = \tan\varphi_m = \tan\alpha$$

工程中利用自锁原理的实例还有很多，如电工用的脚套钩、螺旋千斤顶、输送物料的传送带等都是利用自锁使物体保持平衡；而机器正常运转时的运动零件又要设法避免自锁现象的发生，如变速箱中滑移齿轮的拨动就必须避免自锁，否则滑移齿轮就将会被卡住而不能实现变速。

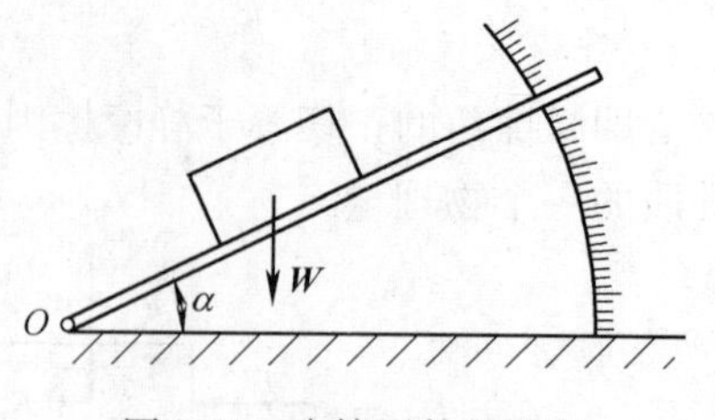

图 2-41　摩擦因数的测定

三、考虑摩擦时的平衡问题

考虑摩擦时的平衡问题与不计摩擦的平衡问题的分析方法及解题步骤大致相同，不同的是，有摩擦的平衡问题必须根据实际情况，判断该摩擦问题是属于平衡范围内的摩擦还是临界平衡的摩擦问题，然后在列平衡方程的基础上由摩擦力的性质 $F_S \leqslant f_s F_N$ 添加补充方程，便能使有摩擦的平衡问题得到求解。

例 2-9　如图 2-42 所示，重为 $\boldsymbol{W}$ 的物块放在倾角为 α（$\alpha > \varphi_m$）的斜面上，它与斜面间的摩擦因数为 f_s。当物体处于平衡时，试求水平力 $\boldsymbol{P}$ 的大小。

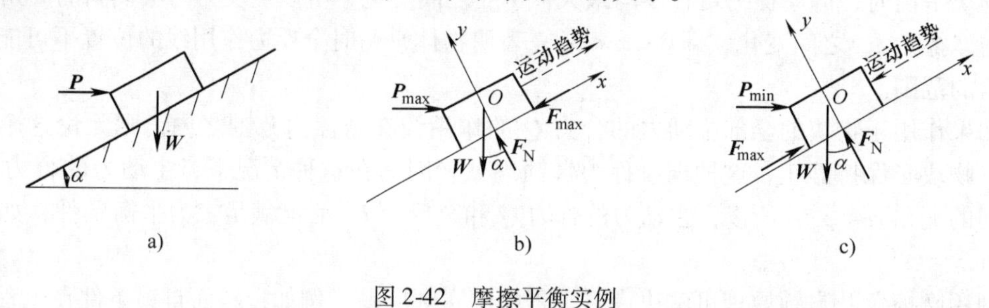

图 2-42　摩擦平衡实例

解　由经验易知，力 $\boldsymbol{P}$ 太大，物块将上滑；力 $\boldsymbol{P}$ 太小，物块将下滑，因此力 $\boldsymbol{P}$ 的数值必在一范围内，即 $\boldsymbol{P}$ 应在最大与最小值之间。

1）先求力 $\boldsymbol{P}$ 的最大值。取物块为研究对象，当力 $\boldsymbol{P}$ 达到最大值时，物体处于将要向上滑动的临界状态，静摩擦力达到最大值 F_{max}，方向沿斜面向下，其受力图如图 2-42b 所示。建立坐标系 O_{xy}，列平衡方程

$$\begin{cases}\Sigma F_x = 0 & P_{max}\cos\alpha - W\sin\alpha - F_{max} = 0\\ \Sigma F_y = 0 & F_N - P_{max}\sin\alpha - W\cos\alpha = 0\end{cases}$$

因物块处于临界平衡状态，由静摩擦定律列补充方程

$$F_{max} = f_s F_N$$

联立求解上述方程得

$$P_{max} = \frac{\sin\alpha + f_s\cos\alpha}{\cos\alpha - f_s\sin\alpha}W$$

2）再求 $\boldsymbol{P}$ 的最小值。取物块为研究对象，当力 $\boldsymbol{P}$ 达到最小值时，物体处于将要向下滑动的临界状态，静摩擦力达到最大值 F_{max}，方向沿斜面向上，其受力图如图 2-42c 所示。建

立坐标系 Oxy，列平衡方程

$$\begin{cases}\Sigma F_x=0 \quad P_{\min}\cos\alpha - W\sin\alpha + F_{\max}=0 \\ \Sigma F_y=0 \quad F_{\mathrm{N}} - P_{\min}\sin\alpha - W\cos\alpha=0\end{cases}$$

因物块处于临界平衡状态，由静摩擦定律列补充方程

$$F_{\max}=f_{\mathrm{s}}F_{\mathrm{N}}$$

联立求解上述方程得

$$P_{\min}=\frac{\sin\alpha - f_{\mathrm{s}}\cos\alpha}{\cos\alpha + f_{\mathrm{s}}\sin\alpha}W$$

综合上述两个结果可知，为使物块静止，力 $\boldsymbol{P}$ 必须满足如下条件

$$\frac{\sin\alpha - f_{\mathrm{s}}\cos\alpha}{\cos\alpha + f_{\mathrm{s}}\sin\alpha}W \leqslant P \leqslant \frac{\sin\alpha + f_{\mathrm{s}}\cos\alpha}{\cos\alpha - f_{\mathrm{s}}\sin\alpha}$$

应该强调指出，在临界状态下求解有摩擦的平衡问题时，必须根据相对滑动的趋势，正确判定摩擦力的方向。

习 题

2-1 图 2-43 所示的受力图是否正确？请说明原因。

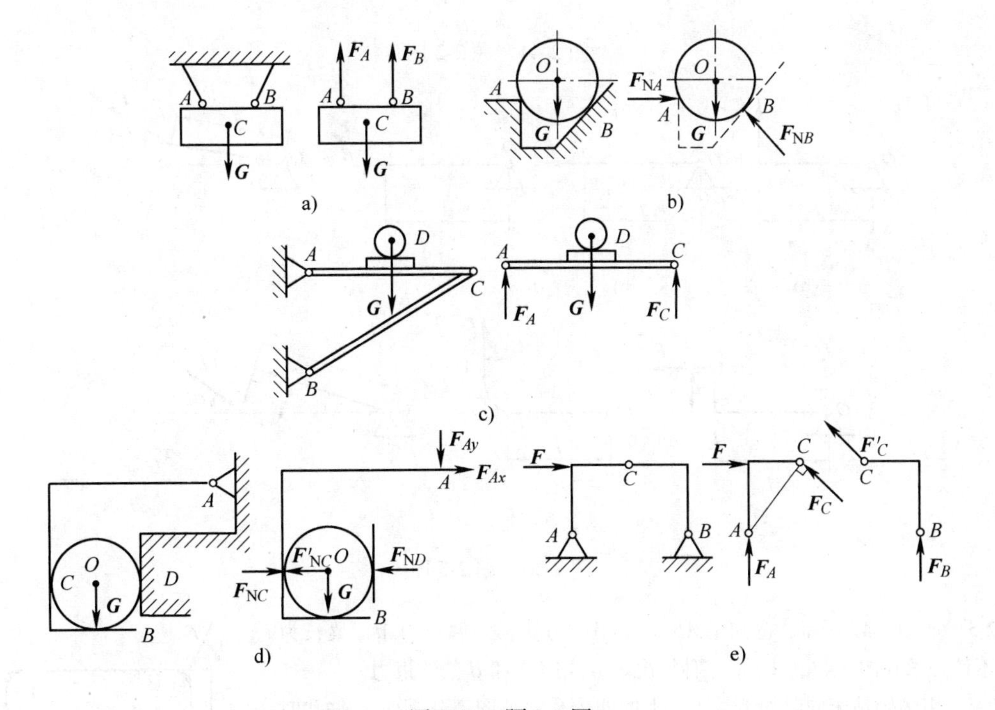

图 2-43 题 2-1 图

2-2 画出图 2-44 中物体 A、构件 AB 或 ABC 及整体的受力图，未画重力的物体的质量均不计，所有接触处均为光滑接触。

2-3 试分别计算图 2-45 所示各种情况下力 $\boldsymbol{F}$ 对 O 点之矩。

2-4 如图 2-46 所示，刚架上作用力 $\boldsymbol{F}$。分别计算力 $\boldsymbol{F}$ 对点 A 和 B 之矩。

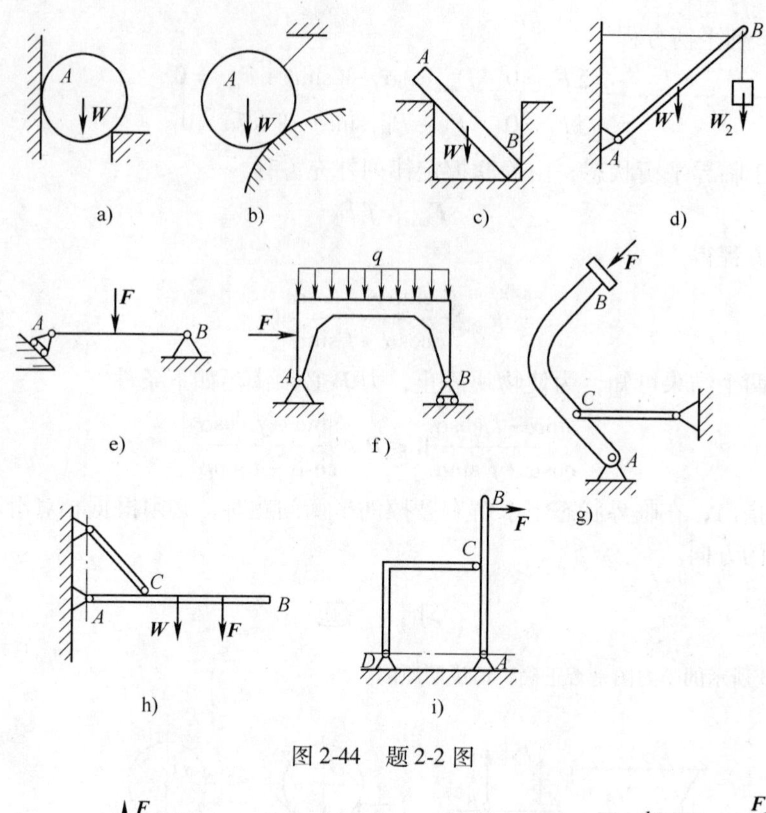

图 2-44　题 2-2 图

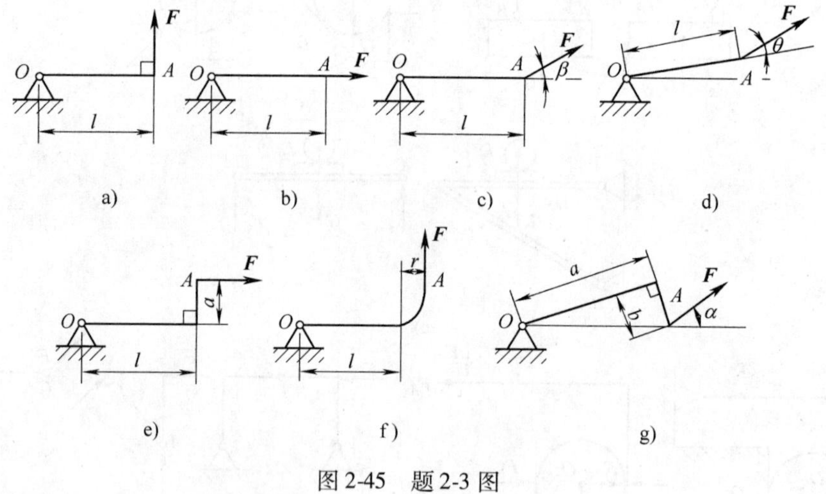

图 2-45　题 2-3 图

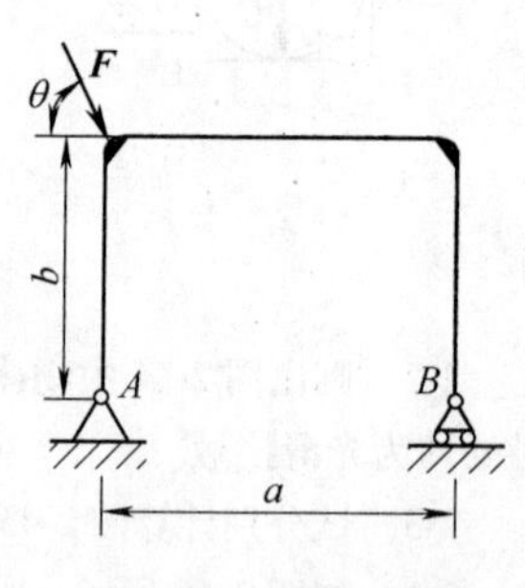

图 2-46　题 2-4 图

2-5　如图 2-47 所示，已知梁 AB 上作用一力偶，力偶矩为 M，梁长为 l，梁重不计。求在图 2-47a、b、c 三种情况下，支座 A 和 B 的约束力。

2-6　用多轴钻床同时加工某工件上的四个孔，如图 2-48 所示。钻孔时每个钻头的主切削力组成一力偶，力偶矩 $M = 15\text{N} \cdot \text{m}$。试求加工时两个固定螺钉 A 和 B 所受的力。

2-7　如图 2-49 所示，固定在墙壁上的圆环受三条绳索的拉力作用，力 $\boldsymbol{F}_1$ 沿水平方向，力 $\boldsymbol{F}_3$ 沿铅直方向，力 $\boldsymbol{F}_2$ 与水平线之间的夹角为 40°。三力的大小分别为 $F_1 = 2\ 000\text{N}$，$F_2 = 2\ 500\text{N}$，$F_3 = 1\ 500\text{N}$，求三力的合力。

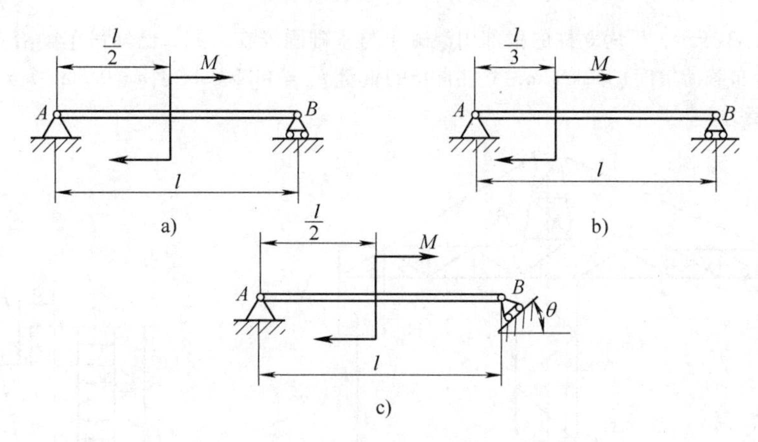

图 2-47　题 2-5 图

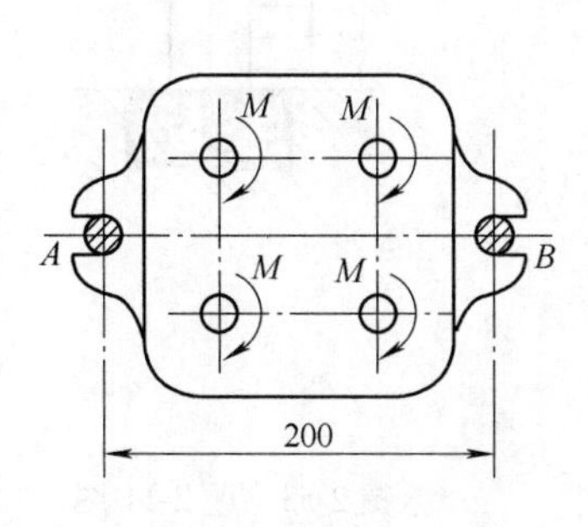

图 2-48　题 2-6 图

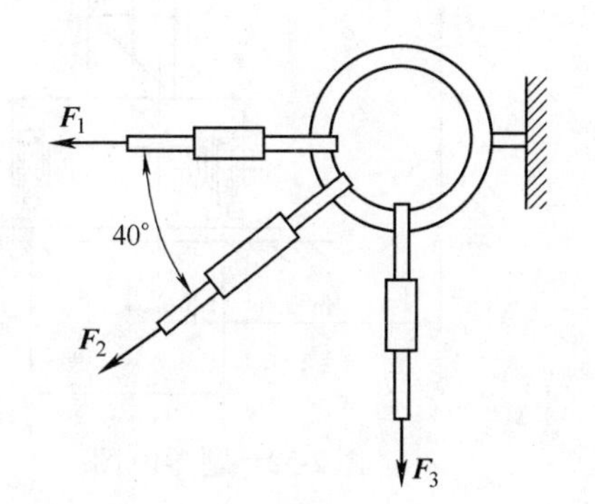

图 2-49　题 2-7 图

2-8　图 2-50 所示液压夹紧机构中，D 为固定铰链，B、C、E 为中间铰链。已知力 $\boldsymbol{F}$，机构平衡时角度如图 2-50 所示，各构件自重不计，各接触处光滑。求此时工件 H 所受的压紧力。

2-9　无重水平梁的支撑和载荷如图 2-51a、b 所示。已知力 $\boldsymbol{F}$、力偶矩为 M 的力偶和强度为 q 的均布载荷。求支座 A 和 B 处的约束反力。

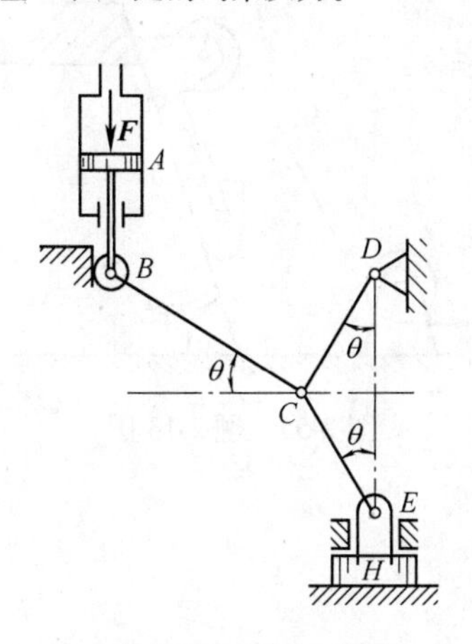

图 2-50　题 2-8 图

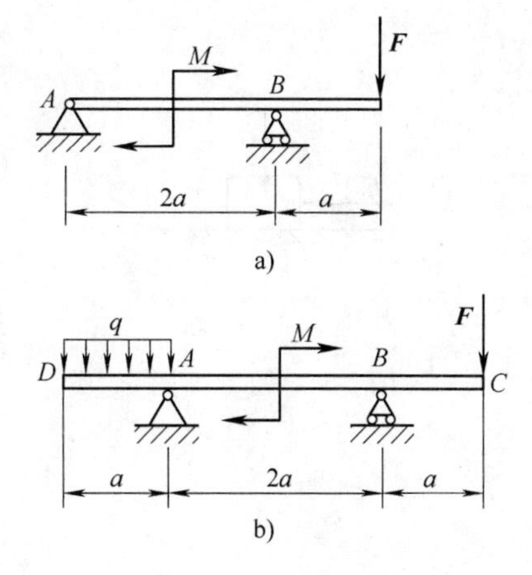

图 2-51　题 2-9 图

2-10　起重机自重 $F_1 = 20\text{kN}$，重心在 C 点。起重机上配有平衡重 B，其重量 $F_2 = 20\text{kN}$。已知尺寸如图 2-52 所示。试求起重载荷 F_3 以及两轮间的距离 x 应为多大，才能保证安全工作。

2-11　如图 2-53 所示，厂房立柱的根部用混凝土与基础固连在一起，已知吊车梁给立柱的铅锤载荷 $F=60\text{kN}$，风的分布载荷集度 $q=2\text{kN/m}$，立柱自身的重量 $F_G=40\text{kN}$，尺寸 $a=0.5\text{m}$，$h=10\text{m}$，试求立柱根部所受的约束反力。

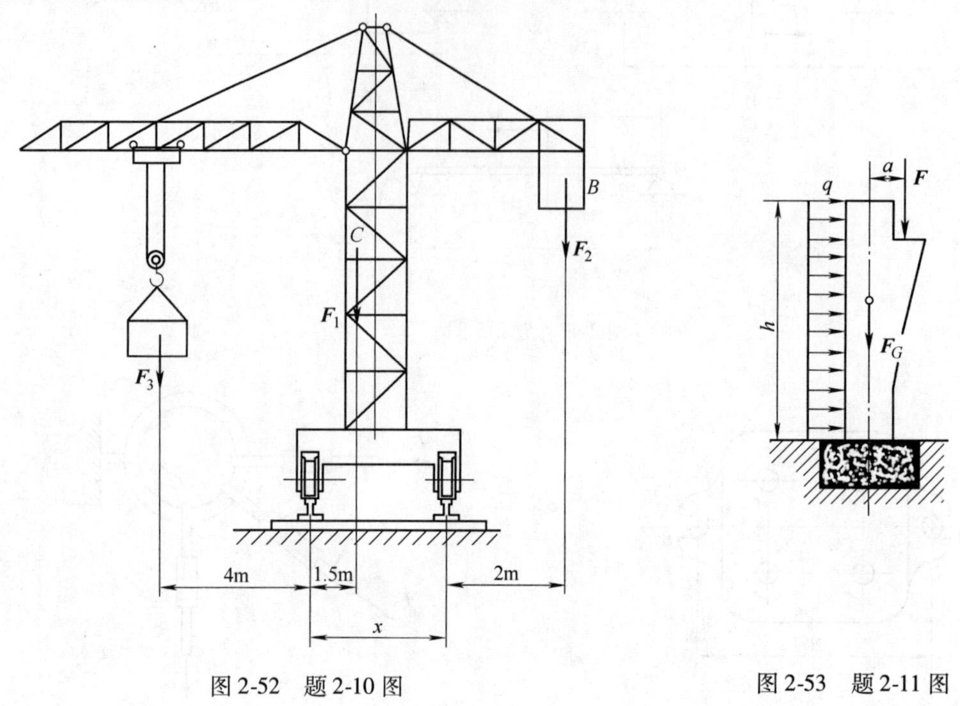

图 2-52　题 2-10 图　　　图 2-53　题 2-11 图

2-12　如图 2-54 所示，物体重力为 $G=100\text{N}$，与水平面间的摩擦因数 $f_s=0.3$，试求当水平力 F 分别为 10N、30N、50N 时，物体与水平面之间摩擦力大小分别是多少。

2-13　简易升降混凝土料斗装置如图 2-55 所示，混凝土和料斗共重 25kN，料斗与滑道间的静滑动与动滑动摩擦因数均为 0.3。1）若绳子拉力分别为 22kN 与 25kN 时，料斗处于静止状态，求料斗与滑道间的摩擦力；2）求料斗匀速上升和下降时绳子的拉力。

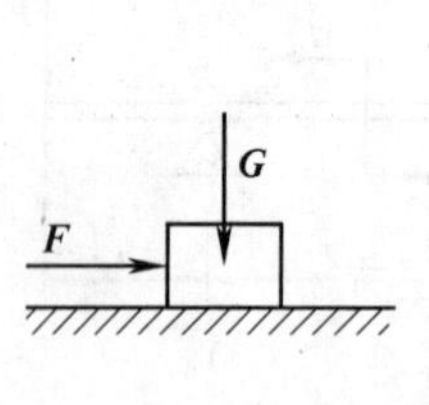

图 2-54　题 2-12 图

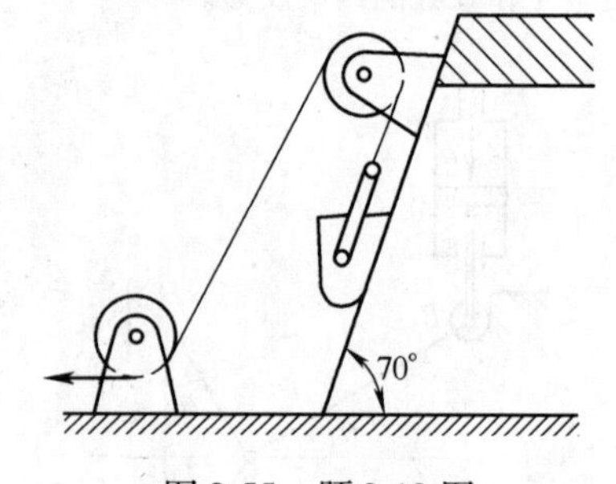

图 2-55　题 2-13 图

第三章　杆件受力变形及其强度计算

第一节　概　　述

一、构件正常工作的基本要求

各种工程结构和机构都是由若干构件组成的。当构件工作时，都要承受载荷的作用，为确保构件能够正常工作，构件必须满足以下基本要求。

1. 有足够的强度

强度是指构件在载荷作用下抵抗破坏的能力。例如，起重机的钢丝绳在起吊额定质量时不能断裂；传动轴在工作时不应被扭断；压力容器工作时不应开裂等。

2. 有足够的刚度

刚度是指构件在外力作用下抵抗变形的能力。在某些情况下，构件虽有足够的强度，但若变形过大仍不能正常工作。例如，车床主轴的变形过大，将会影响其加工零件的精度；齿轮传动轴的变形过大，将使轴上的齿轮啮合不良，引起振动和噪声，影响传动的精确性，并引起轴承的不均匀磨损。

3. 有足够的稳定性

稳定性是指构件保持其原有平衡状态的能力。如千斤顶的螺杆、液压装置的活塞杆等，随着轴向压力的增加，杆件会从直线的平衡形式突然变弯而丧失工作能力，这种现象称为压杆丧失稳定性，简称失稳。因此，对于细长压杆，还要求它具有足够的稳定性。

上述的基本要求均与构件的材料、截面形状和尺寸等有关。所以设计时在保证构件正常工作的前提下，还应合理地选择材料、确定截面形状和尺寸，以做到材尽其用，减轻质量和降低成本。

二、变形固体及其基本假设

在本书第二章中，由于物体产生的变形对所研究的问题影响不大，所以把所有物体均视为刚体。而在本章中，物体的微小变形是影响构件能否正常工作的主要因素，所以本章中所研究的一切物体均为变形固体。变形固体的变形可分为弹性变形和塑性变形。载荷卸除后能消失的变形称为弹性变形；载荷卸除后不能消失的变形称为塑性变形。为便于进行强度、刚度和稳定性的理论分析，现根据工程材料的主要性质对变形固体作如下假设：

1. 均匀连续性假设

认为组成物体的材料毫无空隙地充满了物体的整个空间，并且各处的机械性质完全相同。

2. 各向同性假设

认为物体在各个方向具有完全相同的力学性能。

3. 小变形假设

小变形是指构件的变形量远小于其原始尺寸的变形。因而在研究构件的平衡和运动时，可忽略变形量，仍按原始尺寸进行计算。

实践证明，根据上述假设所建立的理论与分析计算结果符合工程要求。

三、杆件变形的基本形式

工程中常见的构件有杆、板、块、壳等。本章主要研究杆件。杆件是指长度方向远大于其他两个方向尺寸的构件。杆内各截面形心的连线称为轴线。轴线为直线的称为直杆；轴线为曲线的称为曲杆。各截面的形状、尺寸完全相同的杆称为等截面杆，否则为变截面杆。工程上比较常见的是等截面直杆，简称为等直杆，如传动轴、销钉、拉紧的钢丝绳、立柱和梁等。本章以等直杆为主要研究对象。

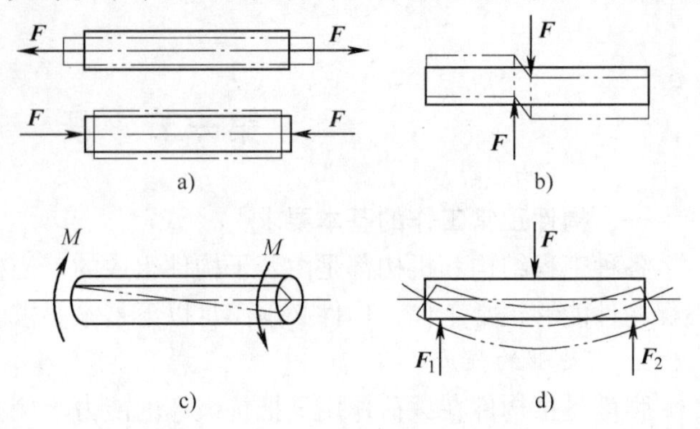

图 3-1 杆件变形的基本形式

杆件在不同形式的外力作用下将产生不同形式的变形。归纳起来，杆件变形的基本形式有以下四种，即轴向拉伸或压缩，如图 3-1a 所示；剪切，如图 3-1b 所示；扭转，如图 3-1c 所示；弯曲，如图 3-1d 所示。其他复杂的变形可归结为上述基本变形的组合。

第二节 轴向拉伸与压缩

一、轴向拉伸与压缩的概念与实例

在工程实际中，许多构件承受拉力和压力的作用。如图 3-2a 所示连接钢板的螺栓，在钢板反作用力的作用下，沿其轴向发生伸长变形，受力情况如图 3-2b 所示；如图 3-3a 所示内燃机的连杆，在燃气压力和工作阻力作用下，沿其轴向发生缩短变形，受力情况如图 3-3b 所示。

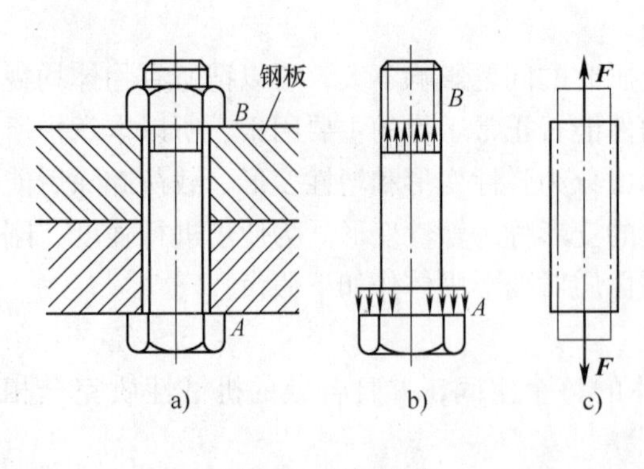

图 3-2 受拉螺栓

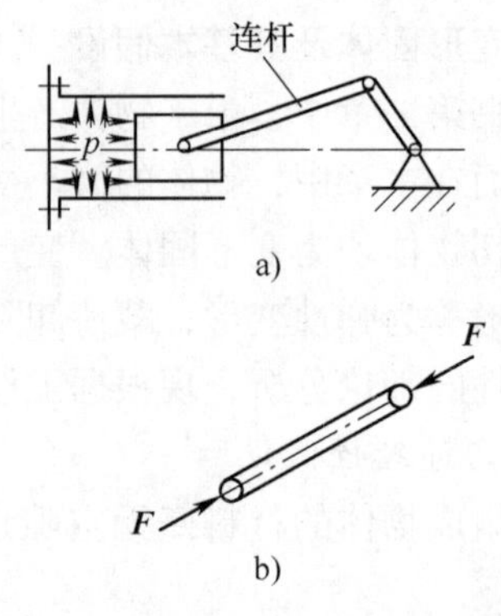

图 3-3 受压连杆

这些受拉或受压杆件的结构形式虽各有差异，加载方式也并不相同，但都可以简化为图 3-2c 和图 3-3b 所示的计算简图。这类杆件的受力特点是：杆件承受外力（或外力合力）的作用线与杆件轴线重合；变形特点是：杆件沿轴线方向伸长或缩短。这种变形形式称为轴向拉伸或压缩，简称拉伸或压缩。

二、轴向拉伸与压缩时的内力

1. 内力的概念

构件在外力作用下产生变形，内部各质点之间的相对位置发生了改变，其相互作用力也发生了改变。这种因外力作用而引起的构件内各质点之间相互作用力的改变量，称为附加内力，简称为内力。

在一定限度内，内力随外力的增加而增大，达到某一限度时，构件就被破坏。因此，为使构件安全正常地工作，必须研究构件的内力。

2. 截面法

将杆件假想地切开以显示内力，并由平衡条件建立内力与外力的关系或由外力确定内力的方法，称为截面法，它是分析杆件内力的一般方法。现以图3-4所示两端受轴向拉力 $\boldsymbol{F}$ 作用的拉杆为例说明求内力的方法。

欲求某 m—m 截面（可以是任意方位截面，通常是横截面）上的内力，可假想把杆件沿截面 m—m 分成左右两段。任取一段，如取左段为研究对象，而将右段对左段的作用以内力代替。内力是作用在 m—m 截面上的连续分布力（图3-4b）。设该连续分布内力的合力为 $\boldsymbol{F}_N$，由左段的平衡条件可知，合力 $\boldsymbol{F}_N$ 的作用线必沿杆的轴线，其大小由平衡条件得

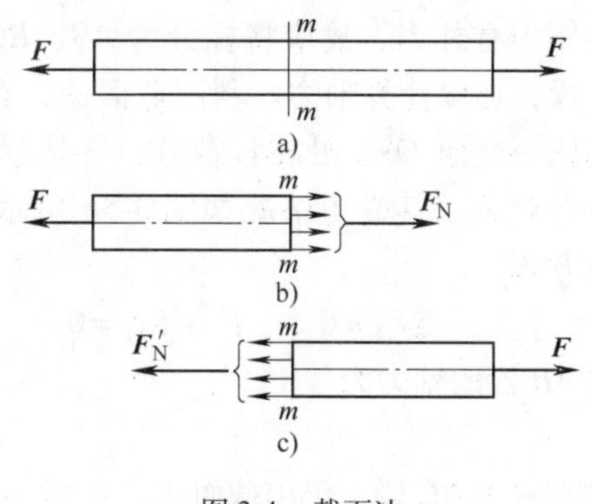

图3-4　截面法

$$\Sigma F_x = 0 \qquad F_N - F = 0$$

$$F_N = F$$

取右段为研究对象（图3-4c），则

$$\Sigma F_x = 0 \qquad F - F_N' = 0$$

$$F_N' = F$$

$\boldsymbol{F}_N$ 与 $\boldsymbol{F}_N'$ 是一对作用力与反作用力，必等值、共线。因此，无论以左段还是右段作为研究对象求出的内力都可以用来表示 m—m 截面的内力。

综上所述，应用截面法求内力的步骤是：

1）在需求内力的截面处，假想地将杆件截成两部分。

2）任取一段（一般取受力情况较简单的部分），在截面上用内力代替截掉部分对该段的作用。

3）对所研究的部分建立平衡方程，确定该截面内力的大小和方向。

3. 轴力和轴力图

由于轴向拉伸和压缩时杆件外力的作用线沿着杆件的轴线，其内力的作用线也必通过杆件的轴线，故轴向拉伸和压缩时杆件的内力称为轴力。为保证无论取左段还是右段作研究对象所求得的同一个横截面上轴力的正负号相同，对轴力的正负号规定如下：轴力的方向与所在横截面的外法线方向一致时，轴力为正；反之为负。在应用截面法求轴力时，通常假设轴力为正。若最后求得的轴力为正，则表示实际轴力方向与假设方向一致，轴力为拉力；若最后求得的轴力为负号，则表示实际轴力方向与假设方向相反，轴力为压力。

当杆件受多个轴向外力作用时，杆件各部分横截面上的轴力不尽相同。为了表明轴力随横截面位置变化的情况，以轴线方向为横坐标（Ox），轴力 F_N 为纵坐标，绘出表示轴力大小与横截面位置关系的图线，称为轴力图。

例 3-1　直杆 AD 受力如图 3-5a 所示。已知 $F_1=16\text{kN}$，$F_2=10\text{kN}$，$F_3=20\text{kN}$。试画出直杆 AD 的轴力图。

解　1）计算支反力。取直杆 AD 为研究对象，画出受力图，如图 3-5b 所示，由平衡方程

$$\Sigma F_x=0 \qquad F_D+F_1-F_2-F_3=0$$

得

$$F_D=F_2+F_3-F_1=(10+20-16)\text{kN}=14\text{kN}$$

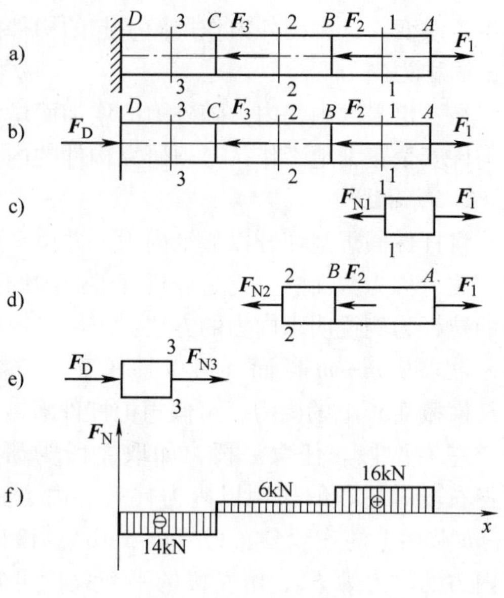

图 3-5　轴力图的绘制

2）分段计算轴力。由于在横截面 B 和 C 处作用有外力，故应将杆分为 AB、BC 和 CD 三段，逐段计算轴力。利用截面法，在 AB 段的任一截面 1—1 处将杆截开，并选择右段为研究对象，其受力情况如图 3-5c 所示。由平衡方程

$$\Sigma F_x=0 \qquad F_1-F_{N1}=0$$

得 AB 段的轴力为

$$F_{N1}=F_1=16\text{kN}$$

对于 BC 段，仍用截面法，在任一截面 2—2 处将杆截开，并选择右段研究其平衡，如图 3-5d 所示，得 BC 段的轴力为

$$F_{N2}=F_1-F_2=(16-10)\text{kN}=6\text{kN}$$

对于 CD 段，在任一截面 3—3 处将杆截开，显然取左段为研究对象计算较简单，如图 3-5e 所示。由该段的平衡条件得

$$F_{N3}=-F_D=-14\text{kN}$$

所得 F_{N3} 为负值，说明 F_{N3} 的实际方向与所假设的方向相反，即应为压力。

3）画轴力图。根据所求得的轴力值，画出轴力图如图 3-5f 所示。由轴力图可以看出，轴力的最大值为 16kN，发生在 AB 段内。

三、轴向拉伸和压缩时横截面上的应力

1. 应力的概念

确定了轴力后，单凭轴力并不能判断杆件的强度是否足够。例如，用同一材料制成粗细不等的两根直杆，在相同的拉力作用下，虽然两杆轴力相同，但随着拉力的增大，横截面小的杆件必然先被拉断。这说明杆件的强度不仅与轴力的大小有关，而且与横截面面积的大小有关。为此，引入应力的概念，即用应力来描述内力在截面上一点处分布的密集程度。如果内力在截面上均匀分布，则单位面积上的内力称为应力。应力的单位为 Pa，其名称为“帕斯卡”，$1\text{Pa}=1\text{N/m}^2$。在工程中，这一单位太小，而常用 MPa 和 GPa，其关系为 $1\text{GPa}=10^3\text{MPa}=10^9\text{Pa}$。

2. 轴向拉伸和压缩时横截面上的应力

由理论推导及实验现象可知，轴向拉伸和压缩时内力在横截面上是均匀分布的，它的方向与横截面垂直，如图3-6所示。即横截面上各点的应力大小相等、方向皆垂直于横截面。垂直于横截面的应力称为正应力，以σ表示。

设杆件横截面的面积为A，轴力为F_N，则横截面上各点处的正应力均为

$$\sigma = \frac{F_N}{A} \tag{3-1}$$

式（3-1）已为试验所证实，适用于轴向拉伸和压缩时横截面为任意形状的等截面直杆。正应力符号规则与轴力符号规则相同，即拉应力为正，压应力为负。

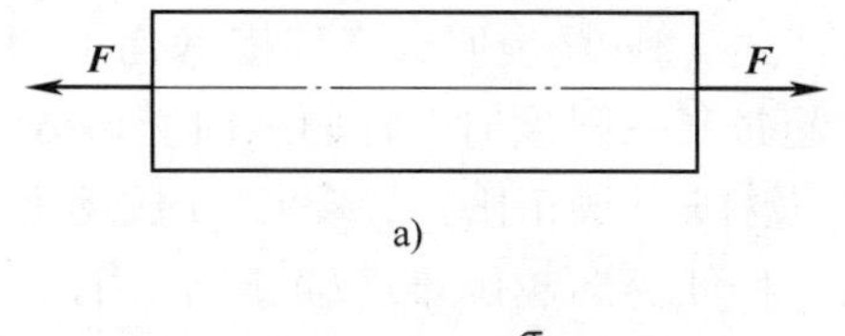

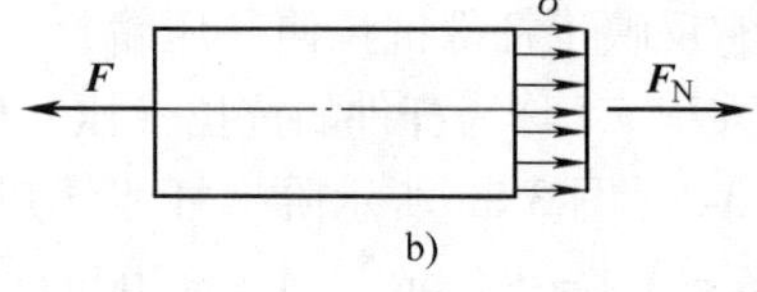

图3-6　拉伸应力

四、轴向拉伸和压缩时的变形及胡克定律

1. 纵向线应变和横向线应变

轴向拉伸和压缩杆件承受载荷作用时，将产生一定的变形。如图3-7a所示的拉杆沿其轴向伸长而横向变细，图3-7b所示的压杆则沿其轴向缩短而横向变粗。设l、d为直杆变形前的长度与横向尺寸，l_1、d_1为变形后的长度与横向尺寸，则杆的纵向绝对变形与横向绝对变形为

$$\Delta l = l_1 - l$$
$$\Delta d = d_1 - d$$

为了消除杆件原尺寸对变形大小的影响，用单位长度内杆的变形（即线应变）来衡量杆件的变形程度。与上述两种绝对变形相对应的纵向线应变和横向线应变为

$$\varepsilon = \frac{\Delta l}{l}$$

$$\varepsilon' = \frac{\Delta d}{d}$$

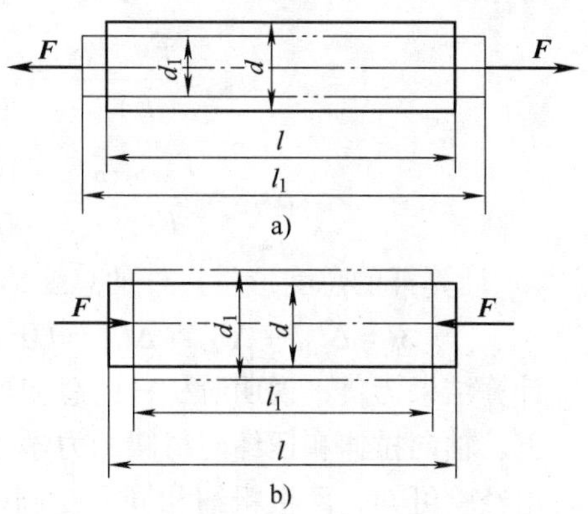

图3-7　轴向拉伸和压缩时的变形

线应变表示的是杆件的相对变形，它是一个无量纲的量。拉伸时$\varepsilon>0$，$\varepsilon'<0$；压缩时$\varepsilon<0$，$\varepsilon'>0$。总之，ε与ε'符号相反。

试验表明，当应力不超过某一限度时，横向线应变ε'与纵向线应变ε成正比，即

$$\varepsilon' = -\mu\varepsilon \tag{3-2}$$

式中，比例系数μ称为材料的横向变形系数，或称泊松比。

2. 胡克定律

试验表明，当杆横截面上的正应力不超过某一限度时，正应力σ与其相应的纵向线应变ε成正比，即

$$\sigma = E\varepsilon \tag{3-3}$$

式（3-3）称为胡克定律。常数E称为材料的弹性模量，其值随材料而异，可由试验测定。E的单位常用GPa。

若将 $\sigma=\dfrac{F_N}{A}$ 和 $\varepsilon=\dfrac{\Delta l}{l}$ 代入式（3-3），则得到胡克定律的另一种表达形式

$$\Delta l=\frac{F_N l}{EA} \tag{3-4}$$

式（3-4）表明，当杆横截面上的正应力不超过某一限度时，杆的纵向变形 Δl 与轴力 F_N 及杆长 l 成正比，与乘积 EA 成反比。EA 越大，杆件变形越困难；EA 越小，杆件变形越容易。它反映了杆件抗拉伸（压缩）变形的能力，故乘积 EA 称为杆件的抗拉（压）刚度。

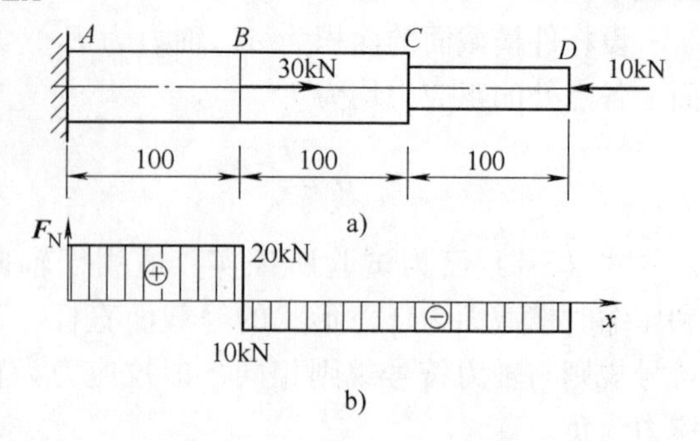

图 3-8　阶梯杆的变形

例 3-2　图 3-8a 所示阶梯杆，已知横截面面积 $A_{AB}=A_{BC}=500\text{mm}^2$，$A_{CD}=300\text{mm}^2$，弹性模量 $E=200\text{GPa}$。试求阶梯杆的变形量。

解　1）作轴力图。用截面法求得 CD 段和 BC 段的轴力 $F_{NCD}=F_{NBC}=-10\text{kN}$，$AB$ 段的轴力 $F_{NAB}=20\text{kN}$，画出杆的轴力图（图 3-8b）。

2）分段计算阶梯杆的变形量。由胡克定律得

$$\Delta l_{AB}=\frac{F_{NAB}l_{AB}}{EA_{AB}}=\frac{20\times10^3\times100}{200\times10^3\times500}\text{mm}=0.02\text{mm}$$

$$\Delta l_{BC}=\frac{F_{NBC}l_{BC}}{EA_{BC}}=\frac{-10\times10^3\times100}{200\times10^3\times500}\text{mm}=-0.01\text{mm}$$

$$\Delta l_{CD}=\frac{F_{NCD}l_{CD}}{EA_{CD}}=\frac{-10\times10^3\times100}{200\times10^3\times300}\text{mm}=-0.0167\text{mm}$$

3）计算杆的总变形量。杆的总变形量等于各段变形量之和，即

$$\Delta l=\Delta l_{AB}+\Delta l_{BC}+\Delta l_{CD}=(0.02-0.01-0.0167)\text{mm}=-0.0067\text{mm}$$

计算结果为负，说明阶梯杆的总变形为压缩变形。

五、轴向拉伸和压缩时材料的力学性能

由经验可知，两根粗细相同、受同样拉力的钢丝和铜丝，钢丝不易拉断，而铜丝易拉断。这说明不同的材料抵抗破坏的能力是不同的，因此构件的强度与材料的力学性能有关。材料的力学性能是指材料在外力作用下，在强度和变形方面所表现的性能。它是强度计算和选用材料的重要依据。材料的力学性能通过试验来确定。本节只讨论在常温和静载条件下材料在轴向拉（压）时的力学性能。所谓常温就是指室温，静载是指平稳缓慢加载至一定值后不再变化的载荷。

1. 拉伸试验和应力-应变曲线

轴向拉伸试验是研究材料力学性能最常用的试验。为便于比较试验结果，须按照国家标准（GB/T 228.1—2010）加工成标准试样。常用的圆截面拉伸标准试样如图 3-9a 所示，试样中间等直杆部分为试验段，其长度 l 称为标距；试样较粗的两端是装夹部分；标距 l 与直径 d 之比常取 $l=10d$ 和 $l=5d$ 两种。而对矩形截面试样（图 3-9b），标距 l 与横截面面积 A 之间的关系规定为 $l=11.3\sqrt{A}$ 或 $l=5.65\sqrt{A}$。

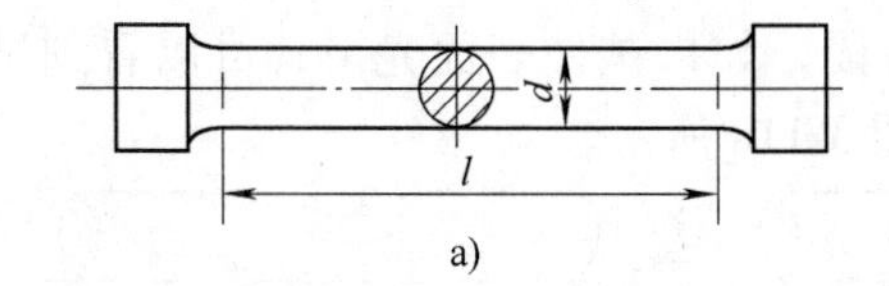

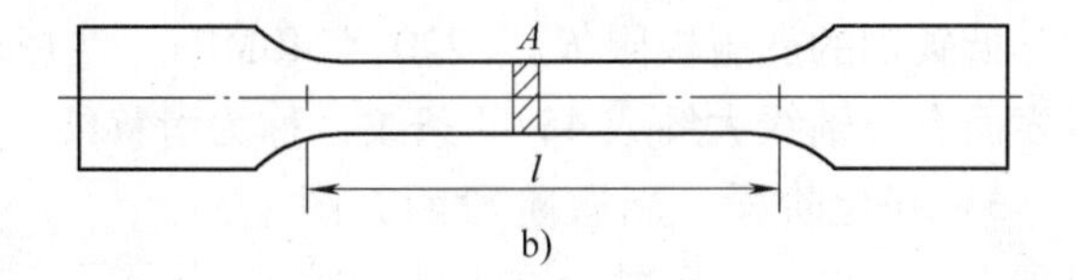

图 3-9　拉伸试样

试验时将试样装在夹头中，然后开动机器缓慢加载。试样受到由零逐渐增加的拉力 $\boldsymbol{F}$ 的作用，同时发生伸长变形，直至试样断裂为止。试验机上一般附有自动绘图装置，在试验过程中能自动绘出载荷 F 和相应的伸长变形 Δl 的关系曲线，此曲线称为拉伸图或 F-Δl 曲线（图 3-10a）。

拉伸图的形状与试样的尺寸有关。为了消除试样横截面尺寸和长度的影响，将载荷 F 除以试样原来的横截面面积 A，得到应力 σ；将变形 Δl 除以试样原长标距 l，得到纵向线应变 ε，这样得到的曲线称为应力-应变曲线（σ-ε 曲线），如图 3-10b 所示。σ-ε 曲线的形状与 F-Δl 曲线相似。

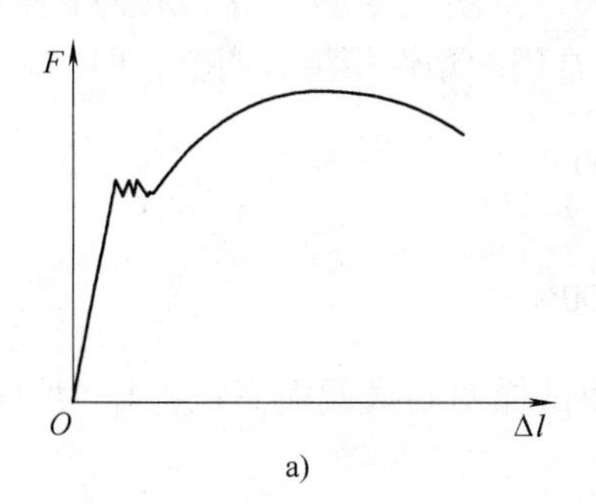

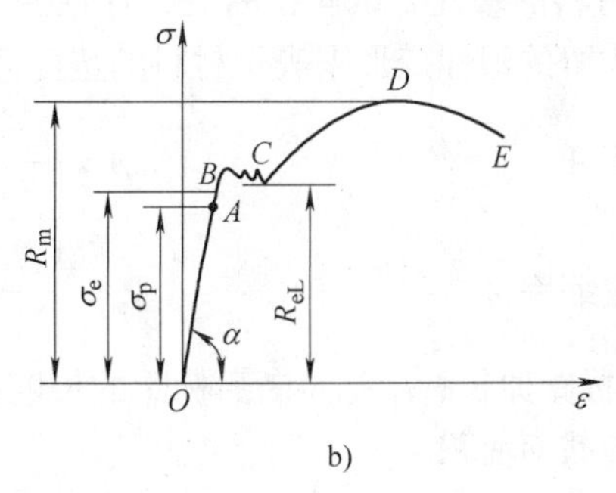

图 3-10　低碳钢拉伸时的曲线

2. 低碳钢拉伸时的力学性能

（1）拉伸试验过程的几个阶段　低碳钢是工程上广泛使用的金属材料，它在拉伸时表现出来的力学性能具有典型性。图 3-10a、b 所示分别是低碳钢圆截面标准试样拉伸时的 F-Δl 曲线和 σ-ε 曲线。由图可知，整个拉伸过程大致可分为四个阶段。

1）弹性阶段。图 3-10b 中 OA 为一直线段，说明该段内应力和应变成正比，即满足胡克定律。直线部分的最高点 A 所对应的应力值 σ_p 称为材料的比例极限。低碳钢的比例极限 $\sigma_p = 190 \sim 200\text{MPa}$。由图可见，弹性模量 E 即为直线 OA 的斜率，$E = \dfrac{\sigma}{\varepsilon} = \tan\alpha$。

当应力超过比例极限后，图中的 AB 段为微弯曲线段，应力与应变不再成正比，但试验表明，材料的变形仍是弹性变形，故 B 点对应的应力 σ_e 称为材料的弹性极限。比例极限和弹性极限的概念不同，但实际上 A 点和 B 点非常接近，工程上对两者不作严格区分。

2）屈服阶段。当应力超过弹性极限后，图上出现接近水平的小锯齿形线段 BC，这说明此时应力虽有小的波动，但基本保持不变，而应变却迅速增加，材料暂时失去了抵抗变形的能力。这种应力变化不大而变形显著增加的现象称为材料的屈服。这一阶段称为屈服阶段，屈服阶段的最低应力值较为稳定，其值 R_{eL} 称为材料的屈服极限。在这一阶段，材料的变形为塑性变形，在工程中一般是不允许的。所以屈服极限是衡量材料强度的一个重要指标。低碳钢的屈服极限 $R_{eL}=220\sim240\text{MPa}$。在屈服阶段，如果试件表面光滑，可以看到试样表面有与轴线大约成45°的条纹，称为滑移线，如图3-11a所示。

3）强化阶段。屈服阶段后，图上出现上凸的曲线 *CD* 段。这表明，若要使材料继续变形，必须增加应力，即材料又恢复了抵抗变形的能力，这种现象称为材料的强化；*CD* 段对应的过程称为材料的强化阶段。曲线最高点 *D* 所对应的应力值称为材料的强度极限或称为抗拉强度，用 R_m 表示。它是材料所能承受的最大应力，是衡量材料强度的另一重要指标。低碳钢的抗拉强度 $R_m=370\sim460\text{MPa}$。

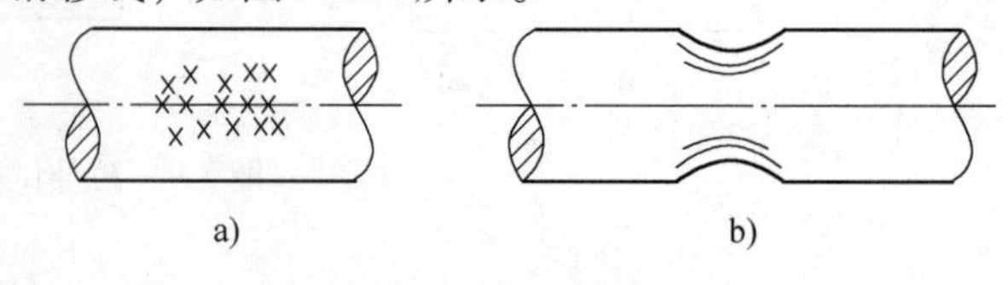

图3-11　试件的变形

4）缩颈断裂阶段。应力达到强度极限后，在试样较薄弱的横截面处发生急剧的局部收缩，出现缩颈现象，如图3-11b所示。由于缩颈处的横截面面积迅速减小，所需拉力也逐渐降低，最终导致试样被拉断。这一阶段称为缩颈阶段，在 σ-ε 曲线上为一段下降曲线 *DE*。

（2）材料的塑性　试样拉断后，弹性变形消失，但塑性变形保留下来。工程中常用试样拉断后残留的塑性变形来表示材料的塑性性能。常用的塑性指标有两个，即

伸长率 A

$$A=\frac{l_1-l}{l}\times100\% \tag{3-5}$$

断面收缩率 Z

$$Z=\frac{A-A_1}{A}\times100\% \tag{3-6}$$

式中，l 是标距原长；l_1 是拉断后标距的长度；A 为试样初始横截面面积；A_1 为拉断后缩颈处的最小横截面面积。

工程上通常把伸长率 $A\geqslant5\%$ 的材料称为塑性材料，如钢材、铜和铝等；把 $A<5\%$ 的材料称为脆性材料，如铸铁、砖石等。低碳钢的伸长率 $A=20\%\sim30\%$，断面收缩率 $Z=60\%\sim70\%$，故低碳钢是很好的塑性材料。必须指出，温度、变形速度、受力状态和热处理等都会影响材料的力学性能，也就是说材料的塑性和脆性在一定的条件下是可以相互转化的。

综上所述，通过低碳钢的拉伸试验，可以测得其弹性模量 E、两个塑性特征值 A、Z 以及四个强度特征值 σ_P、σ_e、R_{eL}、R_m。其中，R_{eL} 和 R_m 是衡量材料强度的主要指标。

3. 其他材料在拉伸时的力学性能

如图3-12所示，其他塑性材料的 σ-ε 曲线和低碳钢相似，存在弹性阶段，且有较大的塑性变形，但有的材料没有明显的屈服阶段。对于没有明显屈服现象的塑性材料，工程上规定，以试样产生0.2%的塑性应变时所对应的应力值作为材料的屈服极限，以 $R_{P0.2}$ 表示（图3-13）。

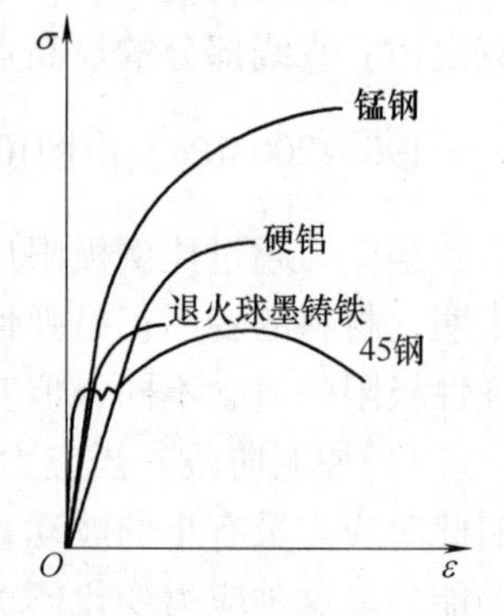

图3-12　几种塑性材料拉伸时的 σ-ε 曲线

图3-14所示为灰铸铁拉伸时的 σ-ε 曲线。由图可见，曲线没有明显的直线部分，既无屈服阶段，也无缩颈现象；断裂是突然发生的，断口垂直于试样轴线，塑性变形很小。强度极限 R_m 是脆性材料唯一的强度指标。因铸铁的 σ-ε 曲线中没有明显的直线部分，故它不符合胡克定律，但由于铸铁构件总是在较小的应力范围内工作，故可近似地以割线（图3-14中的虚线）代替曲线，

即应力与应变近似成正比。

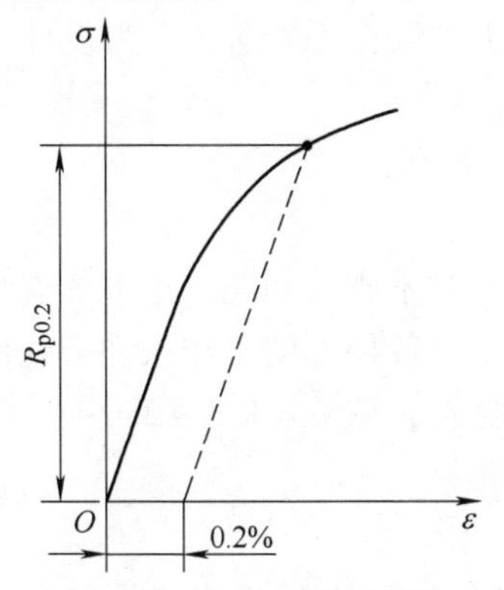

图 3-13　塑性材料的名义屈服极限

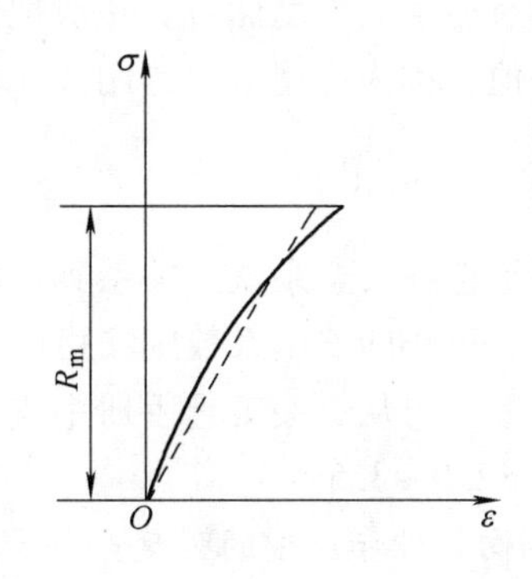

图 3-14　灰铸铁拉伸时的 σ-ε 曲线

4. 材料压缩时的力学性能

金属材料的压缩试样一般做成短圆柱体。为避免压弯，其高度为直径的 1.5 ~3 倍。图 3-15 所示为低碳钢压缩时的 σ-ε 曲线，虚线代表拉伸时的 σ-ε 曲线。可以看出，在弹性阶段和屈服阶段两曲线是重合的。但是，随着载荷的增大，试样越压越扁，产生很大的塑性变形而不断裂，故无法测出低碳钢压缩时的强度极限。

铸铁压缩时的 σ-ε 曲线如图 3-16 所示，虚线为拉伸时的 σ-ε 曲线。可以看出，铸铁压缩时的 σ-ε 曲线也没有直线部分，因此压缩时也只是近似地满足胡克定律。铸铁压缩时的抗压强度比抗拉强度高出 4 ~5 倍，塑性变形也较拉伸时明显增加。对于其他脆性材料，如硅石、水泥等，其抗压能力也显著地高于抗拉能力。一般脆性材料价格较便宜，因此工程上常用脆性材料作承压构件。铸铁压缩时的断口与轴线约成 45°角。

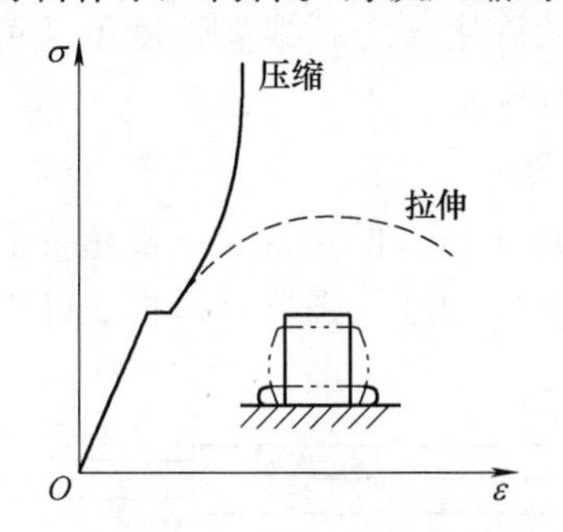

图 3-15　低碳钢压缩时的 σ-ε 曲线

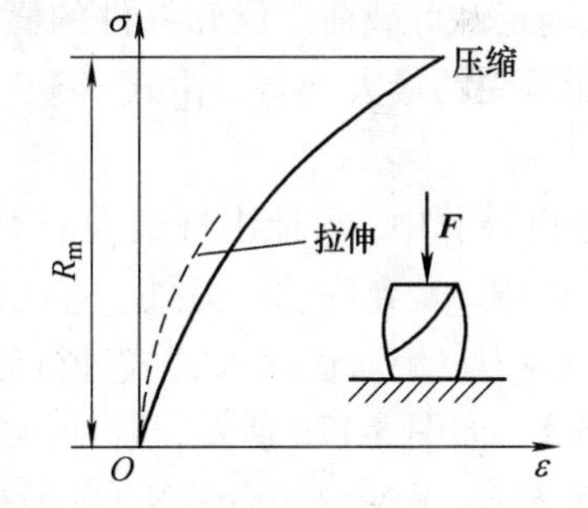

图 3-16　铸铁压缩时的 σ-ε 曲线

六、轴向拉伸和压缩时的强度计算

1. 极限应力、许用应力和安全系数

试验表明，塑性材料的应力达到屈服极限 R_{eL} 或 $R_{P0.2}$ 后，产生显著的塑性变形，影响构件的正常工作；脆性材料的应力达到强度极限 R_m 时，发生脆性断裂破坏。构件工作时发生显著的塑性变形或断裂都是不允许的。通常将发生显著的塑性变形或断裂时的应力称为材料的极限应力，用 σ^0 表示。对于塑性材料，取 $\sigma^0 = R_{eL}$ （$R_{P0.2}$）；对于脆性材料，取 $\sigma^0 = R_m$。

考虑到载荷估计的准确程度、应力计算方法的精确程度、材料的均匀程度以及构件的重要性等因素，为了保证构件安全可靠地工作，应使它的最大工作应力小于材料的极限应力，使构件留有适当的强度储备。一般把极限应力除以大于 1 的安全系数 n，作为设计时应力的最大允许值，称为许用应力，用$[\sigma]$表示。即

$$[\sigma]=\frac{\sigma^0}{n} \tag{3-7}$$

正确地选择安全系数，关系到构件的安全与经济这一对矛盾的问题。过大的安全系数会浪费材料，过小的安全系数则又可能使构件不能安全工作。各种不同工作条件下构件安全系数 n 的选取，可从有关工程手册中查找。一般对于塑性材料，取 $n=1.3\sim2.0$；对于脆性材料，取 $n=2.0\sim3.5$。

2. 轴向拉伸和压缩的强度条件

为了保证拉（压）杆在载荷作用下安全地工作，必须使杆内的最大工作应力 σ_{max} 不超过材料的许用应力$[\sigma]$，即

$$\sigma_{max}=\frac{F_{Nmax}}{A}\leqslant[\sigma] \tag{3-8}$$

式中，F_{Nmax} 和 A 分别为危险截面上的轴力及其横截面面积。

利用强度条件，可以解决下列三种强度计算问题：

1）强度校核。已知杆件的尺寸、所受载荷和材料的许用应力，根据强度条件校核杆件是否满足强度条件。

2）设计截面尺寸。已知杆件所承受的载荷及材料的许用应力，根据强度条件可以确定杆件所需横截面面积 A。如对于等截面拉（压）杆，其所需横截面面积为

$$A\geqslant\frac{F_{Nmax}}{[\sigma]} \tag{3-9}$$

3）确定许可载荷。已知杆件的横截面尺寸及材料的许用应力，根据强度条件可以确定杆件所能承受的最大轴力。由式（3-9）确定杆件最大轴力为

$$F_{Nmax}=A[\sigma] \tag{3-10}$$

在强度计算中，可能出现最大应力 σ_{max} 稍大于许用应力$[\sigma]$的情况，只要超过值在许用应力 5% 以内，是允许的。另外，对压杆或杆件的轴向压缩段进行强度计算时，可以直接将轴向压缩内力以绝对值代入公式进行计算。

例 3-3 如图 3-17a 所示，阶梯形铸铁杆 AD，轴向载荷 $F_1=30\text{kN}$，$F_2=10\text{kN}$，各段横截面面积 $A_1=500\text{mm}^2$，$A_2=200\text{mm}^2$。材料的许用拉应力$[\sigma_+]=40\text{MPa}$，许用压应力$[\sigma_-]=100\text{MPa}$，试校核其强度。

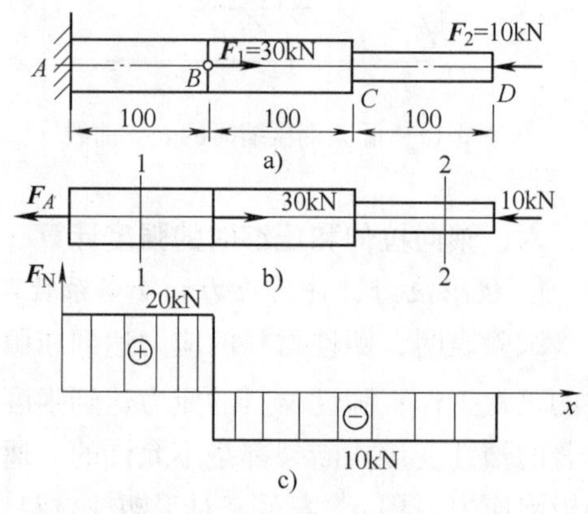

图 3-17 拉(压)杆强度校核

解 1）求约束反力 F_A（若以截面右侧外力计算轴力，则可省去此步），如图 3-17b 所示，由杆的平衡条件得

$$\sum F_x=0 \quad F_1-F_2-F_A=0$$

解得

$$F_A=20\text{kN}$$

2）分段计算轴力并画轴力图，如图 3-17c 所

示。

3）确定危险截面。由轴力图及杆的截面尺寸知，*AB* 段各截面的应力为最大拉应力 σ_{max}^{+}，*CD* 段各截面的应力为最大压应力 σ_{max}^{-}，故 *AB* 段及 *CD* 段各截面均为危险截面。

4）强度校核。

AB 段各截面　$$\sigma_{max}^{+}=\frac{F_{N1}}{A_1}=\frac{20\times10^3}{500}\text{MPa}=40\text{MPa}=[\sigma_+]$$

CD 段各截面　$$\sigma_{max}^{-}=\frac{F_{N2}}{A_2}=\frac{10\times10^3}{200}\text{MPa}=50\text{MPa}<[\sigma_-]$$

故杆 *AD* 满足强度要求。

例 3-4　简易悬臂吊车如图 3-18a 所示，*AB* 为圆截面木杆，面积 $A_1=10\times10^3\text{mm}^2$，许用压应力 $[\sigma_-]=7\text{MPa}$；*BC* 为圆截面钢杆，面积 $A_2=600\text{mm}^2$，许用拉应力 $[\sigma_+]=160\text{MPa}$；若不计两杆的自重及连接处的摩擦，试确定许可载荷 $[F]$。

解　1）外力分析。若不计两杆的自重及连接处的摩擦，两杆均为二力杆。假设 *AB* 杆受压力，*BC* 杆受拉力。取节点 *B* 为研究对象，受力图如图 3-18b 所示，根据平衡方程有

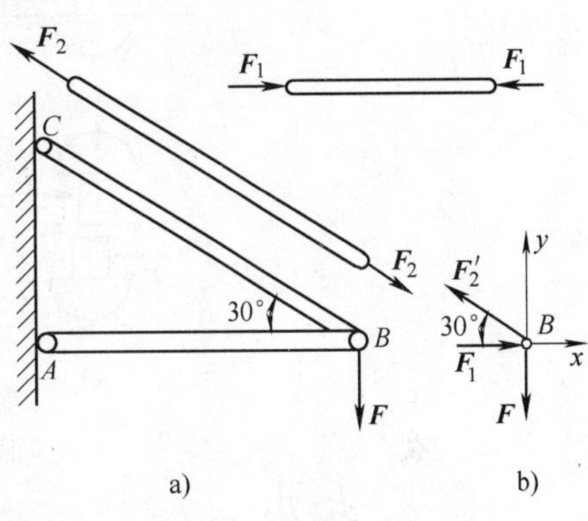

图 3-18　确定许可载荷

$$\begin{cases}\sum F_x=0 & F_1'-F_2'\cos30°=0\\ \sum F_y=0 & F_2'\sin30°-F=0\end{cases}$$

解得　$$F_2'=2F\qquad F_1'=\sqrt{3}F$$

所求两力结果为正值，说明假设成立，即 *AB* 为压杆，*BC* 为拉杆。

2）内力分析。两杆的轴力分别为：$F_{N1}=F_1'=\sqrt{3}F$，$F_{N2}=F_2'=2F$。

3）确定许可载荷。由轴向拉（压）杆的强度条件可知

对于 *AB* 杆　$$\sigma_{max}^{-}=\frac{F_{N1}}{A_1}=\frac{\sqrt{3}F}{A_1}\leqslant[\sigma_-]$$

得　$$F\leqslant\frac{[\sigma_-]A_1}{\sqrt{3}}=\frac{7\times10\times10^3}{\sqrt{3}}\text{kN}=40.4\text{kN}$$

对于 *BC* 杆　$$\sigma_{max}^{+}=\frac{F_{N2}}{A_2}=\frac{2F}{A_2}\leqslant[\sigma_+]$$

得　$$F\leqslant\frac{[\sigma_+]A_2}{2}=\frac{160\times600}{2}\text{kN}=48\text{kN}$$

可见，吊车的许可载荷 $[F]=40.4\text{kN}$。

第三节　剪切与挤压

一、剪切与挤压的概念及工程实例

1. 剪切的概念与工程实例

工程中常用的连接件，如销钉、键、螺栓、铆钉、焊缝等，都是构件承受剪切的实例。图 3-19 所示的铆钉、图 3-20 所示的平键、图 3-21 所示的销钉受力和变形有相同之处。其受力特点是：作用于构件两侧面上的横向外力的合力大小相等、方向相反、作用线平行且相距很近。其变形特点是：两个力作用线之间的截面发生相对错动。这种变形形式称为剪切，发生相对错动的面称为剪切面，剪切面平行于作用力的方向。

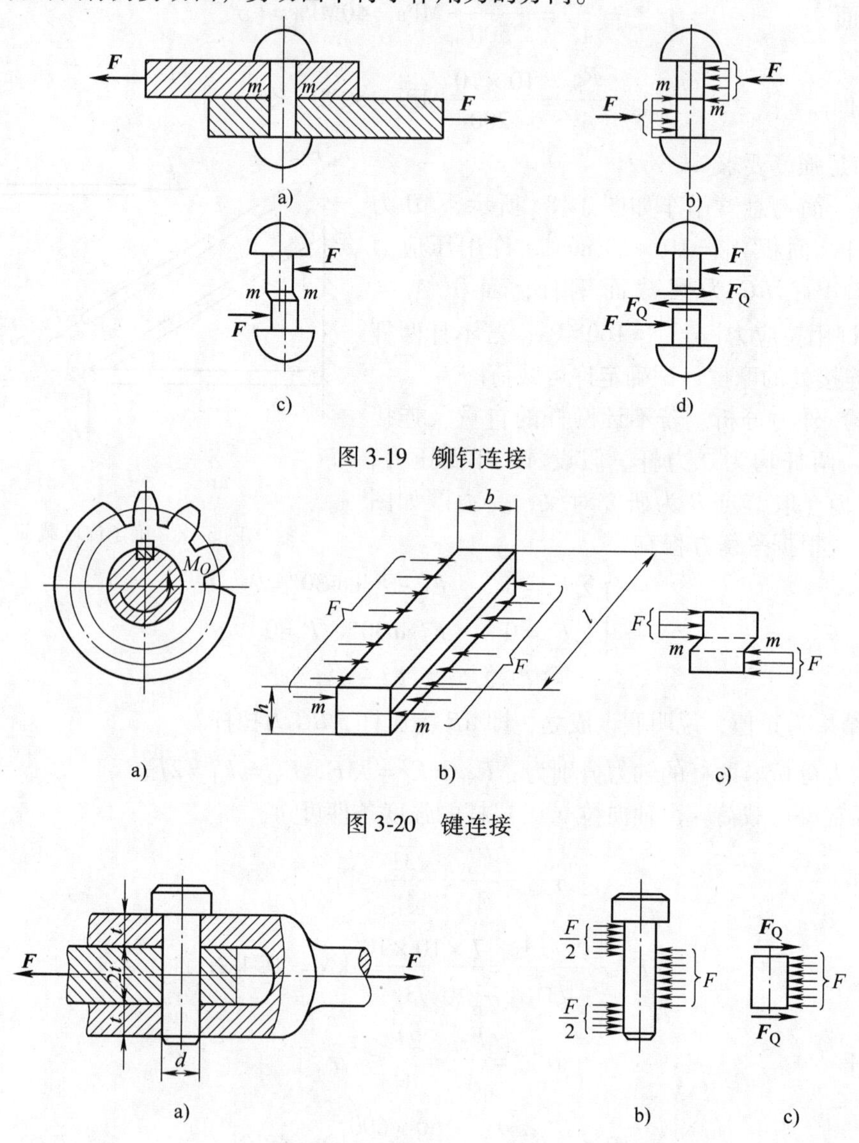

图 3-19　铆钉连接

图 3-20　键连接

图 3-21　销钉连接

2. 挤压的概念与工程实例

连接件在发生剪切变形的同时，往往还伴随着挤压作用。如图 3-19 所示的铆钉连接，上层钢板孔右侧与铆钉上部右侧圆柱面相互压紧，在接触面上产生较大的压力，致使接触面处局部产生显著的塑性变形，铆钉孔被压成长圆孔，这种现象称为挤压。可见，连接件除了可能以剪切的形式破坏外，也可能因挤压而破坏。工程机械上常用的平键经常发生挤压破坏。构件上产生挤压变形的接触面称为挤压面。挤压面上的压力称为挤压力，用 F_{jy} 表示。一般情况下，挤压面垂直于挤压力的作用线。

二、剪切与挤压的实用计算

1. 剪切的实用计算

构件受剪切作用时，在剪切面上产生了内力。内力的大小和方向可用截面法求得。例如，在图 3-19c 中，如沿剪切面 $m—m$ 假想地将铆钉分成两部分，并取下半部分为研究对象，如图 3-19d 所示。由平衡条件可知，在截面 $m—m$ 上的分布内力系的合力必然是一个平行于 $\boldsymbol{F}$ 的力 $\boldsymbol{F}_Q$，由平衡方程 $\sum F=0$ 得

$$F-F_Q=0$$

$$F_Q=F$$

$\boldsymbol{F}_Q$ 与截面 $m—m$ 相切，称为截面 $m—m$ 上的剪切力，简称剪力。

由于剪力的作用，剪切面上有平行于截面的应力存在，称为切应力，用符号 τ 表示。切应力在剪切面上的分布情况是比较复杂的，工程上通常采用以试验和经验为基础的实用计算法，即假设切应力在剪切面上是均匀分布的，于是有

$$\tau=\frac{F_Q}{A} \tag{3-11}$$

式中，A 为剪切面的面积，单位为 mm^2；F_Q 为剪切面上的剪力，单位为 N；τ 为剪切面上的切应力，单位为 MPa。

为了保证构件工作时安全可靠，要求切应力不超过材料的许用切应力。剪切强度条件为

$$\tau=\frac{F_Q}{A}\leqslant[\tau] \tag{3-12}$$

式中，$[\tau]$为材料的许用切应力。常用材料的许用切应力可从有关手册中查得。对于金属材料,也可按如下的关系确定：

塑性材料　　$[\tau]=(0.6\sim0.8)[\sigma]$

脆性材料　　$[\tau]=(0.8\sim1.0)[\sigma]$

运用强度条件可以进行强度校核、设计截面尺寸和确定许可载荷等三类强度问题的计算。

2. 挤压的实用计算

挤压面上的压强称为挤压应力，用 σ_{jy} 表示。挤压应力与直杆压缩中的压应力不同，压应力遍及整个受压杆件的内部，在横截面上是均匀分布的。挤压应力则只限于接触面附近的区域，在接触面上的分布也比较复杂。像剪切的实用计算一样，挤压在工程上也采用实用计算方法，即假定挤压应力在挤压面上是均匀分布的，即

$$\sigma_{jy}=\frac{F_{jy}}{A_{jy}} \tag{3-13}$$

式中，F_{jy} 为挤压力，A_{jy} 为挤压面面积。

挤压面面积 A_{jy} 的计算要根据接触面的具体情况而定。如图 3-22a 中所表示的键，其接触面是平面，挤压面的计算面积就是接触面的面积，即 $A_{jy}=\frac{h}{2}\times l$。而对于螺栓、销钉和铆钉等圆柱形连接件，如图 3-22b 所示。在实际计算中以圆柱面的正投影的面积作为挤压面积，

即 $A_{jy}=dt$。

为保证连接件不致因挤压而失效，连接件应有足够的挤压强度，即

$$\sigma_{jy}=\frac{F_{jy}}{A_{jy}}\leqslant[\sigma_{jy}] \tag{3-14}$$

式中，$[\sigma_{jy}]$为材料的许用挤压应力，其数值由试验确定，设计时可查阅有关设计手册，也可按如下经验公式确定：

塑性材料

$$[\sigma_{jy}]=(1.5\sim2.5)[\sigma]$$

脆性材料

$$[\sigma_{jy}]=(0.9\sim1.5)[\sigma]$$

式中，$[\sigma]$为材料的拉伸许用应力。

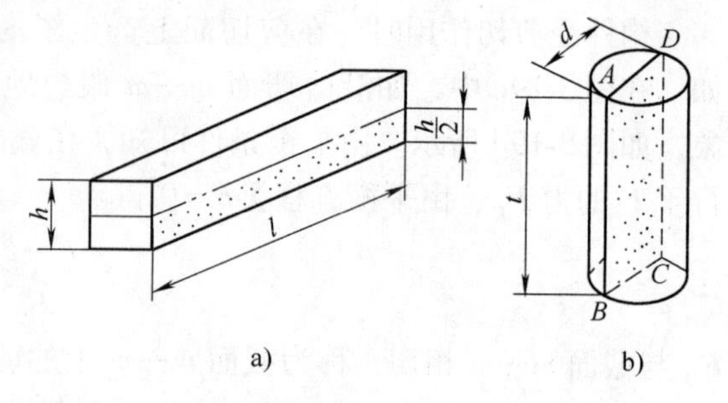

图 3-22　挤压面积计算

三、剪切胡克定律

在构件的受剪部位，围绕 A 点取一正六面体（图 3-23a），将它放大如图 3-23b 所示。剪切变形时，正六面体左、右两侧面发生相对平行错动，正六面体变成平行六面体，如图 3-23b 虚线所示，原来的直角改变了一微小角度 γ，这个直角的改变量 γ 称为切应变，其单位一般为弧度。

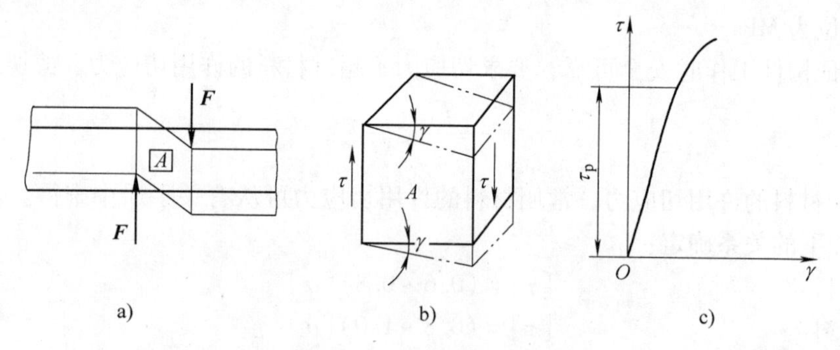

图 3-23　切应变、剪切胡克定律

实验表明，当切应力 τ 不超过材料的剪切比例极限 τ_P 时，切应力 τ 与切应变 γ 成正比（图 3-23c），即

$$\tau=G\gamma \tag{3-15}$$

式（3-15）称为剪切胡克定律。式中，比例常数 G 称为材料的剪切弹性模量，它表示材料抵抗剪切变形的能力，常用单位是 GPa，其值随材料而异，由试验测定。例如，钢的剪切弹性模量 $G=75\sim80\text{GPa}$，铝与铝合金的剪切弹性模量 $G=26\sim30\text{GPa}$。

例 3-5　铸铁带轮用平键与轴连接，如图 3-24a 所示。传递的力偶矩 $M=350\text{N}\cdot\text{m}$，轴的直径 $d=40\text{mm}$，平键尺寸 $b\times h=12\text{mm}\times8\text{mm}$，初步确定键长 $l=35\text{mm}$，键的材料为 45 钢，许用切应力 $[\tau]=60\text{MPa}$，许用挤压应力 $[\sigma_{jy}]=100\text{MPa}$，铸铁的许用挤压应力 $[\sigma_{jy}]=80\text{MPa}$，试校核键连接的强度。

解　1）外力分析。以轴（包括平键）为研究对象，其受力图如图 3-24b 所示，根据平衡条件可得

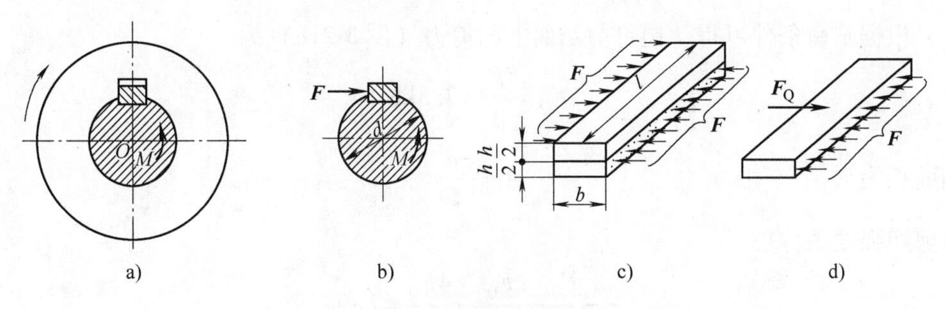

图 3-24　键连接强度的校核

$$\sum M_O(\boldsymbol{F})=0 \qquad M-F\cdot d/2=0$$

$$F=\frac{2M}{d}=\frac{2\times 350}{0.04}\mathrm{N}=1.75\times 10^4\mathrm{N}$$

2）校核剪切强度。平键的受力情况如图 3-24c 所示，此时剪切面上的剪力（图 3-24d）为

$$F_{\mathrm{Q}}=F=1.75\times 10^4\mathrm{N}$$

剪切面面积为

$$A=b\times l=12\mathrm{mm}\times 35\mathrm{mm}=420\mathrm{mm}^2$$

因而

$$\tau=\frac{F_{\mathrm{Q}}}{A}=\frac{1.75\times 10^4}{420}\mathrm{MPa}=41.7\mathrm{MPa}\leqslant[\tau]$$

满足剪切强度条件。

3）校核挤压强度。由于铸铁的许用挤压应力小，所以取铸铁的许用挤压应力作为核算的依据。带轮挤压面上的挤压力为

$$F_{\mathrm{jy}}=F=1.75\times 10^4\mathrm{N}$$

带轮的挤压面积与键的挤压面积相同，即

$$A_{\mathrm{jy}}=lh/2=(35\times 8/2)\mathrm{mm}^2=140\mathrm{mm}^2$$

故

$$\sigma_{\mathrm{jy}}=\frac{F_{\mathrm{jy}}}{A_{\mathrm{jy}}}=\frac{1.75\times 10^4}{140}\mathrm{MPa}=125\mathrm{MPa}>[\sigma_{\mathrm{jy}}]$$

不满足挤压强度条件，需根据挤压强度条件重新确定键的长度，即

$$A\geqslant F_{\mathrm{jy}}/[\sigma_{\mathrm{jy}}]$$

$$lh/2\geqslant F_{\mathrm{jy}}/[\sigma_{\mathrm{jy}}]$$

得键的长度为

$$l\geqslant\frac{2F_{\mathrm{jy}}}{[\sigma_{\mathrm{jy}}]h}=\frac{2\times 1.75\times 10^4}{80\times 8}\mathrm{mm}=54.7\mathrm{mm}$$

最后确定键的长度为 55mm。

例 3-6　图 3-21a 所示为拖车挂钩用的销钉连接。已知拖车的拉力 $F=15\mathrm{kN}$，挂钩部分钢板厚 $t=8\mathrm{mm}$，销钉的材料为 20 钢，许用切应力 $[\tau]=60\mathrm{MPa}$，许用挤压应力 $[\sigma_{\mathrm{jy}}]=100\mathrm{MPa}$，试设计销钉的直径。

解　1）剪切强度计算。以销钉为研究对象，其受力图如图 3-21b 所示。销钉上有两个

剪切面，根据平衡条件可得，销钉剪切面上的剪力（图3-21c）为

$$F_{\mathrm{Q}}=\frac{F}{2}=7.5\mathrm{kN}$$

剪切面面积为

$$A=\frac{\pi d^2}{4}$$

由剪切强度条件得

$$\tau=\frac{F_{\mathrm{Q}}}{A}=\frac{F_{\mathrm{Q}}}{\frac{\pi d^2}{4}}=\frac{4F_{\mathrm{Q}}}{\pi d^2}\leqslant[\tau]$$

故

$$d\geqslant\sqrt{\frac{4F_{\mathrm{Q}}}{\pi[\tau]}}=\sqrt{\frac{4\times7.5\times10^3}{\pi\times60}}\mathrm{mm}=13\mathrm{mm}$$

2）挤压强度计算。销钉所受的挤压力 $F_{\mathrm{jy}}=\frac{F}{2}$，挤压面面积 $A_{\mathrm{jy}}=dt$，由挤压强度条件得

$$\sigma_{\mathrm{jy}}=\frac{F_{\mathrm{jy}}}{A_{\mathrm{jy}}}=\frac{\frac{F}{2}}{dt}\leqslant[\sigma_{\mathrm{jy}}]$$

故

$$d\geqslant\frac{F}{2t[\sigma_{\mathrm{jy}}]}=\frac{15\times10^3}{2\times8\times100}\mathrm{mm}=9\mathrm{mm}$$

综合考虑剪切和挤压强度，并根据标准直径选取销钉直径为14mm。

第四节　圆轴的扭转

一、圆轴扭转的概念及工程实例

工程中许多构件产生扭转变形。图3-25所示为钳工攻内螺纹时，两手所加的外力偶作用在丝锥杆的上端，工件的反力偶作用在丝锥杆的下端，使得丝锥杆发生扭转变形。图3-26所示的汽车方向盘的转向轴，以及一些传动轴等均是扭转变形的实例。

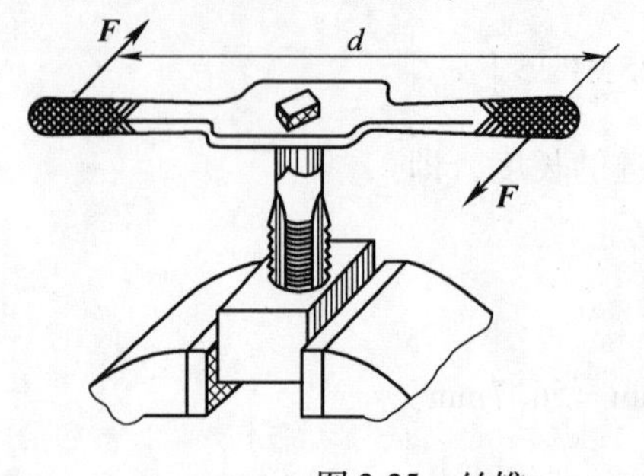

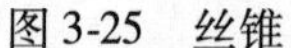

图3-25　丝锥

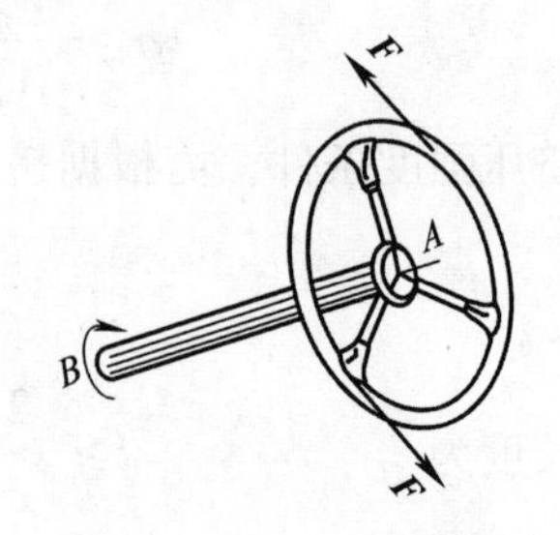

图3-26　汽车方向盘的转向轴

一般扭转杆件的计算简图，如图3-27所示。其受力特点是：在垂直于杆件轴线的平面内，作用着一对大小相等、转向相反的力偶。其变形特点是：杆件的各横截面绕轴线发生相对转动，但杆的轴线始终保持直线。这种变形称为扭转变形，杆件任意两截面间的相对角位

移称为扭转角。图3-27中的φ_{AB}是截面B相对于截面A的扭转角。以扭转为主要变形的构件常称为轴，其中圆轴在机械中的应用最广。

二、扭矩及扭矩图

1. 外力偶矩的计算

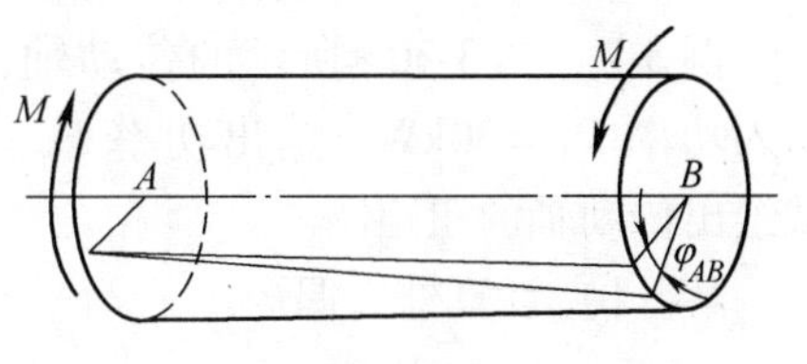

图3-27　扭转变形

工程上作用在轴上的外力偶矩一般不直接给出，而往往给出轴的转速n和轴所传递的功率P。功率、转速和外力偶矩之间的关系可由动力学知识导出，其公式为

$$M = 9\,550\,\frac{P}{n} \tag{3-16}$$

式中，M为外力偶矩，单位为N · m；P为轴传递的功率，单位为kW；n为轴的转速，单位为r/min。

2. 扭矩及扭矩图

图3-28所示为等截面圆轴AB，其两端面上作用有一对平衡外力偶矩M，现用截面法求出圆轴扭转时横截面上的内力。将轴从$m—m$截面截开，取左段为研究对象，为保持左段平衡，$m—m$截面上的分布内力必然合成为一个力偶与外力偶矩M平衡，该内力偶矩称为扭矩，以T表示，单位为N · m。由平衡方程得

$$\sum M_x = 0 \qquad T - M = 0$$

得

$$T = M$$

若取右段为研究对象，所得扭矩数值相同而转向相反，它们是作用与反作用的关系。

为了使不论取左段还是右段求得的扭矩的大小、符号都一致，对扭矩的正负号规定如下：用右手螺旋法则，即以右手四指顺着扭矩的转向，伸直的大拇指的指向与横截面外法线方向一致时扭矩为正，反之为负，如图3-29所示。在求扭矩时，一般先假定扭矩为正，若计算出的扭矩为正值，表示扭矩的实际方向与假设方向相同；若计算出的扭矩为负值，表示扭矩的实际方向与假设方向相反。

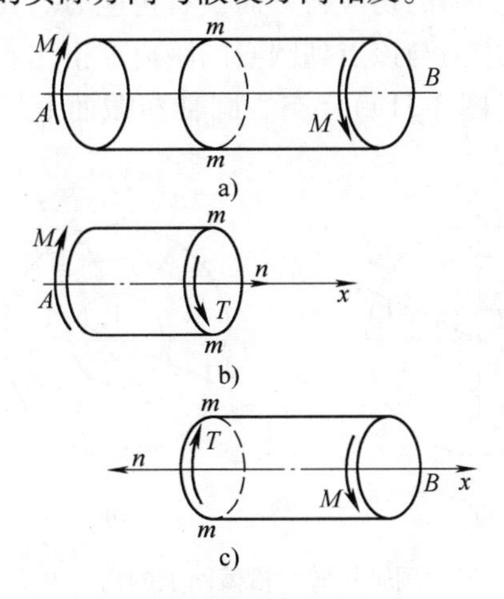

图3-28　截面法求扭矩

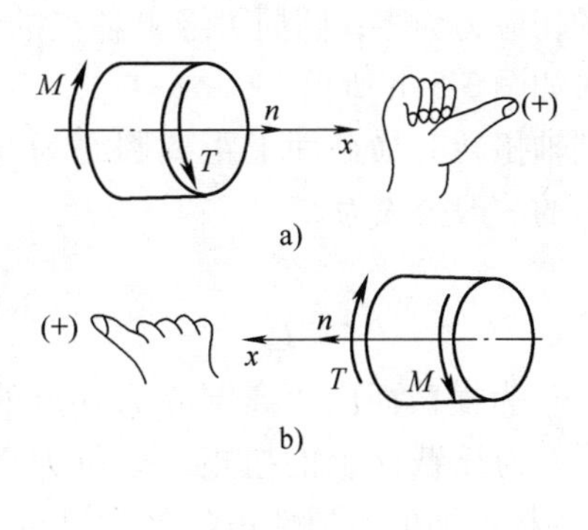

图3-29　扭矩的符号规定

当轴上作用有多个外力偶矩时，圆轴各截面上的扭矩一般不同。为了清楚地表示各截面

上扭矩的变化情况，确定危险截面，常把扭矩随截面位置的变化绘成图形，称为扭矩图。作图时，以横坐标表示各横截面的位置，纵坐标表示扭矩。

例 3-7 图 3-30a 所示的传动轴，转速 $n=960\text{r/min}$，输入功率 $P_A=30\text{kW}$，输出功率 $P_B=20\text{kW}$，$P_C=10\text{kW}$，试绘出传动轴的扭矩图。

解 1）计算外力偶矩。

$$M_A=9\ 550\frac{P_A}{n}=9\ 550\times\frac{30}{960}\text{N}\cdot\text{m}=298\text{N}\cdot\text{m}$$

$$M_B=9\ 550\frac{P_B}{n}=9\ 550\times\frac{20}{960}\text{N}\cdot\text{m}=199\text{N}\cdot\text{m}$$

$$M_C=9\ 550\frac{P_C}{n}=9\ 550\times\frac{10}{960}\text{N}\cdot\text{m}=99\text{N}\cdot\text{m}$$

2）内力分析。将轴分为 AB、BC 两段。在 AB 段，沿截面 1—1 截开，取左段为研究对象（图 3-30b），则由平衡条件得

$$\sum M_x=0 \qquad T_1+M_A=0$$

得
$$T_1=-M_A=-298\text{N}\cdot\text{m}$$

负号说明扭矩实际方向与假定方向相反。

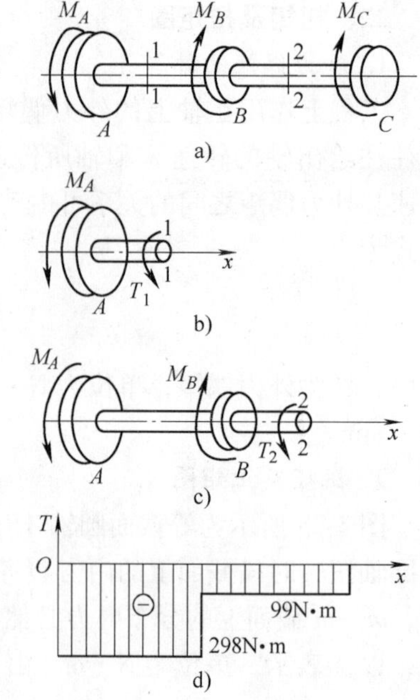

图 3-30 传动轴的扭矩图

在 BC 段，沿截面 2—2 截开，取左段为研究对象（图 3-30c），则由平衡条件得

$$\sum M_x=0 \qquad T_2+M_A-M_B=0$$

得
$$T_2=-M_A+M_B=(-298+199)\text{N}\cdot\text{m}=-99\text{N}\cdot\text{m}$$

3）画扭矩图。如图 3-30d 所示。

三、圆轴扭转时横截面上的应力

实验表明，圆轴扭转时横截面上只有垂直于半径方向的切应力，而没有正应力。其切应力在横截面上的分布规律为：横截面上任意点处的切应力与该点到圆心的距离成正比。在圆心处的切应力为零；圆周边缘上各点的切应力最大（图 3-31a）。空心圆轴横截面上切应力的分布如图 3-31b 所示。

圆轴扭转时横截面上距离圆心为 ρ 处切应力的一般公式为

$$\tau_\rho=\frac{T_\rho}{I_\text{p}} \qquad (3\text{-}17)$$

式中，τ_ρ 为横截面内距离圆心为 ρ 点的切应力；T 为该截面上的扭矩，单位为 N · m；I_p 为横截面的极惯性矩，单位为 m^4；ρ 为欲求切应力的点到圆心的距离。

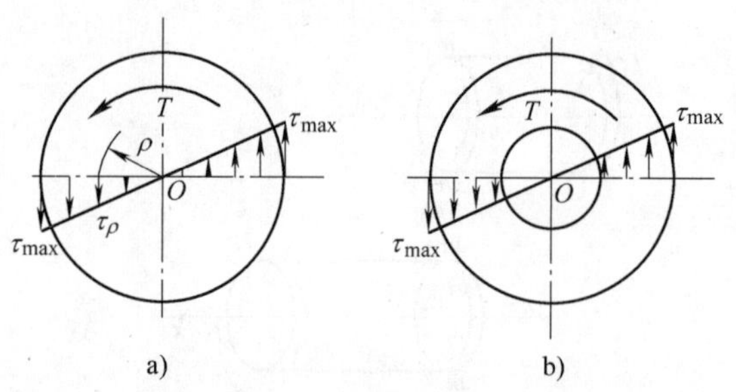

图 3-31 圆轴扭转时横截面上的切应力

对于轴上一指定圆截面，当 $\rho=R$ 时，切应力最大，即圆轴横截面上边缘点的切应力最大。其值为

$$\tau_{max} = \frac{TR}{I_p}$$

令 $W_p = \frac{I_p}{R}$，则上式变为

$$\tau_{max} = \frac{W}{W_p} \tag{3-18}$$

式中，W_p 为抗扭截面系数，单位为 m^3，是表征圆轴抵抗破坏能力的几何参数。

式（3-17）、式（3-18）只适用于最大切应力 τ_{max} 不超过材料剪切比例极限的实心圆轴和空心圆轴。

四、极惯性矩和抗扭截面系数的计算

1. 实心圆截面

设实心圆截面的直径为 D，则极惯性矩为

$$I_p = \frac{\pi D^4}{32} \tag{3-19}$$

抗扭截面系数为

$$W_p = \frac{I_p}{R} = \frac{I_p}{\frac{D}{2}} = \frac{\pi D^3}{16} \tag{3-20}$$

2. 空心圆截面

设空心圆截面的外径为 D，内径为 d，内外径之比 $\alpha = \frac{d}{D}$，则极惯性矩为

$$I_p = \frac{\pi D^4}{32}(1 - \alpha^4) \tag{3-21}$$

抗扭截面系数为

$$W_p = \frac{I_p}{\frac{D}{2}} = \frac{\pi D^3}{16}(1 - \alpha^4) \tag{3-22}$$

五、圆轴扭转时的强度计算

为保证圆轴扭转时具有足够的强度而不被破坏，要求轴的最大切应力不得超过材料的扭转许用切应力。对于等截面圆轴，其最大切应力发生在扭矩值最大的横截面（称为危险截面）的外边缘处，故圆轴扭转的强度条件为

$$\tau_{max} = \frac{T_{max}}{W_p} \leqslant [\tau] \tag{3-23}$$

式中，T_{max} 和 W_p 分别为危险截面的扭矩绝对值的最大值和抗扭截面系数；$[\tau]$为材料的扭转许用切应力。

对于阶梯轴，因抗扭截面系数 W_p 不是常量，最大工作切应力 τ_{max} 不一定发生在最大扭矩 T_{max} 所在的截面外边缘处，必须考虑扭矩 T 和抗扭截面系数 W_p 的比值来确定危险截面和 τ_{max}。

圆轴扭转时的许用切应力$[\tau]$由扭转试验测定，也可查有关手册。在静载荷作用下，它

与拉伸许用应力有如下关系：

塑性材料　　$[\tau]=(0.5\sim0.6)[\sigma]$

脆性材料　　$[\tau]=(0.8\sim1.0)[\sigma]$

与拉伸强度问题相似，应用式（3-23）可以解决强度校核、设计截面尺寸和确定许可载荷等三类问题。

例 3-8　某传动轴内的最大扭矩 $T_{max}=1.5\text{kN}\cdot\text{m}$，若许用切应力 $[\tau]=50\text{MPa}$，试按下列方案确定轴的横截面尺寸，并比较其质量。

1）实心圆截面轴。

2）空心圆截面轴，其内、外径的比值 $d_i/d_o=0.9$。

解　1）由强度条件确定实心圆轴的直径。

因

$$\tau_{max}=\frac{T_{max}}{W_p}\leqslant[\tau]\qquad W_p=\frac{\pi d^3}{16}$$

故

$$d\geqslant\sqrt[3]{\frac{16T_{max}}{\pi[\tau]}}=\sqrt[3]{\frac{16(1.5\times10^6)}{\pi\times50}}\text{mm}=54\text{mm}$$

2）由强度条件确定空心圆轴的内、外径。

因

$$\tau_{max}=\frac{T_{max}}{W_p}\leqslant[\tau]\qquad W_p=\frac{\pi d_o^3}{16}(1-\alpha^4)$$

$$d_o\geqslant\sqrt[3]{\frac{16T_{max}}{\pi(1-\alpha^4)[\tau]}}=\sqrt[3]{\frac{16(1.5\times10^6)}{\pi(1-0.9^4)\times50}}\text{mm}=76.3\text{mm}$$

而其内径则相应为

$$d_i=0.9d_o=0.9\times76.3\text{mm}=68.7\text{mm}$$

3）质量比较。上述空心与实心圆轴的长度与材料均相同，所以两者的质量比等于其横截面面积之比，即

$$\frac{m_{空}}{m_{实}}=\frac{A_{空}}{A_{实}}=\frac{d_o^2-d_i^2}{d^2}=\frac{76.3^2\text{mm}^2-68.7^2\text{mm}^2}{54^2\text{mm}^2}=0.411$$

由计算结果可知，采用空心轴比实心轴节省材料。

例 3-9　一钢制阶梯轴如图 3-32a 所示，已知 $M_1=10\text{kN}\cdot\text{m}$，$M_2=7\text{kN}\cdot\text{m}$，$M_3=3\text{kN}\cdot\text{m}$，材料的许用切应力 $[\tau]=75\text{MPa}$，试校核该轴的强度。

解　1）作扭矩图。用截面法求出 AB 段横截面上的扭矩为

$$T_{AB}=-10\text{kN}\cdot\text{m}$$

BC 段横截面上的扭矩为

$$T_{BC}=-3\text{kN}\cdot\text{m}$$

扭矩图如图 3-32b 所示。

2）校核强度。由图 3-32b 可知，最大扭矩发生在 AB 段，但 AB 段横截面直径大，因此，需分别计算 AB 段和 BC 段横截面上的最大切应力，即

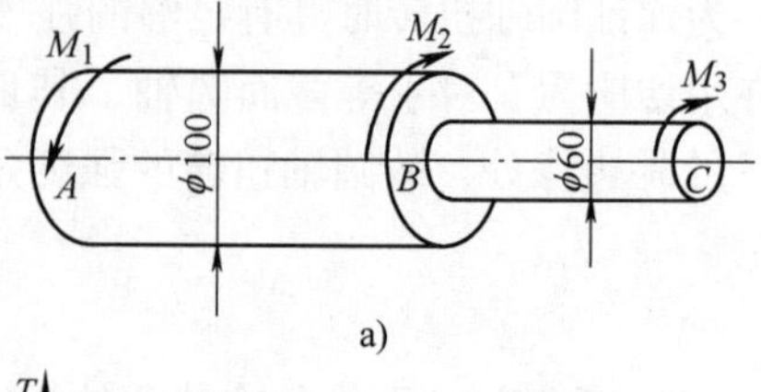

a)

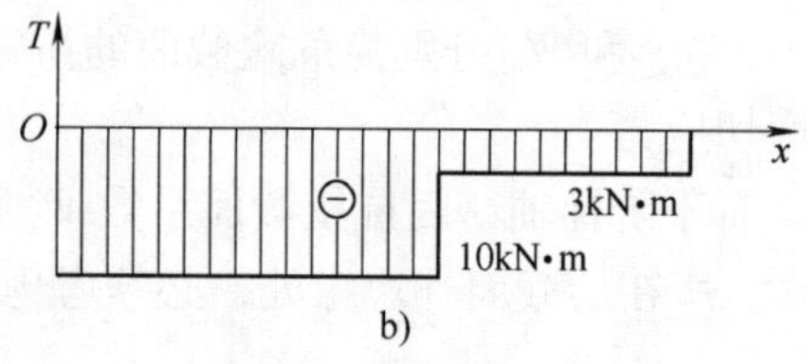

b)

图 3-32　轴的强度校核

AB 段：
$$\tau_{max}=\frac{|T_{AB}|}{W_{p(AB)}}=\frac{10\times10^6}{\frac{\pi\times100^3}{16}}\text{MPa}=50.9\text{MPa}<[\tau]$$

BC 段：
$$\tau_{max}=\frac{|T_{BC}|}{W_{p(BC)}}=\frac{3\times10^6}{\frac{\pi\times60^3}{16}}\text{MPa}=70.7\text{MPa}<[\tau]$$

故该轴满足强度要求。

六、圆轴扭转时的变形和抗扭刚度计算

圆轴扭转时的变形可用两个横截面间的扭转角 φ 来度量。扭转角的计算公式为
$$\varphi=\frac{Tl}{GI_p} \tag{3-24}$$
式中，T 为横截面上的扭矩；l 为两横截面间的距离；G 为材料的切变模量；I_p 为横截面的极惯性矩。

从式（3-24）可以看出，扭转角 φ 与 T 和 l 成正比，与乘积 GI_p 成反比。GI_p 越大，扭转角 φ 越小，说明圆轴抵抗扭转变形的能力越强，即 GI_p 反映圆轴抵抗扭转变形的能力，称为截面的抗扭刚度。

为了消除轴的长度对扭转角的影响，可采用单位长度内的扭转角 θ 来度量轴的扭转变形，即
$$\theta=\frac{\varphi}{l}=\frac{T}{GI_p} \tag{3-25}$$

轴类零件工作时，除应满足强度条件外，经常还有刚度要求。例如，机床主轴若发生过大的扭转变形，会引起剧烈的扭转振动，影响工件的加工精度和表面质量；车床丝杠发生过大的变形，会影响工件的加工精度。为保证轴的刚度，通常规定单位长度扭转角的最大值 θ_{max} 不得超过许用单位长度扭转角 $[\theta]$，即抗扭刚度条件为
$$\theta_{max}=\frac{T_{max}}{GI_p}\leqslant[\theta] \tag{3-26}$$
式中，单位长度扭转角 θ 和许用单位长度扭转角 $[\theta]$ 的单位为 rad/m。工程上，许用单位长度扭转角 $[\theta]$ 的单位习惯上用(°)/m，考虑单位换算，则得
$$\theta_{max}=\frac{T_{max}}{GI_p}\times\frac{180°}{\pi}\leqslant[\theta] \tag{3-27}$$

精密机械的轴，$[\theta]=0.25°\sim0.5°/\text{m}$；一般传动轴，$[\theta]=0.5°\sim1.0°/\text{m}$；精度较低的轴，$[\theta]=1.0°\sim2.5°/\text{m}$。

例 3-10　汽车传动轴输入的力偶矩 $M=1.5\text{kN}\cdot\text{m}$，直径 $d=85\text{mm}$，轴的许用单位长度扭转角 $[\theta]=0.5°/\text{m}$，材料的切变模量 $G=80\text{GPa}$，试校核此传动轴的刚度。

解　1）计算扭矩。
$$T=M=1.5\text{kN}\cdot\text{m}$$

2）校核轴的刚度。
$$\theta_{max}=\frac{T_{max}}{GI_p}\cdot\frac{180°}{\pi}=\frac{T_{max}}{G\frac{\pi d^4}{32}}\cdot\frac{180°}{\pi}=\frac{1.5\times10^3\text{N}\cdot\text{m}}{80\times10^9\text{N}\cdot\text{m}^2\times\frac{\pi\times0.085^4\text{m}^4}{32}}\times\frac{180°}{\pi}=0.21°/\text{m}<[\theta]$$

故该传动轴刚度足够。

第五节　平面弯曲

一、平面弯曲的概念与实例

1. 弯曲的概念

弯曲是工程实际中最常见的一种基本变形，如桥式起重机的大梁（图 3-33a）、火车轮轴（图 3-34a）、车床上的车刀（图 3-35a）等的变形都是弯曲变形的实例。这些构件的受力特点是：在通过构件轴线的平面内受到力偶或垂直于轴线的横向力作用。其变形特点是：构件的轴线由原来的直线变为曲线，这种变形称为弯曲变形。以弯曲变形为主的构件习惯上称为梁。

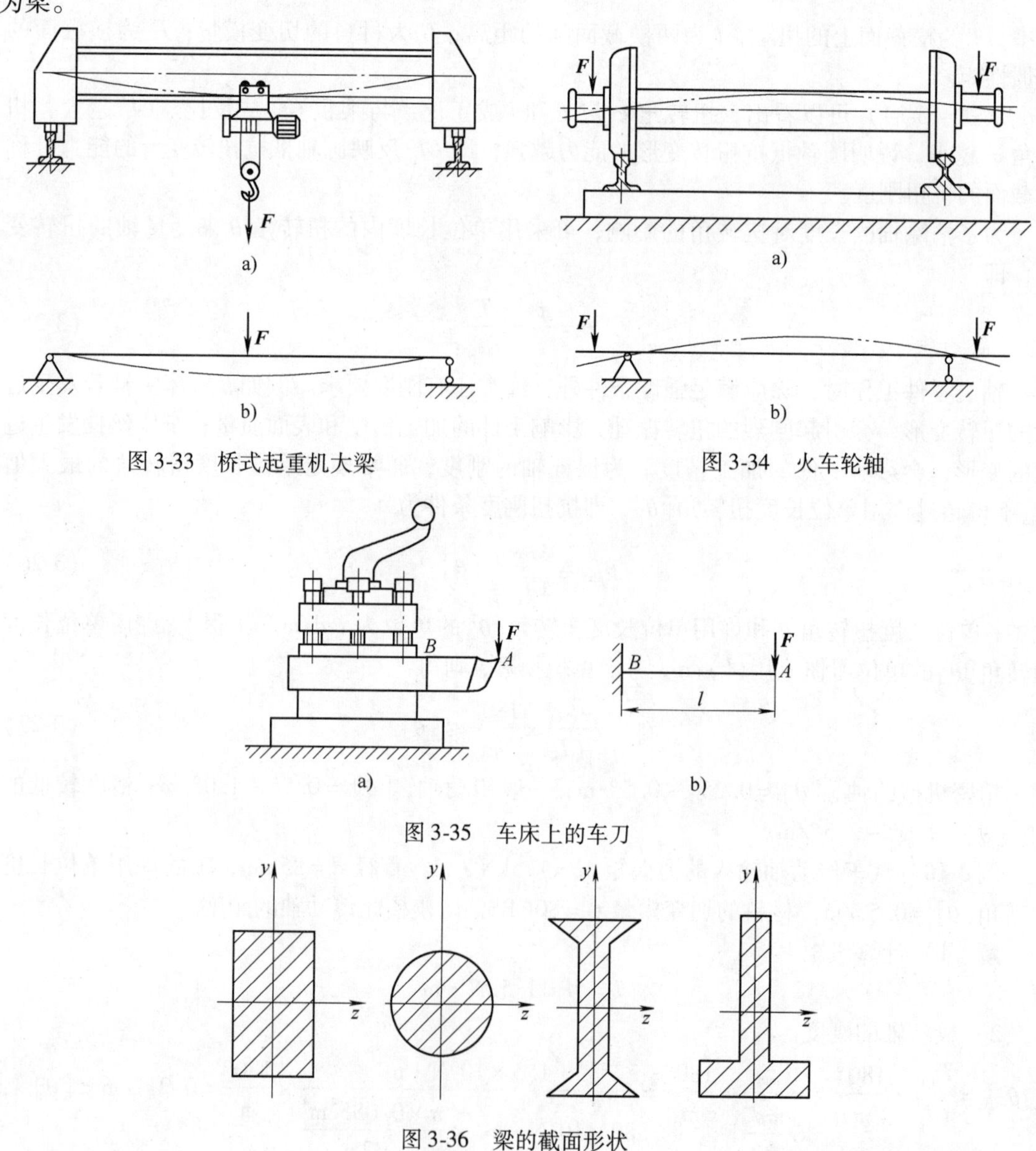

图 3-33　桥式起重机大梁

图 3-34　火车轮轴

图 3-35　车床上的车刀

图 3-36　梁的截面形状

2. 平面弯曲

工程问题中，绝大多数梁的横截面都有一根对称轴，如图3-36所示的y轴。通过梁的轴线与截面对称轴的平面称为纵向对称面（图3-37）。当作用在梁上的所有外力（包括约束力）都作用在梁的纵向对称面内时，梁的轴线在纵向对称面内弯曲成一条平面曲线，这种弯曲变形称为平面弯曲。这是最常见、最简单的弯曲变形，本节主要讨论这种情况。

3. 梁的计算简图及分类

工程上，梁的截面形状、载荷及支承情况一般都比较复杂，为了便于分析和计算，需将梁进行简化。以梁的轴线表示梁；将作用在梁上的载荷简化为集中力F或集中力偶M或均布载荷q；梁的约束（支承情况）可简化为固定铰支座或活动铰支座或固定端。通过简化得到的图形称为计算简图。图3-33b、图3-34b和图3-35b分别为桥式起重机大梁、火车轮轴和车刀的计算简图。

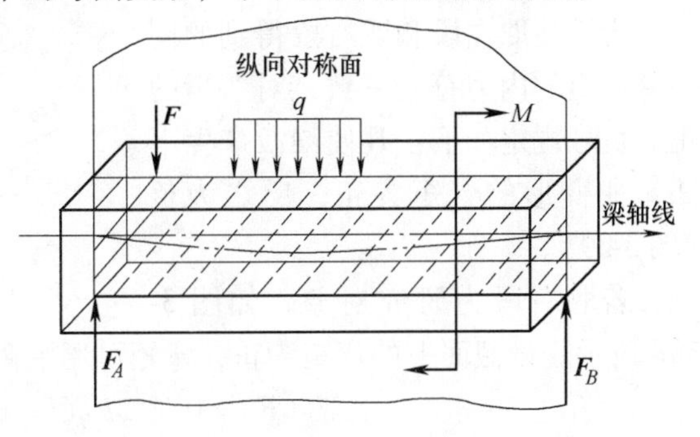

图3-37　纵向对称面

根据支承情况，可将静定梁简化为三种情况：

1）简支梁。一端为固定铰支座，另一端为活动铰支座的梁，如图3-33b所示。

2）外伸梁。具有一端或两端外伸部分的简支梁，如图3-34b所示。

3）悬臂梁。一端为固定端支座，另一端为自由的梁，如图3-35b所示。

二、梁弯曲时的内力和弯矩图

1. 剪力和弯矩

为对梁进行强度和刚度计算，当作用于梁上的外力确定后，可用截面法来分析梁任意截面上的内力。

如图3-38a所示简支梁，已知梁长为l，主动力为$\boldsymbol{F}$，则该梁的约束力$\boldsymbol{F}_A$、$\boldsymbol{F}_B$（图3-38b）可由平衡方程求得，$F_A=\dfrac{a}{l}F$，$F_B=\dfrac{l-a}{l}F$。现欲求任意截面m—m上的内力，在m—m处将梁截开，取左段为研究对象，如图3-38c所示。为了保持左段梁的平衡，在截面m—m上必有一个与截面相切的向下的内力F_Q和一个作用于纵向对称面内的逆时针转向的内力偶M。F_Q称为横截面m—m上的剪力，M称为横截面m—m上的弯矩。

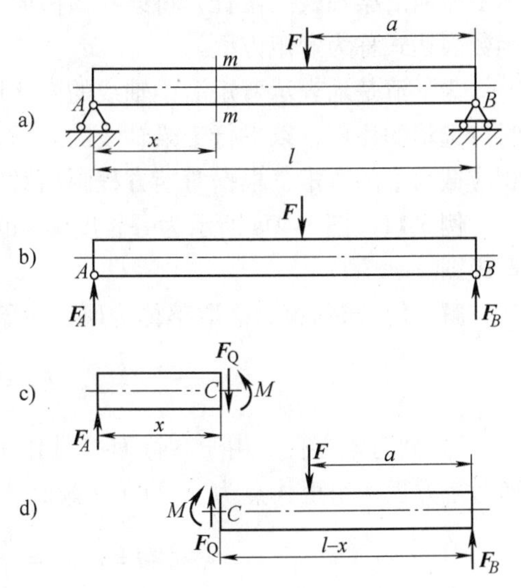

图3-38　用截面法求梁的内力

梁弯曲时，横截面上的内力一般包含剪力和弯矩两个内力分量。虽然这两者都影响梁的强度，但是对于跨度与横截面高度之比较大的非薄壁截面梁$\left(\dfrac{l}{h}>5\right)$，剪力的影响很小，一般略去

不计。梁的弯矩可用平衡条件求得（以截面 $m—m$ 的形心 C 为矩心）

$$\sum M_C(\boldsymbol{F})=0$$

$$M-F_Ax=0$$

$$M=F_Ax=\frac{a}{l}Fx$$

为了使取左段和取右段得到的同一截面上的内力符号一致，对弯矩的正、负号规定如下：凡使梁段产生下凹弯曲变形的弯矩为正，反之为负（图 3-39）。

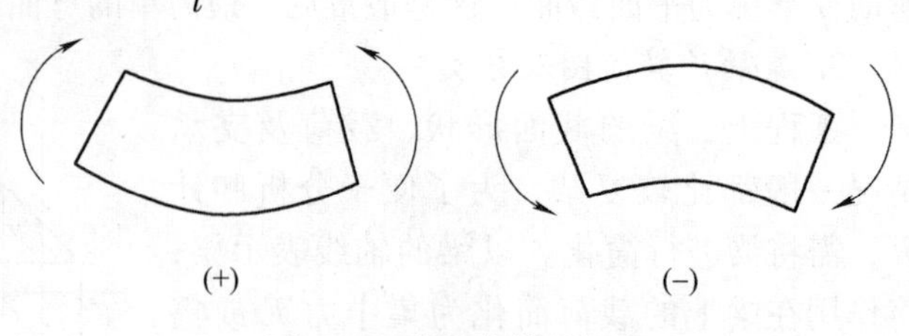

图 3-39　弯矩的符号规定

若取右段为研究对象，如图 3-38d 所示。设截面上的弯矩为正，弯矩可用平衡条件求得（以截面 $m—m$ 的形心 C 为矩心）

$$\sum M_C(\boldsymbol{F})=0 \qquad F_B(l-x)-F(l-x-a)-M=0$$

$$M=F_B(l-x)-F(l-x-a)=\frac{a}{l}Fx$$

由以上计算可知，无论取左、右哪一段为研究对象，计算结果是一样的。通过分析结果可以得出如下结论：横截面上的弯矩等于截面左侧（或右侧）所有外力对截面形心力矩的代数和。截面左侧梁上的外力对截面形心的力矩顺时针转向取正值，逆时针转向取负值；截面右侧梁上的外力对截面形心的力矩逆时针转向取正值，顺时针转向取负值。即“左顺右逆，弯矩为正，反之为负”。

这样，在实际计算中就可以不必截取研究对象通过平衡方程去求弯矩了，而可以直接根据截面左侧或右侧梁上的外力来求横截面上的弯矩。

2. 弯矩图

梁横截面上的弯矩一般随截面位置的不同而变化。为表示弯矩的变化情况，用坐标 x 表示横截面沿梁轴线的位置，将梁各横截面的弯矩表示为坐标 x 的函数，即 $M=M(x)$，这个函数表达式称为弯矩方程。

为了清楚地表示弯矩沿梁轴线的变化情况，把弯矩方程用图线表示，称为弯矩图。作图时按选定的比例，以平行于梁轴线的坐标 x 表示横截面的位置，以垂直于梁轴线的坐标表示相应截面上的弯矩，根据弯矩方程画出对应的函数图线。

例 3-11　图 3-40a 所示为一长度为 l 的简支梁，在 C 点受到集中力 $\boldsymbol{F}$ 的作用，试作梁的弯矩图。

解　1）求约束力。取整体为研究对象，受力图如图 3-40b 所示。由平衡方程可得

$$F_A=\frac{Fb}{l},\ F_B=\frac{Fa}{l}$$

2）列弯矩方程。由于在截面 C 处作用有集中力 $\boldsymbol{F}$，故应将梁分为 AC、CB 两段，分段列弯矩方程。用距 A 点为 x_1 的任一截面截 AC 段，取左段列弯矩方程得

$$M=F_Ax_1=\frac{b}{l}Fx_1 \qquad (0\leqslant x_1\leqslant a)$$

同理用距 A 点为 x_2 的任一截面截 BC 段得

$$M=F_Ax_2-F(x_2-a)=\frac{a}{l}F(l-x_2)\qquad (a\leqslant x_2\leqslant l)$$

3）画弯矩图。按弯矩方程分段绘制图形，如图3-40c所示。弯矩图在C点发生转折。

例3-12　简支梁受集中力偶作用，如图3-41a所示。若已知M_0、a、b，试作此梁的弯矩图。

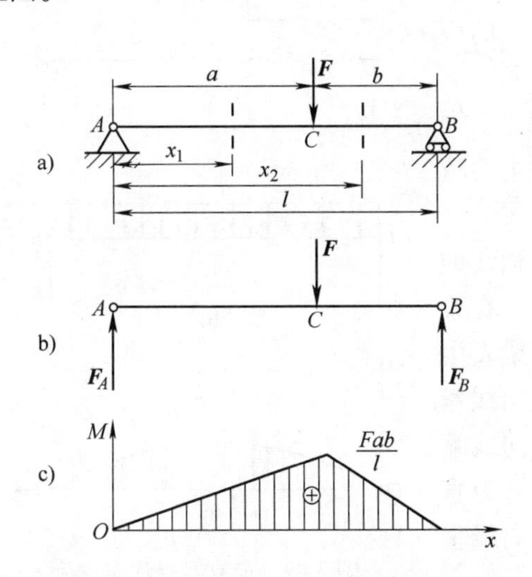

图3-40　简支梁受集中力作用时的弯矩图

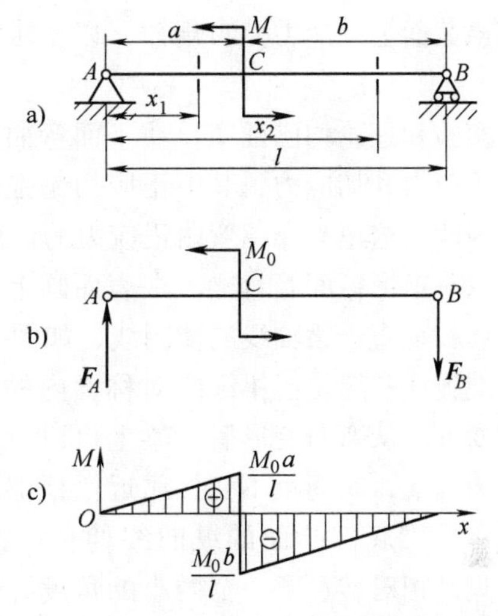

图3-41　简支梁受集中力偶作用时的弯矩图

解　1）求约束力。取整体为研究对象，受力图如图3-41b所示。由平衡方程可得

$$F_A=F_B=\frac{M_0}{l}$$

2）列弯矩方程。由于在截面C处作用有集中力偶M_0，故应将梁分为AC、CB两段，分段列弯矩方程。用距A点为x_1的任一截面截AC段，取左段列弯矩方程得

$$M(x_1)=F_Ax_1=\frac{M_0}{l}x_1\qquad (0\leqslant x_1<a)$$

同理用距A点为x_2的任一截面截BC段得

$$M(x_2)=F_Ax_2-M_0=\frac{M_0}{l}(x_2-l)\qquad (a<x_2\leqslant l)$$

3）画弯矩图。按弯矩方程分段绘制图形，如图3-41c所示。弯矩图在C点有突变。

例3-13　图3-42a所示起重机大梁的跨度为l，自重力可看成均布载荷q。若小车所吊起物体的重力暂不考虑，试作此梁的弯矩图。

解　1）求约束力。将起重机大梁简化为简支梁，如图3-42a所示。取整体为研究对象，受力图如图3-42b所示。由平衡方程可得

$$F_A=F_B=\frac{ql}{2}$$

2）列弯矩方程。用距A点为x的任一截面将梁截开，取左段列弯矩方程得

$$M(x)=F_Ax-qx\cdot\frac{x}{2}=\frac{ql}{2}x-\frac{q}{2}x^2\qquad (0\leqslant x\leqslant l)$$

3）画弯矩图。由弯矩方程可知，弯矩图为二次抛物线。要绘出此曲线至少需要确定三点，在 $x=0$ 和 $x=l$ 处，$M=0$；在 $x=\dfrac{l}{2}$ 处，$M_{\max}=\dfrac{ql^2}{8}$。弯矩图如图 3-42c 所示。

三、梁弯曲时横截面上的正应力

在确定了弯曲梁横截面上的弯矩后，还应进一步研究其横截面上的应力分布规律，以便求得横截面上的应力。

实验和理论均已证实，在平面弯曲梁的横截面上同时有正应力和切应力，其中正应力是强度计算的主要依据。因此，这里只介绍弯曲正应力的计算。

取一矩形截面等直梁，在表面画上平行于梁轴线的纵向线和垂直于梁轴线的横向线，如图 3-43 所示。在梁的两端施加一对位于梁纵向对称面内的力偶，使梁发生弯曲变形。从弯曲变形后的梁上可以看到，各纵向线弯曲成圆弧线，其间距不变。靠近梁顶部凹面的纵向线缩短，靠近梁底部凸面的纵向线伸长；各横向线仍为直线，只是相对转过了一个微小的角度，但仍与纵向线垂直。

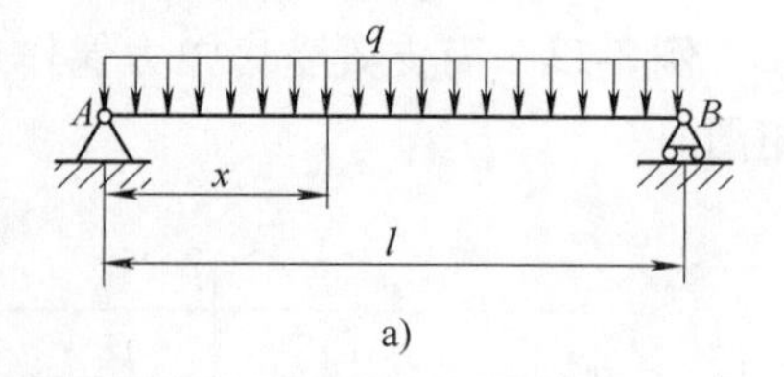

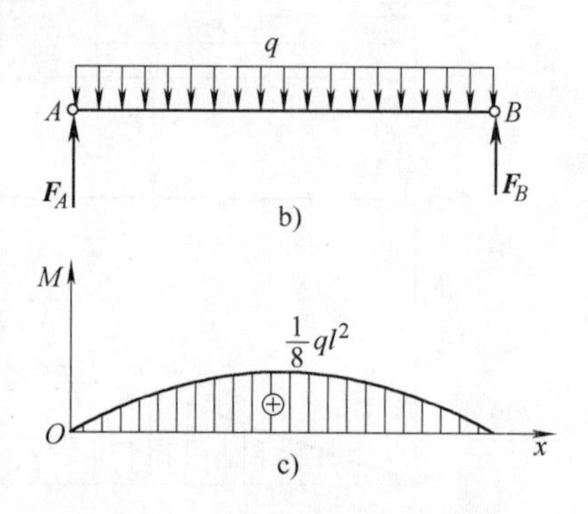

图 3-42　简支梁受均布载荷作用时的弯矩图

根据观察结果，若设想梁由多层无数条纵向纤维组成，则梁弯曲时，内凹一侧的纵向纤维受压缩短，外凸一侧的纵向纤维受拉伸长，根据变形的连续性可以推断，在其间必然存在着一层纤维既不伸长也不缩短，这层纤维称为中性层，如图 3-44 所示。中性层和横截面的交线称为中性轴，即图 3-44 中的 z 轴。横截面上位于中性轴两侧的各点分别承受拉应力和压应力，中性轴上各点的应力为零。可以证明，中性轴必过截面的形心。

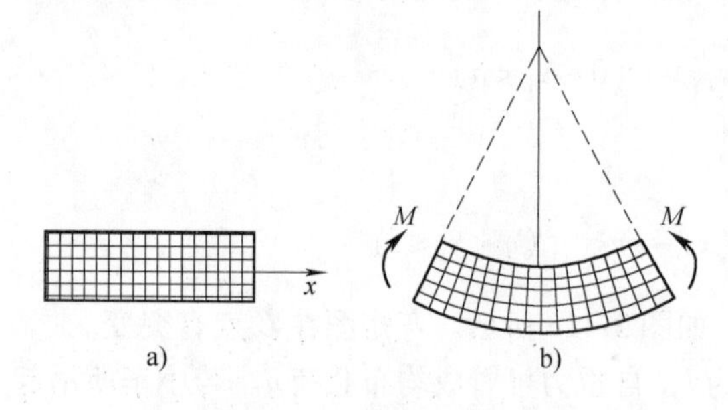

图 3-43　梁弯曲时的变形

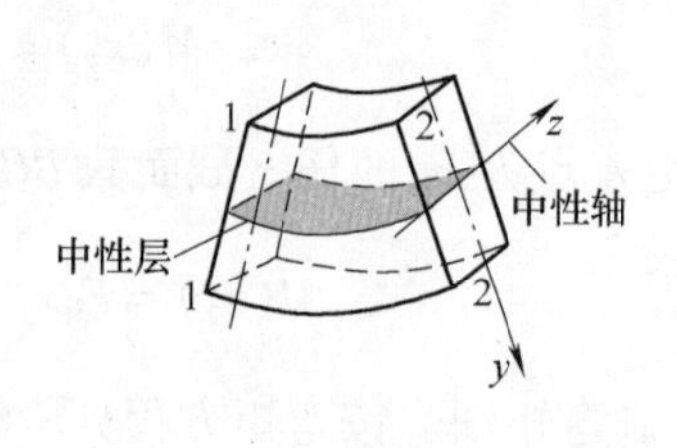

图 3-44　中性层和中性轴

由梁弯曲时的变形，可导出梁横截面上任一点（距中性轴的距离为 y）的正应力的计算公式为

$$\sigma=\frac{My}{I_z} \tag{3-28}$$

式中，M 为弯矩，单位为 N · m；I_z 为横截面对中性轴的轴惯性矩，单位为 m^4，$I_z=\int_A y^2\text{d}A$，

它是一个仅与横截面形状和尺寸有关的几何量。

式（3-28）表明，横截面上任一点的正应力与该点到中性轴的距离 y 成正比。在中性轴（$y=0$ 处）上各点的正应力为零，在中性轴的两侧，其上各点的正应力分别为拉应力和压应力，正应力分布规律如图 3-45 所示。

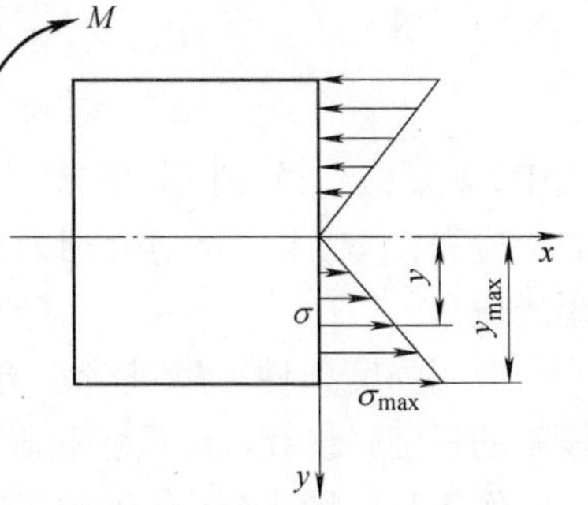

图 3-45　弯曲时的正应力分布

在应用式（3-28）时，M 和 y 均以绝对值代入，至于所求正应力是拉应力还是压应力，由梁的变形直接判断。

当 $y=y_{\max}$ 时，即在横截面上离中性轴最远的上、下边缘处正应力最大，为

$$\sigma_{\max}=\frac{My_{\max}}{I_z}=\frac{M}{W_z} \tag{3-29}$$

式中，$W_z=I_z/y_{\max}$，称为梁的抗弯截面系数，它只与截面的几何形状和尺寸有关，单位为 m^3。

常用梁的截面轴惯性矩和抗弯截面系数计算公式见表 3-1。

表 3-1　常用梁截面的轴惯性矩和抗弯截面系数的计算公式

截面形状			
轴惯性矩	$I_z=\frac{bh^3}{12}$ $I_y=\frac{hb^2}{12}$	$I_z=I_y=\frac{\pi D^4}{64}\approx 0.05D^4$	$I_z=I_y=\frac{\pi}{64}(D^4-d^4)$ $\approx 0.05D^4(1-\alpha^4)$ 式中　$\alpha=\frac{d}{D}$
抗弯截面系数	$W_z=\frac{bh^2}{6}$ $W_y=\frac{hb^2}{6}$	$W_z=W_y=\frac{\pi D^3}{32}\approx 0.1D^3$	$W_z=W_y=\frac{\pi D^3}{32}(1-\alpha^4)$ $\approx 0.1D^3(1-\alpha^4)$ 式中　$\alpha=\frac{d}{D}$

四、梁弯曲时的强度计算

为了保证梁能安全地工作，需使梁具备足够的强度。对于等截面梁来说，由于 W_z 为常数，最大弯曲正应力发生在弯矩最大的截面的上下边缘处。因此，等截面梁的弯曲正应力强度条件为

$$\sigma_{\max}=\frac{M_{\max}}{W_z}\leqslant[\sigma] \tag{3-30}$$

式中，$[\sigma]$为材料的许用应力。

式（3-30）只适用于抗拉和抗压强度相等的材料。对于像铸铁等脆性材料制成的梁，因材料的抗压强度远高于抗拉强度，其相应强度条件为

$$\begin{cases}\sigma_{max}^{+}\leqslant[\sigma_{+}]\\ \sigma_{max}^{-}\leqslant[\sigma_{-}]\end{cases} \tag{3-31}$$

式中，σ_{max}^{+}、σ_{max}^{-}分别为梁的最大弯曲拉应力和最大弯曲压应力；$[\sigma_{+}]$、$[\sigma_{-}]$分别为材料的许用拉应力和许用压应力。

应用强度条件可以进行三方面的强度计算，即校核梁的强度、设计截面尺寸和确定许可载荷。

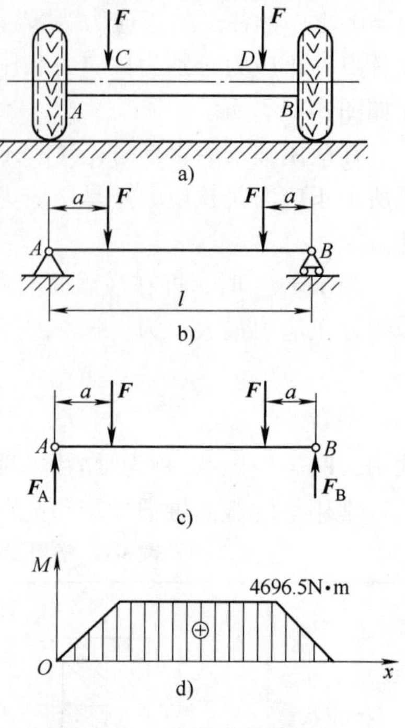

图 3-46　车轴的强度校核

例 3-14　图 3-46a 所示的车轴，已知 $a=310\text{mm}$，$l=1\,440\text{mm}$，$F=15.15\text{kN}$，$[\sigma]=100\text{MPa}$，若车轴的横截面为圆环形，外径 $D=100\text{mm}$，内径 $d=80\text{mm}$，试校核车轴的强度。

解　1）外力分析。由于梁所受载荷左、右对称，所以支座反力

$$F_A=F_B=15.15\text{kN}$$

2）作弯矩图。弯矩图如图 3-46d 所示，最大弯矩发生在 CD 段，其大小为

$$M_{max}=4\,696.5\text{N}\cdot\text{m}$$

3）校核梁的强度。

$$\sigma_{max}=\frac{M_{max}}{W_z}=\frac{M_{max}}{\frac{\pi D^3}{32}(1-\alpha^4)}=\frac{4\,696.5}{\frac{\pi\times0.1^3}{32}\left[1-\left(\frac{80}{100}\right)^4\right]}=81\times10^6\text{Pa}=81\text{MPa}<[\sigma]$$

所以该车轴满足强度要求。

例 3-15　悬臂梁 AB 用 18 号工字钢制成，如图 3-47a 所示。已知许用应力 $[\sigma]=170\text{MPa}$，$l=1.2\text{m}$，$W_z=185\text{cm}^3$，不计梁的自重，试计算自由端集中力 $\boldsymbol{F}$ 的许可值 $[F]$。

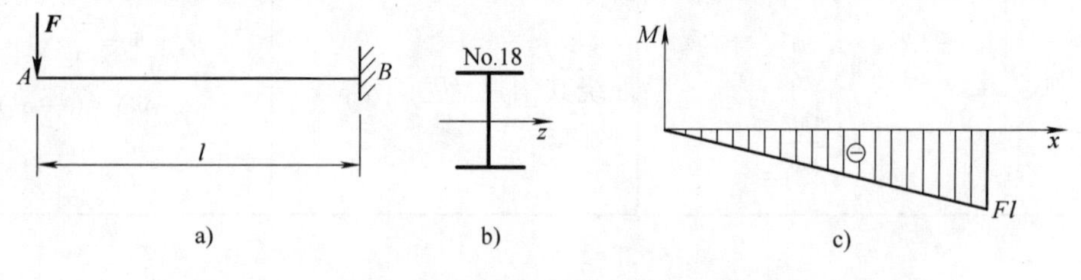

图 3-47　悬臂梁的许可载荷计算

解　1）作弯矩图。弯矩图如图 3-47c 所示，最大弯矩靠近固定端 B，其大小为

$$M_{max}=Fl$$

2）确定许可载荷。由强度条件 $\sigma_{max}=\dfrac{M_{max}}{W_z}\leqslant[\sigma]$，得

$$M_{max}\leqslant W_z[\sigma]$$

即

$$Fl \leqslant W_z[\sigma]$$

$$F \leqslant \frac{W_z[\sigma]}{l} = \frac{185 \times 10^{-6} \times 170 \times 10^{6}}{1.2}\text{N} = 26.2 \times 10^{3}\text{N} = 26.2\text{kN}$$

因此自由端集中力 $\boldsymbol{F}$ 的许可值$[F]=26.2\text{kN}$。

五、梁弯曲时的刚度计算

为了保证梁能正常工作，除了满足强度条件外，还要求它具有足够的刚度。图3-48a 所示为齿轮轴，若其弯曲变形过大，如图3-48b 所示，会影响齿轮的正常啮合以及轴与轴承的正常配合，造成传动不平稳，加速轴和齿轮的磨损，并导致所在设备的工作精度降低，寿命减小。但也有些构件工作时要有较大或合适的变形，如车辆上起减震作用的板簧。

1. 挠度和转角

如图3-49 所示，悬臂梁受到集中力 $\boldsymbol{F}$ 作用，m—n 为梁的一横截面，C 为 m—n 的形心。在平面弯曲的情况下，梁的轴线 AB 变形后弯曲成一条光滑的连续曲线 AB_1。此曲线称为梁的挠曲线。

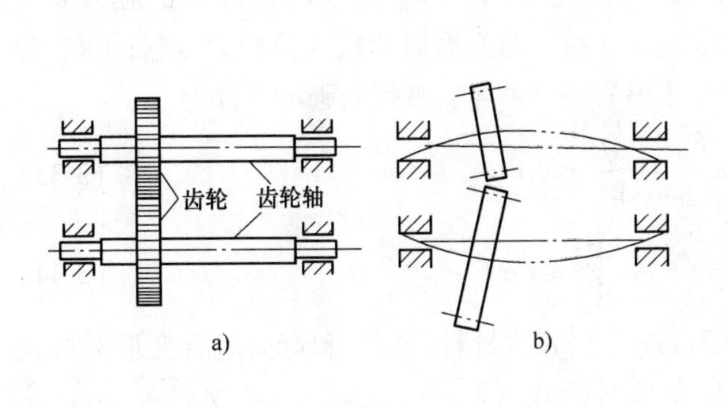

图3-48　齿轮轴的弯曲变形

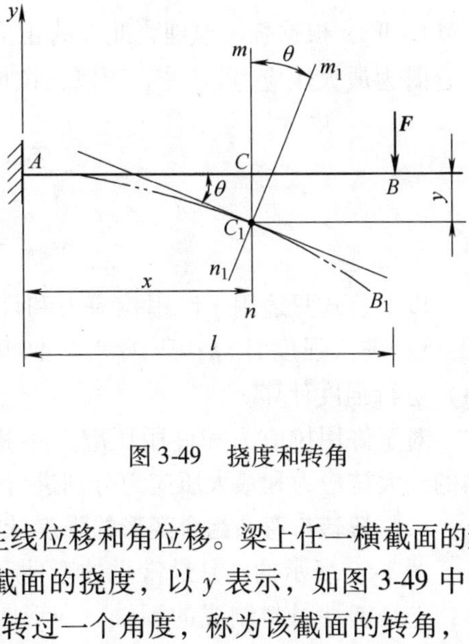

图3-49　挠度和转角

由图可见，梁的各横截面将在该平面内同时发生线位移和角位移。梁上任一横截面的形心在垂直于原来梁轴线方向的线位移，称为梁在该截面的挠度，以 y 表示，如图3-49 中的 CC_1 即为 m—n 截面的挠度；同时横截面绕其中性轴转过一个角度，称为该截面的转角，以 θ 表示，如图3-49 中 m—n 转到了 m_1—n_1，转过的角度 θ 即为 m—n 截面的转角。挠度和转角是度量梁弯曲变形的两个基本量。

2. 梁的刚度条件

梁的挠度和转角一般是随着横截面的位置而变化的。在工程上，为避免梁弯曲变形过大造成事故，常规定梁的最大挠度 $y_{\max}$ 和最大转角 $\theta_{\max}$ 不得超过许用值，即刚度条件为

$$\begin{cases} y_{\max} \leqslant [y] \\ \theta_{\max} \leqslant [\theta] \end{cases} \tag{3-32}$$

式中，$[y]$为许用挠度，单位为 m；$[\theta]$为许用转角，单位为 rad。其值可根据工作要求或参照有关手册确定。

第六节　组 合 变 形

前面几节分别讨论了杆件在拉伸（压缩）、剪切、扭转、弯曲等基本变形时的强度和刚度计算。但在工程实际中，受力构件往往产生两种或两种以上基本变形，这种情况称为组合变形。计算组合变形构件的应力时，在变形较小且材料服从胡克定律的条件下可以应用叠加原理。即构件在几个载荷同时作用下的效果，等于每个载荷单独作用时所产生的效果的总和。这样，当构件产生组合变形时，只要将载荷适当地分解成几组载荷，使每组载荷只产生一种基本变形，然后分别计算每一种基本变形在横截面上所引起的应力，将所得结果叠加起来，就得组合变形时的应力。下面简要介绍拉伸（压缩）与弯曲组合变形、扭转与弯曲组合变形的强度计算。

一、拉伸（压缩）与弯曲组合变形的强度计算

发生拉伸（压缩）与弯曲组合变形的构件，当其横截面对称于中性轴时，在危险截面上距中性轴最远处，分别产生拉伸（压缩）的正应力 $\sigma = F_N/A$ 和最大弯曲正应力 $\sigma = |M|/W_z$，根据叠加原理，此处的正应力最大（拉、弯组合时为最大拉应力 σ^+_{max}；压、弯组合时为最大压应力 σ^-_{max}）。所以，拉伸（压缩）与弯曲组合变形的强度条件为

$$\sigma^+_{max} = \frac{F_N}{A} + \frac{|M|}{W_z} \leqslant [\sigma] \tag{3-33}$$

$$\sigma^-_{max} = \frac{|F_N|}{A} + \frac{|M|}{W_z} \leqslant [\sigma] \tag{3-34}$$

以上公式只适用于许用拉应力和许用压应力相等的材料。拉伸和弯曲组合变形时按式（3-33）进行强度计算；压缩和弯曲组合变形时按式（3-34）进行强度计算。

对于许用拉应力和许用压应力不相等的材料，需对杆内的最大拉应力和最大压应力分别进行强度计算。

二、扭转与弯曲组合变形的强度计算

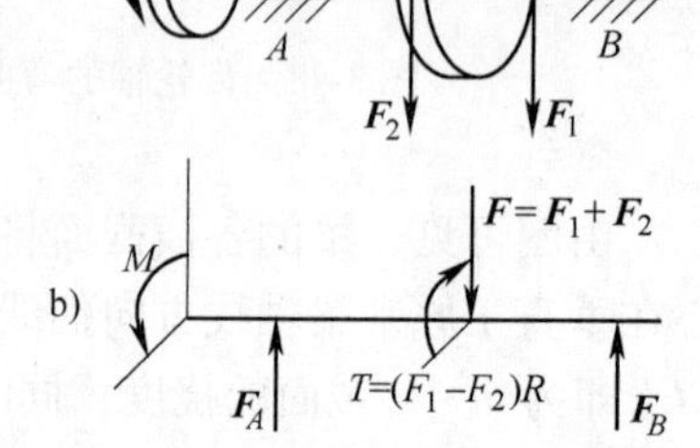

图 3-50　弯曲和扭转组合变形实例

图 3-50 所示的轴是最常见的弯曲和扭转组合变形的构件，它是塑性材料制成的圆轴。变形时，危险截面上离中性轴最远处（圆的边缘处），分别产生最大扭转切应力 τ 和最大弯曲正应力 σ，两种应力叠加时不能取代数和，它们对轴的强度的影响可以用一个应力代替，这个应力称为相当应力，以 σ_{xd} 表示。根据强度理论得出其强度条件为

$$\sigma_{xd} = \sqrt{\sigma^2 + 4\tau^2} \leqslant [\sigma] \tag{3-35}$$

或

$$\sigma_{xd} = \sqrt{\sigma^2 + 3\tau^2} \leqslant [\sigma] \tag{3-36}$$

式（3-35）、式（3-36）只适用于塑性材料，其中 $[\sigma]$ 为材料的许用拉应力。

习　　题

3-1　试判别图 3-51 所示构件哪些属于轴向拉伸或轴向压缩。

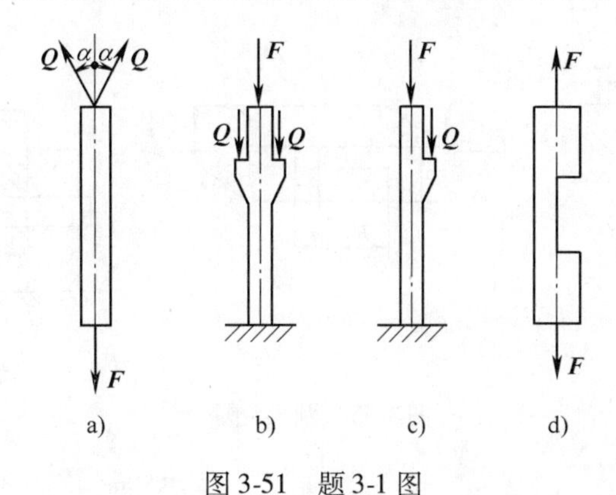

图 3-51　题 3-1 图

3-2　试求图 3-52 所示各杆指定截面的轴力，并画出各杆的轴力图。

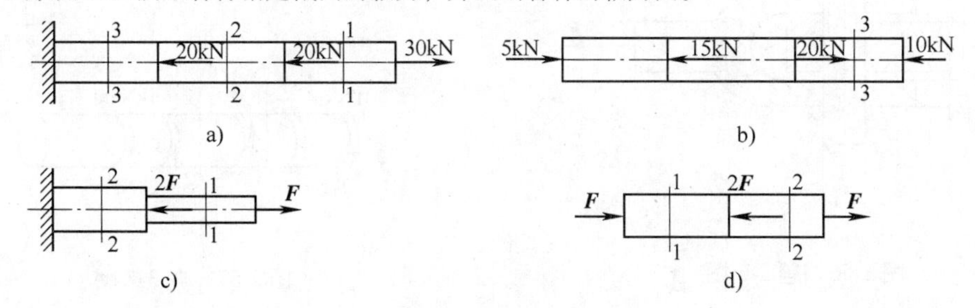

图 3-52　题 3-2 图

3-3　用绳索吊起重物如图 3-53 所示。已知 $F=20\text{kN}$，绳索横截面面积 $A=12.6\text{cm}^2$，许用应力 $[\sigma]=10\text{MPa}$。试校核 $\alpha=45°$ 和 $\alpha=60°$ 两种情况下绳索的强度。

3-4　某悬臂吊车如图 3-54 所示。最大起重载荷 $G=20\text{kN}$，杆 BC 为 Q235A 圆钢，许用应力 $[\sigma]=120\text{MPa}$。试按图示位置设计 BC 杆的直径 d。

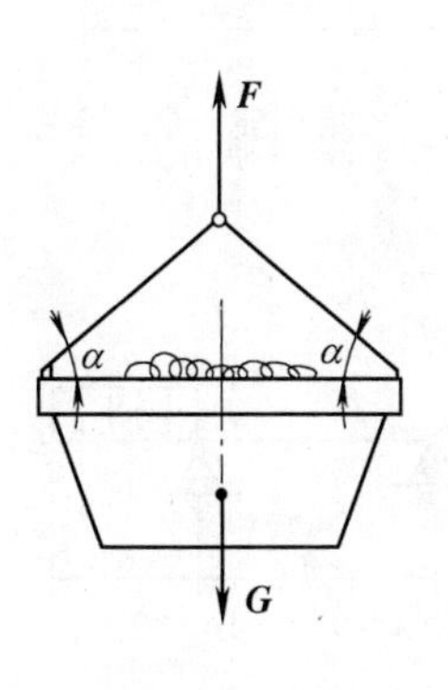

图 3-53　题 3-3 图

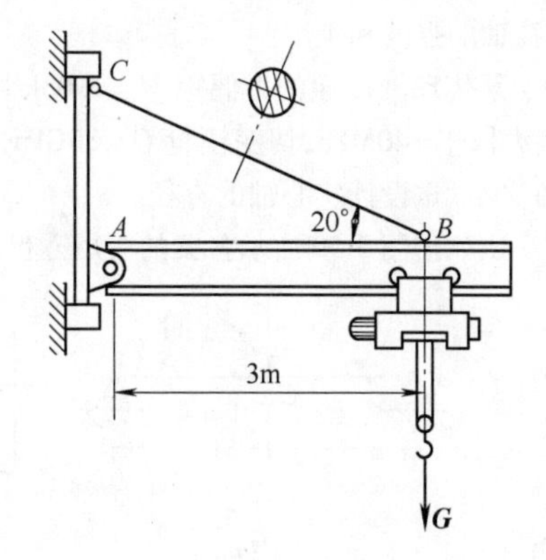

图 3-54　题 3-4 图

3-5　试指出图 3-55 所示各构件的剪切面和挤压面。

3-6　图 3-56 所示为拖车挂钩用的销钉连接。已知挂钩部分钢板厚度 $t=8\text{mm}$，销钉材料为 20 钢，许用切应力 $[\tau]=60\text{MPa}$，许用挤压应力 $[\sigma_{jy}]=100\text{MPa}$。又知拖车的拉力 $F=15\text{kN}$，试设计销钉的直径。

3-7　试求图 3-57 所示各轴指定截面的扭矩，并画出各轴的扭矩图。

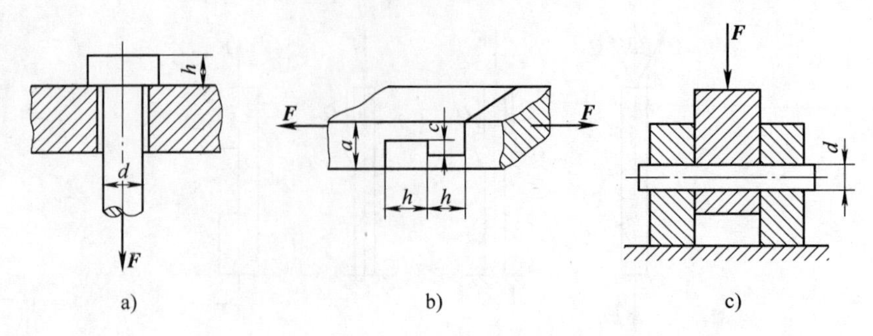

图 3-55　题 3-5 图

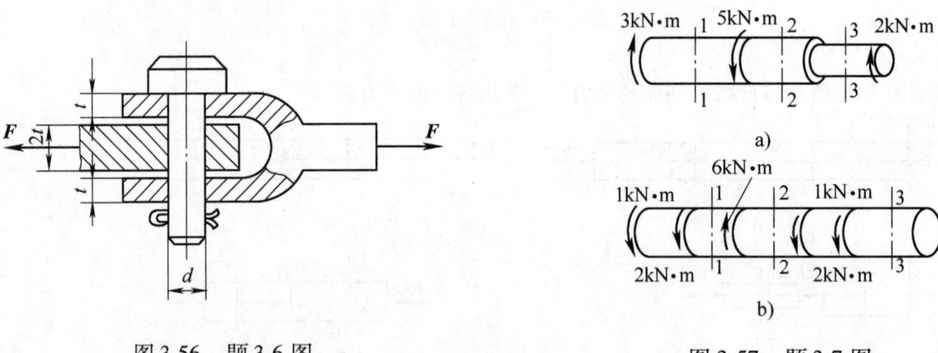

图 3-56　题 3-6 图

图 3-57　题 3-7 图

3-8　图 3-58 所示实心圆轴的直径 $d=100\text{mm}$，$l=7\text{m}$，两端受力偶作用，其力偶矩 $M=140\text{N}\cdot\text{m}$，材料的切变模量 $G=80\text{GPa}$，试求：1）最大切应力 $\tau_{\max}$ 及两端面间的扭转角 φ；2）横截面上 A、B、C 三点处的切应力的大小，并标出方向。

3-9　某一机器上的输入轴传递的功率 $P=4\text{kW}$，转速 $n=900\text{r/min}$，轴的直径 $d=30\text{mm}$，已知材料的许用切应力 $[\tau]=30\text{MPa}$，切变模量 $G=80\text{GPa}$，许用扭转角 $[\theta]=0.5°/\text{m}$。试校核轴的强度和刚度。

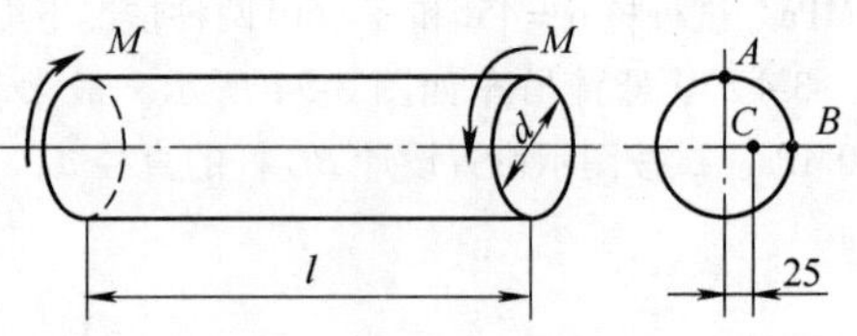

图 3-58　题 3-8 图

3-10　某传动轴传递的力偶矩 $M=1.08\text{kN}\cdot\text{m}$，材料的许用切应力 $[\tau]=40\text{MPa}$，切变模量 $G=80\text{GPa}$，许用扭转角 $[\theta]=0.5°/\text{m}$。试设计实心轴的直径。

3-11　试列出图 3-59 所示各梁的弯矩方程，作弯矩图，并求出 $|M|_{\max}$。

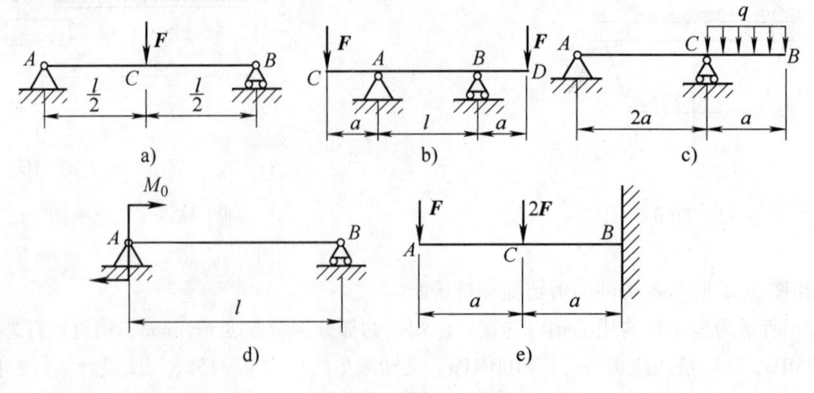

图 3-59　题 3-11 图

3-12　如图3-60所示，一根外径$D=25\text{mm}$，内径$d=20\text{mm}$，长$l=1\text{m}$的钢管作为简支梁。钢的许用应力$[\sigma]=200\text{MPa}$，不计自重，梁的中点受到$F=700\text{N}$作用，试校核钢管的强度。若改用与钢管自重相等的实心圆钢，则强度是否足够?

3-13　如图3-61所示，简支梁材料的许用应力$[\sigma]=160\text{MPa}$。试按正应力强度条件设计两种形状截面尺寸：1）圆形截面直径；2）矩形截面的b，h，其中$h/b=2$。

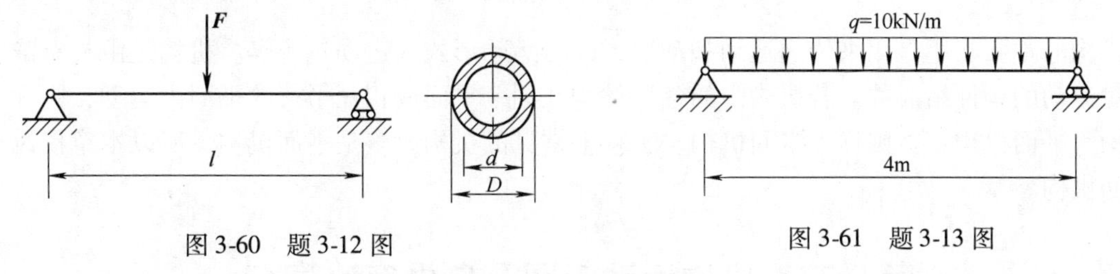

图3-60　题3-12图　　　图3-61　题3-13图

3-14　如图3-62所示，轧辊轴直径$D=280\text{mm}$，跨度$l=1\ 000\text{mm}$，$a=450\text{mm}$，$b=100\text{mm}$，轧辊轴材料的许用弯曲正应力$[\sigma]=100\text{MPa}$。求轧辊轴所能承受的最大轧制力q。

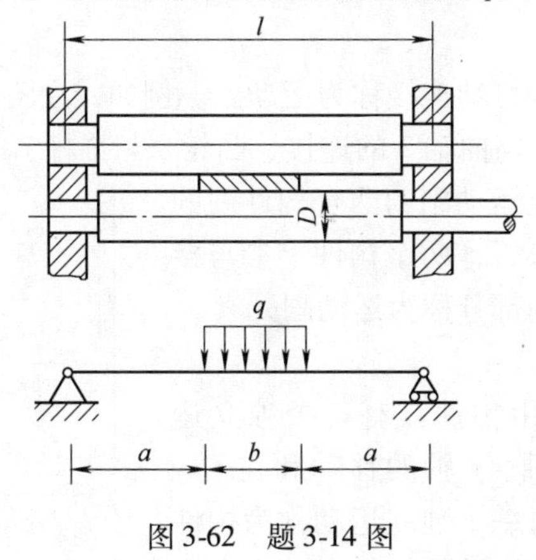

图3-62　题3-14图

第四章　常 用 机 构

机构的主要功用是用来传递运动和动力，改变运动形式或运动轨迹等。机构是由具有确定相对运动的构件组成的。若机构中的各构件均在同一平面或相互平行的平面内运动，则称该机构为平面机构；否则称为空间机构。工程上常见的机构大多是平面机构，所以本章仅讨论平面机构。

第一节　机构运动简图及自由度计算

一、平面运动副及其分类

1. 运动副

两构件直接接触而形成的可动连接称为运动副。例如，在图 0-1 所示的内燃机中，气缸体 1 与活塞 4 的连接、连杆 3 与曲轴 2 的连接、凸轮 8 与推杆 7 的连接以及齿轮 9 与齿轮 10 的啮合都构成了运动副。构成运动副的两个构件间的接触主要有点、线、面三种形式，两个构件上参与接触而构成运动副的点、线、面部分称为运动副元素。

2. 自由度和约束

在平面运动中，一个自由构件具有三个独立运动，如图 4-1 所示，即沿 x 轴、y 轴的移动和在 Oxy 平面内的转动。构件具有的每一个独立运动称为构件的自由度。显然，一个作平面运动的构件有三个自由度。这三个自由度可用三个独立参数——任一点 A 的坐标 x_A、y_A 和过 A 点的任一直线的倾角 α 来表示。

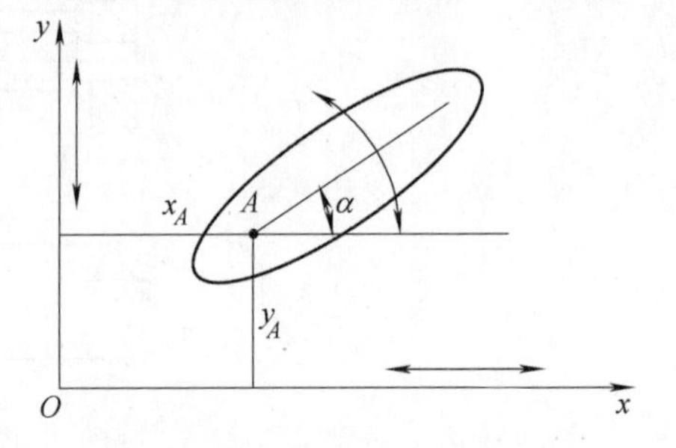

图 4-1　平面运动构件的自由度

当两构件组成运动副之后，构件的某些独立运动将因构件间的直接接触而受到限制，即自由度将随之减少，构件之间只能产生某些相对运动。运动副对构件独立运动的限制称为约束，所限制的独立运动数目称为约束数。

3. 运动副的分类

根据运动副接触形式的不同，可将运动副分为两类。

（1）低副　两构件通过面接触组成的运动副称为低副。平面低副按其相对运动形式又可分为转动副和移动副两种。

1）转动副。若组成运动副的两构件之间只能在一个平面内相对转动，这种运动副称为转动副（也可称为回转副或铰链）。如图 4-2 所示，轴承 1 与轴颈 2 的内外圆柱面接触，构成转动副。它限制了轴颈 2 沿 x、y 方向的移动，只允许轴颈 2 绕垂直于 Oxy 平面的轴转动，故转动副的约束数为 2。

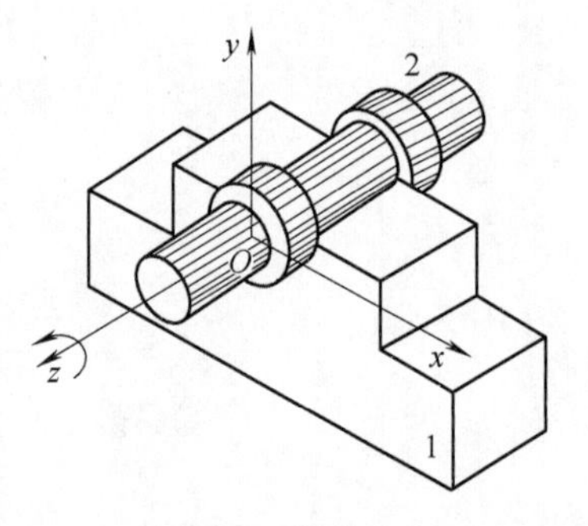

图 4-2　转动副

1—轴承　2—轴颈

2）移动副。若组成运动副的两构件只能沿某一轴线相对移动，这种运动副称为移动副。如图 4-3 所示，滑块 2 与导杆 1 以平面接触构成移动副。它限制了滑块 2 沿 y 方向的移动和在 Oxy 平面内的转动，只允许滑块 2 沿 x 轴移动，故移动副的约束数也为 2。

（2）高副　两构件之间通过点或线接触组成的运动副称为高副。如图 4-4a 所示的凸轮副，凸轮与从动件的接触是点接触；如图 4-4b 所示的齿轮副，轮齿的接触是线接触。两构件之间都能沿接触点公切线方向作相对移动及绕接触点作相对转动，但沿接触点法线方向的相对移动受到限制，故平面高副的约束数为 1。

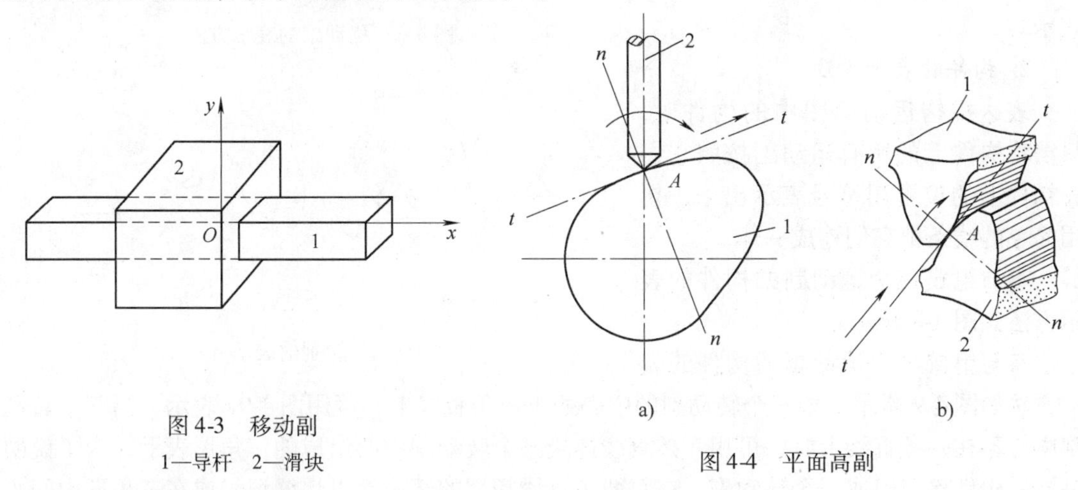

图 4-3　移动副
1—导杆　2—滑块

图 4-4　平面高副

二、平面机构运动简图

实际机构或机器大多是由外形和结构都很复杂的构件所组成的。但机构的运动关系是由原动件的运动规律、各运动副的类型和机构的运动尺寸（即各运动副间的相对位置尺寸）来决定的，而与构件及运动副的具体结构、外形（高副机构的轮廓形状除外）、截面尺寸、组成构件的零件数目等无关。因此，为便于研究机构的运动，可以撇开构件、运动副的外形和具体构造，而只用简单的线条和符号代表构件和运动副，并按比例定出各运动副位置，表示机构的组成和传动情况，这样绘制出能够准确表达机构运动特性的简明图形就称为机构运动简图。如果只是为了表明机构的运动状态或各构件的相互关系，也可以不严格按比例来绘制简图，这样的简图通常称为机构示意图。

1. 平面运动副的表示方法

两构件组成转动副时，转动副的结构和表示方法如图 4-5 所示。图 4-5b 表示组成运动副的两构件均为活动构件，图 4-5c、d 表示其中一个构件为机架（画有斜线的构件 1）。

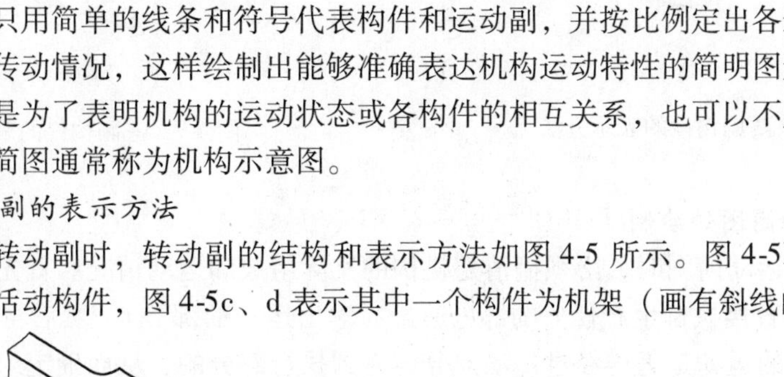

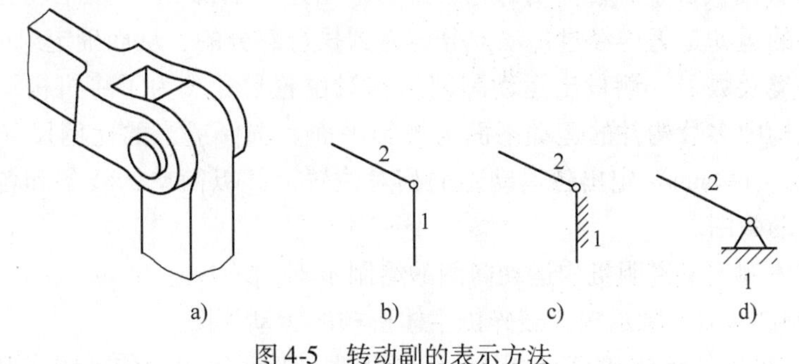

图 4-5　转动副的表示方法

两构件组成移动副时，其表示方法如图 4-6 所示。画有斜线的构件代表机架。

两构件组成平面高副时，一般应在简图中画出两构件接触处的曲线轮廓，凸轮副的画法如图 4-4a 所示。圆柱齿轮的画法如图 4-7 所示。图 4-7a 是用齿轮的一对节圆来表示；图 4-7b 是在节圆上画一对互相啮合的齿廓来表示。

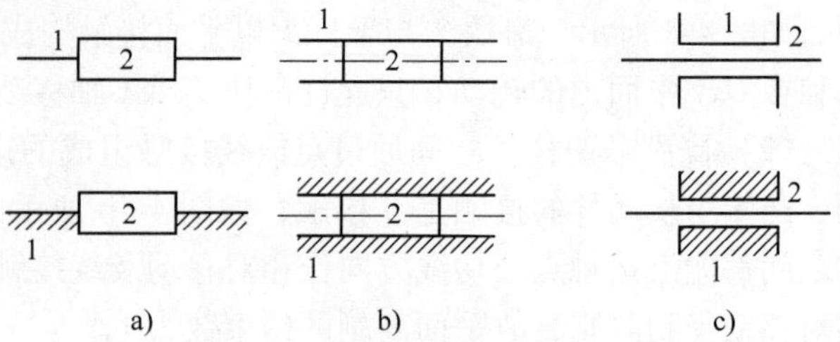

a)　　b)　　c)

图 4-6　移动副的表示方法

2. 构件的表示方法

表达机构运动简图中的构件时，只需将构件上的所有运动副按照它们在构件上的位置用符号表示出来，再用简单的线条把它们连成一体。

参与组成两个运动副的构件的表示方法如图 4-8 所示。

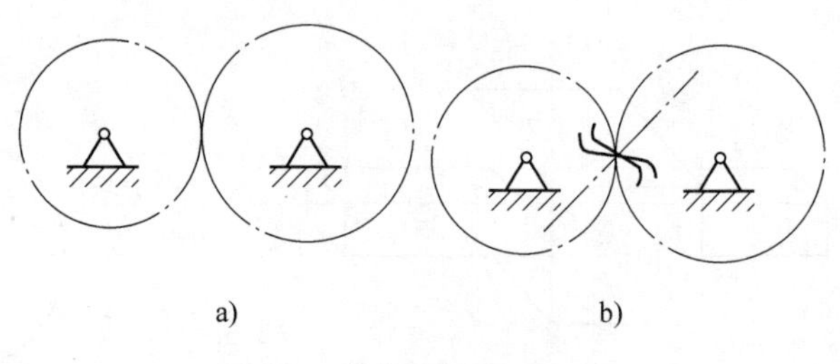

图 4-7　齿轮副的表示方法

参与组成三个运动副的构件的表示方法如图 4-9 所示。如三个转动副的中心处于一条直线上，可用图 4-9a 表示。当三个转动副中心不在一条直线上时，可用三条直线连接三个转动副中心组成的三角形表示，为了说明是同一构件参与组成三个转动副，在每两条直线相交的部位涂以焊缝记号或在三角形中间画上剖面线，如图 4-9b、c 所示。

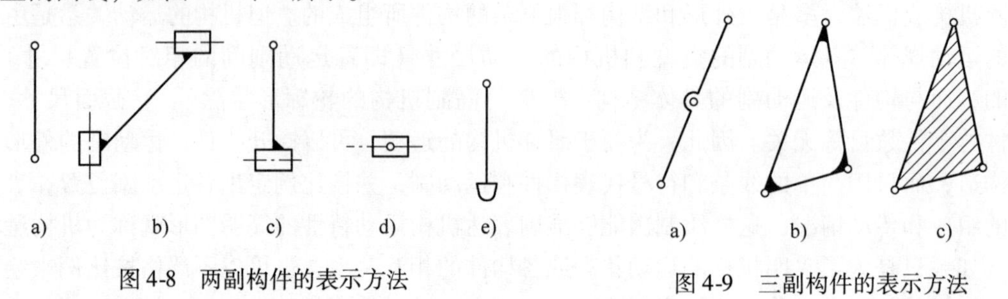

图 4-8　两副构件的表示方法　　　　图 4-9　三副构件的表示方法

3. 机构运动简图的绘制

在绘制机构运动简图时，必须搞清楚机构的实际组成和运动情况。首先确定机构的原动件和执行件（即直接执行生产任务的部分或最后输出运动的部分），然后再按运动传递的路线搞清楚原动件的运动是怎样经过传动部分传递到执行部分的，从而确定组成该机构的构件数、运动副的种类及数目，测量出运动副间的相对位置尺寸。为了将机构运动简图表示清楚，一般选择机构中多数构件的运动平面为投影平面。选择适当的比例尺（比例尺 μ_l = 实际长度/图示长度，m/mm）定出各运动副的相对位置，并以简单的线条和各种运动副的符号，画出机构运动简图。

下面通过具体例子来说明机构运动简图的绘制步骤。

例 4-1　绘制图 4-10a 所示颚式破碎机主体机构的运动简图。

解　1）分析机构的组成和运动情况。从原动件开始，按运动传动顺序观察，带轮 5 和偏心轴2固接在一起绕轴心A转动，偏心轴2带动动颚3，而动颚3与机架1之间装有肘板4，动颚3运动时就可不断地破碎矿石。由此可知，该机构由机架1、偏心轴2、动颚3和肘板4等四个构件组成。

2）确定运动副的类型和数目。偏心轴2与机架1组成转动副A、偏心轴2与动颚3组成转动副B、动颚3与肘板4组成转动副C、肘板4与机架组成转动副D。由此可知，整个机构有四个转动副。

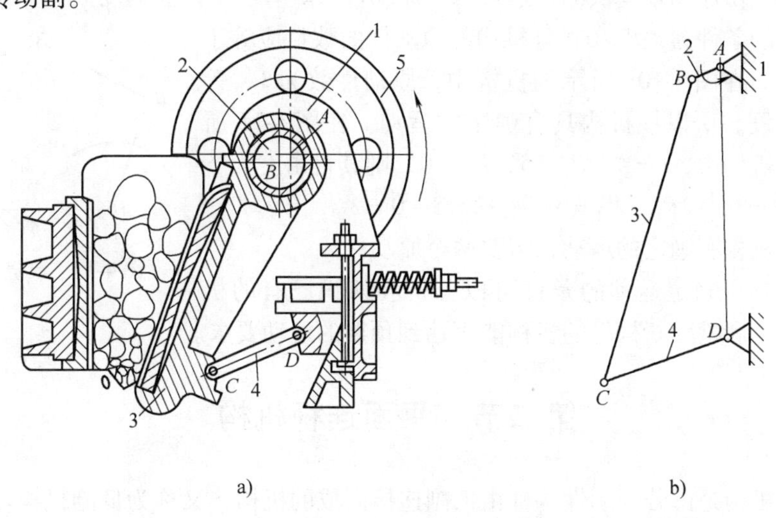

图4-10　颚式破碎机

1—机架　2—偏心轴　3—动颚　4—肘板　5—带轮

3）选择视图平面。选择与各转动副回转轴线垂直的平面作为视图平面。

4）选择长度比例尺，绘制机构运动简图。按选定的长度比例尺定出各运动副之间的相对位置，按规定的线条和符号绘制机构运动简图。

5）构件标编号，运动副处标代号。从原动件开始，按传动顺序用阿拉伯数字标出构件的编号和用大写的英文字母标出运动副的代号，原动件标出指示运动方向的箭头。

颚式破碎机主体机构的运动简图如图4-10b所示。

三、平面机构的自由度

两个以上构件用运动副连接起来组成构件系统，如将其中某一构件固定为机架，而且当另一构件（或少数几个构件）按给定的运动规律相对于机架独立运动时，其余构件也都随之作确定的运动，这时构件系统称为机构。为了使机构能产生确定的相对运动，有必要探讨机构的自由度和机构具有确定运动的条件。

1. 平面机构的自由度

机构具有确定运动时，相对于机架具有的独立运动的数目称为机构的自由度。在平面机构中，一个不受任何约束的构件在平面中运动时只有三个自由度。设一个平面机构具有n个活动构件（机架除外），这些活动构件在未用运动副连接之前共有$3n$个自由度。当用运动副连接起来后，自由度则随之减少，自由度减少的数目，应等于运动副引入的约束数目。如果用P_L个低副、P_H个高副将活动构件连接起来，由于每个低副的约束数为2，每个高副的约束数为1。则平面机构自由度的计算公式为

$$F = 3n - 2P_L - P_H \tag{4-1}$$

例如，在图 4-10b 所示的颚式破碎机主体机构中，$n=3$，$P_L=4$，$P_H=0$，则其自由度为

$$F = 3n - 2P_L - P_H = 3 \times 3 - 2 \times 4 - 0 = 1$$

2. 机构具有确定运动的条件

为使机构具有确定的相对运动，应使给定的独立运动数目等于机构的自由度。而给定的独立运动规律是由原动件提供的，通常每个原动件只具有一个独立运动规律。所以机构具有确定相对运动的条件为：$F>0$，且机构的原动件的数目应等于机构的自由度。在图 4-10b 所示的机构中，原动件数为 1，等于机构的自由度，所以该机构具有确定的运动。在图 4-11 所示的铰链五杆机构中，$n=4$，$P_L=5$，$P_H=0$，则其自由度为

$$F = 3n - 2P_L - P_H = 3 \times 4 - 2 \times 5 - 0 = 2$$

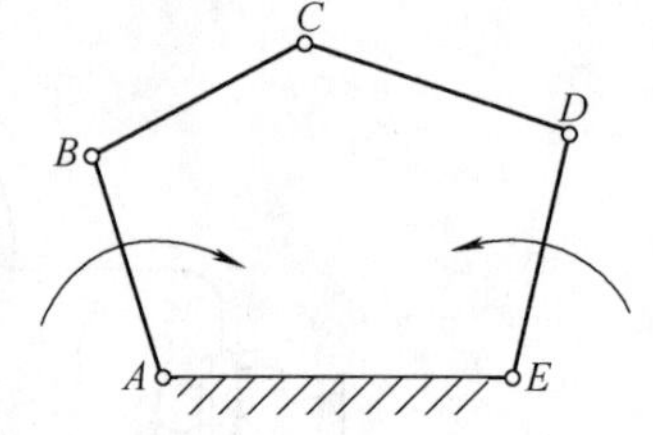

图 4-11　铰链五杆机构

为了使该机构有确定的运动，需要两个原动件。

根据机构具有确定运动的条件可以分析和认识已有的机构，也可以计算和检验新构思的机构能否达到预期的运动要求。

第二节　平面连杆机构

平面连杆机构是由若干刚性构件由低副连接而成的机构，又称为低副机构。因构件形状多呈杆状，且各构件都在同一平面或相互平行的平面内运动，所以称为平面连杆机构。

平面连杆机构的主要优点是：由于是面接触，比压较小且便于润滑，因而可承受较大的载荷，使用寿命较长；两构件间的接触面为圆柱面或平面，制造简便，易于获得较高的制造精度；连杆机构易于实现转动与往复摆动、往复移动等多种运动形式的转换；机构中连杆上各点的轨迹曲线多种多样，可满足不同的工作要求。因此，平面连杆机构广泛地用于各种机械和仪器中。

平面连杆机构的缺点：由于平面连杆机构具有较多的构件和较多的运动副，构件的尺寸误差和运动副间隙影响其运动精度；平面连杆机构的设计比较复杂，不易精确地实现复杂的运动规律和运动轨迹；机构中作平面运动和往复运动的构件所产生的惯性力难以平衡，因而平面连杆机构常用于低速的场合。

平面连杆机构中结构最简单、应用最广泛的是四杆机构，它是由四个构件通过低副连接组成的平面连杆机构，故称为平面四杆机构。平面四杆机构是组成其他多杆机构的基础。本节重点讨论平面四杆机构的有关问题。

一、铰链四杆机构的类型和应用

如图 4-12 所示，当平面四杆机构中的运动副全部都是转动副时，则称为铰链四杆机构，它是平面四杆机构最基本的形式，其他四杆机构都可看成是在它的基础上演化而成的。

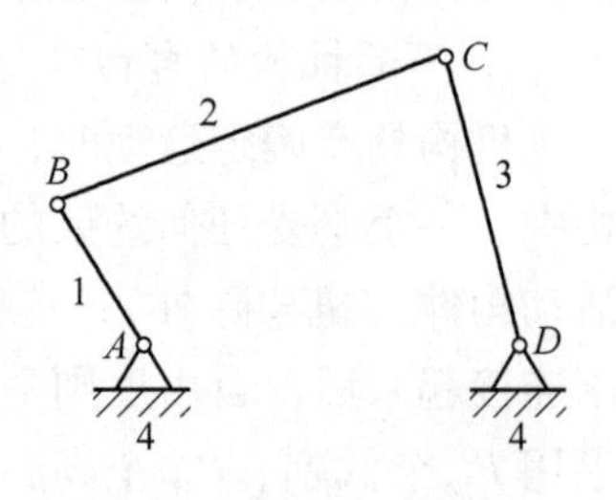

图 4-12　铰链四杆机构

在铰链四杆机构中，固定不动的构件 4 称为机架；与机架相连接的构件 1 和构件 3 称为连架杆；不直接与机架相连的构件 2 称为连杆。连杆 2 通常作平面运动，连架杆 1 和连架杆 3 绕各自的转动副中心 A 和 D 转动，能作整周转动的连架杆称为曲柄；

只能在某一角度范围内往复摆动的连架杆称为摇杆。

在铰链四杆机构中，根据两个连架杆运动形式的不同，可将铰链四杆机构分为三种基本形式。

1. 曲柄摇杆机构

在铰链四杆机构中，若两个连架杆之一为曲柄，另一个为摇杆，则称为曲柄摇杆机构，如图 4-13 所示。它可将曲柄的转动转变为摇杆的往复摆动。如图 4-14 所示的雷达天线调整机构，当曲柄 AB 为原动件并作匀速转动时，通过连杆 BC 带动摇杆 CD 在一定角度范围内作往复摆动，从而达到调整天线俯仰角度的目的。图 4-15 所示的搅拌机也是以曲柄 AB 为原动件，利用连杆 2 上 E 点的轨迹（双点画线所示的曲线）以及容器绕 z—z 轴的转动将溶液搅拌均匀。

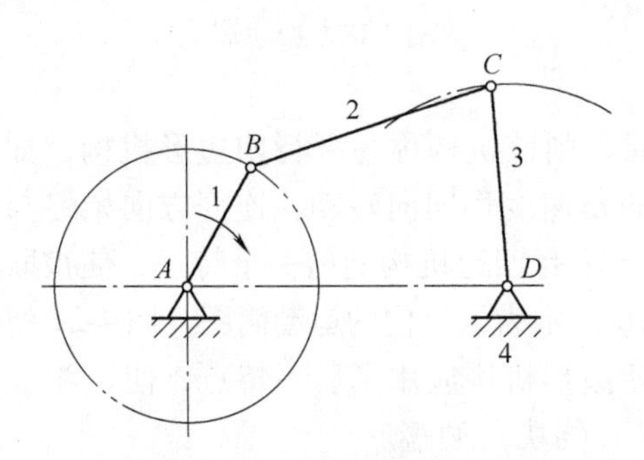

图 4-13 曲柄摇杆机构

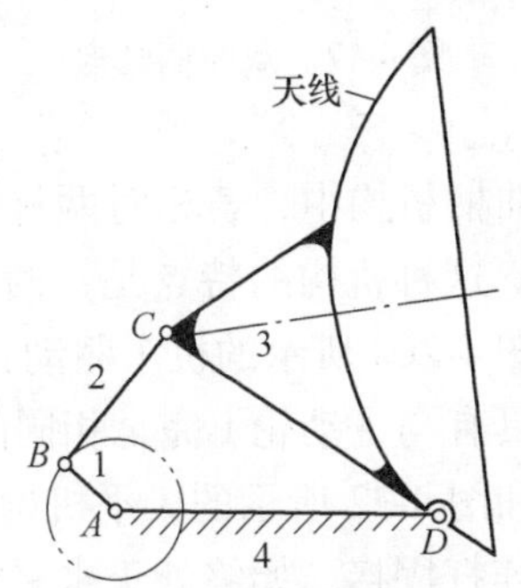

图 4-14 雷达天线机构

曲柄摇杆机构也可将摇杆的往复摆动转变为曲柄的转动。图 4-16 所示为缝纫机踏板机构，当脚踏板 1（摇杆）为原动件并作往复摆动时，通过连杆 2 驱使带轮 3（固接在曲柄上）作整周转动。

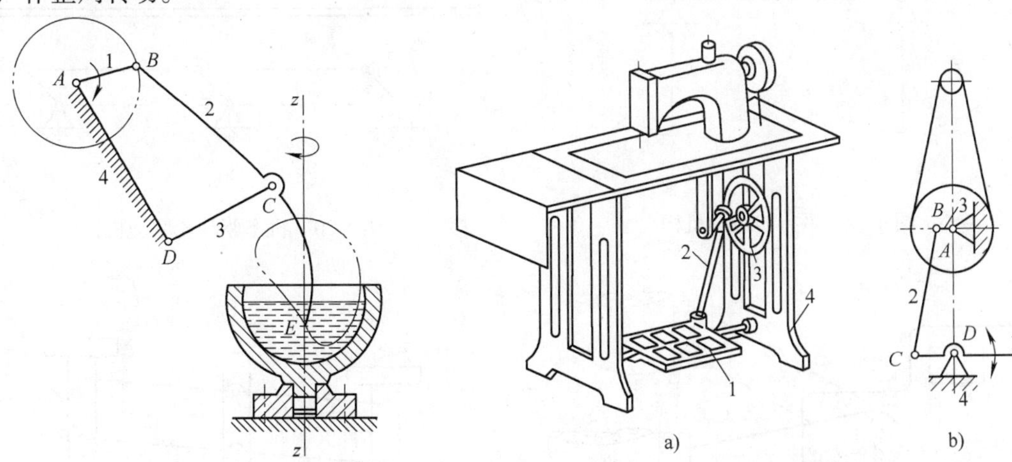

图 4-15 搅拌机

图 4-16 缝纫机踏板机构

2. 双曲柄机构

在铰链四杆机构中，如果两个连架杆均为曲柄，则该机构称为双曲柄机构，如图 4-17 所示。图 4-18 所示的振动筛中的四杆机构便是双曲柄机构，当曲柄 1 匀速转动时，从动曲柄 3 变速转动，使筛子 6 具有一定的加速度，利用加速度所产生的惯性力达到筛分的目的。

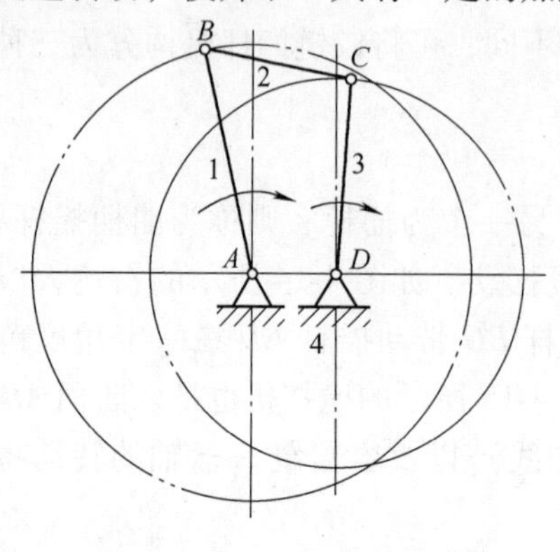

图 4-17　双曲柄机构

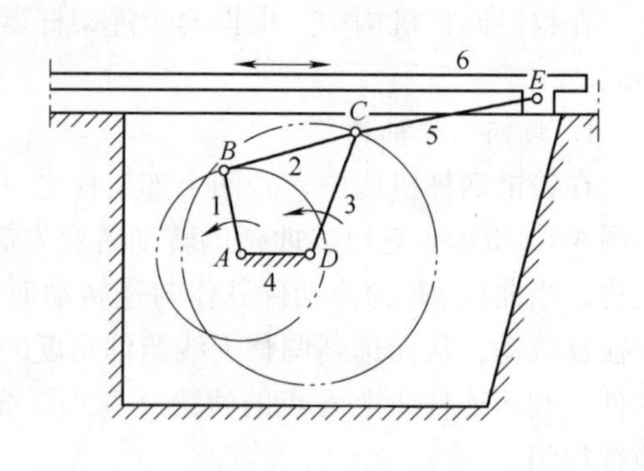

图 4-18　振动筛

在双曲柄机构中，若相对两杆平行并且相等时，则该机构称为平行四边形机构，如图 4-19 所示。这种机构的特点是：两个曲柄以相同的角速度作同向转动，连杆方向始终与机架平行。图 4-20a 所示的机车驱动轮联动机构应用了平行四边机构的前一个特点，使被联动的各车轮具有与主动轮 1 完全相同的运动，图 4-20b 所示为该机构的运动简图。图 4-21 所示的挖掘机和图 4-22 所示的天平机构中使用的平行四边形机构应用了后一特点，使铲斗（天平盘）与连杆固接，始终处于水平位置，防止土块（物块）洒落。

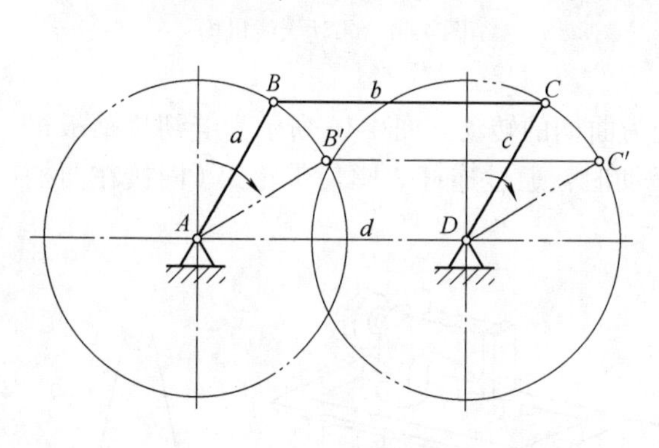

图 4-19　平行四边形机构

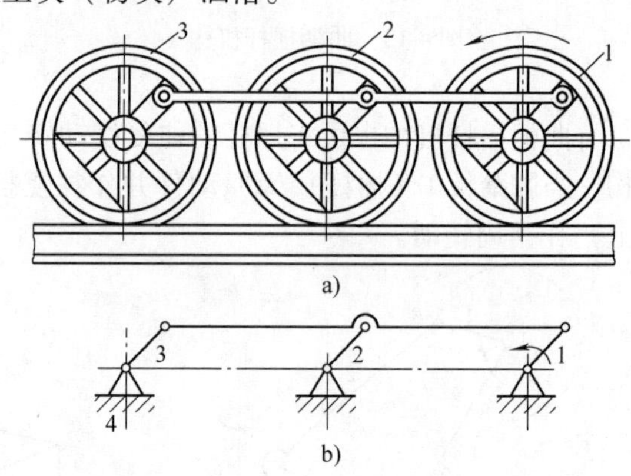

图 4-20　机车驱动轮联动机构

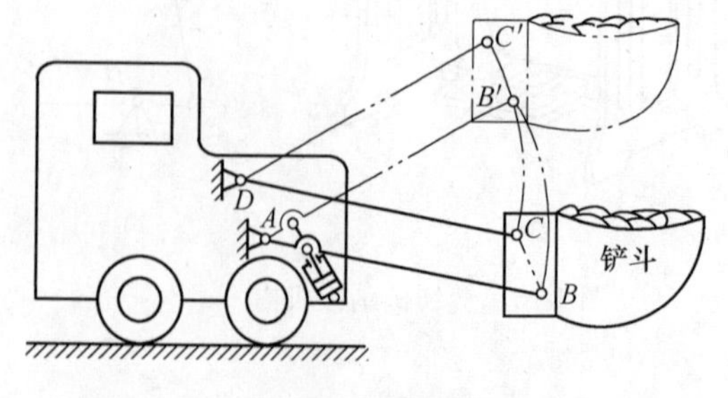

图 4-21　挖掘机

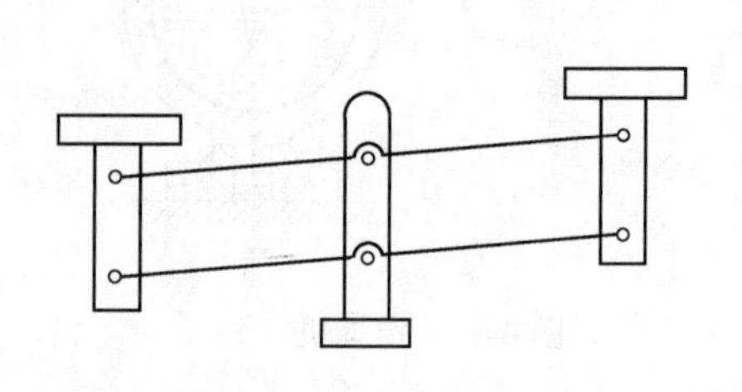

图 4-22　天平机构

在双曲柄机构中，若其对边长度相等但不平行时，如图 4-23 所示，则称为逆平行（反平行）四边形机构。这种机构运动时主、从动曲柄转向相反。图 4-24 所示的汽车车门开闭机构就是它的应用实例，主动曲柄 *AB* 转动时，通过连杆使从动曲柄 *CD* 作反向转动，从而保证两扇车门同时打开或关闭，并分别位于预定的两个工作位置上。

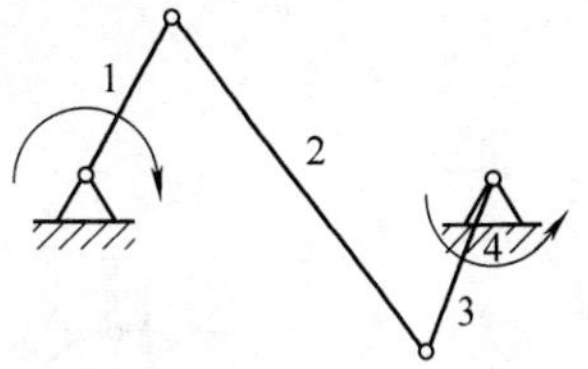

图 4-23 逆平行四边形机构

3. 双摇杆机构

在铰链四杆机构中，如果两个连架杆均为摇杆，则该机构称为双摇杆机构，如图 4-25 所示。图 4-26 所示的鹤式起重机就是双摇杆机构，当摇杆 *AB* 摆动时，连杆 *BC* 延长线上 *E* 点作近似水平直线运动，使重物避免不必要的升降，以减少能量消耗。图 4-27a 所示的铸造造型机翻箱机构也是双摇杆机构，砂箱 2′与连杆 2 固接，当它在实线位置进行造型震实后，转动主动摇杆 1，使砂箱移至双点画线位置，以便进行起模。图 4-27b 所示为该机构的运动简图。

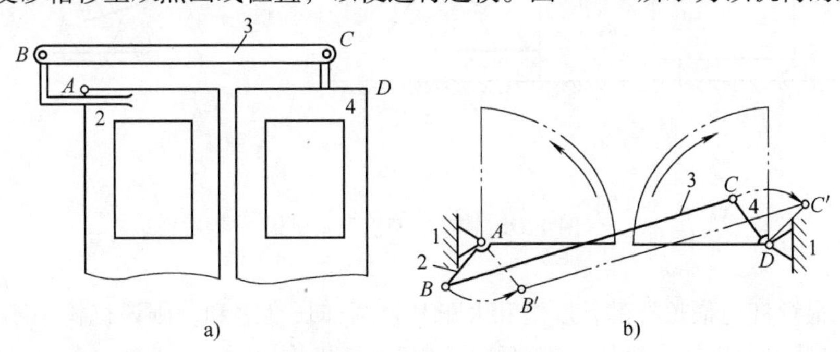

图 4-24 汽车车门开闭机构

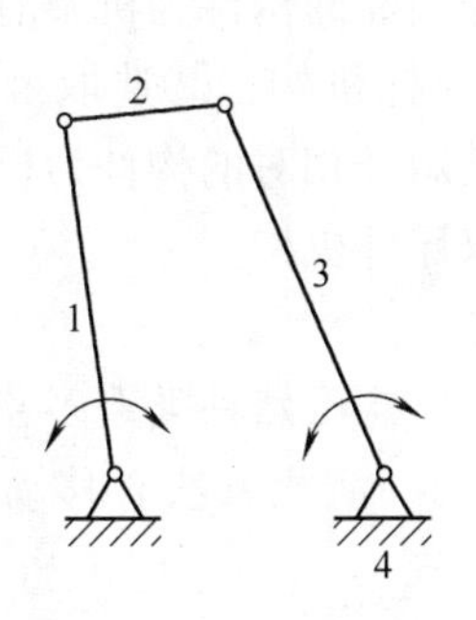

图 4-25 双摇杆机构

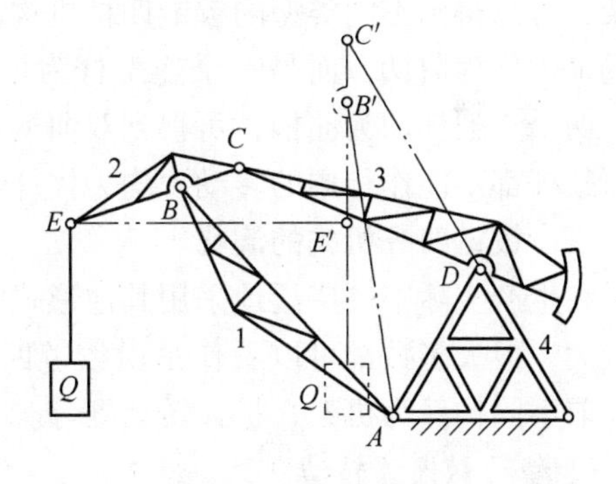

图 4-26 鹤式起重机

二、铰链四杆机构类型的判别

由上述可知，铰链四杆机构有三种基本形式，其区别在于连架杆是否为曲柄，而机构中是否存在曲柄则取决于各个构件的相对尺寸关系以及机架的选择。可以证明，铰链四杆机构曲柄存在的条件为：

1）最短杆与最长杆的长度之和小于或等于其余两杆长度之和。

2）以最短杆或与其相邻的构件为机架。

以上两个条件必须同时满足，否则机构中不存在曲柄。因此，铰链四杆机构类型的判别方法可归纳为：

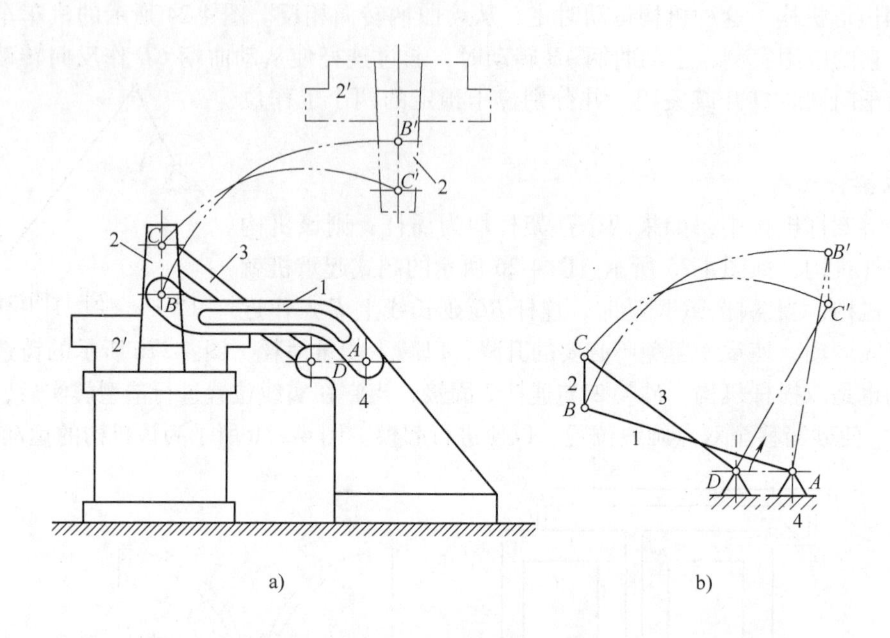

图 4-27　铸造造型机翻箱机构

1）如果最短杆与最长杆的长度之和大于其余两杆长度之和，则该机构中不可能存在曲柄，不论选取哪一个构件为机架，都只能得到双摇杆机构。

2）如果最短杆与最长杆的长度之和小于或等于其余两杆长度之和，选取不同的构件为机架，可以得到不同类型的铰链四杆机构。①选取与最短杆相邻的构件为机架时，则连架杆中的最短杆为曲柄，而另一个连架杆为摇杆，可得到曲柄摇杆机构；②选取最短杆为机架时，两个连架杆均为曲柄，可得到双曲柄机构；③选取与最短杆相对的构件为机架时，则两个连架杆都不能作整周的转动，均为摇杆，所以得到的是双摇杆机构。

三、铰链四杆机构的演化

在生产实际中还广泛地采用其他形式的四杆机构。这些机构虽然种类繁多，具体结构差异较大，但大多数都可以看作是由铰链四杆机构演化而来的。演化方法有移动副代替转动副、取不同构件为机架、扩大转动副等。

1. 移动副代替转动副

工程实际中常用的曲柄滑块机构采用的是转动副转化成移动副的演化方法。

在图 4-28a 所示的曲柄摇杆机构中，摇杆 *CD* 为杆状构件。摇杆 *CD* 上 *C* 点的运动轨迹是以 *D* 为圆心、*CD* 为半径的圆弧 *mn*，当摇杆 *CD* 的长度越长时，曲线 *mn* 越平直。当摇杆为无限长时，*mn* 将变成为一条直线。这时，可以把摇杆做成滑块，摇杆与机架之间的转动副 *D* 变为滑块与机架之间的移动副，铰链四杆机构则变为曲柄滑块机构。如果滑块移动导路 *mn* 不通过曲柄的转动中心 *A*，而是偏离一段距离 *e*，则称为偏置曲柄滑块机构，如图 4-28b 所示，*e* 称为偏距；如果滑块移动导路 *mn* 通过曲柄的转动中心 *A*，则称为对心曲柄滑块机构，如图 4-28c 所示。

曲柄滑块机构广泛应用于内燃机、压力机（图 4-29）、空气压缩机等机械中。

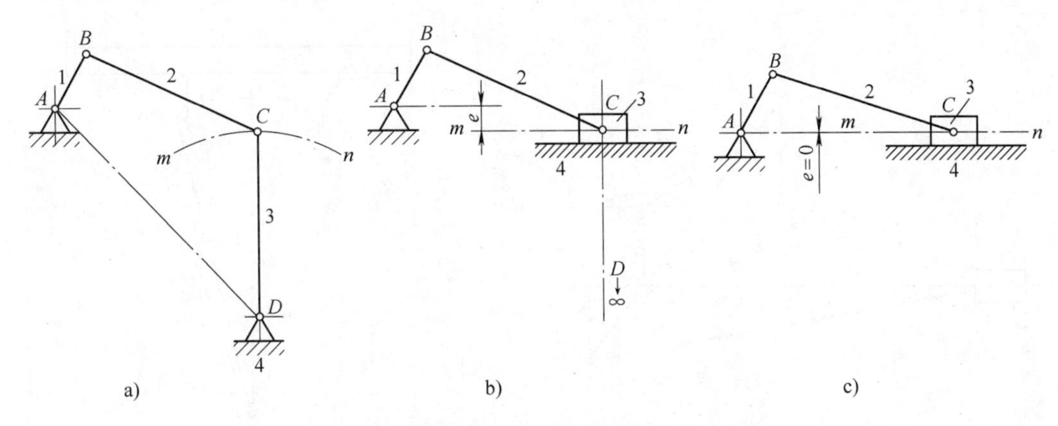

图 4-28　曲柄摇杆机构演化为曲柄滑块机构

2. 选取不同构件为机架

在图 4-30a 所示的曲柄滑块机构中，通过选取不同构件为机架，可以演化为各种形式的导杆机构，导杆为能在滑块中作相对移动的构件。

在图 4-30b 中，以构件 1 为机架，若 $l_1 < l_2$，构件 2 和构件 4 均为曲柄，该机构称为转动导杆机构。图 4-31 所示的简易刨床的主运动机构就采用了这种机构。若 $l_1 > l_2$，构件 2 仍为曲柄，构件 4 只能在一定范围内摆动，该机构称为摆动导杆机构，如图 4-30c 所示。图 4-32 所示的牛头刨床的主运动机构就采用了这种机构。

在图 4-30d 中，以构件 2 为机架，构件 1 为曲柄，滑块 3 成了绕机架上 C 点往复摆动的摇块，故称为曲柄摇块机构。图 4-33 所示的自卸货车翻斗机构就采用了这种机构。

在图 4-30e 中，以构件 3 为机架，构件 4 只相对于滑块 3 往复移动，该机构称为移动导杆机构，图 4-34 所示的手动压水机就采用了这种机构。

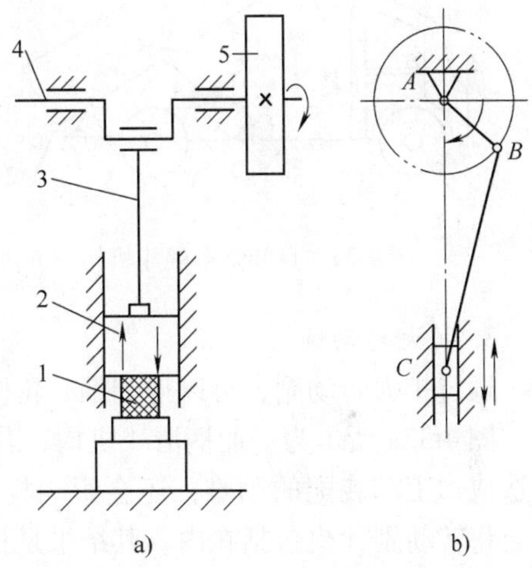

图 4-29　曲柄压力机

1—工件　2—滑块　3—连杆　4—曲柄　5—齿轮

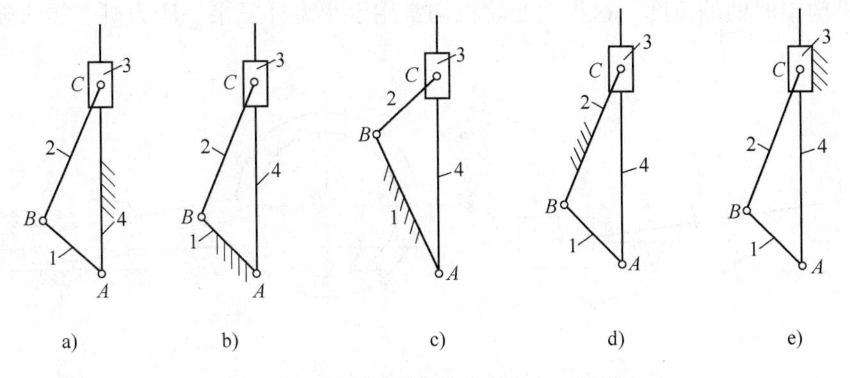

图 4-30　曲柄滑块机构演化为导杆机构

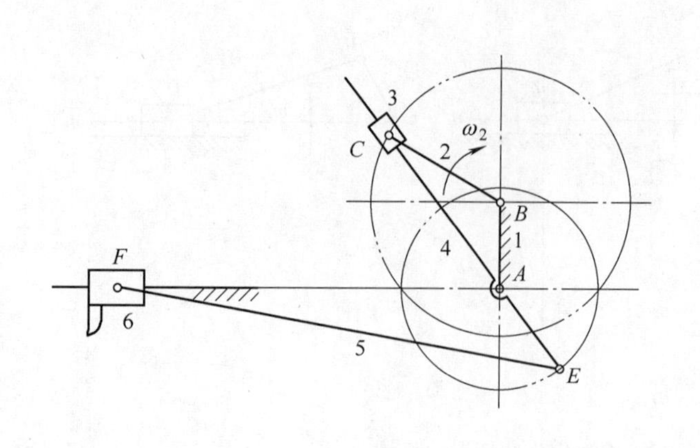

图 4-31　简易刨床的主运动机构

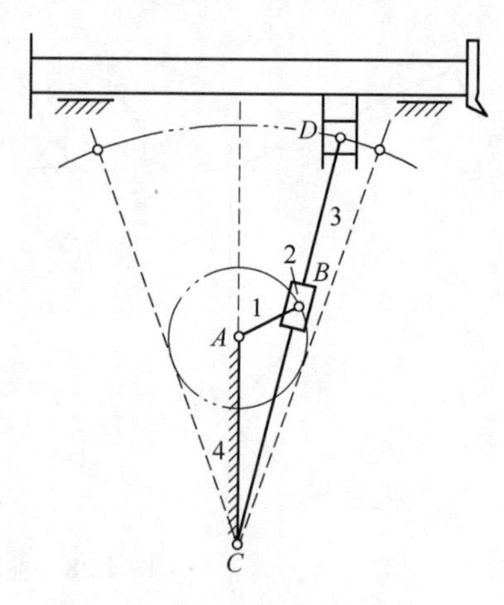

图 4-32　牛头刨床的主运动机构

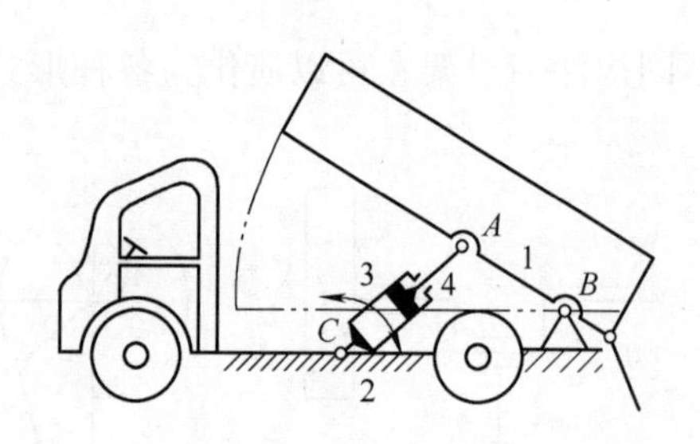

图 4-33　自卸货车翻斗机构

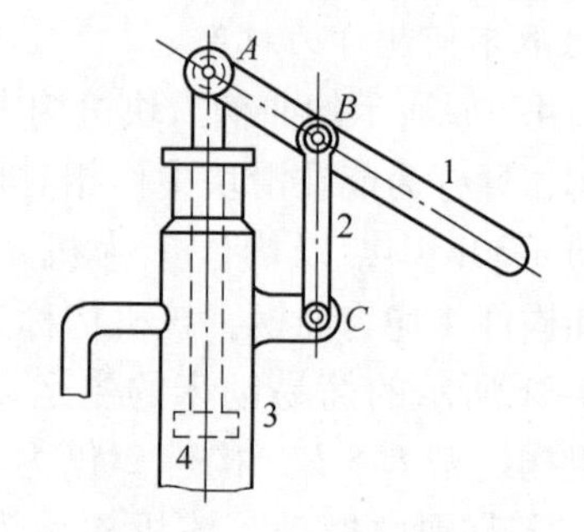

图 4-34　手动压水机

3. *扩大转动副*

通过扩大转动副，可以得到偏心轮机构。

图 4-35a 所示为一曲柄滑块机构，若曲柄 1 的长度很短，那么在曲柄两端做两个转动副将造成加工和装配的困难，还会影响构件的强度。为此，通常是将转动副 B 的半径增大，直至将转动副 A 也包括在内。其结果是把曲柄变成圆盘，即将图 4-35a 中的杆状构件 1 放大成图 4-35b 中的圆盘 1。该圆盘的几何中心为 B，而其转动中心为 A，两者并不重合，所以圆盘 1 称为偏心轮。该机构称为偏心轮机构。在图 4-35b 所示的偏心轮机构中，几何中心 B 与转动中心 A 之间的距离称为偏心距，用 e 表示。由图可知，偏心轮机构中的偏心距 e 就是曲柄摇杆机构中曲柄的长度。这种偏心轮机构常用于小型往复泵、压力机、颚式破碎机等机器中。

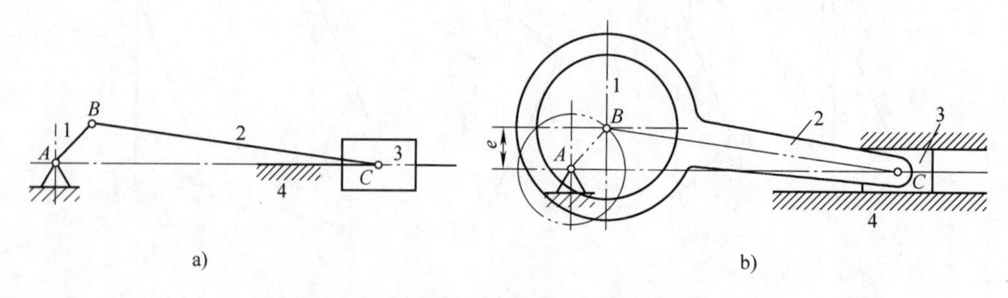

图 4-35　曲柄滑块机构演化为偏心轮机构

四、平面连杆机构的基本特性

1. 急回特性

图4-36所示的曲柄摇杆机构中，设曲柄 AB 为原动件，以匀角速度 ω_1 顺时针转动，摇杆 CD 往复摆动。在曲柄 AB 转动一周的过程中，有两次与连杆 BC 共线。当曲柄与连杆拉直共线时，铰链中心 A 与 C 之间的距离达到最长 AC_2，摇杆处于右端的极限位置 C_2D；而当曲柄与连杆重叠共线时，铰链中心 A 与 C 之间的距离达到最短 AC_1，摇杆位于左端极限位置 C_1D。摇杆在两个极限位置 C_1D 和 C_2D 之间所夹的角度称为摇杆的摆角，用 ψ 表示；曲柄的两个对应位置 AB_1 和 AB_2 所在直线所夹的锐角 θ 称为极位夹角。

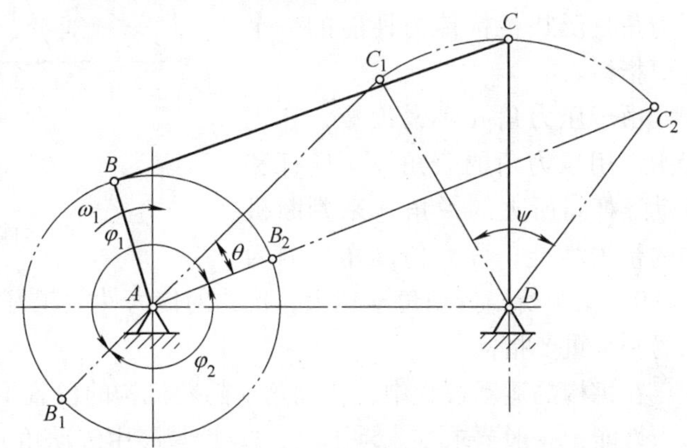

图4-36　曲柄摇杆机构的急回特性分析

当曲柄 AB 以等角速度 ω_1 由位置 AB_1 顺时针转到位置 AB_2 时，曲柄的转角为 $\varphi_1=180°+\theta$。此时摇杆由左极限位置 C_1D 顺时针运动到右极限位置 C_2D，摇杆的摆角为 ψ，摇杆的这个过程称为工作行程或正行程，所用的时间为 t_1，C 点的平均速度 $v_1=\widehat{C_1C_2}/t_1$。当曲柄 AB 由位置 AB_2 顺时针转到位置 AB_1 时，曲柄的转角为 $\varphi_2=180°-\theta$。摇杆由右极限位置 C_2D 逆时针运动到左极限位置 C_1D，摇杆的摆角仍为 ψ，摇杆的这个过程称为空行程或反行程，所用的时间为 t_2，C 点的平均速度 $v_2=\widehat{C_2C_1}/t_2$。由于曲柄以匀角速度 ω_1 转动且 $\varphi_1>\varphi_2$，所以 $t_1>t_2$，$v_2>v_1$。由此可见，当原动件匀速转动时，从动件往复摆动的速度快慢不同，空回行程时的速度较大。这种性质称为机构的急回特性，通常用行程速度变化系数 K 来表示这种特性，即

$$K=\frac{v_2}{v_1}=\frac{\widehat{C_2C_1}/t_2}{\widehat{C_1C_2}/t_1}=\frac{t_1}{t_2}=\frac{\varphi_1}{\varphi_2}=\frac{180°+\theta}{180°-\theta} \tag{4-2}$$

式（4-2）表明，行程速度变化系数 K 与极位夹角 θ 有关。当 $\theta=0°$时，$K=1$，表明机构没有急回特性；当 $\theta>0°$时，$K>1$，该机构有急回特性；θ 越大，K 值就越大，急回特性也越显著，但是机构的传动平稳性也会下降，通常取 $K=1.2\sim2.0$。

由式（4-2）可得到机构极位夹角 θ 的计算公式为

$$\theta=180°\frac{K-1}{K+1} \tag{4-3}$$

在其他类型的平面四杆机构中，如偏置曲柄滑块机构、摆动导杆机构等，也具有急回特性。工程中常用这种特性缩短非生产时间，提高生产率，如牛头刨床、往复式运输机等。

2. 压力角和传动角

在图4-37所示的曲柄摇杆机构中，如果不考虑各个构件的质量和运动副中的摩擦力，则连杆 BC 为二力杆，主动曲柄通过连杆作用在摇杆上铰链 C 处的驱动力 $\boldsymbol{F}$ 沿 BC 方向。力 $\boldsymbol{F}$ 的作用线与力作用点 C 处的绝对速度 $\boldsymbol{v}_C$ 之间所夹的锐角称为压力角，用 α 表示。

力 $\boldsymbol{F}$ 可分解为两个相互垂直的分力，即沿 C 点速度 $\boldsymbol{v}_C$ 方向的分力 $\boldsymbol{F}_t$ 和沿摇杆 CD 方向的分力 $\boldsymbol{F}_n$。由图 4-37 可知 $F_t = F\cos\alpha$，$F_n = F\sin\alpha$。分力 $\boldsymbol{F}_t$ 是推动摇杆 CD 运动的有效分力，而分力 $\boldsymbol{F}_n$ 只能使运动副产生压力，使运动副中的摩擦增大，是一个有害分力。在驱动力 $\boldsymbol{F}$ 一定的条件下，显然，压力角 α 越小，有效分力 $\boldsymbol{F}_t$ 就越大，有害分力 $\boldsymbol{F}_n$ 就越小，机构的传力性能越好。因此，压力角是反映机构传力性能的一个重要指标。

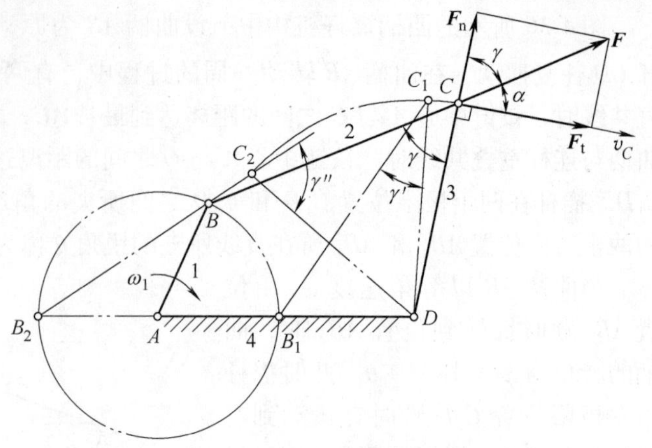

图 4-37　压力角和传动角

由于压力角 α 不易度量，在工程中常用压力角的余角 γ（连杆和从动摇杆间所夹的锐角）来判断机构的传力性能，称为传动角。因为 $\gamma = 90° - \alpha$，所以传动角 γ 越大，机构的传力性能越好。所以，传动角是反映机构传力性能的另一个重要指标。

在机构的运动过程中，传动角 γ 随着机构的位置不同而变化，为了保证机构具有良好的传力性能，一般要求 $\gamma_{min} > [\gamma]$，$[\gamma]$ 为许用传动角，对于一般机械，$[\gamma] = 40°$；传递功率较大时，$[\gamma] = 50°$。图中双点画线所示机构两位置的传动角分别为 γ' 和 γ''。其中较小的一个即为机构的最小传动角 γ_{min}。

3. 死点位置

在图 4-38 所示的曲柄摇杆机构中，当以摇杆 CD 为原动件时，在摇杆摆到两个极限位置 C_1D 和 C_2D 时，连杆 BC 与曲柄 AB 将拉直共线和重叠共线。这时原动件摇杆通过连杆作用于从动曲柄的力通过曲柄的转动中心 A（此时 $\alpha = 90°$，$\gamma = 0°$），转动力矩为零，从动曲柄不转动，该位置称为机构的死点位置。

机构是否具有死点位置一般取决于原动件的选择。从前面的分析可知，在曲柄摇杆机构的运动过程中，当以曲柄为原动件时，摇杆与连杆不可能出现共线的位置，故不会出现死点位置；当以摇杆为原动件时，曲柄与连杆存在共线的位置，所以会出现死点位置。同样，以滑块为原动件的曲柄滑块机构，以导杆为原动件的摆动导杆机构等，都存在死点位置。

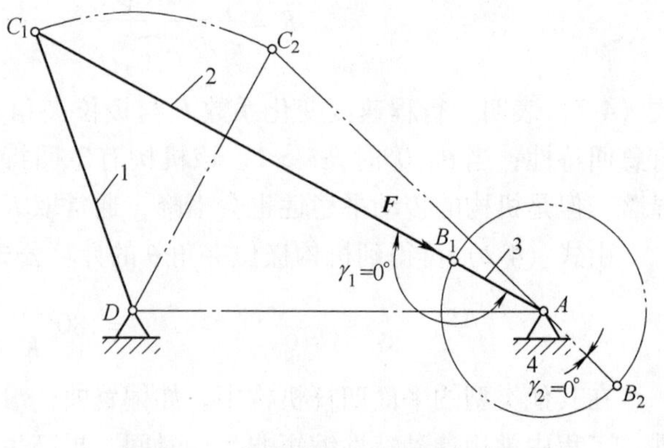

图 4-38　曲柄摇杆机构的死点位置

死点位置会使机构的从动件出现卡死或运动不确定的现象，对传动机构是不利的。为了消除死点位置的不良影响，采用的方法是对从动曲柄施加外力使其通过死点位置；或在从动曲柄上安装飞轮，利用飞轮的惯性使机构通过死点位置。如图 4-16 所示，在缝纫机踏板机构中，曲柄上的大带轮就相当于飞轮，利用它的惯性，使机构顺利通过死点位置。

在工程实际中，有时也利用机构的死点位置来实现某些特定的工作要求。如图 4-39 所示的夹具，当工件被夹紧后，*BC* 与 *CD* 共线，机构处于死点位置，无论工件上的反作用力 $\boldsymbol{F}_N$ 有多大，夹具也不会自行松脱。

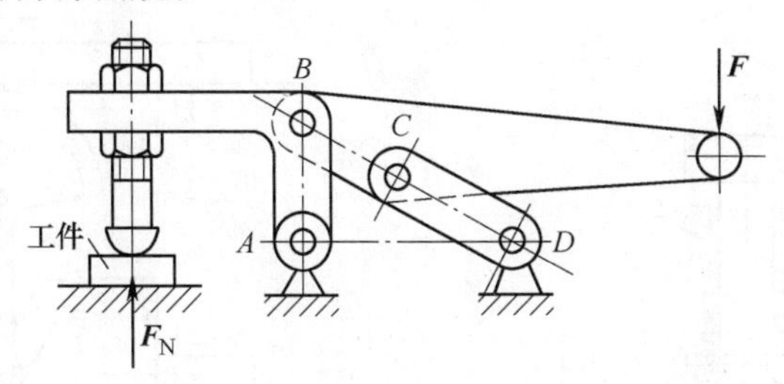

图 4-39　夹具机构

第三节　凸 轮 机 构

一、凸轮机构的应用和特点

凸轮机构是机械中的常用机构之一，广泛用于各种机械传动和自动控制装置中。下面介绍几个应用实例。

图 4-40 所示为内燃机配气机构。当凸轮 1 匀速转动时，其轮廓迫使从动件 2（气门推杆）上下移动，以控制气门的开启和关闭（关闭是借助于弹簧的作用），从而按预定规律吸入燃气或排出废气。

图 4-41 所示为绕线机引线机构。绕线轴 3 快速转动时，经蜗杆传动减速后带动盘形凸轮 1 低速转动。通过从动件 2 的尖顶 *A* 使从动件（引线杆 2）往复摆动，从而将线均匀地绕在绕线轴 3 上。

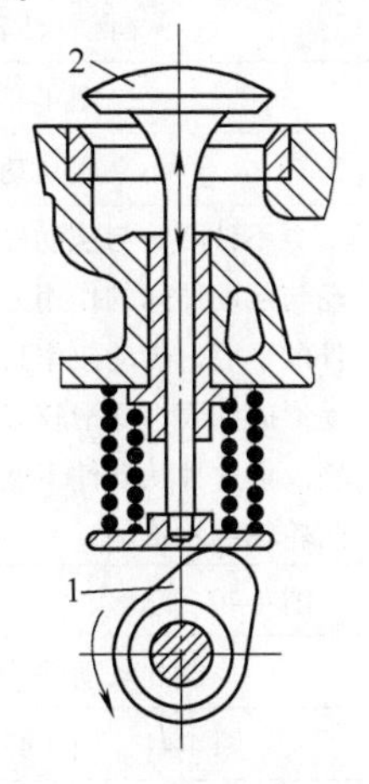

图 4-40　内燃机配气机构

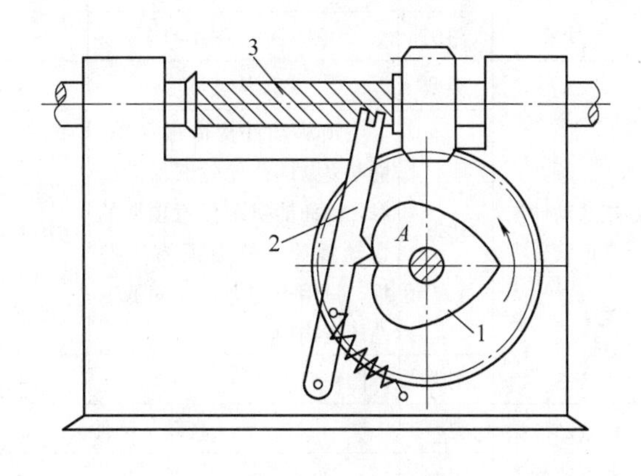

图 4-41　绕线机引线机构

图 4-42 所示为靠模车削机构。移动凸轮 1（靠模板）在车床上相对固定，从动件 2 的滚子在弹簧作用下与凸轮 1 的轮廓相接触，当托板 3 纵向移动时，凸轮的曲线轮廓迫使从动件 2（刀架）进退，切出母线与凸轮轮廓相同的旋转曲面。

图 4-43 所示为机床自动进给机构。当具有凹槽的圆柱凸轮 1 回转时，其凹槽将迫使从动件（扇形齿轮 2）绕 C 点摆动，从而驱使刀架 3 按一定规律完成进刀、退刀和停歇的加工动作。

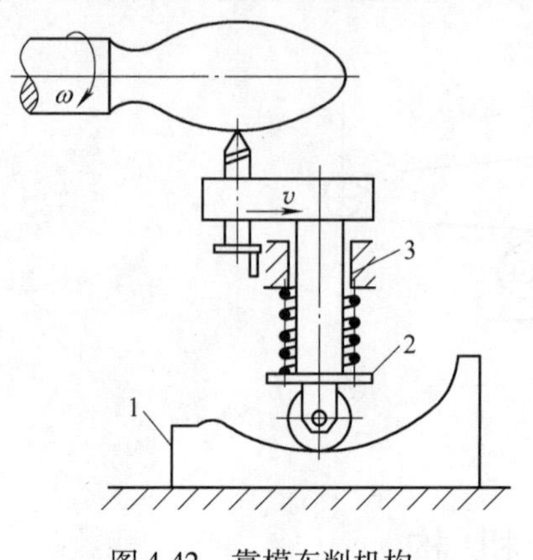

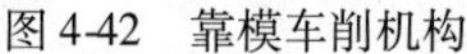

图 4-42　靠模车削机构

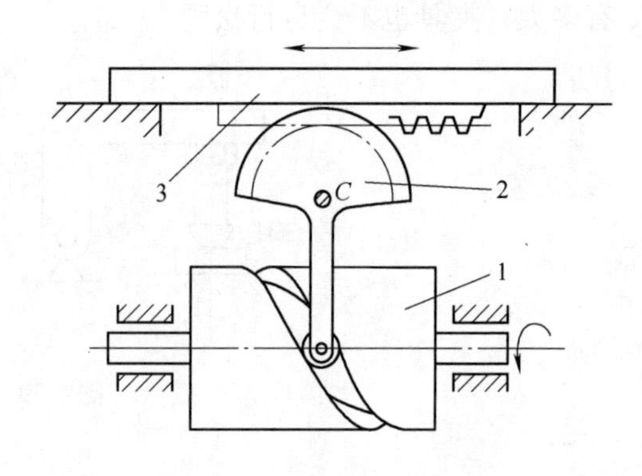

图 4-43　机床自动进给机构

由以上例子可知，凸轮机构一般是由凸轮、从动件和机架三个构件所组成的高副机构。它可以通过凸轮的曲线轮廓或凹槽的驱使，使从动件获得连续或不连续的运动，并精确实现预期的运动规律。

凸轮机构的优点是：只要选择适当的凸轮轮廓曲线，就可以使从动件实现任意预期的运动规律，并且结构简单、紧凑，工作可靠。其缺点是：凸轮轮廓形状复杂，加工比较困难，成本较高，且凸轮与从动件间为高副接触，易磨损，故凸轮机构多用于传力不大的场合。

二、凸轮机构的分类

凸轮机构的分类见表 4-1。

表 4-1　凸轮机构的主要类型

<table>
<tr><td rowspan="2">按凸轮形状分类</td><td>类型</td><td>盘形凸轮</td><td colspan="2">移动凸轮</td><td>圆柱凸轮</td></tr>
<tr><td>图例</td><td>图 4-40、图 4-41</td><td colspan="2">图 4-42</td><td>图 4-43</td></tr>
<tr><td rowspan="3">按从动件端部形状分类</td><td>类型</td><td>尖顶从动件</td><td colspan="2">滚子从动件</td><td>平底从动件</td></tr>
<tr><td>特点</td><td>尖顶从动件构造最简单，能与复杂的凸轮轮廓保持接触，因而能实现任意预期的运动规律。但尖顶易于磨损，只用于传力不大的低速凸轮机构中</td><td colspan="2">滚子与凸轮之间为滚动摩擦，所以磨损较小。但结构复杂，滚子质量大。适用于速度不高、载荷较大的场合</td><td>当不计凸轮与从动件间的摩擦时，凸轮与从动件间的作用力始终垂直于从动件的平底，传动效率高，且接触面间容易形成油膜，润滑较好，可用于高速凸轮。但这种从动件不能用于与凹弧形的凸轮轮廓相接触</td></tr>
<tr><td>图例</td><td>图 4-41</td><td colspan="2">图 4-42、图 4-43</td><td>图 4-40</td></tr>
<tr><td rowspan="2">按从动件运动形式分类</td><td>类型</td><td colspan="2">直动从动件</td><td colspan="2">摆动从动件</td></tr>
<tr><td>图例</td><td colspan="2">图 4-40</td><td colspan="2">图 4-41、图 4-43</td></tr>
<tr><td rowspan="3">按从动件与凸轮保持接触的方式分类</td><td>类型</td><td colspan="2">力锁合</td><td colspan="2">形锁合</td></tr>
<tr><td>特点</td><td colspan="2">利用重力、弹簧力或其他外力使从动件与凸轮保持接触。结构简单，易于制造，应用广泛</td><td colspan="2">利用凸轮的特殊几何形状使从动件与凸轮保持接触，避免了附加外力，但外廓尺寸大，设计较复杂</td></tr>
<tr><td>图例</td><td colspan="2">图 4-40、图 4-41、图 4-42</td><td colspan="2">图 4-43</td></tr>
</table>

三、从动件的常用运动规律

1. 凸轮机构的工作过程

图 4-44 所示为一对心（即直动从动件的导路中心线通过凸轮的回转中心）尖顶直动从动件盘形凸轮机构，以凸轮轮廓的最小向径 r_b 为半径所作的圆称为基圆，r_b 称为基圆半径。在图示位置，从动件的尖顶与凸轮轮廓上 A 点相接触，从动件处于上升的起始位置。当凸轮以等角速度 ω 逆时针回转 φ 角时，凸轮的曲线轮廓 $\widehat{AB}$ 部分依次与从动件尖顶接触。由于这段轮廓的向径是逐渐增大的，故从动件尖顶被凸轮轮廓推动，以一定的运动规律由离回转中心最近位置 A 到达最远位置 B'，这个过程称为推程。在推程过程中，从动件移动的距离 h 称为行程，凸轮转过的角度 ϕ 称为推程角。当凸轮继续回转时，以 O 为圆心的一段圆弧 $\widehat{BC}$ 与从动件尖顶接触，从动件将停留在最高位置不动，与此对应的凸轮转角 ϕ_s 称为远休止角。凸轮继续回转时，由向径逐渐减小的 $\widehat{CD}$ 段与尖顶依次相接触，从动件将按一定的运动规律从最高位置下降到最低位置，这一过程称为回程，相应的凸轮转角 ϕ' 称为回程角。凸轮再继续回转时，基圆上的圆弧 $\widehat{DA}$ 与尖顶相接触，从动件在离回转中心最近的位置停留不动，与此对应的凸轮转角 ϕ_s' 称为近休止角。当凸轮继续回转时，从动件将重复“升—停—降—停”的运动循环。

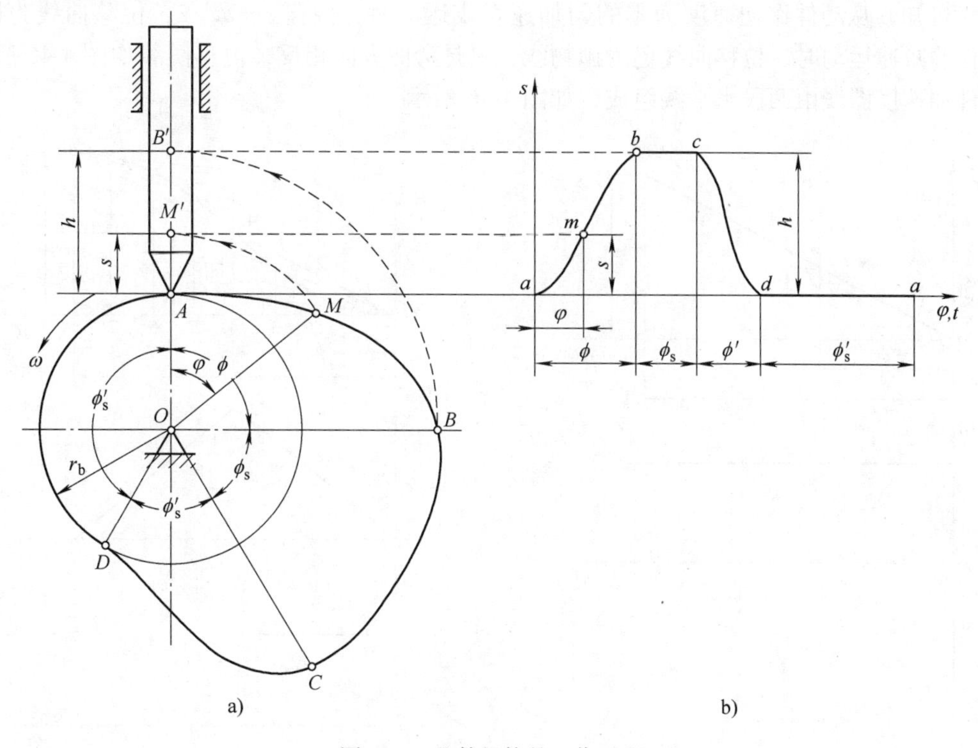

图 4-44　凸轮机构的工作过程

由上述分析可知，凸轮轮廓上任意一点与从动件接触时，凸轮相应的转角 φ 与从动件的位移 s 可用图 4-44b 所示的位移线图来表示，由于绝大多数凸轮作等速转动，因此该线图的横坐标也代表时间 t。由图 4-44 可知，凸轮的轮廓形状决定了从动件的运动规律。反之，从动件不同的运动规律要求凸轮具有不同的轮廓曲线形状。因此，在设计凸轮轮廓之前，应首先确定从动件的运动规律。

2. 常用运动规律

从动件的运动规律是指从动件在推程或回程中，其位移 s、速度 v 和加速度 a 随凸轮转角 φ（或时间 t）而变化的规律。下面介绍两种常用的运动规律。

（1）等速运动规律　从动件在推程或回程的速度为常数时，称为等速运动规律。以推程为例，从动件行程为 h，推程角为 ϕ。在等速运动中，从动件位移 s 与时间 t 的关系为 $s=vt$，所以 s-φ 图为一过原点的斜线，v-φ 图为一水平直线，加速度为零，如图 4-45 所示。

这种运动规律的特点是：从动件在行程开始和结束的瞬间，速度有突变，其加速度在理论上分别达到正的无穷大和负的无穷大。因此，在这两个位置上，从动件的惯性力理论上也为无穷大（实际上由于材料的弹性变形不可能达到无穷大），将在机构中产生强烈的冲击，这种冲击称为刚性冲击。因此等速运动规律只适用于低速、轻载的场合。

（2）等加速等减速运动规律　等加速等减速运动是指从动件在推程或回程的前半个行程作等加速运动，后半个行程作等减速运动，且正加速度与负加速度的绝对值相等。以推程为例，当从动件位移到达 $h/2$ 时，速度最大，然后减速运动到推程最高点，速度逐渐减小为零。当从动件行程为 h，推程角为 ϕ 时，速度图线如图 4-46 所示，由两段斜直线组成。由运动学可知，从动件作初速度为零的匀加速直线运动时，位移 $s=at^2/2$，位移曲线为抛物线；作等减速运动时，位移曲线仍为抛物线，只是弯曲方向相反，位移图线如图 4-46 所示。从动件加速度图线由两段水平线组成，如图 4-46 所示。

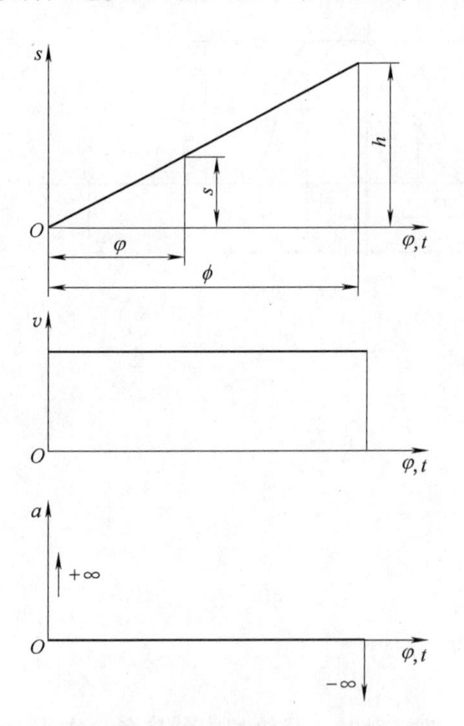

图 4-45　等速运动规律推程段运动线图

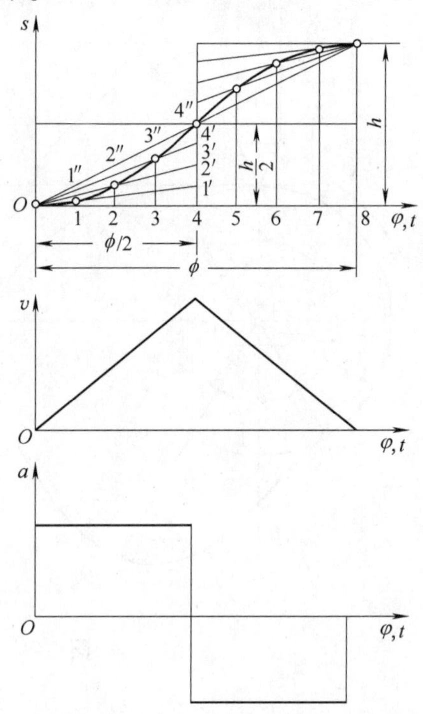

图 4-46　等加速等减速运动规律推程段运动线图

这种运动规律的特点是：从动件在推程的起点、中点和终点处，加速度出现有限值的突变，因而引起的惯性力的突变也为有限值，这种有限惯性力引起的冲击比刚性冲击轻微得多，故称为柔性冲击。这种运动规律适用于中速、轻载的场合。

除上述两种运动规律外，从动件还常用简谐运动规律、摆线运动规律、高次多项式等运动规律，或者将多种运动规律组合起来应用。

四、图解法设计凸轮轮廓曲线

当根据工作要求选定了凸轮机构的形式、凸轮的基圆半径、从动件的运动规律后，在凸轮转向已知的条件下，即可进行凸轮轮廓曲线的设计。凸轮轮廓曲线的设计方法有图解法和解析法两种。下面仅介绍图解法。

1. 图解法的原理

在图 4-47 所示的对心尖顶直动从动件盘形凸轮机构中，凸轮以角速度 ω 绕轴 O 回转，从动件则作往复移动。现假想给整个机构加上一个绕 O 轴的公共角速度 $-\omega$，根据相对运动原理，凸轮将固定不动，从动件一方面随其导路以角速度 $-\omega$ 绕轴 O 作反转运动，另一方面又在其导路内作往复移动。由于从动件与凸轮轮廓始终保持接触，因此从动件在反转过程中与凸轮接触点的运动轨迹就是所要设计的凸轮轮廓。这就是凸轮轮廓设计的反转法原理。

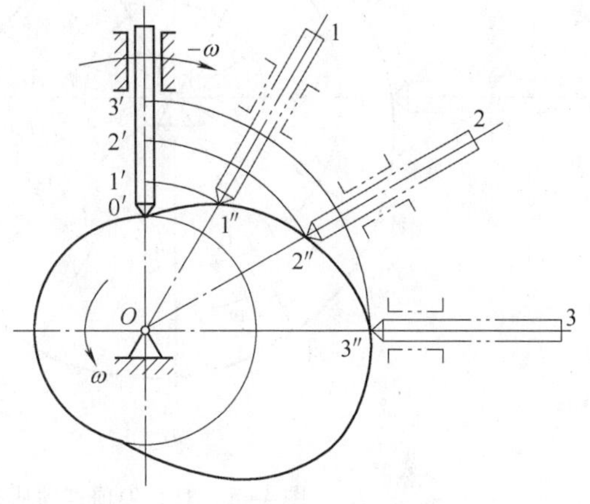

图 4-47　反转法原理

2. 对心尖顶直动从动件盘形凸轮轮廓曲线的设计

已知一对心尖顶直动从动件盘形凸轮机构从动件的运动规律为凸轮以等角速度 ω 顺时针转过 180°时，从动件等速上升 h；凸轮继续转过 30°时，从动件在最高位置停留不动；凸轮继续转过 120°时，从动件等加速等减速下降至原处；凸轮继续转过 30°时，从动件在最低位置停留不动。凸轮基圆半径为 r_b。其设计步骤如下：

1）选取长度比例尺 μ_l 和角度比例尺 μ_φ（μ_φ = 凸轮的实际转角 φ/图样上代表 φ 的线段长），根据从动件运动规律作出从动件的位移线图，如图 4-48b 所示。将横轴上的推程角和回程角各分为若干等份（图中均为 6 等份），得等分点 1、2、3、…，自各等分点作横轴的垂线交位移曲线于 1′、2′、3′、…。

2）取与位移曲线相同的比例尺 μ_l，作出基圆和从动件尖顶离轴心 O 最近时从动件的初始位置，如图 4-48a 中从动件与凸轮轮廓在点 A_0 接触的位置。

3）在基圆上自 OA_0 开始，沿 ω 的反方向（逆时针）量取推程运动角（180°）、远休止角（30°）、回程运动角（120°）和近休止角（30°），并将推程运动角和回程运动角等分成与位移图线相同的份数，得 A_1、A_2、…。作射线 OA_1、OA_2、…，这些射线便是反转后从动件导路中心线的位置。

4）在各射线 OA_1、OA_2、…的延长线上从基圆开始向外分别量取位移量 $\overline{A_1A_1'} = \overline{11'}$、$\overline{A_2A_2'} = \overline{22'}$、…。于是得 A_1'、A_2'、…各点。

5）将 A_0、A_1'、A_2'、…各点连接成光滑的曲线（A_6' 与 A_7' 之间以及 A_0 与 A_{13} 之间均为以 O 为圆心的圆弧），此曲线即为所求的凸轮轮廓。

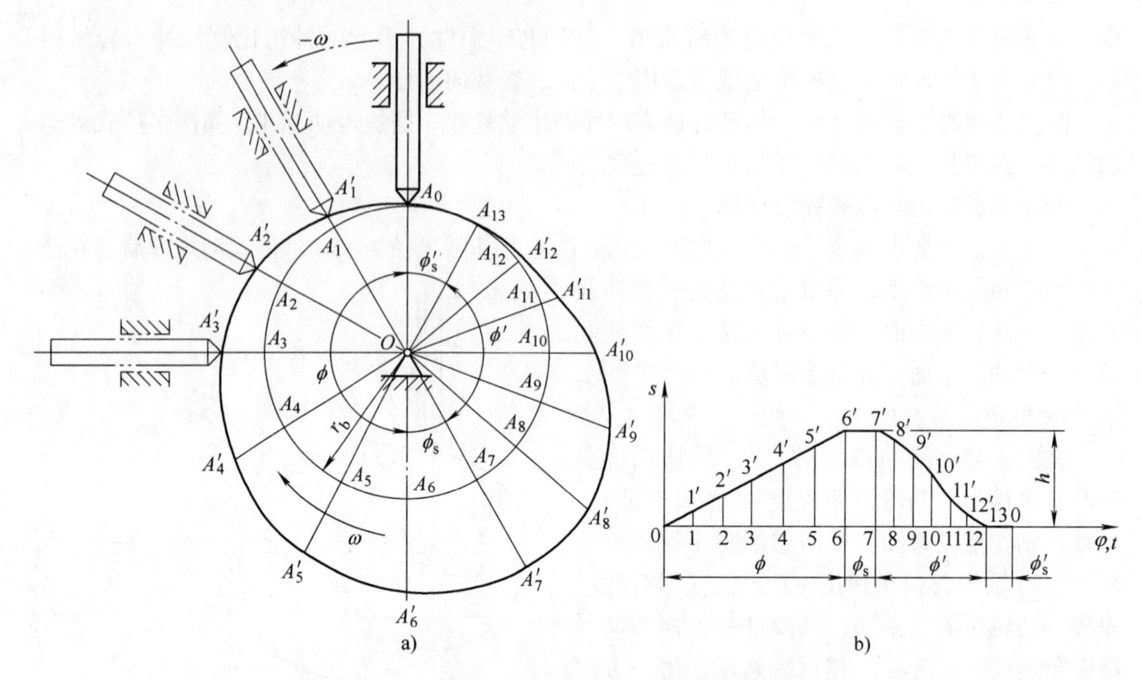

图 4-48　对心尖顶直动从动件盘形凸轮轮廓曲线的设计

3. 对心滚子直动从动件盘形凸轮轮廓曲线的设计

滚子从动件凸轮机构中，滚子中心始终与从动件保持一致的运动规律，而滚子中心到滚子与凸轮轮廓接触点间的距离始终等于滚子半径 r_T。因此滚子从动件凸轮轮廓的设计步骤（图 4-49 所示）为：

1）把从动件的滚子中心看作尖顶从动件的尖顶，按上例所述步骤绘出滚子中心的轨迹，此轨迹称为凸轮的理论轮廓曲线。

2）在理论轮廓曲线上取一系列的点为圆心，以滚子半径 r_T 为半径作一系列圆，再作此圆族的包络线，即为凸轮的实际轮廓曲线。

凸轮的理论轮廓曲线与实际轮廓曲线互为法向等距曲线。

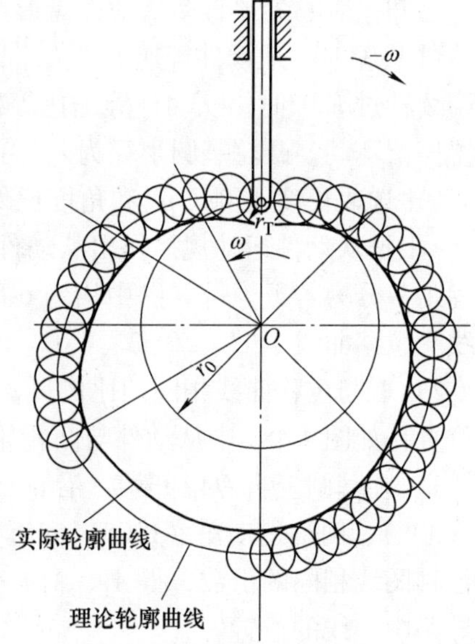

图 4-49　对心滚子直动从动件盘形凸轮轮廓曲线的设计

五、凸轮机构基本尺寸的确定

设计凸轮机构时，不仅要保证从动件能实现预期的运动规律，还要求机构有良好的传力性能和较小的结构尺寸。这些要求与压力角、基圆半径、滚子半径等有关。

1. 压力角与基圆半径

图 4-50 所示为尖顶直动从动件盘形凸轮机构，若不计摩擦，凸轮作用于从动件的力 $\boldsymbol{F}$ 沿接触点的法线 n—n 方向，它与从动件在该点的速度方向所夹的锐角 α 称为凸轮机构的压力角。显然，凸轮轮廓上各点的压力角是不同的。

将力 $\boldsymbol{F}$ 分解为 $\boldsymbol{F}'$ 和 $\boldsymbol{F}''$，则 $F'=F\cos\alpha$，$F''=F\sin\alpha$。$\boldsymbol{F}'$ 沿从动件运动方向，是推动从动件运动的有效分力，$\boldsymbol{F}''$ 垂直于从动件运动方向，对导路产生侧面压力，是引起从动件与导路间摩擦阻力的有害分力。压力角 α 越大，有效分力越小，有害分力越大，机构的传力性能越差。当 α 大到一定程度时，F'' 引起的摩擦阻力将大于有效分力 F'，此时不论作用力 $\boldsymbol{F}$ 多大，都不能推动从动件运动，这种现象称为自锁。

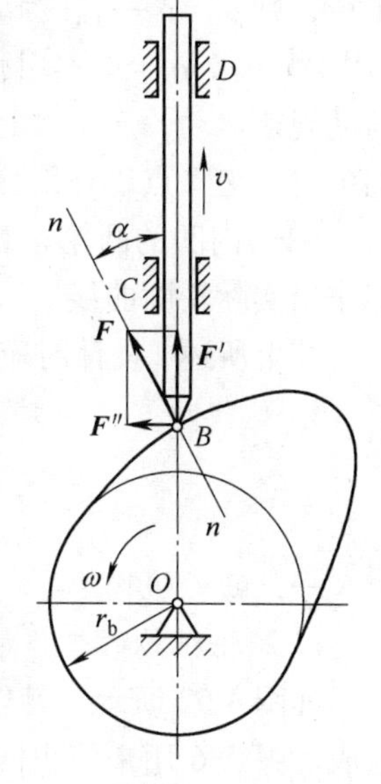

图 4-50　凸轮机构的压力角

为了防止凸轮机构产生自锁，保证机构具有良好的传力性能，必须规定一个许用压力角 $[\alpha]$，设计时应使 $\alpha_{max}\leqslant[\alpha]$。通常对于直动从动件凸轮机构，推程许用压力角 $[\alpha]=30°$；对于摆动从动件凸轮机构，推程许用压力角 $[\alpha]=45°$。对于回程，从动件一般在重力或弹簧力作用下返回，不会出现自锁，所以回程许用压力角 $[\alpha]=70°\sim80°$。

可以证明，基圆半径越大，压力角越小，机构的传力性能越好。但基圆半径越大，凸轮的结构尺寸和质量也随之增大。为了使机构既有较好的传力性能，又有紧凑的结构，设计时，通常在满足 $\alpha_{max}\leqslant[\alpha]$ 的原则下，尽可能采用较小的基圆半径。

在实际设计中，常根据凸轮的具体结构尺寸确定基圆半径。当凸轮与轴做成一体（凸轮轴）时，可取基圆半径 r_b 略大于轴的半径；当凸轮单独制造时，基圆半径 r_b 略大于轮毂外径，一般取 $r_b=(1.6\sim2)r$，其中 r 为轴的半径。

2. 滚子半径的选择

当凸轮的理论轮廓曲线确定以后，滚子半径取大些，有利于减小凸轮与滚子间的接触应力，提高滚子的强度和寿命。但过大的滚子半径不仅会使机构尺寸增大，而且可能导致从动件运动失真。如图 4-51 所示，滚子半径 r_T 的选择与凸轮理论轮廓上的最小曲率半径 ρ_{min} 有关。

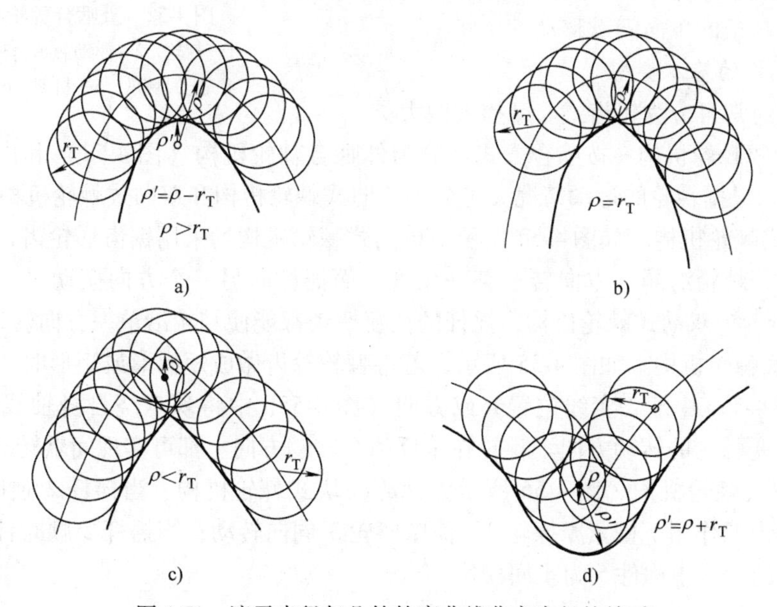

图 4-51　滚子半径与凸轮轮廓曲线曲率半径的关系

(1) 外凸的凸轮轮廓曲线　如图 4-51 所示，ρ 为理论轮廓曲率半径，ρ'为实际轮廓曲率半径，则 $\rho'=\rho-r_T$。当 $\rho>r_T$ 时（图 4-51a），$\rho'>0$，实际轮廓总可以作出；当 $\rho=r_T$ 时（图 4-51b），$\rho'=0$，实际轮廓出现尖点，尖点容易磨损，磨损后会使从动件不能按照预定的运动规律运动，产生“运动失真”；当 $\rho<r_T$ 时（图 4-51c），则 $\rho'<0$，实际轮廓出现交叉，加工时，交叉点以外部分将被切除，导致从动件出现严重的“运动失真”。

(2) 内凹的凸轮轮廓曲线　如图 4-51d 所示，$\rho'=\rho+r_T$，无论滚子半径大小如何，则总能作出实际轮廓曲线。

综上所述，设计时应使 $r_T<\rho_{min}$（理论轮廓的最小曲率半径），通常取 $r_T<0.8\rho_{min}$。

第四节　间歇运动机构

一、棘轮机构

1. 棘轮机构的工作原理

如图 4-52 所示，棘轮机构主要由棘轮 1、驱动棘爪 2、摇杆 3、止回棘爪 4 和机架 5 等组成。弹簧 6 用来使止回棘爪 4 与棘轮 1 保持接触。摇杆 3 空套在与棘轮 1 固连的从动轴上，驱动棘爪 2 铰接在摇杆 3 上。当摇杆 3 逆时针摆动时，驱动棘爪 2 便插入棘轮 1 的齿槽中，推动棘轮转过一定角度，此时止回棘爪 4 在棘轮的齿背上滑过；当摇杆 3 顺时针摆动时，驱动棘爪 2 在棘轮齿背上滑过并落入下一个齿槽内，此时止回棘爪 4 阻止棘轮顺时针方向转动，故棘轮 3 静止不动。因此当摇杆连续往复摆动时，棘轮便得到单向的间歇运动。当棘轮的直径为无穷大时，棘轮变为棘条，此时棘轮的单向间歇转动变为棘条的单向间歇移动。

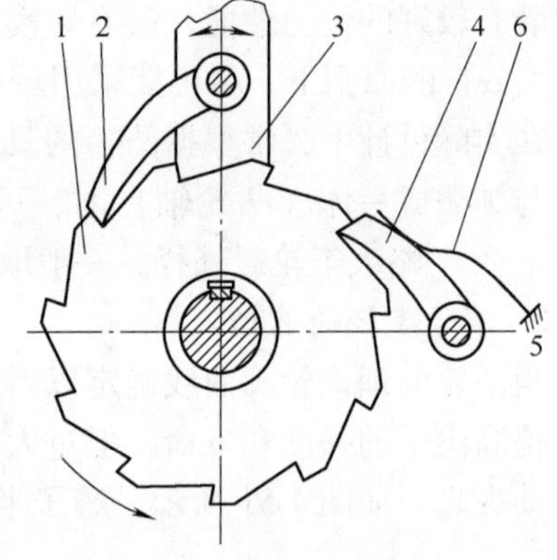

图 4-52　外啮合棘轮机构

1—棘轮　2—驱动棘爪　3—摇杆
4—止回棘爪　5—机架　6—弹簧

2. 棘轮机构的基本类型

棘轮机构通常可分为轮齿式与摩擦式两大类。

(1) 轮齿式棘轮机构　按啮合方式可分为外啮合棘轮机构（图 4-52）和内啮合棘轮机构（图 4-53）。根据棘轮的运动情况又可分为单向式棘轮机构和双向式棘轮机构两种。

1）单向式棘轮机构。如图 4-52 所示，单向式棘轮机构均采用锯齿形轮齿，当摇杆向一个方向摆动时，棘轮沿同一方向转过某一角度；而摇杆向另一个方向摆动时，棘轮静止不动。图 4-54 所示为双动式棘轮机构，摇杆的往复摆动都能使棘轮沿单一方向转动。

2）双向式棘轮机构。如图 4-55 所示，若将棘轮轮齿做成短梯形或矩形时，变动棘爪的放置位置（图 4-55a 中虚、实线位置）或方向（图 4-55b 中将棘爪绕自身轴线转 180°后固定）后，可改变棘轮的转动方向。棘轮在正反两个转动方向上都可实现间歇转动。

(2) 摩擦式棘轮机构　图 4-56 所示为偏心楔块式棘轮机构，当摇杆 2 逆时针转动时，楔块 4 在摩擦力的作用下楔紧摩擦轮 3，使摩擦轮 3 同向转动；当摇杆 2 顺时针转动时，摩擦轮 3 静止不动。图中构件 5 为止回楔块。

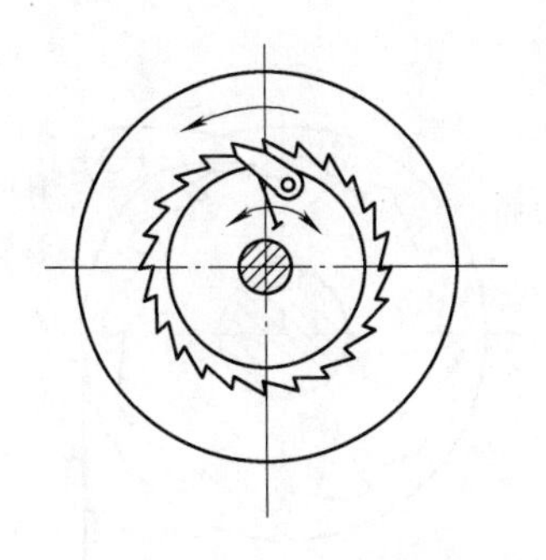

图 4-53　内啮合棘轮机构

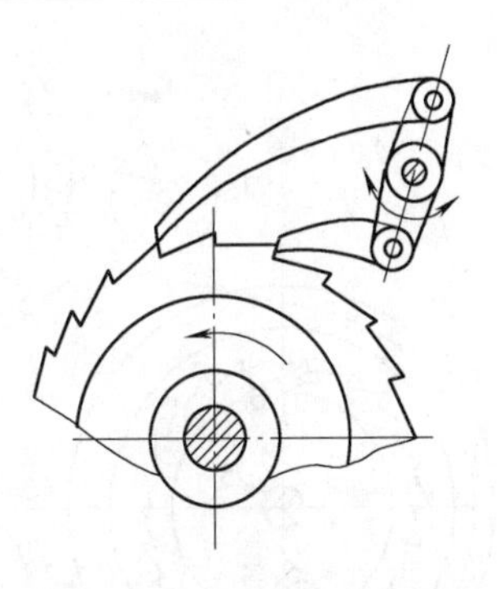

图 4-54　双动式棘轮机构

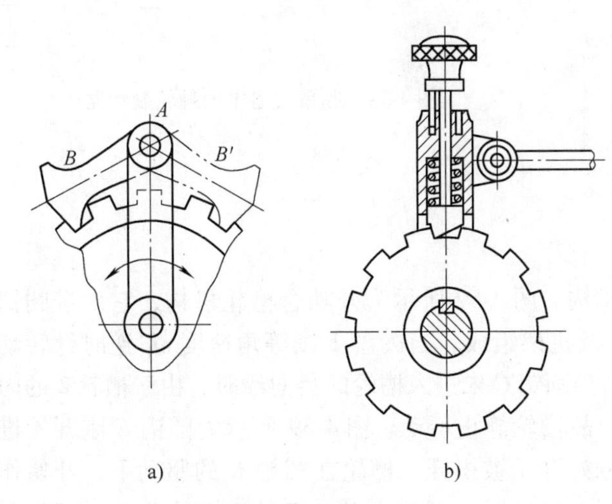

图 4-55　双向式棘轮机构

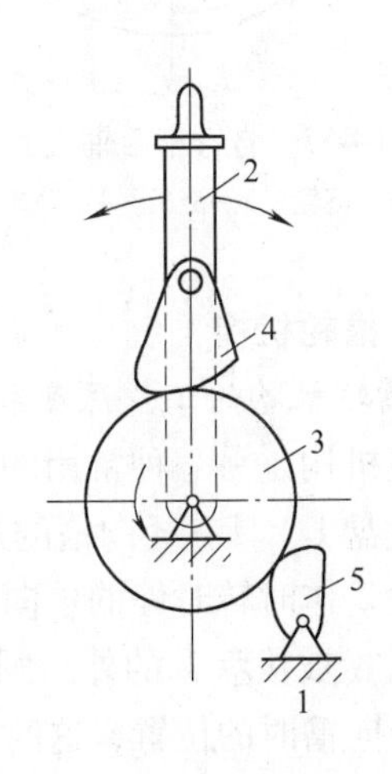

图 4-56　偏心楔块式棘轮机构
1—机架　2—摇杆　3—摩擦轮
4—楔块　5—止回楔块

3. 棘轮机构的特点和应用

轮齿式棘轮机构结构简单，易于制造，运动可靠，棘轮转角容易实现有级调整，但棘爪在齿面滑过时引起噪声和冲击，在高速时就更为严重，所以轮齿式棘轮机构经常在低速、轻载的场合实现间歇运动。

摩擦式棘轮机构传动平稳，无噪声，从动件的转角可作无级调整。缺点是难以避免打滑现象，因此运动的准确性较差，不适合用于运动精度要求高的场合。

棘轮机构在生产实际中有着广泛的应用，下面简要介绍一些应用实例。

图 4-57 所示为自行车后轴上的棘轮机构。当脚蹬踏板时，经链轮 1 和链条 2 带动内圈具有棘齿的链轮 3 顺时针转动，再经棘爪 4 带动后轮轴 5 顺时针转动，从而驱使自行车前进；当自行车下坡或歇脚时，踏板不动，后轮轴 5 借助下滑力或惯性超越链轮 3 而转动。此时，棘爪 4 在棘轮齿背上滑过，产生从动件超过主动件转速的超越运动，从而实现不蹬踏板的滑行。

图 4-58 所示为起重设备中的棘轮制动器。在起重过程中，为了防止提升的重物因停电等原因而造成下滑，可用棘轮机构作为止停器，以防止逆转。

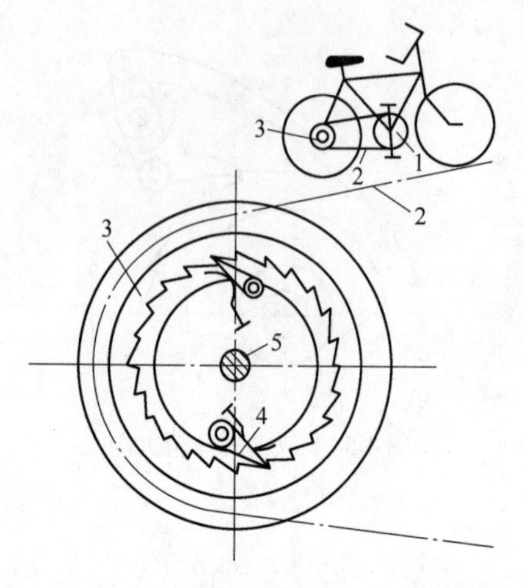

图 4-57　自行车后轴上的棘轮机构

1、3—链轮　3—链条　4—棘爪　5—后轮轴

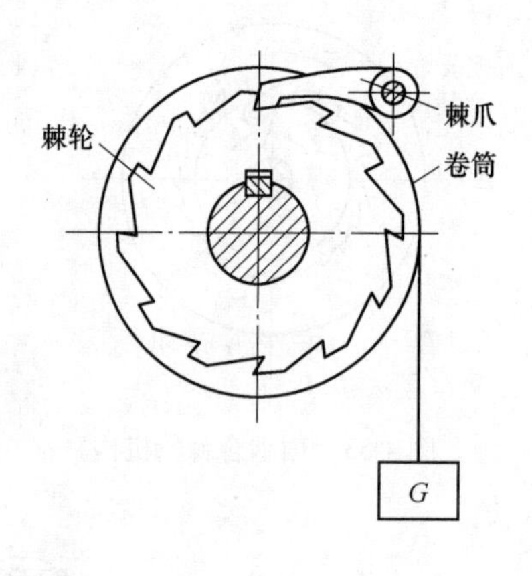

图 4-58　起重设备中的棘轮制动器

二、槽轮机构

1. 槽轮机构的工作原理和类型

槽轮机构是另一种常用的间歇运动机构。图 4-59 所示为外啮合槽轮机构，它由带圆销的主动拨盘 1、具有径向槽的从动槽轮 2 及机架组成。当拨盘 1 以等角速度 ω_1 逆时针转动时，槽轮 2 作时转时停的单向间歇运动。当圆销 C 未进入槽轮的径向槽时，由于槽轮 2 的内凹锁止弧 α 被拨盘 1 的外凸圆弧 β 卡住，故槽轮静止不动。图 4-59 所示为圆销 C 刚开始进入槽轮径向槽时的位置，这时锁止弧 α 刚好开始被松开，槽轮在圆销 C 的驱动下，开始作顺时针方向转动。当圆销 C 离开径向槽时，锁止弧 α 又被卡住，槽轮又静止不动。直到圆销 C 再一次进入槽轮的另一个径向槽时，又重复上述的运动。

槽轮机构有外槽轮机构（图 4-59）和内槽轮机构（图 4-60）两种类型。外槽轮机构拨盘和槽轮转向相反，而内槽轮机构两者转向相同。

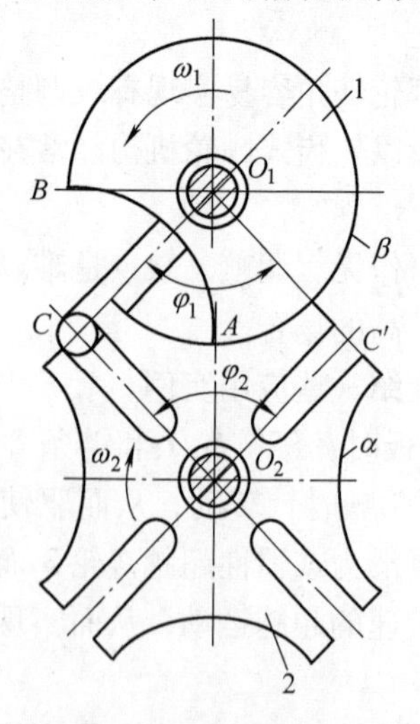

图 4-59　外啮合槽轮机构

1—拨盘　2—槽轮

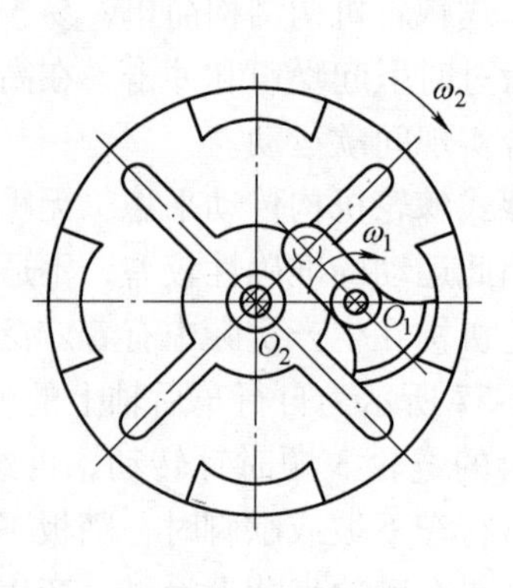

图 4-60　内啮合槽轮机构

2. 槽轮机构的特点和应用

槽轮机构结构简单，工作可靠，转位迅速，但是槽轮转角不能调整，转动时也有一定程度的冲击，故槽轮机构主要用于低速自动机械的转位或分度机构中。

图4-61所示为六角自动车床的刀架转位机构，刀架3上装有六把刀具，与刀架一体的槽轮2有六个径向槽，拨盘1上装有一个圆销。拨盘每转一周，圆销拨动槽轮转过60°，将下一个工序所需的刀具转换到工作位置上。

图4-62所示为电影放映机的卷片机构，槽轮2有四个径向槽，拨盘1每转一周，圆销拨动槽轮转过90°，影片移过一幅画面，并停留一定的时间，以适应人眼的视觉暂留现象。

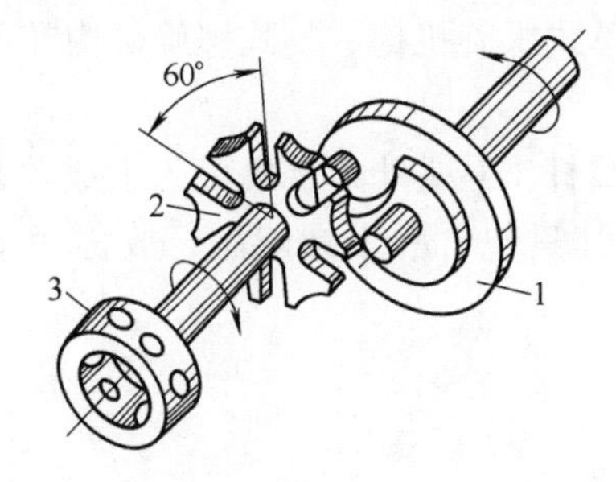

图4-61　六角自动车床的刀架转位机构
1—拨盘　2—槽轮　3—刀架

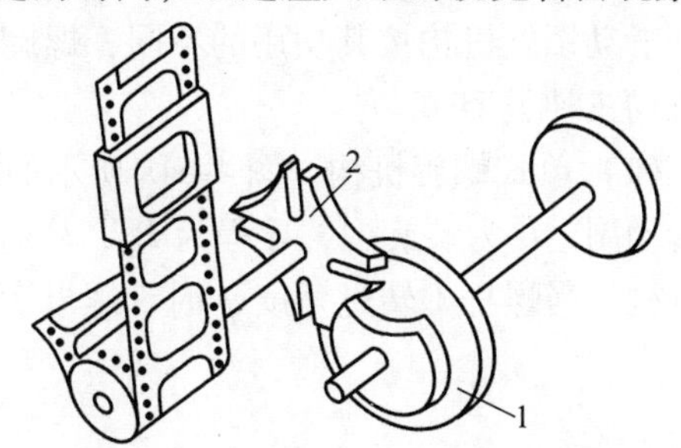

图4-62　电影放映机的卷片机构
1—拨盘　2—槽轮

三、不完全齿轮机构简介

不完全齿轮机构是由普通渐开线齿轮机构演化而成的一种间歇运动机构，如图4-63所示，通常由主动轮1、从动轮2和机架组成。主动轮1上只做出一个或几个齿，而从动轮2上根据其运动与停歇时间的要求，做出与主动轮轮齿相啮合的轮齿。当主动轮1连续转动时，从动轮作间歇转动。当从动轮停歇时，由轮1上的锁止弧β与轮2上的锁止弧α互相配合锁住，以保证从动轮停歇在预定的位置。

不完全齿轮机构的类型有外啮合（图4-63a）和内啮合（图4-63b）。与普通渐开线齿轮一样，外啮合的不完全齿轮机构两轮转向相反，内啮合的不完全齿轮机构两轮转向相同。

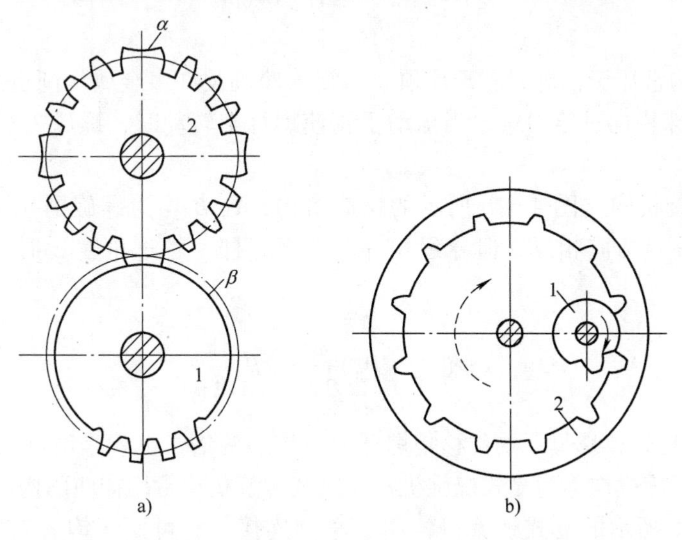

图4-63　不完全齿轮机构

第五节　螺 旋 机 构

用螺旋副连接两构件而形成的机构称为螺旋机构，主要用来将旋转运动变换成直线运动，同时传递运动和动力，也可用于调整零件的相互位置。螺旋传动按其螺旋副摩擦性质的不同，可分为滑动螺旋传动和滚动螺旋传动。

一、滑动螺旋传动

1. 滑动螺旋传动的类型和应用

滑动螺旋机构按其功用的不同，螺旋机构可分为单式螺旋机构、复式螺旋机构和差动螺旋机构三种类型。

（1）单式螺旋机构　图4-64a所示的螺旋机构由螺杆1、螺母2及机架3组成。其中A为转动副，B为螺旋副，导程为P_B，C为移动副。因其只包含一个螺旋副，故称为单式螺旋机构。当螺杆1转过角度φ时，螺母2的位移s为

$$s = P_B \frac{\varphi}{2\pi} \tag{4-4}$$

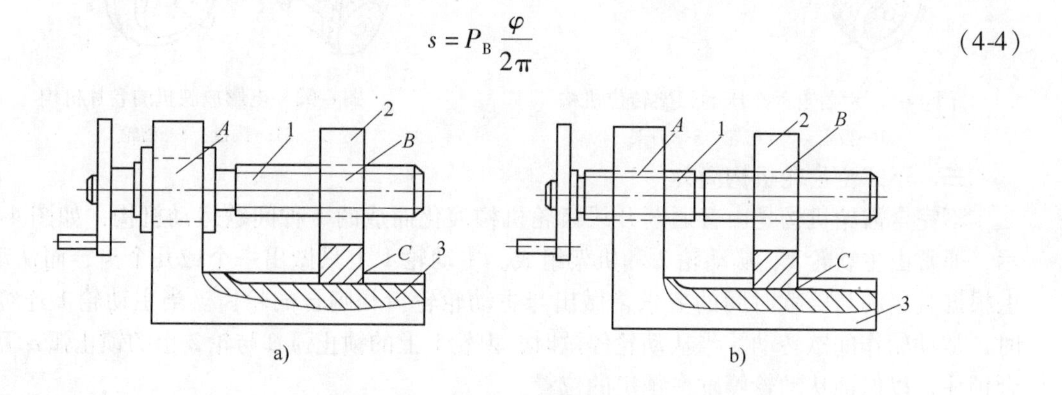

图4-64　滑动螺旋机构

1—螺杆　2—螺母　3—机架

这种螺旋机构常用于台虎钳、千斤顶、螺旋压榨机及许多金属切削机床的走刀机构中。图4-65所示为机床横向进给刀架，当摇动手轮使螺杆1转动时，螺母2便带动与其固接的刀架移动。

（2）复式螺旋机构　图4-64b所示的螺旋机构，A、B均为螺旋副，导程分别为P_A和P_B，若两螺纹的螺旋方向相反，但导程相等，则当螺杆1转过角度φ时，螺母2的位移s为

$$s = (P_A + P_B)\frac{\varphi}{2\pi} = 2P_A \frac{\varphi}{2\pi} \tag{4-5}$$

由式（4-5）可知，螺母2的位移是螺杆1位移的两倍。也就是说可以使螺母2产生很快地移动，这种螺旋机构称为复式螺旋机构。复式螺旋机构常用在使两构件能很快接近或分开的场合。图4-66所示的复式螺旋机构用于车辆连接，它可使车钩E和F快速接近或离开。

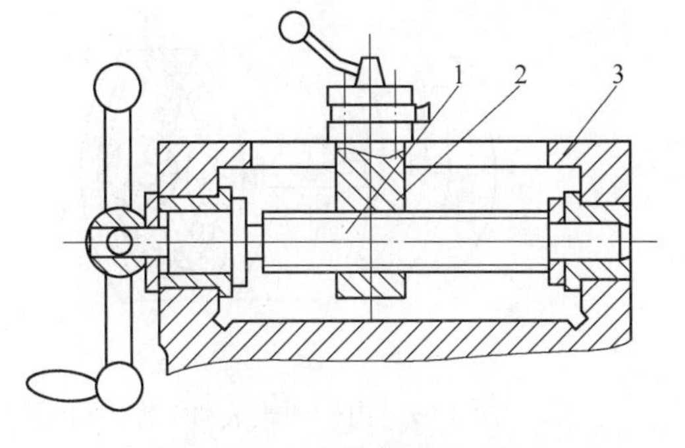

图 4-65 机床横向进给刀架

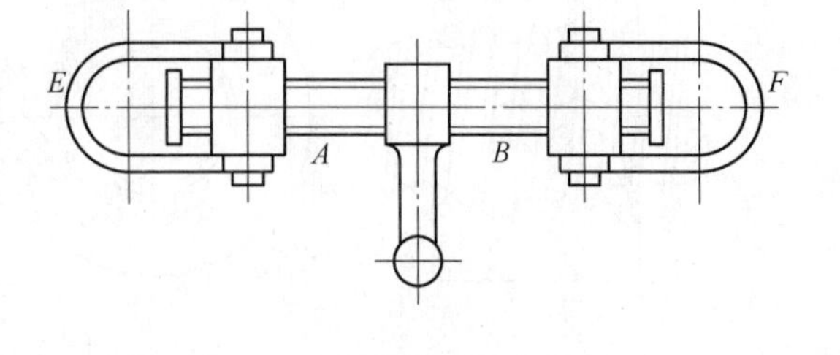

图 4-66 车辆连接装置

（3）差动螺旋机构 若将图 4-64b 所示的螺旋机构的两个螺旋副 A 和 B 做成旋向相同的螺纹，则当螺杆 1 转过角度 φ 时，螺母 2 的位移 s 为

$$s=(P_{A}-P_{B})\frac{\varphi}{2\pi} \tag{4-6}$$

由式（4-6）可知，当导程 P_A 和 P_B 相差很小时，可使螺母 2 得到很差小的位移，故这种螺旋机构称为差动螺旋机构。这种机构常用于千分尺、分度机构及调节机构中。图 4-67 所示为用于镗刀中的差动螺旋机构，两个螺旋副的螺纹均为右旋，导程 $P_1=1.25\text{mm}$，$P_2=1\text{mm}$，将螺杆转动一周，镗刀相对镗杆的位移仅为 0.25mm，故可实现进刀量的微量调节，保证加工精度。

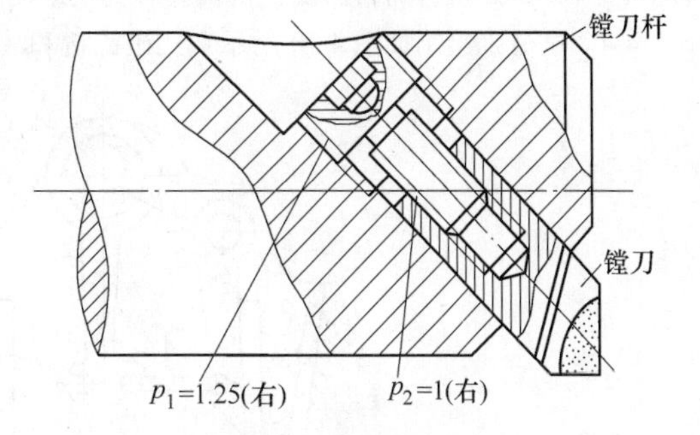

图 4-67 用于镗刀中的差动螺旋机构

2. 滑动螺旋传动的特点

滑动螺旋传动的主要特点是结构简单、便于制造，能将回转运动变换成直线移动，工作可靠、运转平稳、无噪声，可传递很大的轴向力，易于实现自锁，但摩擦损失大，传动效率低，因此不宜用于大功率传动。

二、滚动螺旋传动

滚动螺旋传动就是在具有螺旋槽的螺杆和螺母之间，连续填装滚珠作为滚动体的螺旋传动。

滚动螺旋传动的结构形式很多，其工作原理如图 4-68 所示。螺纹凹处做成滚珠滚道的形状，螺母螺纹出口和进口用导路连起来，当螺杆或螺母回转时，滚珠一个接一个沿螺纹滚动，经导路出而复入，如此循环下去。滚珠循环方式分为外循环和内循环两类。图 4-68 为外循环式，其导路为一导管；图 4-69 为内循环式，其导路为反向器，每圈螺纹都有一反向器，其上滚珠只在本圈内运动。从流畅性来看，两种方式都很好，外循环式加工方便，但径向尺寸较大。

滚动螺旋传动具有传动效率高、起动力矩小、传动灵敏、工作平稳、寿命长等特点，故多用于汽车和拖拉机的转向机构、数控机床及飞机起落架的控制机构中。这种传动的缺点是制造工艺比较复杂，特别是长螺杆更难保证热处理及磨削质量，刚性及抗振性较差。

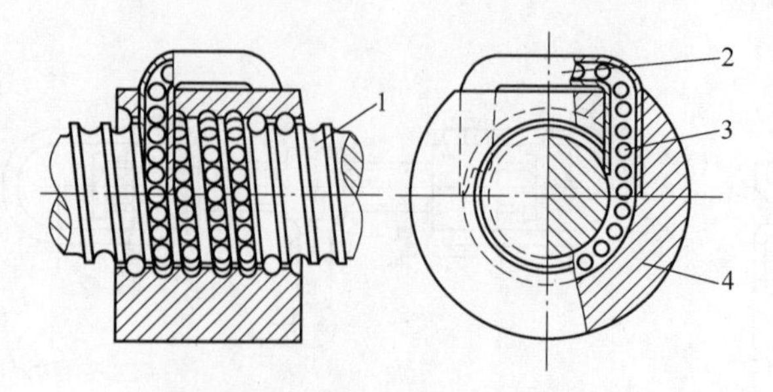

图 4-68　外循环式滚动螺旋传动

1—螺杆　2—导管（回程通道）

3—钢珠　4—螺母

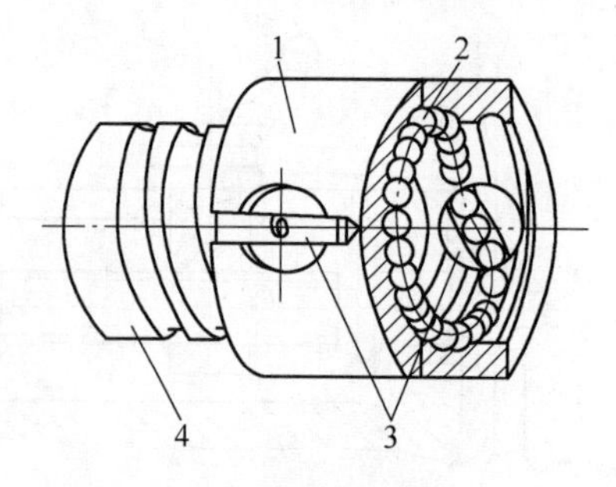

图 4-69　内循环式滚动螺旋传动

1—螺母　2—钢珠　3—反向器　4—螺杆

习　题

4-1　何谓运动副？何谓低副和高副？平面低副和高副各引入几个约束？

4-2　什么是机构运动简图？为什么要绘制机构运动简图？机构运动简图与机构示意图有什么区别？

4-3　什么是机构的自由度？机构具有确定运动的条件是什么？

4-4　试分别绘制如图 4-70 所示颚式破碎机和液压泵的机构示意图，并计算机构的自由度。

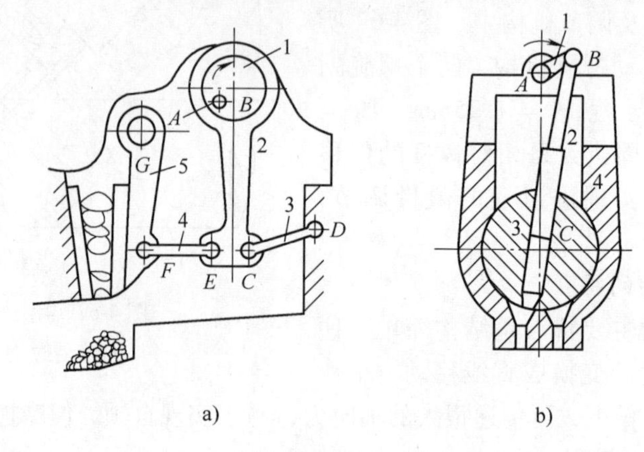

图 4-70　题 4-4 图

a）颚式破碎机　b）液压泵

4-5　铰链四杆机构分为哪几种类型？铰链四杆机构中曲柄存在的条件是什么？

4-6　根据图 4-71 所示各机构注明的尺寸判断铰链四杆机构的类型。

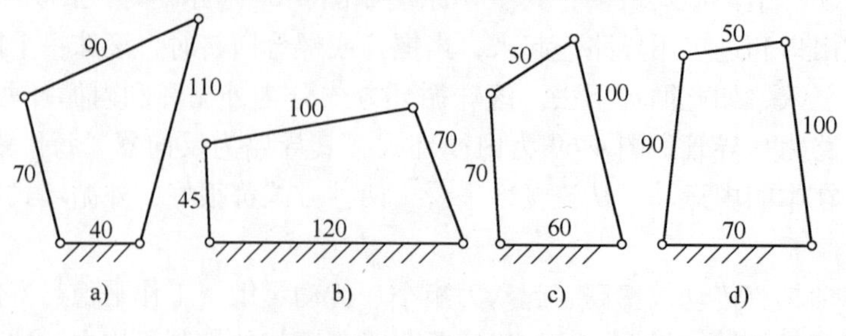

图 4-71　题 4-6 图

4-7　在图4-72所示铰链四杆机构中，已知 $l_{BC}=500\text{mm}$，$l_{CD}=350\text{mm}$，$l_{AD}=350\text{mm}$，AD为机架。试求解下列问题：

1）若此机构为曲柄摇杆机构，且AB为曲柄，求 l_{AB} 的取值范围。

2）若此机构为双曲柄机构，求 l_{AB} 的取值范围。

3）若此机构为双摇杆机构，求 l_{AB} 的取值范围。

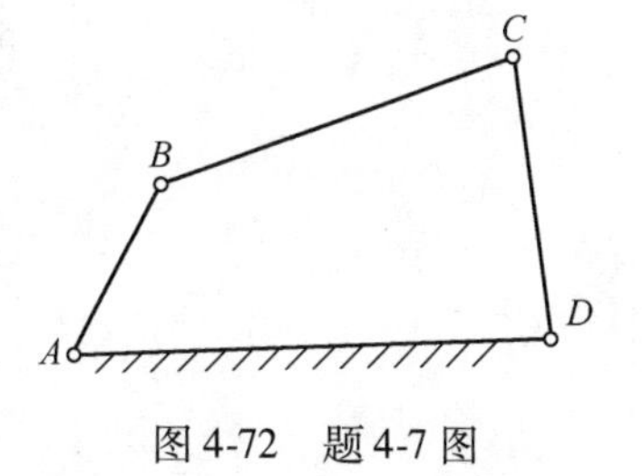

图4-72　题4-7图

4-8　什么是机构的急回特性？急回程度的标志是什么？判断四杆机构有无急回特性的根据是什么？

4-9　何谓连杆机构的压力角和传动角？它们的大小对机构工作有何影响？

4-10　什么是机构的死点位置？可采取哪些措施使机构通过死点位置？

4-11　凸轮机构有何特点？它可分为哪些类型？

4-12　试比较尖顶、滚子和平底从动件的优、缺点，并说明它们的应用场合。

4-13　说明等速、等加速等减速两种运动规律的特点和它们的应用场合。

4-14　何谓凸轮机构的压力角？其大小对机构有什么影响？为什么要规定许用压力角［α］？

4-15　凸轮机构中滚子从动件的滚子半径是否可以任意选取？为什么？

4-16　设计一对心尖顶直动从动件盘形凸轮的轮廓曲线。已知基圆半径 $r_b=30\text{mm}$，凸轮逆时针匀速回转，从动件运动规律如下：

凸轮转角	0°~120°	120°~180°	180°~360°
从动件位移	等加速等减速上升30mm	停止不动	等速下降至原处

4-17　棘轮机构有几种类型？它们分别有什么特点？适用于什么场合？

4-18　棘轮机构中止回棘爪的作用是什么？

4-19　槽轮机构有什么特点？适用于什么场合？

4-20　什么是复式螺旋机构？为什么它可以使螺母产生快速移动？

4-21　什么是差动螺旋机构？有什么特点？

第五章　公差与配合

第一节　概　　述

一、互换性

1. *互换性的概念*

在现代机械产品的生产线上，经常看到这样一种情况，装配工人任意从一批相同规格的零件中取出一个装到机器上，装配后机器就能正常工作。在日常生活中会遇到这样的例子，如自行车、洗衣机的零件坏了，换个同型号新的零部件，就能继续工作和使用，其原因就是这些合格的产品和零部件具有互换性。所谓的互换性，就是同一规格零部件按规定的技术要求制造，能够彼此替换使用且效果相同的性能。

零件的互换性包括几何量、力学性能和理化性能等方面的互换性。本章仅讨论几何量（零件的尺寸、形状、相互位置）的互换性。

2. *互换性的种类*

按照零、部件互换性的程度，互换性可分为完全互换与不完全互换两类。

（1）完全互换　指同一规格的零、部件在装配或互换时，不需要挑选和修配，装配后就能满足使用要求的互换性。如螺栓、圆柱销等标准件的装配属于这种情况。

（2）不完全互换　也称有限互换。如果把一批两种互相配合的零件分别按尺寸大小分为若干组，同一组内零件才具有互换性；或者虽不分组，但需稍做修配和调整，才具有互换性，这种互换性称为不完全互换性。如轴承的生产常采用分组装配，矿山、冶金重型机械生产采用修配或调整法。

3. *互换性的作用*

互换性给产品的设计、制造、使用和维修带来了很大的方便。产品设计时，可采用标准件、通用件，简化设计与计算，缩短设计开发周期，及时满足市场用户的需要。同时，产品实现互换性，有利于组织专业化生产，使企业提高生产率，保证产品的质量和降低制造成本。产品在使用维修时，及时更换那些已经磨损或损坏的零部件，减少修理时间和费用，保证机器设备价值和使用寿命。

总之，互换性对保证产品质量、提高生产率和经济效益等方面均具有重大意义。所以，互换性原则已经成为现代制造业中一个普遍遵守的原则。

二、加工误差与公差

如何实现零件几何参数的互换性？是否需要使同一批零件的几何参数完全一致？实践证明，这是不可能的，也是不必要的。要满足零件互换性的要求，只要对其几何参数加以控制，允许它在一定范围内变化就可以了。这个几何量允许的变动范围称为公差。

在加工过程中，由于各种因素的影响，零件的实际几何参数与理想几何参数不可能完全一致，两者之间存在差异，称为加工误差。加工误差包括尺寸误差、几何形状误差和位置误差。为了实现零件的互换性，就要在零件的设计过程中提出尺寸公差、形状和位置公差等技术要求。尺寸公差就是零件尺寸允许的变动范围；形状公差和位置公差分别是零件几何要素的形状和位置允许的变动范围。

注意：加工误差是在零件加工过程中产生的，是不可避免的，它的大小受到加工过程中各种因素的影响。公差是零件几何参数允许的变动范围，由设计人员根据零件的功能要求给定。

第二节　极限与配合的基本术语及定义

一、有关孔和轴的定义

孔通常是指工件的圆柱形内尺寸要素，也包括非圆柱形内尺寸要素（由两平行平面或切面形成的包容面）。

轴通常是指工件的圆柱形外尺寸要素，也包括非圆柱形外尺寸要素（由两平行平面或切面形成的被包容面）。

在极限与配合中，孔和轴都是由单一尺寸构成的，而且分别具有包容和被包容的功能。例如，键连接中键槽和键的配合表面分别为内表面和外表面，即键宽度表面相当于轴，轮毂键槽宽度和轴键槽宽度表面相当于孔。

二、有关要素的术语及定义

1. 要素

构成零件几何特征的点、线、面。

2. 尺寸要素

由一定大小的线性尺寸或角度尺寸确定的几何形状。

3. 公称组成要素

由技术制图或其他方法确定的理论正确组成要素，如图 5-1a 所示。

4. 实际（组成）要素（代替原“实际尺寸”）

由接近实际（组成）要素所限定的工件实际表面的组成要素部分，即近似工件实际表面的面或面上的线，如图 5-1b 所示。

5. 提取组成要素

按规定方法，由实际（组成）要素提取有限数目的点所形成的实际（组成）要素的近似替代，如图 5-1c 所示。

6. 拟合组成要素

按规定的方法由提取组成要素形成的并具有理想形状的组成要素，如图 5-1d 所示。

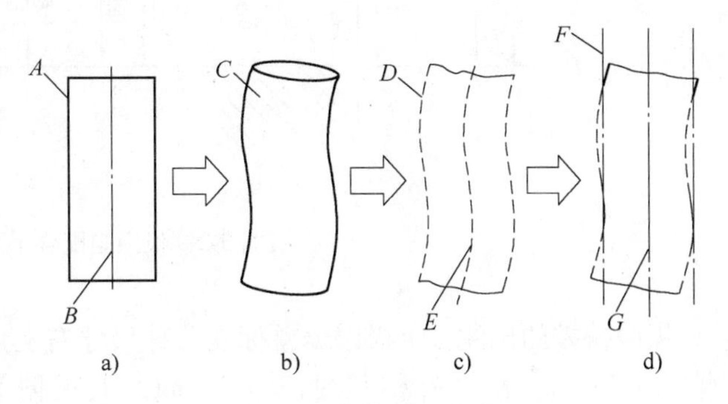

图 5-1　要素关系说明

A—公称组成要素　*B*—公称导出要素　*C*—实际（组成）要素　*D*—提取组成要素　*E*—提取导出要素　*F*—拟合组成要素　*G*—拟合导出要素

三、有关尺寸的术语及定义

1. 线性尺寸

线性尺寸简称尺寸，是指以特定

单位表示线性尺寸值的数值，如直径、宽度、深度、高度、中心距等。我国机械制图国家标准采用毫米（mm）为尺寸的基本单位。

2. 公称尺寸（孔 D，轴 d）（代替原“基本尺寸”）

由图样规范确定的理想形状要素的尺寸称为公称尺寸。公称尺寸是根据零件的强度、刚度、结构、工艺等多种要求，或依据试验和经验而确定，一般应按照标准尺寸选取。

3. 提取组成要素的局部尺寸（孔 D_a，轴 d_a）（代替原“局部实际尺寸”）

一切提取组成要素上两对应点之间距离的统称。

4. 极限尺寸

极限尺寸是指尺寸要素允许的尺寸的两个极端。提取组成要素的局部尺寸应位于其中，也可达到极限尺寸。尺寸要素允许的最大尺寸称为上极限尺寸，尺寸要素允许的最小尺寸称为下极限尺寸。孔或轴的上极限尺寸分别以 D_S 和 d_s 表示，下极限尺寸分别以 D_I 和 d_i 表示。

四、有关公差和偏差的术语及定义

1. 尺寸偏差

尺寸偏差简称偏差，是指某一尺寸减去其公称尺寸所得的代数差。

极限尺寸减去其公称尺寸所得的代数差称为极限偏差。上极限尺寸减去其公称尺寸所得的代数差称为上极限偏差，下极限尺寸减去其公称尺寸所得的代数差称为下极限偏差。

孔和轴的上极限偏差分别用 ES 和 es 表示，孔和轴的下极限偏差分别用 EI 和 ei 表示，如图 5-2 所示。极限偏差的计算公式如下

孔　上极限偏差　$ES = D_S - D$　　　下极限偏差　$EI = D_I - D$

轴　上极限偏差　$es = d_s - d$　　　下极限偏差　$ei = d_i - d$

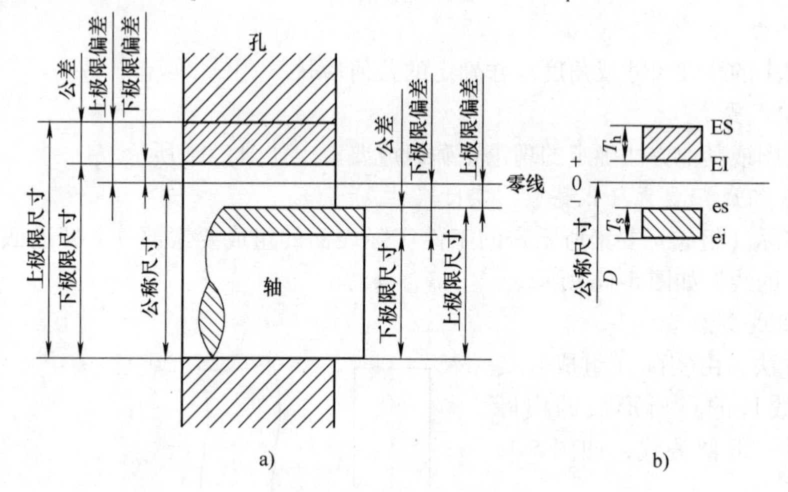

图 5-2　极限与配合示意图

极限偏差的标注：上极限偏差标在公称尺寸右上角，下极限偏差标在公称尺寸右下角。例如，$\phi25^{-0.020}_{-0.030}$ 表示公称尺寸为 ϕ25mm，上极限偏差为 −0.020mm，下极限偏差为 −0.030mm。

2. 尺寸公差

尺寸公差简称公差，指的是允许尺寸的变动量。公差等于上极限尺寸与下极限尺寸之

差，也等于上极限偏差与下极限偏差之差。

孔的公差　　$T_h = D_S - D_I = ES - EI$　　(5-1)

轴的公差　　$T_s = d_s - d_i = es - ei$　　(5-2)

3. 公差带图及公差带

为了说明公称尺寸、偏差和公差的关系，国家标准中规定了用公差带图来表示，如图 5-2b 所示。图中，确定偏差的一条基准直线称为零线，通常以公称尺寸为零线。零线以上的偏差为正偏差，零线以下的偏差为负偏差。由代表上、下极限偏差的两条直线所限定的区域称为公差带。公差带在垂直零线方向的宽度代表公差值，公差带沿零线方向的长度可适当任取。习惯上公称尺寸单位用 mm 表示，偏差单位用 μm 表示。在国家标准中，公差带图包括了“公差带大小”与“公差带位置”两个参数，前者由标准公差确定，后者由基本偏差确定。

五、有关配合的术语及定义

1. 配合

配合指的是公称尺寸相同的并且相互结合的孔和轴公差带之间的关系。根据孔和轴公差带之间的不同关系，配合可分为间隙配合、过盈配合和过渡配合三大类。

2. 间隙与过盈

间隙与过盈指的是孔的尺寸减去相配合的轴的尺寸所得的代数差。此差值为正时称为间隙，用符号 X 表示；此差值为负时称为过盈，用符号 Y 表示。

3. 配合的种类

（1）间隙配合　孔的公差带在轴的公差带之上，具有间隙（包括最小间隙等于零）的配合，如图 5-3 所示。由于孔和轴的实际（组成）要素在各自的公差内变动，因此装配后的孔和轴的间隙也是变动的。若上极限尺寸的孔与下极限尺寸的轴装配，得到最大间隙；若下极限尺寸的孔与上极限尺寸的轴装配，得到最小间隙。即

最大间隙　　$X_{max} = D_S - d_i = ES - ei$　　(5-3)

最小间隙　　$X_{min} = D_I - d_s = EI - es$　　(5-4)

（2）过盈配合　孔的公差带在轴的公差带之下，具有过盈（包括最小过盈等于零）的配合，如图 5-4 所示。同理，每对孔和轴的过盈也是变化的。孔的上极限尺寸减去轴的下极限尺寸所得的代数差（负值），称为最小过盈。孔的下极限尺寸减去轴的上极限尺寸所得的代数差（负值），称为最大过盈。即

最大过盈　　$Y_{max} = D_I - d_s = EI - es$　　(5-5)

最小过盈　　$Y_{min} = D_S - d_i = ES - ei$　　(5-6)

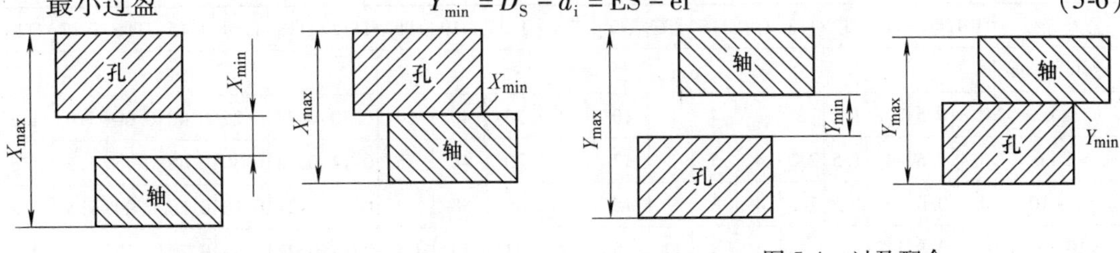

图 5-3　间隙配合　　　　图 5-4　过盈配合

（3）过渡配合　孔的公差带与轴的公差带相互交叠，可能具有间隙或过盈的配合，如

图 5-5 所示。过渡配合中，每对孔、轴间的间隙或过盈也是变化的。孔的上极限尺寸减轴的下极限尺寸所得的代数差（正值），称为最大间隙。孔的下极限尺寸减轴的上极限尺寸所得的代数差（负值），称为最大过盈。即

最大间隙 $$X_{max} = D_S - d_i = ES - ei \tag{5-7}$$

最大过盈 $$Y_{max} = D_I - d_s = EI - es \tag{5-8}$$

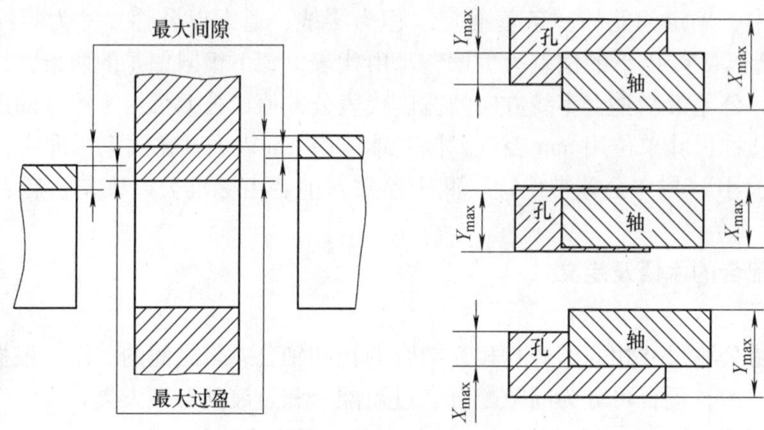

图 5-5 过渡配合

4. 配合公差（T_f）

组成配合的孔与轴的公差之和。它是允许间隙或过盈的变动量。

对于间隙配合 $$T_f = T_h + T_s = X_{max} - X_{min} \tag{5-9}$$

对于过盈配合 $$T_f = T_h + T_s = Y_{min} - Y_{max} \tag{5-10}$$

对于过渡配合 $$T_f = T_h + T_s = X_{max} - Y_{max} \tag{5-11}$$

第三节 极限与配合国家标准简介

一、标准公差

标准公差是为国家标准极限与配合制中所规定的任一公差，用以确定公差带大小。它的数值取决于孔或轴的标准公差等级和公称尺寸。当公称尺寸≤500mm 时，标准公差数值见表 5-1。

表 5-1 标准公差数值（摘自 GB/T 1800.1—2009）

公差等级	IT01	IT0	IT1	IT2	IT3	IT4	IT5	IT6	IT7	IT8	IT9	IT10	IT11	IT12	IT13	IT14	IT15	IT16	IT17	IT18
公称尺寸/mm	μm													mm						
≤3	0.3	0.5	0.8	1.2	2	3	4	6	10	14	25	40	60	0.10	0.14	0.25	0.40	0.60	1.0	1.4
>3~6	0.4	0.6	1	1.5	2.5	4	5	8	12	18	30	48	75	0.12	0.18	0.30	0.48	0.75	1.2	1.8
>6~10	0.4	0.6	1	1.5	2.5	4	6	9	15	22	36	58	90	0.15	0.22	0.36	0.58	0.90	1.5	2.2
>10~18	0.5	0.8	1.2	2	3	5	8	11	18	27	43	70	110	0.18	0.27	0.43	0.70	1.10	1.8	2.7
>18~30	0.6	1	1.5	2.5	4	6	9	13	21	33	52	84	130	0.21	0.33	0.52	0.84	1.30	2.1	3.3
>30~50	0.6	1	1.5	2.5	4	7	11	16	25	39	62	100	160	0.25	0.39	0.62	1.00	1.60	2.5	3.9

（续）

公差等级	IT01	IT0	IT1	IT2	IT3	IT4	IT5	IT6	IT7	IT8	IT9	IT10	IT11	IT12	IT13	IT14	IT15	IT16	IT17	IT18
公称尺寸/mm	μm													mm						
>50~80	0.8	1.2	2	3	5	8	13	19	30	46	74	120	190	0.30	0.46	0.74	1.20	1.90	3.0	4.6
>80~120	1	1.5	2.5	4	6	10	15	22	35	54	87	140	220	0.35	0.54	0.87	1.40	2.20	3.5	5.4
>120~180	1.2	2	3.5	5	8	12	18	25	40	63	100	160	250	0.40	0.63	1.00	1.60	2.50	4.0	6.3
>180~250	2	3	4.5	7	10	14	20	29	46	72	115	185	290	0.46	0.72	1.15	1.85	2.90	4.6	7.2
>250~315	2.5	4	6	8	12	16	23	32	52	81	130	210	320	0.52	0.81	1.30	2.10	3.20	5.2	8.1
>315~400	3	5	7	9	13	18	25	36	57	89	140	230	360	0.57	0.89	1.40	2.30	3.60	5.7	8.9
>400~500	4	6	8	10	15	20	27	40	63	97	155	250	400	0.63	0.97	1.55	2.50	4.00	6.3	9.7

注：公称尺寸小于或等于1mm时，无IT14至IT18。

1. 标准公差等级及其代号

确定尺寸精确程度的等级称为公差等级。国家标准在公称尺寸至500mm内将标准公差分为20个等级，它们用符号IT（国际公差ISO Torlerance的缩写）和阿拉伯数字组成的代号表示，分别为IT01、IT0、IT1、IT2、…、IT18。其中IT01精度最高，其余依次降低，IT18精度最低。而相应的标准公差值在公称尺寸相同的条件下，随公差等级的降低而依次增大。

2. 公称尺寸分段

公称尺寸分为若干尺寸段，在每一个尺寸段内，是按各个尺寸的几何平均值来规定公差的。对同一尺寸段内的所有公称尺寸，在公差等级相同的情况下，不论孔或轴，也不论何种配合，其标准公差值仅有一个。属于同一公差等级，对于不同的公称尺寸段，虽然标准公差数值不同，但被认为具有同等的精度。

二、基本偏差

1. 基本偏差定义

用于确定公差带相对于零线位置的上极限偏差或下极限偏差称为基本偏差，一般以靠近零线的那个极限偏差作为基本偏差。设置基本偏差是为了将公差带相对于零线的位置标准化，以满足不同配合性质的需要。

2. 基本偏差代号

国家标准设置了28个基本偏差，其代号分别用拉丁字母表示，大写表示孔，小写表示轴。在26个拉丁字母中去掉容易与其他含义混淆的5个字母：I、L、O、Q、W（i、l、o、q、w），同时增加了7个双写字母：CD、EF、FG、JS、ZA、ZB、ZC（cd、ef、fg、js、za、zb、zc），共28个基本偏差。这28种基本偏差代号反映28种公差带的位置，构成了基本偏差系列。

3. 基本偏差系列图

图5-6所示为基本偏差系列图，图中出现了“开口”公差带，这是因为基本偏差只表示公差带的位置，而不表示公差带的大小。从图5-6中可以看出：

A~H的孔基本偏差为下极限偏差EI；J~ZC的孔基本偏差为上极限偏差ES。

a~h的轴基本偏差为上极限偏差es；j~zc的轴基本偏差为下极限偏差ei。

H和h的基本偏差数值都为零，H孔的基本偏差为下极限偏差，h轴的基本偏差为上极限偏差。

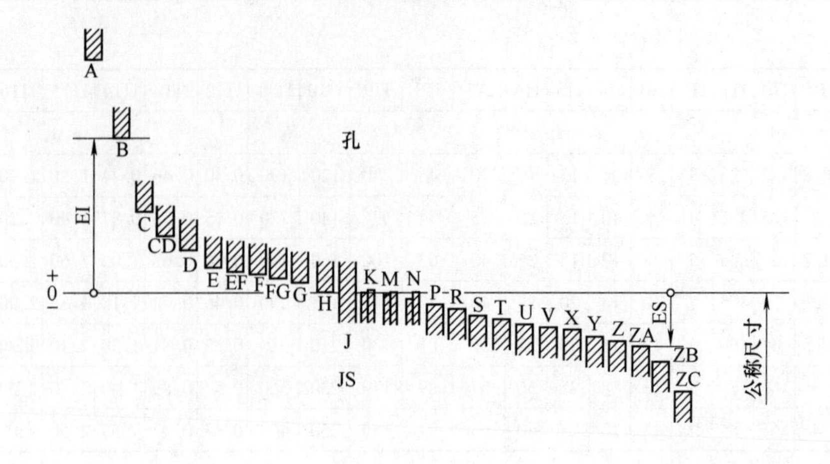

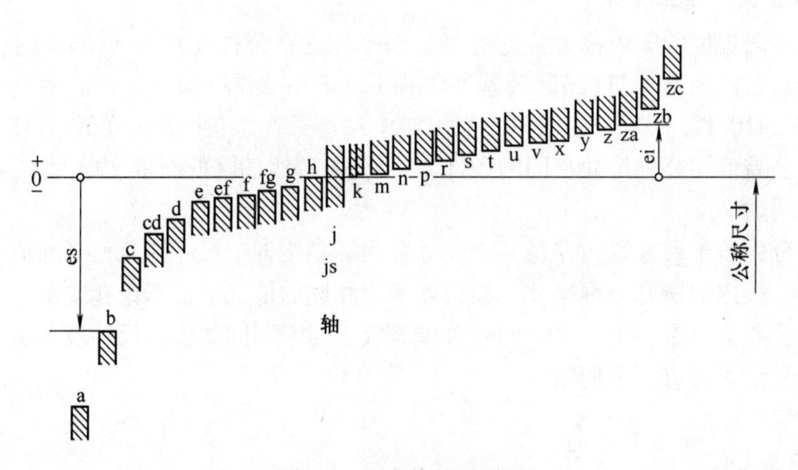

图 5-6　基本偏差系列图

JS（js）公差带完全对称地跨在零线上，上、下极限偏差值为 ± IT/2，故上、下极限偏差均可作为基本偏差。

孔和轴的基本偏差数值，可根据公称尺寸和基本偏差代号从国家标准的有关表格中查得。

4. 公差带中另一个极限的确定

基本偏差仅确定公差带靠近零线的那个极限偏差，另一极限偏差则由公差等级决定。

当轴的基本偏差确定后，在已知公差等级的情况下，可确定轴的另一个极限偏差。其计算公式为

$$es = ei + T_s \text{ 或 } ei = es - T_s$$

当孔的基本偏差确定后，孔的另一个极限偏差可以根据下列公式计算

$$ES = EI + T_h \text{ 或 } EI = ES - T_h$$

三、基准制

为了满足不同使用性能要求的配合，且获得良好的技术经济性，国家标准对孔和轴公差带之间的相互位置关系，规定了两种基准制，即基孔制和基轴制。如有特殊需要，允许采用

任一孔、轴公差带组成的非基准制配合。

1. 基孔制

基本偏差为一定的孔的公差带，与不同基本偏差的轴的公差带形成各种配合的一种制度，称为基孔制，如图 5-7a 所示。基孔制配合中的孔称为基准孔，用基本偏差 H 表示，它是配合中的基准件，轴为非基准件，称为配合轴。

2. 基轴制

基本偏差为一定的轴的公差带，与不同基本偏差的孔的公差带形成各种配合的一种制度，称为基轴制，如图 5-7b 所示。基轴制配合中的轴称为基准轴，用基本偏差 h 表示，是配合中的基准件，而孔为非基准件，称为配合孔。

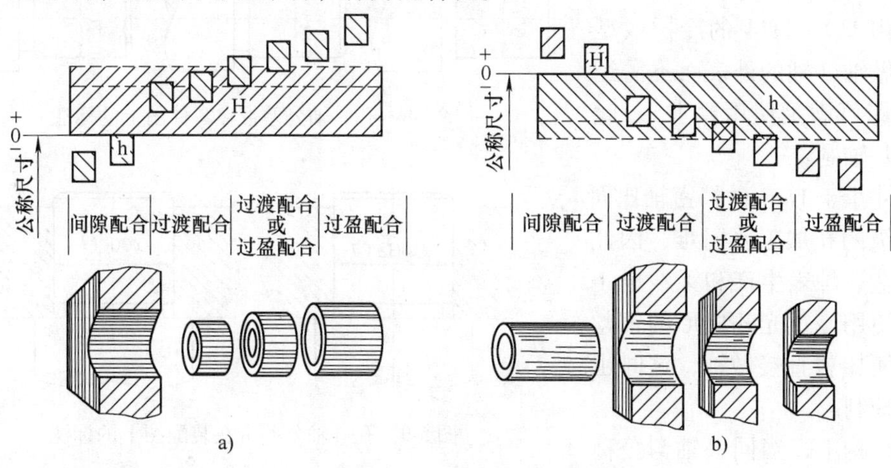

图 5-7　基孔制配合和基轴制配合公差带

a）基孔制配合公差带　b）基轴制配合公差带

四、极限与配合的标注

孔和轴公差带代号由基本偏差代号与公差等级代号组成。例如，H7、F8 等为孔的公差带代号，h6、f7 等为轴的公差带代号。即

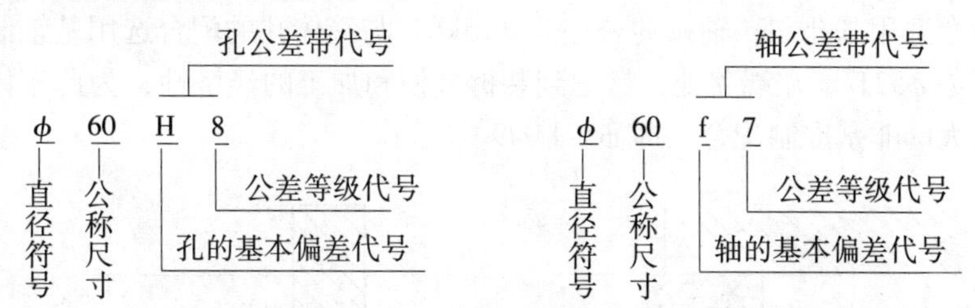

配合代号由相互配合的孔和轴的公差带以分数的形式组成，分子为孔的公差带代号，分母为轴的公差带代号，如 H7/f6。如果需要指明配合的公称尺寸，则将公称尺寸注在配合代号前面，如 ϕ30H7/f6。

孔、轴公差带在零件图上的标注如图 5-8 所示，在装配图上的标注如图 5-9 所示。

五、极限与配合的选用

极限与配合的选用是否得当，不仅关系到产品的质量，而且关系到制造的经济性。选用配合的原则是在保证产品质量的前提下，尽可能便于制造和降低成本，以达到最佳的技术水

平和经济效益。极限与配合的选择主要包括配合制、公差等级及配合种类的选择。

1. 基准制的选择

1）一般情况下优先选用基孔制。从工艺上看，对较高精度要求的中小尺寸孔，广泛采用定值刀、量具（如钻头、铰刀、塞规）加工和检验。采用基孔制可减少备用定值刀、量具的规格和数量，故经济性好。

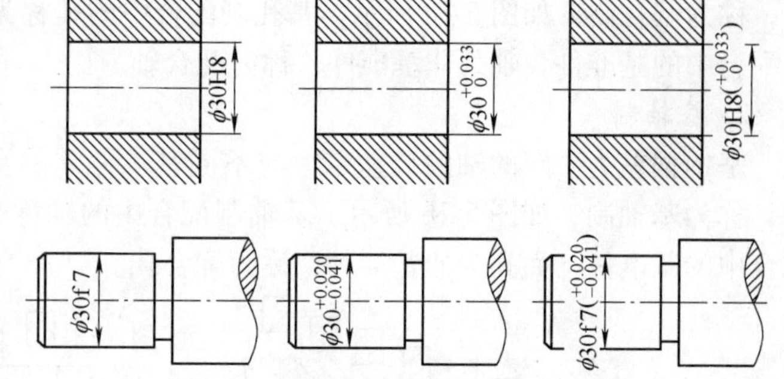

图 5-8　孔、轴公差带在零件图上的标注

2）在下列情况下，应选用基轴制。

①采用 IT9 ~ IT11 的冷拉成型钢材直接做轴（轴的外表面不需经切削加工即可满足使用要求），此时应采用基轴制。

②尺寸小于 1mm 的精密轴比同一公差等级的孔加工要困难，因此在仪器制造、钟表生产和无线电工程中，常使用经过光轧成形的钢丝或非铁金属棒料直接做轴，这时也应采用基轴制。

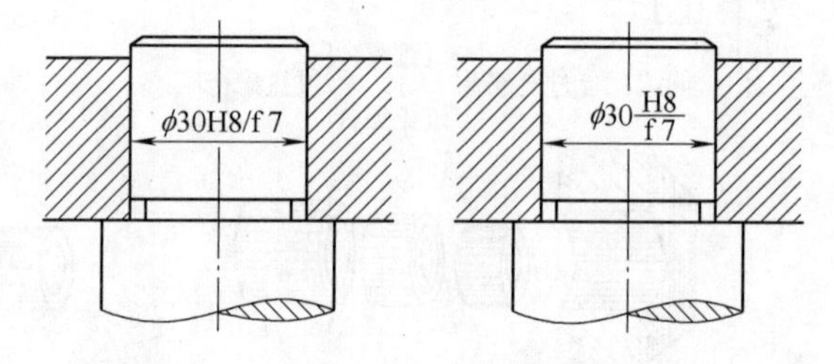

图 5-9　孔、轴公差带在装配图上的标注

③在结构上，当同一轴与公称尺寸相同的几个孔配合，并且配合性质要求不同时，可根据具体结构考虑采用基轴制。

3）当设计的零件与标准件相配合时，必须以标准件为基准来选用基准制。例如，滚动轴承为标准件，它的内圈与轴颈配合无疑应是基孔制，而外圈与外壳孔的配合应是基轴制。

4）为了满足配合的特殊需要，有时允许孔与轴都不用基准件（H 或 h），而采用非基准孔、轴公差带组成的配合，即非基准制配合。

如图 5-10 所示，由于滚动轴承是标准件（图中只标注与轴承相配合零件的尺寸公差），它与轴颈的配合选用基孔制，轴颈的公差为 $\phi25k6$；与箱体孔的配合选用基轴制配合，箱体孔的公差确定为 $\phi52J7$。在端盖处，考虑到装拆方便和加工的经济性，为此箱体孔与端盖配合选择间隙较大的非基准制配合，即 $\phi52J7/f9$。

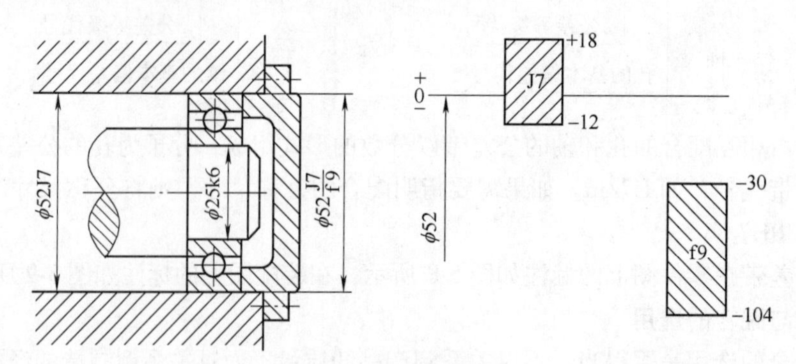

图 5-10　滚动轴承处的配合

2. 公差等级的选择

合理地选择公差等级，就是为了更好地解决机械零、部件使用要求与制造工艺及成本之间的矛盾。因此选择公差等级的基本原则是在满足使用要求的前提下，尽量选用精度低的公差等级。

公差等级的选择可用类比法，也就是参考从生产实践中总结出来的经验资料，进行比较选择。用类比法选择公差等级时应考虑以下几个方面的问题。

1）相互配合的孔与轴的工艺等价性。即孔和轴的加工难易程度应基本相同。对于≤500mm 的公称尺寸，当公差等级小于 IT8 时，孔比轴低一级，如 H8/f7、H7/k6；当公差等级为 IT8 时，也可采用同级孔、轴配合，如 H8/h8；当公差等级大于 IT9 时，一般采用同级配合，如 H9/d9、H11/c11。对于＞500mm 的公称尺寸，一般采用同级孔、轴配合。

2）相配合零部件的精度要匹配。如齿轮孔与轴的配合，它们的公差等级取决于齿轮的精度等级；与滚动轴承配合的孔和轴的公差等级取决于滚动轴承的公差等级。

3）加工成本。公差等级与生产成本的关系如图 5-11 所示。在高精度区，精度略微提高，成本将急剧增加，因此，选用高精度时应特别慎重。

4）在非基准制配合中，有的零件精度要求不高，可与相配合零件的公差相差 2 ~ 3 级。

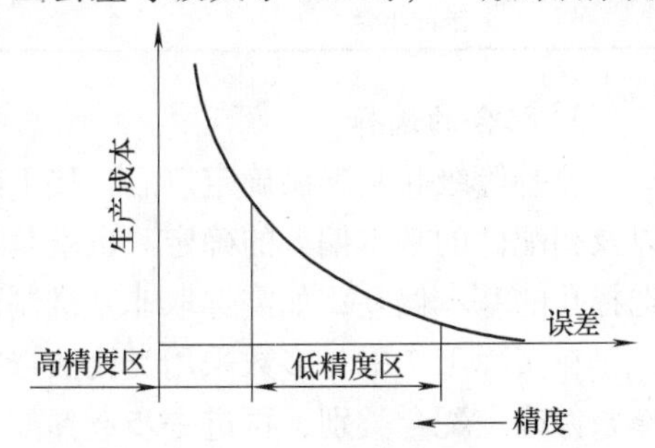

图 5-11　公差等级与生产成本的关系

各级公差的应用范围见表 5-2。常用配合尺寸公差等级的应用见表 5-3。

表 5-2　公差等级的应用

应　用	公差等级（IT）																			
	01	0	1	2	3	4	5	6	7	8	9	10	11	12	13	14	15	16	17	18
量　块	✓	✓	✓																	
量　规			✓	✓	✓	✓	✓	✓	✓											
特别精密零件				✓	✓	✓	✓													
配合尺寸							✓	✓	✓	✓	✓	✓	✓	✓						
非配合尺寸														✓	✓	✓	✓	✓	✓	✓
原材料										✓	✓	✓	✓	✓	✓	✓				

表 5-3　常用配合尺寸 5 至 12 级的应用

公差等级	适 用 范 围	应 用 举 例
5 级	用于仪表、发动机和机床中特别重要的配合，加工要求较高，一般机械制造中较少用。特点是能保证配合性质的稳定性	航空及航海仪器中特别精密的零件，与特别精密滚动轴承相配的机床主轴和外壳孔，高精度齿轮的基准孔和轴
6 级	用于机械制造中精度要求很高的重要配合，特点是能得到均匀的配合性质，使用可靠	与 6 级滚动轴承相配合的孔、轴颈；机床丝杠轴颈；矩形花键的定心直径；摇臂钻床的立柱等

（续）

公差等级	适用范围	应用举例
7级	广泛用于机械制造中精度要求较高、较重要的配合	联轴器、带轮、凸轮等孔；机床卡盘座孔；发动机中的连杆孔、活塞孔等
8级	机械制造中属于中等精度，用于对配合性质要求不太高的次要配合	轴承座衬套沿宽度方向尺寸；IT9 ~ IT12 齿轮基准孔；IT11 ~ IT12 齿轮基准轴
9级、10级	属于较低精度，只适用于配合性质要求不太高的次要配合	机械制造中轴套外径与孔，操作件与轴，空轴带轮与轴，单键与花键
11级、12级	属于低精度，只适用于基本上没有什么配合要求的场合	非配合尺寸及工序间尺寸，滑块与滑移齿轮，冲压加工的配合件，塑料成型尺寸公差

3. 配合的选择

公差等级和基准制确定以后，接下来就是配合的选择。配合的选择包括配合类别的选择以及相配件的基本偏差的确定。也就是说，对于基孔制要选择轴的基本偏差，对于基轴制要选择孔的基本偏差；如需选取非基准制配合时，则要同时确定孔和轴的基本偏差。

在实际工作中，多数采用类比法选择配合种类，用此种方法选择配合种类时，要先由工作条件确定配合类别，再进一步选择配合的松紧程度。

公称尺寸至500mm基孔制常用和优先配合的特征及应用见表5-4。

表5-4　公称尺寸至500mm基孔制常用和优先配合的特征及应用

配合类型	配合特征	配合代号	应用
间隙配合	特大间隙	$\frac{H11}{a11}$ $\frac{H11}{b11}$ $\frac{H12}{b12}$	用于高温或工作时要求最大间隙的配合
	很大间隙	$\left(\frac{H11}{c11}\right)$ $\frac{H11}{d11}$	用于工作条件较差、受力变形或便于装配而需要大间隙的配合和高温工作的配合
	较大间隙	$\frac{H9}{c9}$ $\frac{H10}{c10}$ $\frac{H8}{d8}$ $\left(\frac{H9}{d9}\right)$ $\frac{H10}{d10}$ $\frac{H8}{e7}$ $\frac{H8}{e8}$ $\frac{H9}{e9}$	用于高速重载的滑动轴承或大直径的滑动轴承，也可用于大跨距或多支点支承处
	一般间隙	$\frac{H6}{f5}$ $\frac{H7}{f6}$ $\left(\frac{H8}{f7}\right)$ $\frac{H8}{f8}$ $\frac{H9}{f9}$	用于一般转速的间隙配合。当温度影响不大时，广泛应用于普通润滑油润滑的支承处
	较小间隙	$\left(\frac{H7}{g6}\right)$ $\frac{H8}{g7}$	用于精密滑动零件或缓慢间歇回转零件的配合部位
	很小间隙和零间隙	$\frac{H6}{g5}$ $\frac{H6}{h5}$ $\left(\frac{H7}{h6}\right)$ $\left(\frac{H8}{h7}\right)$ $\frac{H8}{h8}$ $\left(\frac{H9}{h9}\right)$ $\frac{H10}{h10}$ $\left(\frac{H11}{h11}\right)$ $\frac{H12}{h12}$	用于不同精度要求的一般定位件的配合和缓慢移动或摆动零件的配合
过渡配合	绝大部分有微小间隙	$\frac{H6}{js5}$ $\frac{H7}{js6}$ $\frac{H8}{js7}$	用于易于拆卸的定位配合或加紧固件后可传递一定静载荷的配合
	大部分有微小间隙	$\frac{H6}{k5}$ $\left(\frac{H7}{k6}\right)$ $\frac{H8}{k7}$	用于稍有振动的定位配合。加紧固件可传递一定载荷。装拆方便，可用木锤敲入
	大部分有微小过盈	$\frac{H6}{m5}$ $\frac{H7}{m6}$ $\frac{H8}{m7}$	用于定位精度较高且能抗振的定位配合。加键可传递较大载荷。可用铜锤敲入或小压力压入

（续）

配合类型	配合特征	配合代号	应　用
过渡配合	绝大部分有微小过盈	$\left(\frac{H7}{n6}\right)\frac{H8}{n7}$	用于精确定位或紧密组合件的配合。加键能传递大力矩或冲击性载荷。只大修时拆卸
	绝大部分有较小过盈	$\frac{H8}{p7}$	加键后能传递很大力矩，且承受振动和冲击的配合，装配后不再拆卸
过盈配合	轻型	$\frac{H6}{n5}\ \frac{H6}{p5}\left(\frac{H7}{p6}\right)\frac{H6}{r5}\ \frac{H7}{r6}\ \frac{H8}{r7}$	用于精确的定位配合。一般不能靠过盈传递力矩。要传递力矩需加紧固件
	中型	$\frac{H6}{s5}\left(\frac{H7}{s6}\right)\frac{H8}{s7}\ \frac{H6}{t5}\ \frac{H7}{t6}\ \frac{H8}{t7}$	不需加紧固件就可传递较小力矩和轴向力。加紧固件后可承受较大载荷或动载荷的配合
	重型	$\left(\frac{H7}{u6}\right)\frac{H8}{u7}\ \frac{H7}{v6}$	不需加紧固件就可传递和承受大的力矩和动载荷的配合。要求零件材料有高强度
	特重型	$\frac{H7}{x6}\ \frac{H7}{y6}\ \frac{H8}{z7}$	能传递和承受很大力矩和动载荷的配合，需经试验后方可应用

注：1. 括号内的配合为优先配合；

2. 国家标准规定的44种基轴制配合的应用与本表中的同名配合相同。

第四节　几 何 公 差

几何公差由形状公差、方向公差、位置公差和跳动公差组成，它是针对构成零件几何特征的点、线、面的几何形状和相互位置的误差所规定的公差。“几何公差”即旧标准的“形状和位置公差”。

一、概述

1. 形状和位置误差对零件使用性能的影响

零件在机械加工过程中由于受到机床夹具、刀具及工艺操作等各种因素的影响，不仅产生尺寸误差，同时也产生形状误差和几何要素之间的位置误差。几何误差会影响机械零件的工作精度、连接强度、运动平稳性、密封性、耐磨性、噪声和使用寿命等，因而影响着该零件的质量和互换性。为了保证机械产品质量和零件互换性，必须根据零件的功能要求和制造的经济性，制定相应的几何公差，限定几何要素形状和位置误差。

2. 几何公差的研究对象

零件的几何要素（简称要素）是构成零件几何特征的点、线和面的统称，如球心、轴线、素线、平面、圆柱面、球面等（图5-12）。几何公差研究的是零件几何要素本身的形状精度以及相关要素之间相互的位置精度。

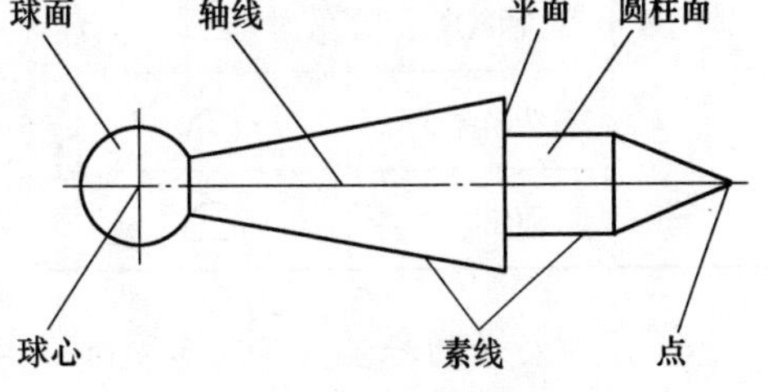

图5-12　零件的几何要素

几何要素可从不同的角度进行分类。

（1）按存在的状态分为理想要素和实际要素

1）理想要素（公称要素）。具有几何学意义的要素，它不存在任何误差。机械零件图样上表示的要素均为理想要素。

2）实际要素。零件上实际存在的要素。通常都以提取要素来代替。

（2）按结构特征分为导出要素和组成要素

1）组成要素。零件轮廓上的点、线、面，即可触及的要素。组成要素还分为提取组成要素和拟合组成要素（见本章第二节）。

2）导出要素。可由轮廓要素导出的要素。如中心点、中心面或回转表面的轴线。标准规定，“轴线”和“中心平面”用于表述理想形状的导出要素，“中心线”和“中心面”用于表述非理想形状的导出要素。即导出要素分为提取导出要素和拟合导出要素。

（3）按所处地位分为基准要素和被测要素

1）基准要素。用来确定理想被测要素的方向或（和）位置的要素。

2）被测要素。在图样上给出了形状或（和）位置公差要求的要素，是检测的对象。

（4）按功能关系分为单一要素和关联要素

1）单一要素。仅对要素本身给出形状公差要求的要素。

2）关联要素。对基准要素有功能关系要求而给出方向、位置和跳动公差要求的要素。

3. 几何公差的特征种类及符号

新国家标准（GB/T 1182—2008）把几何公差分为四种公差类型，即形状公差、方向公差、位置公差和跳动公差，规定了19项几何特征，其名称、符号见表5-5。

表5-5　几何公差特征的种类及符号（摘自GB/T 1182—2008）

公差类型	几何特征	符号	有无基准	公差类型	几何特征	符号	有无基准
形状公差	直线度	—	无	位置公差	位置度	⌖	有或无
	平面度	⏥			同心度（用于中心点）	◎	有
	圆　度	○			同轴度（用于轴线）	◎	
	圆柱度	⌭			对称度	⌯	
	线轮廓度	⌒			线轮廓度	⌒	
	面轮廓度	⌓			面轮廓度	⌓	
方向公差	平行度	∥	有	跳动公差	圆跳动	↗	
	垂直度	⊥			全跳动	⌰	
	倾斜度	∠					
	线轮廓度	⌒					
	面轮廓度	⌓					

4. 几何公差的标注

新国家标准（GB/T 1182—2008）规定，几何公差应采用公差框格标注。有关公差框格的规定与旧标准基本相同。公差框格有两格或多格等形式，两格的一般用于形状公差，多格的一般用于位置公差。按规定，公差框格在图样上一般为水平放置或竖直放置。框格中从左到右或从下到上依次填写内容为公差项目符号、公差值（以 mm 为单位）和有关符号、基准字母和有关符号，如图 5-13 所示。

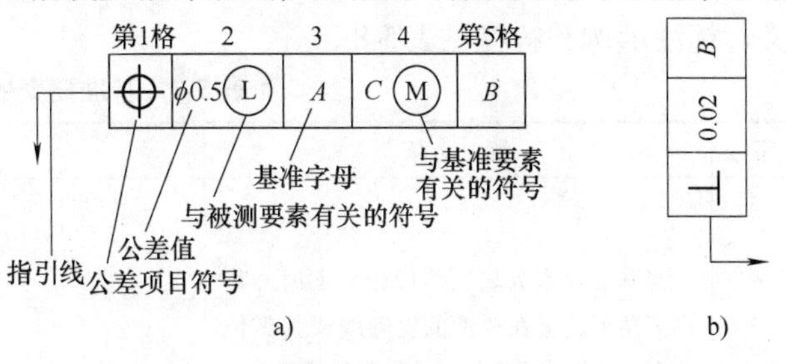

图 5-13　公差框格

a）水平放置　b）竖直放置

指引线可从框格的任一端引出，引出端必须垂直于框格；引向被测要素时允许弯折，但不得多于两次。

（1）被测要素的标注　见表 5-6。

表 5-6　被测要素的标注

序号	解　释	图　例
1	当被测要素为组成要素（轮廓线或轮廓面）时，指示箭头应直接指向被测要素或其延长线上，并与尺寸线明显错开	
2	当被测要素为导出要素（中心点、中心线、中心面等）时，指示箭头应与被测要素相应的组成要素的尺寸线对齐。指示箭头可代替一个尺寸线的箭头	
3	受视图方向的限制，指引线箭头可以指向以圆点由被测面引出的引出线的水平线上	
4	仅对被测要素的局部提出几何公差要求，可用粗点画线画出其范围，并标注尺寸	

（2）基准要素的标注　新标准采用 ISO 的基准符号，即用一个大写字母标注在基准方格内，并与一个涂黑的或空白的三角形相连来表示基准，如图 5-14 所示。涂黑的和空白的基准三角形的含义相同。具体基准要素的标注见表 5-7。

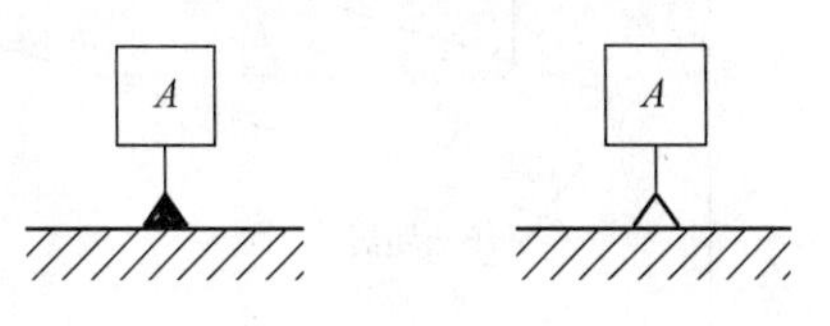

图 5-14　基准符号

二、形状公差带

形状公差是指单一被测实际要素的形状所允许的

变动全量。形状公差带是限制单一被测实际要素的形状变动的区域。典型形状公差带的定义、标注示例和解释见表5-8。

表5-7　基准要素的标注

序号	解　释	图　例
1	当基准要素为轮廓线或轮廓面时，基准三角形放置在要素的轮廓线或其延长线上，且与该要素的尺寸线明显错开	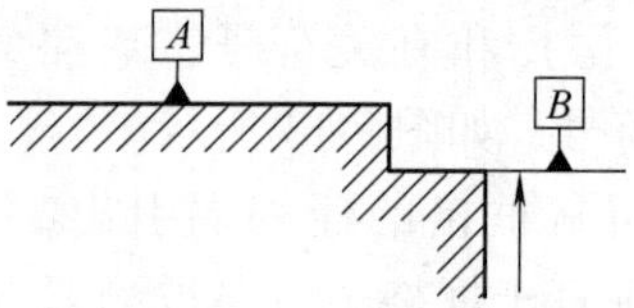 A　B
2	当基准是由尺寸要素确定的轴线、中心平面或中心点时，基准三角形应放置在该要素的尺寸线的延长线上。基准三角形也可代替一个尺寸线的箭头	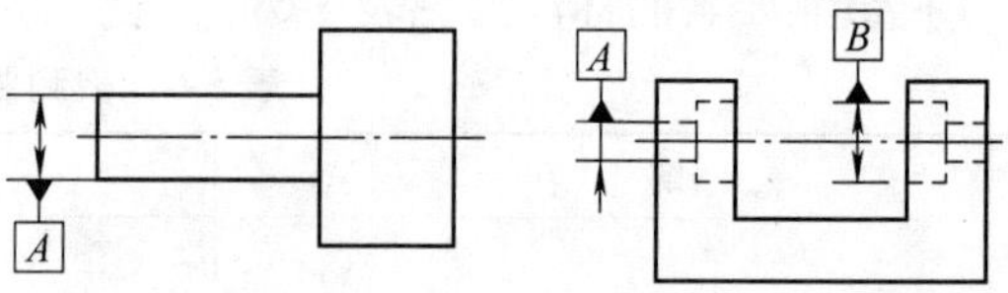 A　A　B
3	受视图方向的限制，基准三角形也可以放置在以圆点由被测面引出的引出线的水平线上	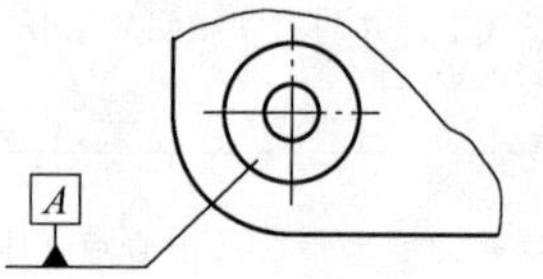 A
4	仅用要素的局部而不是整体作为基准要素时，可用粗点画线画出其范围，并标注局部区域尺寸	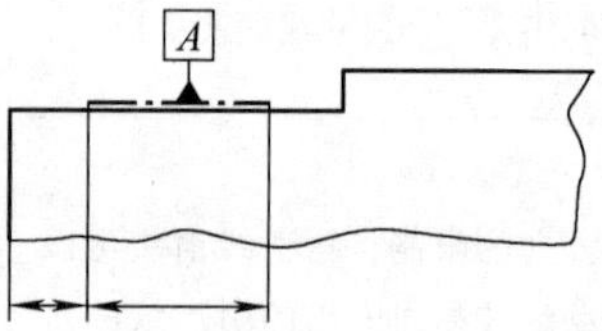 A

表5-8　形状公差带的定义、标注示例和解释

特征	公差带定义	标注示例和解释
直线度	1. 在给定平面内 公差带是距离为公差值 t 的两平行直线之间的区域 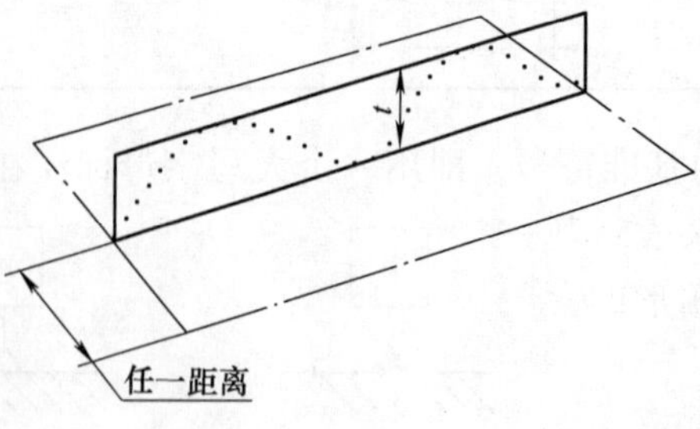 t 任一距离	在任一平行于图示投影面的平面内，上平面的提取（实际）线应限定在间距等于0.015mm的两平行直线之间 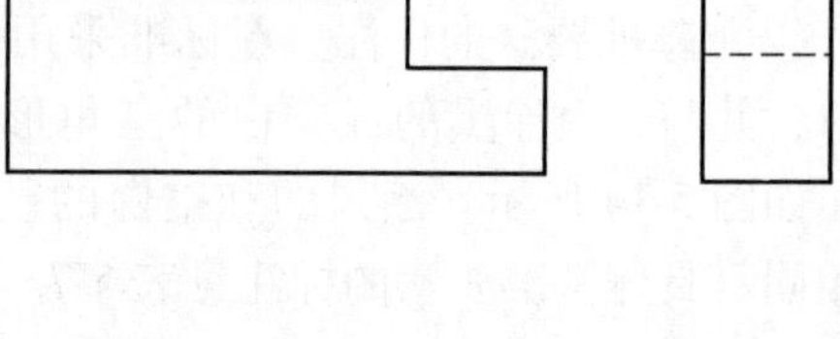 — 0.015

（续）

特征	公差带定义	标注示例和解释
直线度	2. 在给定方向上 公差带是距离为公差值 t 的两平行平面之间的区域 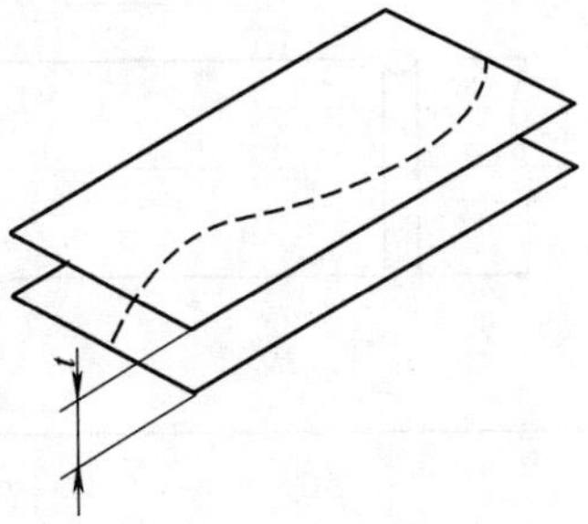 t	提取（实际）的棱边应限定在间距等于 0.1mm 的两平行平面之间 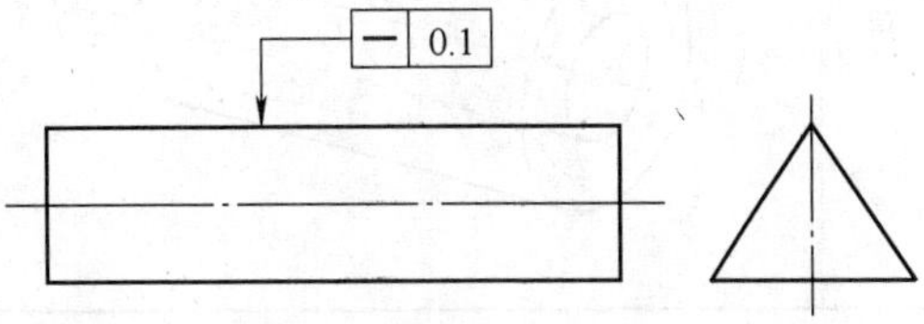 — 0.1
直线度	3. 在任意方向上 公差带是直径为公差值 ϕt 的圆柱面内的区域 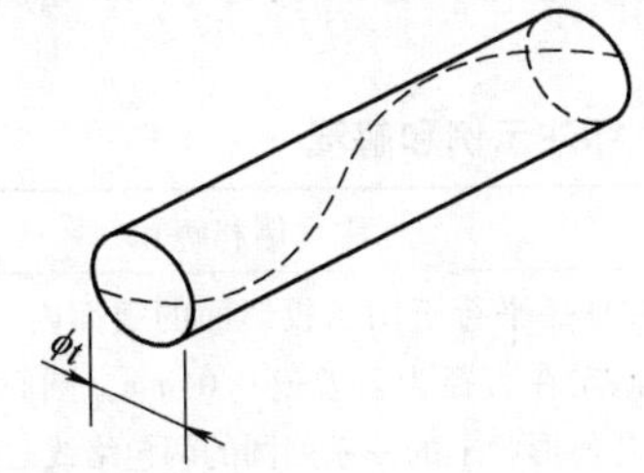 ϕt	外圆柱面的提取（实际）中心线应限定在直径等于公差值 ϕ0.025mm 的圆柱面内 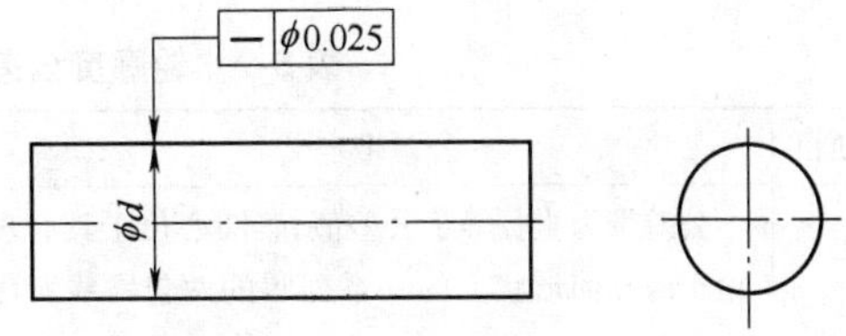 — ϕ0.025 ϕd
平面度	公差带是距离为公差值 t 的两平行平面之间的区域 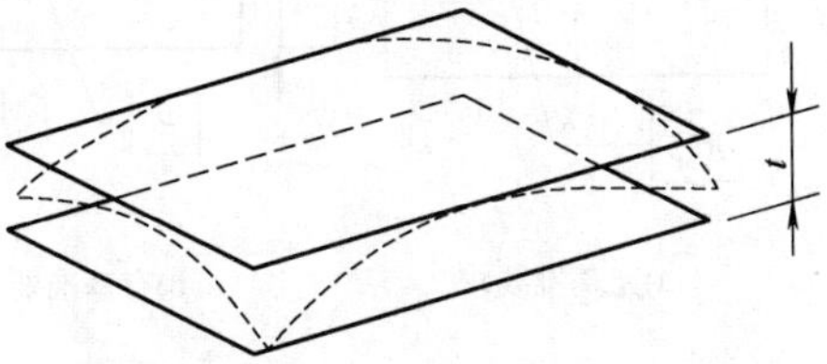 t	提取（实际）表面应限定在间距等于 0.08mm 的两平行平面之间 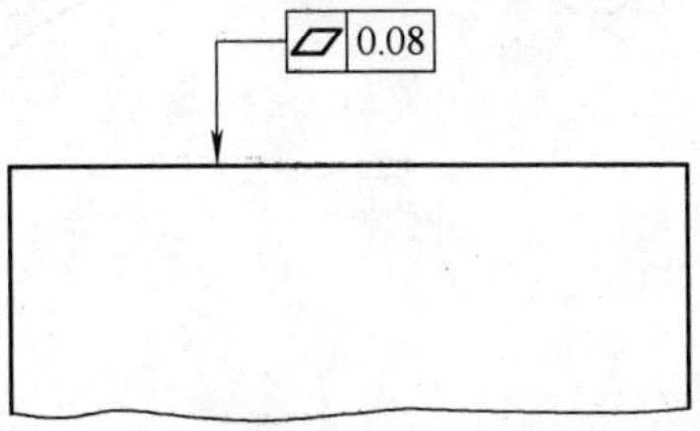 ▱ 0.08
圆度	公差带是在同一正截面上，半径差为公差值 t 的两同心圆之间的区域 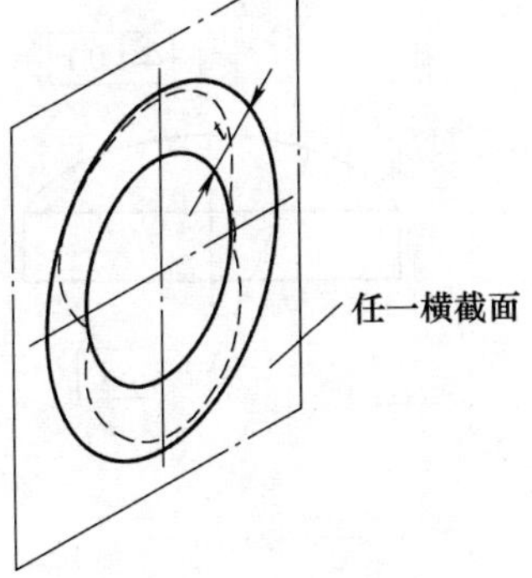 t 任一横截面	外圆锥面在任一横截面内的提取（实际）轮廓应限定在半径差等于 0.03mm 的两共面同心圆之间 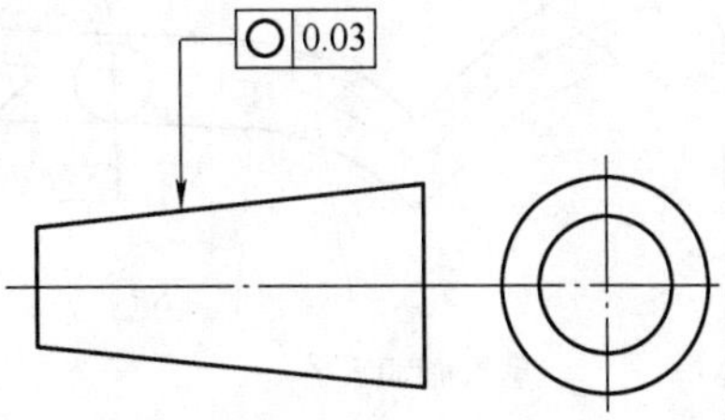 ○ 0.03

（续）

特征	公差带定义	标注示例和解释
圆柱度	公差带是半径差为公差值 t 的两同轴圆柱面之间的区域	外圆柱面的提取（实际）轮廓应限定在半径差等于 0.1mm 的两同轴圆柱面之间 0.1 ϕ

三、轮廓度公差带

轮廓度公差特征有线轮廓度和面轮廓度，均可有基准或无基准。轮廓度无基准要求时为形状公差，有基准要求时为方向公差或位置公差。其公差带定义、标注示例和解释见表 5-9。

表 5-9　轮廓度公差带的定义、标注示例和解释

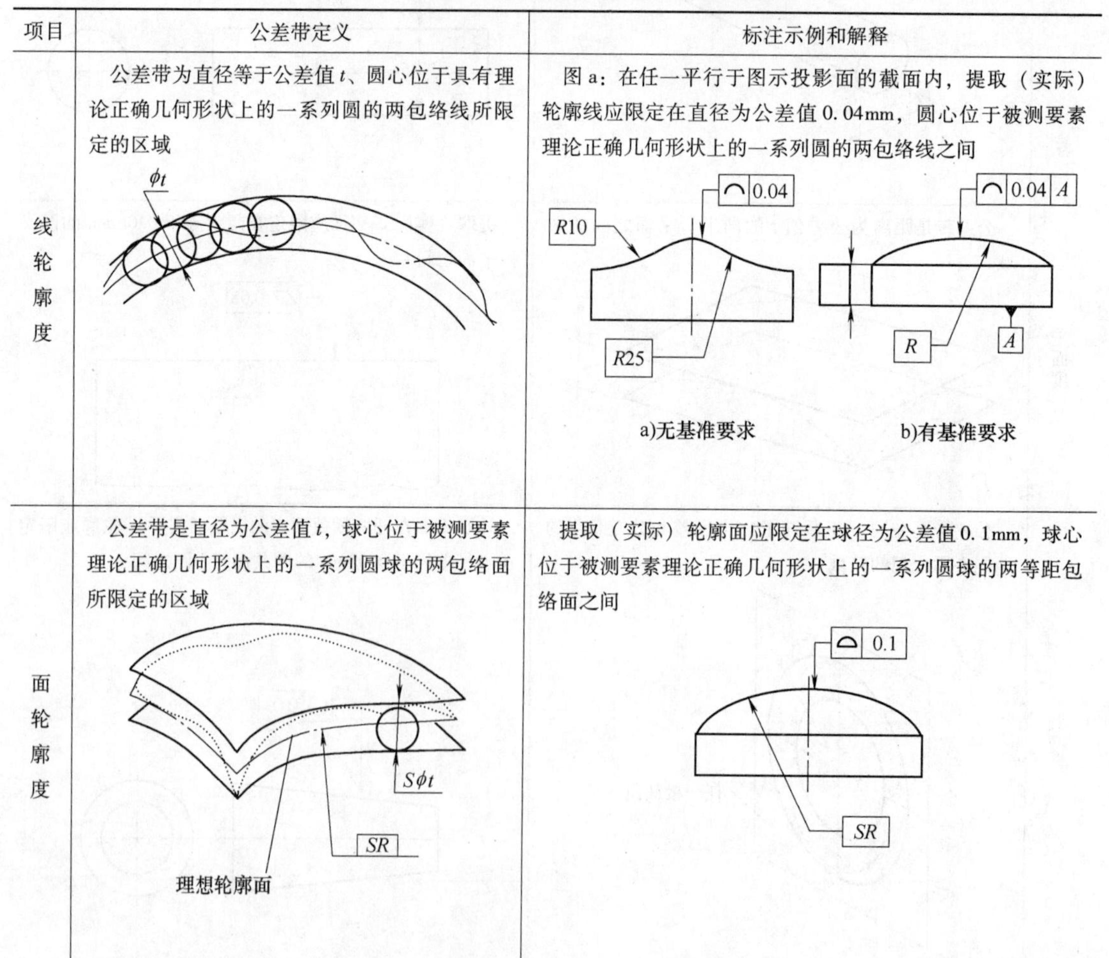

项目	公差带定义	标注示例和解释
线轮廓度	公差带为直径等于公差值 t、圆心位于具有理论正确几何形状上的一系列圆的两包络线所限定的区域	图 a：在任一平行于图示投影面的截面内，提取（实际）轮廓线应限定在直径为公差值 0.04mm，圆心位于被测要素理论正确几何形状上的一系列圆的两包络线之间 a)无基准要求　b)有基准要求
面轮廓度	公差带是直径为公差值 t，球心位于被测要素理论正确几何形状上的一系列圆球的两包络面所限定的区域	提取（实际）轮廓面应限定在球径为公差值 0.1mm，球心位于被测要素理论正确几何形状上的一系列圆球的两等距包络面之间

四、方向公差带

方向公差是指关联实际被测要素对其具有确定方向的理想要素的允许变动量。理想要素的方向由基准及理论正确尺寸（角度）确定。方向公差包括平行度、垂直度和倾斜度三项。它们都有面对面、线对线、面对线和线对面几种情况。典型方向公差带的定义、标注示例和解释见表 5-10。

表 5-10　方向公差带的定义、标注示例和解释

特征	公差带定义	标注示例和解释
平行度	1. 面对面：公差带是距离为公差值 t，且平行于基准面的两平行平面之间的区域 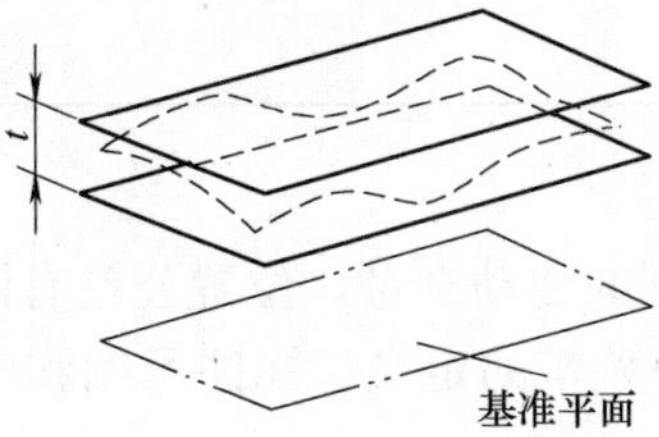 t 基准平面	上平面的提取（实际）表面必须限定在间距等于 0.01mm、平行于基准平面 D 的两平行平面的空间区域内 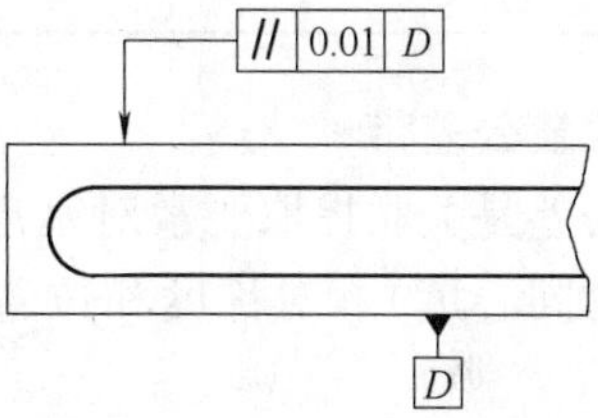 // 0.01 D D
	2. 线对面：公差带是距离为公差值 t，且平行于基准面的两平行平面之间的区域 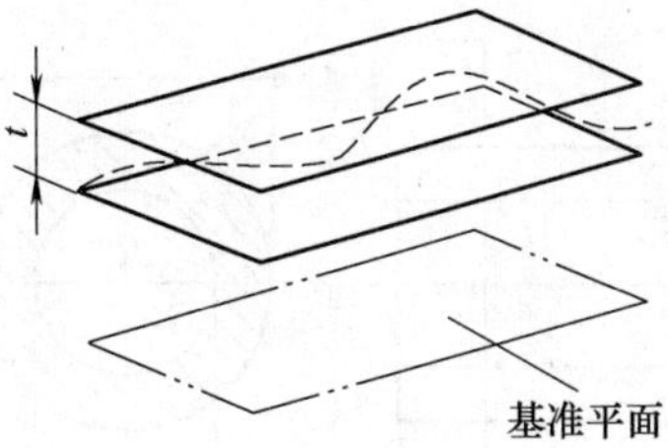 t 基准平面	孔的提取（实际）中心线必须限定在间距等于 0.01mm、平行于基准平面 B 的两平行平面的空间区域内 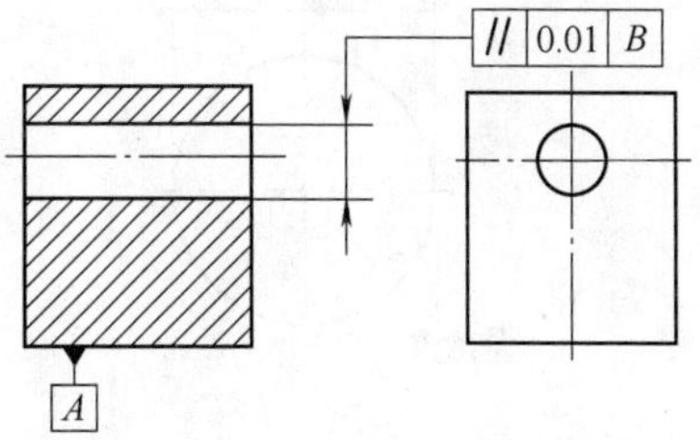 // 0.01 B A
垂直度	线对面：当公差值前加注 ϕ 时，公差带是直径为公差值 ϕt，轴线垂直于基准平面的圆柱面内的区域 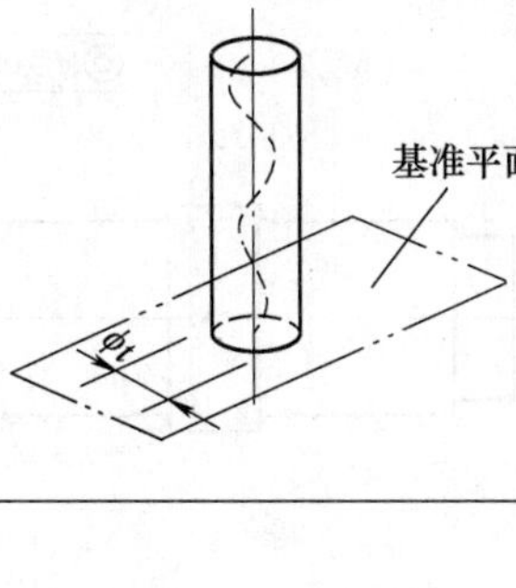 基准平面 ϕt	圆柱面的提取（实际）中心线必须限定在直径等于 ϕ0.01mm、垂直于基准平面 A 的圆柱面的空间区域内 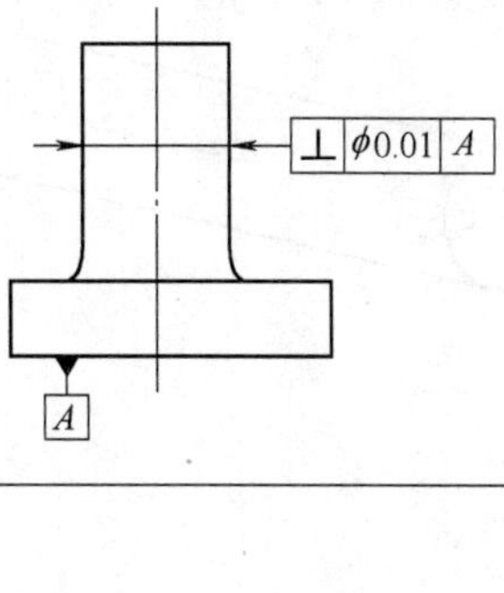 ⊥ ϕ0.01 A A

（续）

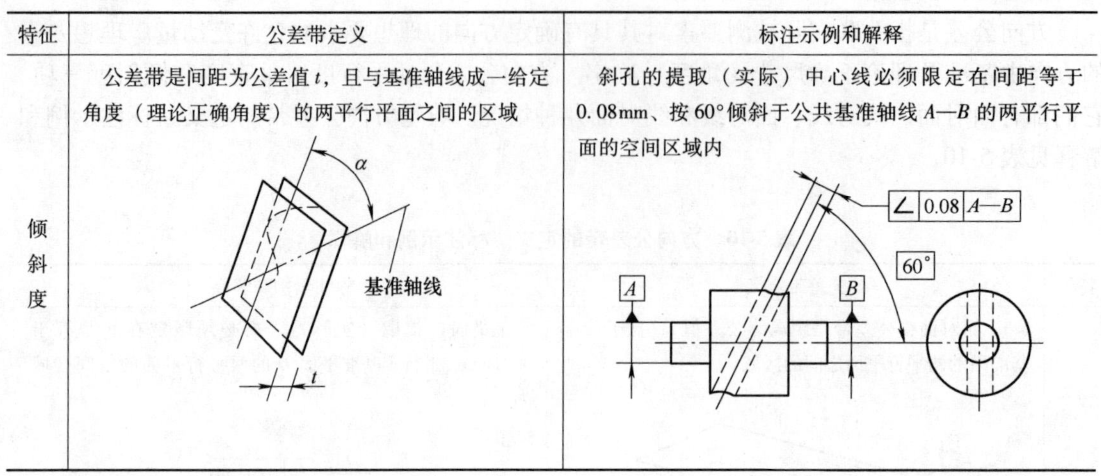

特征	公差带定义	标注示例和解释
倾斜度	公差带是间距为公差值 t，且与基准轴线成一给定角度（理论正确角度）的两平行平面之间的区域	斜孔的提取（实际）中心线必须限定在间距等于 0.08mm、按 60°倾斜于公共基准轴线 $A—B$ 的两平行平面的空间区域内

五、位置公差带

位置公差是关联提取要素对基准在位置上所允许的变动全量。位置公差有同轴度（对中心点称为同心度）、对称度和位置度，典型位置公差带的定义、标注示例和解释见表 5-11。

表 5-11　位置公差带的定义、标注示例和解释

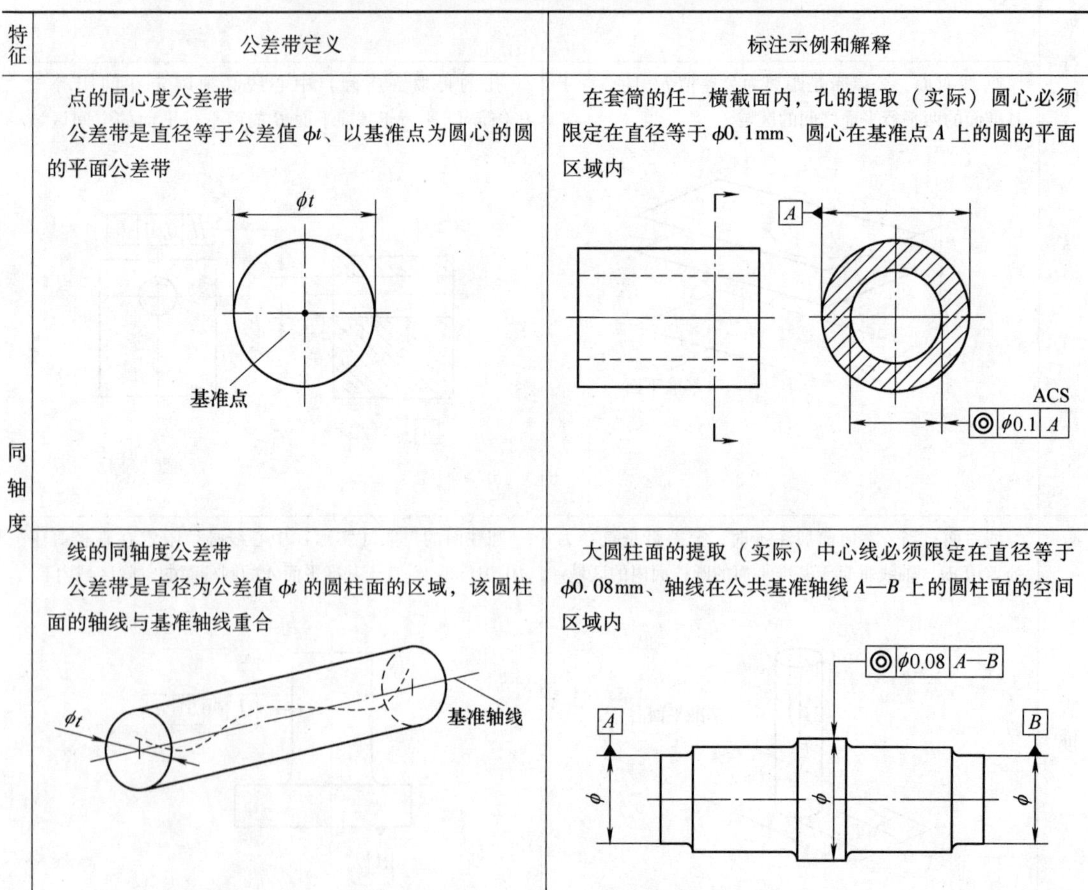

特征	公差带定义	标注示例和解释
同轴度	点的同心度公差带 公差带是直径等于公差值 ϕt、以基准点为圆心的圆的平面公差带	在套筒的任一横截面内，孔的提取（实际）圆心必须限定在直径等于 ϕ0.1mm、圆心在基准点 A 上的圆的平面区域内
	线的同轴度公差带 公差带是直径为公差值 ϕt 的圆柱面的区域，该圆柱面的轴线与基准轴线重合	大圆柱面的提取（实际）中心线必须限定在直径等于 ϕ0.08mm、轴线在公共基准轴线 $A—B$ 上的圆柱面的空间区域内

（续）

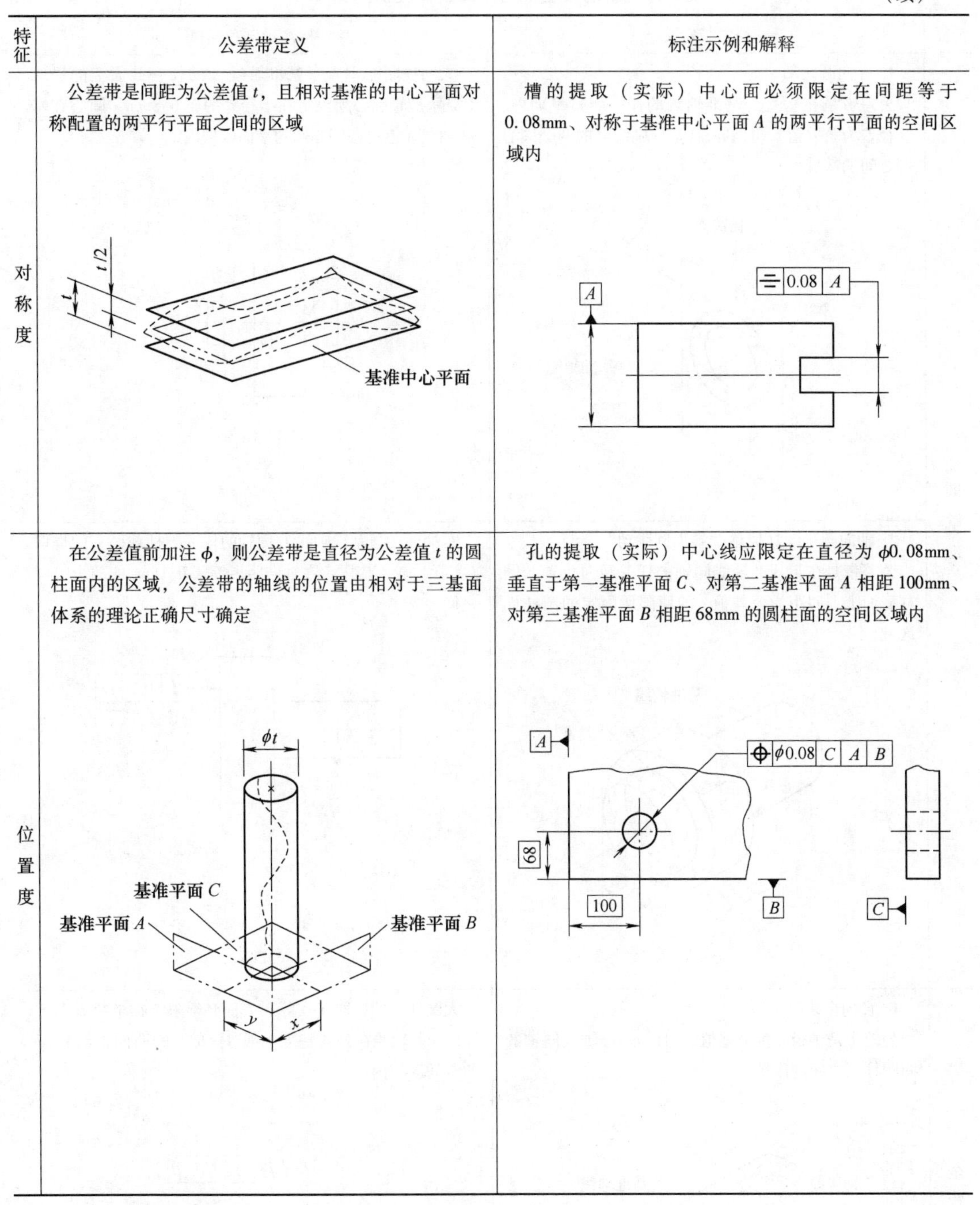

特征	公差带定义	标注示例和解释
对称度	公差带是间距为公差值 t，且相对基准的中心平面对称配置的两平行平面之间的区域	槽的提取（实际）中心面必须限定在间距等于 0.08mm、对称于基准中心平面 A 的两平行平面的空间区域内
位置度	在公差值前加注 ϕ，则公差带是直径为公差值 t 的圆柱面内的区域，公差带的轴线的位置由相对于三基面体系的理论正确尺寸确定	孔的提取（实际）中心线应限定在直径为 ϕ0.08mm、垂直于第一基准平面 C、对第二基准平面 A 相距 100mm、对第三基准平面 B 相距 68mm 的圆柱面的空间区域内

六、跳动公差带

跳动公差是关联提取要素绕基准轴线回转一周或连续回转时所允许的最大跳动量。跳动公差包括圆跳动和全跳动。圆跳动是指被测提取要素在某个测量截面内相对于基准轴线的变动量；全跳动是指整个被测提取要素相对于基准轴线的变动量。其公差带的定义、标注示例和解释见表 5-12。

表 5-12　跳动公差带的定义、标注示例和解释

<table>
<tr><th>特征</th><th>公差带定义</th><th>标注示例和解释</th></tr>
<tr><td rowspan="2">圆跳动</td><td>1. 径向圆跳动
公差带是在垂直于基准轴线的任一测量平面内，半径差为公差值 t，且圆心在基准轴线上的两个同心圆之间的区域</td><td>大圆柱面在垂直于基准轴线 A 的任一截面上的提取（实际）轮廓必须限定在半径差等于 0.8mm、圆心在基准轴线 A 上的两同心圆的平面区域内
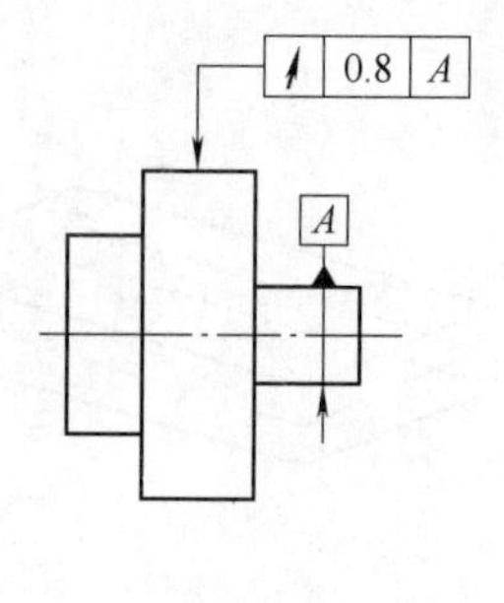</td></tr>
<tr><td>2. 轴向圆跳动（原称“端面圆跳动”）
公差带是在与基准轴线同轴的任一径向位置的圆柱截面上，间距为公差值 t 的两圆所限定的圆柱面区域
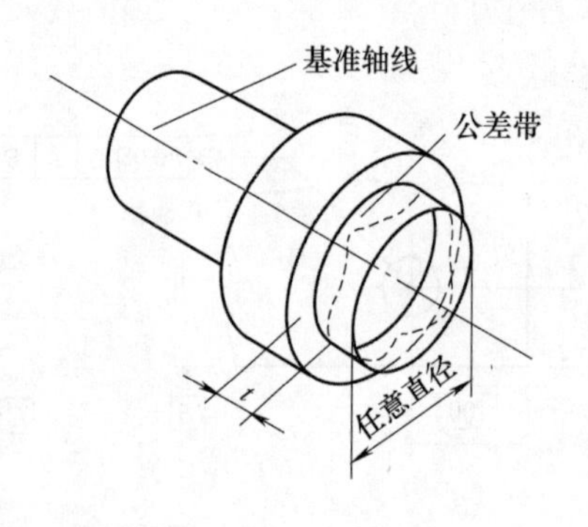</td><td>右端面在与基准轴线 D 同轴的任一圆柱截面上的提取（实际）轮廓应限定在轴向距离等于 0.1mm 的两个等圆之间
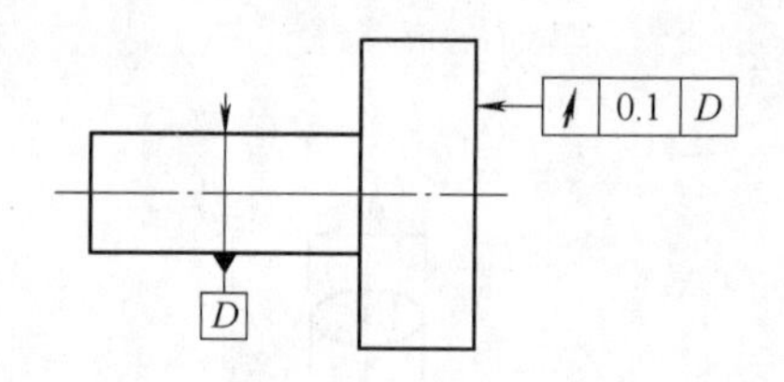</td></tr>
<tr><td>全跳动</td><td>1. 径向全跳动
公差带是半径差为公差值 t，且与基准轴线同轴的两圆柱面之间的区域
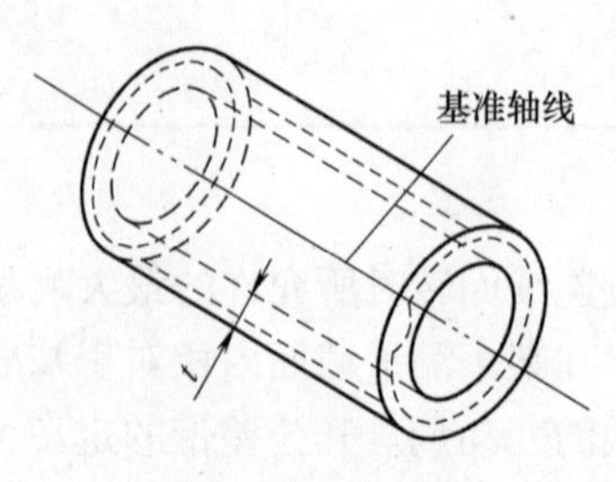</td><td>大圆柱面的提取（实际）表面必须限定在半径差等于 0.1mm、轴线在公共基准轴线 A—B 上的两同轴圆柱面的空间区域内
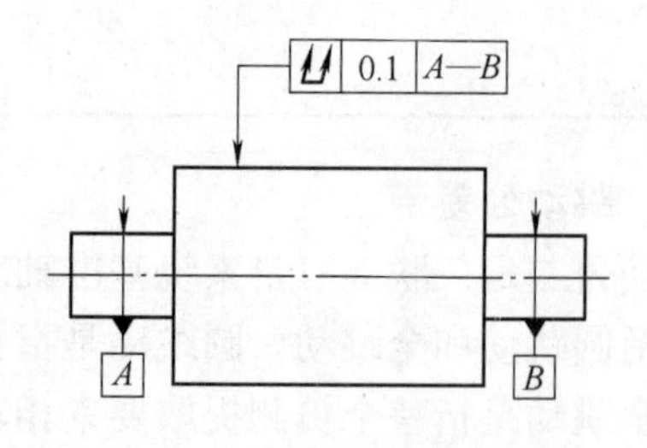</td></tr>
</table>

（续）

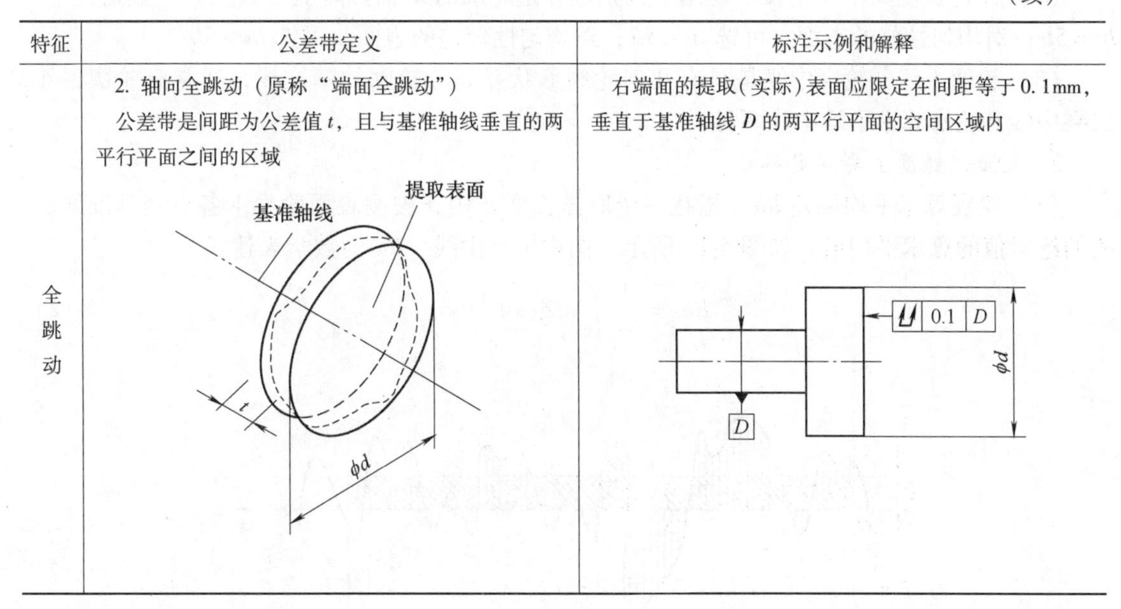

特征	公差带定义	标注示例和解释
全跳动	2. 轴向全跳动（原称“端面全跳动”） 公差带是间距为公差值 t，且与基准轴线垂直的两平行平面之间的区域	右端面的提取（实际）表面应限定在间距等于 0.1mm，垂直于基准轴线 D 的两平行平面的空间区域内

第五节　表面粗糙度

一、表面粗糙度的概念

加工后的零件表面总会存在着由较小间距“峰”、“谷”相间组成的微量不平的痕迹，这种痕迹就是零件表面的微观几何形状。微观几何形状特性可用它的特征量——表面粗糙度来表示。它能反映出零部件表面微观几何形状误差的大小，是评定零件表面质量的一项重要指标。表面粗糙度越小，则表面越光滑。

表面粗糙度对机械零件的耐磨性、配合性质、耐腐蚀性、疲劳强度及密封性都有很大影响，尤其对在高温、高速、高压条件下工作的机械零件影响更大。因此，为保证零件的使用性能和互换性，在零件精度设计时，必须提出合理的表面粗糙度要求。

二、表面粗糙度的评定

国家标准 GB/T 3505—2009 规定了用轮廓法确定表面结构（粗糙度、波纹度和原始轮廓）的术语、定义和参数。

1. 表面粗糙度的基本术语

（1）轮廓滤波器　把轮廓分成长波和短波成分的滤波器。包括在测量粗糙度、波纹度和原始轮廓的仪器中使用的三种滤波器，其中确定粗糙度与波纹度成分之间相交界限的滤波器为长波滤波器 λc，确定存在于表面上的粗糙度与比它更短的波的成分之间相交界限的滤波器为短波滤波器 λs。

（2）传输带　传输带是两个定义的滤波器之间的波长范围，例如，可表示为 0.000 25 -0.8。

（3）取样长度 lr　取样长度是用来判别表面粗糙度特征的 X 轴方向上时一段基准线长度。一般要求取样长度范围内至少包含五个以上的轮廓峰和谷。

（4）评定长度 ln　评定长度是用于判别被评定轮廓的 X 轴方向上的长度。一般情况下，$ln=5lr$；对均匀性好的表面，可选 $ln<5lr$；对均匀性较差的表面，可选 $ln>5lr$。

（5）轮廓中线　轮廓中线是具有几何轮廓形状并划分轮廓的基准线，通常有轮廓最小二乘中线和轮廓算术平均中线两种。

2. 表面粗糙度主要评定参数

（1）轮廓算术平均偏差 Ra　指在一个取样长度 lr 内，被测表面轮廓上各点至基准线距离的绝对值的算术平均值。如图 5-15 所示，图中 x 是中线，Ra 的数学表达式为

$$Ra = \frac{1}{lr}\int_0^{lr} |Z(x)| \mathrm{d}x \tag{5-12}$$

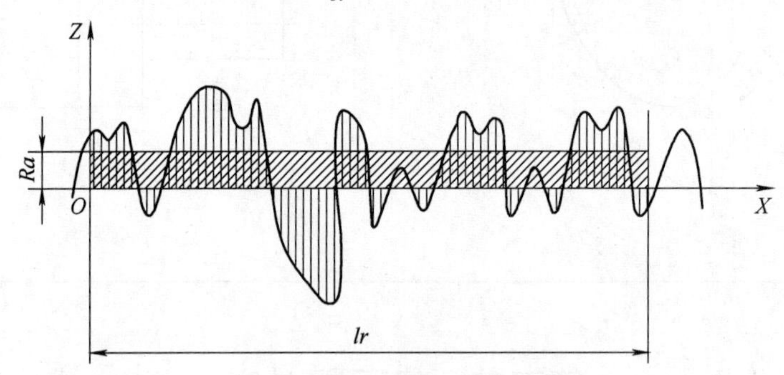

图 5-15　轮廓算术平均偏差 Ra

Ra 参数能较全面客观地反映表面微观几何形状特征，其值越大，则表面越粗糙。Ra 用触针式轮廓仪测得，是普遍采用的评定参数，但不能适用过于粗糙或光滑的表面。

（2）轮廓最大高度 Rz　轮廓最大高度 Rz 是指在一个取样长度 lr 内，最大轮廓峰高 Zp 和最大轮廓谷深 Zv 之和的高度，如图 5-16 所示。Rz 的数学表达式为

$$Rz = Zp + Zv \tag{5-13}$$

Rz 值越大，表面加工的痕迹越深。由于 Rz 值是轮廓峰高和谷深垂直距离之和，所以它不能反映表面的全面几何特征。对于某些不允许出现较深加工痕迹，承受交变应力的工作表面，如齿廓表面等，常标注 Rz 参数。

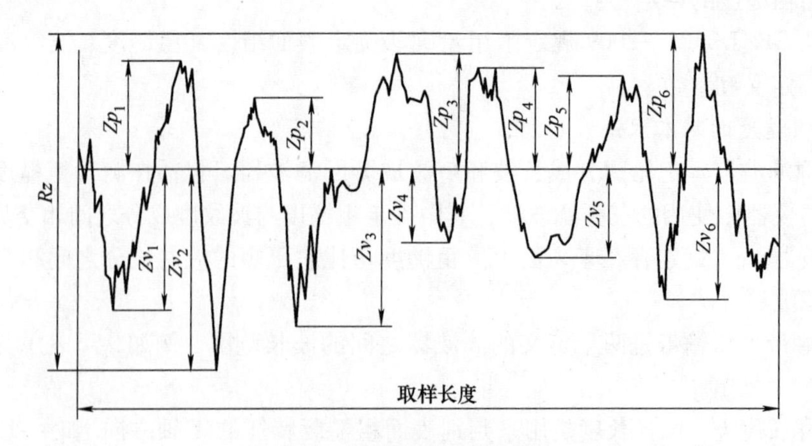

图 5-16　轮廓最大高度 Rz

3. 评定参数的数值

表面粗糙度的参数值已经标准化，设计时应按国家标准 GB/T 1031—2009《产品几何技术规范（GPS） 表面结构 轮廓法 表面粗糙度参数及其数值》规定的参数值系列选取。幅度参数数值见表 5-13 和表 5-14。

表 5-13 轮廓算术平均偏差 *Ra* 的数值（摘自 GB/T 1031—2009） （单位：μm）

0.012	0.050	0.20	0.80	3.2	12.5	50
0.025	0.100	0.40	1.60	6.3	25	100

表 5-14 轮廓最大高度 *Rz* 的数值（摘自 GB/T 1031—2009） （单位：μm）

0.025	0.20	1.60	12.5	100	800
0.050	0.40	3.2	25	200	1600
0.100	0.80	6.3	50	400	

三、表面粗糙度符号及其在图样上的标注

1. 表面粗糙度的符号及代号标注

表 5-15 列出了三种表面粗糙度符号，以及包括有关表面特征符号的表面粗糙度代号。图样上标注的表面粗糙度代号是表示该表面完工后的要求。表面粗糙度代号标注示例及其意义见表 5-16。

表 5-15 表面粗糙度代（符）号及说明（摘自 GB/T 131—2006）

符号	意义	代号	意义
√	基本图形符号，仅用于简化代号的标注，没有补充说明时不能单独使用 如果基本图形符号与补充说明一起使用，则不需要进一步说明为了获得指定的表面是否应去除材料或不去除材料	c a e d b	a：传输带或取样长度（单位为 mm）/粗糙度参数代号及其数值（第一个表面结构要求，单位为 μm）。 b：粗糙度参数代号及其数值（第二个表面结构要求）。 c：加工要求、镀覆、涂覆、表面处理或其他说明等。 d：加工纹理方向符号。 e：加工余量（单位为 mm）。
	要求去除材料的图形符号，在基本图形符号上加一短横，表示指定表面是用去除材料的方法获得，如通过机械加工获得的表面		
	不允许去除材料的图形符号，在基本图形符号上加一个圆圈，表示指定表面是用不去除材料的方法获得		

表 5-16 表面粗糙度代号标注示例及其意义（摘自 GB/T 131—2006）

代号	意义
Rz 0.4	表示不去除材料，单向上限值，默认传输带，*Rz* 上限值为 0.4μm，评定长度为 5 个取样长度（默认），“16% 规则”（默认）
Rz max 0.2	表示去除材料，单向极限值，默认传输带，*Rz* 最大值为 0.2μm，评定长度为 5 个取样长度（默认），“最大限值”

（续）

代　号	意　义
U *Ra* max 3.2 L *Ra* 0.8	表示不允许去除材料，双向极限值，两极限值均使用默认传输带，*Ra* 最大值为 3.2μm，评定长度为5个取样长度（默认），“最大化规则”；*Ra* 下限值为 0.8μm，评定长度为5个取样长度（默认），“16%规则”（默认）
L *Ra* 1.6	表示任意加工方法，单项下限值，默认传输带，*Ra* 下限值为 1.6μm，评定长度为5个取样长度（默认），“16%规则”（默认）
0.008–0.8/*Ra* 3.2	表示去除材料，单向上限值，传输带 0.008mm，取样长度为 0.8mm，*Ra* 上限值为 3.2μm，评定长度为5个取样长度（默认），“16%规则”（默认）
–0.8/*Ra* 3 3.2	表示去除材料，单向上限值，默认传输带，取样长度为 0.8mm，*Ra* 上限值为 3.2μm，评定长度为3个取样长度，“16%规则”（默认）
铣 *Ra* 0.8 ⊥ –2.5/*Rz* 3.2	表示去除材料，两个单向上限值：①默认传输带和评定长度，*Ra* 上限值为 0.8μm，“16%规则”（默认）；②传输带为 –2.5mm，默认评定长度，*Rz* 上限值为 3.2μm，“16%规则”（默认）。表面纹理垂直于视图所在的投影面。加工方法为铣削
0.008–4/*Ra* 50 3 0.008–4/*Ra* 6.3	表示去除材料，双向极限值：*Ra* 上限值为 50μm，下限值为 6.3μm；两极限值传输带均为 0.008mm，取样长度为 4mm，默认的评定长度；“16%规则”（默认）。加工余量为 3mm

2. 表面粗糙度在图样上的标注

表面粗糙度符号、代号一般注在可见轮廓线或其延长线和指引线、尺寸线、尺寸界线上；也可标注在公差框各格上方或圆柱和棱柱表面上。符号的尖端必须从材料外指向表面，如图 5-17 所示。

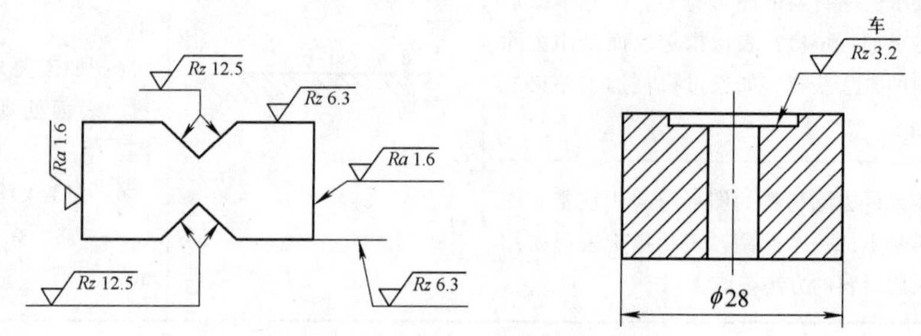

图 5-17　表面粗糙度在图样上的标注

习　题

5-1　什么叫互换性？它在机械制造业中有何作用？是否只适用于大批量生产？

5-2　试述完全互换和不完全互换的含义和应用场合。

5-3　某配合的孔径为 $\phi45^{+0.142}_{+0.080}$ mm，轴径为 $\phi45^{0}_{-0.039}$ mm，试分别计算其极限间隙（或过盈）及配合公

差，并画出公差带图。

5-4　查表写出下列公差带的上、下极限偏差数值。

（1）轴：①ϕ32d8　②ϕ28k7　③ϕ70t6

（2）孔：①ϕ45P6　②ϕ300M6　③ϕ30H7

5-5　查表确定下列各尺寸的公差带代号。

（1）$\phi40^{+0.033}_{+0.017}$（轴）　（2）$\phi18^{\ 0}_{-0.011}$（轴）

（3）$\phi65^{-0.03}_{-0.06}$（孔）　（4）$\phi65^{+0.005}_{-0.041}$（孔）

5-6　若已知某孔轴配合的公称尺寸为 ϕ30mm，最大间隙 $X_{max}=+23\mu m$，最大过盈 $Y_{max}=-10\mu m$，孔的尺寸公差 $T_h=20\mu m$，轴的上极限偏差 es = 0，试确定孔、轴的尺寸。

5-7　某孔、轴配合，轴的尺寸为 ϕ10h8，$X_{max}=+0.007mm$，$Y_{max}=-0.037mm$，试计算孔的尺寸，并说明该配合是什么基准制，什么配合类别。

5-8　已知公称尺寸为 ϕ30mm，基孔制的孔轴同级配合，$T_f=0.066mm$，$Y_{max}=-0.081mm$，求孔、轴的上、下极限偏差。

5-9　孔与轴的配合，为何优先采用基孔制？

5-10　何种场合采用基轴制？

5-11　什么是理想要素、实际要素、被测要素和基准要素？

5-12　几何公差各规定了哪些特征项目？它们的符号是什么？

5-13　形状和位置误差对零件的功能有何影响？

5-14　试举例说明常见的几种公差带的形状。

5-15　国家标准规定的表面粗糙度主要评定参数有哪些？简述其意义。

5-16　试将下列技术要求标注在图 5-18 上：

1）ϕ30H7 内孔表面圆度公差值为 0.05mm，ϕ15H7 内孔表面圆柱度公差值为 0.07mm。

2）ϕ30H7 孔底端面对 ϕ15H7 孔中心线的轴向圆跳动公差值为 0.08mm。

3）ϕ30H7 孔中心线对 ϕ15H7 孔中心线的同轴度公差值为 0.08mm。

4）ϕ35h6 表面粗糙度 Ra 的上限值为 1.6μm

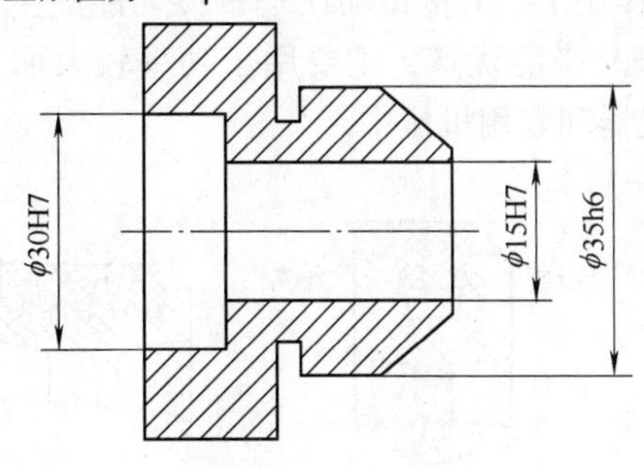

图 5-18　题 5-17 图

第六章　带传动和链传动

第一节　带　传　动

一、带传动概述

1. 带传动的工作原理及类型

带传动是机械设备中广泛使用的一种机械传动，它通常由主动轮1、从动轮3和张紧在两轮上的传动带2组成，如图6-1所示。

根据工作原理不同，带传动可以分为摩擦型带传动和啮合型带传动。摩擦型带传动是以一定的初拉力将带张紧在两带轮上，靠带与带轮之间的摩擦力驱使从动轮转动，从而达到传递运动和动力的目的；啮合型带传动是靠带内表面上的凸齿与带轮外缘上的齿槽相啮合来传递运动和动力的。

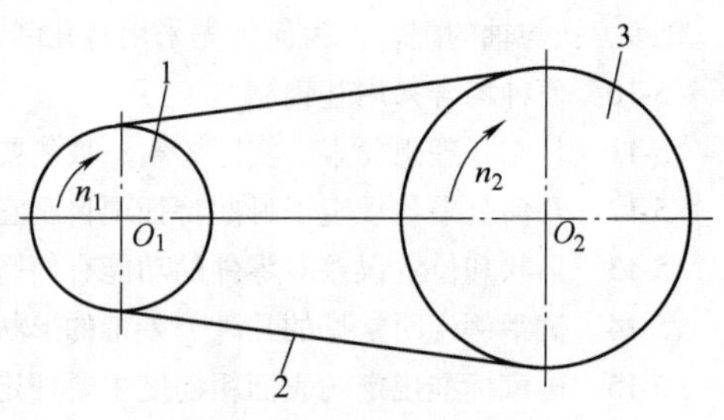

图6-1　带传动的组成

1—主动轮　2—传动带　3—从动轮

摩擦型带传动按其截面形状分为平带、V带、多楔带和圆带等，如图6-2所示。平带的工作面是内表面，而V带的工作面是两侧面。由于V带的当量摩擦因数 $f_V = f/\sin(\varphi/2)$（φ 为带轮的槽角），在同样的拉力作用下，V带传动比平带传动能产生更大的摩擦力，因此应用最为广泛。多楔带兼有平带和V带的优点，主要用于功率较大而又要求结构紧凑的场合。圆带传动能力较小，常用于仪器和家用机械中。

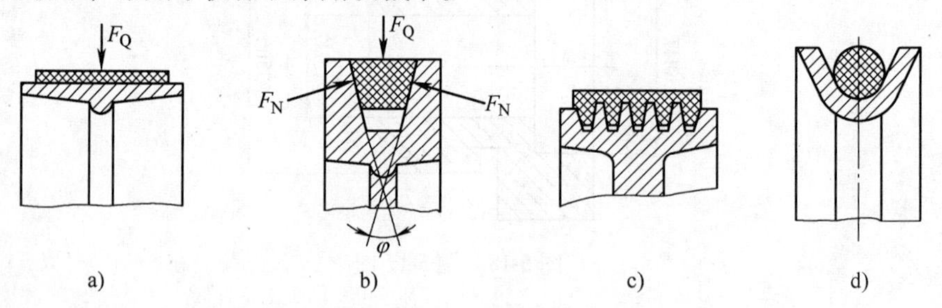

图6-2　摩擦带的截面形状

a）平带　b）V带　c）多楔带　d）圆带

啮合型带传动中，传动带内周有一定形状的等距齿与带轮上相应的齿槽相啮合，带与带轮间无滑动，所以这种带传动称为同步带传动，如图6-3所示。

2. 带传动的特点和应用

带传动的主要优点是适用于中心距较大的场合；结构简单，制造及安装精度要求较低，成本低廉；带具有弹性，能缓冲吸振，传动平稳，噪声小；过载时打滑，可以起到过载保护作用。

带传动的主要缺点是传动外廓尺寸较大；需要张紧装置，轴上压力较大；带与带轮之间存在弹性滑动，不能保证准确的传动比；效率较低；不适合在高温易燃场合下使用。

带传动的应用范围较广泛，一般带速为 5 ~25m/s，传动比一般不超过 8。传动效率 $\eta=0.94\sim0.97$，因此，不宜用于大功率传动，功率通常不超过 50kW，且多用于高速级传动。

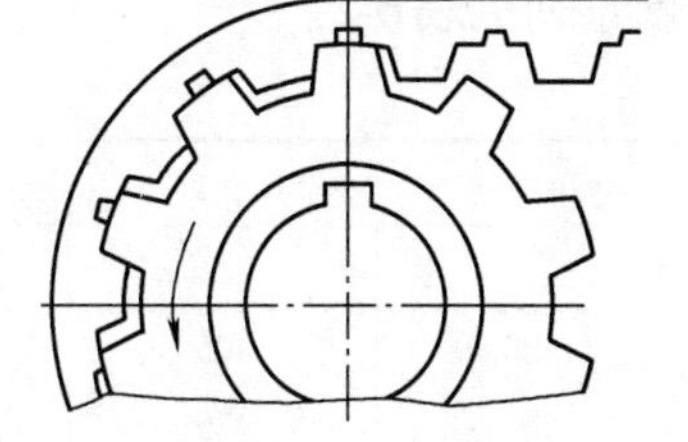

图 6-3　同步带传动

二、普通 V 带和普通 V 带轮的结构

1. 普通 V 带的结构和标准

普通 V 带为无接头的环形橡胶带，由伸张层（顶胶）、强力层（抗拉体）、压缩层（底胶）和包布层（胶帆布）组成，如图 6-4 所示。包布层是 V 带的保护层，由胶帆布制成。伸张层和压缩层分别承受带弯曲时的拉伸和压缩，由橡胶制成。强力层承受基本拉力，有帘布芯（图 6-4a）和绳芯（图 6-4b）两种结构。帘布芯结构由几层胶帘布制成，制造方便，抗拉强度高，型号齐全，应用较多；绳芯结构由一层胶线绳制成，柔韧性好，抗弯强度高，适用于带轮直径较小，载荷不大、转速较高的场合。目前国产绳芯结构的 V 带仅有 Z、A、B、C 四种型号。

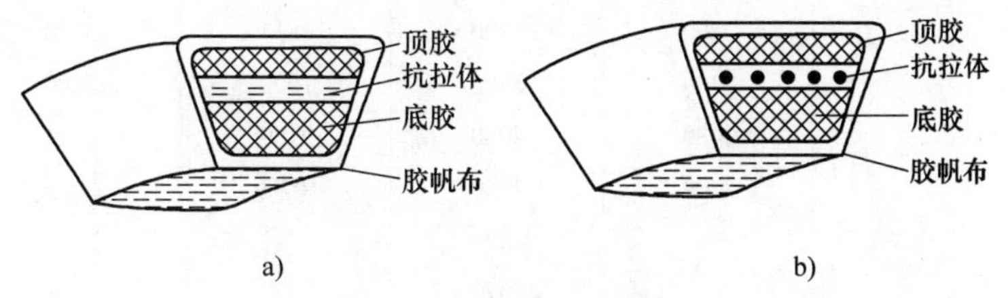

图 6-4　普通 V 带的结构

a）帘布芯结构　b）绳芯结构

普通 V 带是标准件，按横截面尺寸由小到大分为 Y、Z、A、B、C、D、E 七种型号，其截面基本尺寸见表 6-1。其中 Y 型尺寸最小，只用于传递运动。

表 6-1　普通 V 带的截形与截面基本尺寸

型号	Y	Z	A	B	C	D	E
节宽 b_p/mm	5.3	8.5	11.0	14.0	19.0	27.0	32.0
顶宽 b/mm	6.0	10.0	13.0	17.0	22.0	32.0	38.0
高度 h/mm	4.0	6.0	8.0	11.0	14.0	19.0	23.0
楔角 α/(°)	40						
单位长度质量 q/（$kg\cdot m^{-1}$）	0.02	0.06	0.10	0.17	0.30	0.62	0.90

V 带绕在带轮上产生弯曲，外层受拉伸长，内层受压缩短，必有一长度不变的中性层。中性层面称为节面，节面的宽度称为节宽，用 b_p 表示（表 6-1 图），其长度称为 V 带的基准

长度，用 L_d 表示，它是V带传动几何尺寸计算中所用带长，为标准值。普通V带的基准长度系列见表6-2。

表6-2　普通V带的基准长度 L_d　　（单位：mm）

型号						
Y	Z	A	B	C	D	E
200	405	630	930	1565	2740	4660
224	475	700	1000	1760	3100	5040
250	530	790	1100	1950	3330	5420
280	625	890	1210	2195	3730	6100
315	700	990	1370	2420	4080	6850
355	780	1100	1560	2715	4620	7650
400	820	1250	1760	2880	5400	9150
450	1080	1430	1950	3080	6100	12230
500	1330	1550	2180	3520	6840	13750
	1420	1640	2300	4060	7620	15280
	1540	1750	2500	4600	9140	16800
		1940	2700	5380	10700	
		2050	2870	6100	12200	
		2200	3200	6815	13700	
		2300	3600	7600	15200	
		2480	4060	9100		
		2700	4430	10700		
			4820			
			5370			
			6070			

普通V带的标记由带型、基准长度和标准号三部分组成，如基准长度为1600mm的B型普通V带，其标记为B-1600GB/T 11544—1997。带的标记通常压印在带的外表面上，以便选用识别。

2. 普通V带轮的材料和结构

带轮常用材料是铸铁，带速 $v \leqslant 25$m/s时，用HT150；$v = 25 \sim 30$m/s时，用HT200。转速较高时，可用铸钢或用钢板冲压后焊接而成；小功率传动时，可用铸铝或塑料等。

带轮由轮缘、轮辐和轮毂三部分组成。轮缘上制有槽，轮槽的尺寸按表6-3确定。如表6-3图中所示，V带轮上，与配用V带节面处于同一位置的轮槽轮廓的宽度称为轮槽的基准宽度，用 b_d 表示，通常 $b_d = b_p$；轮槽基准宽度所在处的带轮直径称为带轮基准直径，用 d_d 表示。带轮基准直径按表6-4选用。轮毂是带轮的内圈与轴连接的部分。轮辐是连接轮缘和轮毂的中间部分。

普通V带两侧面所夹的楔角 α 均为40°，但带轮轮槽横截面两侧侧边所夹的槽角 φ 则根据带轮基准直径 d_d 的大小分别为32°、34°、36°、38°，带轮直径越小，规定的槽角也越小，这是考虑到带在带轮上弯曲时，由于截面变形将使其楔角减小的缘故。为了保证轮槽工作面与带的侧面贴紧，应使 $\varphi < \alpha$。

表 6-3　普通 V 带轮轮缘尺寸　（单位：mm）

槽型			Y	Z	A	B	C	D	E
h_0			6.3	9.5	12	15	20	28	33
h_{amin}			1.6	2.0	2.75	3.5	4.8	8.1	9.6
e			8	12	15	19	25.5	37	44.5
f			7	8	10	12.5	17	23	29
b_d			5.3	8.5	11.0	14.0	19.0	27.0	32.0
δ			5	5.5	6	7.5	10	12	15
B			$B=(z-1)e+2f$　z 为轮槽数						
φ	32°	b_d	≤60						
	34°			≤80	≤118	≤190	≤315		
	36°		>60					≤475	≤600
	38°			>80	>118	>190	>315	>475	>600

表 6-4　普通 V 带带轮最小直径及基准直径系列　（单位：mm）

V 带轮型号	Y	Z	A	B	C	D	E
d_{dmin}	20	50	75	125	200	315	500
基准直径系列	28　31.5　40　50　56　63　71　75　80　90　100　106　112　118　125　132　140　150　160　180　200　212　224　250　280　315　355　375　400　450　500　560　630						

带轮的结构由带轮直径大小决定，当 $d_d \leqslant (2.5\sim3)\ d_0$（$d_0$ 为轴径）时，可采用实心式，代号为 S；当 $d_d \leqslant 300$mm 时，可采用辐板式，代号为 P；若辐板面积较大，且 $d_d - d_1 \geqslant 100$mm 时，可采用孔板式，代号为 H；当 $d_d > 300$mm 时，可采用椭圆轮辐式，代号为 E。带轮结构如图 6-5 所示。

三、带传动的受力分析与打滑现象

1. 带传动的受力分析

为使带传动正常工作，带必须以一定的初拉力 F_0 张紧在带轮上。静止或低速空转时（略去摩擦阻力），带两边的拉力相等，均为 F_0，如图 6-6a 所示。当带传递载荷时，由于带与轮面间的摩擦力作用，带两边的拉力不再相等。即将绕进主动轮的一边，拉力由 F_0 增加到 F_1，称为紧边，另一边的拉力由 F_0 减小到 F_2，称为松边，如图 6-6b 所示。紧边与松边的拉力差值（$F_1 - F_2$）是带传动中起传动功率作用的拉力，称为有效拉力 F_e，也就是带所传递的圆周力，其大小由带与带轮接触面上各点摩擦力的总和 ΣF_f 确定，即

$$F_e = \Sigma F_f = F_1 - F_2 \tag{6-1}$$

有效拉力 F_e（单位为 N）、带速 v（单位为 m/s）和传递功率 P（单位为 kW）之间的关系为

$$P = F_e v/1\,000 \tag{6-2}$$

传动带在静止和传动两种状态下，总长度可以认为近似相等，则带的紧边拉力增加量应等于松边拉力减少量，即 $F_1 - F_0 = F_0 - F_2$，由此可得

$$F_1 + F_2 = 2F_0 \tag{6-3}$$

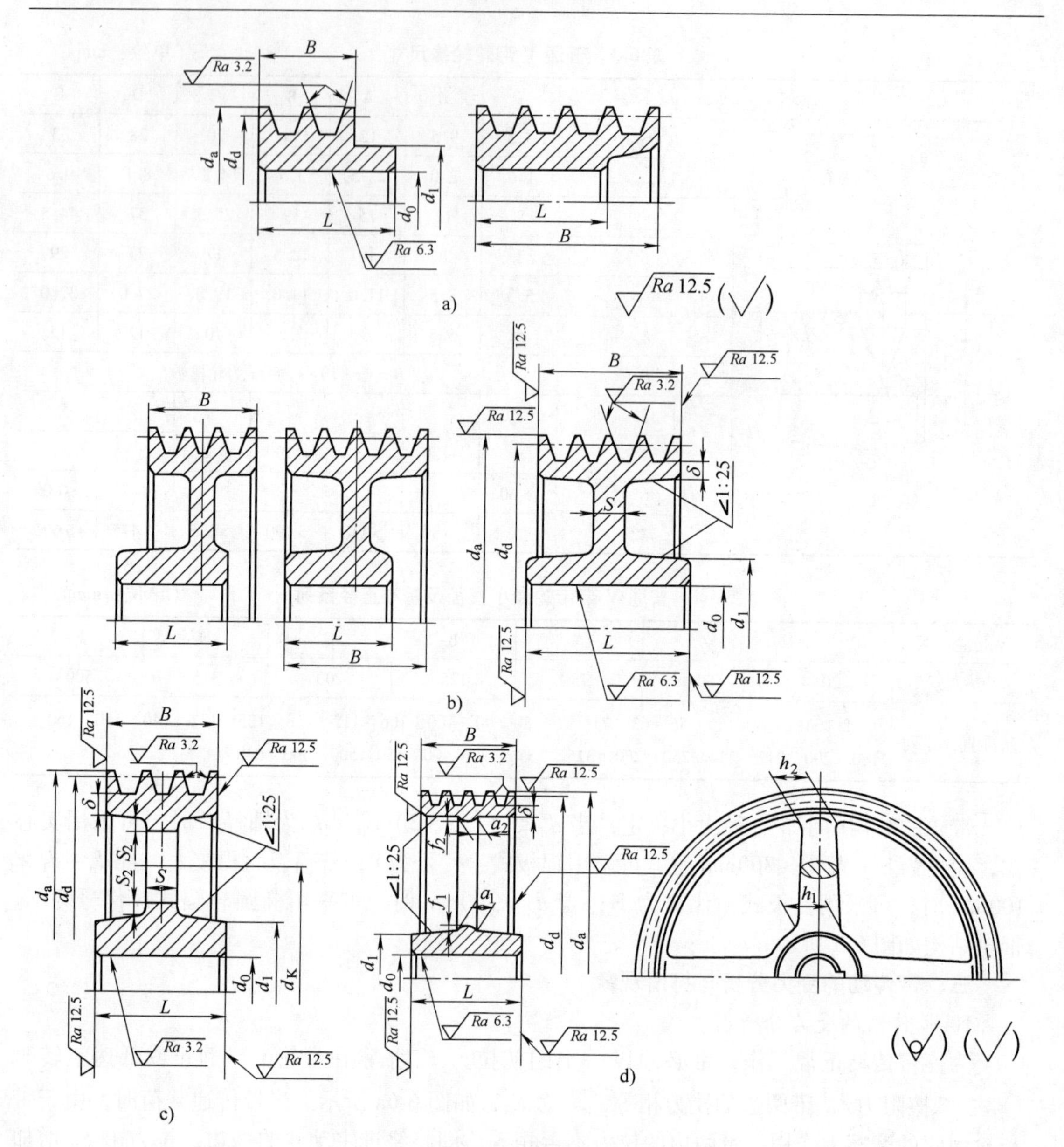

图 6-5　带轮结构

a）实心式　b）辐板式　c）孔板式　d）椭圆轮辐式

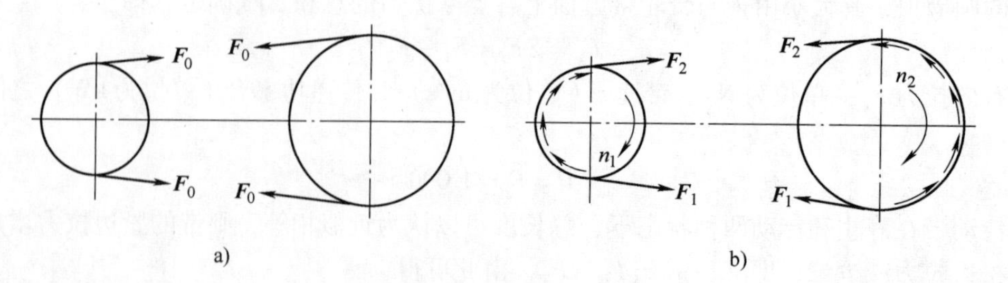

图 6-6　带传动的受力分析

由式（6-1）和式（6-3）可得

$$\begin{cases} F_1 = F_0 + \dfrac{F_e}{2} \\ F_2 = F_0 - \dfrac{F_e}{2} \end{cases} \tag{6-4}$$

2. 带传动的打滑现象

当带传动中传递的外载荷增大时，要求有效拉力 F_e 也随之增加，当 F_e 达到一定数值时，带与带轮接触面间的摩擦力总和 ΣF_f 达到极限值。若外载荷继续加大，带将会沿着整个接触面滑动，这种现象称为打滑现象。带传动一旦出现打滑，即失去传动能力，从动轮转速急剧下降，带严重磨损，因此必须避免打滑。由于带在小带轮上的包角较小，所以打滑总是发生在小带轮上。

3. 影响极限有效拉力的因素

当带有打滑趋势时，带与带轮间的摩擦力达到极限值，即有效拉力达到最大值，称为极限有效拉力，用 F_{elim} 表示。此时，紧边拉力 F_1 与松边拉力 F_2 间的关系由柔韧体摩擦的欧拉公式表示，即

$$\frac{F_1}{F_2} = e^{f\alpha} \tag{6-5}$$

式中，e 为自然对数的底，其值为 2.718 3；f 为带与带轮间的摩擦因数；α 为带在带轮上的包角。

将式（6-4）代入式（6-5）中并经过整理，即得到极限有效拉力的计算公式为

$$F_{elim} = 2F_0 \frac{e^{f\alpha} - 1}{e^{f\alpha} + 1} = 2F_0 \frac{1 - 1/e^{f\alpha}}{1 + 1/e^{f\alpha}} \tag{6-6}$$

由上式可知，影响极限有效拉力的因素有：

1）初拉力 F_0。初拉力 F_0 越大，带与带轮间的正压力越大，传动时产生的摩擦力也越大，即极限有效拉力越大。

2）包角 α。极限有效拉力随包角 α 的增大而增大，这是因为 α 越大，带与带轮的接触面越大，因而产生的总摩擦力就越大，传动能力越强。一般情况下，大带轮上的包角都比小带轮上的包角大，所以最大摩擦力的大小取决于小带轮上的包角 α_1。因此设计带传动时，$\alpha_1 \geqslant 120°$。

3）摩擦因数 f。极限有效拉力随摩擦因数 f 的增大而增大，这是因为摩擦因数越大，摩擦力就越大，传动能力越高。但是不能认为轮槽的工作面越粗糙越好，因为这样会加剧带的磨损。

四、带传动中的弹性滑动与传动比

1. 带传动中的弹性滑动

带是弹性体，假设带的材料符合变形与应力成正比的规律，则紧边带的单位伸长量大于松边带的单位伸长量。如图 6-7 所示，当带绕过主动轮由 A 点转到 B 点时，带的单位伸长量将逐步缩短，带沿轮面后缩产生相对滑动，从而使带速 v 落后于主动轮的圆周速度 v_1。带绕

过从动轮时也发生类似现象，但情况相反，带将逐渐伸长，带沿轮面向前滑动，使带速 v 超前于从动轮的圆周速度 v_2。这种由于材料的弹性变形而产生的带与带轮间的相对滑动称为弹性滑动，它是带传动中无法避免的一种固有特性，从而使带传动不能保证准确的传动比。

2. 带传动中的传动比

由于弹性滑动的影响，将使从动轮的圆周速度 v_2 低于主动轮的圆周速度 v_1，其损失的程度用相对滑动率 ε 表示，即

$$\varepsilon=\frac{v_1-v_2}{v_1}\times 100\% \tag{6-7}$$

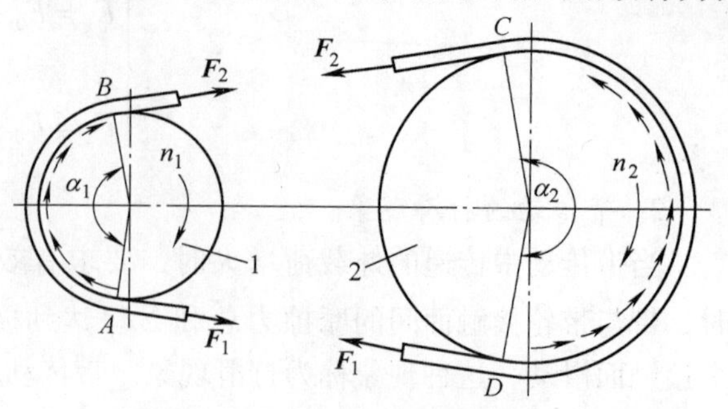

图 6-7　带传动的弹性滑动

设主、从动轮的直径分别为 d_{d1}、d_{d2}，转速分别为 n_1、n_2，则两轮的圆周速度分别为

$$v_1=\frac{\pi d_{d1}n_1}{60\times 1\,000},\quad v_2=\frac{\pi d_{d2}n_2}{60\times 1\,000} \tag{6-8}$$

将式（6-8）代入式（6-7）可得

$$\frac{n_1}{n_2}=\frac{d_{d2}}{d_{d1}(1-\varepsilon)} \tag{6-9}$$

由于滑动率随所传递载荷的大小而变化，不是一个定值，故带传动的传动比不能保持准确值。带传动正常工作时，滑动率 $\varepsilon\approx1\%\sim2\%$，在一般计算中可不予考虑，而取传动比为

$$i=\frac{n_1}{n_2}=\frac{d_{d2}}{d_{d1}} \tag{6-10}$$

五、带传动的张紧、安装和维护

1. 带传动的张紧

各种材质的 V 带都不是完全的弹性体，在使用一段时间后都会产生塑性变形，使初拉力 F_0 降低，从而影响带的正常工作。为了保证带传动的工作能力，应设法把带重新张紧，常见的张紧装置有以下几种。

1）定期张紧装置。将装有带轮的电动机安装在滑道上（图 6-8a）或摆动机座上（图 6-8b），转动调整螺钉或调整螺母就可以达到张紧的目的。

2）自动张紧装置。将装有带轮的电动机安装在浮动的摆架上，利用电动机和摆架的自身重力，使带轮随同电动机绕固定轴摆动，来自动张紧传动带。这种张紧装置适用于中、小功率的带传动，如图 6-9 所示。

3）张紧轮张紧装置。当带传动的中心距不可调整时，可以采用张紧轮张紧装置。张紧轮一般安装在松边内侧，并尽量靠近大带轮，使 V 带只受单向弯曲，同时避免小带轮包角减小太多，如图 6-10 所示。

2. 带传动的安装和维护

为了确保带传动正常运转，延长带的使用寿命，在 V 带传动的安装与使用过程中，应注意以下一些问题。

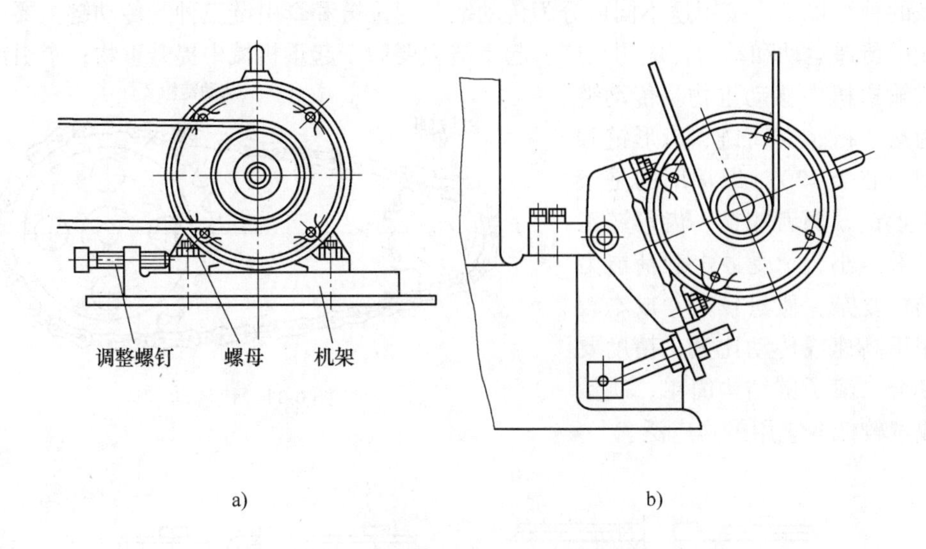

图 6-8　V 带的定期张紧装置

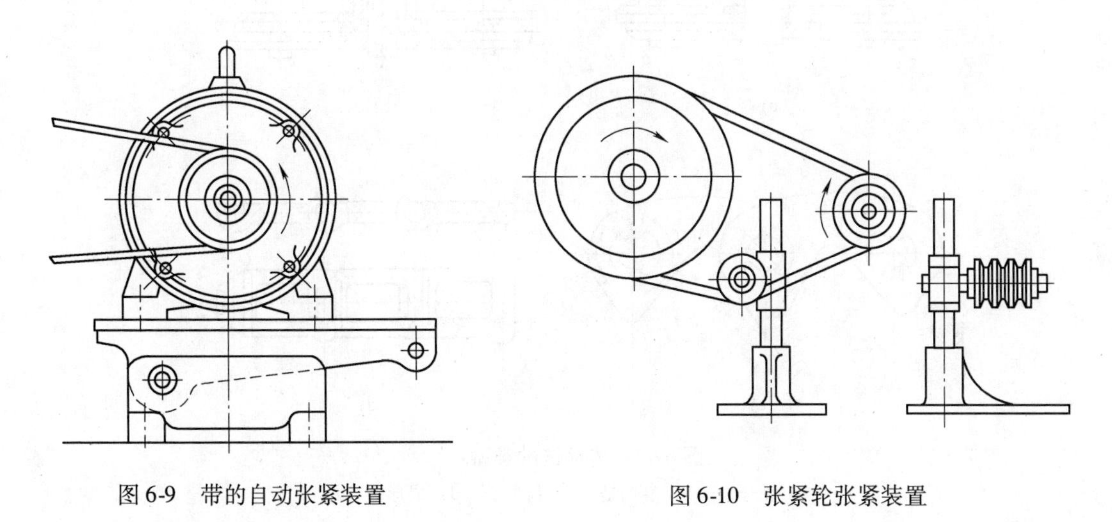

图 6-9　带的自动张紧装置　　图 6-10　张紧轮张紧装置

1）安装带传动时，两轴必须平行，两带轮的轮槽必须对准，否则会加速带的磨损。

2）带传动一般应加防护罩，以确保安全。

3）更换 V 带时，需要全部更换，新旧带不能混用，以免长短不一，受力不均。

4）V 带不宜与酸、碱或油污等接触；工作温度不宜超过 60℃。

第二节　链　传　动

一、链传动概述

链传动是应用较广泛的一种机械传动，它由装在平行轴上的主动链轮 1、从动链轮 2 及绕在两轮上的环形链条所组成（图 6-11）。工作时链条链节与链轮轮齿啮合来传递运动和动力。

链条的种类很多，按用途不同可分为传动链、起重链和牵引链三种。传动链主要用于一般的机械中传递运动和动力，应用较广；起重链主要用于起重机械中提升重物；牵引链主要用于链式输送机中移动重物。传动链可以分为滚子链、套筒链、齿形链和成形链等（图6-12）。最常用的是滚子链和齿形链，两者相比，齿形链工作平稳、噪声小，承受冲击载荷能力强，但结构复杂，质量较大，成本较高，多用于高速或传动比大、精度要求高的场合。滚子链结构简单，质量较轻，成本较低，应用最为广泛。

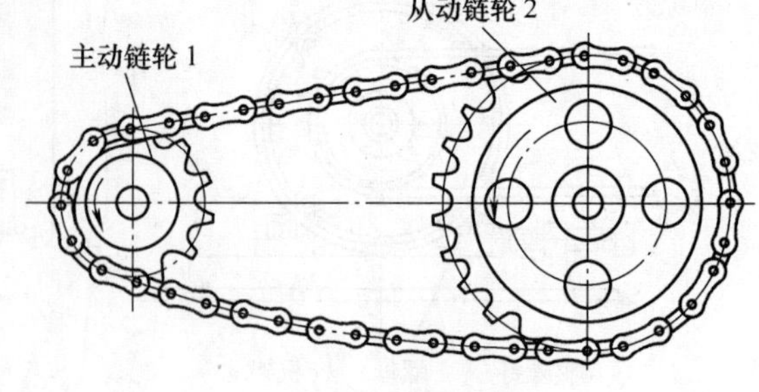

图6-11　链传动

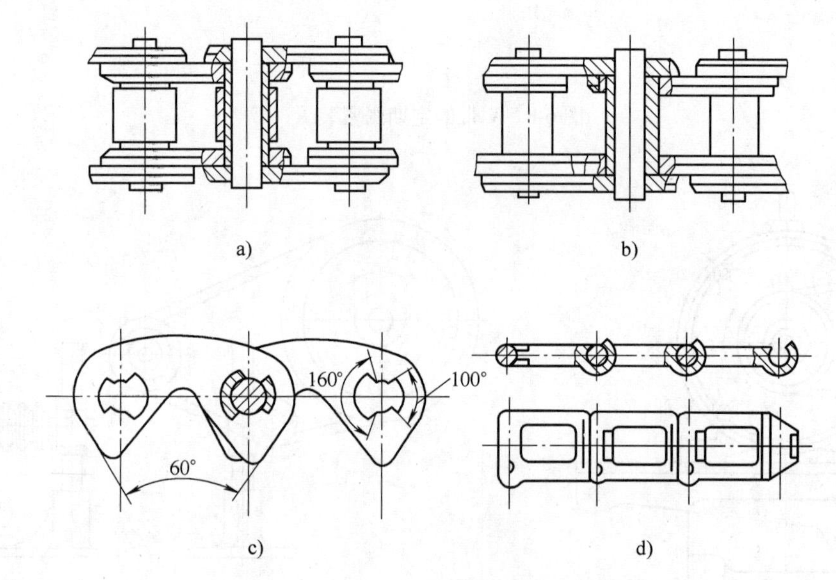

图6-12　传动链的类型

a）滚子链　b）套筒链　c）齿形链　d）成形链

二、链条和链轮

1. 滚子链的结构和标准

滚子链的结构如图6-13所示，它由内链板1、外链板2、销轴3、套筒4和滚子5组成，其中，内链板与套筒、外链板与销轴均采用过盈配合，形成内外链节；销轴与套筒、套筒与滚子之间均采用间隙配合，形成两转动副，使相邻的内、外链节可以相对转动，使链条具有挠性。当链节与链轮轮齿啮合时，链条的啮入与啮出使套筒绕销轴自由转动，同时滚子沿链轮齿廓滚动，减轻了链条与轮齿的磨损。为了减轻链条的质量并使链板各横截面强度接近相等，内、外链板均制成“∞”字形。链条的各零件均由碳钢或合金钢制成，并经热处理，以提高其强度和耐磨性。

滚子链上相邻的两销轴中心间的距离称为链节距，用p表示，它是链传动的主要参数。节距越大，链条各部分的尺寸越大，所能传递的功率也越大，但质量越大，冲击和振动也随着增加。为了减小链传动的结构尺寸及动载荷，当传递的功率较大及转速较高时，可采用小节距的双排链（图6-14）或多排链，多排链的承载能力与排数成正比。但由于多排链制造和安装精度的影响，各排链承载不易均匀，因此，实际应用中一般不超过4排。相邻两排链条中心线之间的距离称为排距，用 p_t 表示。

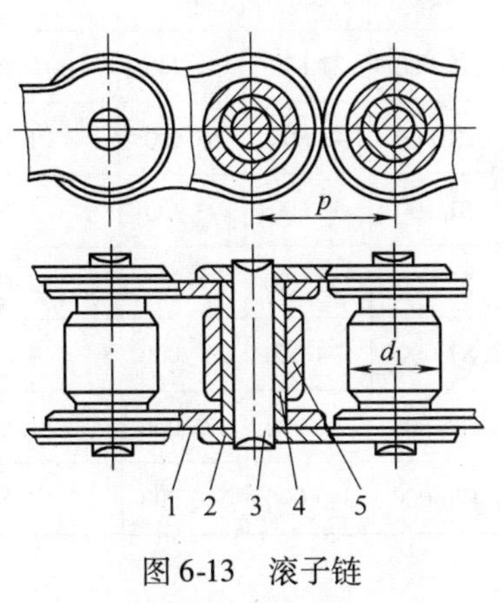

图6-13　滚子链
1—内链板　2—外链板　3—销轴
4—套筒　5—滚子

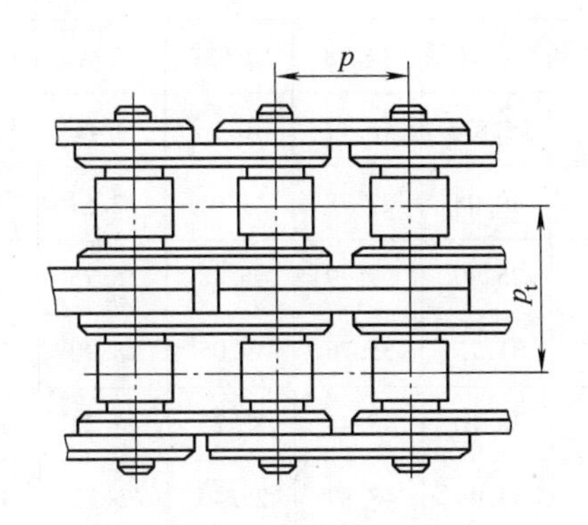

图6-14　双排滚子链

滚子链的长度以链节数（节距 p 的倍数）来表示。当链节数为偶数时，接头处可用开口销（图6-15a）或弹性锁片（图6-15b）来固定。通常前者用于大节距链，后者用于小节距链。当链节数为奇数时，接头处需采用过渡链节（图6-15c），过渡链节在链条受拉时，其链板承受附加弯矩的作用，从而使其强度降低，因此，在设计时应尽量避免采用奇数链节。

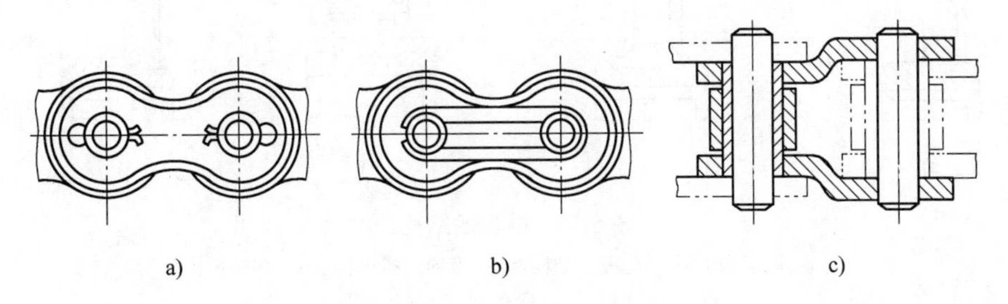

图6-15　滚子链的接头形式

目前我国使用的滚子链的标准是GB/T 1243—2006。根据使用场合和极限拉伸载荷的不同，滚子链分为A、B两个系列。A系列用于重载、高速和重要的传动；B系列用于一般传动。表6-5列出了国家标准规定的A系列滚子链的主要参数、尺寸和极限拉伸载荷，链号乘以25.4/16mm即为链节距 p 值。

滚子链的标记方法规定为：链号—排数×链节数　标准代号

例如，12A—2×100　GB/T 1243—2006表示A系列、节距为19.05mm，双排、100节的滚子链。

表 6-5　A 系列滚子链的主要参数

链号	节距 p/mm	排距 p_t/mm	滚子链外径 d_1/mm 最大	内链节内宽 b_1/mm 最小	销轴直径 d/mm 最大	内链板高度 h_2/mm 最大	极限拉伸载荷 单排 F_Q/N（最小）	双排 F_Q/N（最小）	三排 F_Q/N（最小）	单排质量 q /(kg · m^{-1})
08A	12.70	14.38	7.92	7.85	3.98	12.07	13 900	27 800	41 700	0.60
10A	15.875	18.11	10.16	9.40	5.09	15.09	21 800	43 600	65 400	1.00
12A	19.05	22.78	11.91	12.57	5.96	18.10	31 100	62 600	93 900	1.50
16A	25.40	29.29	15.88	15.75	7.94	24.13	55 600	111 200	166 800	2.60
20A	31.75	35.76	19.05	18.90	9.54	30.17	87 000	174 000	261 000	3.80
24A	38.10	45.44	22.23	25.22	11.11	36.20	125 000	250 000	375 000	5.60
28A	44.45	48.87	25.40	25.22	12.71	42.23	170 000	340 000	510 000	7.50

2. 滚子链链轮的结构和材料

链轮的结构如图 6-16 所示，小直径的链轮可采用整体式结构（图 6-16a）；中等尺寸的链轮可采用孔板式结构（图 6-16b）；大直径的链轮（$d \geqslant 200$mm）常采用组合结构，以便于更换齿圈，组合方式可为螺栓连接（图 6-16c），也可以为焊接（图 6-16d）。轮廓部分尺寸可参照带轮确定。

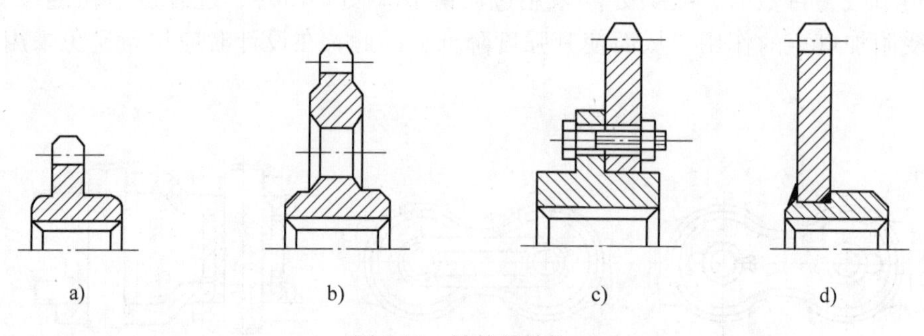

图 6-16　链轮的结构

a）整体式结构　b）孔板式结构　c）螺栓连接机构　d）焊接机构

链轮的材料应保证轮齿具有足够的强度和耐磨性。在低速、轻载和平稳的传动中，链轮材料可采用中碳钢；中速、中载传动也可用中碳钢，但需齿面淬火使其硬度大于 40HRC；在高速、重载且连续工作的传动中，最好采用低碳钢齿面渗碳淬火，或用中碳钢齿面淬火，淬硬至 40 ~ 45HRC。由于小链轮齿数少，啮合次数多，磨损、冲击比大链轮严重，所以小链轮材料及热处理要比大链轮的要求高。

三、链传动的运动特性及链节距的选择

1. 链传动的运动特性

链传动中的每一个链节都是刚性的，但是链节之间通过销轴和套筒的相对转动可以实现

链条的曲伸。因此链条进入链轮后形成正多边形（图 6-17），链传动相当于一对多边形之间的传动。该多边形的边长就是节距 p，边数就是链轮的齿数 z。链轮每转过一周时链条转过的长度为 zp。若主、从动轮的转速分别为 n_1、n_2，则链条的平均速度为

$$v=\frac{z_1pn_1}{60\times1\,000}=\frac{z_2pn_2}{60\times1\,000} \tag{6-11}$$

链传动的平均传动比为

$$i=\frac{n_1}{n_2}=\frac{z_2}{z_1} \tag{6-12}$$

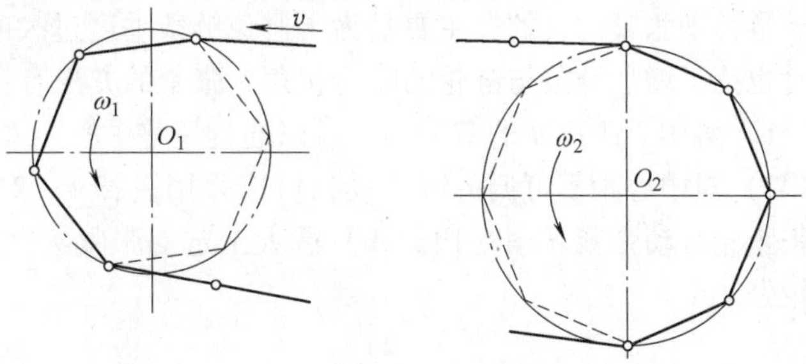

图 6-17　多边形传动

实际上，由于链条绕在链轮上呈多边形，因此，即使主动轮以等角速度 ω_1 回转时，其瞬时链速、从动轮的瞬时角速度 ω_2 和瞬时传动比都是周期性变化的。这种由于链条绕在链轮上形成多边形啮合传动而引起的传动速度不均匀的现象称为多边形效应。

链传动的这种速度不均匀性不可避免地要引起动载荷，且链节距越大，链轮齿数越少，链传动的多边形效应就越显著。

2. 链节距的选择

链节距越大，链传动的承载能力越强，但传动尺寸、链速的不均匀性、附加动载荷、冲击和噪声也越大，因此，在设计链传动时，应在满足传动功率的前提下，尽量选小节距链。高速重载时可选小节距多排链。

四、链传动的布置、张紧和润滑

1. 链传动的布置

链传动的布置是否合理，直接影响链传动的工作能力和使用寿命，通常链传动的布置应注意以下几点。

1）链传动的两轴应平行，两轴应位于同一平面内。

2）两轮中心线一般采用水平或接近水平的布置，与水平面的倾斜角 φ 应尽量避免超过 45°，并使松边在下，以防松边下垂过大使链条与链轮轮齿发生干涉或松边与紧边相碰，如图 6-18a、b 所示。

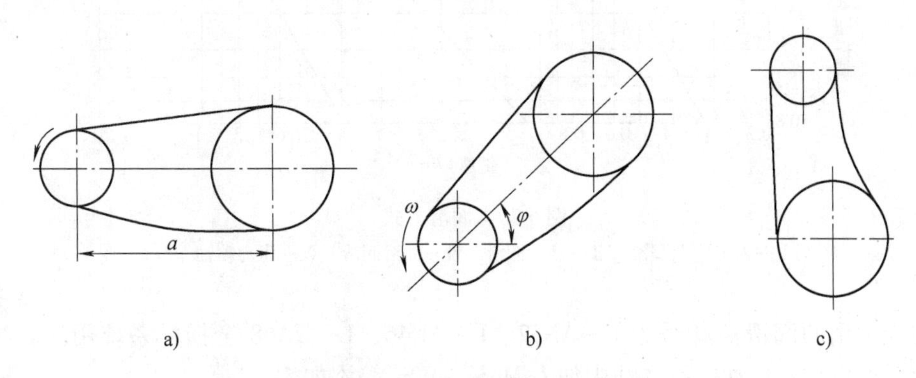

图 6-18　链传动的布置

3）链传动尽量避免铅垂布置，铅垂布置时应采用张紧轮，或使上、下轮偏置，使两轮轴线不在同一铅垂面内，如图 6-18c 所示。

2. 链传动的张紧

链传动张紧的目的，主要是为了避免链条垂度过大时产生啮合不良和链条的振动现象；同时也为了增加链条与链轮的啮合包角。张紧的方法有：

1）对中心距可调的链传动，可以通过调整中心距来控制张紧程度。

2）对中心距不可调的链传动，可以采用去掉 1 ~ 2 个链节的方法重新张紧；还可以采用张紧轮自动张紧（图 6-19a、b）或人工定期张紧（图 6-19c），张紧轮应设在松边靠近小链轮处。

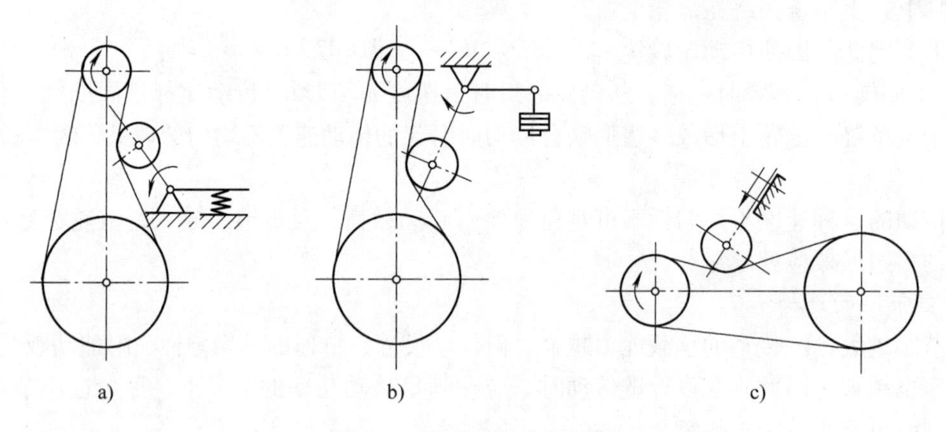

图 6-19　链传动的张紧装置

3. 链传动的润滑

良好的润滑有利于减少摩擦和磨损，延长链的使用寿命。链传动的润滑方式可根据图 6-20 选取。人工润滑时，在链条的松边内外链板间隙中注油，每班一次；滴油润滑时，一般每分钟滴油 5 ~ 10 滴，链速高时取大值；油浴润滑时，链条浸油深度为 6 ~ 12mm；飞溅润滑时，链条不得浸入油池，甩油盘浸油深度为 12 ~ 15mm。

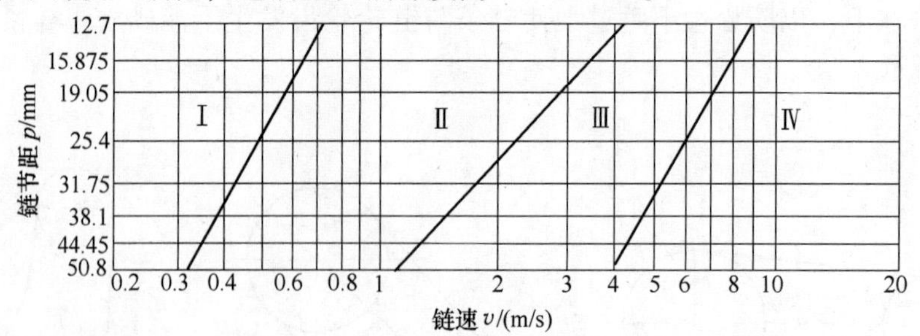

图 6-20　润滑方式

Ⅰ—人工定期润滑　Ⅱ—滴油润滑　Ⅲ—油浴润滑　Ⅳ—压力喷油润滑

链传动常用的润滑油牌号为 L—AN32、L—AN46、L—NA68 全损耗系统用油。对开式链传动及低速重载链传动，可在油中加入 MoS_2、WS_2 等添加剂。

习 题

6-1 在带传动中，什么是有效拉力？它和传动功率有什么关系？

6-2 带传动的打滑常在什么情况下发生？刚开始打滑时，紧边拉力和松边拉力有什么关系？

6-3 什么是弹性滑动？为什么说弹性滑动是带传动的固有特性？对传动有何影响？

6-4 普通 V 带传动传递的功率 $P = 20\text{kW}$，带速 $v = 12\text{m/s}$，紧边拉力 F_1 是松边拉力 F_2 的两倍。求紧边拉力 F_1 及有效拉力 F_e。

6-5 带传动张紧的目的是什么？有哪些张紧方法？张紧轮应放在何处？

6-6 带传动和链传动一般安装在传动系统的高速级还是低速级？为什么？

6-7 选择链节距的原则是什么？

6-8 为什么带传动紧边在下，而链传动紧边在上？

第七章　齿 轮 传 动

第一节　齿轮传动的工作原理

一、齿轮传动的特点和类型

齿轮传动是现代机械中应用最广泛的一种传动形式，它可以用来传递空间任意两轴之间的运动和动力，并实现运动的变速和变向。

1. 齿轮传动的特点

齿轮传动与其他传动形式相比，其主要优点是：

1）能保证瞬时传动比恒定，工作平稳。

2）传动比范围大，可用于增速或减速。

3）应用范围广，圆周速度可达300m/s，转速可达10^5r/min，传递功率可从小于1W到10^5kW。

4）传动效率高，一对高精度渐开线圆柱齿轮的效率可达99%以上。

5）工作可靠，寿命长。

齿轮传动的主要缺点是：

1）制造和安装精度要求高，成本较高。

2）不适于相距较远的两轴间的传动。

2. 齿轮传动的类型

按两齿轮的轴线位置、齿向和啮合情况的不同，齿轮传动可分类如下，如图7-1所示。

- （1）平行轴齿轮传动
  - 直齿圆柱齿轮传动
    - 外啮合直齿圆柱齿轮传动
    - 内啮合直齿圆柱齿轮传动
    - 齿轮与齿条啮合传动
  - 平行轴斜齿圆柱齿轮传动
  - 人字齿轮传动
- （2）相交轴齿轮传动
  - 直齿锥齿轮传动
  - 曲齿锥齿轮传动
- （3）交错轴齿轮传动
  - 交错轴斜齿轮传动
  - 蜗杆传动

按齿轮工作条件的不同，齿轮传动可分为开式齿轮传动和闭式齿轮传动。前者的齿轮暴露在外面，不能保持良好的润滑，灰尘和杂物容易进入轮齿啮合处，引起齿面磨损，适用于低速、不重要的传动。后者的齿轮封闭在刚性很大的箱体内，具有良好的润滑和工作条件，适用于速度较高或重要的传动。

按齿廓表面的硬度不同，齿轮传动可分为软齿面（硬度≤350HBW）齿轮传动和硬齿面（硬度>350HBW）齿轮传动。

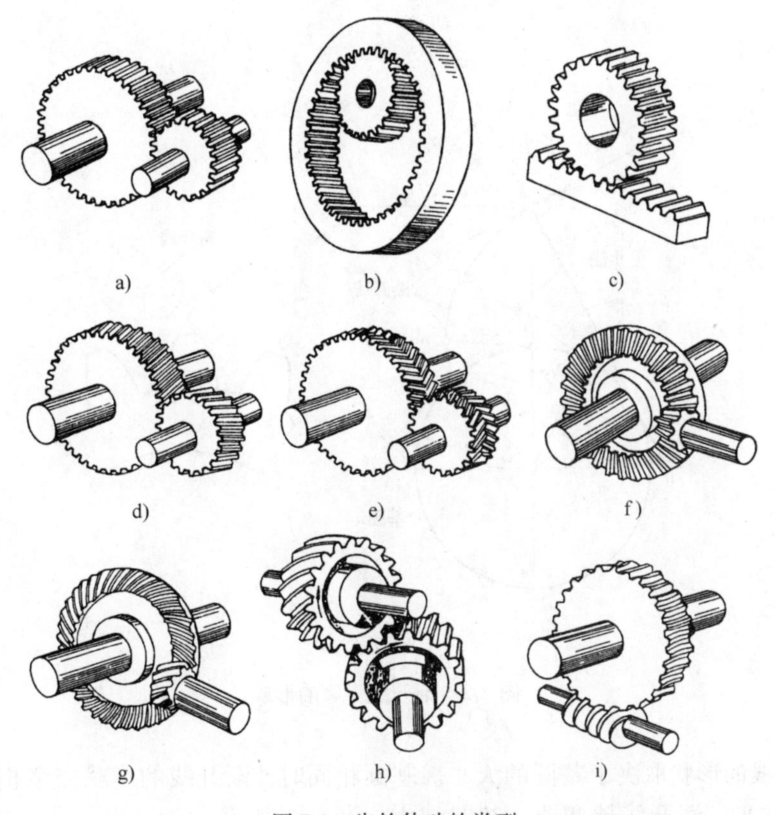

图 7-1　齿轮传动的类型

a）外啮合直齿圆柱齿轮传动　b）内啮合直齿圆柱齿轮传动　c）齿轮齿条传动　d）平行轴斜齿圆柱齿轮传动　e）人字齿轮传动　f）直齿锥齿轮传动　g）曲齿锥齿轮传动　h）交错轴斜圆柱齿轮传动　i）蜗杆传动

按轮齿齿廓曲线的不同，齿轮传动又可分为渐开线齿轮传动、圆弧齿轮传动、摆线齿轮传动，本章仅讨论制造、安装方便、应用最广的渐开线齿轮。

二、渐开线齿廓及啮合特性

1. 渐开线齿廓的形成

如图 7-2a 所示，当一直线 nn 沿一固定的圆周作纯滚动时，直线上任意一点 K 的轨迹 AK 称为该圆的渐开线。这个圆称为渐开线的基圆，其半径用 r_b 表示，直线 nn 称为渐开线的发生线。渐开线齿轮轮齿两侧的齿廓就是由两段对称的渐开线组成的，如图 7-2b 所示。

2. 渐开线的性质

由渐开线的形成过程可知，渐开线具有以下性质。

1）发生线沿基圆滚过的线段长度等于基圆上被滚过的弧长，即 $\overset{\frown}{NA} = \overline{NK}$。

2）渐开线上任意点的法线恒与基圆相切。由渐开线的形成可知，发生线沿基圆滚动时，切点 N 为瞬时速度中心，K 点的速度方向必垂直于 NK，也就是渐开线的切线方向，所以渐开线上任意一点 K 的法线恒与基圆相切。切点 N 为渐开线在 K 点的曲率中心，线段 NK 为渐开线在 K 点的曲率半径。渐开线上的点离基圆越远，曲率半径越大，渐开线越平直；相反，渐开线上的点离基圆越近，曲率半径越小，渐开线越弯曲。

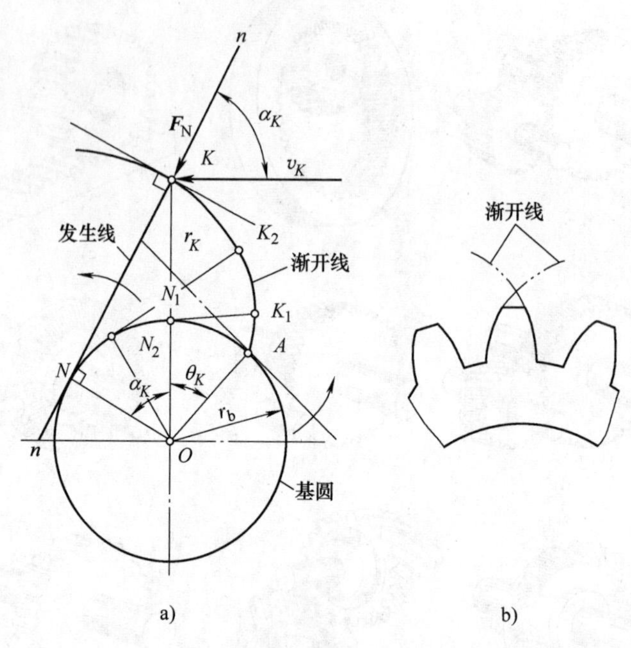

图 7-2　渐开线齿廓的形成

3）渐开线的形状取决于基圆的大小。基圆相同时，渐开线的形状完全相同。如图 7-3 所示，基圆越小，渐开线越弯曲；基圆越大，渐开线越平直。当基圆趋于无穷大时，渐开线变成为一条直线，齿轮演变成齿条。

4）渐开线是从基圆开始向外展开的，故基圆以内无渐开线。

5）渐开线上各点压力角不同，离基圆越远，压力角越大。

如图 7-2 所示，渐开线上某点 K 的速度 v_K 与正压力 F_N 间所夹的锐角 α_K 称为 K 点的压力角。由 $\triangle ONK$ 知

$$\cos\alpha_K=\frac{ON}{OK}=\frac{r_b}{r_K} \tag{7-1}$$

式中，r_K 为 K 点到轮心的距离，称为向径；r_b 为基圆半径。

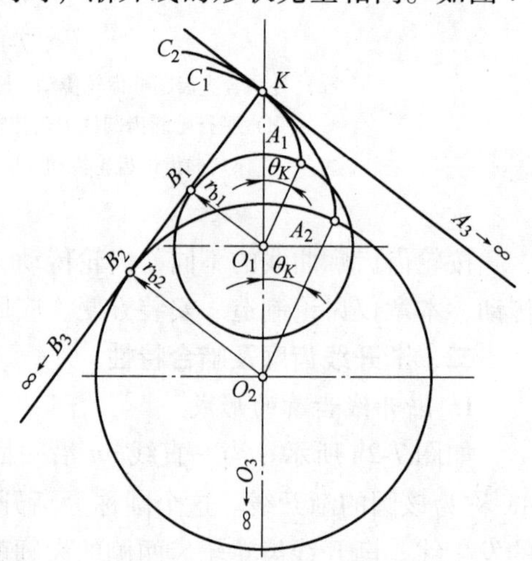

图 7-3　渐开线的形状与基圆大小的关系

式（7-1）表明，渐开线上各点的压力角不相等，向径 r_K 越大，压力角越大。基圆上的压力角为 0°。

3. 渐开线的啮合特性

（1）渐开线齿廓能保证定传动比要求　如图 7-4 所示，一对齿轮的两渐开线齿廓 E_1、E_2 在 K 点相啮合，过 K 点作两齿廓的公法线 nn，与两齿轮的连心线 O_1O_2 交于 P 点。可以证明，互相啮合传动的一对渐开线齿廓，在任一瞬时的传动比与连心线被其啮合齿廓在接触

点的公法线所分得的两线段 O_1P、O_2P 成反比，即 $i_{12}=\dfrac{\omega_1}{\omega_2}=\dfrac{O_2P}{O_1P}$。这一规律称为齿廓啮合基本定律。由这一定律可知，要使一对传动齿轮保持恒定的传动比，则不论齿廓在任何位置接触，过接触点所作的齿廓公法线必须与两齿轮的连心线交于一定点。显然，由渐开线的性质可知，过 K 点的两齿廓公法线 nn 必同时与两基圆相切，即 nn 线是两基圆的内公切线，N_1、N_2 为切点。因为两基圆在同一方向的内公切线仅有一条，且在齿轮传动过程中，两基圆的大小及位置均不变，所以两齿廓无论在何处接触，过接触点两齿廓的公法线 nn 为一条固定的直线，与连心线的交点 P 为一固定点。因此渐开线齿廓满足定传动比要求。即

$$i_{12}=\frac{\omega_1}{\omega_2}=\frac{O_2P}{O_1P}=\text{常数} \tag{7-2}$$

固定点 P 称为节点，分别以 O_1、O_2 为圆心，以 O_1P、O_2P 为半径所作的两个相切的圆称为节圆，两轮的节圆半径分别以 r_1'、r_2' 表示。一对齿轮传动时，节圆作纯滚动。

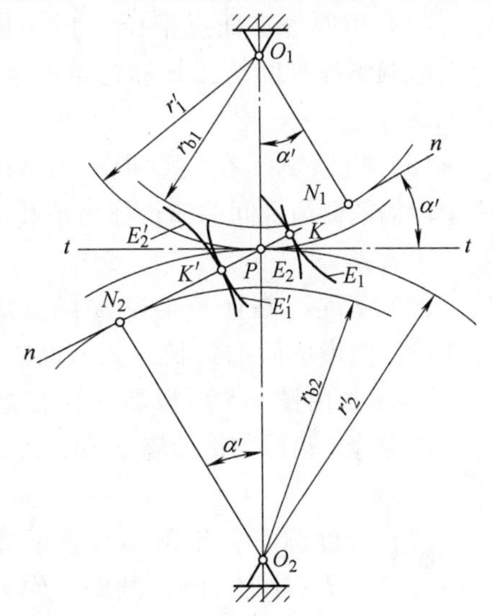

图 7-4　渐开线齿廓能保证定传动比

（2）渐开线齿廓的中心距可分性　由图 7-4 可知，$\triangle O_1N_1P \backsim \triangle O_2N_2P$，所以

$$i=\frac{\omega_1}{\omega_2}=\frac{O_2P}{O_1P}=\frac{r_2'}{r_1'}=\frac{r_{b2}}{r_{b1}} \tag{7-3}$$

由式（7-3）可知，渐开线齿轮的传动比取决于两轮基圆半径的大小，而与两轮的中心距无关。当两个齿轮加工完以后，两轮的基圆半径便已确定，所以当两轮的实际中心距相对于理论中心距略有误差时（由于制造和安装造成的误差），传动比仍保持不变。渐开线齿轮传动的这个性质，称为渐开线齿廓的中心距可分性。当有制造、安装误差或轴承磨损导致中心距微小改变时，仍能保持良好的传动性能。

（3）渐开线齿廓间的正压力方向不变　由于渐开线齿廓不论在何处接触，其接触点都在两基圆的内公切线 N_1N_2 上，因此线 N_1N_2 是两齿廓接触点的轨迹，故将线 N_1N_2 称为渐开线齿轮传动的啮合线。啮合线与两节圆内公切线 tt 间所夹的锐角称为啮合角，用 α' 表示。由图 7-4 可知，啮合角等于节圆上的压力角，简称节圆压力角。

一对渐开线齿廓啮合时，若不考虑齿廓间的摩擦，两齿廓间的正压力沿接触点的公法线方向。而接触点的公法线都是同一条直线 N_1N_2，故两啮合齿廓间的正压力方向始终不变。当齿轮传动的转矩一定时，渐开线齿廓间作用力的大小和方向均不变，这对于齿轮传动的平稳性是很有利的。

第二节　渐开线标准直齿圆柱齿轮传动

一、渐开线标准直齿圆柱齿轮各部分的名称、主要参数

图 7-5 所示为标准直齿圆柱齿轮的一部分，各部分名称及符号如下：

（1）齿数　在齿轮整个圆周上轮齿的总数称为齿轮的齿数，用 z 表示。

（2）齿顶圆　过齿轮各齿顶部的圆称为齿顶圆，其直径和半径分别用 d_a 和 r_a 表示。

（3）齿根圆　过轮齿齿槽底部的圆称为齿根圆，其直径和半径分别用 d_f 和 r_f 表示。

（4）齿厚　在任意半径 r_k 的圆周上，一个轮齿两侧齿廓间的弧长称为该圆上的齿厚，用 s_k 表示。

（5）齿槽宽　在任意半径 r_k 的圆周上，一个齿槽两侧齿廓间的弧长称为该圆上的齿槽宽，用 e_k 表示。

（6）齿距　在任意半径 r_k 的圆周上，相邻两齿同侧齿廓间的弧长称为该圆上的齿距，用 p_k 表示。由图 7-5 可以看出，在同一圆周上，齿距等于齿厚与齿槽宽之和，即 $p_k = s_k + e_k$。

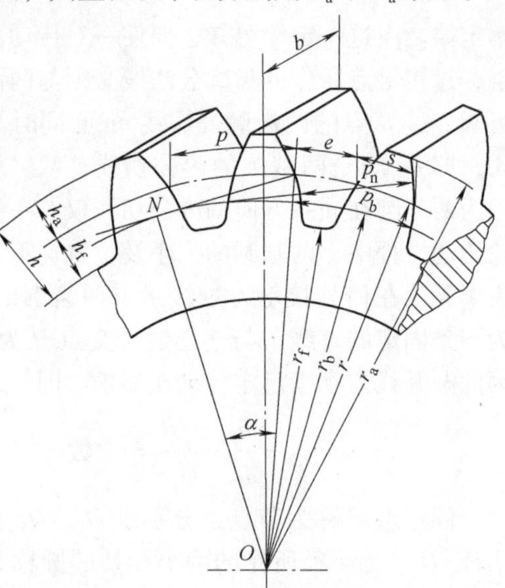

图 7-5　标准直齿圆柱齿轮的一部分

（7）分度圆　在齿顶圆和齿根圆之间规定一直径为 d（半径为 r）的圆，作为计算齿轮各部分尺寸的标准，并把这个圆称为分度圆。分度圆上的齿厚、齿槽宽和齿距分别用 s、e 和 p 表示，则有 $p = s + e$。

（8）齿顶高、齿根高、全齿高　轮齿介于分度圆和齿顶圆之间的各部分称为齿顶，其径向高度称为齿顶高，用 h_a 表示。齿轮介于分度圆和齿根圆之间的部分称为齿根，其径向高度称为齿根高，用 h_f 表示。齿轮介于齿顶圆和齿根圆之间的径向高度称为全齿高，用 h 表示，$h = h_a + h_f$。

（9）齿宽　轮齿的轴向宽度称为齿宽，用 b 表示。

（10）模数　分度圆直径 d、齿距 p 和齿数 z 三者之间的关系为 $d = \frac{p}{\pi} z$，于是将 $\frac{p}{\pi}$ 规定为一个简单的有理数，称其为模数，用 m 表示，其单位为 mm，则

$$m = \frac{p}{\pi} \tag{7-4}$$

于是有

$$d = mz \tag{7-5}$$

模数是计算齿轮尺寸的一个基本参数。齿数相同的齿轮，模数越大，则其轮齿越大，承载能力越强，如图 7-6 所示。

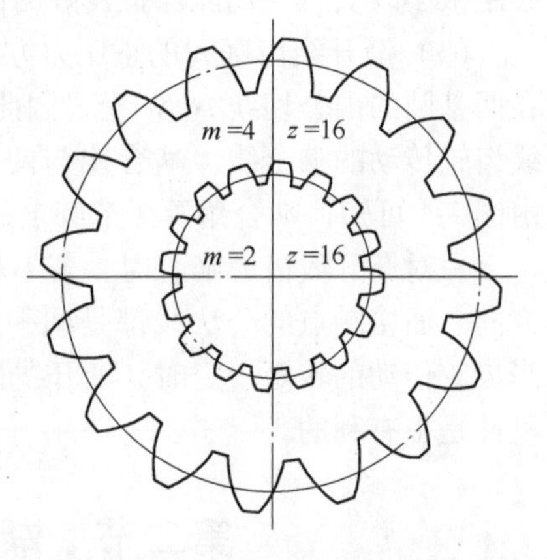

图 7-6　不同模数的齿轮图

齿轮的模数在我国已经标准化，表 7-1 列出我国标准模数系列的一部分。

（11）压力角　由渐开线的性质可知，渐开线齿廓上各点的压力角是不相等的。规定分度圆上的压力角为标准值。我国规定标准压力角为 20°。其他国家常用的压力角还有 15°、

14.5°等。

表 7-1 渐开线齿轮的标准模数值（摘自 GB/T 1357—2008） （单位：mm）

第一系列	1	1.25	1.5	2	2.5	3	4	5	6	8
	10	12	16	20	25	32	40	50		
第二系列	1.125	1.375	1.75	2.25	2.75	3.5	4.5	5.5	(6.5)	7
	9	11	14	18	22	28	36	42		

注：1. 在选用模数时，应优先采用第一系列，其次是第二系列，括号内的模数尽可能不用。

2. 本表适用于渐开线圆柱齿轮。对于斜齿轮是指法向模数。

至此，分度圆可定义为：齿轮上具有标准模数和标准压力角的圆。由式（7-5）可知，当齿轮的模数和齿数一定时，其分度圆一定，所以任何一个齿轮都只有一个分度圆。

（12）齿顶高系数、顶隙系数和顶隙　齿轮的各部分尺寸均以模数作为计算基础，因此齿顶高和齿根高可表示为

$$h_a = h_a^* m \tag{7-6}$$

$$h_f = m(h_a^* + c^*) \tag{7-7}$$

上述两式中，h_a^* 为齿顶高系数，c^* 为顶隙系数。h_a^* 和 c^* 规定为标准值，我国规定正常齿制 $h_a^*=1$，$c^*=0.25$；短齿制 $h_a^*=0.8$，$c^*=0.3$。

顶隙 $c=c^*m$，指一对齿轮啮合时，一个齿轮的齿顶圆到另外一个齿轮的齿根圆的径向距离。当齿轮工作时，顶隙内可以储存润滑油，有利于齿面的润滑。

（13）基圆齿距、法向齿距　基圆齿距 p_b 可根据基圆的周长，并运用式（7-1）得 $d_b = d\cos\alpha$，再由式（7-5）求得

$$p_b = \frac{\pi d_b}{z} = \frac{\pi d}{z}\cos\alpha = \pi m\cos\alpha \tag{7-8}$$

齿轮相邻两齿同侧齿廓间的法向距离，称为齿轮的法向齿距，用 p_n 表示，如图 7-5 所示。根据渐开线的性质可知，法向齿距 p_n 与基圆齿距 p_b 相等，即

$$p_n = p_b = \pi m\cos\alpha \tag{7-9}$$

由以上分析可知，齿数 z、模数 m、压力角 α、齿顶高系数 h_a^* 和顶隙系数 c^* 是直齿圆柱齿轮的五个主要参数。

二、标准直齿圆柱齿轮的几何尺寸

如果一个齿轮的 m、α、h_a^* 和 c^* 均为标准值，并且在分度圆上 $s=e$，则该齿轮称为标准齿轮。当五个主要参数确定后，可根据表 7-2 列出的公式计算标准直齿圆柱齿轮的几何尺寸。

表 7-2 渐开线直齿圆柱齿轮的几何尺寸计算

名称	符号	计算公式	
		小齿轮 1	大齿轮 2
模数	m	根据齿轮强度计算确定，并取标准值	
压力角	α	$\alpha=20°$	
分度圆直径	d	$d_1=mz_1$	$d_2=mz_2$
齿顶高	h_a	$h_a=h_a^* m$	

（续）

名称	符号	计算公式	
		小齿轮 1	大齿轮 2
齿根高	h_f	$h_f=(h_a^*+c^*)m$	
齿高	h	$h=h_a+h_f=(2h_a^*+c^*)m$	
顶隙	c	$c=c^*m$	
齿顶圆直径	d_a	$d_{a1}=d_1\pm 2h_a=(z_1\pm 2h_a^*)m$	$d_{a2}=d_2\pm 2h_a=(z_2\pm 2h_a^*)m$
齿根圆直径	d_f	$d_{f1}=d_1\mp 2h_f=(z_1\mp 2h_a^*\mp 2c^*)m$	$d_{f2}=d_2\mp 2h_f=(z_2\mp 2h_a^*\mp 2c^*)m$
基圆直径	d_b	$d_{b1}=d_1\cos\alpha$	$d_{b2}=d_2\cos\alpha$
齿距	p	$p=\pi m$	
基圆齿距	p_b	$p_b=\pi m\cos\alpha$	
齿厚	s	$s=\dfrac{p}{2}=\dfrac{\pi m}{2}$	
齿槽宽	e	$e=\dfrac{p}{2}=\dfrac{\pi m}{2}$	
标准中心距	a	$a=\dfrac{1}{2}(d_1\pm d_2)=\dfrac{m}{2}(z_1\pm z_2)$	

注：表中正负号处，上面符号用于外齿轮，下面符号用于内齿轮。

当基圆半径趋于无穷大时，渐开线齿廓变成直线齿廓，齿轮变成齿条。齿轮上的齿顶圆、分度圆、齿根圆变成齿条上相应的齿顶线、分度线、齿根线，如图 7-7 所示。齿条与齿轮相比有以下两个主要特点：

1）由于齿条的齿廓是直线，所以齿廓上各点的法线是平行的，而且在传动时齿条作平移运动，齿廓上各点速度的大小和方向都一致，所以齿条齿廓上各点的压力角相同，其大小等于齿廓的倾斜角（取标准值 20°），称为齿形角。

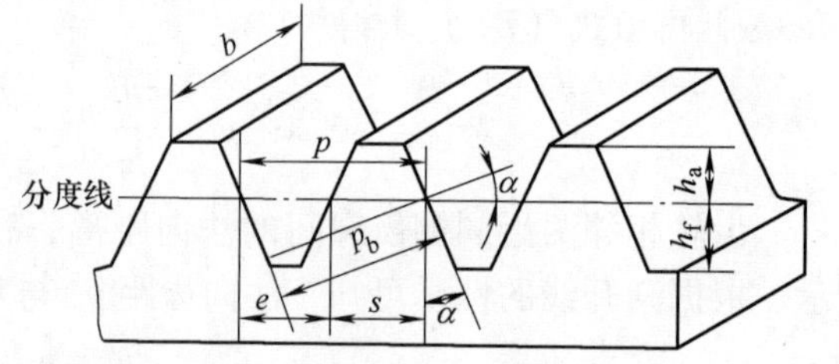

图 7-7　齿条各部分的名称和符号

2）由于齿条上各同侧的齿廓是平行的，所以在与分度线平行的其他直线上，其齿距都相等。

齿条各部分几何尺寸的计算公式与外齿轮的几何尺寸计算公式相同。

三、渐开线标准直齿圆柱齿轮的啮合传动

1. 正确啮合条件

一对渐开线齿廓啮合时，可以保证瞬时传动比恒定，但并不表明任意两个渐开线齿轮都能互相搭配并正确啮合传动。一对渐开线齿轮要正确啮合，必须满足一定的条件。如图 7-8 所示，当前一对齿轮在 K 点相接触时，后一对轮齿在 K' 点接触。由前面分析可知，K 点和 K' 点都应在啮合线 N_1N_2 上，且 KK' 为齿轮的法向齿距。显然，要使两齿轮正确啮合，两齿轮的法向齿距应相等，即 $p_{n1}=p_{n2}$。又因法向齿距 p_n 与基圆齿距 p_b 相等，故得

$$p_{b1}=p_{b2}$$

由于齿轮的模数和压力角均已标准化，所以必须使

$$\begin{cases} m_1 = m_2 = m \\ \alpha_1 = \alpha_2 = \alpha \end{cases} \tag{7-10}$$

式（7-10）表明，一对渐开线标准直齿圆柱齿轮的正确啮合条件为：两齿轮的模数和压力角必须分别相等。这样一对齿轮传动的传动比可表示为

$$i_{12} = \frac{\omega_1}{\omega_2} = \frac{d_2'}{d_1'} = \frac{d_{b2}}{d_{b1}} = \frac{d_2}{d_1} = \frac{z_2}{z_1} \tag{7-11}$$

2. 标准中心距

一对齿轮啮合传动时，一轮节圆上的齿槽宽与另一轮节圆上的齿厚之差称为齿侧间隙。在啮合传动时，为避免齿轮反转时发生冲击和出现空行程，理论上要求无齿侧间隙，而实际上由于啮合齿面间润滑、制造与安装误差，工作时温升引起的轮齿膨胀等原因，需要在两轮非工作齿廓间留有适当的齿侧间隙，但这个齿侧间隙是靠轮齿齿厚公差来保证的。理论上无齿侧间隙的齿轮啮合称为无侧隙啮合。

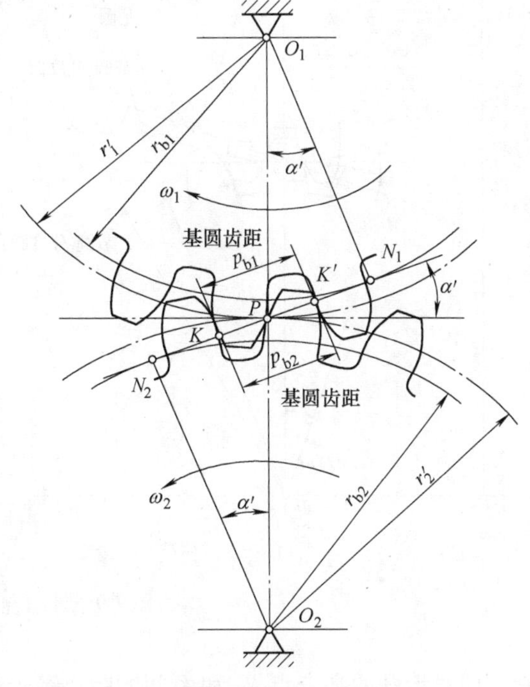

图 7-8　渐开线标准直齿轮传动的正确啮合条件

图 7-9a 所示为一对标准外啮合齿轮传动。因标准齿轮分度圆上的齿厚等于齿槽宽，如在安装时使两轮的节圆均与分度圆重合，则有 $s_1' = s_1$、$e_1' = e_1$、$s_2' = s_2$、$e_2' = e_2$，显然符合无侧隙啮合条件。这样的安装称为标准安装，此时的中心距称为标准中心距，用 a 表示。由图 7-9a 可得

$$a = r_1' + r_2' = r_1 + r_2 = \frac{m}{2}(z_1 + z_2) \tag{7-12}$$

由于齿轮的制造和安装误差、运转时径向力的作用以及轴承磨损等原因，齿轮的实际中心距 a' 往往与标准中心距 a 不相一致，而略有变动。当两轮的分度圆相离，即实际中心距 a' 大于标准中心距 a 时，啮合角 α' 大于分度圆压力角 α，如图 7-9b 所示。

需要注意：对于单一齿轮而言，只有分度圆而无节圆，一对齿轮啮合时才有节圆。标准齿轮只有在分度圆与节圆重合时，压力角与啮合角才相等；否则，压力角与啮合角不相等。

3. 渐开线齿轮连续传动的条件

齿轮传动是依靠两轮的轮齿依次啮合而实现的。如图 7-10 所示，一对齿轮的啮合是从主动轮的齿根推动从动轮的齿顶开始的，因此起始啮合点是从动轮齿顶圆与啮合线 N_1N_2 的交点 B_2，随着齿轮传动的进行，两齿廓的啮合点沿啮合线向左下方移动。当啮合点移至主动轮 1 的齿顶圆与啮合线 N_1N_2 的交点 B_1 时，齿廓啮合终止，B_1 称为终止啮合点。由此可见，B_1B_2 为齿廓的实际啮合线段。显然，随着齿顶圆的增大，B_1B_2 线段可以加长，但由于基圆内无渐开线，所以啮合点不会超过 N_1 和 N_2。要使齿轮能连续传动，即要求前一对齿轮在终止啮合点 B_1 前（如 K 点）啮合时，后一对齿轮已到达起始啮合点 B_2 啮合。由前述可

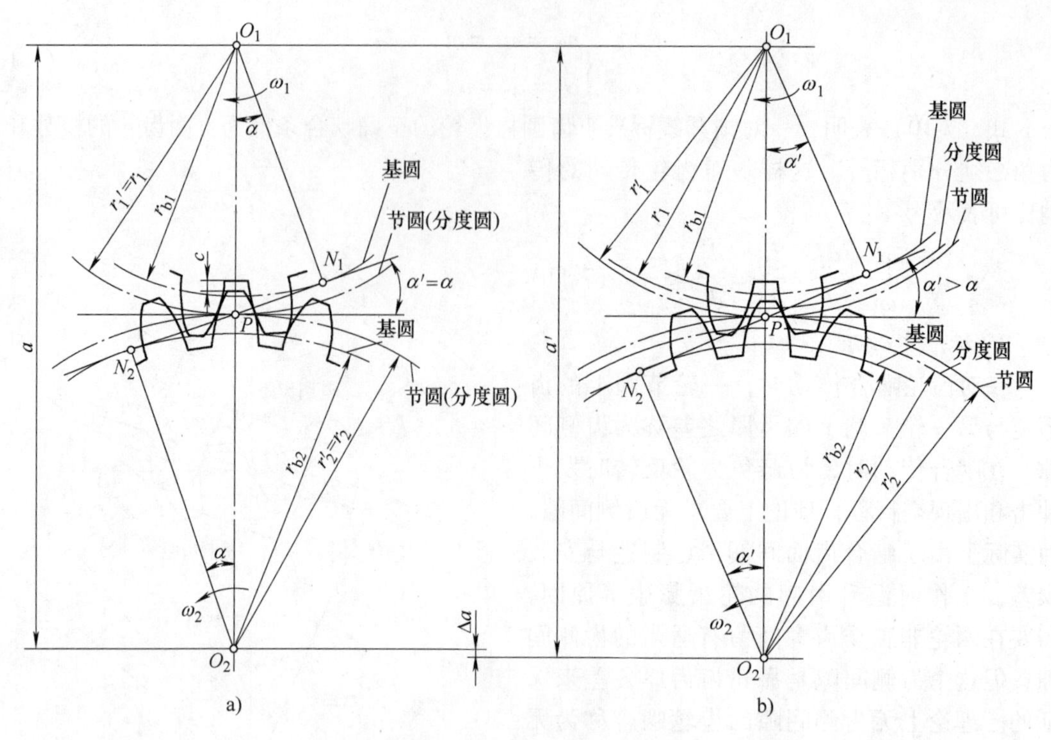

图 7-9　外啮合齿轮传动中心距

知，两对齿廓的啮合点 B_2 和 K 间的距离等于基圆齿距 p_b，可见保证连续传动的条件是

$$\overline{B_1B_2} \geqslant p_b \tag{7-13}$$

实际啮合线段长度 $\overline{B_1B_2}$ 与基圆齿距 p_b 之比称为重合度，用 ε 表示，即

$$\varepsilon = \frac{\overline{B_1B_2}}{p_b} \tag{7-14}$$

从理论上讲，$\varepsilon=1$ 就能保证齿轮连续传动。但因齿轮的制造、安装难免会有误差，为确保齿轮的连续传动，应使 $\varepsilon>1$。若 $\varepsilon=1$，则表示在传动过程中，仅有一对轮齿啮合；若 $\varepsilon=2$，则表示有两对轮齿同时啮合；若 $\varepsilon=1.2$，则表示齿轮在转过一个基圆齿距 p_b 的时间内，双齿啮合的时间为 30%，单齿啮合的时间为 70%。可见，重合度越大，双齿啮合时间越长，齿轮传动的平稳性越好。

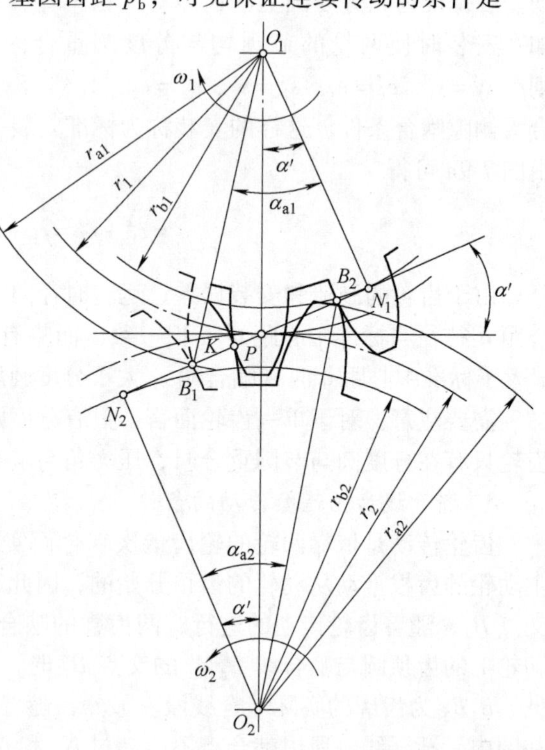

图 7-10　齿轮连续传动的条件

例 7-1　有一对正常齿制外啮合标准直齿圆柱齿轮传动，已知模数 $m=2.5\text{mm}$，中心距 $a=90\text{mm}$，传动比 $i=$

2.6。试计算这对齿轮的 d_1、d_2、d_{a1}、d_{a2}、h_a、h_f、h。

解　根据
$$a=\frac{m}{2}(z_1+z_2)=\frac{mz_1(1+i)}{2}$$

得
$$z_1=\frac{2a}{m(1+i)}=\frac{2\times 90\text{mm}}{2.5\text{mm}\times(1+2.6)}=20$$

$$z_2=iz_1=2.6\times 20=52$$

$$d_1=mz_1=2.5\text{mm}\times 20=50\text{mm}$$

$$d_2=mz_2=2.5\text{mm}\times 52=130\text{mm}$$

$$d_{a1}=(z_1+2h_a^*)m=(20+2\times 1)\times 2.5\text{mm}=55\text{mm}$$

$$d_{a2}=(z_2+2h_a^*)m=(52+2\times 1)\times 2.5\text{mm}=135\text{mm}$$

$$h_a=h_a^*m=1\times 2.5\text{mm}=2.5\text{mm}$$

$$h_f=(h_a^*+c^*)m=(1+0.25)\times 2.5\text{mm}=3.125\text{mm}$$

$$h=h_a+h_f=2.5\text{mm}+3.125\text{mm}=5.625\text{mm}$$

四、渐开线齿廓的切削加工

渐开线齿廓的加工方法有很多，如铸造、冲压、热轧及切削法等，最常用的是切削法。切削法根据加工原理的不同，可分为仿形法和展成法两种。

1. 仿形法

仿形法是在普通铣床上用轴平面形状与被切齿轮齿槽形状完全相同的成形铣刀，直接铣削而形成齿廓的加工方法。常用的成形刀具有盘形铣刀（图 7-11a）和指形齿轮铣刀（图 7-11b）。加工时铣刀绕自身轴线回转，同时轮坯沿自身轴线移动。铣出一个齿槽后，将工件转过 360/z，再铣下一个齿槽，直到铣出所有的齿槽。

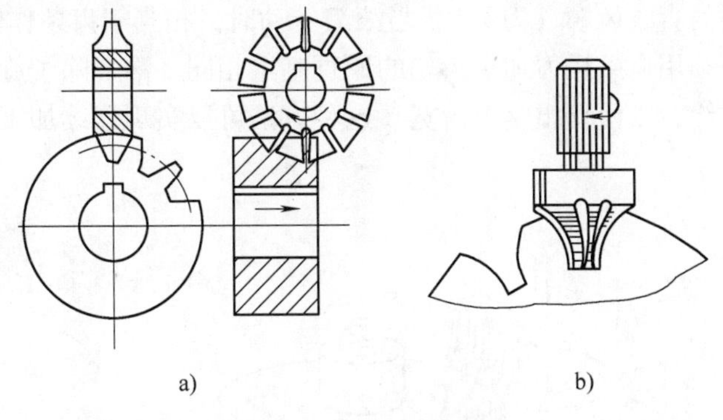

图 7-11　仿形法加工齿轮

用仿形法加工齿轮，可以在普通铣床上进行，不需要专用机床。但由于加工过程不连续，生产率低。另外，由于铣刀数量的限制，使加工出来的齿轮精度较低，因此只适合单件或精度要求不高的齿轮加工。

2. 展成法

展成法是利用齿轮啮合时齿廓曲线互为包络线的原理加工齿轮的方法。加工时将其中的一个齿轮制成刀具，而另一个作为轮坯，并使两者的运动就像一对互相啮合的齿轮，运动过程中将轮坯切出渐开线齿廓。用展成法加工齿轮通常有插齿、滚齿、磨齿和剃齿等方法，其中磨齿和剃齿属于精加工。

用齿轮插刀加工齿轮的情况如图 7-12a 所示。齿轮插刀是一个具有渐开线齿形、模数、压力角与被切齿轮相同的刀具，插齿时，通过调整机床的传动系统使齿轮插刀与轮坯之间以确定的传动比 $i=n_{刀}/n_{坯}=z_{坯}/z_{刀}$ 旋转，同时齿轮插刀不断沿轮坯轴线方向进行往复切削运动。为了防止插刀退刀时擦伤已加工好的齿廓表面，在插刀向上运动时，轮坯还需作小距离的让刀运动。另外为了切出轮齿的整个高度，插刀还需要向轮坯中心移动，作径向进给运动。这样刀具的渐开线齿廓就在轮坯上包络出渐开线齿轮的齿廓（图 7-12b）。

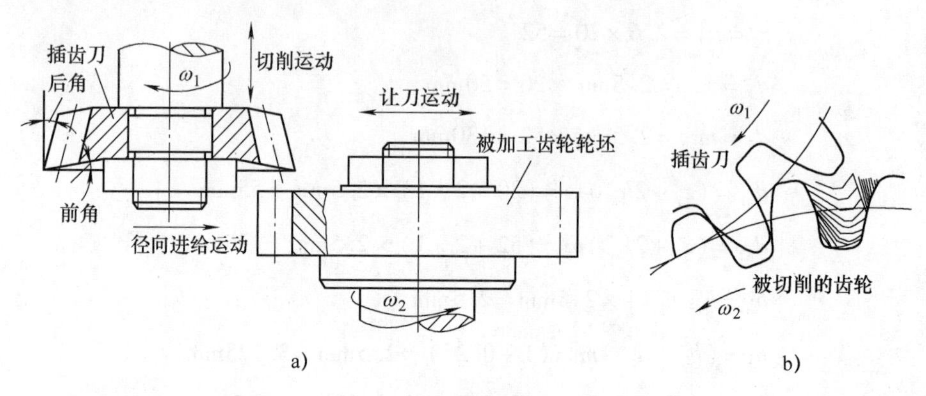

图 7-12　齿轮插刀加工齿轮

用齿条插刀加工齿轮的情况如图 7-13 所示。插齿时刀具与轮坯的展成运动相当于齿条与齿轮的啮合传动，其加工原理与用齿轮插刀加工齿轮的原理相同。无论用齿轮插刀还是齿条插刀，加工中均具有空行程，加工过程不连续，故生产率较低。

用齿轮滚刀加工齿轮的情况如图 7-14 所示。齿轮滚刀像一螺旋，它的轴平面内具有齿条的直线齿廓（刀刃）。当滚刀转动时，相当于齿条作轴向移动。所以用滚刀切制齿轮的原理和用齿条插刀加工齿轮的原理基本相同。滚刀除了旋转之外，还需沿着轮坯的轴线缓慢地进给，以便切出整个齿宽。这种方法可以实现连续加工，生产率较高。

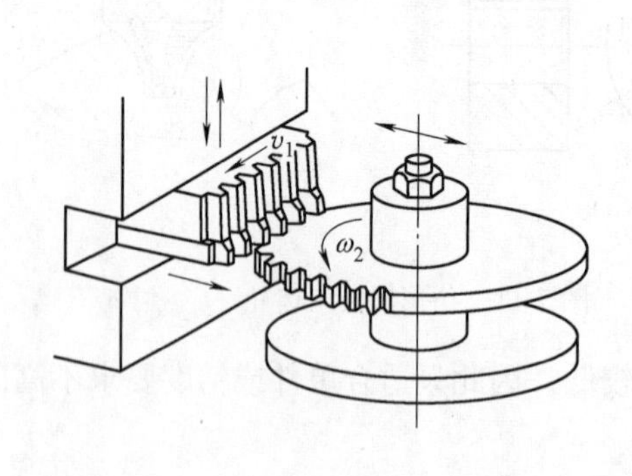

图 7-13　齿条插刀加工齿轮

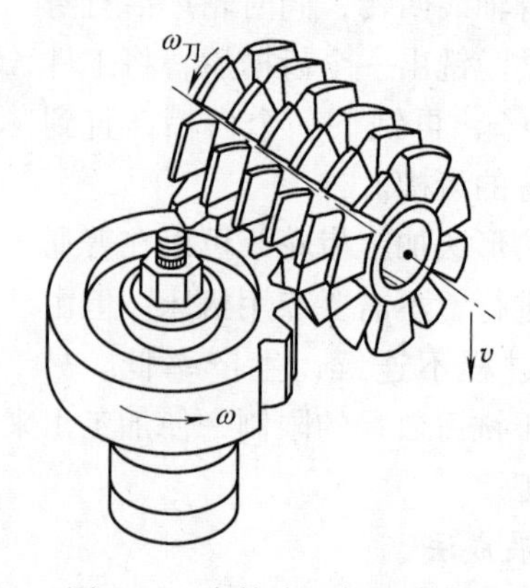

图 7-14　齿轮滚刀加工齿轮

用展成法加工齿轮时，只要刀具的模数、压力角与被加工齿轮的模数、压力角分别相等，则无论被加工齿轮齿数是多少，都可以使用同一把刀具加工，且齿轮加工精度与生产率较高，所以展成法广泛用于大批量生产中。但由于切齿时需要专用机床，加工成本较高。

五、根切现象、最少齿数和变位齿轮的概念

1. 根切现象和最少齿数

用展成法加工齿轮时，若刀具的齿顶线超过理论啮合极限 N_1 时（图 7-15a），刀具会将轮齿根部的渐开线齿廓切去一部分，如图 7-15b 所示，这种现象称为根切。轮齿的根切大大削弱了齿轮的弯曲强度，降低了齿轮传动的平稳性和重合度，对传动产生不利影响，因此应设法避免。

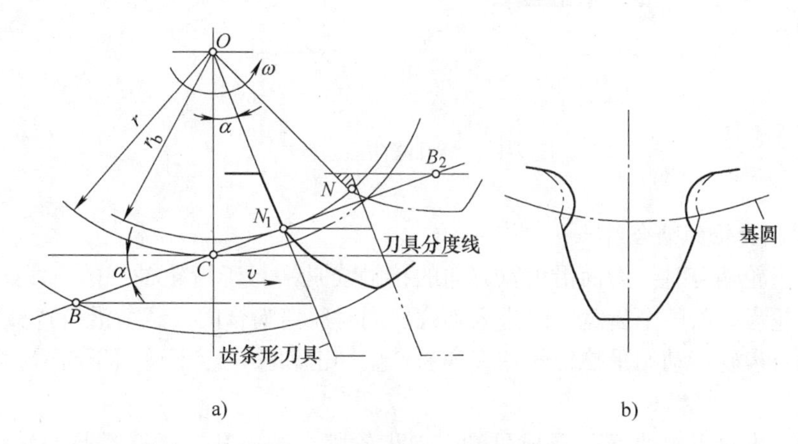

图 7-15 根切的产生和根切现象

为了避免发生根切现象，标准齿轮的齿数应有一个最少的限度，这个齿数称为最少齿数，用 $z_{\min}$ 表示。当 $\alpha=20°$，$h_a^*=1$ 时，$z_{\min}=17$。

2. 变位齿轮的概念

标准齿轮避免根切的措施是使齿轮齿数大于或等于最少齿数。对于齿数少于 $z_{\min}$ 的齿轮，要避免根切，可以采用将刀具远离轮坯，使刀具的齿顶线低于啮合极限点 N_1 的方法来切齿。这时切制出来的齿轮就不会发生根切，但此时齿条刀具的分度线与齿轮的分度圆不再相切。这种在不改变被切齿轮齿数的情况下，只改变刀具与轮坯的相对位置加工出来的齿轮称为变位齿轮。刀具移动的距离 $X=xm$ 称为变位量，x 称为变位系数。并规定刀具向远离轮坯中心的方向移动时，x 为正，称为正变位；反之，x 为负，称为负变位。

在工程中，正变位齿轮使用较多，因其可以避免根切，使轮齿变厚，提高其抗弯强度。相反负变位加剧根切，使轮齿变薄，只有齿数较多的大齿轮或配凑中心距时才采用。

第三节 斜齿圆柱齿轮传动

一、斜齿圆柱齿轮齿廓曲面的形成及啮合特点

1. 斜齿圆柱齿轮齿廓曲面的形成

如前所述，渐开线是由发生线在基圆上作纯滚动而形成的。由于齿轮具有一定的宽度，所以直齿圆柱齿轮齿廓曲面是发生面 S 在基圆柱上作纯滚动时，其上与基圆柱母线 NN' 平行的直线 KK' 在空间形成的渐开线曲面，如图 7-16a 所示。

斜齿圆柱齿轮齿廓的形成原理如图 7-16b 所示，当发生面 S 沿基圆柱作纯滚动时，其上

与母线 NN' 成一倾斜角 β_b 的直线 KK' 的运动轨迹为一个渐开线螺旋面，即为斜齿圆柱齿轮的齿廓曲面，称 β_b 为基圆柱上的螺旋角。

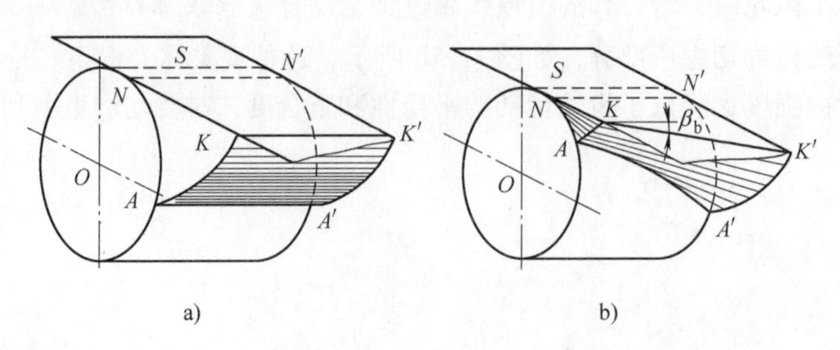

图 7-16　渐开线曲面的形成

2. 斜齿圆柱齿轮的啮合特点

直齿圆柱齿轮啮合时，齿面沿齿宽方向的接触线是平行于齿轮轴线的直线，如图 7-17a 所示。因此，轮齿是沿整个齿宽同时进入啮合、同时脱离啮合的，载荷沿齿宽突然加上、突然卸下。所以直齿轮传动的平稳性较差，容易产生冲击和噪声，不适用于高速、重载的传动中。

从斜齿圆柱齿轮齿廓曲面的形成可知，斜齿轮啮合时，其接触线都是与轴线倾斜的直线，如图 7-17b 所示。一对斜齿轮从开始啮合起，齿面上的接触线由短变长，再由长变短，直至脱离啮合。所以斜齿轮是逐渐进入啮合，又逐渐脱离啮合的，故传动平稳，承载能力大，振动和噪声较小。因此适用于高速、大功率的传动中，但传动时会产生轴向分力。

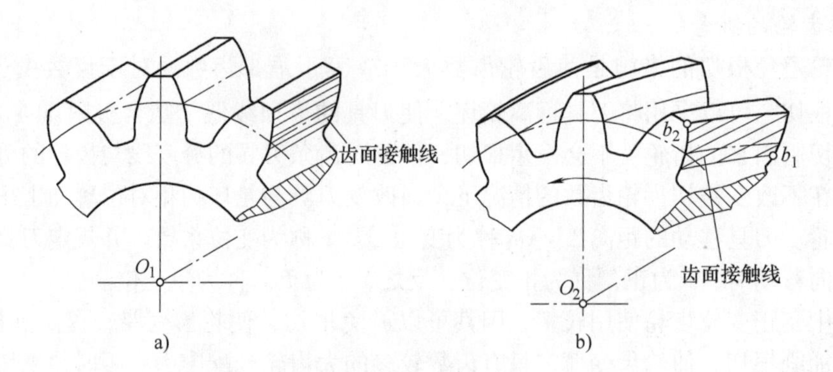

图 7-17　齿廓啮合的接触线

二、斜齿圆柱齿轮的主要参数及几何尺寸计算

1. 主要参数

由于斜齿轮的轮齿是倾斜的，所以它有端面（垂直于齿轮轴线的平面）几何参数和法向（垂直于轮齿的平面）几何参数。端面上的参数用下标 t 表示，如 m_t、α_t，法向上的参数用下标 n 表示，如 m_n、α_n。在加工斜齿轮时，刀具通常是沿着螺旋线方向进刀的，斜齿轮的法向参数与刀具的参数相同，故斜齿轮的法向参数为标准值。

（1）螺旋角　图 7-18 所示为斜齿轮分度圆柱展开图，螺旋线展开成一直线，该直线与

轴线的夹角 β 称为斜齿轮分度圆柱面上的螺旋角，简称斜齿轮的螺旋角。一般用 β 表示斜齿圆柱齿轮轮齿的倾斜程度。螺旋角越大，轮齿越倾斜，则传动平稳性越好，但轴向分力也越大，一般设计时取 $\beta = 8° \sim 20°$。斜齿轮按其齿廓渐开螺旋面的旋向，可分为右旋和左旋两种，如图 7-19 所示。其旋向判别方法如下：使斜齿轮的轴线垂直放置，斜齿轮可见部分的螺旋线右高左低时为右旋；反之，左高右低时为左旋。

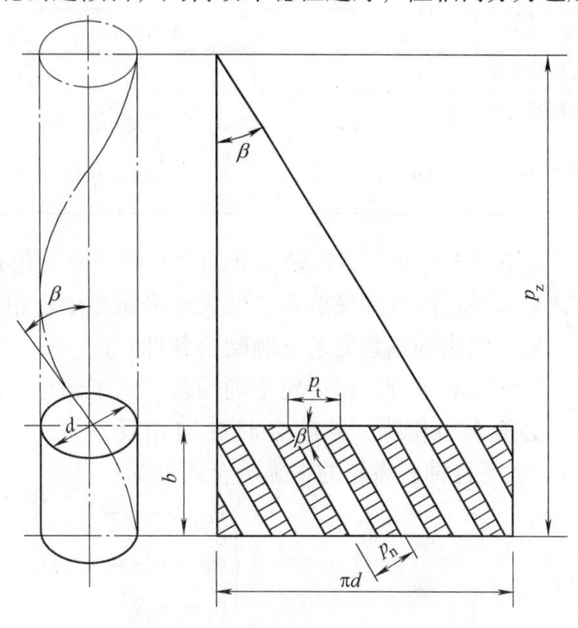

图 7-18　斜齿轮分度圆柱展开图

（2）模数　如图 7-18 所示，法向齿距 p_n 与端面齿距 p_t 的关系为 $p_n = p_t\cos\beta$，由于 $p = \pi m$，所以 $\pi m_n = \pi m_t\cos\beta$，故斜齿轮法向模数与端面模数的关系为

$$m_n = m_t\cos\beta \tag{7-15}$$

（3）压力角　法向压力角 α_n 与端面压力角 α_t 有如下关系（推导从略）

$$\tan\alpha_n = \tan\alpha_t\cos\beta \tag{7-16}$$

（4）齿顶高系数及顶隙系数　无论从法向或从端面来看，齿顶高都是相同的，顶隙也是相同的，即

$$h_a = h_{an}^* m_n = h_{at}^* m_t, c = c_n^* m_n = c_t^* m_t$$

故得

$$\begin{cases} h_{at}^* = h_{an}^*\cos\beta \\ c_t^* = c_n^*\cos\beta \end{cases} \tag{7-17}$$

法向齿顶高系数 h_{an}^* 和法向顶隙系数 c_n^* 为标准值。正常齿制 $h_{an}^* = 1$，$c^* = 0.25$。

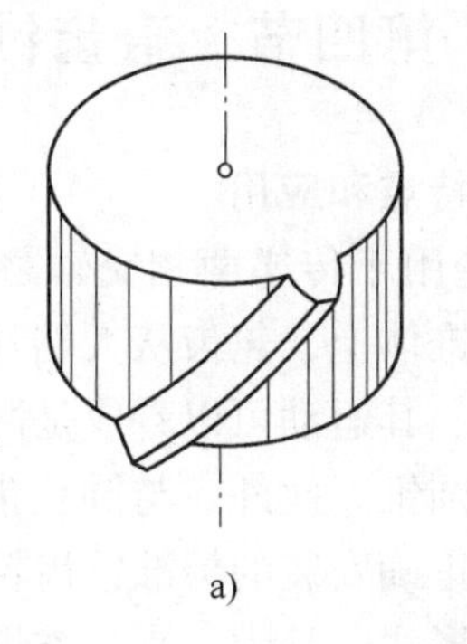

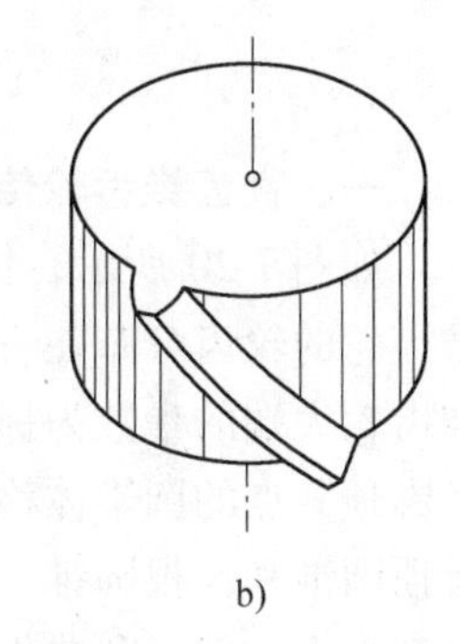

图 7-19　斜齿轮的旋向
a）右旋　b）左旋

2. 斜齿圆柱齿轮的几何尺寸计算

由于一对平行轴斜齿轮传动在端面上相当于一对直齿轮传动，因此将斜齿轮的端面参数代入直齿轮的计算公式，就可得到斜齿轮的相应尺寸，见表 7-3。

表 7-3　外啮合标准斜齿圆柱齿轮传动的几何尺寸计算公式　　（单位：mm）

名称	符号	计算公式	
		小齿轮 1	大齿轮 2
分度圆直径	d	$d_1 = m_t z_1 = (m_n/\cos\beta) z_1$	$d_2 = m_t z_2 = (m_n/\cos\beta) z_2$
基圆直径	d_b	$d_{b1} = d_1\cos\alpha_t$	$d_{b2} = d_2\cos\alpha_t$
齿顶高	h_a	$h_a = h_{an}^* m_n$	
齿根高	h_f	$h_f = (h_{an}^* + c_n^*) m_n$	
齿高	h	$h = h_a + h_f = (2h_{an}^* + c_n^*) m_n$	

（续）

名称	符号	计算公式	
		小齿轮 1	大齿轮 2
齿顶圆直径	d_a	$d_{a1}=d_1+2h_a$	$d_{a2}=d_2+2h_a$
齿根圆直径	d_f	$d_{f1}=d_1-2h_f$	$d_{f2}=d_2-2h_f$
标准中心距	a	$a=\frac{1}{2}(d_1+d_2)=\frac{1}{2}m_t(z_1+z_2)=\frac{m_n(z_1+z_2)}{2\cos\beta}$	

由表 7-3 可知，斜齿轮传动的中心距与螺旋角 β 有关，当一对斜齿轮的模数、齿数一定时，可以通过改变其螺旋角 β 的大小来调整中心距。

三、斜齿圆柱齿轮的正确啮合条件

要使一对平行轴斜齿轮正确啮合，除了满足直齿轮的正确啮合条件外，两斜齿轮的螺旋角还必须大小相等，外啮合时旋向相反（取“-”号），内啮合时旋向相同（取“+”号）。故平行轴斜齿轮的正确啮合条件为

$$\begin{cases} m_{n1}=m_{n2}=m \\ \alpha_{n1}=\alpha_{n2}=\alpha \\ \beta_1=\pm\beta_2 \end{cases} \quad 或 \quad \begin{cases} m_{t1}=m_{t2} \\ \alpha_{t1}=\alpha_{t2} \\ \beta_1=\pm\beta_2 \end{cases} \tag{7-18}$$

第四节　直齿锥齿轮传动

一、直齿锥齿轮传动的特点和应用

如图 7-20 所示，锥齿轮用于传递两相交轴之间的运动和动力，通常两轴夹角 $\Sigma=90°$。锥齿轮的轮齿分布在一个截锥体上，轮齿从大端到小端逐渐收缩，为了计算和测量方便，取锥齿轮大端的参数为标准值。其运动可以看成是两个锥顶共点的圆锥体相互作纯滚动，这两个锥顶共点的圆锥体称为节圆锥。此外，与圆柱齿轮相似，锥齿轮还有基圆锥、分度圆锥、齿顶圆锥和齿根圆锥。对于正确安装的标准锥齿轮传动，其节圆锥与分度圆锥应重合。锥齿轮有直齿、斜齿和曲齿三种形式。其中，直齿锥齿轮的设计、制造和安装都比较简单，故应用最为广泛；曲线齿锥齿轮传动平稳，承载能力较强，常用于高速重载的场合；斜齿锥齿轮则应用较少。本节重点介绍的是轴交角 $\Sigma=90°$的标准直齿锥齿轮传动。

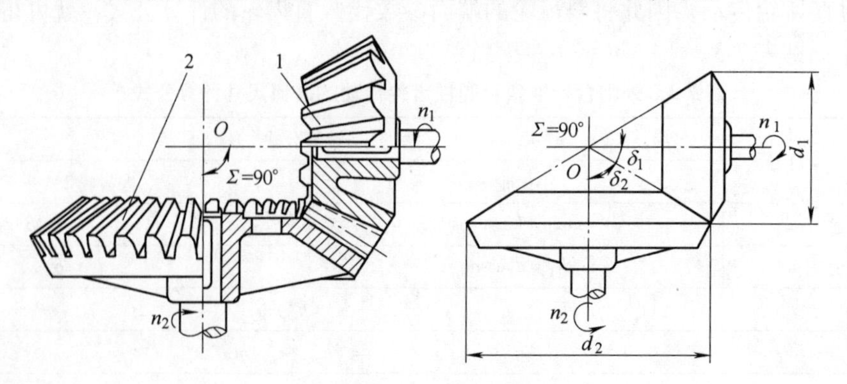

图 7-20　直齿锥齿轮传动

二、标准直齿锥齿轮传动的主要参数和几何尺寸计算

1. 标准直齿锥齿轮的主要参数

锥齿轮的几何尺寸计算以大端为计算标准，在大端的分度圆上，模数按国家标准规定的模数系列取值，压力角 $\alpha=20°$，齿顶高系数 $h_a^*=1$，顶隙系数 $c^*=0.2$。

2. 正确啮合条件

与直齿圆柱齿轮的正确啮合条件一样，一对相互啮合的直齿锥齿轮的正确啮合条件是：两锥齿轮的大端模数和压力角分别相等，即

$$\left.\begin{aligned}m_1=m_2=m\\ \alpha_1=\alpha_2=\alpha\end{aligned}\right\}\tag{7-19}$$

3. 几何尺寸计算

图 7-21 所示为一对标准直齿锥齿轮传动，其节圆锥与分度圆锥重合，轴交角 $\Sigma=90°$，锥齿轮各部分名称及几何尺寸的计算公式见表 7-4。

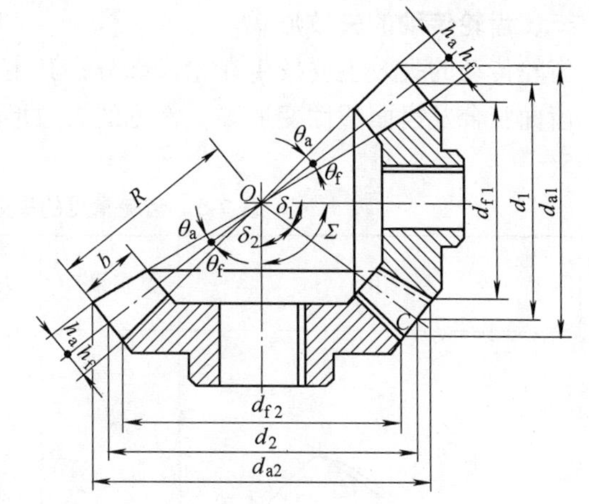

图 7-21　$\Sigma=90°$的标准直齿锥齿轮的几何尺寸

表 7-4　$\Sigma=90°$的标准直齿锥齿轮的几何尺寸计算公式

名　称	符　号	计算公式及参数选择
模数	m	以大端模数为标准，由强度计算确定
传动比	i	$i=\dfrac{z_2}{z_1}=\tan\delta_2=\cot\delta_1$，单级 $i<6\sim7$
分度圆锥角	δ_1,δ_2	$\delta_2=\arctan\dfrac{z_2}{z_1},\delta_1=90°-\delta_2$
分度圆直径	d_1,d_2	$d_1=mz_1,d_2=mz_2$
齿顶高	h_a	$h_a=h_a^*m=m$
齿根高	h_f	$h_f=(h_a^*+c^*)m=1.2m$
全齿高	h	$h=h_a+h_f=2.2m$
顶隙	c	$c=c^*m=0.2m$
齿顶圆直径	d_{a1},d_{a2}	$d_{a1}=d_1+2m\cos\delta_1,d_{a2}=d_2+2m\cos\delta_2$
齿根高直径	d_{f1},d_{f2}	$d_{f1}=d_1-2.4m\cos\delta_1,d_{f2}=d_2-2.4m\cos\delta_2$
锥距	R	$R=\sqrt{r_1^2+r_2^2}=\dfrac{m}{2}\sqrt{z_1^2+z_2^2}=\dfrac{d_1}{2\sin\delta_1}=\dfrac{d_2}{2\sin\delta_2}$
齿宽	b	$b\leqslant\dfrac{R}{3},b\leqslant10m$（$m$ 为模数）
齿顶角	θ_a	$\theta_a=\cot\dfrac{h_a}{R}$
齿根角	θ_f	$\theta_f=\cot\dfrac{h_f}{R}$
顶锥角	δ_{a1},δ_{a2}	$\delta_{a1}=\delta_1+\theta_a,\delta_{a2}=\delta_2+\theta_a$
根锥角	δ_{f1},δ_{f2}	$\delta_{f1}=\delta_1-\theta_f,\delta_{f2}=\delta_2-\theta_f$

第五节 齿轮传动的失效形式、常用材料、结构及润滑

一、齿轮传动的失效形式

齿轮传动的失效主要发生在轮齿部分，其主要失效形式有轮齿折断、齿面点蚀、齿面磨损、齿面胶合及齿面塑性变形等。常见的失效形式、失效的原因及防止或延缓失效的措施见表7-5。

表7-5 齿轮常见的失效形式及防止措施

失效形式	简图	后果	失效环境	失效原因	防止或延缓失效的措施
轮齿折断	折断面 F_n	轮齿折断后无法正常工作	开式、闭式硬齿面齿轮传动	齿轮受载时，相当于悬臂梁，轮齿根部的弯曲应力最大，而且是交变应力，另外，根部圆角处存在应力集中，当最大弯曲应力达到齿轮材料的疲劳极限时，齿轮根部将产生裂纹，且逐渐扩展，最终导致轮齿疲劳折断；当齿轮过载或受冲击载荷较大时，也可以产生轮齿过载折断。齿宽较小的直齿轮往往发生整齿折断；对于斜齿轮和齿宽较大的直齿轮容易发生局部折断	增大齿根圆角半径，减少加工刀痕以降低齿根的应力集中；进行强化处理（如喷丸、碾压等），提高轮齿芯部的韧性；增加轴承支承刚度，减少局部受载，避免局部折断
齿面点蚀	出现麻点、剥落	渐开线齿面破坏，传动不平稳，噪声、冲击增大或无法工作	闭式软齿面齿轮传动	轮齿工作时，齿面接触应力是脉动循环变应力，当应力循环次数超过一定限度后，齿面就会产生不规则的细微疲劳裂纹，润滑油的侵入使裂纹逐渐扩大，导致表面金属微粒剥落，形成小麻点，这种现象称为点蚀。点蚀首先发生在靠近节线的齿根面上。这是由于轮齿在节线附近啮合时，同时啮合的齿对数少，且轮齿间相对滑动速度小，润滑油膜不易形成	提高齿面硬度，降低齿面粗糙度，采用粘度高的润滑油等

（续）

失效形式	简图	后果	失效环境	失效原因	防止或延缓失效的措施
齿面磨损	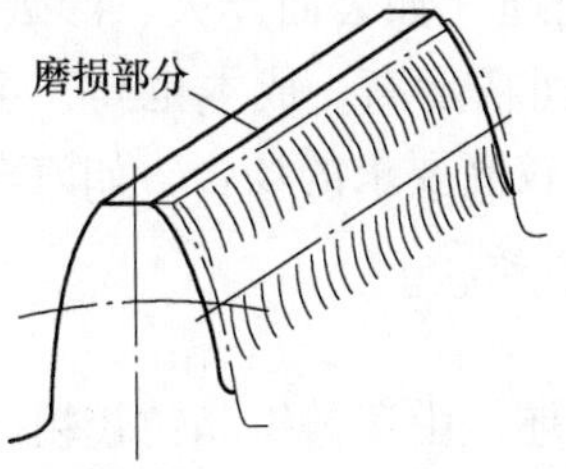 磨损部分		开式齿轮传动	灰尘、沙粒或金属屑等磨料性物质进入啮合齿面间产生磨粒性磨损	提高齿面硬度，减小齿面粗糙度，注意润滑油清洁，采用闭式传动
齿面胶合	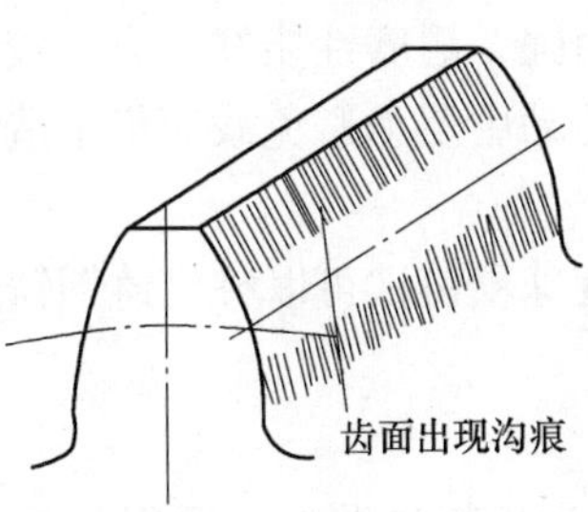 齿面出现沟痕	渐开线齿面破坏，传动不平稳，噪声、冲击增大或无法工作	高速（或低速）、重载的闭式传动	在高速、重载传动中，由于齿面间压力高，使润滑油膜破裂；低速重载传动中，油膜不易形成。这两种情况均可使两齿轮齿面金属直接接触，相啮合的齿面因摩擦发热引起的局部高温使金属相互粘连继而又相对滑动，金属从表面被撕落下来，从而在齿面上沿滑动方向产生沟痕	提高齿面硬度，降低齿面粗糙度；对于低速传动采用粘度高的润滑油；对于高速传动采用加抗胶合添加剂的润滑油
齿面塑性变形	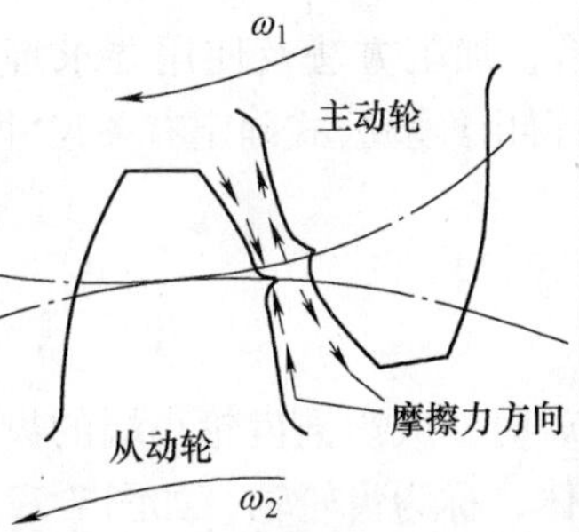 ω_1 主动轮 摩擦力方向 从动轮 ω_2		齿面较软、重载的传动	齿面较软、摩擦力较大时，齿面金属就会在摩擦力的作用下，沿着摩擦力的方向发生塑性流动	提高齿面硬度，采用粘度高的润滑油

二、常用齿轮材料及热处理

由齿轮的失效形式可知，要使齿面及齿根有较高的抵抗各种失效的能力，齿轮材料的性能必须满足以下基本要求：齿面要硬，齿心要韧，同时还应具有良好的加工工艺性和热处理工艺性。

常用的齿轮材料有以下几种：

1. 锻钢

锻钢具有强度高，韧性好，便于制造等特点，且可通过各种热处理方法来改善其力学性能，故大多数齿轮都用锻钢制造。按齿面硬度不同，齿轮可分为以下两类。

（1）软齿面齿轮　这类齿轮经调制或正火处理后进行切齿，切齿精度一般是 8 级，精切可达 7 级，其制造工艺简单，成本低，常用于强度、速度及精度要求不高的场合。常用材料牌号有 45 钢、40Cr 等中碳钢和中碳合金钢。在确定大、小齿轮硬度时，应使小齿轮的齿面硬度比大齿轮的齿面硬度高 30 ~ 50HBW。这是因为单位时间内小齿轮轮齿的受载次数比大齿轮多，且小齿轮的齿根较薄，弯曲强度较低，为使两齿轮接近等强度，小齿轮的齿面要比大齿轮的齿面硬一些。

（2）硬齿面齿轮　这类齿轮通常切齿后进行表面硬化处理（如表面淬火、渗碳、渗氮、碳氮共渗等），然后再磨齿，齿轮精度可达 7 级或 6 级，因而精度高，成本也高，主要用于成批或大量生产的高速、重载或精密机械以及尺寸、质量有较高要求的场合，如汽车、飞机中的齿轮。常用材料牌号有 20Cr、20CrMnTi、35SiMn、45 钢等。

2. 铸钢

常用于不便锻造的大齿轮，可用铸造的方法制成铸钢轮坯，由于铸钢晶粒较粗，故需进行正火处理。常用的铸钢有 ZG310—570、ZG340—640 等。

3. 铸铁

灰铸铁的铸造性能和切削性能好，抗胶合、抗点蚀能力强，耐磨性能好，成本较低，但强度低，故一般仅用于低速、轻载及冲击小的不重要齿轮传动中。为避免载荷集中造成轮齿局部折断，铸铁齿轮的宽度应取小一点。

球墨铸铁的力学性能和抗冲击能力比灰铸铁高，高强度球墨铸铁可以替代铸钢铸造大直径的轮坯。

4. 非金属材料

非金属材料的弹性模量小，传动时齿轮的变形可减轻动载荷和噪声，适用于高速、轻载、精度要求不高的场合，常用的材料有夹布胶木、工程塑料等。

三、齿轮的结构

齿轮的结构形式与其几何尺寸、毛坯种类、所选材料、加工方法及使用要求等因素有关。通常先按齿轮的直径大小选定合适的结构形式，然后再由经验公式确定有关尺寸，绘制零件工作图。

齿轮常用的结构形式有以下几种：

1. 齿轮轴

当圆柱齿轮的齿根圆至键槽底部的距离 $x \leqslant (2 \sim 2.5)m$ 时，或当锥齿轮小端的齿根圆至键槽底部的距离 $x \leqslant (1.6 \sim 2)m$ 时，应将齿轮与轴制成一体，称为齿轮轴，如图 7-22 所示。

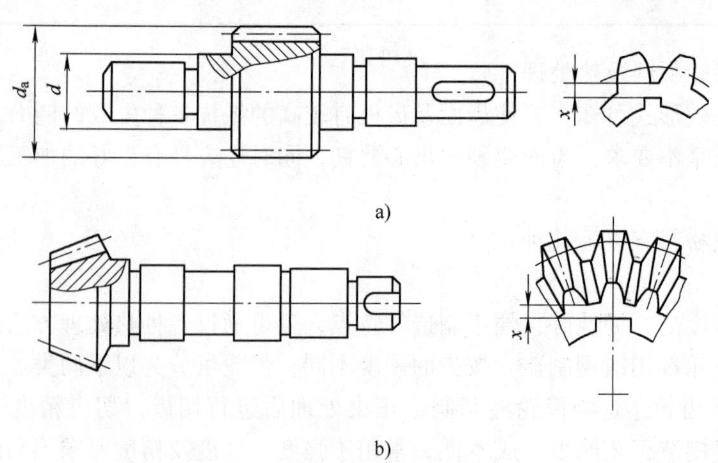

图 7-22　齿轮轴

2. 实心式齿轮

当齿轮的齿顶圆直径 $d_a \leqslant 200\text{mm}$ 时，可采用实心式齿轮，如图 7-23 所示。

3. 腹板式齿轮

当齿轮的齿顶圆直径 $d_a = 200 \sim 500\text{mm}$ 时，为了减轻质量，节约材料，常采用腹板式结构，如图 7-24 所示。锻造齿轮的腹板式结构又分为模锻和自由锻两种形式，前者用于批量生产。

4. 轮辐式齿轮

当圆柱齿轮的齿顶圆直径 $d_a > 500\text{mm}$ 时，锥齿轮的齿顶圆直径 $d_a > 300\text{mm}$ 时，由于锻造设备的限制，通常采用铸造齿轮，如图 7-25 所示。

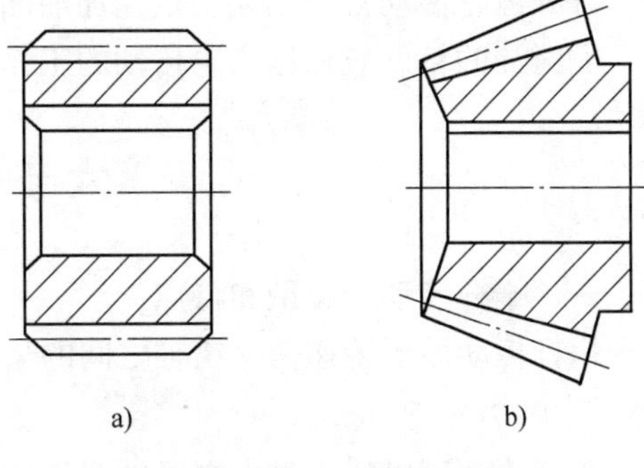

图 7-23　实心式齿轮

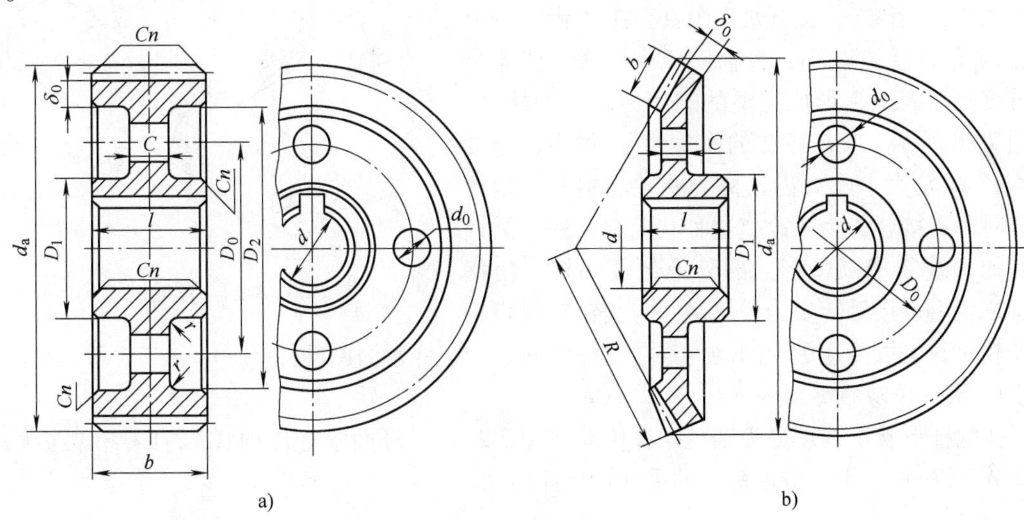

图 7-24　腹板式齿轮

四、齿轮传动的润滑

润滑对于齿轮传动十分重要，它不仅可以减小摩擦、减轻磨损，还可以起到冷却、防锈及降低噪声的作用，对防止和延缓齿轮失效，改善齿轮工作状况有着重要作用。

闭式齿轮传动的润滑方式有浸油润滑和喷油润滑两种，一般根据齿轮的圆周速度来确定。当齿轮的圆周速度 $v < 12\text{m/s}$ 时，通常采用浸油润滑，即将大齿轮浸入油池中进行润滑，齿轮浸入油池中的深度约为一个齿高，但不应小于 10mm，转速低时可浸深一些，但浸入过深则会增大运动阻力并使油温升高。当齿轮的圆周速度 $v > 12\text{m/s}$ 时，由于圆周速度大，齿轮搅油剧烈，且粘附在齿面上的油易

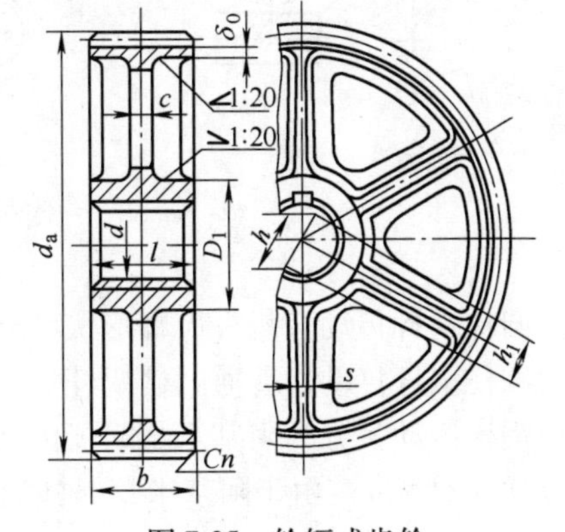

图 7-25　轮辐式齿轮

被甩掉，因此不宜采用浸油润滑，而应采用喷油润滑，即用油泵将具有一定压力的润滑油经喷嘴喷到啮合的齿面上。

开式齿轮传动常采用人工定期加油润滑。

润滑油的粘度应根据齿轮传动的工作条件、齿轮材料及圆周速度来选择。

第六节　蜗 杆 传 动

一、蜗杆传动的类型和特点

蜗杆传动用于传递两交错轴之间的运动和动力，两轴的交错角通常为90°，即 $\beta_1+\beta_2=90°$，如图7-26所示。

蜗杆传动可以认为是由交错轴斜齿轮传动演化而来的。若将交错轴斜齿轮传动中小齿轮1的螺旋角 β_1 增大，齿数 z_1 减小到几个甚至1个齿，分度圆直径 d_1 也随之减小，将轴向长度增大，使轮齿在分度圆柱表面上形成完整的螺旋齿，称为蜗杆，如图7-26所示。大齿轮2的螺旋角 β_2 很小，分度圆直径 d_2 较大，此大齿轮称为蜗轮。蜗杆、蜗轮啮合时为点接触，为了改变这种状况，将蜗轮圆柱表面的母线制成圆弧形，部分地包住蜗杆，使蜗杆、蜗轮由点接触转变为线接触。与交错轴斜齿轮传动相比，可以传递更大的动力。在蜗杆传动中，蜗杆常为原动件。

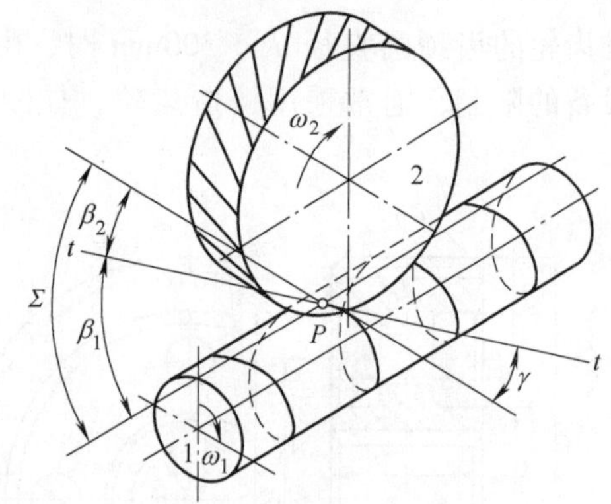

图7-26　蜗杆、蜗轮的形成

1. 蜗杆传动的类型

按蜗杆形状不同可分为圆柱蜗杆传动（图7-27a）、环面蜗杆传动（7-27b）和锥面蜗杆传动（7-27c）三类。应用最多的是圆柱蜗杆传动。

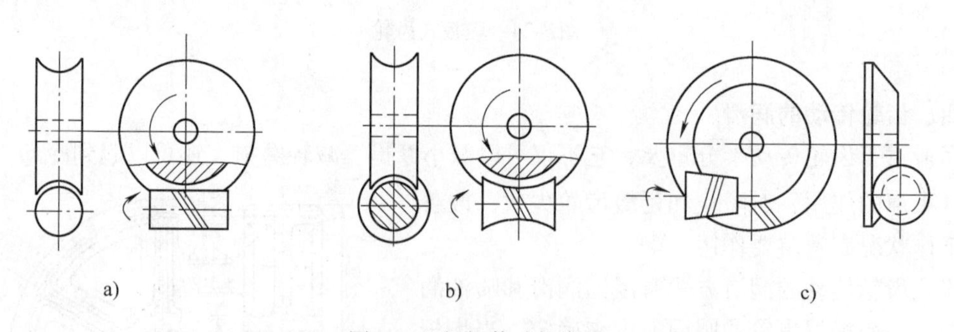

图7-27　蜗杆传动的类型

圆柱蜗杆传动按蜗杆齿廓形状可分为普通圆柱蜗杆传动和圆弧圆柱蜗杆传动。常用的是普通圆柱蜗杆传动，普通圆柱蜗杆多用直母线刀刃加工，按加工刀具安装位置的不同，普通圆柱蜗杆传动又分为阿基米德蜗杆传动（ZA型）、法向直廓蜗杆传动（ZN型）和渐开线蜗杆传动（ZI型）。由于阿基米德蜗杆加工和测量都比较方便，所以应用较广。本节仅介绍阿基米德蜗杆传动。

如图 7-28 所示，阿基米德蜗杆可用直刃梯形车刀在车床上加工，车刀切削刃夹角 $2\alpha=40°$，加工时切削刃的顶面通过蜗杆轴线。这样加工出的蜗杆在轴平面 Ⅰ—Ⅰ 内的齿形为直线；在法向剖面 N—N 内的齿形为凸廓曲线，端面齿廓为阿基米德螺旋线，故称为阿基米德蜗杆。

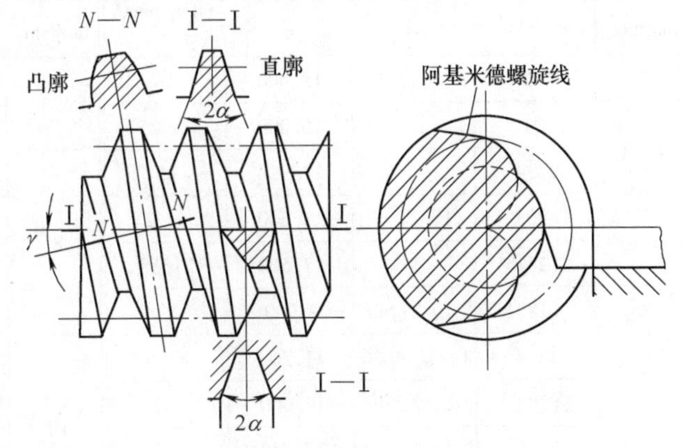

图 7-28 阿基米德蜗杆

蜗杆蜗轮有左、右旋之分，其旋向的判别同斜齿圆柱齿轮。通常多用右旋蜗杆。

2. *蜗杆传动的特点及应用*

蜗杆传动的主要优点是传动比大（动力传动时，$i=1\sim80$；分度传动时，i 可达 1 000），结构紧凑；传动平稳，噪声低；反向传动时可实现自锁等。主要缺点是传动效率低，一般为 70% ~90%，自锁蜗杆效率低于 50%；为了减少齿面间的摩擦和磨损，蜗轮常用非铁金属制造，成本高。

蜗杆传动常用于传动比较大、结构要求紧凑、传动功率不大的场合。

二、蜗杆传动的主要参数和几何尺寸

1. *蜗杆传动的主要参数*

在阿基米德蜗杆传动中，通过蜗杆轴线并垂直于蜗轮轴线的平面称为中间平面。中间平面既是蜗杆的轴面，又是蜗轮的端面。在此平面上，蜗杆与蜗轮的啮合相当于齿条与齿轮的啮合（图 7-29），因此规定中间平面上的参数为标准值。

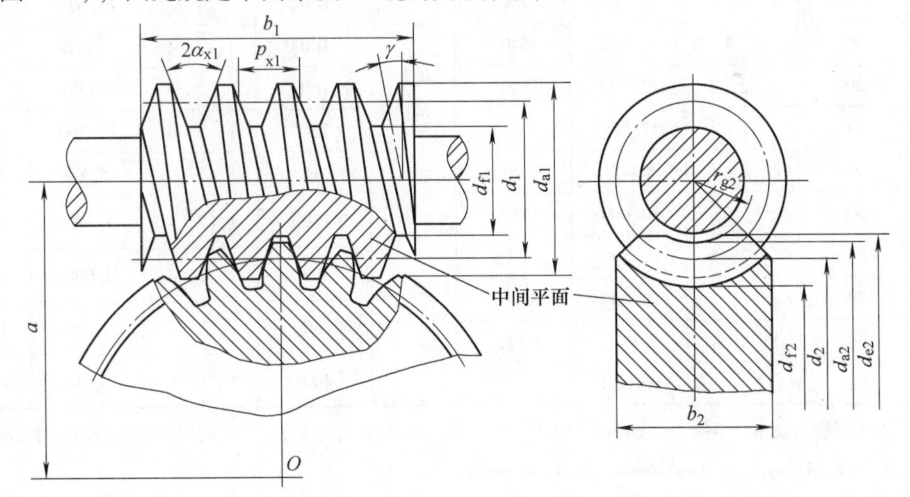

图 7-29 阿基米德蜗杆的啮合传动及几何尺寸

（1）模数 m 和压力角 α 蜗杆和蜗轮啮合时，在中间平面上，蜗杆的轴向模数和轴向压力角分别与蜗轮的端面模数和端面压力角相等，并将此平面内的模数和压力角规定为标准值。即：$m_{x1}=m_{t2}=m$，$\alpha_{x1}=\alpha_{t2}=\alpha$。

常用的标准模数见表 7-6，蜗杆和蜗轮压力角的标准值为 20°。

表 7-6　蜗杆基本参数

模数 m/mm	分度圆直径 d_1/mm	蜗杆头数 z_1	直径系数 q	m^2d_1/mm^3
1	**18**	1	18.000	18
1.25	20	1	16.000	31.25
	22.4	1	17.920	35
1.6	20	1，2，4	12.500	51.2
	28	1	17.500	71.68
2	(18)	1，2，4	9.000	72
	22.4	1，2，4，6	11.200	89.6
	(28)	1，2，4	14.000	112
	35.5	1	17.750	142
2.5	(22.4)	1，2，4	8.960	140
	28	1，2，4，6	11.200	175
	(35.5)	1，2，4	14.200	221.9
	45	1	18.000	281
3.15	(28)	1，2，4	8.889	278
	35.5	1，2，4，6	11.27	352
	45	1，2，4	14.286	447.5
	56	1	17.778	556
4	(31.5)	1，2，4	7.875	504
	40	1，2，4，6	10.000	640
	(50)	1，2，4	12.500	800
	71	1	17.750	1 136
5	(40)	1，2，4	8.000	1 000
	50	1，2，4，6	10.000	1 250
	(63)	1，2，4	12.600	1 575
	90	1	18.000	2 250
6.3	(50)	1，2，4	7.936	1 985
	63	1，2，4，6	10.000	2 500
6.3	(80)	1，2，4	12.698	3 175
	112	1	17.778	4 445
8	(63)	1，2，4	7.875	4 032
	80	1，2，4，6	10.000	5 376
	(100)	1，2，4	12.500	6 400
	140	1	17.500	8 960
10	(71)	1，2，4	7.100	7 100
	90	1，2，4，6	9.000	9 000
	(112)	1，2，4	11.200	11 200
	160	1	16.000	16 000
12.5	(90)	1，2，4	7.200	14 062
	112	1，2，4	8.960	17 500
	(140)	1，2，4	11.200	21 875
	200	1	16.000	31 250
16	(112)	1，2，4	7.000	28 672
	140	1，2，4	8.750	35 840
	(180)	1，2，4	11.250	46 080
	250	1	15.625	64 000
20	(140)	1，2，4	7.000	56 000
	160	1，2，4	8.000	64 000
	(224)	1，2，4	11.200	89 600
	315	1	15.750	126 000
25	(180)	1，2，4	7.200	112 500
	200	1，2，4	8.000	125 000
	(280)	1，2，4	11.200	175 000
	400	1	16.000	250 000

注：1. 表中模数均属第一系列，$m<1$mm 的未列入，$m>25$mm 的还有两种。属于第二系列的模数有：1.5mm、3mm、3.5mm、4.5mm、5.5mm、6mm、7mm、12mm、14mm。

2. 表中蜗杆分度圆直径 d_1 均属第一系列，$d_1<18$mm 的未列入，此外还有 355mm。属于第二系列的有：30mm、38mm、48mm、53mm、60mm、67mm、75mm、85mm、95mm、106mm、118mm、132mm、144mm、170mm、190mm、300mm。

3. 模数和分度圆直径应优先选第一系列。括号内的数字尽量不用。

4. 表中 d_1 值为黑体的蜗杆为 $\gamma<3°30'$ 的自锁蜗杆。

如图 7-26 所示，当轴交角 $\Sigma=90°$时，蜗杆的导程角 γ 与蜗轮的螺旋角 β 相等，且旋向相同。因此，蜗杆传动的正确啮合条件为

$$\left.\begin{array}{l} m_{x1}=m_{t1}=m \\ \alpha_{x1}=\alpha_{t1}=\alpha \\ \gamma=\beta_{2} \end{array}\right\} \tag{7-20}$$

（2）传动比、蜗杆头数 z_1 和蜗轮齿数 z_2　设蜗杆头数为 z_1，当蜗杆转一圈时，蜗轮将转过 z_1/z_2 圈。因此，蜗杆传动的传动比为

$$i=\frac{n_1}{n_2}=\frac{z_2}{z_1} \tag{7-21}$$

常用蜗杆头数 z_1 为 1、2、4、6，z_1 应该根据传动比和效率来选择。单头蜗杆的传动比大，易自锁，但效率低，不宜用于传递功率较大的场合；需要传递较大功率时，z_1 应取 2、4、6，但蜗杆头数过多，会给加工带来困难。

蜗轮齿数 $z_2=iz_1$，为保证蜗杆传动的平稳性和效率，一般取 $z_2 \geqslant 28$；但 z_2 也不宜过大，否则蜗轮尺寸大，蜗杆轴支承间距离将增加，蜗杆的刚度差，影响啮合精度，一般取 $z_2 \leqslant 80$。

（3）蜗杆导程角 γ　蜗杆导程角是指蜗杆分度圆柱螺旋线上任一点的切线与端面间所夹的锐角，如图 7-30 所示。将蜗杆沿其分度圆柱面展开，由图中几何关系可得

$$\tan\gamma=\frac{p_z}{\pi d_1}=\frac{z_1 p_{x1}}{\pi d_1}=\frac{z_1 m}{d_1} \tag{7-22}$$

式中，z_1 为蜗杆头数；p_z 为蜗杆的导程；p_{x1} 为蜗杆轴向齿距。

导程角的大小与效率及加工工艺有关。导程角大，效率高，但加工较困难；导程角小，效率低，但加工方便。当 $\gamma>28°$ 时，用加大导程角来提高效率效果不明显；而当 $\gamma \leqslant 3°30'$ 时，具有反向自锁性，效率较低，因此蜗杆常用导程角 $\gamma=3.5° \sim 27°$。

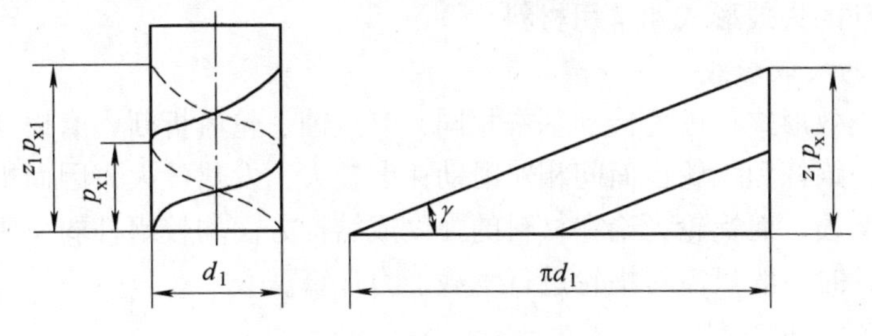

图 7-30　蜗杆导程角 γ

（4）蜗杆分度圆直径 d_1 和蜗杆直径系数 q　蜗轮的轮齿是用蜗轮滚刀按展成原理加工而成的，滚刀直径和齿形参数必须和相啮合的蜗杆一致。由式（7-22）可知，d_1 不仅与 m 有关，而且还随 $z_1/\tan\gamma$ 值的不同而变化，则同一模数就需配备很多蜗轮滚刀，这是很不经济的。为了减少蜗轮滚刀数目及便于刀具的标准化，对蜗杆分度圆直径 d_1 制定了标准系列值，即对每一标准模数 m 规定了一定数量的蜗杆分度圆直径 d_1，并把 d_1/m 称为蜗杆的直径系数 q，则

$$d_1=mq \tag{7-23}$$

蜗杆的分度圆直径 d_1 及直径系数 q 值见表 7-6。

（5）蜗杆传动的中心距 a　标准蜗杆传动的中心距为

$$a = \frac{1}{2}(d_1 + d_2) = \frac{m}{2}(q + z_2) \tag{7-24}$$

2. 蜗杆传动的几何尺寸

标准阿基米德蜗杆传动的基本几何尺寸如图 7-29 所示，有关尺寸的计算公式见表 7-7。

表 7-7　标准阿基米德蜗杆传动的基本尺寸计算

名　称	代号	计算公式	
		蜗　杆	蜗　轮
模数	m	由强度计算确定，按表 7-6 选取	
中心距	a	$a = \frac{m}{2}(q + z_2)$	
传动比	i	$i = z_2/z_1$	
齿顶高	h_a	$h_{a1} = h_{a2} = h_a^* m$　一般 $h_a^* = 1$，短齿 $h_a^* = 0.8$	
齿根高	h_f	$h_{f1} = h_{f2} = (h_a^* + c^*)m$　$c^* = 0.2$	
全齿高	h	$h = h_a + h_f = 2h_a^* m + c$	
压力角	α	$\alpha_{x1} = \alpha_{t2} = 20°$	
齿距	p	$p_{x1} = p_{t2} = \pi m$	
分度圆直径	d	d_1 由强度计算确定，按表 7-6 选取	$d_2 = mz_2$
齿顶圆直径	d_a	$d_{a1} = d_1 + 2h_{a1} = d_1 + 2h_a^* m$	$d_{a2} = d_2 + 2h_{a2} = d_2 + 2h_a^* m$
齿根圆直径	d_f	$d_{f1} = d_1 - 2h_{f1} = d_1 - 2(h_a^* + c^*)m$	$d_{f2} = d_2 - 2h_{f2} = d_2 - 2(h_a^* + c^*)m$
蜗杆分度圆导程角	γ	$\tan\gamma = z_1/q$	

三、蜗杆传动的失效形式和常用材料

1. 蜗杆传动的失效形式

蜗杆传动的失效形式与齿轮传动基本相同，有点蚀、轮齿折断、磨损及胶合等。与平行轴圆柱齿轮相比，蜗杆和蜗轮齿面间相对滑动速度较大，发热量大，因而蜗杆传动的主要失效形式是胶合和磨损。而蜗轮无论在材料的强度或结构方面均较蜗杆弱，所以失效多发生在蜗轮轮齿上，设计时一般只需对蜗轮进行承载能力计算。

2. 蜗杆传动的常用材料

由蜗杆传动的失效形式可知，用于制造蜗杆副的材料应具有足够的强度、良好的耐磨性、减摩性和抗胶合能力。实践证明，具有这些性能的较好配对材料是钢和青铜。

（1）蜗杆材料　蜗杆一般用优质碳钢或合金钢制成，蜗杆齿面经渗碳淬火或调质后渗氮等热处理而获得较高的硬度，增加耐磨性，并经磨削或抛光。调质蜗杆只用于低速、载荷小的场合。常用蜗杆的材料、热处理等见表 7-8。

表 7-8　蜗杆材料

材料	热处理	硬　度	齿面粗糙度/μm	使用条件
15CrMn、20Cr 20CrMnTi 20MnVB	渗碳淬火	58 ~ 63HRC	Ra1.6 ~ 0.4	高速重载，载荷变化大

（续）

材料	热处理	硬　度	齿面粗糙度/μm	使用条件
45、40Cr 42SiMn、40CrNi	表面淬火	45～55HRC	Ra1.6～0.4	高速重载，载荷稳定
45、40	调质	≤270HBW	Ra6.3～1.6	一般用途

（2）蜗轮材料　蜗轮材料的选择主要依据齿面间的相对滑动速度来确定。

1）铸造锡青铜。常用的有 ZCuSn10Pb1、ZCuSn5Pb5Zn5。允许的滑动速度 v_s 可达 25m/s，但价格昂贵。其中后者常用于滑动速度 $v_s<12$m/s 的传动。因铸造锡青铜耐磨性最好，抗胶合能力也好，易于加工，常用于重要的传动中。

2）铸造铝青铜。常用的有 ZCuAl10Fe3Mn2、ZCuAl10Fe3 等。一般用于滑动速度 $v_s\leq$ 4m/s 的传动中。其各项性能较锡青铜差，特点是强度较高且价格便宜。

3）灰铸铁。常用的有 HT150、HT200 等。适用于滑动速度 $v_s<2$m/s 的低速、且对效率要求不高的传动。其各项性能远不如前面几种材料，但价格低。

四、蜗轮回转方向的判断

蜗杆传动中，通常蜗杆为主动件，蜗轮为从动件。蜗轮的回转方向取决于蜗杆的螺旋方向及蜗杆的回转方向。蜗轮回转方向的判断方法如下：蜗杆右旋时用右手，左旋时用左手，弯曲四指指向蜗杆回转方向，蜗轮的回转方向与大拇指指向相反，如图 7-31 所示。

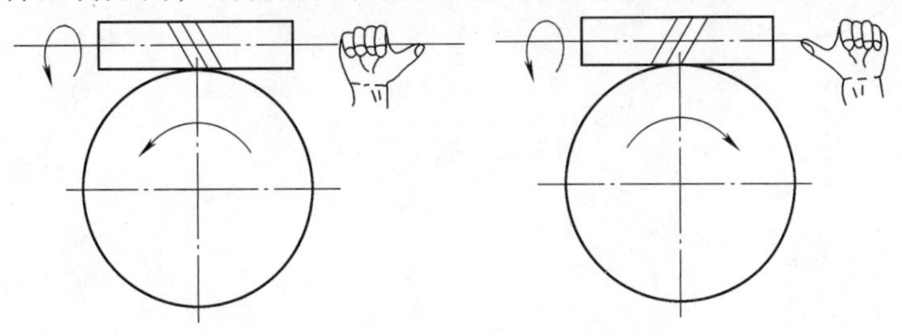

图 7-31　蜗轮回转方向的判断

习　题

7-1　渐开线具有哪些主要性质？

7-2　渐开线齿轮从齿顶圆到齿根圆各部位压力角是否相同？何处压力角作为标准压力角？

7-3　什么是标准齿轮？渐开线标准直齿圆柱齿轮的五个基本参数是哪些？

7-4　现有两个渐开线标准直齿圆柱齿轮，其中参数分别为 $m_1=5$mm，$z_1=20$，$\alpha_1=20°$；$m_2=4$mm，$z_2=25$，$\alpha_2=20°$。试问两齿轮的齿廓渐开线形状是否相同？为什么？两齿轮能否配对啮合？为什么？

7-5　一对正确啮合的外啮合正常齿制标准直齿圆柱齿轮传动，参数分别为 $z_1=20$，$z_2=80$，$m=2$mm，$\alpha=20°$。试计算齿轮传动比及两齿轮的主要几何尺寸。

7-6　已知一对外啮合正常齿制标准直齿圆柱齿轮的传动比 $i_{12}=1.5$，标准中心距 $a=100$mm，模数 $m=$ 2mm，压力角 $\alpha=20°$。试求：1）两齿轮的齿数 z_1、z_2；2）两齿轮的分度圆直径 d_1、d_2；3）两齿轮的齿顶圆直径 d_{a1}、d_{a2}；4）两齿轮的齿根圆直径 d_{f1}、d_{f2}。

7-7　节圆和分度圆有何区别？在什么情况下，它们两者重合？

7-8　啮合角和压力角有何区别？在什么情况下，它们两者相等？

7-9　用切削法加工齿轮时，按其原理可分为哪些方法？各有什么特点？

7-10　斜齿圆柱齿轮的端面模数 m_t 和法向模数 m_n 有何关系？哪个大些？其中哪个模数是标准值？

7-11　已知一对斜齿圆柱齿轮的模数 $m_n=2\text{mm}$，$\alpha_n=20°$，齿数，$z_1=24$，$z_2=93$，要求中心距 $a=120\text{mm}$。试求螺旋角 β 及这对齿轮的主要几何尺寸。

7-12　齿轮传动有哪几种主要失效形式？对齿轮材料有哪些要求？常用的齿轮材料有哪些？

7-13　齿轮传动常采用哪些润滑方式？选择润滑方式的根据是什么？

7-14　已知一标准单头蜗杆传动的中心距 $a=75\text{mm}$，传动比 $i_{12}=40$，模数 $m=3\text{mm}$，齿顶高系数 $h_a^*=1$，顶隙系数 $c^*=0.2$。试计算蜗杆和蜗轮的分度圆直径 d_1、d_2；齿顶圆直径 d_{a1}、d_{a2} 和齿根圆直径 d_{f1}、d_{f2}；蜗杆导程角 γ。

7-15　蜗杆传动有哪些特点？适用于什么场合？

7-16　蜗杆传动的主要失效形式有哪些？如何选择蜗杆和蜗轮的材料？

7-17　试确定图 7-32a 中蜗轮的转向、图 7-32b 中蜗杆的转向及图 7-32c 中蜗杆的旋向。

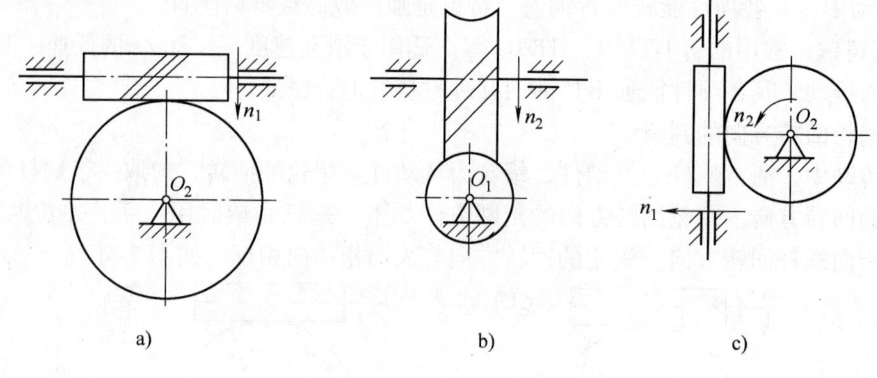

图 7-32　题 7-17 图

第八章　轮　　系

第一节　轮系及其分类

前面介绍了一对齿轮的啮合原理。但在实际机械中，为了满足工作需要，只用一对齿轮传动往往是不够的。例如，在机床中为了将电动机的一种转速转变成主轴的多级转速，在钟表中为了使时针与分针的运转速度有一定的比例关系，在汽车后桥差速器中为了将主轴的一种转速分解为两后轮的不同转速，以及在其他各种机械中，都需要用一系列的齿轮来传动。这种由一系列齿轮所构成的传动系统称为轮系。一对齿轮传动可视为最简单的轮系。

根据轮系运转时各个齿轮的轴线在空间的位置是否固定，可将轮系分为定轴轮系、周转轮系和复合轮系三大类。

一、定轴轮系

当轮系运转时，如果其中各个齿轮的轴线相对于机架的位置都是固定不变的，则该轮系称为定轴轮系。图 8-1 所示的定轴轮系，由轴线互相平行的圆柱齿轮组成，称为平面定轴轮系。图 8-2 所示的定轴轮系，不仅含有圆柱齿轮，而且还含有锥齿轮、蜗杆蜗轮等空间齿轮机构，称为空间定轴轮系。

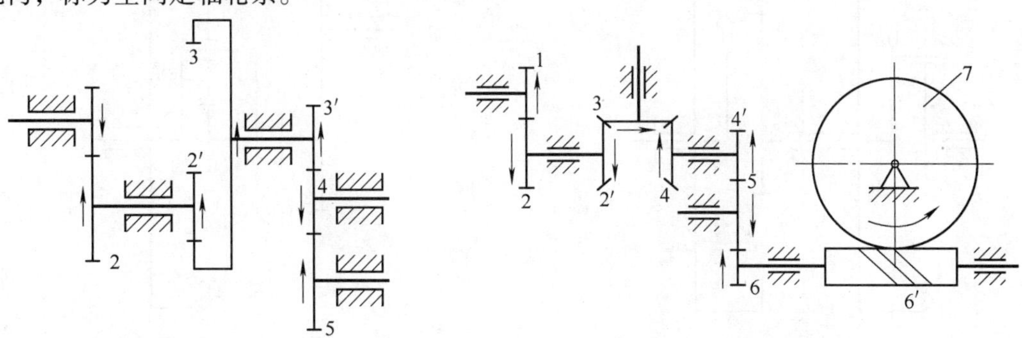

图 8-1　平面定轴轮系　　　　图 8-2　空间定轴轮系

二、周转轮系

在轮系运转时，若至少有一个齿轮的轴线是绕另一个齿轮的固定轴线转动，则该轮系称为周转轮系。在图 8-3 所示的轮系中，齿轮 1、齿轮 3 及构件 H 均绕固定的几何轴线 OO 回转，而齿轮 2 活套在构件 H 上。当轮系运转时，齿轮 2 一方面绕自身轴线 O_1O_1 转动，另一方面还随着构件 H 绕着固定轴线 OO 回转，它的运动像太阳系中的行星一样，兼有自转和公转，故称齿轮 2 为行星轮。支持行星轮的构件 H 称为行星架或系杆。与行星轮相啮合且轴线固定的齿轮称为太阳轮（1 和 3）。在周转轮系中，一般都以太阳轮和行星架作为运动的输入和输出构件，故称它们为周转轮系的基本构件，基本构件绕同一固定轴线转动。

周转轮系按其自由度可分为两类。自由度为 2 的周转轮系称为差动轮系，其两个太阳轮都能转动（图 8-3a）；自由度为 1 的周转轮系称为行星轮系，其两个太阳轮中有一个是固定的（图 8-3b）。

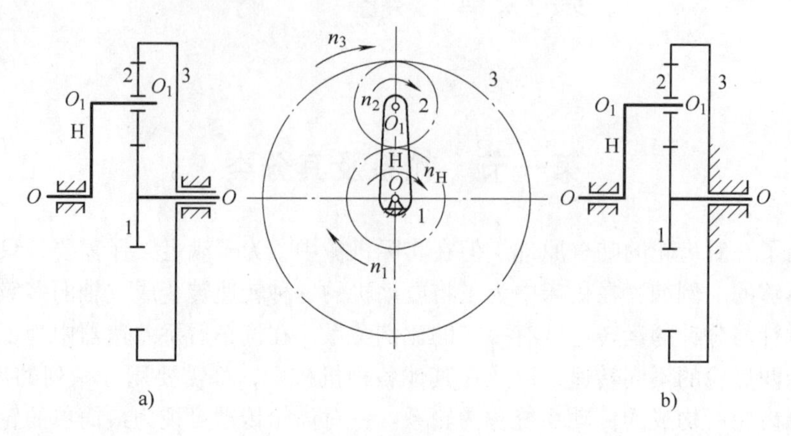

图 8-3　周转轮系

三、复合轮系

实际机械中所用的轮系，往往既包含定轴轮系部分，又包含周转轮系部分；或者是由几部分周转轮系组成的，这种轮系称为复合轮系。图 8-4 所示的轮系是由两部分周转轮系组成的复合轮系，图 8-5 所示的轮系是由定轴轮系与周转轮系组成的复合轮系。

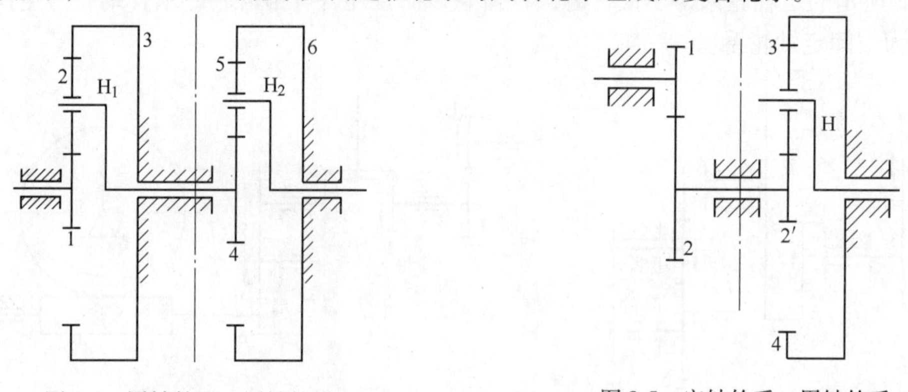

图 8-4　周转轮系 + 周转轮系

图 8-5　定轴轮系 + 周转轮系

第二节　定轴轮系的传动比计算

轮系的传动比是指轮系中首末两轮的角速度（或转速）之比。在轮系的研究中，不仅要求出传动比的大小，而且还需要确定出其首、末两轮的转向。对平面定轴轮系及空间定轴轮系中首末两轮轴线平行的轮系，需在传动比绝对值前加“+、-”号表示两轮的转向关系；而对空间定轴轮系中首末两轮轴线不平行的轮系，首末两轮的相对转向只能在轮系运动简图中表示，不能用代数量的传动比表示。传动比用 i 表示，并在右下角用两个角标来表明对应的两轮，如 i_{15} 表示轮 1 与轮 5 的传动比。

一、平面定轴轮系的传动比计算

现以图 8-6 所示轮系为例，讨论平面定轴轮系的传动比计算。轮系中齿轮 1 为主动轮，齿轮 5 为从动轮。设各轮的齿数分别为 z_1、z_2、z_3、$z_{3'}$、z_4、$z_{4'}$、z_5，转速分别为 n_1、n_2、n_3、$n_{3'}$（$=n_3$）、n_4、$n_{4'}$（$=n_4$）、n_5。轮系中各对啮合齿轮的传动比分别为

$$i_{12}=\frac{n_1}{n_2}=-\frac{z_2}{z_1}$$

$$i_{23}=\frac{n_2}{n_3}=-\frac{z_3}{z_2}$$

$$i_{3'4}=\frac{n_{3'}}{n_4}=+\frac{z_4}{z_{3'}}$$

$$i_{4'5}=\frac{n_{4'}}{n_5}=-\frac{z_5}{z_{4'}}$$

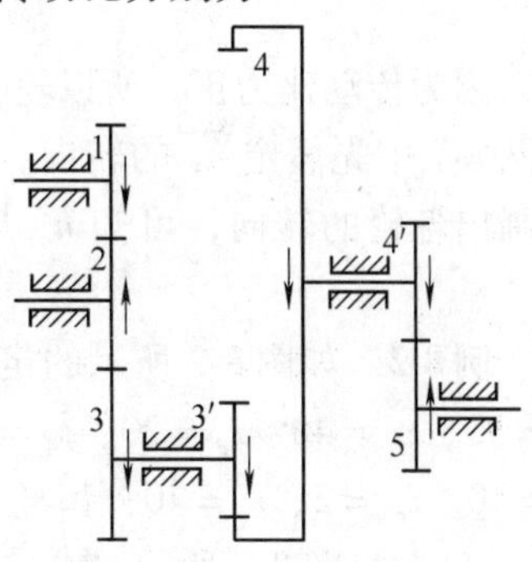

图 8-6 平面定轴轮系

将以上各式等号两边分别相乘，则有

$$i_{12}\cdot i_{23}\cdot i_{3'4}\cdot i_{4'5}=\frac{n_1}{n_2}\cdot\frac{n_2}{n_3}\cdot\frac{n_{3'}}{n_4}\cdot\frac{n_{4'}}{n_5}=\left(-\frac{z_2}{z_1}\right)\cdot\left(-\frac{z_3}{z_2}\right)\cdot\left(+\frac{z_4}{z_{3'}}\right)\cdot\left(-\frac{z_5}{z_{4'}}\right)$$

考虑到 $n_{3'}=n_3$、$n_{4'}=n_4$，于是可得

$$i_{15}=\frac{n_1}{n_5}=i_{12}\cdot i_{23}\cdot i_{3'4}\cdot i_{4'5}=(-1)^3\frac{z_3z_4z_5}{z_1z_{3'}z_{4'}}$$

上式表明，平面定轴轮系传动比的绝对值等于从动轮齿数的连乘积与主动轮齿数的连乘积之比。由于内啮合两齿轮转向相同，故不影响传动比的符号；而外啮合两齿轮转向相反，所以绝对值前的符号（即首末两轮的转向关系）由 $(-1)^m$ 确定（m 表示轮系中外啮合齿轮的对数）。平面定轴轮系传动比的符号也可用画箭头（箭头方向表示观察者可见一侧齿轮的线速度方向）的方法确定，若始、末两轮转向相同，传动比符号为正；若始、末两轮转向相反，传动比符号为负。图 8-6 中齿轮 1 与 5 的转向相反，所以传动比符号为负。

在图 8-6 所示轮系中，齿轮 2 同时与齿轮 1、3 啮合，既是主动轮，又是从动轮，其齿数不影响传动比的大小，只起改变转向的作用，这种齿轮称为惰轮或介轮。

现推广到一般平面定轴轮系，设轮 1 为首轮，轮 k 为末轮，该轮系的传动比为

$$i_{1k}=\frac{n_1}{n_k}=(-1)^m\frac{\text{齿轮 }1\text{、}k\text{ 间所有从动轮齿数连乘积}}{\text{齿轮 }1\text{、}k\text{ 间所有主动轮齿数连乘积}}\tag{8-1}$$

式中，m 为轮系中外啮合齿轮的对数。

二、空间定轴轮系传动比的计算

空间定轴轮系传动比的大小仍等于各对齿轮从动轮齿数连乘积与主动轮齿数连乘积之比；两轮的转向只能根据画箭头的方法确定。如果首末两轮轴线平行，则应根据图中首末两轮箭头方向，在齿数比前加“+”号表示同向，加“-”号表示反向，即两轮的转向仍需在传动比中体现；如果首末两轮轴线不平行，则轮系的传动比只有绝对值而没有符号，两轮的相对转向在图中标出。

例 8-1 在图 8-7 所示的车床溜板箱纵向进给刻度盘轮系中，运动由齿轮 1 输入，由齿轮 4 输出。各齿轮的齿数分别为 $z_1=18$，$z_2=87$，$z_{2'}=28$，$z_3=20$，$z_4=84$，试计算该轮系的

传动比 i_{14}。

解 由图 8-7 可知，该轮系为平面定轴轮系，其中外啮合齿轮的对数 $m=2$，故

$$i_{14}=\frac{n_1}{n_4}=(-1)^m\frac{z_2z_3z_4}{z_1z_{2'}z_3}=(-1)^2\frac{87\times84}{18\times28}=14.5$$

因为传动比为正，所以轮 4 与轮 1 转向相同。传动比的正负也可用画箭头的方法确定，在图 8-7 中先假定 n_1 的转向，而后根据啮合关系依次画出各轮的转向，可知 n_4 与 n_1 同向，所以 i_{14} 为正。

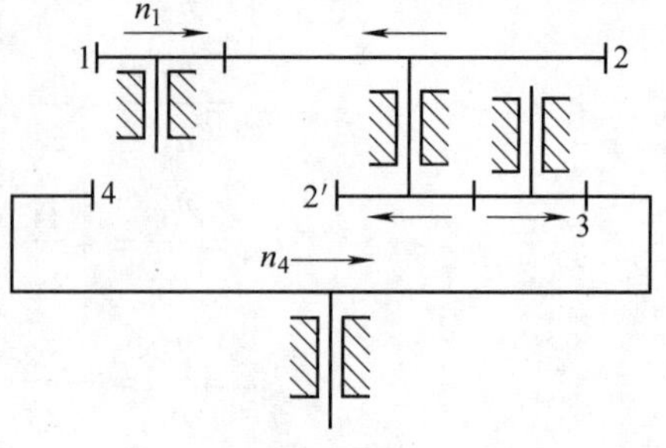

图 8-7 车床溜板箱纵向进给机构

例 8-2 如图 8-2 所示的定轴轮系，已知 $z_1=20$、$z_2=30$、$z_{2'}=40$、$z_3=20$、$z_4=60$、$z_{4'}=40$、$z_5=30$、$z_6=40$、$z_{6'}=2$、$z_7=40$；齿轮 1 的转速 $n_1=2\ 400\text{r/min}$，转向如图 8-2 所示，求传动比 i_{17}、蜗轮 7 的转速和转向。

解 1）传动比 i_{17}、蜗轮的转速。由图 8-2 可知，该轮系为空间定轴轮系，且首轮 1 与末轮 7 的轴线不平行，所以传动比无正、负号。其值为

$$i_{17}=\frac{n_1}{n_7}=\frac{z_2z_3z_4z_5z_6z_7}{z_1z_{2'}z_3z_{4'}z_5z_{6'}}=\frac{30\times60\times40\times40}{20\times40\times40\times2}=45$$

所以
$$n_7=\frac{n_1}{i_{17}}=\frac{2\ 400\text{r/min}}{45}=53.3\text{r/min}$$

2）蜗轮 7 的转向。由画箭头的方法确定蜗轮 7 为逆时针旋转。

第三节 周转轮系的传动比计算

周转轮系可分为平面周转轮系和空间周转轮系。若周转轮系中各轮的轴线都是平行的，则称之为平面周转轮系，否则称为空间周转轮系。在周转轮系中，由于行星轮的轴线不固定，所以其传动比不能直接用求解定轴轮系传动比的方法来计算。

一、平面周转轮系的传动比计算

周转轮系与定轴轮系的区别在于周转轮系有一个转动的行星架，因此使行星轮既自转又公转。若能设法使行星架固定不动，周转轮系就可转化为定轴轮系，然后借用定轴轮系的传动比计算公式来求解周转轮系中有关构件的转速及传动比。下面具体来讨论平面周转轮系的传动比计算。

图 8-8 所示为一平面周转轮系。假定轮系中各齿轮和行星架 H 的转速分别为 n_1、n_2、n_3、n_H，其转向相同（均沿顺时针方向转动）。现假设给整个轮系加上一个与行星架 H 的转速 n_H 大小相等、方向相反的公共转速“$-n_H$”（图 8-8a），根据相对运动原理可知，各构件之间的相对运动关系并不改变，但此时行星架 H 的转速为零，即行星架静止不动（图 8-8b）。于是周转轮系便转化为一假想的定轴轮系，这个假想的定轴轮系称为原周转轮系的转

化轮系或转化机构。在图 8-8b 所示的平面周转轮系的转化轮系中，各构件相对于行星架 H 的转速见表 8-1。

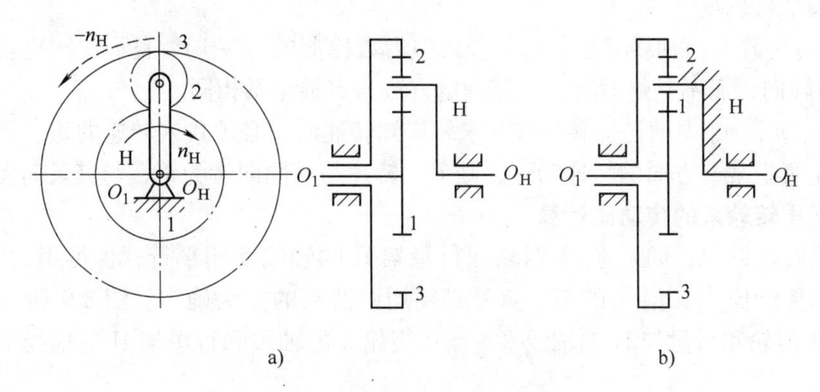

图 8-8　周转轮系及其转化轮系

表 8-1　周转轮系及其转化轮系中各构件的相对转速

构　　件	周转轮系中的转速	转化轮系中的转速	构　　件	周转轮系中的转速	转化轮系中的转速
太阳轮 1	n_1	$n_1^H = n_1 - n_H$	太阳轮 3	n_3	$n_3^H = n_3 - n_H$
行星轮 2	n_2	$n_2^H = n_2 - n_H$	行星架 H	n_H	$n_H^H = n_H - n_H = 0$

表 8-1 中 n_1、n_2、n_3、n_H 是各构件在周转轮系中的转速（或称绝对转速），n_1^H、n_2^H、n_3^H、n_H^H 是各构件在转化轮系中的转速（或称相对转速）。

既然周转轮系的转化轮系是定轴轮系，那么转化轮系的传动比就可以用求解定轴轮系传动比的方法求得，即

$$i_{13}^H = \frac{n_1^H}{n_3^H} = \frac{n_1 - n_H}{n_3 - n_H} = (-1)^1 \frac{z_2 z_3}{z_1 z_2} = -\frac{z_3}{z_1}$$

注意：上式右边的负号只能表示在转化轮系中齿轮 1 与 3 的转向相反。

现将该方法推广到平面周转轮系的一般情形。若轮系中任意两轮 1、k 的转速分别为 n_1、n_k，则两轮在转化轮系中的传动比 i_{1k}^H 为

$$i_{1k}^H = \frac{n_1^H}{n_k^H} = \frac{n_1 - n_H}{n_k - n_H} = (-1)^m \frac{\text{齿轮 }1\text{、}k\text{ 间所有从动轮齿数连乘积}}{\text{齿轮 }1\text{、}k\text{ 间所有主动轮齿数连乘积}} \tag{8-2}$$

式中，m 为周转轮系中从齿轮 1 到 k 之间外啮合齿轮的对数。

式（8-2）中包含了周转轮系中三个构件（通常是基本构件）的转速和若干个齿轮齿数间的关系。在计算轮系的传动比时，各轮的齿数通常是已知的，所以在 n_1、n_k、n_H 三个运动参数中，若已知两个（包括大小和方向），就可以确定第三个，从而可求出三个基本构件中任意两个间的传动比。

应用式（8-2）计算周转轮系传动比时应注意以下几点：

1）$i_{1k}^H \neq i_{1k}$。$i_{1k}^H = \dfrac{n_1 - n_H}{n_k - n_H}$表示转化轮系中 1、$k$ 两轮的相对转速之比，其大小及正负号应按定轴轮系传动比的计算方法确定；而 i_{1k}则是周转轮系中轮 1 与轮 k 的绝对转速之比，其大

小与正负号必须由计算结果确定。

2）作为1、k的齿轮必须是与行星轮啮合的太阳轮或行星轮本身，且其转动轴线必须与行星架的轴线平行或重合。

3）当所有齿轮几何轴线都平行时，公式中齿数比前的$(-1)^m$表示在转化轮系中1和k两轮的相对转向，而不是绝对转向，其确定方法与定轴轮系相同。

4）将n_1、n_k、n_H中的已知转速代入求解未知转速时，必须代入转速的正、负号。在代入公式前应先假定某一方向的转速为正，则另一转速与其同向者为正，与其反向者为负。

二、空间周转轮系的传动比计算

在空间周转轮系中，如果1、k两轮和行星架H的轴线互相平行，也可用式（8-2）计算转化轮系的传动比i_{1k}^H，但i_{1k}^H的正、负号必须用画箭头的方法确定。图8-9所示为空间周转轮系，1、3两轮和行星架H的轴线平行，而齿轮2的轴线和行星架H的轴线不平行，所以

$$i_{13}^H=\frac{n_1-n_H}{n_3-n_H}=-\frac{z_3}{z_1}$$

而

$$i_{12}^H\neq\frac{n_1-n_H}{n_2-n_H}$$

例8-3 在图8-10所示的周转轮系中，已知各轮的齿数分别为$z_1=20$，$z_2=30$，$z_3=80$。轮1、轮3转速的大小分别为100r/min、20r/min。试求下列两种情形的n_H：1）轮1和轮3的转向相同；2）轮1和轮3的转向相反。

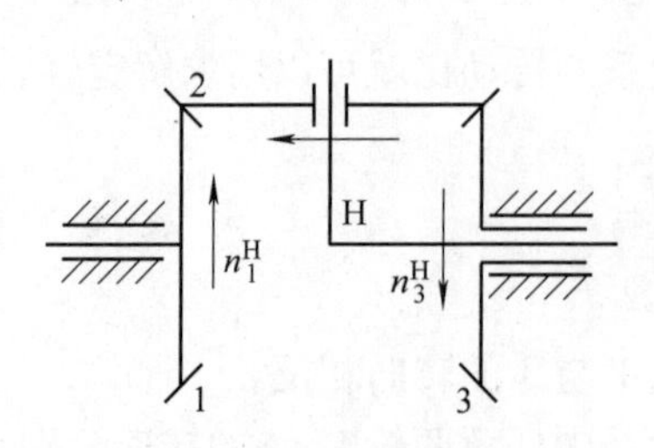

图8-9　空间周转轮系

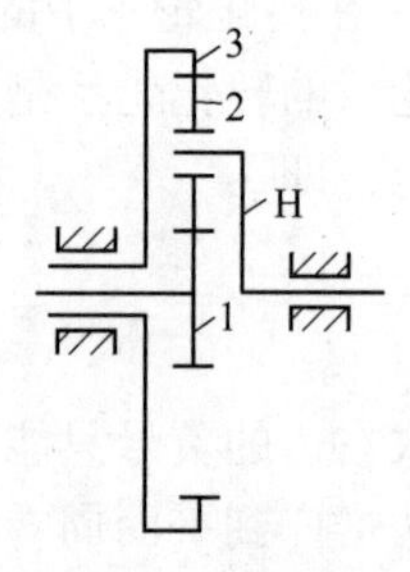

图8-10　周转轮系

解　由式（8-2）可得

$$i_{13}^H=\frac{n_1-n_H}{n_3-n_H}=(-1)^1\frac{z_2z_3}{z_1z_2}=-\frac{z_3}{z_1}=-\frac{80}{20}=-4$$

由于n_1、n_3为已知，故可由上式求得n_H为

$$n_H=\frac{n_1+4n_3}{5}$$

1）当轮1和轮3的转向相同时，两轮的转速均取正值，即$n_1=100$r/min、$n_3=20$r/min，故

$$n_{\mathrm{H}}=\frac{100\mathrm{r/min}+4\times 20\mathrm{r/min}}{5}=36\mathrm{r/min}$$

n_{H} 为正值，说明其转向与轮 1、轮 3 的转向相同。

2）当轮 1 和轮 3 的转向相反时，取 $n_1=100\mathrm{r/min}$、$n_3=-20\mathrm{r/min}$，故

$$n_{\mathrm{H}}=\frac{100\mathrm{r/min}+4\times(-20)\mathrm{r/min}}{5}=4\mathrm{r/min}$$

n_{H} 为正值,说明其转向与轮 1 转向相同,与轮 3 的转向相反。

例 8-4　如图 8-11 所示,已知各轮齿数分别为 $z_1=100$,$z_2=101$,$z_{2'}=100$,$z_3=99$。试求传动比 i_{H1}。

解　由图 8-11 可知,双联齿轮 2—2′为行星轮,齿轮 3 为固定不动的太阳轮,齿轮 1 为活动的太阳轮,该轮系为行星轮系。由式(8-2)可得

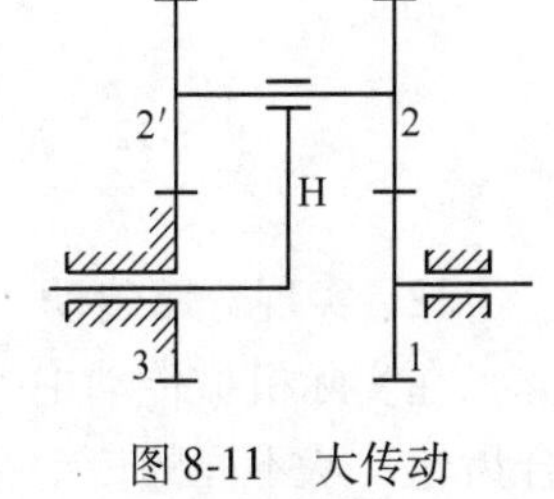

图 8-11　大传动比周转轮系

$$i_{13}^{\mathrm{H}}=\frac{n_1^{\mathrm{H}}}{n_3^{\mathrm{H}}}=\frac{n_1-n_{\mathrm{H}}}{n_3-n_{\mathrm{H}}}=(-1)^2\frac{z_2z_3}{z_1z_{2'}}$$

代入数据得

$$\frac{n_1-n_{\mathrm{H}}}{0-n_{\mathrm{H}}}=\frac{101\times 99}{100\times 100}=\frac{9\,999}{10\,000}$$

即

$$\frac{-n_1}{n_{\mathrm{H}}}+1=\frac{9\,999}{10\,000}$$

解得

$$i_{1\mathrm{H}}=1-\frac{9\,999}{10\,000}=\frac{1}{10\,000}$$

所以

$$i_{\mathrm{H1}}=\frac{1}{i_{1\mathrm{H}}}=10\,000$$

本例说明周转轮系可用较少的齿轮得到很大的传动比，比定轴轮系紧凑、轻便得多。但可以证明，传动比很大时，周转轮系的效率很低。上述 $i_{\mathrm{H1}}=10\,000$ 的周转轮系，机械效率 $\eta=0.25\%$。这种轮系通常只用在载荷很小的减速场合，如用于测量很高转速的仪表，或用作精密微调机构。

第四节　轮系的功用

轮系广泛应用于机床、航空、纺织、冶金、起重运输等多种行业的机械设备中。其功用可以归纳为以下几个方面。

一、实现相距较远的两轴之间的传动

当两轴相距较远时，若只用一对齿轮传动，则两轮尺寸会很大（图 8-12 所示的两个大齿轮）。若采用轮系传动（图 8-12 所示的四个小齿轮），可减小传动的结构尺寸，使传动装置结构紧凑，从而达到节约材料、减轻机器质量的目的。

二、实现较大传动比的传动

当两轴间需要较大的传动比时，若仅用一对齿轮进行传动，必然使两轮的尺寸相差很

大。这不仅使传动机构的尺寸庞大，而且因小齿轮工作次数过多，而容易失效。因此，当传动比较大时，常采用多对齿轮进行传动，如图 8-13 所示。在行星轮系中，用较少的齿轮即可获得很大的传动比，如例 8-4 中的轮系。

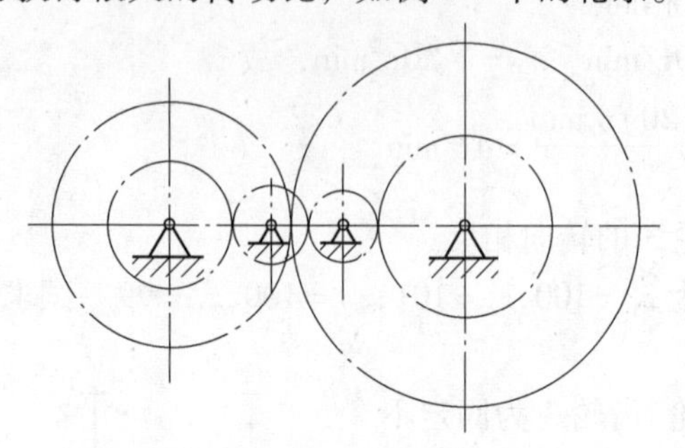

图 8-12　远距离传动

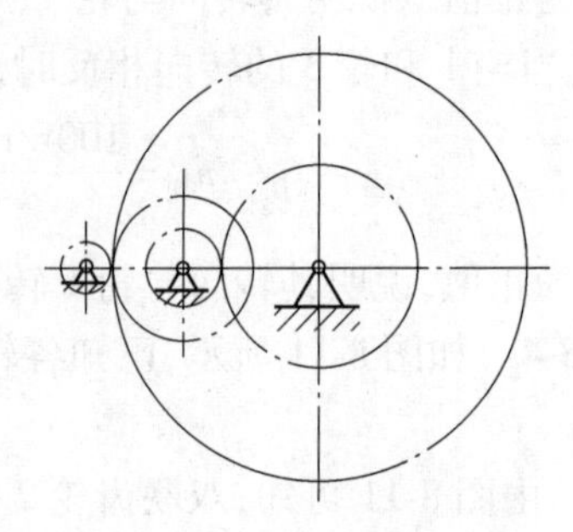

图 8-13　大传动比传动

三、实现分路传动

在实际机械传动中，当只有一个原动件及多个执行构件时，原动件的转动可通过多对啮合齿轮，从不同的传动路线传递给执行构件，以实现分路传动。图 8-14 所示为滚齿机上滚刀与轮坯之间形成展成运动的传动简图。滚刀的转速 $n_刀$ 与轮坯的转速 $n_坯$ 必须满足 $i_{刀坯}=\frac{n_刀}{n_坯}=\frac{z_坯}{z_刀}$ 的传动比关系。其中，$z_刀$ 和 $z_坯$ 分别为滚刀的头数和轮坯加工后的齿数。运动路线从主动轴 I 开始，一条路线是由锥齿轮 1、2 传到滚刀；另一条路线是由齿轮 3、4、5、6、7、蜗杆 8、蜗轮 9 传到轮坯。其展成运动的传动比 $i_{刀坯}=\frac{n_刀}{n_坯}$ 分别由上述两条分路传动得到保证。

四、实现换向传动

当主动轴转向不变时，可利用轮系中的惰轮改变从动轴的转向。图 8-15 所示为车床上走刀丝杠的三星齿轮换向机构，通过改变手柄的位置，使齿轮 2 参与啮合，如图 8-15a 所示，或不参与啮合，如图 8-15b 所示，以改变外啮合的次数，使从动轮 4 与主动轮 1 的转向相反或相同。

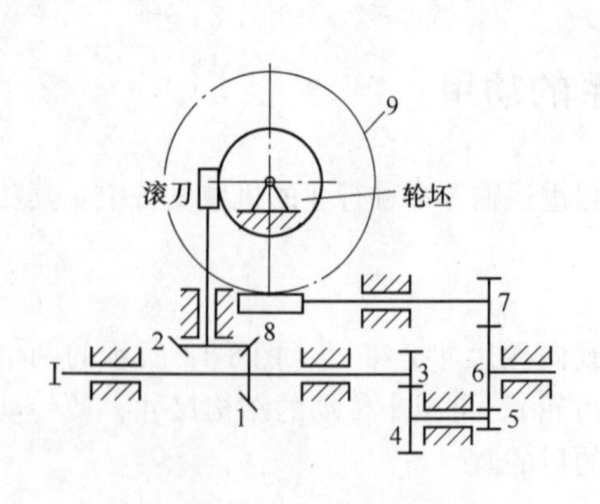

图 8-14　滚齿机展成运动传动简图

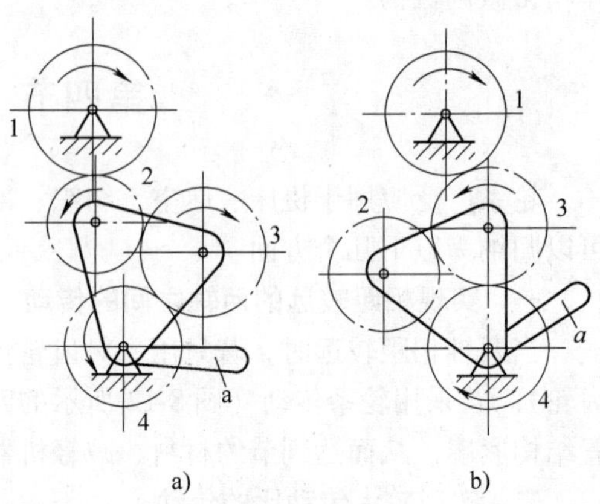

图 8-15　换向机构

五、实现变速传动

当主动轴的转速不变时，可以利用轮系使从动轴得到若干挡工作转速。图 8-16 所示为汽车变速器传动简图，Ⅰ为主动轴，Ⅱ为从动轴，C、B 为滑移齿轮，图中括号内数字为各齿轮齿数，各挡变速情况见表 8-2。

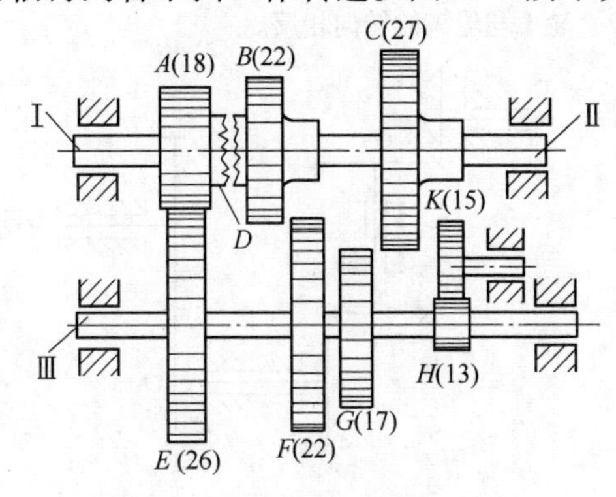

图 8-16　汽车变速器传动简图

六、实现运动的合成与分解

在差动轮系中，当给定任意两个基本构件的运动后，第三个构件的运动是确定的，即第三个构件的运动是另外两个基本构件运动的合成。在图 8-9 所示的差动轮系中，$z_1 = z_3$，如以轮 1 和 3 为原动件，用画箭头的方法判定太阳轮 1 与 3 的转向后得到

$$i_{13}^{\mathrm{H}} = \frac{n_1 - n_{\mathrm{H}}}{n_3 - n_{\mathrm{H}}} = -\frac{z_3}{z_1} = -1$$

即

$$n_{\mathrm{H}} = \frac{n_1 + n_3}{2}$$

表 8-2　汽车变速器各挡传动比

挡　位	滑移齿轮啮合状态	齿轮啮合路线	传　动　比
一挡	左移 C 与 G 啮合	A—E—G—C	2.294
二挡	右移 B 与 F 啮合	A—E—F—B	1.444
三挡	离合器 D 接合	Ⅰ—Ⅱ	1
四挡	右移 C 与 K 啮合	A—E—H—K—C	−3

上式说明，行星架的转速是太阳轮 1 与 3 转速合成的一半，它可以用作加法机构。这种机构广泛用于机床、计算机和补偿调整等装置中。

与上述运动合成相反，差动轮系也可将一个原动基本构件的转动，按所需比例分解为另外两个从动基本构件的不同转动。图 8-17 所示的汽车后桥差速器可作为运动分解的实例。当汽车转弯时，它能将发动机传到齿轮 5 的运动以不同转速分别传给左、右车轮。

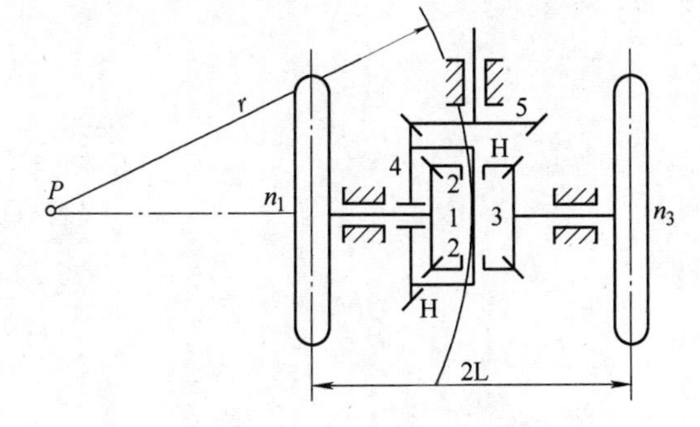

图 8-17　汽车后桥差速器

习　　题

8-1　试比较定轴轮系和周转轮系转化轮系传动比的计算公式有什么联系和区别。

8-2　如何判定一个轮系是否是周转轮系？轮系主要有哪些功用？

8-3　如何根据定轴轮系或周转轮系转化轮系中首轮的转向判定末轮的转向？

8-4　在图 8-18 所示轮系中，已知 $z_1 = z_{2'} = z_{3'} = 20$，$z_2 = z_4 = 40$，$z_3 = 30$，求传动比 i_{14}。

8-5　在图 8-19 所示周转轮系中，已知各轮齿数 $z_1=50$，$z_2=30$，$z_{2'}=20$，$z_3=100$，轮 1 与轮 3 的转速大小分别为 100r/min 和 200r/min。试求在下列两种情况下行星架 H 的转速：1）轮 1 与轮 3 的转向相同；2）轮 1 与轮 3 的转向相反。

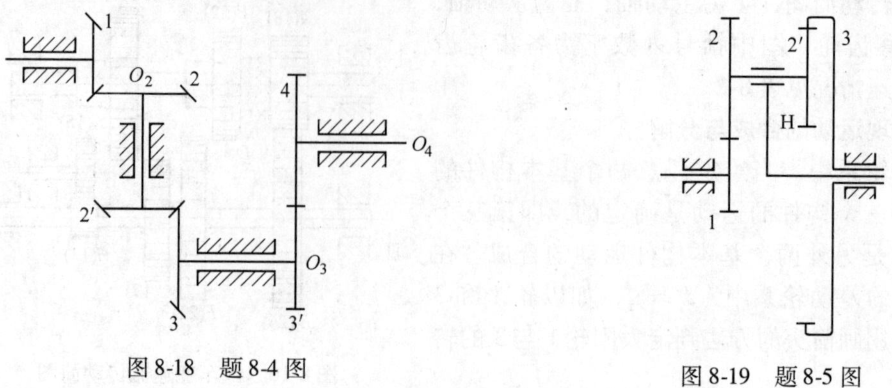

图 8-18　题 8-4 图　　　　图 8-19　题 8-5 图

8-6　在图 8-20 所示的行星轮系中，已知各轮齿数 $z_1=30$，$z_3=120$，齿轮 3 的转速 $n_3=120\text{r/min}$，求行星架 H 的转速 n_H。

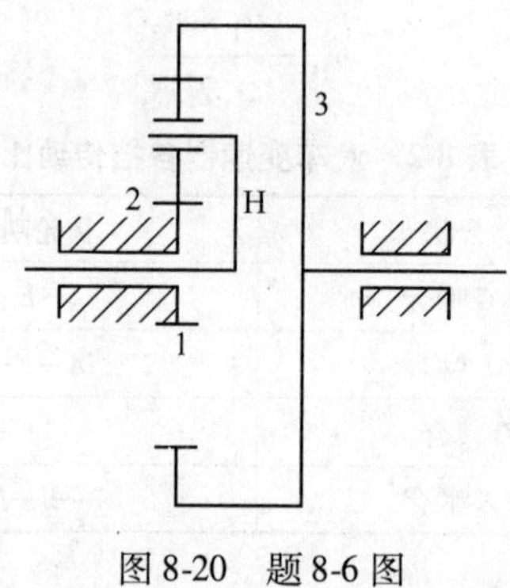

图 8-20　题 8-6 图

第九章　轴系零部件和连接零件

轴系零部件和连接零件是机械的重要组成部分。

机器中的转动零件都必须与轴相连接，而轴需要支承在轴承上，有时轴与轴又需要通过联轴器或离合器实现连接，轴、轴承、联轴器、离合器及轴上的转动零件组合起来成为一个系统，常称为轴系零部件。

机器中的零件必须按照一定的方式结合成一个整体，这种结合方式称为连接。根据连接的性质分为动连接和静连接。在动连接中，被连接零件的相互位置在工作时能够按需要变化，如各种运动副。在静连接中，被连接零件的相互位置在工作时不允许变化，如蜗轮的齿圈与轮芯的连接。

连接又可分为可拆连接和不可拆连接。如键连接和螺纹连接就是可拆连接，而焊接、铆接就是不可拆连接。本章仅介绍几种常用的可拆连接。

第一节　轴和轴毂连接

轴是组成机器的重要零件之一。它的主要功用是安装、固定和支承机器中的回转零件（如齿轮、带轮等），使其具有确定的工作位置，并传递运动和动力。

一、轴的分类及材料

1. 轴的分类

根据轴所受载荷的不同，轴可分为心轴、传动轴、转轴三类。

（1）心轴　工作时只承受弯矩不承受转矩的轴。这类轴只起支承转动零件的作用，不传递转矩，受力后发生弯曲变形。它又可分为固定心轴，如滑轮轴（图 9-1）、自行车前轴等，和转动心轴，如火车轮轴（图 9-2）等。

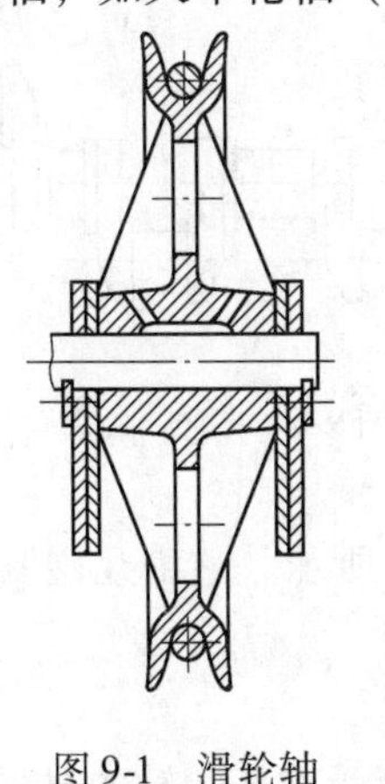

图 9-1　滑轮轴

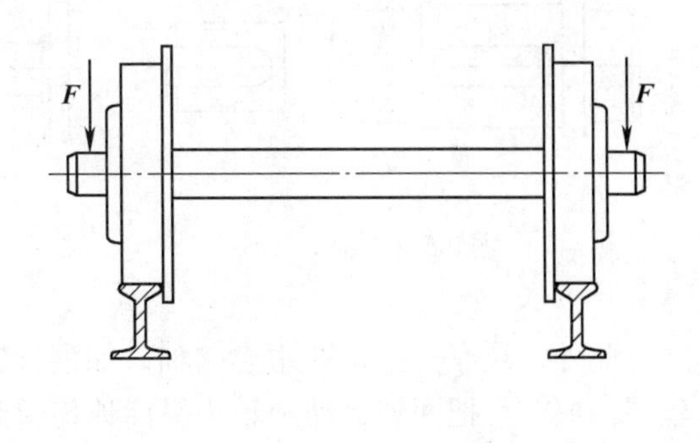

图 9-2　火车轮轴

（2）传动轴　工作时主要承受转矩而不承受弯矩，或弯矩很小的轴。这类轴起传递动力和运动的作用，主要发生扭转变形，如汽车传动轴（图9-3）等。

（3）转轴　工作时既承受弯矩又承受转矩的轴。转轴是机器中最为常见的轴，如减速器中的轴（图9-4）和汽车、拖拉机变速器中的大多数轴等。

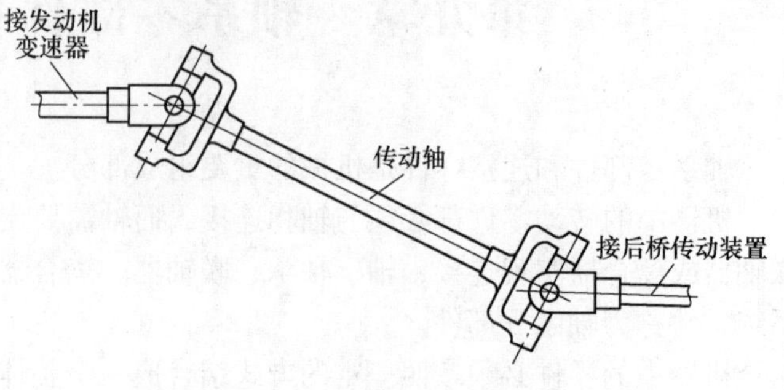

图9-3　汽车传动轴

轴按其轴线形状不同可分为直轴（图9-5）和曲轴（图9-6）两大类。直轴是大多数机械中使用的零件，它又有光轴和阶梯轴之分。光轴是全轴各处直径相同的轴，阶梯轴的各段直径不同，可使各轴段的强度接近，并便于零件的装拆、定位和紧固，应用广泛。图9-4所示为阶梯轴的典型结构，装轮毂的轴段称为轴头（图9-4的①、④段）；安装轴承的轴段称为轴颈（图9-4的③、⑦段）；连接轴颈和轴头的轴段称为轴身（图9-4的②、⑥段）。图9-4的⑤段称为轴环；直径不等的相邻两部分之间的环形轴端称为轴肩。直轴一般为实心轴，当有结构要求或为减轻质量时，可制成空心轴，如图9-7所示。曲轴是往复式机械中的专用零件，用来将回转运动转换为直线运动或将直线运动转换为回转运动。

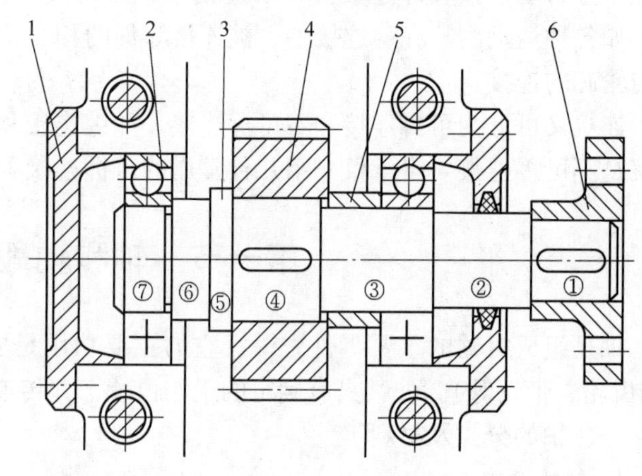

图9-4　减速器中的轴

1—轴承盖　2—轴承　3—轴　4—齿轮　5—套筒　6—半联轴器

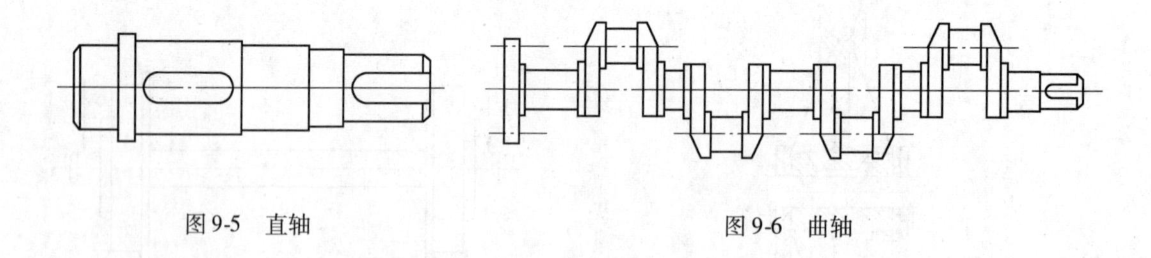

图9-5　直轴　　图9-6　曲轴

此外，还有一些特殊用途的轴，如钢丝软轴，如图9-8所示。它由几层紧贴在一起的钢丝层构成，可把回转运动和转矩灵活地传递到任何位置。

2. 轴的材料及其选择

由于轴工作时的应力多是交变应力，轴的主要失效为疲劳破坏。轴的材料应具有足够的疲劳强度，且对应力集中的敏感性低，同时应考虑工艺性和经济性等因素，合理地选择轴的材料。轴的材料常采用碳素钢和合金钢。

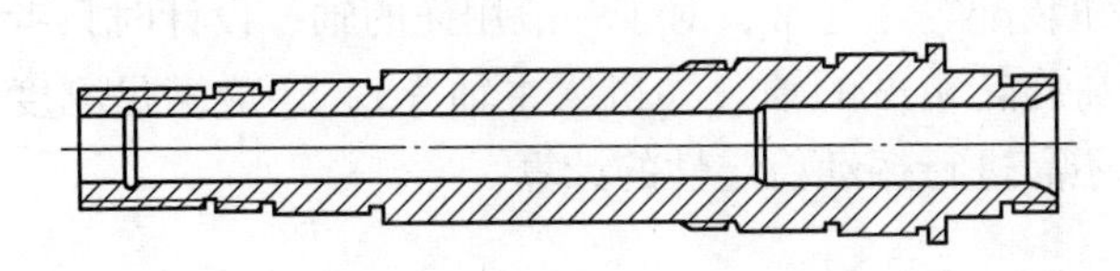
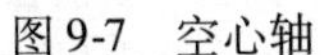

图 9-7　空心轴

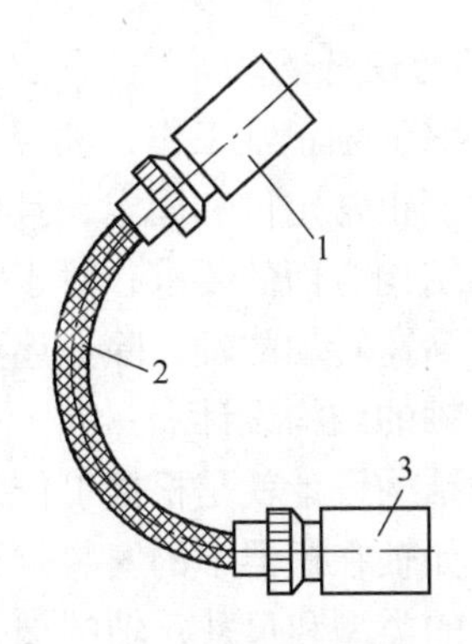

图 9-8　钢丝软轴

1—动力源　2—钢丝软轴（外层为护套）

3—被驱动装置

碳素钢因价廉及对应力集中的敏感性低，并可通过热处理改善其综合力学性能，故应用较为广泛。合金钢比碳素钢具有更高的力学性能，但对应力集中较敏感，且价格较贵，主要用于传递大功率并要求减轻质量和提高轴颈耐磨性，以及在高温或低温条件下工作的轴。形状复杂的轴，如凸轮轴、曲轴、空心轴等，有时也可采用铸钢或铸铁制造，经过铸造成形，可得到比较合理的形状，而且铸铁的吸振性强，耐磨性好，可加工性好，对应力集中的敏感性较低，价格便宜。但铸铁的冲击韧性差，工艺过程不易控制，轴的质量不够稳定。

轴的常用材料及其主要力学性能见表 9-1。

表 9-1　轴的常用材料及其主要力学性能

材料牌号	热处理	毛坯直径 d/mm	硬度 HBW	抗拉强度 R_m/MPa	屈服强度 R_{eH}/MPa	弯曲疲劳极限 σ_{-1}/MPa	应　用
Q235A	—	—	—	440	240	200	用于不重要或载荷不大的轴
Q275A	—	—	190	520	280	220	
35	正火		143~187	520	270	250	用于一般轴
45	正火	≤100	170~217	600	300	275	用于较重要的轴，应用最广
	调质	≤200	217~255	640	360	300	
40Cr	调质	≤100	241~286	750	550	350	用于载荷较大而无很大冲击的轴
35SiMn 45SiMn	调质	≤100	229~286	800	520	400	性能接近于 40Cr，用于中、小型轴
40MnB	调质	≤200	241~286	750	500	335	性能接近于 40Cr，用于重载荷的轴
35CrMo	调质	≤100	207~269	750	550	390	用于重载荷的轴
20Cr	渗碳 淬火 回火	≤60	表面 56~62HRC	650	400	280	用于要求强度、韧性及耐磨性均较好的轴
QT600-3	—	—	190~270	600	370	215	用于制造复杂外形的轴
QT800-2	—	—	245~335	800	480	290	

3. 轴的设计要求

为了保证轴正常工作，轴应具备足够的强度和刚度，同时应具备合理的结构，即应保证轴上零件能正常定位和固定，且便于加工和装配等。通常，对于一般用途的轴，设计时只考虑强度和结构方面的要求；对于要求有较高旋转精度的轴（如机床主轴等），还应满足刚度要求；而高速转动的轴，除上述要求外，还需进行振动稳定性的计算。

二、轴的结构设计

轴的结构设计就是根据工作条件合理地确定轴的外形结构和全部尺寸。影响轴结构的因素很多，如轴在机器中的安装位置和要求；轴上零件的布置、定位和固定形式；轴的受力情况；轴承的类型和尺寸；轴的加工和装配工艺的要求等。由于这些影响因素多，差别也大，因此轴没有标准的结构形式，设计时应根据具体情况综合考虑，得出轴的合理结构。一般来说，轴的结构应满足下列要求：1）轴和装配在轴上的零件应有正确的工作位置和可靠的相对固定；2）轴应有良好的工艺性，便于制造和进行轴上零件的装配和调整；3）轴的受力合理，能有效地减小轴的应力集中；4）有利于减轻轴的质量和节省材料。进行轴的结构设计时，首先要拟订出不同的装配方案，分析比较后择优确定一种方案，然后进行轴的结构设计。

1. 轴上零件的轴向定位与固定

为了保证零件有确定的工作位置，防止零件沿轴向移动并能承受轴向载荷，必须将其进行轴向定位和固定。轴向定位与固定方法很多，常见的有轴肩、轴环、套筒、各种挡圈、圆锥面、圆螺母及紧定螺钉等定位方式，其特点见表 9-2。

表 9-2　轴上零件的轴向固定方法及特点

固定方法	简　图	特　点
套筒	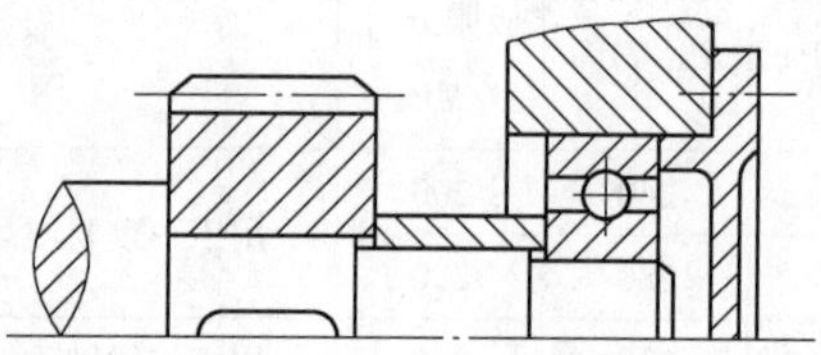	结构简单，定位可靠，轴上不需开槽、钻孔和切制螺纹，因而不影响轴的疲劳强度。一般用于零件间距较小的场合，以免增加结构质量。轴的转速很高时不宜采用
轴肩、轴环	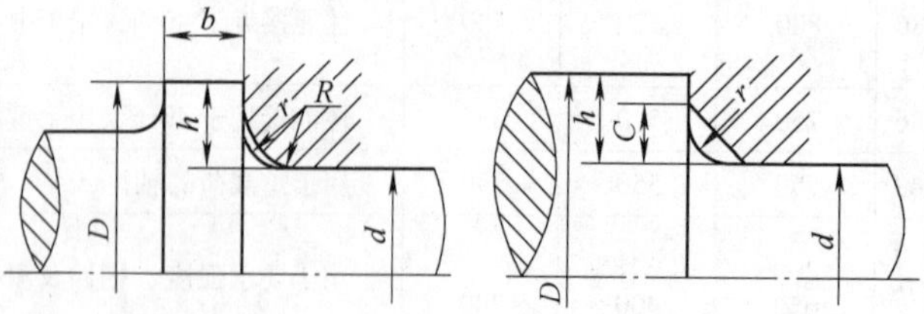 b h r R D d　h C r d D	结构简单，定位可靠，可承受较大的轴向力，常用于齿轮、链轮、带轮、联轴器和轴承等的轴向定位 定位轴肩高度 h 应大于 r 或 C，通常取 $h=(0.07\sim0.1)d$，同时为保证零件紧靠定位面，应使 $r<C$ 或 $r<R$ 非定位轴肩是为了加工和装配方便而设置的，其高度没有严格规定，一般取为 1 ~2mm 轴环宽度 $b\approx1.4h$ 与滚动轴承配合处的 h 与 r 值应根据滚动轴承的类型与尺寸确定

（续）

固定方法	简　图	特　点
弹性挡圈	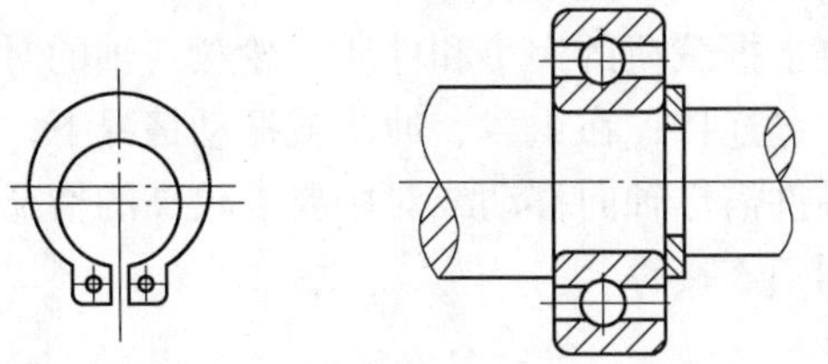	结构简单紧凑，只能承受很小的轴向力，常用于固定滚动轴承 轴用弹性挡圈的结构尺寸见 GB 894.1—1986
紧定螺钉	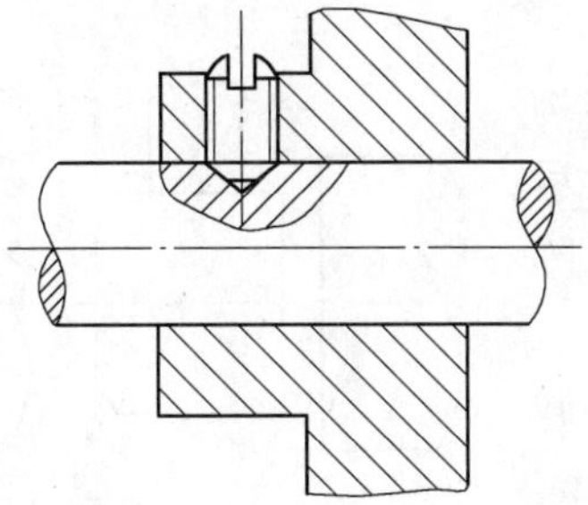	适用于轴向力很小，转速很低或仅为防止零件偶然沿轴向滑动的场合。为防止螺钉松动，可加锁圈 紧定螺钉同时也起周向固定作用 紧定螺钉用孔的结构尺寸见 GB/T 71—1985
圆锥面	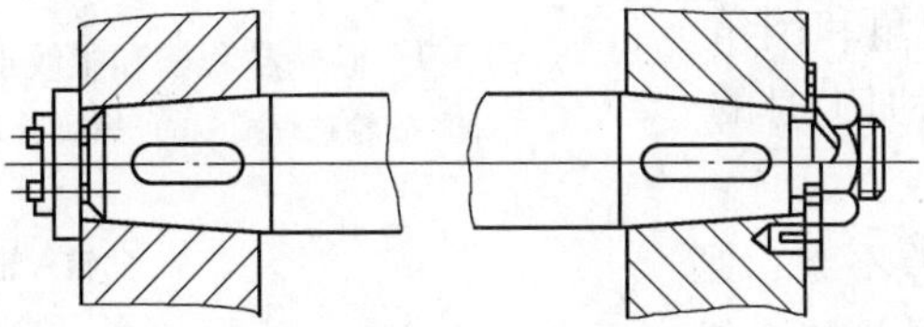	能消除轴与轮毂间的径向间隙，装拆较方便，可兼作周向固定，能承受冲击载荷。多用于轴端零件固定，常与轴端挡圈或螺母联合使用，使零件获得双向轴向固定
圆螺母	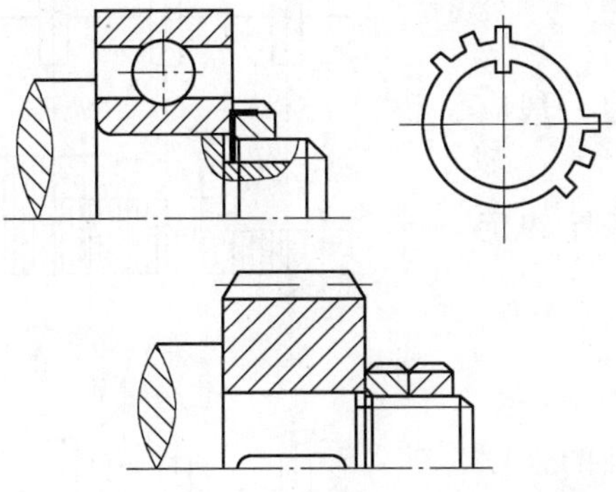	固定可靠，装拆方便，可承受较大轴向力。由于轴上切制螺纹，使轴的疲劳强度降低。常用双圆螺母或圆螺母与止动垫圈固定轴端零件，当零件间距较大时，也可用圆螺母代替套筒以减小结构质量 圆螺母和止动垫圈的结构尺寸见 GB/T 810—1988，GB/T 812—1988，GB/T 858—1988
轴端挡圈	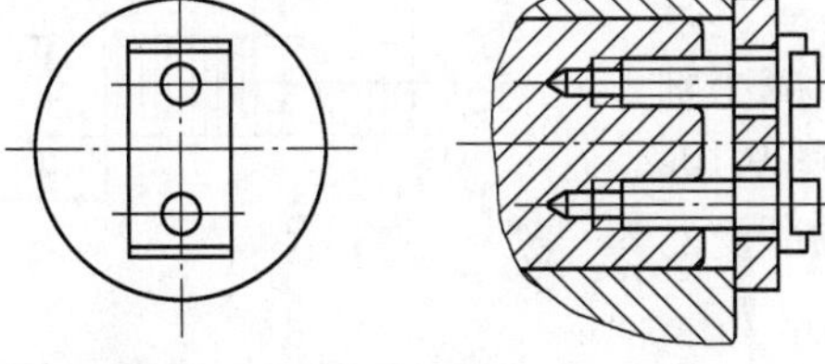	适用于固定轴端零件，可承受剧烈振动和冲击载荷 螺钉紧固轴端挡圈的结构尺寸见 GB/T 891—1986，螺栓紧固轴端挡圈的结构尺寸见 GB/T 892—1986（单孔）及 JB/ZQ 4349—1986（双孔）

2. 轴上零件的周向固定

为了传递转矩，防止零件与轴产生相对转动，轴上零件与轴必须有可靠的周向固定。常用的周向固定方法有键或花键连接、销连接、过盈配合等。

设计中采用何种周向固定方法，要根据载荷的大小和性质、轮毂与轴的对中要求和重要性等因素来确定。如齿轮与轴多采用平键连接；在重载、冲击或振动情况下，可采用过盈配合加键连接；在传递转矩较大，轴上零件需作轴向移动或对中要求较高的情况下，可采用花键连接；轻载或不重要的情况下可采用销连接等。

3. 轴的结构工艺性

轴的结构工艺性是指轴的结构应便于加工、装配、拆卸、测量和维修等。可以从以下几个方面来改善轴的结构工艺性。

1）为保证轴上零件装拆顺利，轴的结构采用两端细、中间粗的阶梯状。轴的台阶数尽可能少，轴肩高度尽可能小，以减少加工，降低成本。

2）需要磨削或切制螺纹的轴段应留有砂轮越程槽或螺纹退刀槽，如图 9-9 所示。

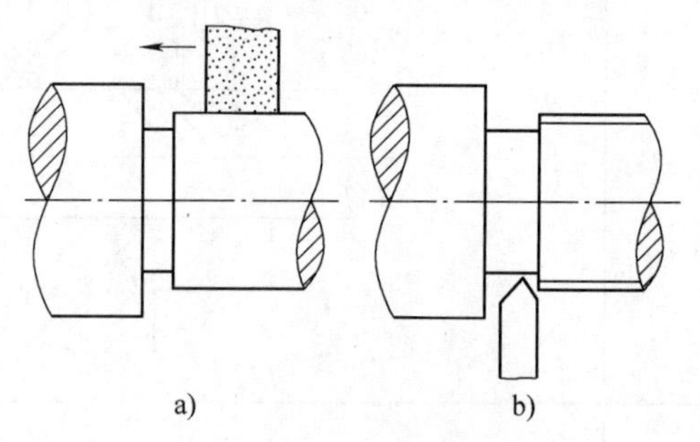

图 9-9　砂轮越程槽和螺纹退刀槽

a）砂轮越程槽　b）螺纹退刀槽

3）轴端、轴头、轴颈的端部都应有倒角，以便装配和保证安全。一根轴上的圆角和倒角尺寸最好一致，以便减少刀具数目和加工时的换刀次数。

4）若同一根轴上各轴段直径相差不大，则各轴段上键槽尺寸规格应尽可能相同并符合键的标准，同时所有键槽应设置在轴的同一母线上，如图 9-5 所示。

5）为便于拆卸滚动轴承，轴肩高度一般应小于轴承内圈高度。

6）为了便于轴在加工过程中各工序的定位，轴的两端面上应做出中心孔。

4. 提高轴疲劳强度的措施

（1）改善轴的受载情况　在传递功率不变时，改善轴的受载情况，可显著提高轴的强度和刚度。

1）轴上受力较大的零件应尽可能装在靠近轴承处以减小弯矩值。

2）合理布置轴上传动零件的位置，减小轴的受载。如图 9-10 所示，将输入轮 1 从图 9-10a 所示位置改变为图 9-10b 所示位置，则轴所受的最大转矩将由（$T_2+T_3+T_4$）降低到（T_3+T_4）。

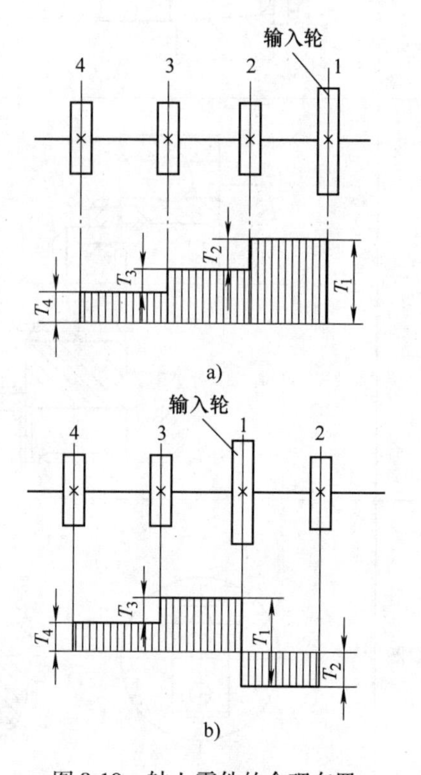

图 9-10　轴上零件的合理布置

（2）降低应力集中，提高轴的疲劳强度　应力集中常是产生疲劳裂纹的根源。为了减小应力集中，设计时应注意：

1）阶梯轴相邻段的直径不宜相差太大。

2）轴肩处的过渡圆角应尽可能大些。若轴肩处过渡圆角半径受结构限制难以增大，则可改用凹切圆角或过渡肩环结构形式，如图9-11所示。

（3）提高轴的表面质量　加工、装配时，总会在轴的表面留下刀痕、划伤等微细裂纹，从而引起应力集中。由于轴的表面总是处于最大应力状态，故消除或减少表面应力集中源，就可显著提高轴的疲劳强度。主要措施有：

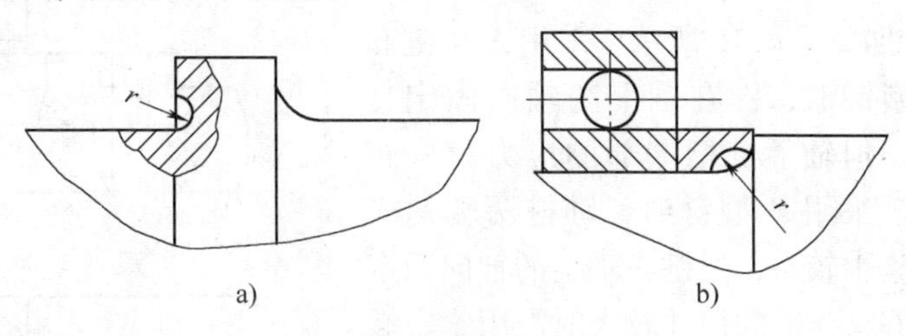

图9-11　轴肩过渡结构

a）凹切圆角　b）肩环

1）适当降低轴表面的粗糙度值。

2）强化轴的表面，如辗压、喷丸、渗碳淬火、渗氮、高频感应淬火等。

三、轴毂连接

轴与传动零件（如齿轮、带轮等）轮毂之间的连接称为轴毂连接。其主要功能是实现轴上零件的周向固定并传递转矩，有些还能实现轴上零件的轴向固定或移动。轴毂连接的形式很多，有键连接、花键连接、销连接、过盈连接等。

1. 键连接的类型、结构、特点和应用

键是标准件，因其结构简单，装拆方便，工作可靠，故键连接是应用最为广泛的一种轴毂连接。键连接按键的形状可分为平键连接、半圆键连接、楔键连接和切向键连接等几种类型。

（1）平键连接　平键的工作面为其两个侧面，上表面与轮毂键槽底面间有间隙，如图9-12a所示。工作时靠轴上键槽、键及轮毂键槽的侧面相互挤压来传递运动和转矩。平键连接结构简单，装拆方便，对中性好，应用最广，但它不能承受轴向力，故对轴上零件不能起到轴向固定的作用。

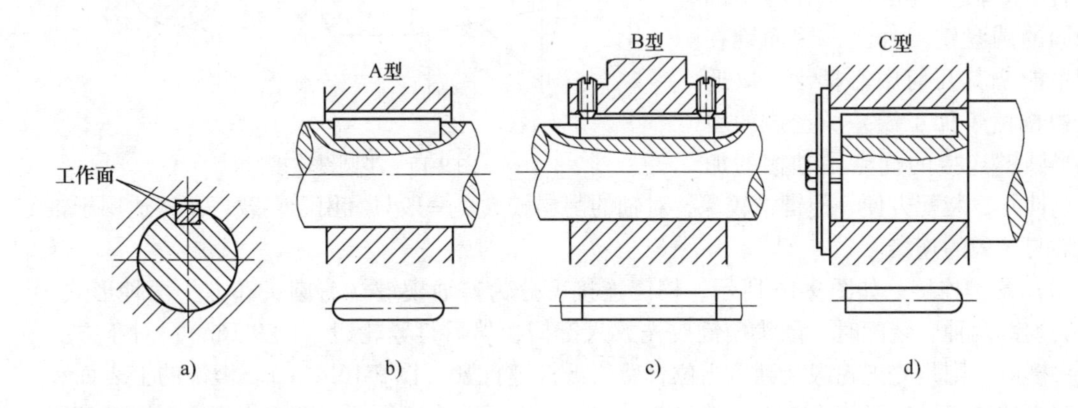

图9-12　普通平键连接

按用途的不同，平键可分为普通平键、导向平键和滑键三种。普通平键用于静连接，导向平键和滑键用于动连接。

普通平键根据其端部结构形状的不同，分为圆头（A 型）、方头（B 型）和单圆头（C 型）键三种，如图 9-12b、c、d 所示。采用 A 型键和 C 型键时，键在轴上的轴向固定良好，但轴上键槽端部的应力集中较大。采用 B 型键时，键槽两端的应力集中较小，但键在轴上的轴向固定不好；当键的尺寸较大时需用紧定螺钉把它压紧在轴上的键槽中。A 型键和 B 型键多用于中间轴段，C 型键用于轴端与轮毂键槽的连接。轮毂键槽一般用插刀或拉刀加工。

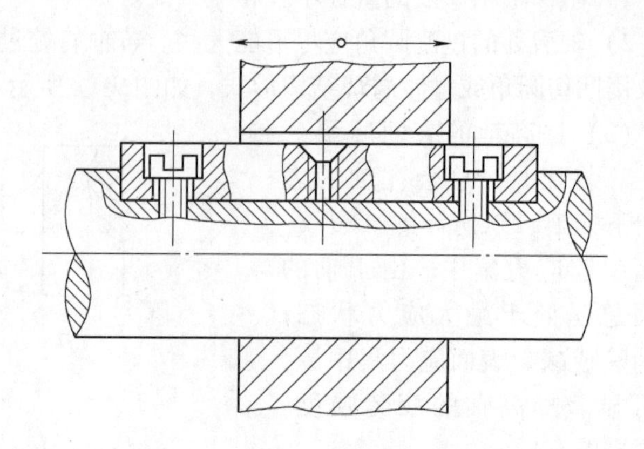

图 9-13　导向平键连接

导向平键用于轮毂需作轴向移动的动连接，如变速箱中的滑移齿轮。导向平键较长，需用螺钉将键紧固在轴槽上，为了便于装拆，键的中部常设有起键螺纹孔，如图 9-13 所示。

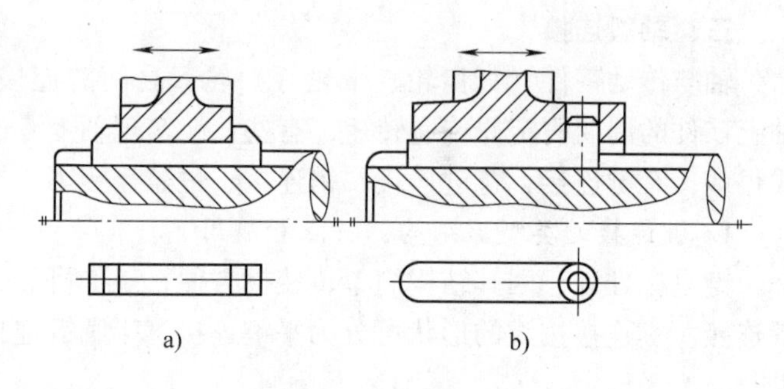

图 9-14　滑键连接

滑键固定在轴上零件的轮毂中，并随同零件在轴上的键槽中滑移，适用于轴上零件滑移距离较大的场合，如台式钻床的主轴与带轮的连接等，如图 9-14 所示。

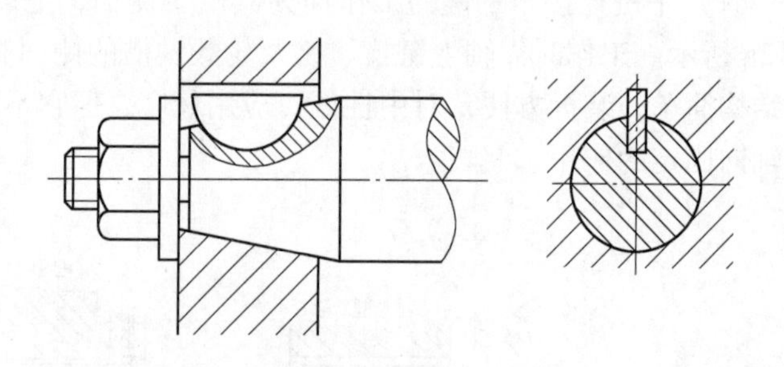

图 9-15　半圆键连接

（2）半圆键连接　半圆键连接如图 9-15 所示，它靠键的两个侧面传递转矩。轴上键槽用尺寸与半圆键相同的圆盘铣刀加工，因而键在轴槽中能绕其几何中心摆动，以适应轮毂槽由于加工误差所造成的斜度。半圆键连接的优点是轴槽的加工工艺性好，装配方便，但键槽较深，对轴的削弱较大。一般只宜用于轻载，尤其适用于锥形轴端与轮毂的连接。

（3）楔键连接　如图 9-16 所示，楔键连接可分为普通楔键（有圆头和方头两种形式）和钩头楔键两种。装配时，圆头楔键要先放入键槽，然后打紧轮毂（图 9-16a）；对于方头和钩头楔键，则是先把轮毂装到适当位置后，再将键打紧（图 9-16b、c）。楔键的上表面和与它配合的轮毂槽底面均有 1:100 的斜度，键的上下两面为工作面，键的两侧面与键槽都留有间隙。工作时，靠键楔紧产生的摩擦力来传递运动和转矩，同时还可承受单方向的轴向载荷。但在打紧键时破坏了轴与轮毂的对中性，另外，在振动、冲击和承受变载荷时易产生松动。故楔键连接仅适用于对传动精度要求不高、低速和平稳的场合。钩头楔键的钩头是供拆卸键用的，为了防止工作时发生事故，钩头部分应加防护罩。

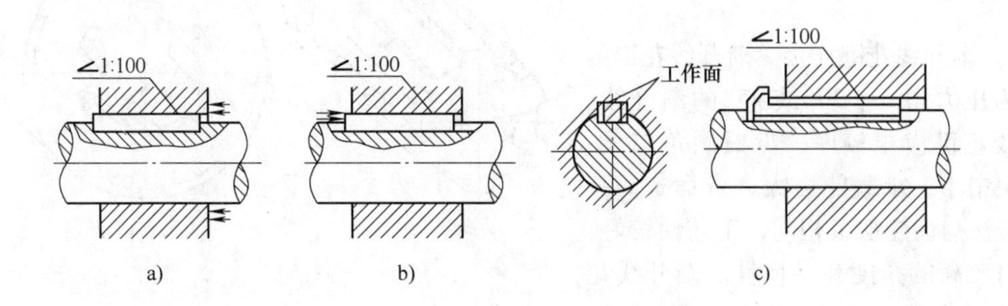

图 9-16　楔键连接

a）圆头　b）方头　c）钩头

（4）切向键连接　切向键是由一对斜度为 1∶100 的楔键组成，如图 9-17 所示。装配时两键的斜面相互贴合，共同楔紧在轴毂之间。其工作原理与楔键相同，依靠键楔紧产生的摩擦力来传递运动和转矩。传递单向转矩只需一对切向键（图 9-17a）；若要传递双向转矩，则需要装两对互成 120°～135°角的切向键（图 9-17b）。切向键仅用于载荷较大且对中性要求不高的场合。

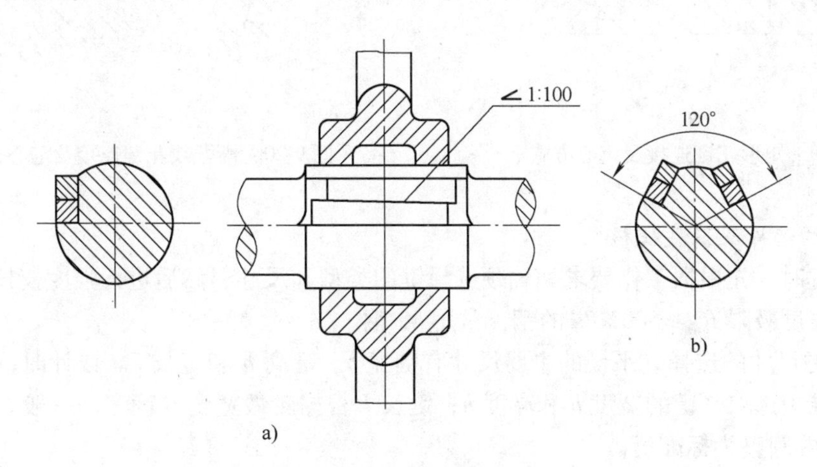

图 9-17　切向键连接

（5）花键连接　花键连接由具有周向均匀分布的多个键齿的花键轴（外花键）和具有同样键齿槽（内花键）的轮毂组成，如图 9-18 所示。工作时依靠齿侧的挤压传递转矩，因花键连接键齿多，所以承载力强；由于齿槽浅，故应力集中小，对轴削弱小，且对中性和导向性均较好，但需专用设备加工，所以成本较高。花键连接适用于载荷较大，定心精度要求较高的静连接或动连接。

花键已标准化，按其齿形不同，可分为矩形花键、渐开线花键两大类。

1）矩形花键连接。该键的形状为矩形，易于加工，且可用磨削的方法获得较高的精度，应用最广。矩形花键的定心方式为小径定心，即外花键和内花键的小径为配合面（图9-19）。特点是定心稳定性好、精度高，并能用磨削的方法消除热处理引起的变形。

2）渐开线花键连接。渐开线花键的齿廓为压力角 $\alpha=30°$ 或 $45°$ 的渐开线。渐开线花键齿根较厚，齿根圆角较大，应力集中小，承载能力大，寿命长；其加工方法与齿轮加工相同，工艺性较好，易获得较高的精度和互换性。渐开线花键的定心方式为齿形定心（图 9-20），定心精度高，且可自动定心。所以渐开线花键连接一般用于载荷较大，定心精度要求较高以及尺寸较大的连接。

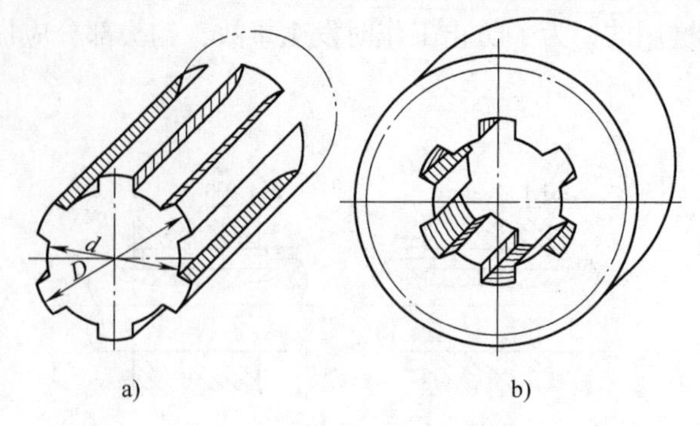

图 9-18　花键连接
a）外花键　b）内花键

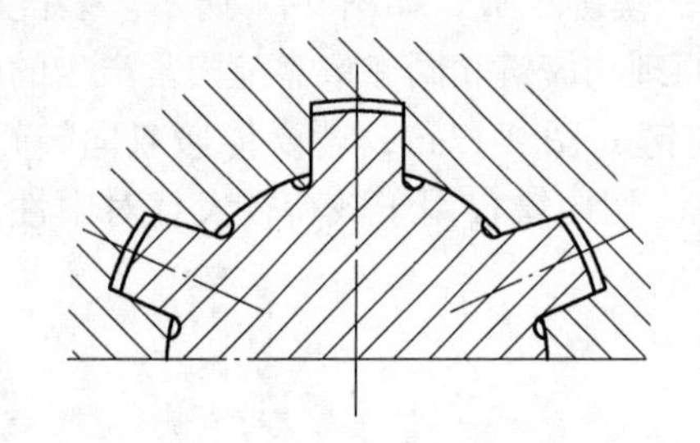

图 9-19　矩形花键连接及定心方式

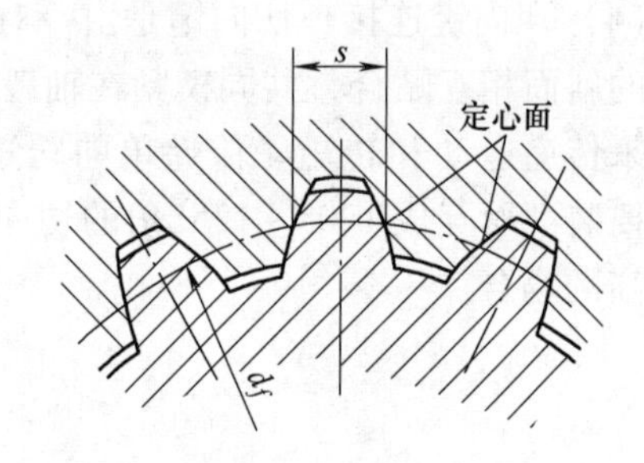

图 9-20　渐开线花键连接及定心方式

2. 平键的选择及强度校核

设计平键时，先根据工作要求和轴颈选择键的类型和尺寸，然后进行强度校核。平键材料一般采用强度极限 $R_m \geqslant 600$MPa 的钢，常用 45 钢。

（1）平键尺寸的选择　平键的主要尺寸有键宽 b、键高 h 和键长 L。设计时，根据轴的直径 d 从标准中选取平键的宽度 b 和高度 h；键长 L 根据轮毂宽度 B 确定，一般 $L=B-$（5 ~10）mm，并圆整为标准值。

（2）平键连接的强度校核　平键连接工作时的受力情况如图 9-21 所示，键的侧面受挤压，a—a 截面受剪切。实践证明，普通平键连接的主要失效形式是键、轴和轮毂中强度较弱的工作表面被压溃，而导向平键和滑键连接的主要失效形式是工作面的过度磨损。因此，对普通平键只需校核其挤压强度，而对导

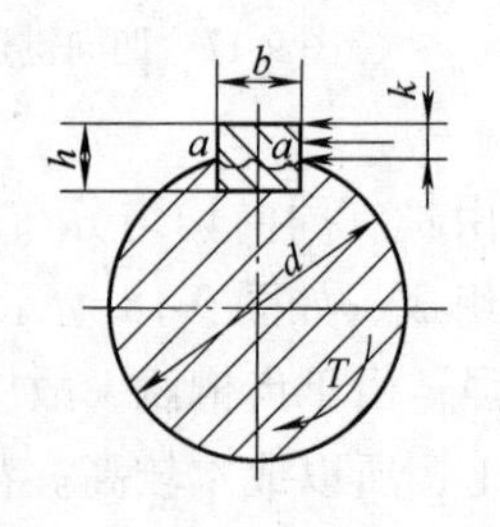

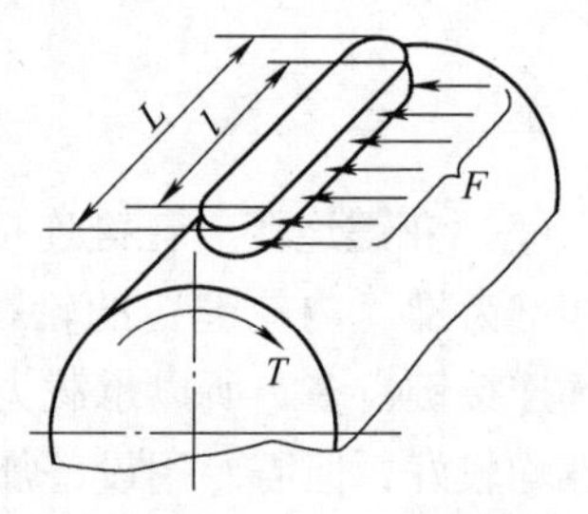

图 9-21　平键连接受力分析

向平键和滑键则需通过限制其压强来控制磨损。强度条件分别为

$$\sigma_{\mathrm{p}}=\frac{2T}{dkl}\leqslant[\sigma_{\mathrm{p}}] \tag{9-1}$$

$$p=\frac{2T}{dkl}\leqslant[p] \tag{9-2}$$

式中，T 为传递的转矩，单位为 N·mm；d 为轴的直径，单位为 mm；k 为键与轮毂的接触高度，$k\approx\frac{h}{2}$，单位为 mm；l 为键的工作长度，单位为 mm，A 型键 $l=L-b$，B 型键 $l=L$，C 型键 $l=L-0.5b$；$[\sigma_{\mathrm{p}}]$ 为较弱材料的许用挤压应力，单位为 MPa，其值见表 9-3。$[p]$ 为许用压强，单位为 MPa，其值见表 9-3。

如校核结果表明连接的强度不够，则可采取以下措施：

1）适当增大键和轮毂的长度，但键长不宜超过 $2.5d$，否则，载荷沿键长的分布将很不均匀。

2）用两个键相隔 180°布置，考虑到载荷在两个键上分布的不均匀性，双键连接的强度只按 1.5 个键计算。

表 9-3　键连接的许用挤压应力 $[\sigma_{\mathrm{p}}]$ 和许用压强 $[p]$　　（单位：MPa）

许用值	连接工作方式	零件材料	载荷性质		
			静	轻微冲击	冲　击
$[\sigma_{\mathrm{p}}]$	静连接	钢	125～150	100～120	60～90
		铸铁	70～80	50～60	30～45
$[p]$	动连接	钢	50	40	30

3. 销连接

销是标准件，按照用途可以分为定位销、连接销、安全销等。定位销通常用于固定零件之间的相对位置，它是组合加工和装配时的重要辅助零件，同一定位面上至少需用两个定位销定位（图 9-22a）；连接销用于轴毂或其他零件的连接，可传递不大的载荷（图 9-22b）；安全销作为安全装置中的过载剪断元件，起过载保护作用（图 9-22c）。

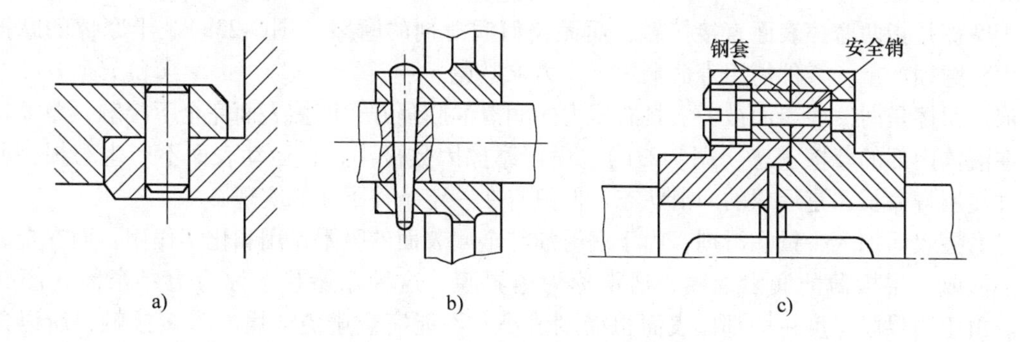

图 9-22　销连接

按销形状的不同，可分为圆柱销、圆锥销和开口销等。圆柱销（图 9-22a）靠微量的过盈配合固定在孔中，它不宜经常装拆，否则会降低定位精度和连接的紧固性。圆锥销（图 9-22b）具有 1∶50 的锥度，小头直径为标准值。圆锥销安装方便，且多次装拆对定位精度的影响也不大，应用较广。

销的材料多采用强度极限不低于 500 ~ 600MPa 的碳素钢（如 35、45 钢）制造。

第二节 滑 动 轴 承

轴承是机器中用来支承轴的一种重要部件，用以保持轴线的回转精度，减少轴和支承间由于相对转动而引起的摩擦和磨损。根据轴承工作的摩擦性质，可分为滑动轴承和滚动轴承两大类。滑动轴承主要应用于工作转速特别高、对轴的支承位置要求特别精确的场合，如在航空发动机附件、内燃机、金属切削机床、轧钢机等机械中都得到了广泛的应用。

一、滑动轴承的摩擦状态和分类

1. 摩擦润滑状态

由于润滑条件和工作条件不同，相对运动工作表面之间可以处于各种不同的摩擦状态。根据两物体的相对运动情况，摩擦可以分为滑动摩擦和滚动摩擦两大类。滑动摩擦可分为干摩擦、液体摩擦、边界摩擦、混合摩擦四种摩擦状态（图 9-23）。

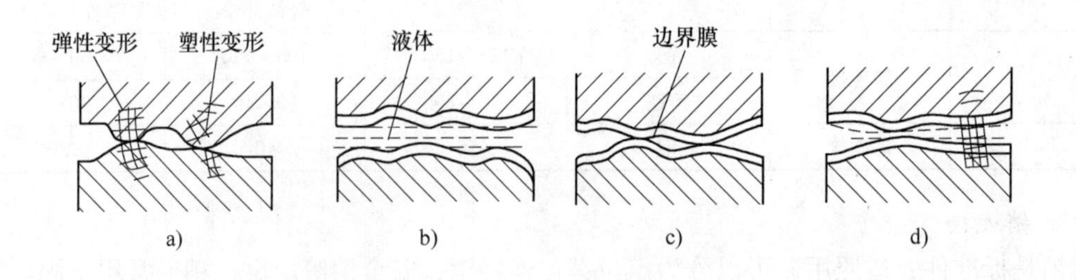

图 9-23 摩擦状态

a）干摩擦 b）液体摩擦 c）边界摩擦 d）混合摩擦

干摩擦是指两摩擦表面直接接触，而无任何润滑剂的摩擦（图 9-23a）。干摩擦的摩擦阻力大，磨损严重，零件使用寿命最短，应力求避免。

液体摩擦是两摩擦表面被一层具有压力的润滑油膜隔开，摩擦表面完全不接触，摩擦仅发生在液体内部的摩擦状态（图 9-23b）。由于摩擦因数极小，且运动表面不产生磨损，所以零件使用寿命长，是理想的润滑状态，但只有在一定条件下才能实现。

当摩擦表面加入少量润滑剂，由于润滑油与金属表面的吸附作用和化学作用，而在金属表面上形成一层极薄的润滑油膜，通常称为边界膜，这种摩擦状态称为边界摩擦（图 9-23c）。由于边界膜厚度一般都比表面粗糙度值小，不能完全避免金属的直接接触，所以边界摩擦可以降低摩擦因数，但仍会产生磨损，其摩擦和磨损均比干摩擦时小。

在实际应用中，有很多摩擦副表面是处于干摩擦、边界摩擦、液体摩擦的混合状态，故称为混合摩擦（非液体摩擦），如图 9-23d 所示。

由于后三种都必须在一定的润滑条件下才能实现，因此后三种摩擦状态又分别成为液体润滑、边界润滑和混合润滑。

2. 滑动轴承的类型

根据轴承所承受载荷方向的不同，可将滑动轴承分为三类：1）向心轴承（主要承受径向载荷）；2）推力轴承（主要承受轴向载荷）；3）向心推力轴承（同时承受径向和轴向载荷）。

根据轴承工作时润滑状态的不同，可将滑动轴承分为液体摩擦轴承和非液体摩擦轴承两大类。摩擦表面完全被润滑油隔开的轴承称为液体摩擦轴承（图 9-23b）。根据液体油膜形成原理的不同，又可分为液体动压摩擦轴承（动压轴承）和液体静压摩擦轴承（静压轴承）。摩擦表面不能被润滑油完全隔开的轴承称为非液体摩擦轴承（图 9-23d）。

二、滑动轴承的结构

1. 径向滑动轴承

径向滑动轴承的结构形式很多，本书仅介绍整体式、剖分式、调心式等典型结构形式。

（1）整体式径向滑动轴承　图 9-24 所示为整体式径向滑动轴承，由轴承座和整体轴套组成。轴承座通常采用铸铁材料，与轴颈接触发生相对运动的部分采用减摩材料做成轴套并镶入轴承座中，轴套上开有与油杯相连的油孔，并在其内表面开设油沟将润滑油引导到轴承承载区。整体式径向滑动轴承结构较简单，但装拆时要求轴或轴承作轴向移动，而且整体式轴套磨损后轴承间隙无法调整。因此，多用于间歇工作和低速轻载的简单机械中。

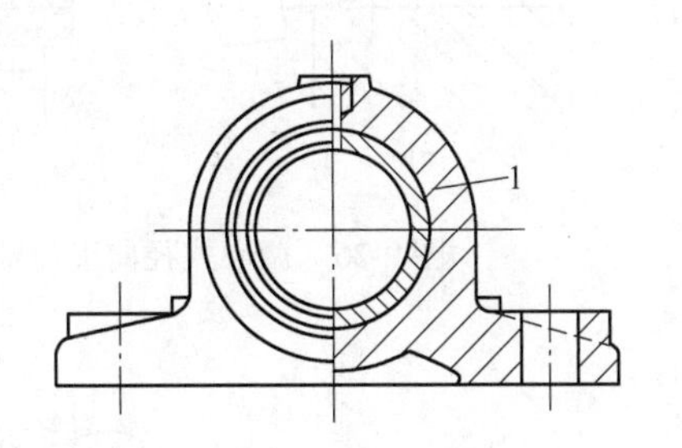

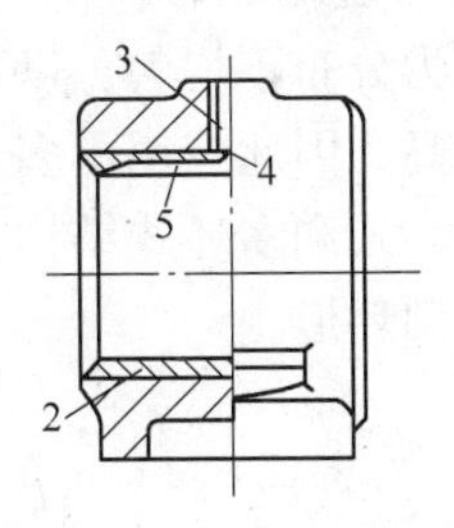

图 9-24　整体式径向滑动轴承

1—轴承座　2—轴套　3—油杯螺纹孔　4—油孔　5—油沟

（2）剖分式径向滑动轴承　如图 9-25 所示，剖分式径向滑动轴承由轴承座、轴承盖、剖分的上、下轴瓦以及连接螺柱组成。轴承座和轴承盖的剖分面做成阶梯形的配合止口，以便定位和避免螺栓承受过大的横向载荷。轴承盖顶部有螺纹孔，用于安装油杯。在剖分面间放置调整垫片，以便安装时或磨损后调整轴承的间隙。剖分式径向滑动轴承装拆方便，而且轴承磨损后的间隙可用增减垫片或切削轴瓦分合面等方法加以调整，因而应用广泛。

（3）调心式径向滑动轴承　当轴承宽度 B 与轴颈直径 d 之比 $B/d>1.5$ 时，轴的变形、装配或工艺原因会使轴瓦端部和轴颈出现边缘接触（图 9-26a），导致轴承两端边缘急剧磨

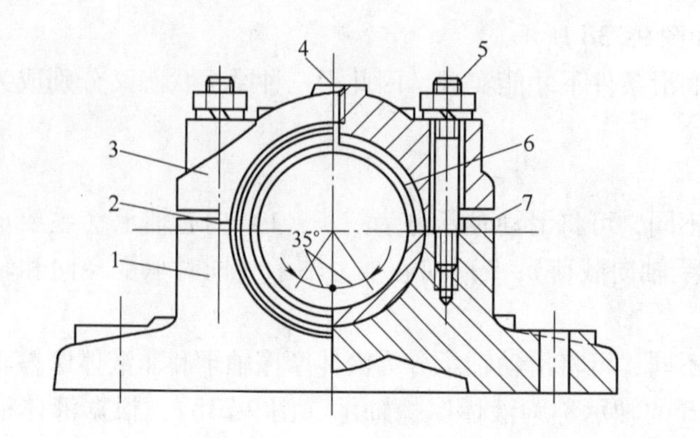

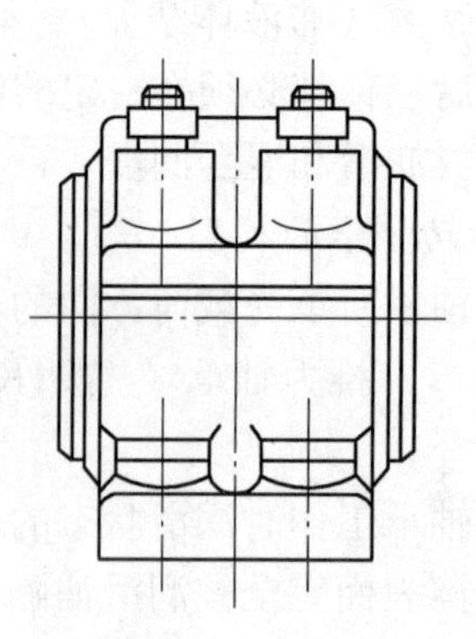

图 9-25　剖分式径向滑动轴承

1—轴承座　2—垫片　3—轴承盖　4—螺纹孔
5—螺栓　6—剖分轴瓦　7—止口

损。为防止这样的情况发生，可将轴瓦与轴承座配合表面做成球面（图 9-26b），使其自动适应轴或机架工作时的变形造成轴颈与轴瓦不同轴的情况，避免出现边缘接触。

2. 推力滑动轴承

推力滑动轴承主要由轴承座和推力轴颈组成，按照轴颈结构的不同可以分为实心式、空心式、单环式、多环式几种（图 9-27）。其中实心式的推力面由于滑动端面中心与边缘的磨损不均匀，造成推力面上压力分布不均匀，以致中心部分的压强极高，因此应用不多。一般机器多采用空心式和多环式结构，此时的推力面为一圆环形。

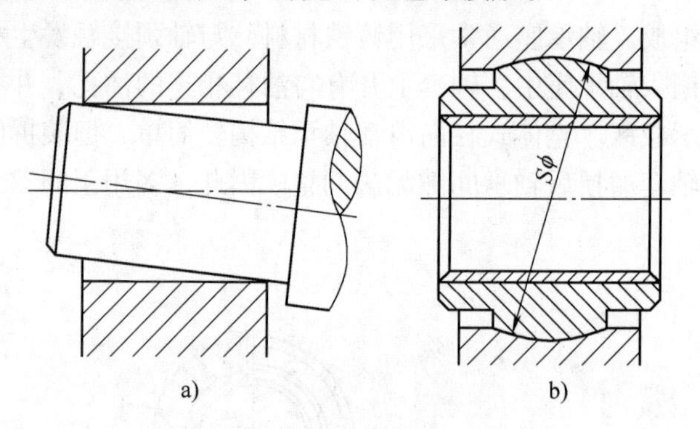

图 9-26　调心式径向滑动轴承

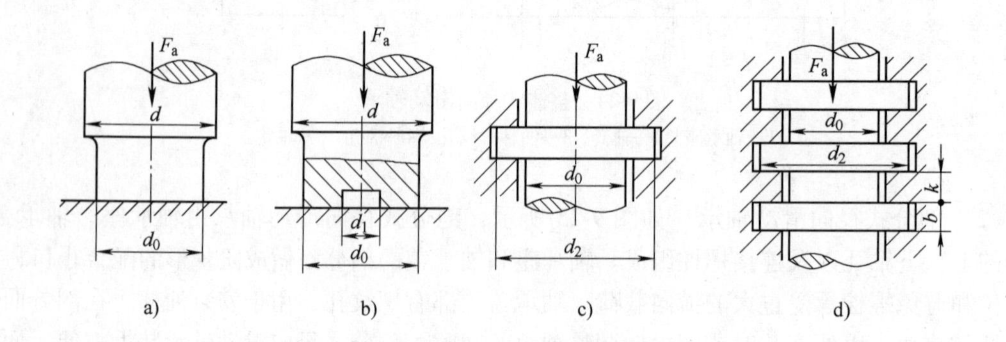

图 9-27　推力滑动轴承轴颈结构图

a）实心式　b）空心式　c）单环式　d）多环式

三、轴瓦的结构

轴瓦与轴颈直接接触，它的表面既是承载表面又是摩擦表面，故轴瓦是滑动轴承中最重要的元件。

1. 轴瓦的形式

常用的轴瓦有整体式和剖分式两种，分别用于整体式和剖分式滑动轴承。整体式轴瓦又称为轴套，它又有无油槽（图 9-28a）和有油槽（图 9-28b）之分。图 9-29 所示为剖分式轴瓦，由上、下两半轴瓦组成，一般下轴瓦承受载荷，上轴瓦不承受载荷。

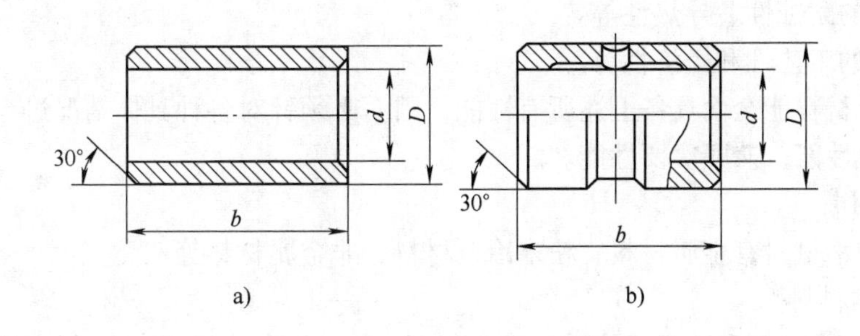

图 9-28　整体式轴瓦

轴瓦可以用同一种材料制成，也可以在轴瓦内表面浇注一层或两层减摩材料，制成双金属或三金属轴瓦，以改善和提高轴瓦的承载性能和耐磨性，节约贵重的减摩材料。轴瓦内层合金部分称为轴承衬，外层部分称为瓦背。

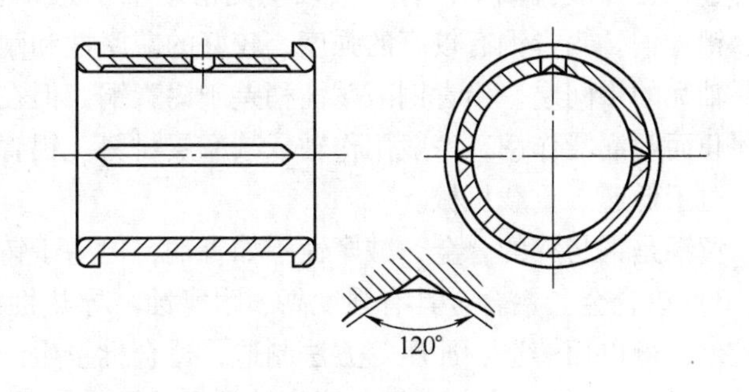

图 9-29　剖分式轴瓦

2. 油孔及油沟

在轴瓦上开设油孔用以供应润滑油，油沟则用来输送和分布润滑油。图 9-30 所示为几种常见的油孔和油沟。油孔和油沟一般应开设在轴承的非承载区，若在承载油膜内开设油孔和油沟，将会显著降低油膜的承载能力。为了减少润滑油的泄漏，油沟长度应稍短于轴瓦。

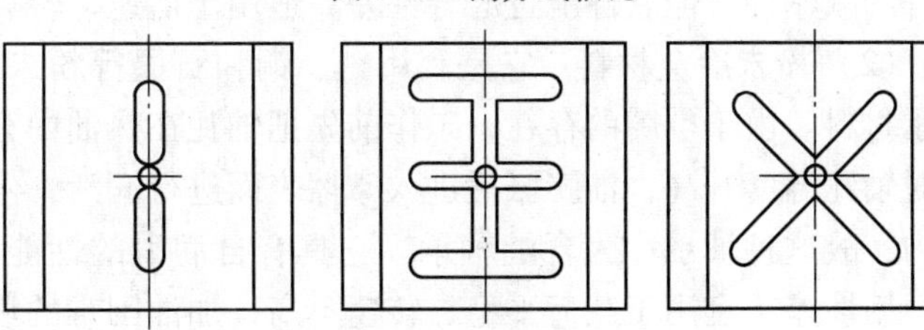

图 9-30　几种常见的油孔和油沟

四、轴承材料

1. 对轴承材料的要求

滑动轴承的材料指轴瓦和轴承减摩层材料。对轴承材料的性能要求主要是由轴承的失效形式决定的。非液体摩擦滑动轴承的主要失效形式是磨损、胶合和疲劳破坏等。因此，对轴

承材料的要求是:

1）良好的减摩性、耐磨性和抗胶合性。

2）足够的强度（抗压、抗冲击、抗疲劳强度）。

3）良好的顺应性、嵌入性和磨合性。当轴弯曲时，轴瓦接触边缘处能依靠变形以避免卡死或刮伤轴颈表面，这种性质称为顺应性；一般来讲，硬度低、塑性好和弹性模量低的材料顺应性也好。当尘粒或金属屑侵入轴承间隙时，能嵌入轴承材料的软基组织中从而保护轴颈不致被刮伤的能力称为轴承材料的嵌入性。磨合性是指轴承材料在磨合过程中降低摩擦力、温度和磨损度的性能。

4）良好的耐蚀性、导热性等。

5）良好的工艺性和经济性等。

没有一种材料能全面具备上述所有性能，因而必须针对各种具体情况进行分析，合理选用，保证主要性能，兼顾次要性能。

2. 常用材料

常用的轴承材料有金属材料、粉末冶金材料、非金属材料等三类。

（1）金属材料

1）轴承合金（又称巴氏合金或白合金）。轴承合金是由锡（Sn）、铅（Pb）、锑（Sb）、铜（Cu）等组成的。以较软的锡或铅为基体，悬浮锑锡（Sb-Sn）或铜锡（Cu-Sn）硬晶粒。软基体增加材料的塑性，硬晶粒起耐磨作用。嵌入性、顺应性最好，抗胶合性好，但机械强度较低，价格较高，一般作为轴承衬浇注在软钢或青铜轴瓦的表面。

2）铜合金。铜合金是传统的轴瓦材料，可分为青铜和黄铜两类。青铜的性能仅次于轴承合金，在一般机械中，有半数以上的滑动轴承采用青铜材料。青铜又分为锡青铜、铅青铜、铝青铜。锡青铜有较高的强度、较好的减摩性和耐磨性，常用来制作单层轴瓦或用作三金属轴瓦的中间层。铅青铜减摩性稍差于锡青铜，但在高温时能从表层析出铅，形成一层表面薄膜而起润滑作用，一般用作轴承减摩层材料。铝青铜强度及硬度都较高，但抗胶合能力差，适于低速、重载机械。

黄铜是铜与锌的合金，减摩性不如青铜，但易于铸造和加工，常用于低速轴承。

3）铝合金。铝合金具有强度高、耐腐蚀、导热性好等优点，但顺应性、嵌入性、磨合性较差，可以用铸造、冲压等方法制造，适合批量生产。

4）铸铁。铸铁有灰铸铁、耐磨铸铁和球墨铸铁等。铸铁内部含有游离的石墨，故具有良好的减摩性，但它性脆且磨合性差，适用于低速、轻载和不重要的场合。

（2）粉末冶金材料　它是利用铁、铜和石墨等粉末混合，经压制和烧结制成的多孔隙轴承材料。由于空隙的存在，工作前先把轴瓦在热油中充分浸泡，使空隙中充满润滑油，工作时轴瓦温度升高，油膨胀后进入摩擦表面进行润滑，停车后由于毛细作用，油又被吸回轴瓦内，故这种轴承称为含油轴承。它具有自润滑的性能，且制造简单，价格便宜，但强度低、韧性差，宜用于载荷平稳、转速不高、加油困难的场合。

（3）非金属材料　可用作轴瓦的非金属材料有工程塑料、硬木、橡胶和石墨等，其中工程塑料用得最多。非金属材料耐磨性、耐蚀性好，但易变形、导热性能差，用于工作温度不高、载荷不大的场合。

第三节　滚动轴承

滚动轴承是标准件，由专业轴承厂家大量生产。机械设计中，只需根据工作条件选用合适的轴承，并对轴承的安装、润滑、密封等进行合理安排，即轴承组合设计。

一、滚动轴承的结构、材料、特点和应用

1. 滚动轴承的结构

如图9-31所示，滚动轴承一般由内圈1、外圈2、滚动体3和保持架4四部分组成。内圈、外圈分别与轴颈、轴承座孔装配在一起。内圈通常随轴一起转动，外圈固定不动。内、外圈上一般都有凹槽，称为滚道，它起着限制滚动体沿轴向移动和降低滚动体与内、外圈之间接触应力的作用。滚动体是形成滚动摩擦不可缺少的零件，它沿滚道滚动。滚动体有多种形式，以适应不同类型滚动轴承的结构要求。常见的滚动体形状如图9-32所示。保持架把滚动体均匀隔开，避免滚动体互相接触，以减少摩擦与磨损。保持架有冲压的（图9-31a）和实体的（图9-31b）两种。

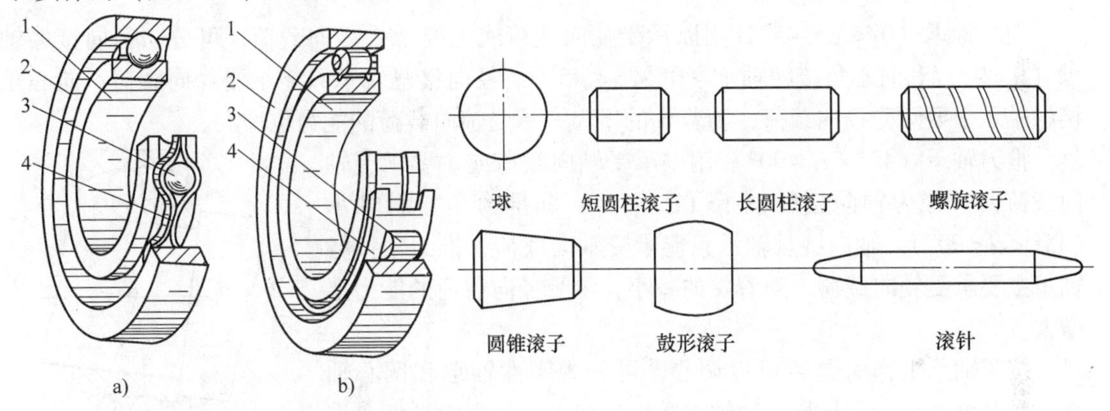

图9-31　滚动轴承的基本结构
a）球轴承　b）滚子轴承
1—内圈　2—外圈　3—滚动体　4—保持架

图9-32　滚动体的形状

2. 滚动轴承的材料

滚动轴承的内、外圈和滚动体均采用强度高、耐磨性好的铬锰高碳钢制造，常用材料有GCr15、GCr15-SiMn等。热处理后，硬度一般为60～65HRC，工作表面需经磨削、抛光。保持架多用低碳钢板冲压而成，也可以采用铜合金、塑料等做成实体保持架。

3. 滚动轴承的特点

与滑动轴承相比，滚动轴承具有摩擦阻力小、起动灵敏、效率高、润滑简便、互换性好等优点，因此应用广泛。其缺点是抗冲击能力差，工作时有噪声，工作寿命不及液体摩擦的滑动轴承。

二、滚动轴承的类型及特性

滚动轴承按其滚动体形状的不同，可分为球轴承和滚子轴承两大类。球轴承的滚动体为球体。其制造工艺简单，极限转速较高，价格较低；由于球体与内、外圈滚道为点接触，故球轴承的承载能力、耐冲击能力和刚度都较低。滚子轴承的滚动体为圆柱或圆锥体，与内、

外圈滚道为线接触，其承载能力、耐冲击能力和刚度均较球轴承高，但滚子的制造工艺较复杂，因而价格较高。

滚动轴承按其所能承受的载荷方向或公称接触角 α 的不同，可分为向心轴承和推力轴承。所谓公称接触角是指滚动体与套圈接触处的法线与轴承的径向平面（垂直于轴承轴心线的平面）之间的夹角（图 9-33），它是滚动轴承的一个主要参数。α 的大小反映了轴承承受轴向载荷的能力，α 越大，轴承承受轴向载荷的能力也越大。

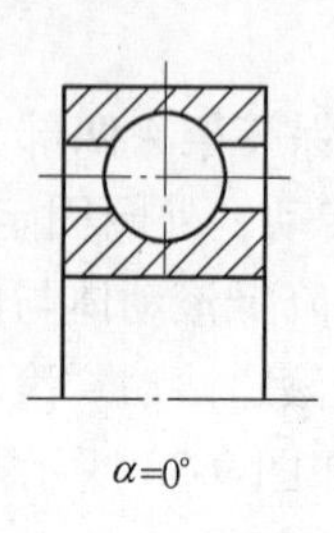

α=0°

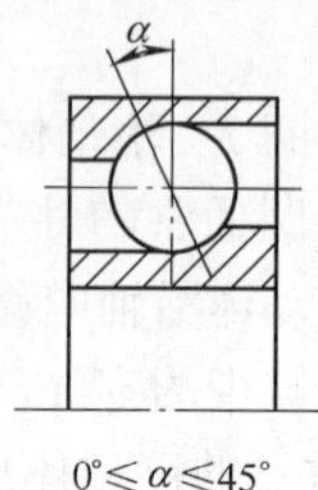

0°≤α≤45°

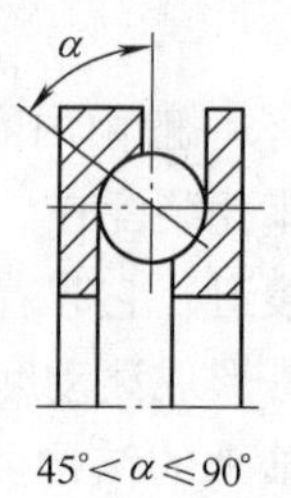

45°<α≤90°

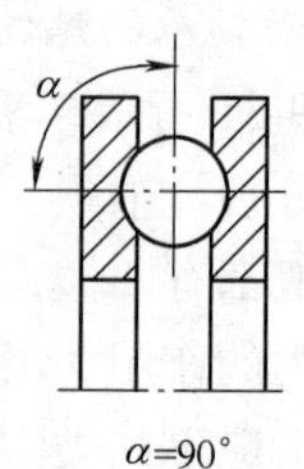

α=90°

图 9-33　球轴承的公称接触角

向心轴承（0°≤α≤45°）用以承受径向载荷或主要承受径向载荷，可分为径向接触轴承（α = 0°）和向心角接触轴承（0° < α≤45°）。径向接触轴承只能承受径向载荷；向心角接触轴承主要承受径向载荷，随着 α 的增大，承受轴向载荷的能力也增大。

推力轴承（45° < α≤90°）用以承受轴向载荷或主要承受轴向载荷，可分为轴向接触轴承（α = 90°）和推力角接触轴承（45° < α < 90°）。轴向接触轴承只能承受轴向载荷；推力角接触轴承主要承受轴向载荷，随着 α 的减小，承受径向载荷的能力也增大。

按照轴承工作时是否可以调心，可分为刚性轴承和调心轴承。所谓可否调心，是指滚动轴承在装配和工作过程中是否允许其内、外圈之间存在一定范围的角位移 θ，如图 9-34 所示。

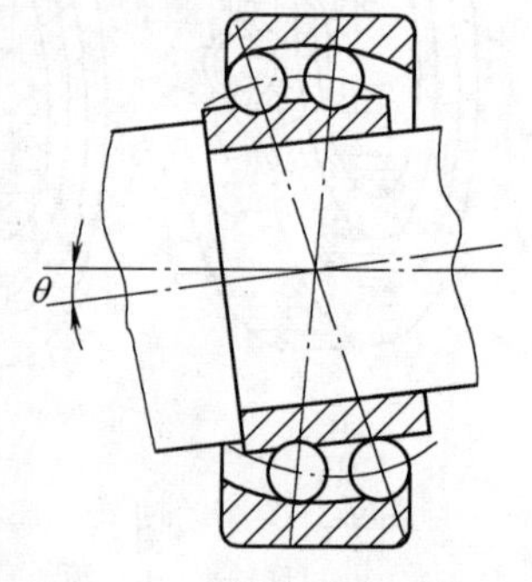

图 9-34　调心滚动轴承

常用滚动轴承的主要类型及其特性见表 9-4。

表 9-4　滚动轴承的主要类型及其特性

类型代号	类型名称	结构代号	简图及受载方向	主要特性及应用
1	调心球轴承	10000		主要承受径向载荷，同时也能承受少量轴向载荷。能自动调心，适用于多支点轴和支座孔不能严格保证同轴度的场合
2	调心滚子轴承	20000		性能、特点与调心球轴承相同，但具有较大的径向承载能力。常用于其他种类轴承不能胜任的重载场合

（续）

类型代号	类型名称	结构代号	简图及受载方向	主要特性及应用
3	圆锥滚子轴承	30000	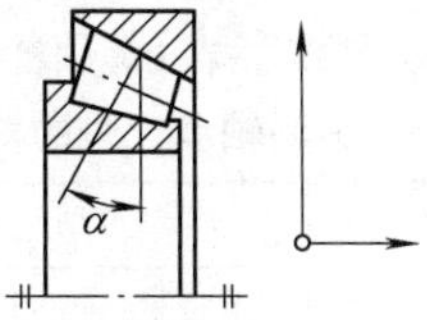	能同时承受较大的径向、轴向联合载荷。内、外圈可分离、装拆方便；成对使用，安装时可调整轴承间隙
	大锥角圆锥滚子轴承	30000B		
5	推力球轴承	51000	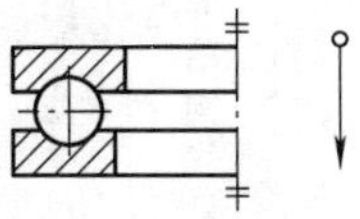	只能承受轴向载荷，51000 型用于承受单向轴向载荷，52000 型用于承受双向轴向载荷。高速时离心力大，钢球与保持架发热严重，故极限转速和寿命较低。轴线必须与轴承座底面垂直，载荷必须与轴线重合，以保证钢球载荷的均匀分配
	双向推力球轴承	52000	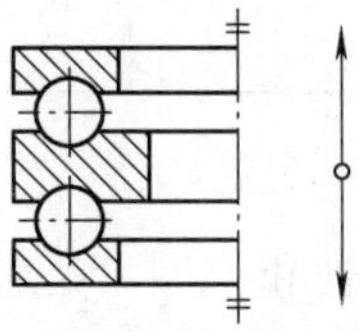	
6	深沟球轴承	60000	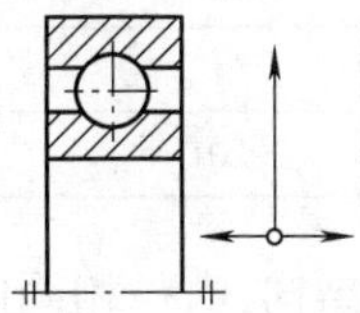	主要承受径向载荷，也可同时承受不大的轴向载荷。极限转速较高，承受冲击能力差。高转速时，可用来承受纯轴向载荷。适用于刚性较大的轴
7	角接触球轴承	70000	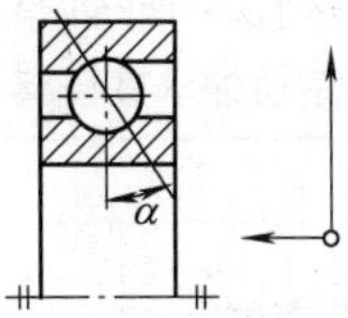 α	可同时承受径向和单向轴向载荷，接触角 α 越大，轴向承载能力也越大，通常应成对使用。适用于刚性较大、跨距小的轴
N	圆柱滚子轴承	N	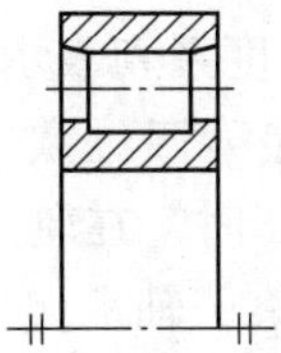	能承受较大的径向载荷。内、外圈可分离，内、外圈允许少量轴向移动，但不允许偏斜，适用于刚性较大、对中良好的轴
NA	滚针轴承	NA	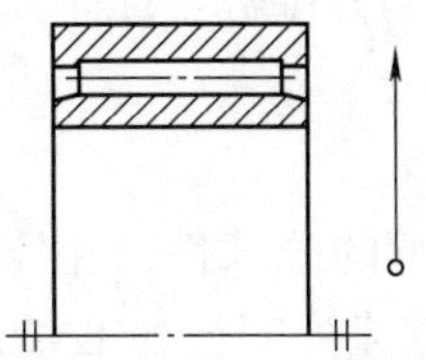	只能承受径向载荷，承载能力大，径向尺寸小。摩擦因数大，极限转速较低。内、外圈可以分离。适用于径向载荷很大而径向尺寸受到限制的地方

三、滚动轴承的代号

滚动轴承的类型和尺寸规格繁多，为了便于设计、制造和使用，国家规定了统一的代号，表示轴承的类型、尺寸、精度和结构特点，并打印在轴承端面上。轴承的代号由基本代号、前置代号、后置代号组成，用字母和数字表示。滚动轴承代号的构成见表 9-5。

表 9-5　滚动轴承代号的构成

前置代号	基本代号					后置代号							
	五	四	三	一	二	1	2	3	4	5	6	7	8
轴承分部件代号	类型代号	尺寸系列代号		内径代号		内部结构代号	密封与防尘结构代号	保持架及材料代号	特殊轴承材料代号	公差等级代号	游隙代号	多轴承配置代号	其他代号
		宽（高）度系列代号	直径系列代号										

1. 基本代号

基本代号表示轴承的内径、尺寸系列和类型，是轴承代号的基础。

（1）内径代号　基本代号右起第一、二位数字表示轴承内径尺寸，其表示方法见表 9-6。

表 9-6　滚动轴承内径尺寸代号

内径/mm	<10	10	12	15	17	20 ~ 495
内径代号	查轴承手册	00	01	02	03	内径/5

（2）直径系列代号　直径系列表示结构、内径相同的轴承在外径和宽度方面的变化系列，用基本代号右起第三位数字表示，分为 7、8、9、0、1、2、3、4 等系列，外径依次增大，轴承的承载能力也相应增大，其代号见表 9-7。不同直径系列深沟球轴承的外径和宽度对比如图 9-35 所示。

表 9-7　滚动轴承直径系列代号

	向心轴承						推力轴承				
直径系列	超轻	超特轻	特轻	轻	中	重	超轻	特轻	轻	中	重
代号	8，9	7	0，1	2	3	4	0	1	2	3	4

（3）宽（或高）度系列　宽（或高）度系列表示相同内径和外径的同类轴承在宽（或高）度方面的变化系列，用基本代号右起第四位数字表示，其表示方式见表 9-8。当宽度系列为 0 时，在轴承代号中通常省略，但在调心滚子轴承和圆锥滚子轴承代号中不可省略。

（4）类型代号　用基本代号右起第五位数字或字母表示。常用滚动轴承的类型代号见表 9-4。

2. 前置代号

滚动轴承的前置代号用于表示轴承的分部件，用字母表示。L 表示可分离轴承的可分离内圈或外圈，如 LN207；K 表示轴承的滚动体与保持架组件，如 K81107。

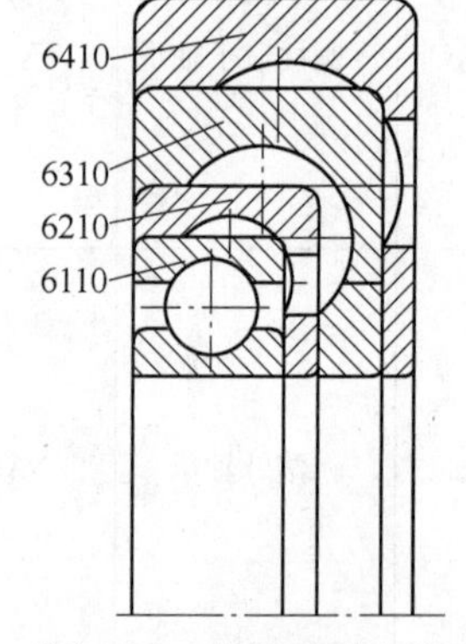

图 9-35　直径系列比较

3. 后置代号

滚动轴承的后置代号用于反映轴承的结构、公差、游隙及材料的特殊要求等，后置代号的内容很多，下面介绍几个常用的代号。

表 9-8　滚动轴承宽（或高）度系列代号

<table>
<tr><td rowspan="2">向心轴承</td><td>宽度系列</td><td>特窄</td><td>窄</td><td>正常</td><td>宽</td><td>特宽</td></tr>
<tr><td>代号</td><td>8</td><td>0</td><td>1</td><td>2</td><td>3，4，5，6</td></tr>
<tr><td rowspan="2">推力轴承</td><td>高度系列</td><td colspan="2">特低</td><td colspan="2">低</td><td>正常</td></tr>
<tr><td>代号</td><td colspan="2">7</td><td colspan="2">9</td><td>1、2①</td></tr>
</table>

① 仅用于双向推力轴承。

（1）内部结构代号　表示同一类轴承的不同内部结构，用字母紧跟着基本代号表示。如接触角为15°、25°和40°角接触球轴承，分别用C、AC、B表示。

（2）公差等级代号　轴承的公差等级分为2、4、5、6、6X、0六个级别，依次由高级到低级，其代号分别为/P2、/P4、/P5、/P6、/P6X、/P0。其中，6X级仅用于圆锥滚子轴承；0级为普通级，在轴承代号中不标出。

（3）径向游隙代号　滚动轴承的一个套圈固定不动，另一个套圈沿径向（或轴向）的最大移动量称为径向（或轴向）游隙。滚动轴承的径向游隙分为1、2、0、3、4、5六个组别，径向游隙依次由小到大。0组游隙是常用的游隙组别，在轴承代号中不标出。其余的游隙组别代号分别为/C1、/C2、/C3、/C4、/C5。

当公差等级代号与游隙代号需同时表示时，可取公差等级代号加上游隙组别组合表示，如/P63表示轴承公差等级6级，径向游隙3组。

滚动轴承代号举例：

6208表示内径 $d=40$mm，轻窄系列的深沟球轴承，正常结构，0级公差等级，0组径向游隙。

30206/P62表示内径 $d=30$mm，轻窄系列的圆锥滚子轴承，6级公差等级，2组径向游隙。

四、滚动轴承的选择

选用滚动轴承时，首先要综合考虑轴承所受载荷、轴承转速、轴承调心性能要求等，再参照各类轴承的特性和用途，合理地选择轴承类型。其选用原则如下：

1. 轴承所受载荷的大小、方向和性质

它是选择轴承类型的主要依据。

（1）载荷的大小　当承受较大载荷时，应选用线接触的各类滚子轴承。而点接触的球轴承只适用于轻载或中载。

（2）载荷的方向　当承受纯径向载荷时，可选用深沟球轴承、圆柱滚子轴承以及滚针轴承；当径向载荷与轴向载荷联合作用时，一般选用角接触轴承和圆锥滚子轴承；若径向载荷很大而轴向载荷较小时，也可以采用深沟球轴承；若轴向载荷很大而径向载荷较小时，可选用推力调心滚子轴承或者采用向心和推力两种不同类型轴承的组合，分别承担径向和轴向载荷。

（3）载荷的性质　载荷平稳适宜选用球轴承，轻微冲击时选用滚子轴承，冲击较大时应选用螺旋滚子轴承。

2. 轴承的转速

各类轴承都有其使用的转速范围。根据轴承转速选择轴承类型时，可以参考以下几点。

1）球轴承比滚子轴承有更高的极限转速和回转精度，高速时应优先选用球轴承。

2）推力轴承的极限转速都比较低，当工作转速较高时，若轴向载荷不大，可采用角接触球轴承承受纯轴向载荷。

3）高速时，宜选用超轻、特轻及轻系列轴承，重系列轴承只适用于低速重载的场合。

3. 调心性能要求

当支承跨距大，轴的弯曲变形大，或两轴承座孔的同轴度误差太大时，要求轴承有较好的调心性能，这时宜选用调心球轴承或调心滚子轴承，且应成对使用。各类滚子轴承对轴线的偏斜很敏感，在轴的刚度和轴承座孔的支承刚度较低的情况下，应尽量避免使用。各类轴承的工作偏斜角应控制在允许的范围内。

4. 经济性

同等规格同样公差等级的各种轴承，球轴承较滚子轴承价廉，调心滚子轴承最贵。轴承精度越高，则价格越高（同型号的 P0、P6、P5、P4、P2 级轴承，价格比约为 1∶1.8∶2.7∶7∶10）。选择轴承时，应详细了解各类轴承的价格，在满足使用要求的前提下，尽可能降低成本。

此外，滚动轴承的类型选择还应考虑安装尺寸和装拆等方面的要求。

五、滚动轴承的组合结构设计

为了保证轴承和整个轴系正常地工作，除应正确选择轴承的类型和尺寸外，还应根据具体情况合理设计滚动轴承的组合结构。滚动轴承的组合结构设计包括轴承的固定、调整、预紧、配合、装拆、润滑和密封等问题。

1. 滚动轴承的支承结构形式

为了使轴、轴承和轴上零件相对机架有确定的位置，并能承受轴向载荷和补偿因工作温度变化引起轴系自由伸缩，必须正确设计轴上轴承的支承结构。

（1）全固式（两端固定）　图 9-36 所示为全固式支承，每个支点轴承内、外圈均单方向轴向固定，各限制一个方向的轴向移动，合在一起就可以限制轴的双向移动。轴的热伸长一般由轴承端盖与轴承外圈端面间留有间隙 $a=0.2\sim0.4$mm 来补偿（图 9-36a 上半部分），或

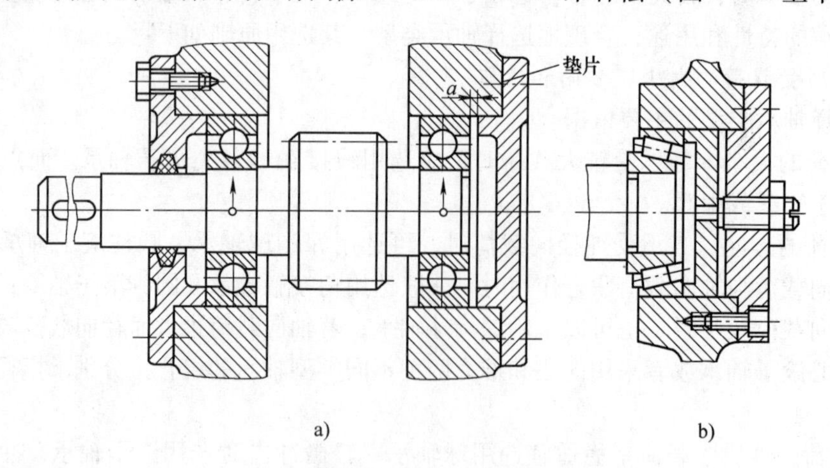

图 9-36　全固式支承

由轴承游隙补偿（图9-36a下半部分）。间隙的大小或轴承游隙的大小可用垫片（图9-36a）或调整螺钉（图9-36b）等调节。这种支承结构适用于支承跨距不大（$L\leqslant350$mm）和工作温度较低（$t\leqslant70$℃）的场合。

（2）固游式（一端固定，一端游动）　如图9-37所示，左端轴承为固定支点，内、外圈均作双向固定，承受双向轴向载荷；右端轴承为游动支点，其外圈与轴承座孔间为间隙配合（图9-37a），或用外圈无挡边的圆柱滚子轴承（图9-37b），以保证轴在受热伸长时能在座孔内自由游动，而内圈用弹性挡圈锁紧。这种支承结构适用于支承跨距较大（$L>350$mm）或工作温度较高（$t>70$℃）的场合。

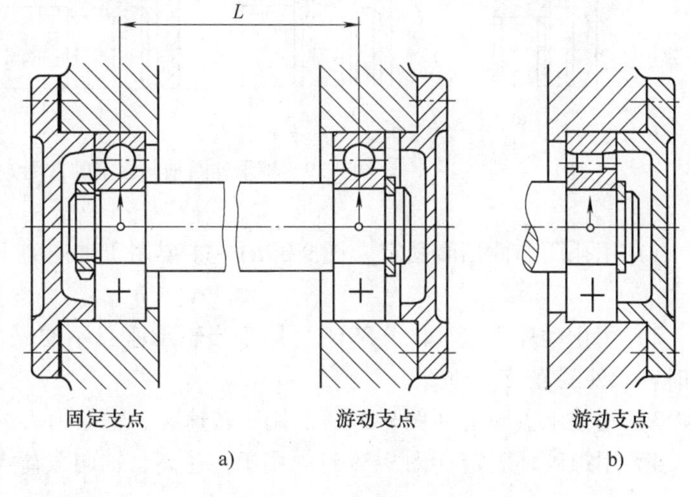

图9-37　固游式支承

2. 轴承内、外圈的轴向固定

轴承内圈和轴、外圈和座孔间的轴向固定，都是为了实现轴在机器中的准确定位。轴承轴向固定方法的选择，取决于载荷的大小、方向、性质、转速的高低、轴承的类型及其在轴上的位置等因素。

（1）轴承内圈在轴上轴向固定的常用方法有图9-38所示的四种。

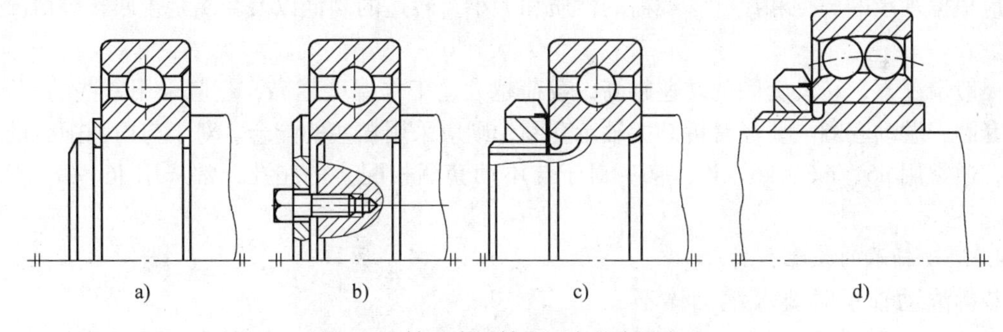

图9-38　轴承内圈轴向固定的常用方法

1）用轴用弹性挡圈固定（图9-38a）。主要用于轴向载荷不大及转速不高的场合。

2）用轴端挡圈固定（图9-38b）。可承受双向轴向载荷。

3）用圆螺母和止动垫圈锁紧（图9-38c）。主要用于转速较高，轴向载荷较大的场合。

4）用开口圆锥紧定套、止动垫圈和圆螺母（图9-38d）。主要用于光轴上轴向载荷和转速都不大的调心轴承的轴向固定。

内圈的另一端面通常是以轴肩作为轴向定位面。为使端面贴紧，轴肩处的圆角半径必须小于轴承内圈的圆角半径。同时，轴肩的高度不得大于轴承内圈的厚度，否则轴承不易拆卸。

（2）轴承外圈在轴承座孔内轴向固定的常用方法有图 9-39 所示的四种。

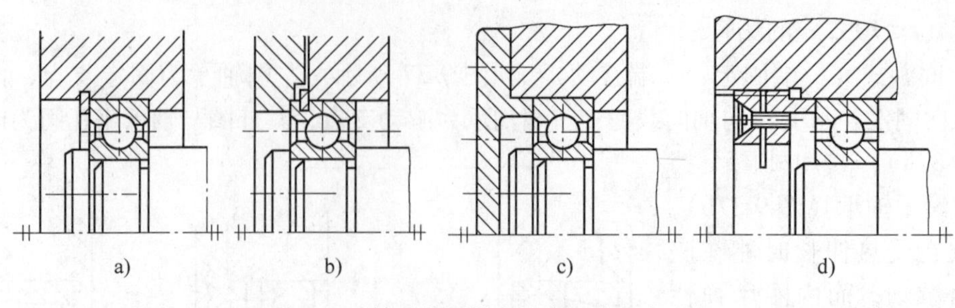

图 9-39　轴承外圈轴向固定的常用方法

1）用孔用弹性挡圈固定（图 9-39a）。主要用于轴向力不大且需要减小轴承装置尺寸的场合。

2）用止动环固定（图 9-39b）。用于当轴承座孔不便做出凸肩且外壳为剖分式结构时，此时轴承外圈需带止动槽。

3）用轴承盖固定（图 9-39c）。用于转速高、轴向力大的各类轴承。

4）用螺纹环固定（图 9-39d）。用于转速高、轴向载荷大，且不适于使用轴承盖固定的场合。

3. 滚动轴承的配合

滚动轴承的配合是指内圈与轴颈、外圈与轴承座孔的配合。由于滚动轴承是标准件，故其内圈与轴颈的配合采用基孔制，外圈与轴承座孔的配合采用基轴制。轴承配合种类的选择，应根据轴承的类型和尺寸，载荷的性质和大小，转速的高低以及套圈是否回转等情况来决定。

一般情况下，转动套圈的转速越高，载荷越大、工作温度越高，越应采用紧些的配合；不动套圈、游动套圈或要经常拆卸的轴承套圈，则应采用松些的配合。对于与内圈配合的旋转轴，通常用 n6、m6、k6、j6、js6；对于与不动套圈相配合的座孔，常选用 J6、J7、H7、G7 等。

4. 滚动轴承的装配和拆卸

装拆滚动轴承时要求滚动体不受力，装拆力要对称或均匀地作用在座圈端面上，以免损坏轴承和相关零件。

（1）滚动轴承的装配

1）冷压法。使用专用压套压装轴承的内、外圈，如图 9-40 所示。

2）热套法。将轴承放入油池中加热至 80～100℃后进行热装。

（2）滚动轴承的拆卸　拆卸时应采用专用压力机或拆卸工具拆卸

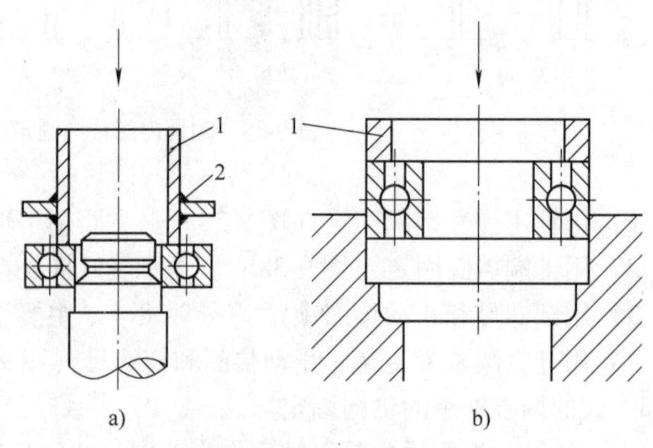

图 9-40　冷压法装轴承

1—压套　2—防护片

轴承，如图9-41a、b所示。为了便于拆卸，轴上定位轴肩的高度应小于轴承内圈的高度。同理，轴承外圈在套筒内应留出足够的高度和必要的拆卸空间，或壳体上制出拆卸螺钉用的螺纹孔，如图9-41c所示。

5. 滚动轴承的润滑与密封

（1）滚动轴承的润滑　润滑方法与滑动轴承大致相同，常用的方法是脂润滑和油润滑。脂润滑结构简单，密封和维护方便，但易于发热。因此适合于不便经常维护，转速不太高的场合。一般润滑剂的填充量不超过轴承空腔的1/3～1/2。油润滑冷却效果较好，但供油系统和密封装置均较复杂，适于高速场合。润滑方式有油浴或飞溅润滑、滴油润滑、喷油润滑、油雾润滑等。当采用浸油润滑时，油面高度不应超过轴承最下面滚动体的中心线。

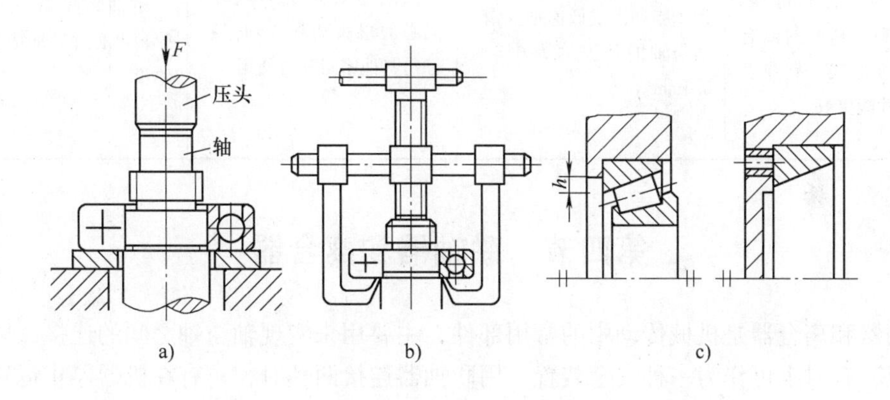

图9-41　轴承的拆卸

（2）滚动轴承的密封　密封的目的一是防止内部润滑剂流失，二是防止外部灰尘和水分、杂质的侵入。

常见的密封类型有接触式密封和非接触式密封两种，前者用于速度不高的场合，后者多用于高速。各种密封装置的结构和特点见表9-9。

表9-9　密封装置

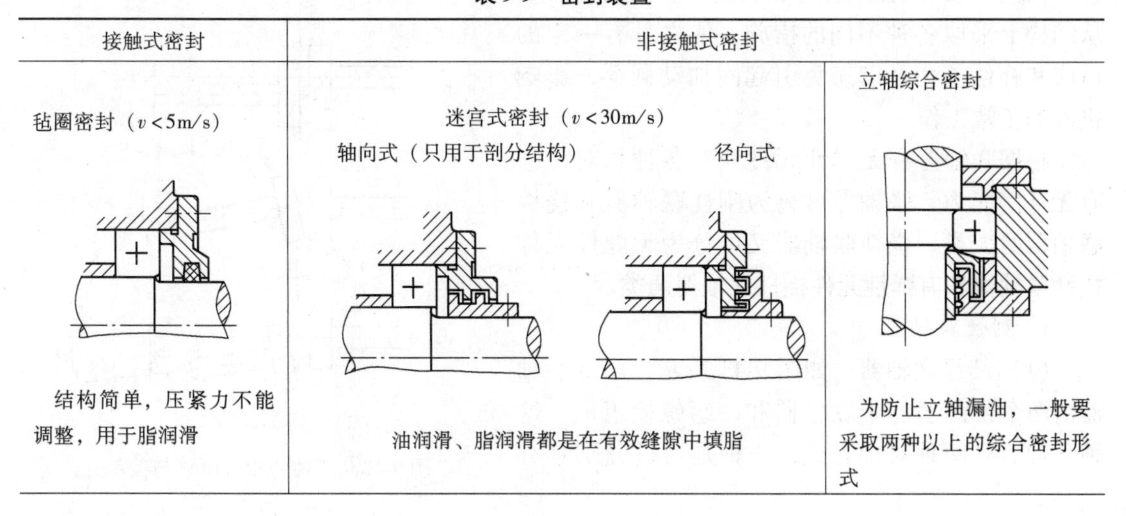

接触式密封	非接触式密封	
毡圈密封（$v<5\mathrm{m/s}$）	迷宫式密封（$v<30\mathrm{m/s}$） 轴向式（只用于剖分结构）　径向式	立轴综合密封
结构简单，压紧力不能调整，用于脂润滑	油润滑、脂润滑都是在有效缝隙中填脂	为防止立轴漏油，一般要采取两种以上的综合密封形式

（续）

接触式密封	非接触式密封		
密封圈密封（$v<4\sim12m/s$）	油沟密封（$v<5\sim6m/s$）	挡圈密封	甩油密封
使用方便，密封可靠。耐油橡胶和塑料密封圈有O、J、U等形式，有弹簧箍的密封性能更好	结构简单，沟内填脂，用于脂润滑或低速油润滑。盖与轴的间隙约为0.1～0.3mm	挡圈随轴旋转，可利用离心力甩去油和杂物，最好与其他密封联合使用	甩油环靠离心力将油甩掉，再通过导油槽将油导回油箱

第四节　联轴器和离合器

联轴器和离合器是机械传动中的常用部件，主要用来实现轴与轴之间的连接，以传递运动和转矩，有时也可作为一种安全装置。用联轴器连接两轴时，只有在机器停止运转后才能使两轴分离。离合器在机器运转时可使两轴随时接合和分离。联轴器和离合器的种类很多，大多已标准化，可直接从标准中选用。

一、联轴器

联轴器所连接的两轴，由于制造及安装误差、承载后的变形以及温度变化等的影响，往往不能保证严格的对中，而是存在着某种程度的相对位移，如图9-42所示。这就要求设计联轴器时，要从结构上采取各种不同的措施，使之具有一定的适应和补偿能力，以避免引起附加动载荷，影响机器的正常工作。

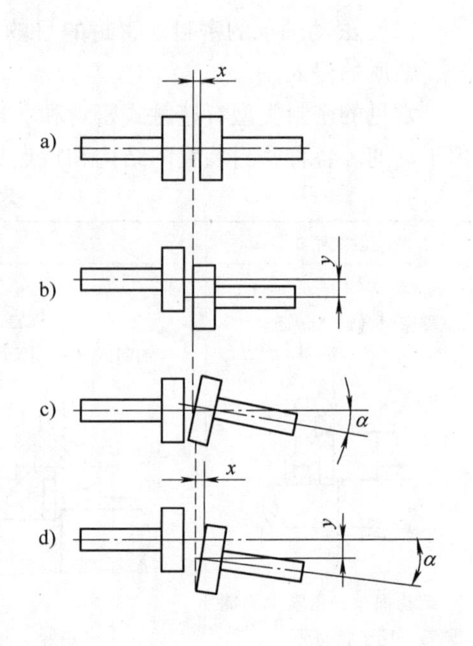

图9-42　两轴的相对位移与偏斜

根据联轴器有无弹性元件和对各种相对位移有无补偿能力，联轴器可分为刚性联轴器和挠性联轴器两大类。挠性联轴器又可分为无弹性元件挠性联轴器和有弹性元件挠性联轴器两类。

1. 刚性联轴器

（1）凸缘联轴器　如图9-43所示，凸缘联轴器由两个带凸缘的半联轴器和一组螺栓组成。这种联轴器有两种对中方式，一种是通过分别具有凸肩和凹槽的两个半联轴器的相互嵌合来对中（图 9-43 上半部分），两个半联轴器采用普通螺栓连接，其对中精度高，工作时靠预紧普通螺栓在两个半联轴器的接触面间产生的摩擦力来传递转矩；另一种是通过铰制孔用螺栓对中（图 9-43 下半部分），工作时靠螺栓杆的挤压和剪切来传递转矩。当尺寸相同时后者传递的转矩较大，且装拆时轴不必作轴向移动。

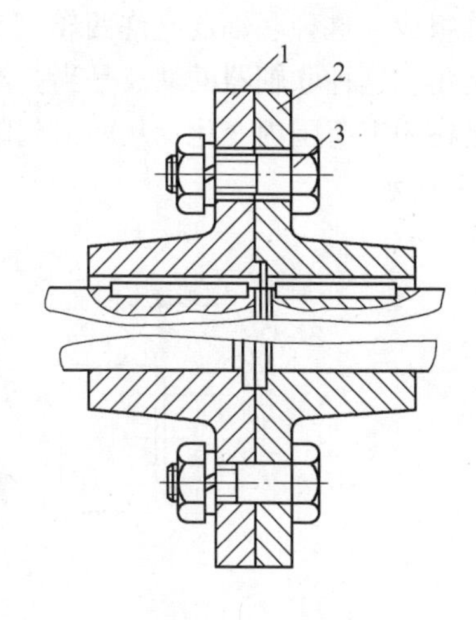

图 9-43　凸缘联轴器
1、2—半联轴器　3—螺栓

凸缘联轴器结构简单，成本低，可传递较大的转矩，常用于载荷平稳、两轴间对中较好的场合。

（2）套筒联轴器。如图 9-44a 所示，套筒联轴器由套筒和连接零件（销钉或键）组成。这种联轴器结构简单，径向尺寸小，但要求被连接的两轴严格对中，且装拆时必须作轴向移动，故常用于两轴严格对中、低速、轻载的场合。当用圆锥销作连接件时（图 9-44b），若按过载时圆锥销剪断进行设计，则可作为安全联轴器。

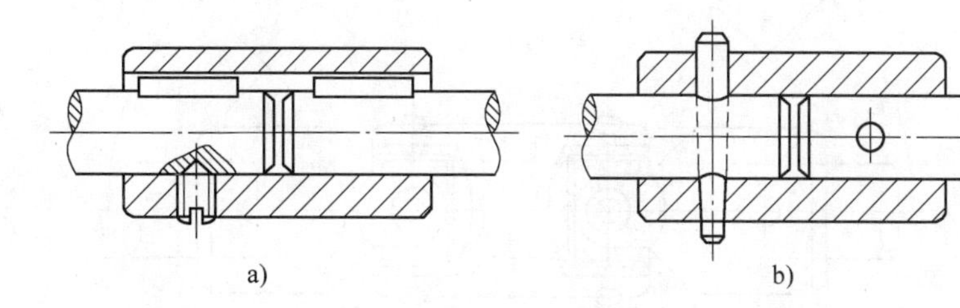

图 9-44　套筒联轴器

2. 挠性联轴器

（1）无弹性元件挠性联轴器

1）滑块联轴器。如图 9-45 所示，滑块联轴器由两个具有径向通槽的半联轴器和一个具有相互垂直凸榫的十字滑块组成。工作时靠凸榫和凹槽的相互嵌合传递转矩。因为滑块的凸榫能在半联轴器的凹槽中移动，故可补偿两轴间的相对径向位移和角位移。但在两轴间有偏移的情况下工作时，中间圆盘将在半联轴器的凹槽中作偏心回转，由此引起的离心力将使工作表面压力增大而加快磨损。为了减少磨损，要予以一定的润滑并对工作表面进行热处理以提高硬度。

滑块联轴器结构简单，径向尺寸小，但工作面易磨损，一般用于两轴平行但有较大径向位移、工作时无剧烈冲击和转速不高的场合。

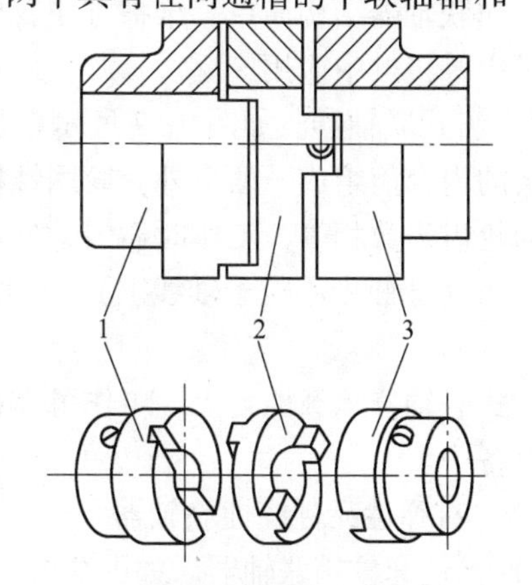

图 9-45　滑块联轴器
1、3—半联轴器　2—十字滑块

2）万向联轴器。如图 9-46 所示，万向联轴器由两个叉形的半联轴器、一个十字轴及销轴等组成。这种联轴器允许两轴间有较大的夹角，最大可达 35°～45°，且在工作中也能改变夹角。这种联轴器的缺点是当主动轴角速度 ω_1 为常数时，从动轴的角速度 ω_2 不为常数，而是在一定范围内变化，从而引起附加动载荷。因此，常将两个万向联轴器成对使用，如图 9-46b 所示。

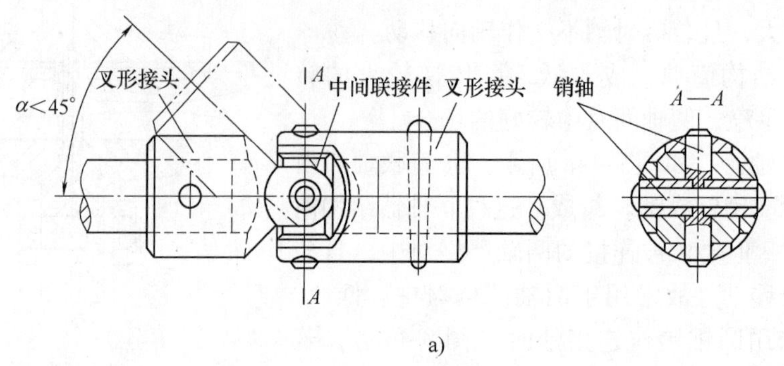

a)

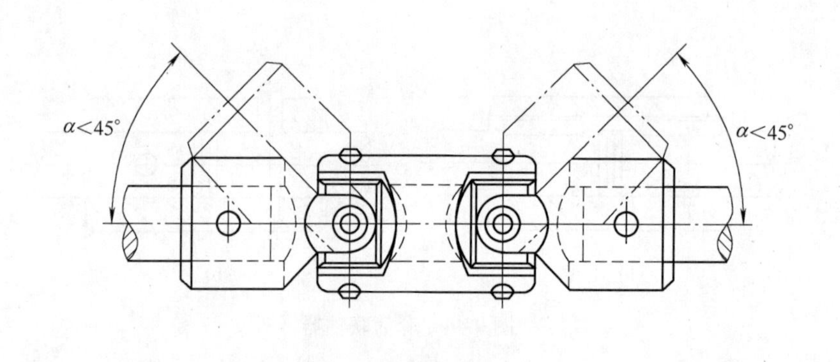

b)

图 9-46　万向联轴器

万向联轴器结构简单，维护方便，能补偿较大的综合位移，且传递转矩较大，所以在汽车、机床等机械中应用广泛。

3）齿式联轴器。如图 9-47 所示，齿式联轴器由两个带有内齿及凸缘的外套筒和两个带有外齿的内套筒组成。两个外套筒用螺栓连接，两个内套筒用键与两轴连接，内套筒和外套筒上的轮齿齿数相等，工作时靠内、外齿的相互啮合传递转矩。由于半联轴器的外齿齿顶加工成球面（球面中心位于轴线上），且啮合齿间有较大的齿侧间隙，故能补偿两轴的综合位移。

齿式联轴器承载能力大，工作可靠，但结构复杂，制造成本高，主要应用于重型机械和起重设备中。

（2）有弹性元件挠性联轴器

1）弹性套柱销联轴器。如图 9-48 所示，弹性套柱销联轴器的构造与凸缘联轴器相似，只是用套有弹性套的柱销代替了螺栓，利用弹性套的弹性变形来补偿两轴的相对位移、缓冲减振。弹性套材料为耐油橡胶，柱销材料为 45 钢，半联轴器的材料为钢或铸铁。

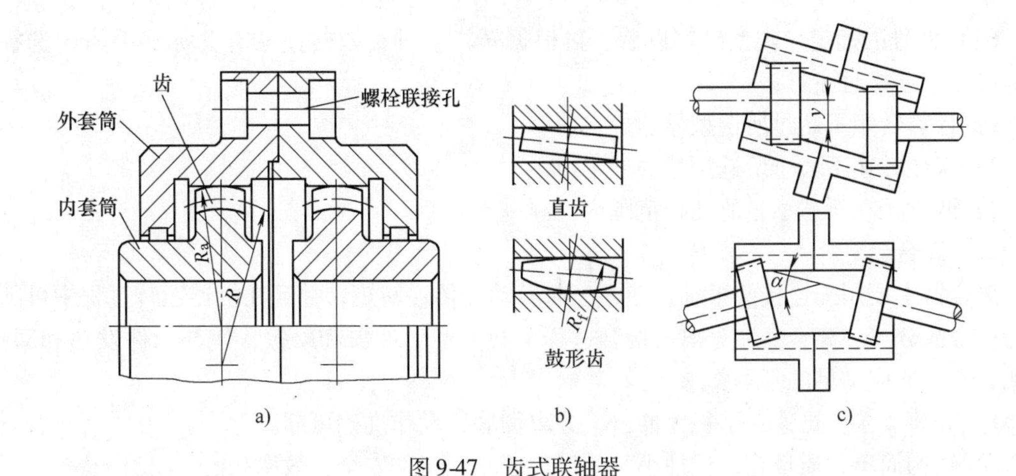

图 9-47　齿式联轴器

弹性套柱销联轴器结构简单，装拆方便，成本较低，但弹性套易磨损、寿命较短，用于冲击载荷小、起动频繁的中、小功率传动中。

2）弹性柱销联轴器。如图 9-49 所示，弹性柱销联轴器的构造也与凸缘联轴器相似，用弹性柱销将两个半联轴器连接起来。为了防止柱销脱落，两侧设有挡板。柱销常用尼龙制成，具有一定的弹性，所以能补偿两轴间的相对位移，并具有一定的缓冲减振能力。

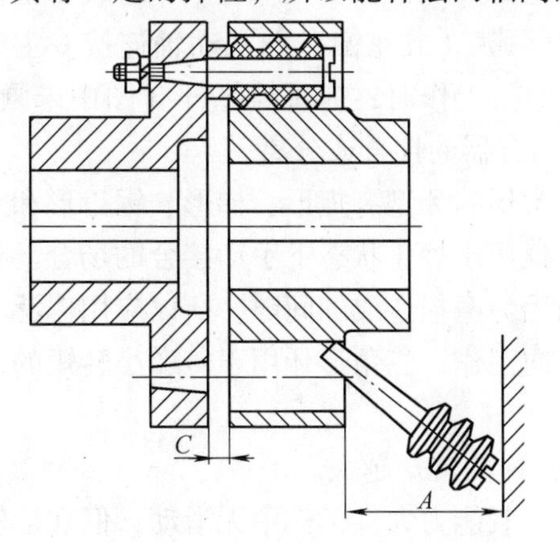

图 9-48　弹性套柱销联轴器

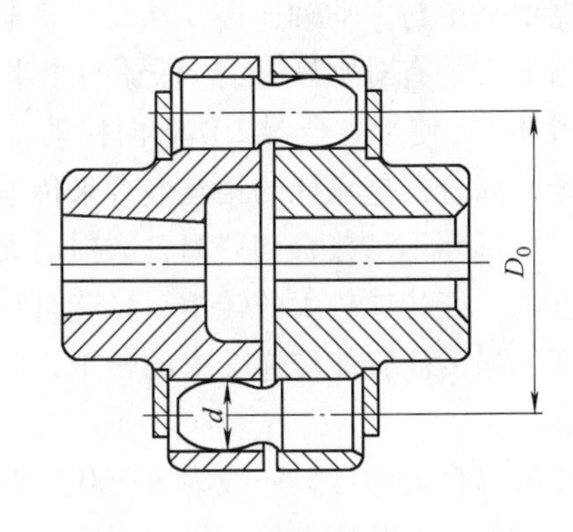

图 9-49　弹性柱销联轴器

弹性柱销联轴器的特点和应用情况与弹性套柱销联轴器相似，而且结构更为简单，传递转矩的能力更大，但尼龙对温度较敏感，因此使用温度应控制在 −20 ~ 70℃范围内。

3. 联轴器的选择

常用联轴器多已标准化，选用时，首先应根据工作条件选择合适的类型，然后再按转矩、轴径及转速选择联轴器的型号，必要时应对个别薄弱零件进行强度验算。

（1）类型的确定　选择联轴器的类型时，应根据机器的工作特点及要求，结合联轴器的性能选定。一般对于低速、刚性大的短轴，或两轴能保证严格对中，载荷平稳或变动不大时，可选用刚性联轴器；对于低速、刚性小的长轴，或两轴有偏斜时，可选用无弹性元件的挠性联轴器；两轴成一定夹角时，可选用万向联轴器；转速高，要求能缓冲减振的，可采用有弹性元件的挠性联轴器。

（2）型号的确定　类型确定以后，再根据转矩、轴径及转速从有关标准手册中选择型号、尺寸。选择时注意：

1）计算转矩不超过所选型号的规定值。

2）工作转速不大于所选型号的规定值。

3）两轴径在所选型号的孔径范围内。

二、离合器

离合器主要用来连接两根轴，使之一起转动并传递转矩，并且在机器运转过程中可随时进行接合或分离。离合器在分离或接合过程中必然产生冲击和摩擦，使其元件发热和磨损。因此，离合器应满足的基本要求为：

1）分离、接合迅速，平稳无冲击，分离彻底，动作准确可靠。

2）结构简单，质量轻，惯性小，外形尺寸小，工作安全，效率高。

3）接合元件耐磨性好，使用寿命长，散热条件好。

4）操纵方便省力，制造容易，调整维修方便。

离合器按其工作原理可分为牙嵌式、摩擦式两类；按控制方式可分为操纵式和自动式两类。操纵式离合器多以机械、液压、气动、电磁等为动力进行操纵。

1. 牙嵌离合器

牙嵌离合器的结构如图 9-50 所示，它是由两个端面带牙的半离合器 1、2 组成。主动半离合器用平键与主动轴连接，从动半离合器用导向平键（或花键）与从动轴连接。主动半离合器上安装有对中环 3，以保证两个半离合器对中。工作时，通过操纵杆（图中未画出）带动滑环 4，使半离合器 2 作轴向移动，从而实现离合器的接合或分离。

牙嵌离合器是靠牙的相互嵌合来传递转矩的，常用的牙型有矩形、梯形、锯齿形和三角形等。矩形牙不易接合和分离，磨损后无法补偿，仅用于静止状态下手动接合的场合。梯形牙强度高，能传递较大的转矩，且能自行补偿牙面因为磨损造成的间隙，所以应用广泛。锯齿形牙的强度高，能传递较大的转矩，但是只能单向工作。三角形牙用于传递小转矩的低速离合器。

牙嵌离合器的牙数一般为 3 ~ 60，牙数越多，传递的转矩越大。

牙嵌离合器结构简单、尺寸紧凑、工作可靠、承载能力大、工作中无滑动，但在运转中接合时有冲击，容易打坏牙，故只能在低速或静止状态下接合。

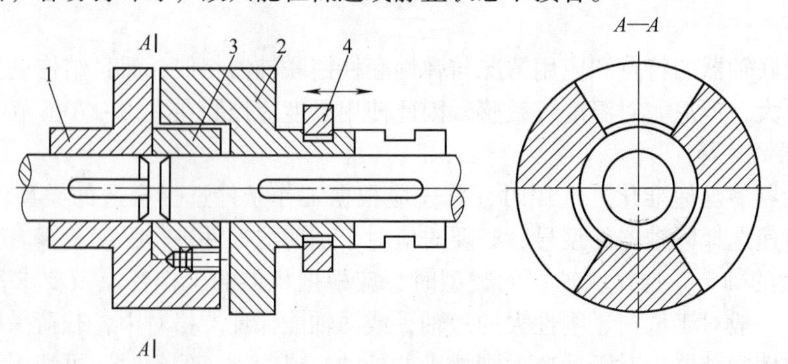

图 9-50　牙嵌离合器

1、2—半离合器　3—对中环　4—滑环

2. 摩擦离合器

摩擦离合器是靠摩擦盘接触面间产生的摩擦力来传递转矩的。按结构形式不同，可分为圆盘式、圆锥式、块式和带式等类型，最常用的是圆盘摩擦离合器。圆盘摩擦离合器分为单盘式和多盘式两种。

(1) 单盘式摩擦离合器　如图9-51所示，单盘式摩擦离合器由两个半离合器1、2组成。半离合器1用平键与主动轴连接，半离合器2用导向平键（或花键）与从动轴连接，通过操纵杆（图中未画出）带动滑环3，使半离合器2作轴向移动，从而实现离合器的接合或分离。工作时两半离合器相互压紧，靠接触面间产生的摩擦力来传递转矩。其接触面可以是平面（图9-51a）或锥面（图9-51b）。对于同样的压紧力，锥面能传递更大的转矩。

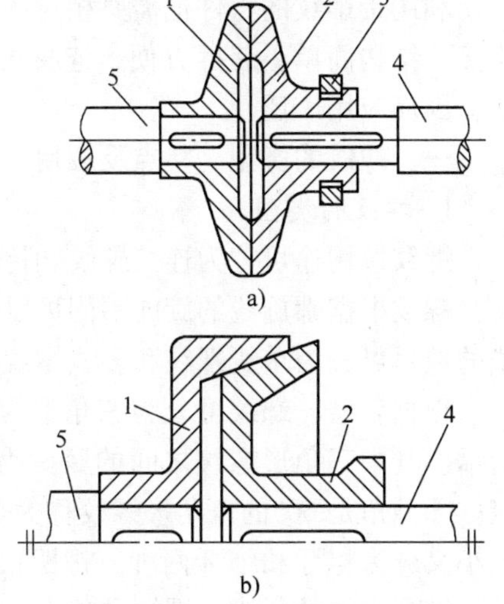

图9-51　单盘式摩擦离合器
a) 平面接触单盘式摩擦离合器
b) 锥面接触单盘式摩擦离合器
1、2—半离合器　3—滑环　4—从动轴
5—主动轴

(2) 多盘式摩擦离合器　如图9-52所示，多盘式摩擦离合器由外摩擦片5、内摩擦片6和主动轴套筒2、从动轴套筒4组成。主动轴套筒用平键与主动轴连接，从动轴套筒用导向平键（或花键）与从动轴连接。当操纵杆拨动滑环7向左移动时，通过安装在从动轴套筒上的杠杆8使内、外摩擦片压紧并产生摩擦力，使主、从动轴一起转动；当滑环7向右移动时，则两组摩擦片被松开，从而使主、从动轴分离。压紧力的大小可通过从动轴套筒上的调节螺母10来调节。摩擦片数目多，可以增大所传递的转矩，但片数过多，将使各层间的压力分布不均匀，易于出现离合不分明的现象。

摩擦离合器可在任何转速下实现两轴的接合或分离；离、合过程平稳，冲击振动较小；有过载保护作用。但结构复杂，成本较高，产生滑动时两轴不能同步转动。

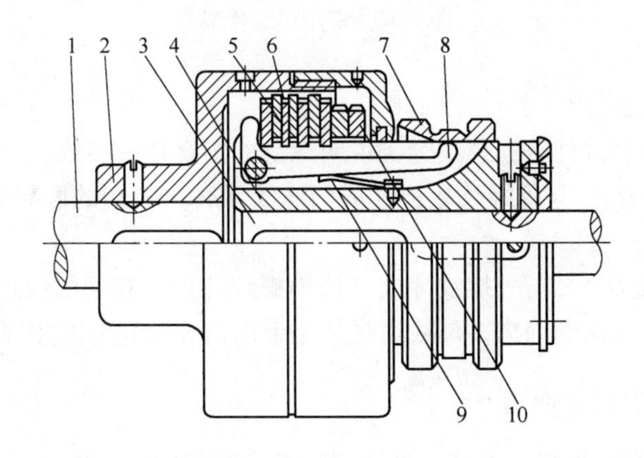

图9-52　多盘式摩擦离合器
1—主动轴　2—主动轴套筒　3—从动轴　4—从动轴套筒　5—外摩擦片
6—内摩擦片　7—滑环　8—杠杆　9—弹簧片　10—调节螺母

第五节　螺 纹 连 接

利用带螺纹的零件把需要相对固定在一起的零件连接起来称为螺纹连接。它是一种可拆连接，结构简单，装拆方便，连接可靠，且多数螺纹零件已经标准化，生产率高，成本低廉，因而应用广泛。

一、螺纹的类型、特点及应用

1. 螺纹的类型

螺纹按用途可分为连接螺纹和传动螺纹两类。

螺纹根据螺旋线的旋向不同可以分为左旋螺纹和右旋螺纹，一般多用右旋螺纹。按螺旋线的数目可分为单线螺纹和多线螺纹，单线螺纹多用于连接，多线螺纹多用于传动。

根据牙型，螺纹可分为三角形螺纹、矩形螺纹、梯形螺纹、锯齿形螺纹等，如图 9-53 所示。其中三角形螺纹之间的摩擦力大，自锁性能好，连接牢固可靠，所以它主要用于连接。牙型角是 60°的三角形螺纹称为普通螺纹（图 9-53a），同一公称直径的普通螺纹按螺距大小又分为粗牙和细牙两种。螺距最大的一种是粗牙，其余为细牙。一般连接多用粗牙螺纹。细牙螺纹的牙浅，螺纹升角小、自锁性能好，但螺牙强度低，耐磨性较差，易滑丝，常用于薄壁零件或受冲击、振动的连接及微调机构中。管螺纹（图 9-53b）通常是寸制细牙三角形螺纹，牙型角是 55°，公称直径是管子的内径，牙顶有较大的圆角，内外螺纹旋合后牙型间无径向间隙，多用于有紧密性要求的管件连接。矩形螺纹（图 9-53c）、梯形螺纹（图 9-53d）、锯齿形螺纹（图 9-53e）的当量摩擦因数小，效率高，故均用于传动。梯形螺纹易于制造和对中，牙根强度高，所以是应用广泛的传动螺纹。

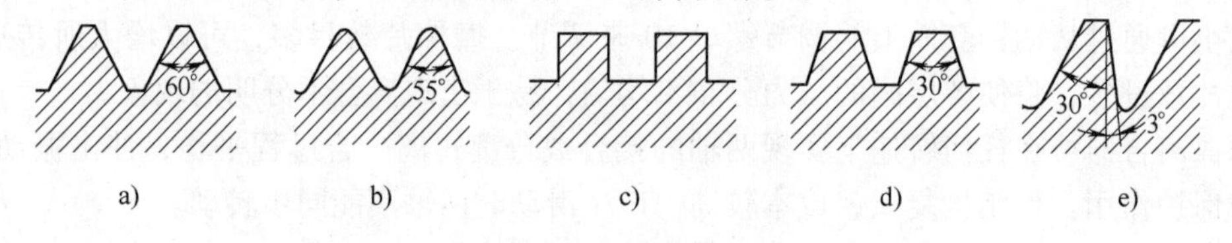

图 9-53　常用螺纹牙型

2. 螺纹的主要参数

现以图 9-54 所示的圆柱普通螺纹为例说明螺纹的主要几何参数。

（1）大径 d（或 D）　与外螺纹牙顶（或内螺纹牙底）相切的假想圆柱体的直径，也称公称直径。

（2）小径 d_1（或 D_1）　与外螺纹牙底（或内螺纹牙顶）相切的假想圆柱体的直径。

（3）中径 d_2　在轴向断面内，母线通过牙型上沟槽和凸起宽度相等的假想圆柱的直径，近似等于螺纹的平均直径，即 $d_2 \approx \frac{d + d_1}{2}$。

（4）螺距 P　相邻两螺纹牙在中径线上对应两点间的轴向距离。

（5）导程 Ph　同一螺旋线上的相邻两螺纹牙在中径线上对应两点间的轴向距离。

（6）线数 n　螺纹螺旋线数目，一般为便于制造，$n \leqslant 4$。螺距、导程、线数之间关系为 $Ph = nP$。

（7）螺纹升角 λ　在中径 d_2 的圆柱体上，螺旋线的切线与垂直于螺旋轴线的平面的夹角。

$$\tan\lambda = \frac{Ph}{\pi d_2} = \frac{nP}{\pi d_2} \tag{9-3}$$

（8）牙型角 α　在螺纹牙型上，两相邻牙侧间的夹角。

（9）牙侧角 β　在螺纹牙型上，牙侧与螺纹轴线的垂线间的夹角，对称牙型 $\beta = \frac{\alpha}{2}$。

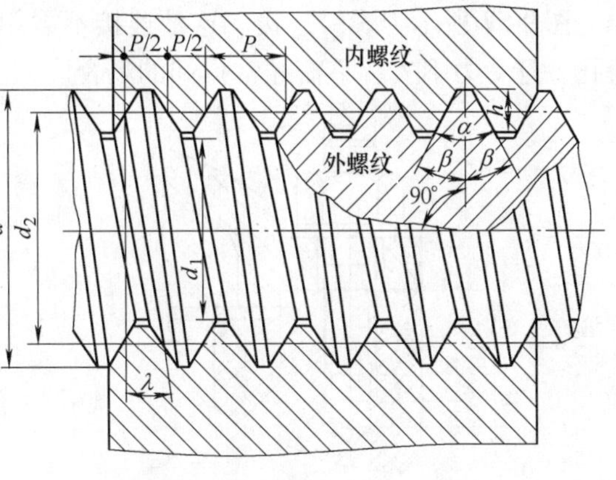

图 9-54　螺纹的主要参数

二、螺纹连接的主要类型

螺纹连接的主要类型有螺栓连接、双头螺柱连接、螺钉连接和紧定螺钉连接等。

1. 螺栓连接

螺栓连接是将螺栓穿过被连接件上的通孔，套上垫圈，再拧上螺母的连接。这种连接结构简单、装拆方便，适用于两个被连接零件都不太厚，并能钻成通孔的场合。

螺栓连接有普通螺栓连接和铰制孔螺栓连接两种。图 9-55a 所示为普通螺栓连接，其结构特点是螺栓杆与被连接件孔壁之间有间隙，故通孔的加工精度低，且连接不受材质的限制。这种连接无论传递的载荷是何种形式，螺栓都是受拉，故又称为受拉螺栓连接。

图 9-55b 所示为铰制孔螺栓连接，被连接件上的铰制孔和螺栓的光杆部分多采用基孔制过渡配合（H7/m6、H7/n6），故能准确固定被连接件的相对位置，但成本高。它用于载荷大，冲击严重，要求良好对中的场合。这种螺栓工作时承受剪切和挤压，故又称为受剪螺栓连接。

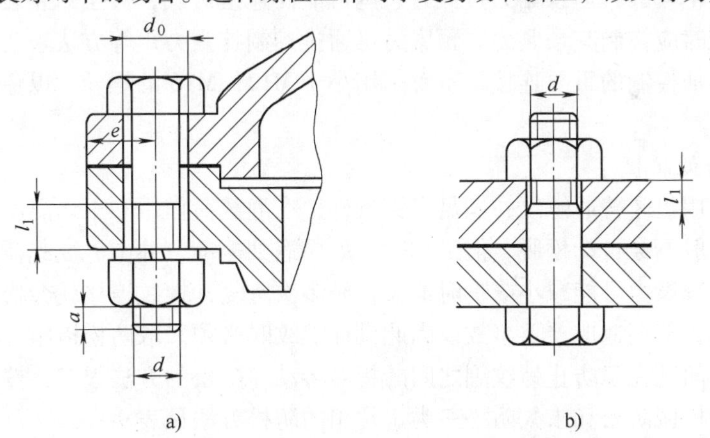

静载荷 $l_1 \geqslant (0.3\sim0.5)d$；变载荷 $l_1 \geqslant 0.75d$；冲击或弯曲载荷 $l_1 \geqslant d$；
$e=d+(3\sim6)$mm；$d_1 \approx 1.1d$；$a \approx (0.2\sim0.3)d$；铰制孔用螺栓连接 $l_1 \approx d$。

图 9-55　螺栓连接

a）普通螺栓连接　b）铰制孔螺栓连接

2. 双头螺柱连接

图 9-56 所示为双头螺柱连接，螺杆两端均制有螺纹，装配时一端旋入被连接件，另一端配以螺母。拆卸时只需拧下螺母，螺柱仍留在螺纹孔内，故螺纹不易损坏。这种连接用于连接件之一太厚，不便穿孔，并且需经常拆卸的场合。

3. 螺钉连接

图 9-57 所示为螺钉连接。这种连接不需用螺母，适用于一个被连接件较厚，不便钻成通孔，且受力不大、不需经常拆卸的场合。

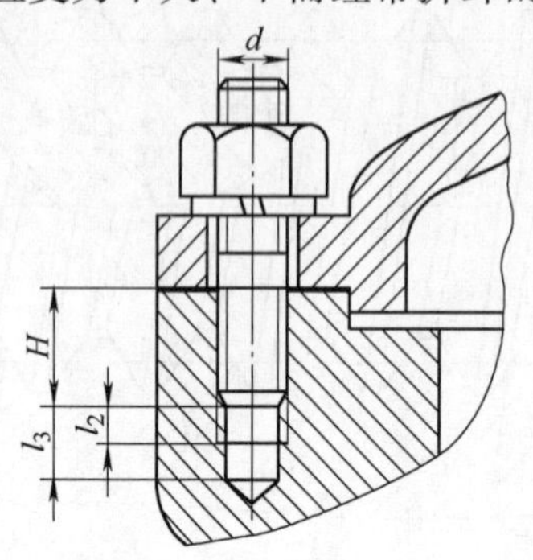

螺纹孔件为钢 $H \approx d$；
螺纹孔件为铸铁 $H \approx (1.25 \sim 1.5)d$；
螺纹孔件为铝合金 $H \approx (1.5 \sim 2.5)d$。

图 9-56　双头螺柱连接

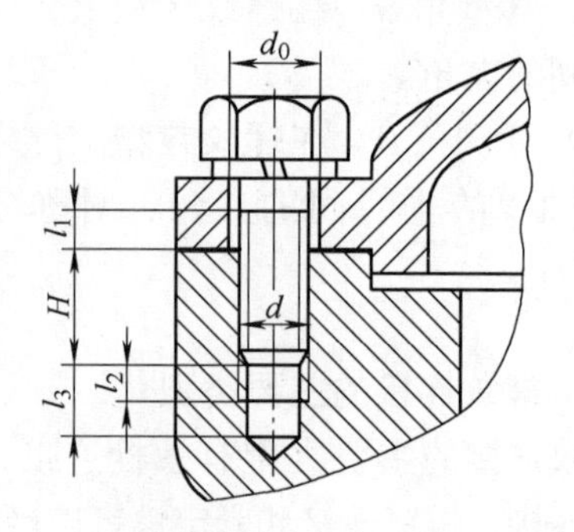

螺纹孔件为钢 $H \approx d$；
螺纹孔件为铸铁 $H \approx (1.25 \sim 1.5)d$；
螺纹孔件为铝合金 $H \approx (1.5 \sim 2.5)d$。

图 9-57　螺钉连接

三、螺纹连接的预紧和防松

1. 螺纹连接的预紧

多数螺纹连接在装配时（受外载之前）都要拧紧，称为预紧。预紧的目的是为了增强连接的刚性，提高紧密性和防松能力。预紧时螺栓杆所受到的拉力称为预紧力。预紧力过小时，则会使连接不可靠；但预紧力过大时，则可能使连接过载，甚至断裂破坏。故对于重要的连接，在装配时应控制其预紧力。预紧力可通过控制拧紧力矩等方法来实现。对于只靠经验而对预紧力不加控制的重要连接，不宜采用小于 M12 ~ M16 的螺栓，以免螺栓预紧时因过载而失效。

2. 螺纹连接的防松

连接螺纹常用粗牙普通螺纹，满足自锁条件，在静载荷作用和工作温度变化不大的情况下，螺纹连接一般不会自动松脱。但工作时，如果遇到振动、冲击、变载荷及温度变化很大时，螺纹副间的摩擦力可能减小或瞬时消失，经多次重复，螺纹连接就会松脱，影响连接的牢固性和紧密性，甚至造成严重事故。因此设计螺纹时必须采取防松措施。

防松的根本问题在于防止螺纹副之间的相对转动。防松的方法很多，按其工作原理，可分为摩擦防松、机械防松和永久防松三类。常用的防松方法见表 9-10。

表 9-10　常用的防松方法

防松方法		结构形式	特点和应用
摩擦防松	对顶螺母	副螺母 主螺母	用两个螺母对顶拧紧，使旋合螺纹间始终受到附加的压力和摩擦力的作用。结构简单，但连接的高度尺寸和质量加大。适用于平稳、低速和重载的连接

（续）

防松方法		结构形式	特点和应用
摩擦防松	弹簧垫圈	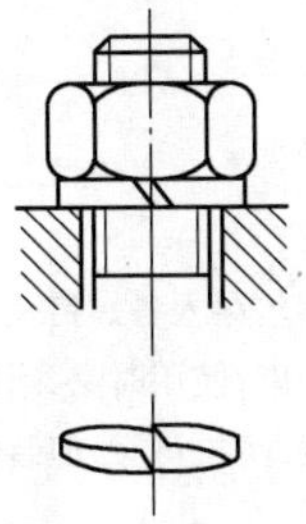	拧紧螺母后弹簧被压平，垫圈的弹性恢复力使螺纹副轴向压紧，同时垫圈斜口的尖端抵住螺母与被连接件的支承面，也有防松作用。其结构简单，应用方便，广泛用于一般的连接。但在振动工作条件下防松效果差
	尼龙圈锁紧螺母	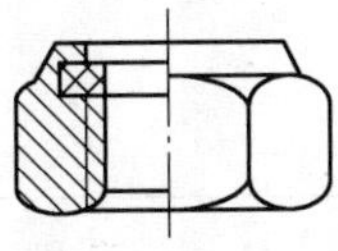	尼龙圈锁紧螺母是利用螺母末端的尼龙圈箍紧螺栓，横向压紧螺纹来防松
	自锁螺母	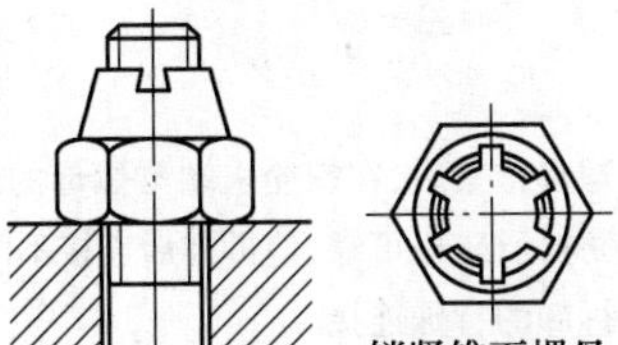 锁紧锥面螺母	自锁螺母是利用螺母末端椭圆口的弹性变形箍紧螺栓，横向压紧螺纹来防松。其结构简单、防松可靠，可多次拆装而不降低防松性能，适用于重要的连接
机械防松	开口销和槽形螺母	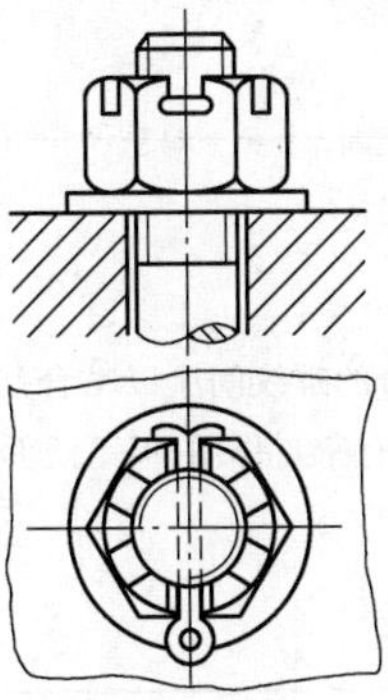	拧紧槽形螺母后，将开口销插入螺栓尾部小孔和螺母的槽内，再将销的尾部分开，使螺母锁紧在螺栓上。适用于有较大冲击、振动的高速机械中的连接
	止动垫圈	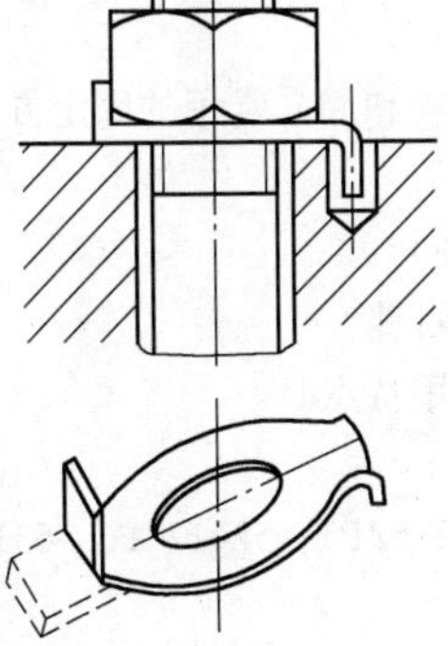	将垫圈套入螺栓，并使其下弯的外舌放入被连接件的小槽中，再拧紧螺母，最后将垫圈的另一边向上弯，使之和螺母的一边贴紧，结构简单，使用方便，防松可靠

（续）

防松方法		结构形式	特点和应用
机械防松	串联钢丝	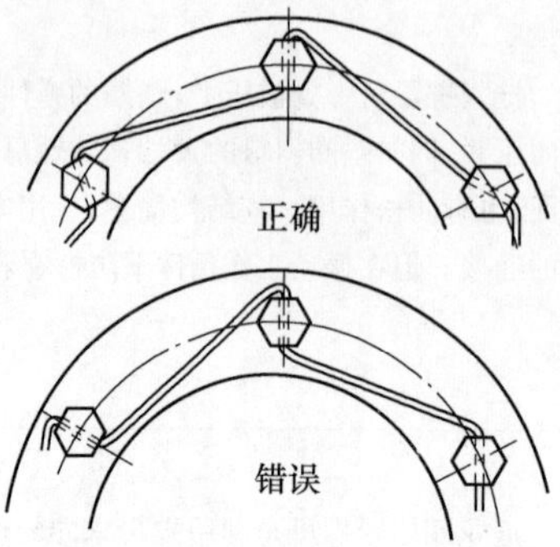 正确 错误	用低碳钢丝穿入各螺钉头部的孔内，将各螺钉串联起来，使其相互约束，使用时必须注意钢丝的穿入方向。适用于螺钉组连接，防松可靠，但装拆不方便
永久防松	冲点和点焊	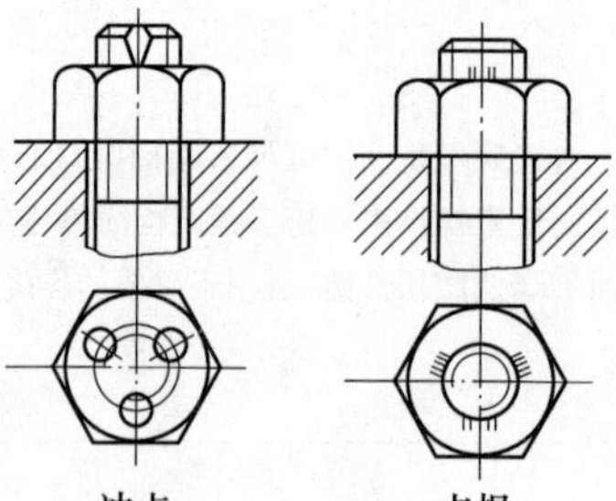 冲点　点焊	螺母拧紧后，在螺栓末端与螺母的旋合缝处冲点或焊接来防松。防松可靠，但拆卸后连接不能重复使用，适用于不需拆卸的特殊连接
	粘接	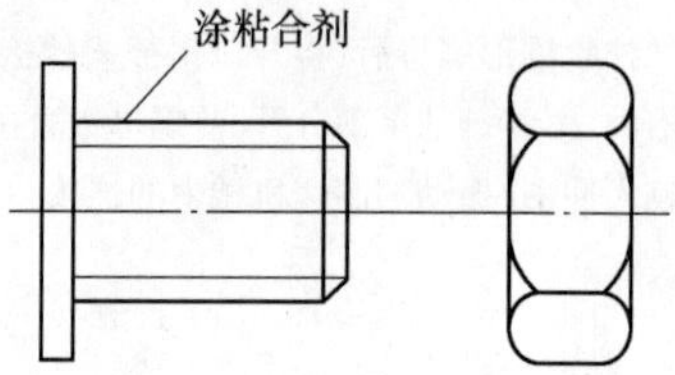 涂粘合剂	在旋合的螺纹间涂以粘合剂，使螺纹副紧密胶合。防松可靠，且有密封作用，但不便拆卸

习　题

9-1　按承受载荷情况，轴有哪些类型？

9-2　轴的结构设计中应考虑哪些问题？零件在轴上的轴向和周向常用的固定方法有哪几种？

9-3　轴常用的材料有哪些？各有何特点？

9-4　平键、半圆键、楔键、花键等连接的用途有什么不同？

9-5　对滑动轴承轴瓦材料的要求有哪些？常用的材料有哪些？

9-6　简述整体式、剖分式、调心式滑动轴承的构造和应用特点。

9-7　滚动轴承由哪些元件组成，各有什么作用？

9-8　试说明下列各滚动轴承代号的含义：7210C/P6，33215/P5，52412/P6，63110。

9-9　选择滚动轴承应考虑哪些因素？

9-10　滚动轴承组合的支承结构形式有哪些？试述各自的特点和应用场合。

9-11　滚动轴承的润滑与密封方式有哪些？

9-12　联轴器和离合器的作用是什么？它们有什么区别？

9-13　牙嵌离合器和摩擦离合器相比较，各有何优缺点？

9-14　常用的螺纹连接类型有哪几种？结构和应用有何不同？

9-15　粗牙螺纹、细牙螺纹、单线螺纹、多线螺纹各都是在什么情况下采用？理由是什么？

9-16　为什么设计螺纹连接时一般都要采用防松装置？常用的防松方法有哪些？

第十章　液 压 传 动

液压传动是用液体（液压油）作为工作介质来传递能量和进行控制的一种传动方式。其工作原理与前述的机械传动有本质的区别。液压传动技术已用于现代工业生产的广大领域，特别是在高效率的自动化和半自动化机械中应用十分广泛。

第一节　液压传动概述

一、液压传动的工作原理

图 10-1 所示为液压千斤顶工作原理示意图。图中 2 和 9 分别为小液压缸和大液压缸，缸内活塞 3 和 8 与缸体保持一种良好的配合关系，既能滑动又不使液体泄漏。两个液压缸的下腔用管道连通。液压千斤顶工作时，需先提起杠杆 1，使小活塞 3 向上移动，其下端油腔容积增大，形成局部真空，此时单向阀 4 被打开，单向阀 7 关闭，这样液压油在大气压力作用下经吸油管 5 进入小液压缸 2，完成一次吸油动作；然后压下杠杆 1，小活塞 3 下移挤压油液使油腔压力升高，导致单向阀 4 关闭，单向阀 7 被打开，油液便经管道 6 流入大液压缸 9 的下腔，由于液压油体积难以改变，进入的油液因受挤压而产生作用力使大活塞 8 向上移动，顶起重物。如此往复提、压杠杆 1，就能不断地将油液压入到大液压缸下腔，使重物逐步升起；当打开截止阀 11 时，大液压缸下腔的油液通过截止阀 11 流回油箱，大活塞 8 在重物和自重作用下回到原位。

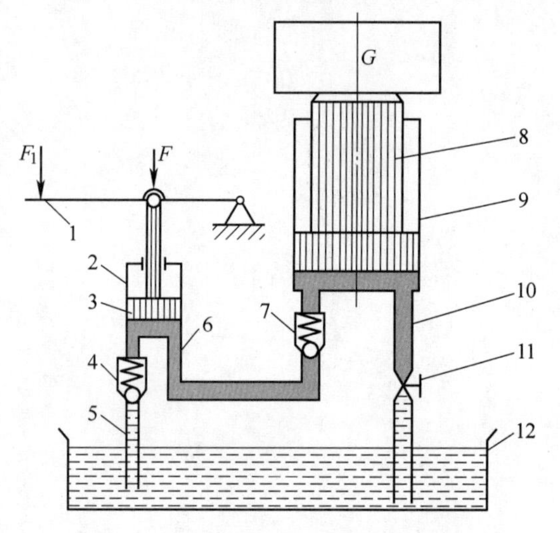

图 10-1　液压千斤顶工作原理示意图

1—杠杆　2—小液压缸　3—小活塞　4、7—单向阀　5—吸油管　6、10—管道　8—大活塞　9—大液压缸　11—截止阀　12—油箱

通过分析液压千斤顶的工作过程可知，液压传动是以液体为工作介质实现动力和运动的传递。它依靠密封容积的变化来传递运动，依靠液体内部的压力（由外界负载所引起）传递动力。从另一个角度来看，液压传动装置本质上是一种能量转换装置，先将机械能转换为便于输送的液压能（压力能），而后又把液压能转换成机械能来做功。

二、液压传动系统的组成

实现机床工作台往复运动的液压系统如图 10-2 所示。在图 10-2a 中，液压泵 3 由电动机带动从油箱 1 中吸油，油液经过滤器 2 进入泵，然后输出的压力油通过换向阀 5、节流阀 6，再经换向阀 7 进入液压缸 8 的左腔。液压缸 8 的缸体固定不动，活塞便在油液压力的推动下，带动固定在活塞杆上的工作台 9 向右运动，此时液压缸右腔的油液经换向阀 7 和回油管排回油箱。

若将换向阀 7 的手柄置成图 10-2b 所示状态，则液压泵 3 输送的压力油将由换向阀 7 进入液压缸 8 的右腔，而液压缸左腔的油经换向阀 7 和回油管排回油箱，此时活塞将推动工作台 9 向左移动。

若系统中换向阀 5 处于图 10-2c 所示的位置，则液压泵 3 输出的压力油将经换向阀 5 直接回油箱，系统处于卸荷状态，液压油不能进入液压缸 8，系统不工作，所以换向阀 5 又可称为启停阀。

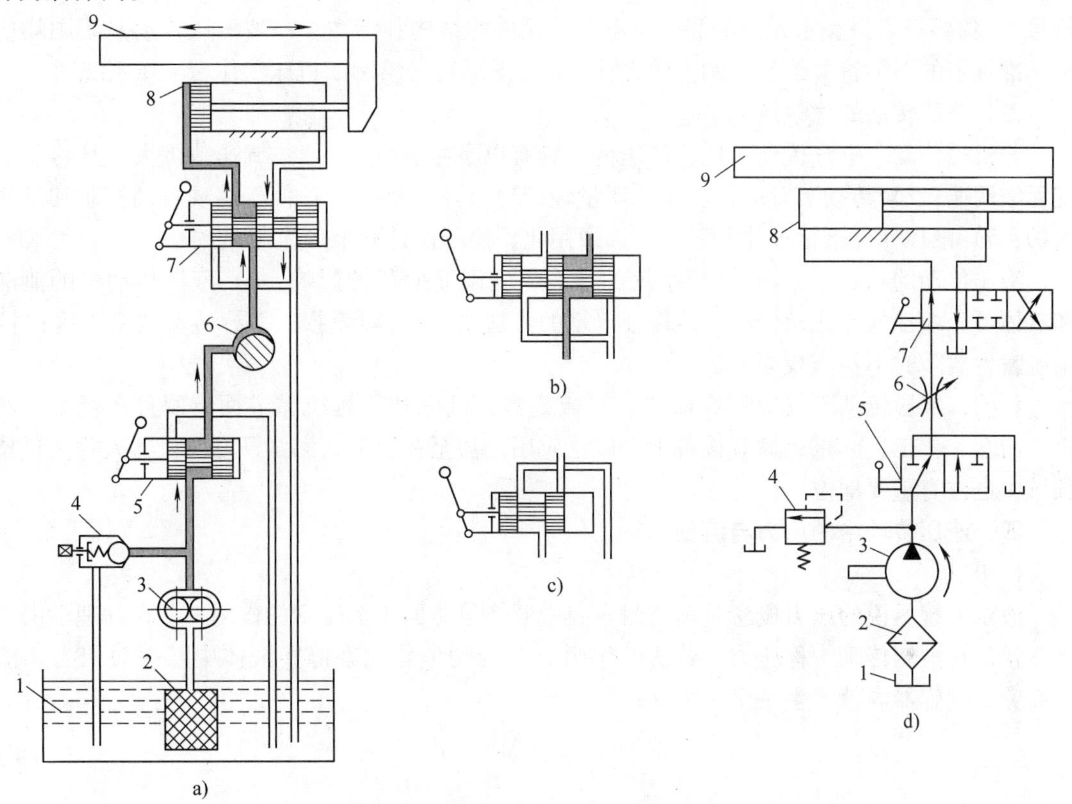

图 10-2 机床工作台液压传动系统

1—油箱 2—过滤器 3—液压泵 4—溢流阀 5、7—换向阀 6—节流阀 8—液压缸 9—工作台

工作台的运动速度可通过改变节流阀 6 的开口量进行调节。当开口大时，单位时间内进入液压缸 8 的油液增多，工作台的运动速度变快；反之，开口小时，运动速度变慢。

为克服工作台的摩擦力、切削力等各种阻力，液压缸必须输出足够大的推力，这由液压泵输出的压力来保障。根据不同工作情况，溢流阀 4 可调整液压泵 3 输出的最大压力。此外，当液压泵 3 单位时间内输出的油液体积为定值时，且节流阀 6 需调节进入液压缸 8 的油液量的多少，那么液压泵 3 输出的多余油液也需经溢流阀 4 流回油箱。

根据上述实例分析可以看出，液压传动系统由以下五部分组成。

（1）动力元件 即液压泵，它将机械能转换为液压能，给整个系统提供压力油。

（2）执行元件 即液压缸或液压马达，它将液压能转换为机械能，在压力油的推动下输出力和速度（或力矩和转速），以驱动工作部件。

（3）控制元件　它包括各种阀类元件，如压力阀、流量阀、换向阀等，它们可控制和调节液压系统的压力、流量及液流方向，以改变执行元件输出的力（或转矩）、速度（或转速）及运动方向。

（4）辅助元件　它包括油管、管接头、油箱、过滤器、蓄能器和压力表等，它们为液压系统可靠和稳定地工作提供了必要的保障。

（5）工作介质　它是传递能量的液体，通常为液压油。

为了简化液压原理图的绘制，国家标准（GB/T 786.1—2009）规定了“液压气动图形符号”，这些符号只表示元件的职能，不表示元件的结构和参数。一般液压传动系统图均应按标准规定的图形符号绘制。图 10-2d 所示为用图形符号绘制的机床工作台液压系统图。

三、液压传动的优缺点

与机械传动、电气传动相比，液压传动具有以下主要优点：1）调速范围大，且容易实现无级调速；2）传动装置的体积小、质量轻；3）传动平稳；4）便于实现自动控制和过载保护；5）液压元件已标准化、系列化、通用化，便于设计和推广应用。

液压传动的缺点是：1）液压系统的性能易受温度变化的影响；2）液压传动中的泄漏和液体可压缩性的变化使传动无法保证严格的传动比；3）能量损失多，传动效率不高；4）系统发生故障时不易查找原因。

目前，液压传动不仅应用在航空、军械武器、机床和工程机械方面，而且在轻工、农机、冶金、化工、起重运输等设备上也广泛应用，甚至在宇航、海洋开发、机器人等高科技领域中也占有重要地位。

四、液压传动中的压力与流量

1. 压力

液压系统所说的压力概念是指密封容腔中液体单位面积上受到的作用力，在物理学中称为压强，在液压传动中称压力。若法向作用力 F 均匀地作用在静止液体中某一面积为 A 的平面上，则容器内就产生一个压力 p，即

$$p=\frac{F}{A} \tag{10-1}$$

在国际单位制（SI）中，力 F 的单位是 N，面积 A 的单位是 m^2，压力的单位是 Pa（帕斯卡），工程上常用 MPa（兆帕）作为压力的单位。我国曾长期采用工程单位制，其压力的单位是 kgf/cm^2，它们之间的换算关系是

$$1kgf/cm^2=9.8\times10^4N/m^2\approx10^5Pa=0.1MPa$$

需要指出的是，液压传动中所讲的压力值通常是指比大气压高出的部分，称为相对压力或表压力。液压系统中某个部位的压力会比大气压低（如泵的进油口处），其比大气压低的那部分压力值称为真空度。在液压传动中，通常把工作压力分为几个等级，见表 10-1。

表 10-1　压力分级

压力分级	低压	中压	中高压	高压	超高压
压力范围/MPa	0 ~ 2.5	>2.5 ~ 8	>8 ~ 16	>16 ~ 32	>32

以图 10-3 为例说明液体的静压传递原理。图中垂直液压缸、水平液压缸静止不动，其截面积分别为 A_1、A_2，活塞上作用力为 G、F（忽略活塞自重及摩擦力）。根据帕斯卡原理，

外力产生的压力可以等值地传递到密封液体内部所有各点，即外力作用在活塞上产生的作用效果保持一致，于是

$$p = \frac{G}{A_1} = \frac{F}{A_2}$$

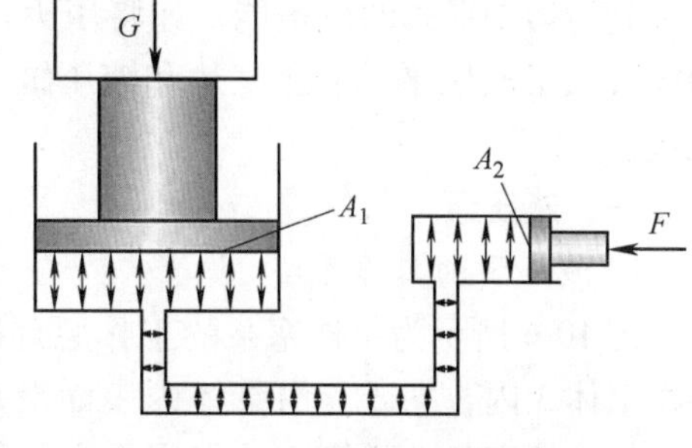

图 10-3　静压传递原理应用实例

显然，负载 G 增大，压力 p 也增大，需要的驱动力 F 也相应增大。反之，F 也随之减小。当 G 减小到零时，油液压力为零。这就是说，液压系统中工作压力的大小取决于外负载。这是液压传动的一个基本概念。

2. 流量

液压传动是靠流动的有压液体来传递动力，油液在油管或液压缸内流动的快慢称为流速。由于流动的液体在油管或液压缸的截面上每一点的速度并不完全相等，因此通常说的流速都是平均流速。流速的单位在国际单位制（SI）中为m/s，用 v 表示。

单位时间内流过某通流截面的液体的体积称为流量，用 q 表示，流量的单位在SI中为 m^3/s，工程上常用L/min（升/分钟）。

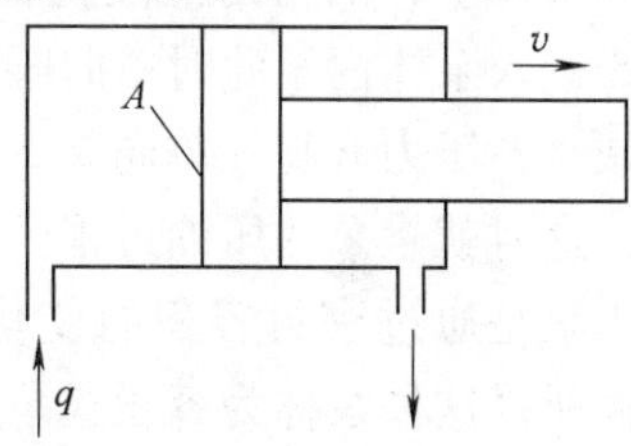

图 10-4　活塞运动速度与流量

如图10-4所示，假设进入液压缸的流量为 q，有压液体会推动活塞运动，活塞的有效作用面积为 A，显然液压缸中的液体流动速度与活塞运动速度相等，所以活塞的运动速度为

$$v = \frac{q}{A} \tag{10-2}$$

由式（10-2）可知，当液压缸的有效作用面积一定时，液压缸（活塞）的运动速度的大小只取决于输入液压缸的流量，而与其他参数无关。这是液压传动中的另一个基本概念。

3. 压力损失与流量损失

由于液体具有粘性，液体流动时其内部各质点以及液体与固体壁面之间存在摩擦、碰撞，会造成能量的损耗，主要表现为压力的降低，称为压力损失。液压系统中的压力损失，一方面会降低系统的效率，增加能量消耗，使油温升高，影响系统的性能；另一方面，利用它可以对液压系统的工作进行有效地控制。溢流阀、减压阀、节流阀等都是利用小孔及缝隙的液压阻力来工作的，而液压缸的缓冲也是依赖缝隙的阻尼作用。

在正常的情况下，从液压元件的密封间隙漏出少量油液的现象称为泄漏。泄漏会造成流量损失。液压系统的泄漏总是不同程度地存在。只要间隙两端存在压力差，就会造成泄漏。压力差越大，泄漏也越大。泄漏分为内泄漏和外泄漏两种。内泄漏是在元件内部高、低压区之间的泄漏。外泄漏是液压系统内部向外部（大气）的泄漏。

第二节　液压泵、液压马达和液压缸

在液压系统中，液压泵、液压马达和液压缸都是能量转换装置。液压泵是动力源，将电动机（或其他原动机）提供的机械能转换为压力能，向液压系统输送有一定压力和流量的

液压油。而液压马达和液压缸同属于执行元件（执行机构）。如将压力油输入液压马达，可得到旋转运动形式的机械能；如将压力油输入液压缸，可得到直线运动形式的机械能。图10-5反映了液压泵、液压马达和液压缸三者的作用与关系。

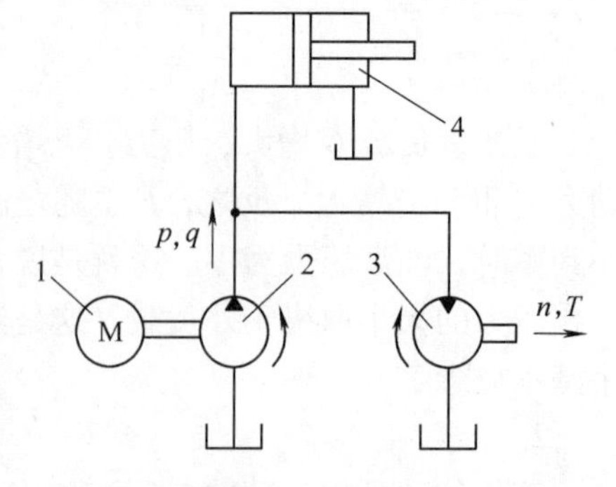

图10-5　液压泵、液压马达和液压缸
1—电动机　2—液压泵　3—液压马达
4—液压缸

一、液压泵

1. 液压泵的工作原理

图10-6所示为单柱塞泵的工作原理图。柱塞2安装在泵体3内，它既能沿泵体内表面滑动，又始终保持着良好的密封。弹簧4的作用是为了使柱塞末端始终与偏心轮1相接触。这样在泵体内就形成了一个可以变化的密封容积。当偏心轮1转动时，柱塞2左右往复运动。当柱塞2往右运动时，密封容积增大，形成局部真空，油箱的油液就在大气压作用下通过单向阀5进入泵体内，此时单向阀6关闭，液压泵完成吸油过程。当柱塞2向左运动时，密封容积减小，压力升高，单向阀5关闭，于是泵体内的油液受到挤压，经单向阀6进入液压系统，这时就是泵的压油过程。偏心轮如此不停地转动，泵就不断地吸油和压油。由此可见，液压泵是通过密封容积的变化实现吸油和压油的，所以这种泵称为容积式泵。

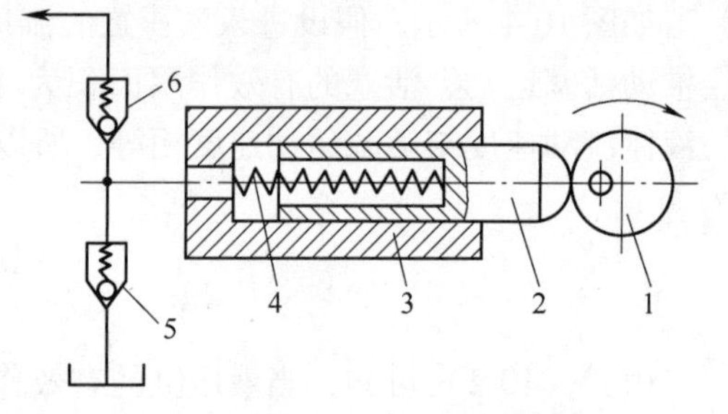

图10-6　单柱塞泵的工作原理图
1—偏心轮　2—柱塞　3—泵体
4—弹簧　5、6—单向阀

液压泵按照结构的不同，可分为齿轮式、叶片式和柱塞式三种；按其在单位时间内所能输出油液体积能否调节可分为定量泵和变量泵。

2. 液压泵的主要性能参数

（1）工作压力和额定压力　工作压力p是指泵实际工作时的压力，而额定压力p_n是指泵在正常工作条件下，按实验标准规定的连续运转的最高压力，工作压力超过此值将使泵过载。

（2）排量和流量　排量V是指泵轴每转一转，其密封容积几何尺寸变化计算而得的排出液体的体积。排量取决于泵的结构参数，而与其工况无关。排量可调的液压泵称为变量泵；否则称为定量泵。

液压泵的理论流量q_t是指在不考虑泄漏的情况下，泵在单位时间内所排出的液体体积，其大小等于泵轴转速n和排量V的乘积，即$q_t = nV$。而额定流量q_n是指在正常工作条件下，按实验标准规定（如在额定压力和额定转速下）必须保证的流量。泵工作时实际所输出的流量称为实际流量，用q表示。

（3）功率和效率　液压泵的输入功率为输入转速和转矩的乘积，而输出功率为输出压力和流量的乘积。液压泵在进行能量转换时总有功率损失，因此输出功率小于输入功率。两者之差值即为功率损失。功率损失可分为容积损失和机械损失。

容积损失是由内泄漏而造成的流量上的损失。由于内泄漏的存在，泵的实际输出流量总是小于理论输出流量。将泵的实际流量与理论流量之比称为泵的容积效率η_V。

机械损失是因摩擦造成的转矩上的损失。由于摩擦的存在，驱动泵的实际转矩总是大于理论上所需的转矩。将泵的理论转矩与实际转矩之比称为泵的机械效率 η_m。

泵的总效率是其输出功率与输入功率之比，也等于泵的容积效率和机械效率的乘积。

3. 齿轮泵

图 10-7 所示为外啮合齿轮泵的工作原理。在泵的壳体内装有一对相互啮合的齿轮，齿轮及壳体两侧面由端盖（图中未画出）密封。壳体、端盖和齿轮之间就形成了密封工作腔，两个齿轮的啮合线又将密封腔隔为左右两个互不相通的吸油腔和压油腔。驱动齿轮按图示的箭头方向旋转时，轮齿在中心线右侧脱离啮合，使该腔容积增大，形成局部真空，将油箱中的油液吸入右腔（吸油腔），填充齿槽。随着齿轮的转动，油液被齿轮的齿槽从右腔带到左腔，轮齿在左侧进入啮合，齿槽被另一个齿轮的轮齿填塞，容积减小，齿槽的油液被挤出，使左腔（压油腔）油压升高，油液从压油口输出到系统中。

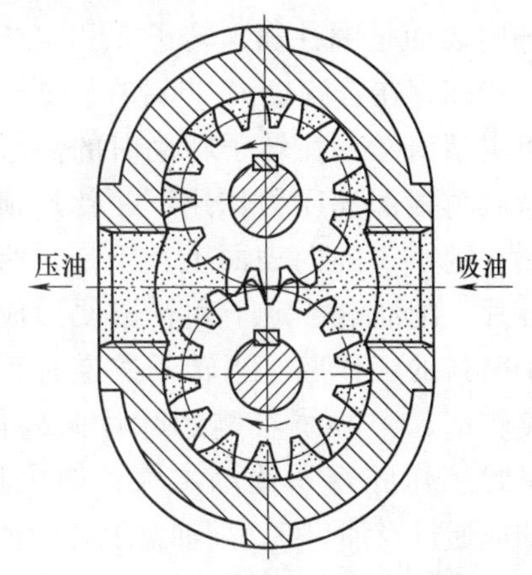

图 10-7　外啮合齿轮泵的工作原理

齿轮泵由于密封容积变化范围不能改变，即排量不变，故流量不可调，是一种定量泵。

齿轮泵结构简单，制造容易，工作可靠，对油液污染不敏感，自吸能力强，价格便宜，维护也很方便。其主要缺点是泄漏较大（主要指从压油腔到吸油腔的内泄漏），效率低。由于轮齿啮合过程中容积变化不均匀，造成了瞬时流量的变化不均匀，产生较大的流量脉动和压力脉动，引起振动和噪声。此外，由于压油腔和吸油腔压力的差异，支承齿轮旋转的轴承受到不平衡液压径向力的作用。基于上述情况，普通齿轮泵的工作压力不高，常用于低压轻载系统。

4. 叶片泵

（1）双作用叶片泵　双作用叶片泵的工作原理如图 10-8 所示。该泵由转子 2、定子 1、叶片 3、配油盘及泵体等零件组成。叶片安装在转子的径向叶片槽中，并可沿槽滑动。转子与定子中心重合，定子内表面类似椭圆形，由两段大半径圆弧、两段小半径圆弧和四段过渡曲线所组成。在端盖上，对应四段过渡曲线的位置开有四个沟槽，其中两个沟槽 a 与泵吸油口连通，另外两个沟槽 b 与压油口连通。驱动转子沿逆时针方向旋转时，叶片会压在定子表面，并随定子内表面曲线的变化在叶片槽内往复滑动。在图示一、三象限，相邻两叶片之间的密封工作容积因叶片的外伸而由小变大，油液经吸油窗口 a 进入，完成吸油过程。同理，在图示二、四象限，密封工作容积由大变小，完成压油过程。因此转子每转一转，每一叶片往复滑动两次，每个工作油腔完成两次吸油和压油，所以这种泵称为双作用叶片泵。双作用叶片泵的流量不可调，是定量泵。

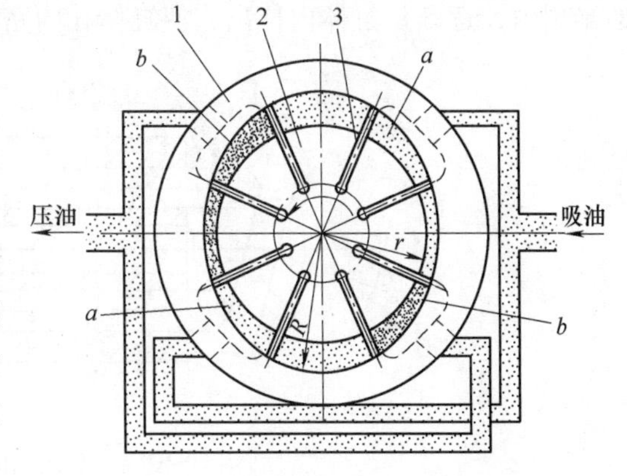

图 10-8　双作用叶片泵工作原理图

1—定子　2—转子　3—叶片

双作用叶片泵流量均匀，压力脉动小；泄漏少，效率高；由于吸油腔和压油腔对称分布，转子承受的液体作用力能自相平衡，工作压力较高。双作用叶片泵的主要缺点是结构比较复杂，零件加工困难（如转子上安装叶片的槽），易受油液污染影响。

（2）单作用叶片泵　图 10-9 所示为单作用叶片泵工作原理图，由转子 2、定子 3、叶片 4 和配油盘等零件组成。定子的内表面是圆柱面，转子 2 和定子 3 中心之间存在着偏心 e，叶片在转子的槽内可灵活滑动，在转子转动时的离心力以及叶片根部油压力作用下，叶片顶部贴紧在定子 3 的内表面上。于是，两相邻叶片、配油盘、定子和转子便形成了一个密封的工作腔。当转子按逆时针方向旋转时，中心线右侧的叶片向外伸出，密封工作腔容积逐渐增大，产生真空，油液通过吸油口 5、配油盘上的吸油窗口进入密封工作腔；而在中心线左侧，叶片收缩，密封腔的容积逐渐缩小，密封腔中的油液经压油口 1，从出油口输送到系统中去。这种泵在转子转一转的过程中，吸油、压油各一次，故称为单作用叶片泵。显然，偏心距 e 越大，容积变化越大，泵的流量也就越大；反之，流量就小。通常改变定子的位置（转子及传动轴的位置被原动机的轴所限定），从而实现偏心距 e 的调节，这样的泵就成了变量泵。

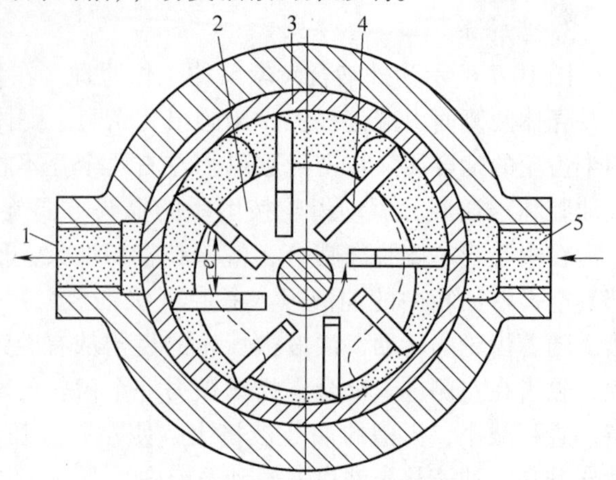

图 10-9　单作用叶片泵工作原理图

1—压油口　2—转子　3—定子　4—叶片　5—吸油口

5. 柱塞泵

柱塞泵具有压力高、结构紧凑、效率高及流量调节方便等优点，但结构复杂，价格较贵。柱塞泵常用于需要高压、大流量且流量需要调节的液压系统。柱塞泵按结构可分为径向柱塞泵和轴向柱塞泵。

图 10-10 所示为斜盘式轴向柱塞泵的工作原理。它由斜盘 1、柱塞 2、缸体 3、配油盘 4 等主要零件组成，斜盘 1 和配油盘 4 不动，传动轴 5 带动缸体 3、柱塞 2 一起转动，柱塞 2 靠特殊装置压紧在斜盘 1 上。当传动轴 5 按图示方向旋转时，柱塞 2 在沿斜盘自下而上回转的半周内，逐渐从缸体内伸出，使缸体孔内密封工作腔容积不断增加，产生局部真空，从而

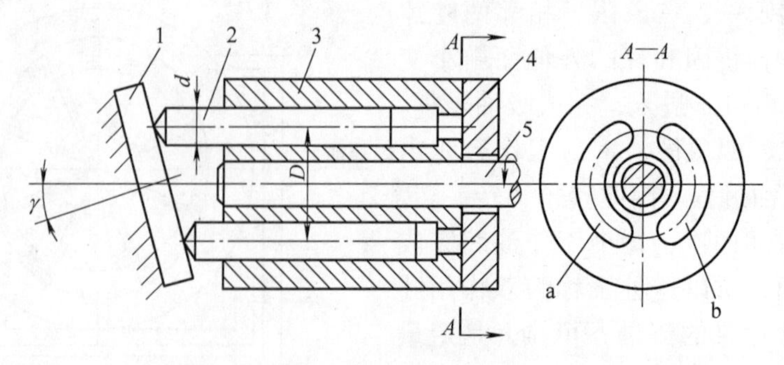

图 10-10　斜盘式轴向柱塞泵的工作原理

1—斜盘　2—柱塞　3—缸体　4—配油盘　5—传动轴

a—吸油窗口　b—压油窗口

将油液经配油盘4上的吸油窗口a吸入；在自上而下回转的半周内，柱塞又逐渐压入缸体孔，使密封工作腔容积不断减小，将油液从配油盘4上的压油窗口b向外排出。如此往复，依靠柱塞在缸体孔内的往复运动实现吸油和压油过程。轴向柱塞泵是一种变量泵，通过改变斜盘的倾角γ，就可以改变密封工作容积的有效变化量，实现泵输出流量的改变。

6. 泵的选用

液压泵是标准元件，可根据实际工作环境和条件进行合理地选择。选用时，主要是确定液压泵的额定压力、额定流量和结构类型，然后查手册确定其型号规格。

（1）确定液压泵的额定压力p_n　确定液压泵的额定压力时，可根据液压系统中的最大工作压力和从泵口到执行元件间的压力损失来确定。为了简便，通常工程上可用下式估算

$$p_n \geqslant K_r p_{max} \tag{10-3}$$

式中，p_n为液压泵的额定压力，应符合压力等级系列；K_r为系统压力损失系数（取1.3～1.5）；p_{max}为系统中液压执行元件的最大工作压力。

（2）确定液压泵的额定流量q_n确定液压泵的额定流量时，可根据液压系统工作的最大流量和系统中的泄漏情况来确定，应满足下式条件

$$q_n \geqslant K_1 q_{max} \tag{10-4}$$

式中，q_n为液压泵的额定流量，应符合各类泵的额定流量系列；K_1为系统的泄漏系数（取1.1～1.3）；q_{max}为系统正常工作时所需最大流量。

（3）确定液压泵的类型　在确定液压泵的类型时，要综合考虑工况、环境、可靠性和经济性等因素，充分发挥液压泵的性能优势。一般负载小、功率小的液压系统，工作压力低，应选用齿轮泵；某些自动线上的送料、夹紧等要求不高的场合也常用齿轮泵。中等功率时，可选用叶片泵。负载大，功率大的液压系统宜采用柱塞泵。在执行元件运动速度相差很多时，可选用变量泵或双泵供油。

7. 泵用电动机功率计算

为了确定液压泵配套用电动机功率P，需先计算泵的输出功率P_o，同时必须考虑到泵的内部存在效率问题。为了简化计算，可采用泵的额定功率配置电动机，其功率计算如下式

$$P = \frac{p_n q_n}{1\,000\eta} \tag{10-5}$$

式中，P为电动机的功率，单位为kW，应符合电动机功率系列；p_n为液压泵的额定压力，单位Pa；q_n为液压泵的额定流量，单位为m^3/s；η为液压泵的总效率。

二、液压马达

液压马达是将液压能转换成机械能，并能输出旋转运动的液压执行元件。从原理上讲，液压马达和液压泵具有互逆性，同类型的泵和马达在结构上也相似，但由于两者工作条件和性能要求不同，导致了它们实际结构上存在某些差异，因此很多同类型的泵和马达不能互逆通用。

液压马达按结构分类与液压泵类似，有齿轮马达、叶片马达、轴向柱塞马达等。这里简单介绍叶片马达的工作原理。

图10-11所示为叶片马达的工作原理图。当压力油从进油口经配油窗口进入叶片1和3之间时，叶片2因两面均受液压油的作用，所以不产生转矩。在叶片1、3上，一侧作用有高压油，另一侧为低压油。由于叶片3伸出的面积大于叶片1伸出的面积，因此作用于叶片

3 上的总液压力大于作用于叶片 1 上的总液压力，于是压力差推动叶片，并带动转子产生顺时针的转矩。同理，压力油进入叶片 5 和 7 之间，叶片 7 伸出的面积大于叶片 5 伸出的面积，也产生顺时针转矩。油液的压力能因此就转变成了机械能，这就是叶片马达的工作原理。当输油方向改变时，液压马达就反转。

液压马达（或液压泵）每转排油量的理论值称为排量，用 V_m 表示，单位为 m^3/r。液压马达的排量不能调节的称为定量马达，可以调节的称为变量马达。

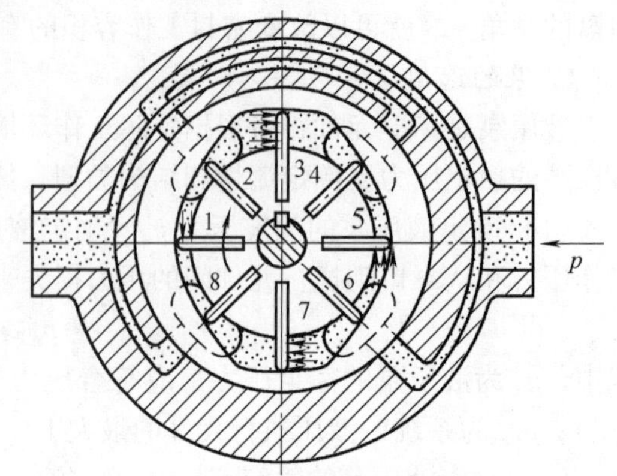

图 10-11　叶片马达的工作原理图

假定不计功率损失，则液压马达的转速 n 与输出转矩 T 可用下式计算

$$n = \frac{q}{V_m} \tag{10-6}$$

$$T = \frac{pV_m}{2\pi} \tag{10-7}$$

式中，q 为液压马达的输入流量，单位为 m^3/s；V_m 为液压马达的排量，单位为 m^3/r；p 为液压马达的工作压力，单位为 Pa。

三、液压缸

液压缸是液压系统中的一种执行元件，其功能是将液压能转变成直线往复式的机械运动。液压缸有很多类型，按结构特点可分为活塞式、柱塞式和组合式三大类；按作用方式可分为单作用式和双作用式两种。单作用式液压缸利用液压力实现单方向运动，反方向运动则依靠外力（如弹簧力、重力等）来实现；双作用式液压缸利用液压力实现正反两个方向的运动。

1. *活塞式液压缸*

这种液压缸主要由缸体、活塞和活塞杆组成。活塞杆可以有两根，也可以有一根。前者称为双杆活塞液压缸，如图 10-12 所示，后者称为单杆活塞液压缸。当缸体固定不动时，液压缸左腔进油，右腔回油，活塞向右运动；反之，当右腔进油，左腔回油时，活塞向左运动。当然，也可以固定活塞杆使缸体运动，情况则与上述相反。

通常双杆活塞式液压缸的两根活塞杆直径相等，所以，在进入液压缸的流量不变的情况下，往复运动的速度和输出推力的大小相同，它们可由以下两式计算

$$v = \frac{q}{\frac{\pi}{4}(D^2 - d^2)} \tag{10-8}$$

$$F = p\,\frac{\pi(D^2 - d^2)}{4} \tag{10-9}$$

式中，v 为液压缸运动的速度，单位为 m/s；q 为进入液压缸的流量，单位为 m^3/s；D 为液压缸的内径，单位为 m；d 为活塞杆直径，单位为 m；F 为液压缸输出的推力，单位为 N；p 为液压缸内的压力，单位为 Pa。

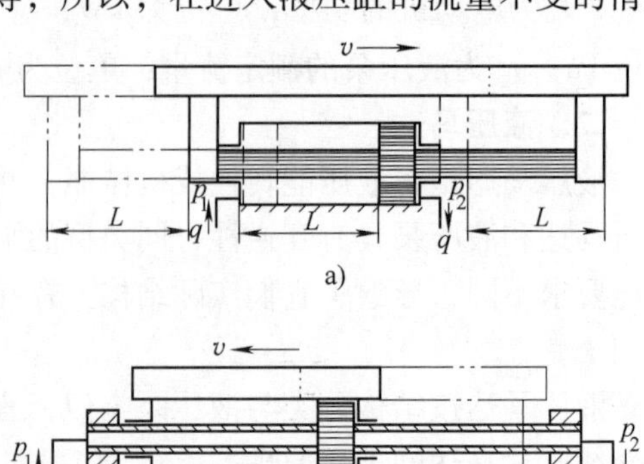

图 10-12　双杆活塞液压缸

单杆活塞式液压缸的工作原理与双杆式相同，不同的是它只有一根活塞杆。这样，活塞两端的有效作用面积不同，在流量和压力相同的条件下，往复运动的速度和输出的推力则不相等。当无杆腔进油时，活塞的有效作用面积大，所以速度小，推力大；当有杆腔进油时，活塞的有效作用面积小，输出的速度大，推力小，如图 10-13 所示。

单杆活塞式液压缸还有一个重要特点，即当液压缸的两腔同时接通压力油时，由于活塞两端有效作用面积不相等，作用在活塞两端的推力就不相等，它们的合力使活塞产生运动，单杆活塞式液压缸的这种连接方式被称为差动连接，如图 10-14 所示。

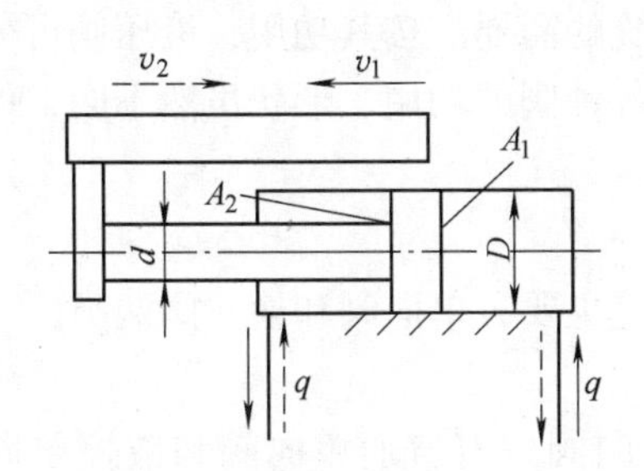

图 10-13　单杆活塞式液压缸的工作原理图

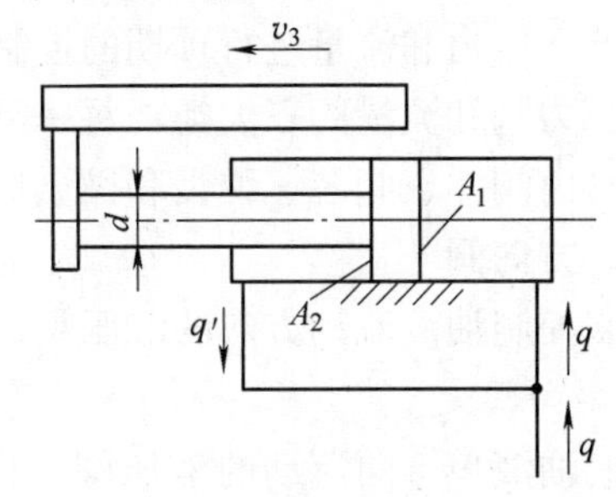

图 10-14　差动液压缸的工作原理图

差动连接时，有杆腔中排出的油液（流量为 q'）也进入无杆腔，增大了进入无杆腔的流量（$q+q'$），从而也加快了活塞移动的速度。故差动连接时活塞杆的伸出速度为

$$v_3 = \frac{q}{A_1 - A_2} = \frac{4q}{\pi d^2} \tag{10-10}$$

输出推力为

$$F_3 = p\,\frac{\pi}{4}d^2 \tag{10-11}$$

由式（10-10）和式（10-11）可知，差动连接时，实际起作用的液压缸有效面积是活塞杆的横截面积。液压缸的差动连接是在不增加液压泵流量的情况下实现快速运动的有效方法。在机床液压系统中，常通过控制阀改变单杆活塞缸的油路连接，从而获得快速运动（差动连接）—工进（无杆腔进油）—快退（有杆腔进油）的工作循环。

2. *柱塞式液压缸*

柱塞式液压缸的工作原理如图 10-15 所示。柱塞式液压缸是单作用的，只能在压力油的作用下产生单向运动，它的回程需要借助自重或弹簧等其他外力来完成，如果要获得双向运动，可将柱塞液压缸成对使用。

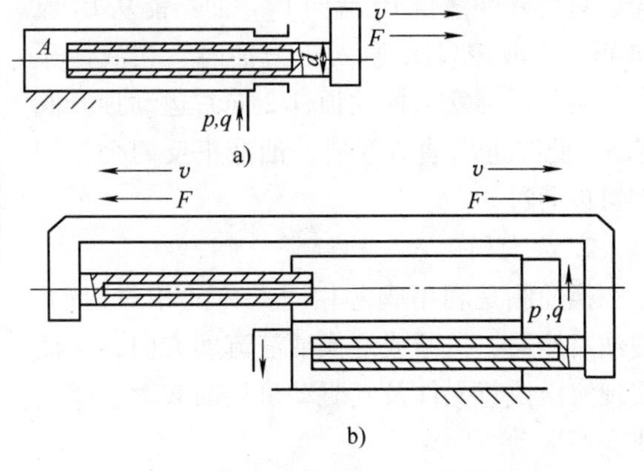

图 10-15　柱塞式液压缸的工作原理图

柱塞缸主要由缸筒、柱塞、导向套等零件组成，柱塞和缸筒内壁不接触，因此缸筒内孔不需精加工，工艺性好，成本低。柱塞缸的柱塞端面是受压面，其面积大小决定了柱塞缸的输出速度和推力，为保证柱塞缸有足够的推力和稳定性，一般柱塞较粗，质量较大，水平安装时易产生单边磨损，故柱塞缸适宜于垂直安装使

用。为减轻柱塞质量，常把柱塞做成空心的。

柱塞缸结构简单，制造方便，常用于工作行程较长的场合，如大型拉床、矿用液压支架等。

第三节　液压控制阀

液压阀是液压系统的控制元件。液压阀既不进行能量的转换，也不做功，它只对液流的流动方向、压力和流量进行预期的控制，使之满足系统的需要。按其功用，液压阀可分为方向阀、压力阀和流量阀三大类，每一类又有很多种。各种阀的功用、形状虽然不同，但在结构上，都由阀体、阀芯、弹簧和操纵机构等组成。

一、方向阀

用来控制油液流动方向的液压阀，称为方向阀。它主要有单向阀和换向阀两类。

1. 单向阀

控制油液单方向流动的液压阀，称为单向阀。单向阀中有普通单向阀和液控单向阀两种。

（1）普通单向阀　这种单向阀只允许油液单方向流动，而不允许油液反方向流动。它在液压系统中应用很广，是结构上最简单的一种液压阀。图 10-16 所示为普通单向阀的结构和符号。其主要零件有阀体 1、阀芯 2 和弹簧 3。阀芯可以是钢球，也可以是带锥面的圆柱。油液从进口 P_1 流入，液压推力克服弹簧力，顶开钢球或锥面阀芯，油液从出油口 P_2 流出形成通路。当油液从 P_2 口进入时，在弹簧和液压推力的作用下，阀芯紧压在阀座孔上，油液不能通过。阀中弹簧的作用只是为了克服阀芯和阀体的摩擦力，弹簧的刚度较小。单向阀的开启压力一般为 0. 03 ~ 0. 05MPa。

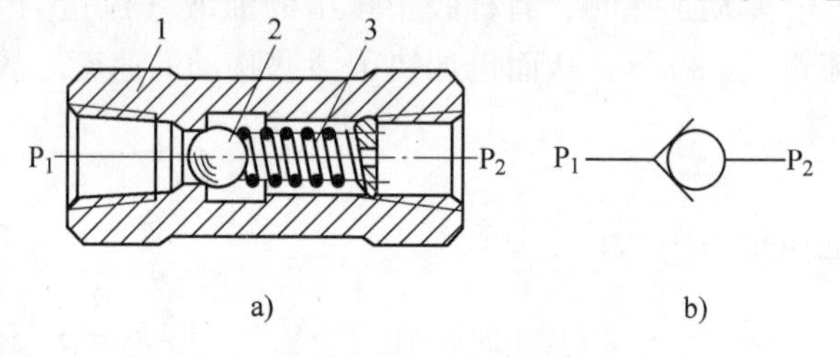

图 10-16　单向阀的结构原理及图形符号

1—阀体　2—阀芯　3—弹簧

（2）液控单向阀　液控单向阀是一种通入控制压力油后即允许油液双向流动的单向阀。图 10-17 所示为液控单向阀的结构和符号。当控制口 K 不通入压力油时，它和普通单向阀一样，只允许油液自 P_1 流向 P_2，而不能从 P_2 流向 P_1。当液控口 K 通入压力油时，在液体压力作用下，活塞 1 推动顶杆 2 向右运动顶开阀芯 3，此时进出油口互通，油液正反两个方向都可以通过。

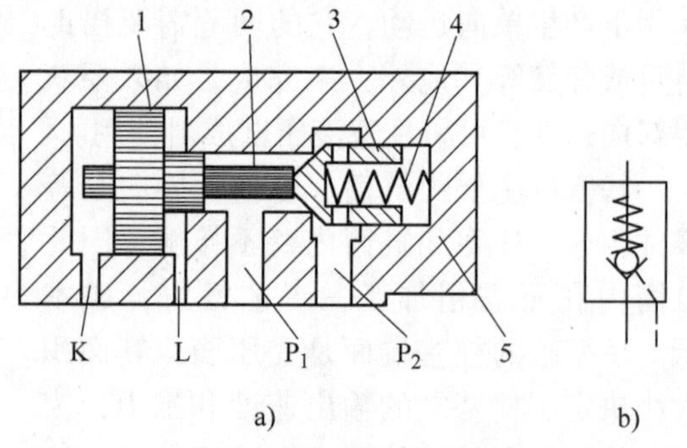

图 10-17　液控单向阀的结构原理及符号

1—活塞　2—顶杆　3—阀芯　4—弹簧　5—阀体

2. 换向阀

换向阀是利用阀芯相对阀体的相对运动，使油路接通、关断或变换油液流动方向，从而实现液压执行元件及其驱动机构的起动、停止或变换运动方向。

换向阀的种类很多，按结构分有转阀式和

滑阀式；按阀芯工作位置数分有二位、三位和多位等；按进出口通道数分有二通、三通、四通和五通等；按操纵和控制方式分有手动、机动、电动、液动和电液动等；按安装方式分有管式、板式和法兰式等。

（1）换向阀的工作原理 图10-18所示为滑阀式换向阀的工作原理图。当阀芯和阀体处于图示的相对位置时，液压缸两个腔不通压力油，处于停止状态。若对阀芯施加一个从左往右的力使其右移，阀体上的油口P和A接通，B和T_2接通，压力油经P、A进入液压缸的左腔，活塞右移，液压缸右腔油液经B口回油箱。反之，若对阀芯施加一个从右往左的力使其左移，则P与B连通，A和T_1连通，活塞便左移。

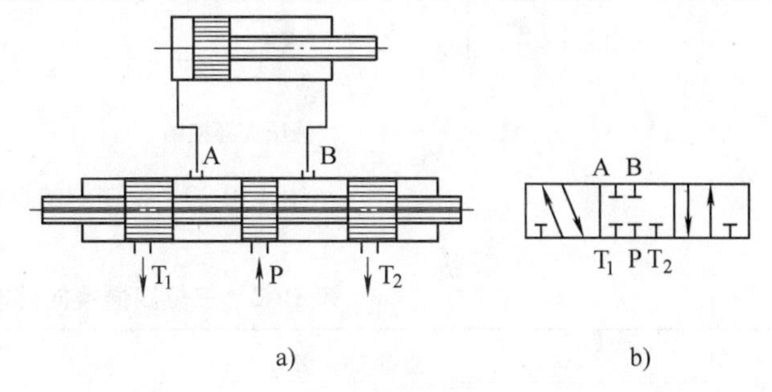

图10-18 滑阀式换向阀的工作原理

（2）换向阀的图形符号 换向阀采用“位”和“通”概念来表示其主体结构的图形符号，“位”是指阀芯的工作位置。“通”是指换向阀的油口数目。在图10-18b中，由于该换向阀阀芯相对阀体有三个工作位置，通常用一个粗实线方框表示一个工作位置，因而有三个方框；而该换向阀共有P、A、B、T_1和T_2五个油口，所以每一个方框中有五个点表示油路的通路。阀芯在中间位置时，由于各个油口互不相通，用“⊥”或“⊤”表示。当阀芯向右移动时，表示换向阀左位工作，即油口P和A接通，B和T_2接通。反之，P与B连通，A和T_1连通，用箭头表示油路处于接通状态。因此，该换向阀被称为三位五通换向阀。图10-19所示为常用换向阀的位和通符号。

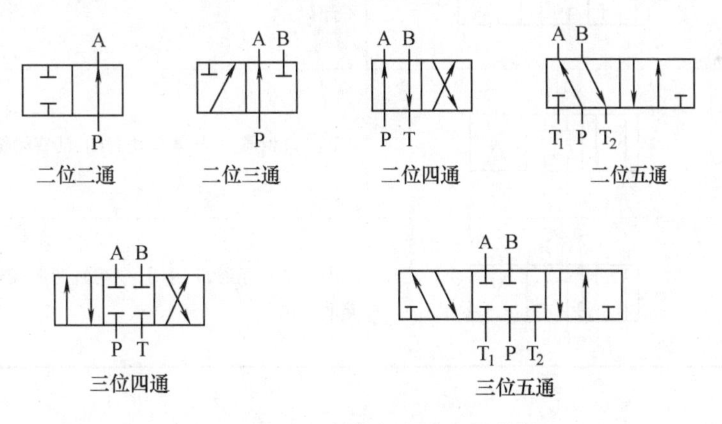

图10-19 常用换向阀的位和通符号

换向阀的阀芯相对阀体的运动需要有外力操作来实现，常用的操纵方式有手动、机动（行程）、电磁动、液动和电液动等，其符号如图10-20所示。不同的操纵方式与换向阀的位和通组合就可以得到不同的换向阀，如三位四通电磁换向阀等。

（3）三位换向阀的中位机能 三位换向阀处于常态位时，各油口的连通方式称为中位机能。不同的中位机能可以满足液压系统的不同要求。常见的三位四通换向阀中位机能型号、符号及其特点见表10-2。

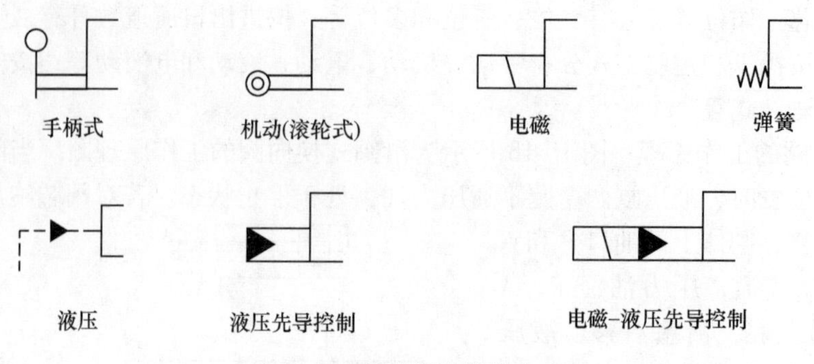

图 10-20　换向阀的操纵方式

表 10-2　三位四通换向阀的中位机能

型　号	符　号	中位油口状况、特点及应用
O 型		P、A、B、T 四口全封闭，液压缸闭锁，可用于多个换向阀并联工作
H 型		P、A、B、T 口全通；活塞浮动，在外力作用下可移动；泵卸荷
Y 型		P 封闭，A、B、T 口相通；活塞浮动，在外力作用下可移动；泵不卸荷
M 型		P、T 口相通，A 与 B 口均封闭；活塞闭锁不动；泵卸荷
P 型		P、A、B 口相通，T 封闭；泵与缸两腔相通，与单杆缸可组成差动回路

(4) 常用的换向阀

1) 手动换向阀。手动换向阀是利用手动杠杆来改变阀芯位置实现换向的。图 10-21 所示为手动换向阀的结构原理及图形符号。扳动手柄，即可换位；放开手柄，阀芯在弹簧的作用下自动回复中位。该阀结构简单，操作安全，适用于动作频繁、工作持续时间短的场合，如工程机械。

2) 机动换向阀。机动换向阀又称行程阀，主要用来控制机械运动部件的行程，它是借助于安装在工作台上的挡铁或凸轮来迫使阀芯移动，从而控制油液的流动方向。图 10-22a 所示为滚轮式二位三通机动换向阀，图 10-22b 所示为其图形符号。

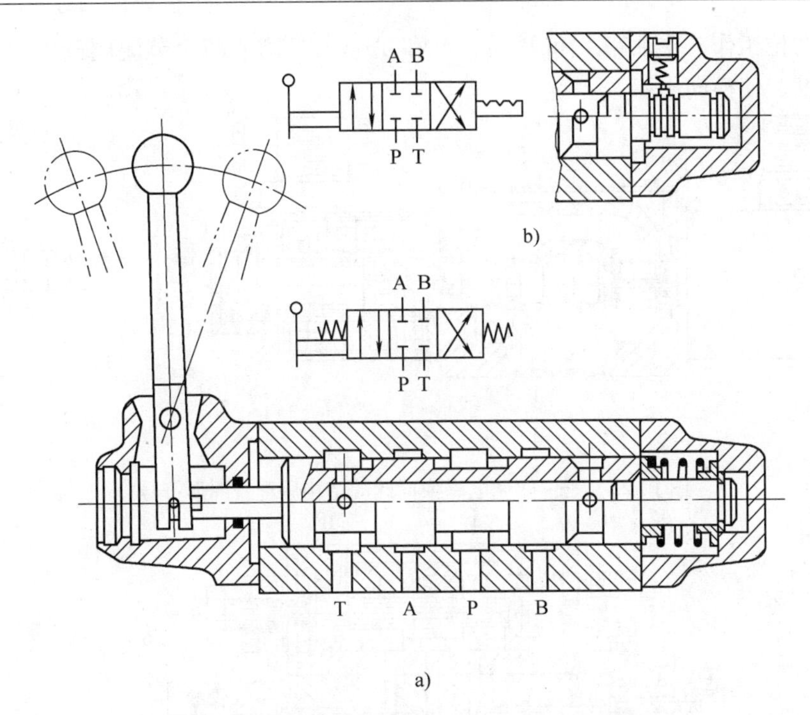

图 10-21 手动换向阀的结构原理及图形符号

3）电磁换向阀。电磁换向阀是利用电磁铁吸力推动阀芯来改变阀的工作位置的。由于它可借助于按钮开关、行程开关、限位开关、压力继电器等发出的信号进行控制，所以操作方便，易于实现自动化，因此应用十分广泛。图 10-23 所示为三位四通电磁换向阀的结构原理和图形符号。阀的两端各有一个电磁铁和一个对中弹簧，阀芯在常态时处于中位。当右端电磁铁通电吸合时，衔铁通过推杆将阀芯推至左端，换向阀就在右位工作；反之，左端电磁铁通电吸合时，换向阀就在左位工作。两端电磁铁不能同时通电。

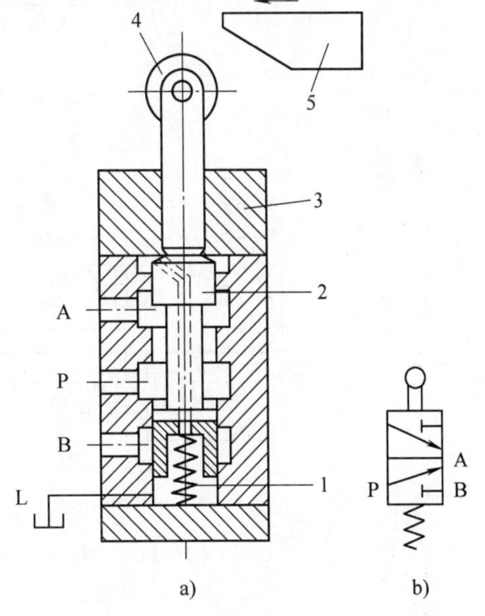

图 10-22 机动换向阀的结构原理及图形符号

1—弹簧 2—阀芯 3—端盖 4—滚轮 5—挡铁

4）电液换向阀。电液换向阀是由电磁阀和液动阀组合而成的。电磁阀起先导作用，它可以改变控制油路的方向，从而改变液动阀的阀芯位置。液动阀起控制主油路换向的作用，所以用较小的电磁铁就能控制较大的液流换向。

图 10-24 所示为三位四通电液换向阀的结构原理和图形符号。当两个电磁铁都不通电时，电磁阀处于中位，液动阀阀芯因两端与油箱接通，也处于中位。当左侧电磁铁通电时，先导电磁阀换向阀左位工作，控制油经单向阀进入液动阀阀芯的左端，推动主阀芯右移，主阀芯右端的油液经节流阀和电磁阀回油箱，液动阀左位工作，主油路 P 和 A 接通，B 和 T 接通。同理，当右侧电磁铁通电时，先导电磁阀换向阀右位工

作，液动阀右位工作，主油路 P 和 B 通，A 和 T 通。当调节两个节流阀开度时，可调节液动阀换向速度，使换向平稳。

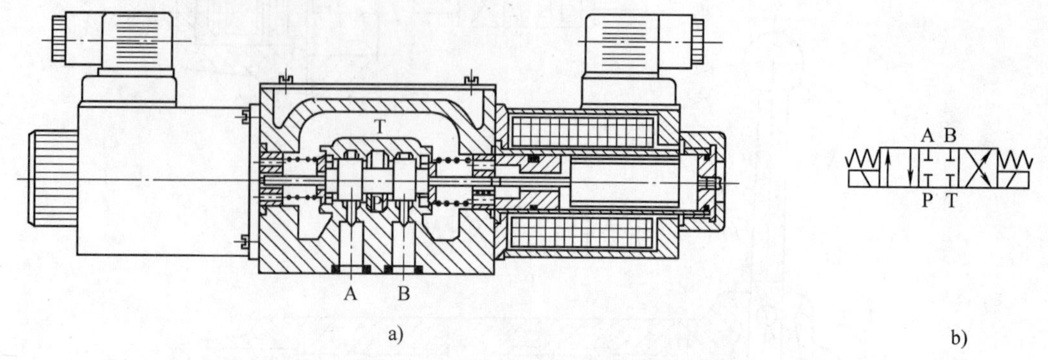

图 10-23　三位四通电磁换向阀的结构原理及图形符号

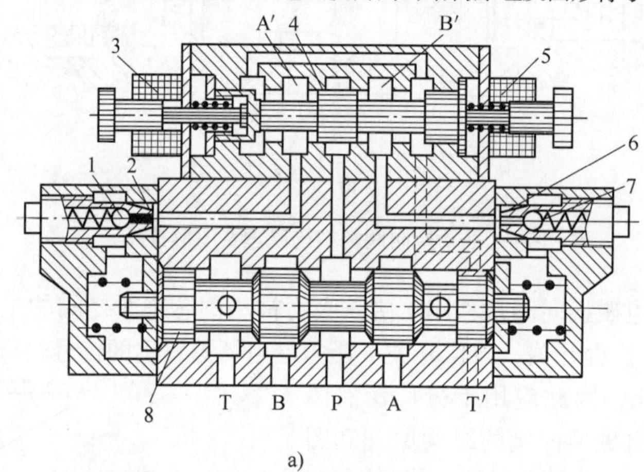

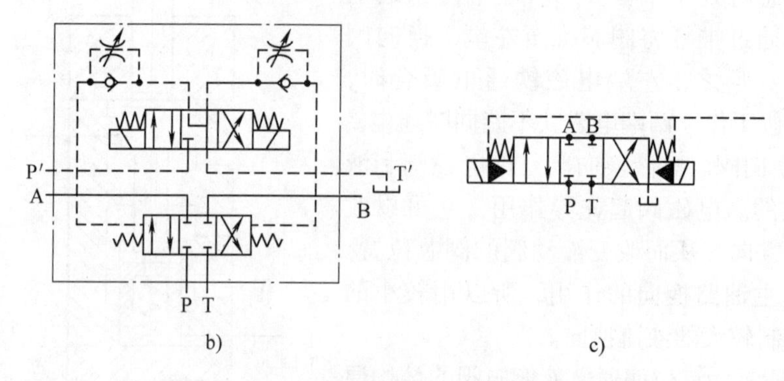

图 10-24　三位四通电液换向阀的结构原理及图形符号

a）结构图　b）详细图形符号　c）简化图形符号

1、6—节流阀　2、7—单向阀　3、5—电磁铁　4—电磁阀阀芯　8—液动阀阀芯

二、压力阀

压力阀用来控制液压系统的压力，或利用系统压力变化作为信号来控制其他元件动作。按其功能和用途不同可分为溢流阀、减压阀、顺序阀和压力继电器等。这类阀的共同点是利

用作用在阀芯上的液压力和弹簧力相平衡的原理工作。

1. 溢流阀

溢流阀的作用是限制所在油路的液体工作压力。当液体压力超过溢流阀的调定值时，溢流阀阀口会自动开启，使油液溢回油箱。溢流阀按结构原理分为直动式和先导式两种。

(1) 直动式溢流阀 图10-25所示为直动式溢流阀的结构原理及图形符号。阀体上有进油口P和出油口T，阀芯在弹簧的作用下压在阀座上。当进油口P的液体压力小于弹簧力时，阀口关闭；当进油口P的液体压力超过调定的弹簧力时，阀芯被顶离阀座，阀口打开，油液就从P口流入，从出油口T流回油箱，从而保证进油口压力基本恒定。通过手轮调节弹簧的预压缩量，便可调节溢流阀的溢流压力。这种溢流阀因压力油直接作用于阀芯，故称直动式溢流阀。直动式溢流阀一般只用于低压小流量场合。

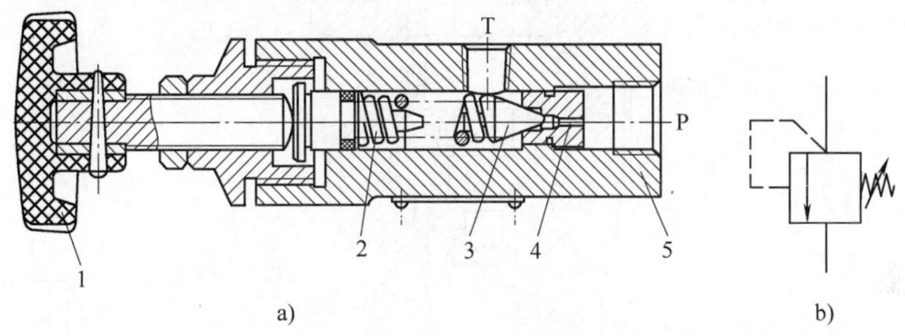

图10-25 直动式溢流阀的结构原理及图形符号

1—手轮 2—调压弹簧 3—阀芯 4—阀座 5—阀体

(2) 先导式溢流阀 图10-26所示为先导式溢流阀的结构原理及图形符号。由图可知，先导式溢流阀由先导阀和主阀两部分组合而成。上部的先导阀部分由锥阀芯1、调压弹簧2和调压螺母3等组成，如同一个小型直动溢流阀。下部的主阀部分由主阀阀芯6和主阀弹簧4等组成，主阀阀芯6上有阻尼孔5。进油口P油液的压力同时作用于主阀阀芯和先导阀芯上。当进油压力不高时，液压力不能克服先导阀的弹簧力，先导阀关闭，阀内无油液流动。这时，主阀阀芯因上下腔油压相同，被主阀弹簧压在阀座上，主阀口也关闭。当进油压力升高到先导阀弹簧的预调定压力时，先导阀打开，部分油液经阀芯上的通道，从出油口T流回油箱。此时，这部分油液必须流经主阀阀芯上的阻尼孔5，产生压力损失，使主阀芯上下两端形成压力差。主阀阀芯在此压差作用下克服主阀弹簧力向上移动，使进、出油口接通，达到溢流稳压的目的。调节先导阀的调压手轮，便能调整溢流压力。

先导式溢流阀有一个远程控制口K。这个孔口可以连接低于调定压力的油路，利用压力的变化来控制主阀的启闭。当远程控制口K接油箱时，油液在很小的压力下便能流经阻尼孔，主阀就会被打开，使系统压力几乎降至零，泵处于卸荷状态。

(3) 溢流阀的应用

1) 用于稳定系统压力。图10-27a所示为一定量泵供油系统，溢流阀并联在定量泵的出口。系统正常工作时，泵输出流量不变，进入液压缸的流量由节流阀调节，因此溢流阀的阀口通常处于浮动状态，溢流阀稳定泵的供油压力，并将多余的油液溢流回油箱。此时溢流阀主要用于溢流稳压，也称为稳压阀。

2) 用于防止系统过载。图10-27b所示为一变量泵供油系统，变量泵出口的溢流阀起防止系统过载，保护系统安全的作用，故又称安全阀。在系统正常工作的情况下，液压缸需要的流量由变量泵本身调节，系统没有多余的油液，工作压力大小取决于负载，此时溢流阀是关闭的。只有当系统出现过载，压力超过最大工作压力时，溢流阀阀口才打开，使油溢流回油箱，保证系统的安全。

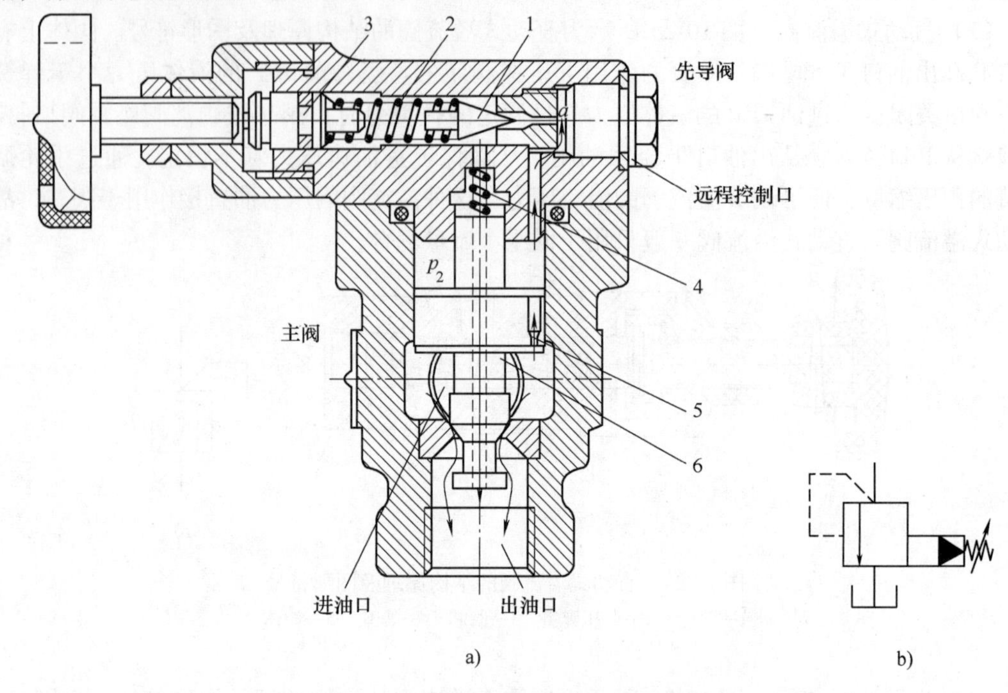

图 10-26　先导式溢流阀的结构原理及图形符号

1—锥阀芯　2—调压弹簧　3—调压螺母　4—主阀弹簧　5—阻尼孔　6—主阀阀芯

3）实现远程调压。在图 10-27c 中，一个直动式溢流阀作为远程控制阀 2 接在先导式溢流阀 1 的远程控制口，这相当于使阀 1 除自身先导阀外，又接了一个先导阀。实际使用时，主溢流阀 1 与泵都组装在液压站上，而远程控制阀 2 安装在控制台上。当阀 2 调节的压力低于阀 1 先导阀的调定压力时，调节阀 2 便可对阀 1 实现远程压力调控。

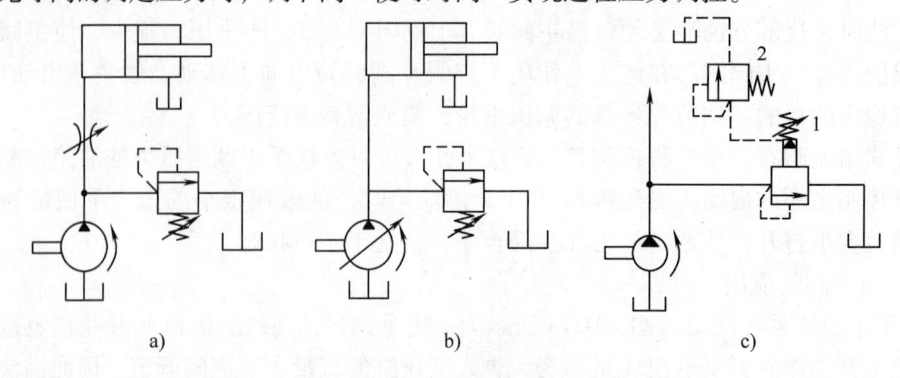

图 10-27　溢流阀的用途

2. 减压阀

减压阀是一种利用液流流过缝隙产生压力损失，使其出口压力低于进口压力的控制阀。

常见的是用于保证出口压力为定值的定值减压阀。减压阀一般串联在子系统中，主要用于降低并稳定系统中某一支路的油液压力，常用于夹紧、控制、润滑等油路中。

图 10-28 所示为先导式减压阀的结构原理及图形符号。压力为 p_1 的油液从进油口 A 流入，经缝隙减压以后，压力降为 p_2，再从出油口 B 流出。当 p_2 大于阀的调整压力时，锥阀打开，主阀芯右端油腔中的部分油液经阻尼孔 e，从锥阀开口及泄油口 Y 流回油箱。由于阻尼孔的作用，主阀芯两端产生压力差，使主阀芯向右移动，关小了缝隙，增强了减压作用，使 p_2 降低至调定值。当出油口油液压力 p_2 稍小于阀的调整压力时，情况和上述相反，同样能使 p_2 恢复到调定压力，使出口压力保持稳定不变。用调压螺钉调节先导阀弹簧的压紧力就可以调节减压阀的出口压力。

减压阀和溢流阀在外形、工作原理上有相似之处，但它们仍有重要的区别。

1）减压阀利用出口油压与弹簧力平衡，而溢流阀则是利用进口油压与弹簧力平衡。前者控制阀出口的压力，而后者控制阀入口的压力。

2）减压阀进、出油口均有压力，所以先导阀弹簧腔的泄油要单独接回油箱（称外部回油）。而溢流阀的泄油可以从内部通道经回油口流回油箱（称内部回油）。

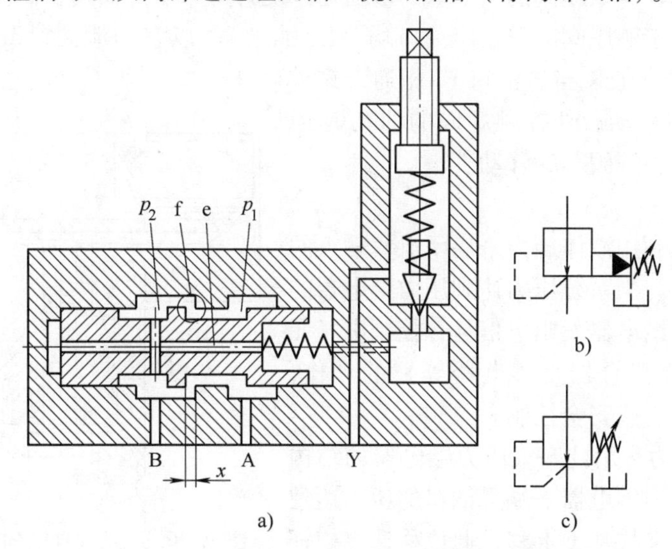

图 10-28 先导式减压阀的结构原理及图形符号

3）非工作状态时，减压阀的阀口常开（为最大开口），而溢流阀则是关闭的。

以上区别可以从两者的图形符号上加以区分。

3. *顺序阀*

顺序阀的功用是利用液压系统中压力变化来控制油路的通断，从而实现执行元件按一定顺序动作。顺序阀也有直动式和先导式两种结构。此外，根据使阀开启的控制油路的不同，顺序阀又分为内控式和外控式两种。

图 10-29 所示为直动式顺序阀的结构原理及图形符号。图 10-29a 为内控式，图 10-29b 为外控式。由图可知，顺序阀与溢流阀的结构原理基本相似。当进油压力较低时，阀芯在弹簧的作用下处于下部位置，这时，进、出油口不通。当进油压力达到或超过预调定的压力以后，阀芯在液体压力的作用下压缩弹簧上移，进、出油口接通，压力油通过顺序阀，进入执行元件。

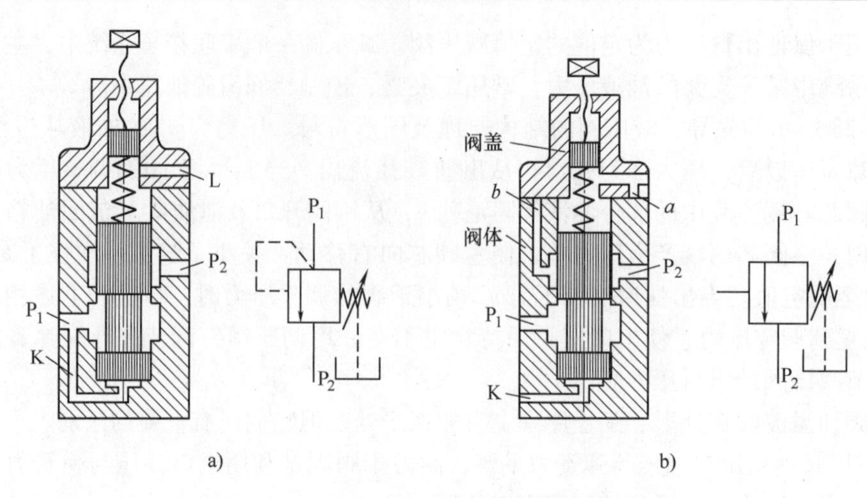

图 10-29　直动式顺序阀的结构原理及图形符号

与溢流阀相比较，顺序阀的出油口一般通向系统的另一压力油路，而溢流阀的出油口则通油箱。此外，由于顺序阀的进、出油口均为压力油，所以它的泄油口 L 必须单独接回油箱。内控顺序阀的油孔 K 与进油口 P_1 相通，靠进油口压力控制阀芯移动。外控顺序阀的油孔 K 通外部压力油，从而控制阀芯的移动。

4. 压力继电器

压力继电器是利用液体压力来启闭电气触点的液电信号转换元件。当系统压力达到压力继电器的调定压力时，压力继电器发出电信号，控制电气元件（电磁铁、电磁离合器、继电器等）的动作，实现系统的程序控制或安全控制。

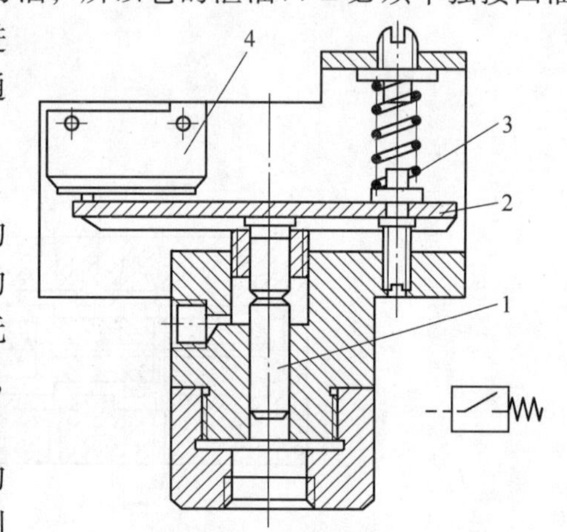

图 10-30　压力继电器的结构及图形符号

1—柱塞　2—杠杆　3—弹簧　4—开关

图 10-30 所示为常用柱塞式压力继电器的结构及图形符号。当压力继电器下端进油口的压力达到调定压力值时，推动柱塞 1 上移，此位移通过杠杆 2 放大后，推动微动开关 4 触电闭合，发出相应的电信号。调整螺母可改变弹簧 3 的预压缩量，从而改变压力继电器的调定压力。

三、流量阀

流量阀用来控制液压系统中液体的流量。其基本原理是通过改变阀芯与阀体的相对位置，使液体的通流截面积变化，引起液阻的改变来实现流量控制，从而调节执行元件的速度。流量阀多用于调速系统，常见的有节流阀、调速阀等。

1. 节流阀

节流阀是最基本的流量控制阀。图 10-31 所示为节流阀的结构原理及图形符号。液压油从油口 A 流入，经过阀芯下部的轴向三角形节流槽，再从油口 B 流出。调节阀芯上方的调节螺钉，可以使阀芯作轴向移动，从而改变阀口的通流面积，使通过的流量得到调节。

通过理论分析，可得节流阀的流量特性方程为

$$q = KA_{\mathrm{T}}(\Delta p)^{m} \tag{10-12}$$

式中，q 为通过节流阀的流量；K 为与阀口、油液性质有关的系数；A_T 为阀口的通流截面积；Δp 为节流阀前后的压力差；m 为指数，通常 $0.5\leqslant m\leqslant 1$。

由流量特性方程可知，在其他条件不变的情况下，调节阀的通流面积 A_T 便可调节流量；当 A_T 一定时，若阀的前后压力差或油的粘度发生变化，通过节流阀的流量也要发生改变。

实际使用时，一方面由于执行元件的工作负载变化，导致节流阀两端的压力差变化；另一方面由于油温变化，会导致粘度变化，通过节流阀的流量随之发生变化，使执行元件运动不平稳，所以节流阀多用于对速度稳定性要求不高的场合。

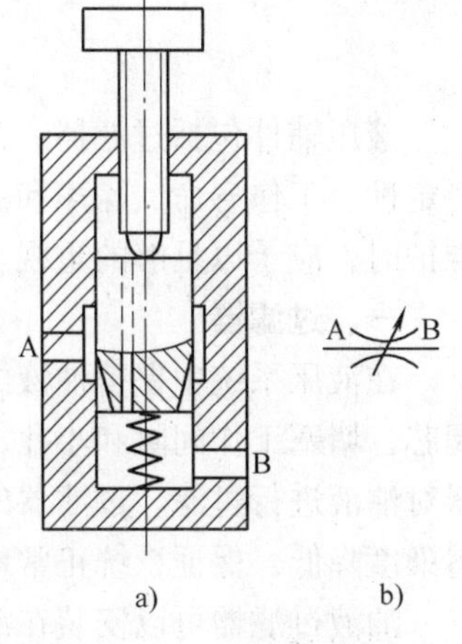

图 10-31 节流阀的结构原理及图形符号

2. 调速阀

为了改善节流阀的调速稳定性，就要使节流阀两端的压差基本保持不变。通常是将定差减压阀 1 和节流阀 2 串联成一个组合阀，即调速阀。图 10-32 所示为调速阀的工作原理及图形符号。泵出口（即调速阀的进口）压力 p_1 由溢流阀调定，基本保持恒定。调速阀出口处的压力 p_3 取决于液压缸负载 F 的大小。油液流经调速阀时，先经减压阀产生一次压力降，将压力降到 p_2，接着流经节流阀压力降为 p_3，并进入液压缸，克服负载 F，使活塞向右移动。假设负载 F 增大，p_3 也随之增大，在调速阀内部，通过油路 a 将使减压阀阀芯向下移动，减压缝隙变大，减压作用减弱，使 p_2 增大，直到阀芯在新的位置上平衡为止。此时，节流阀两端的压力差 $\Delta p=p_2-p_3$ 保持不变，由流量方程式（10-12）可知，通过节流阀进入液压缸的流量也就不变。反之，负载 F 减小，p_3 减小，减压阀阀芯上移使减压缝隙减小，减压作用增强，p_2 也相应减小，$\Delta p=p_2-p_3$ 仍保持不变，流量也保持不变。

节流阀与调速阀的流量特性曲线如图 10-32d 所示，调速阀正常工作时，流量基本保持不变，因此其调速稳定性很好。

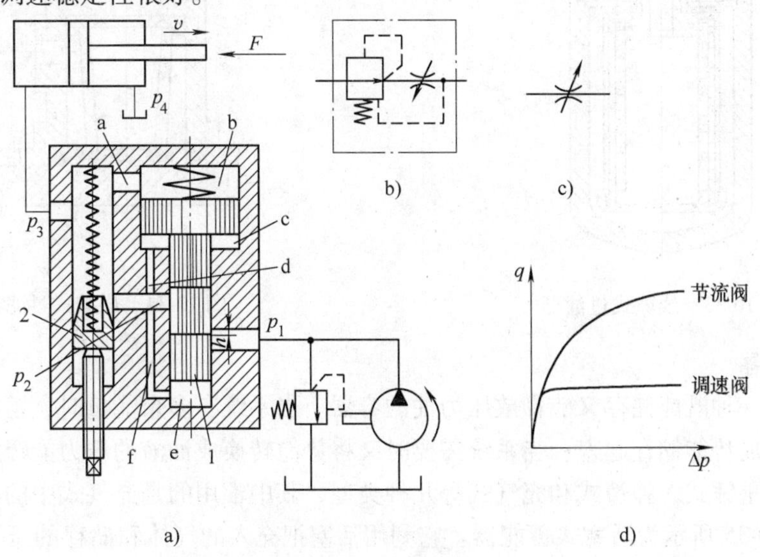

图 10-32 调速阀的工作原理及图形符号

1—减压阀 2—节流阀

第四节　液 压 辅 件

液压辅件包括过滤器、蓄能器、压力计、油管、油管接头和油箱等。它们对系统的工作稳定性、工作寿命、噪声和温升等方面都有直接影响，因此，在设计、选择、安装、使用和维护时，应予以足够的重视。

一、过滤器

在液压系统中保持油液的清洁是十分重要的。油液的污染能加速液压元件的磨损，卡死阀芯，堵塞工作间隙和小孔，使元件失效，导致液压系统不能正常工作，因而必须使用过滤器对油液进行过滤。过滤器的功用是过滤混在油液中的杂质，使进入到液压系统中的油液的污染度降低，保证系统正常地工作。

油液过滤器可以安装在液压泵的吸油管路上或输出管路上以及重要元件之前。在通常情况下，泵的吸油口装粗过滤器，泵的输出管路与重要元件前装精过滤器。常用的过滤器按滤芯材料和结构形式可分为网式、线隙式、烧结式和纸芯式等。网式过滤器是在金属或塑料制成的基架上，包一层或两层铜网，一般没有外壳。过滤精度低，属于粗过滤器。线隙式过滤器的滤芯是将铜丝绕在芯架上而制成的，如图 10-33 所示。它利用排列整齐的铜丝间的微小间隙来滤除杂质。这种过滤器结构简单，过滤效果好，但不易清洗，多用于中、低压系统。烧结式过滤器的结构如图 10-34 所示。它的滤芯用金属粉末压制后烧结而成。依靠金属小颗粒间的间隙滤油。该过滤器过滤精度高，耐腐蚀，耐高温，是一种广泛采用的精过滤器。纸芯式过滤器的滤芯是用微孔滤纸装在壳体内制成的。它的过滤精度高，但易堵塞，需常更换纸芯，可作为精过滤器使用。

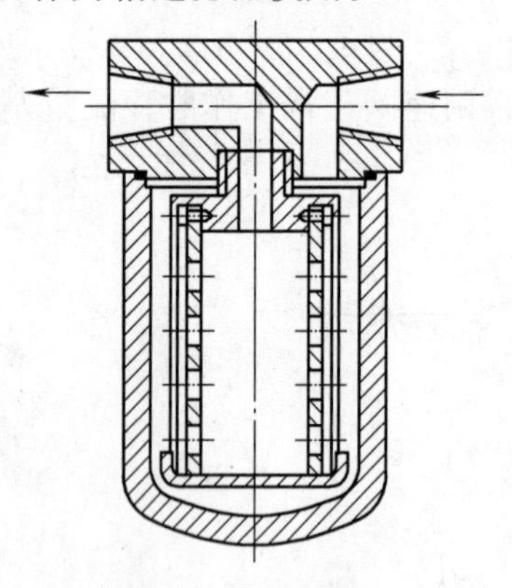

图 10-33　线隙式过滤器

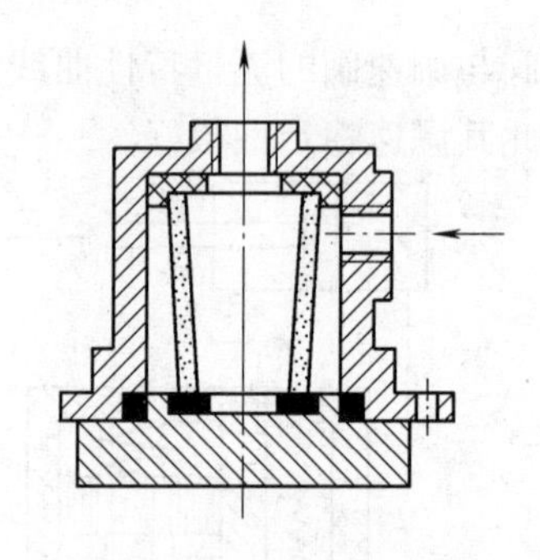

图 10-34　烧结式过滤器

二、蓄能器

蓄能器是一种既能储存又能释放压力油的容器。当系统有多余能量时，蓄能器将液压油的压力能转换成势能储存起来；当系统需要时又将势能转换成油液的压力能释放出来。

蓄能器有重锤式、弹簧式和充气式等几种类型，其中常用的是充气式中的活塞式和气囊式两种。图 10-35 所示为活塞式蓄能器。它利用活塞把充入的气体和储存的压力油隔开。其优点是结构简单、工作可靠，寿命长；缺点是有惯性，灵敏性差，密封性要求高。图 10-36 所示为囊式蓄能器。它利用耐油橡胶制成的气囊把充入的气体和油液隔开。该蓄能器惯性小，反应灵敏，容易维护。缺点是气囊和壳体制造困难，容量小。

蓄能器不仅可以储存能量，提高液压系统的效率，而且可以吸收液压系统的脉动和冲击、减小噪声和振动以及保压和补充泄漏。

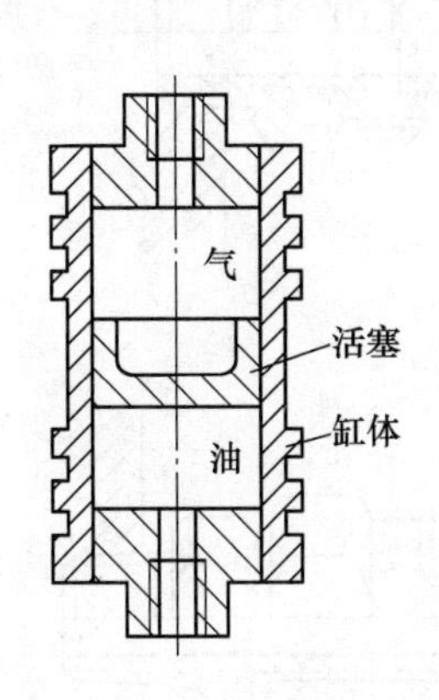

图 10-35 活塞式蓄能器

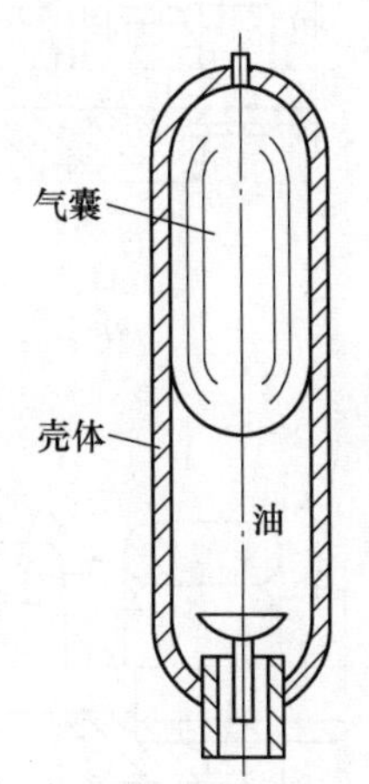

图 10-36 囊式蓄能器

三、油箱

油箱的主要用途是储油，此外，还能散热，分离油液中的杂质和空气。在液压设备中，可以利用床身、底座内的空间作油箱，也可以另外单独设置油箱。

单独油箱常用钢板焊接而成，如图 10-37 所示。在油箱底板的最低处设置有放油阀，以便更换油液时使用。油箱的上盖板上要有注油孔，孔中放置滤油网。密封的油箱上部还有通气孔，并安置有空气过滤器。侧板上应有指示液面高度的油标。必要时还应有温度计，以便测量油温。用于工作环境温度过低或过高的油箱，还应在油箱内部安装加热器或冷却器。

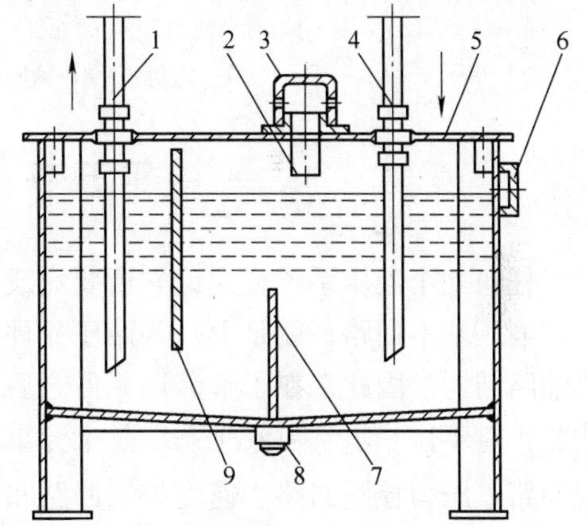

图 10-37 油箱

1—吸油管 2—注油滤油网 3—罩盖 4—回油管 5—上盖板 6—油位计 7、9—隔板 8—放油阀

四、油管及管接头

1. 油管

在液压机械中常用的油管有钢管、铜管、橡胶软管（用耐油橡胶制成，有高压和低压两种）、尼龙管和塑料管等。固定元件间的油管常用钢管或铜管，有相对运动的零部件之间一般用软管连接。在回油路中可用尼龙管或塑料管。

2. 管接头

管接头是油管与油管、油管与液压元件之间的连接件。它与液压元件之间的连接通常采用圆锥螺纹或普通细牙螺纹，而与管子相连的一端有多种结构形式。图 10-38 所示为几种常用的管接头结构，包括焊接式钢管接头、扩口式薄管接头、卡套式管接头和高压软管接头。

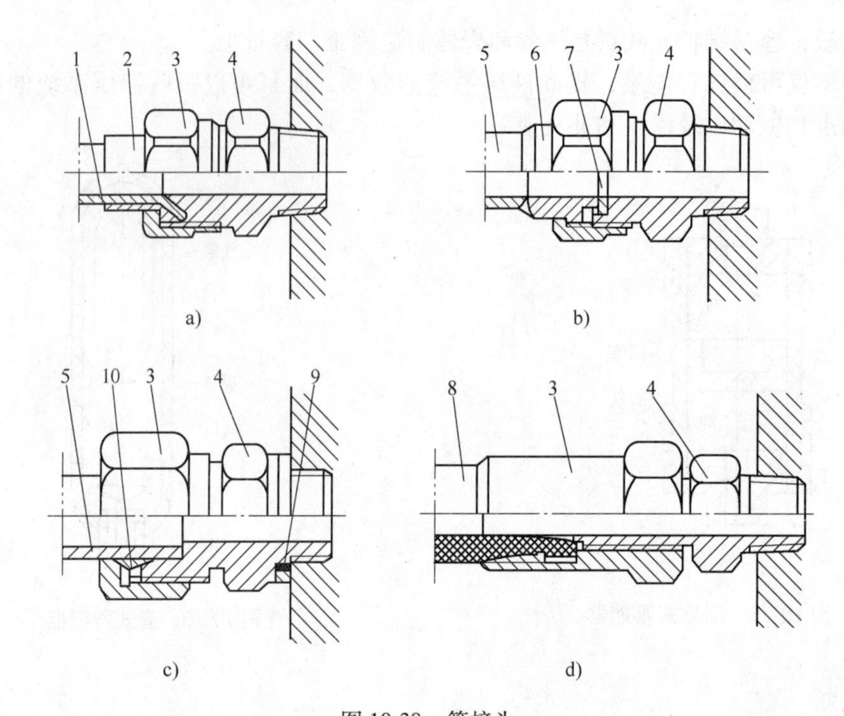

图 10-38　管接头

a）扩口式薄管接头　b）焊接式钢管接头　c）卡套式管接头　d）高压软管接头

1—扩口薄管　2—管套　3—螺母　4—接头体　5—钢管　6—接管

7—密封垫　8—橡胶软管　9—组合密封垫　10—夹套

第五节　液压基本回路

任何一个液压系统，无论它所要完成的动作有多么复杂，总是由一些基本回路组成的。所谓液压基本回路，就是由一些液压元件组成的，用来完成特定功能（往往是单一的功能）的油路结构。因此，在了解液压元件之后，熟悉并掌握某些常见的基本回路的组成、原理和性能，对于进一步学习液压系统是十分重要的。常用的液压基本回路按其功能可分为方向控制回路、压力控制回路、速度控制回路和多缸动作控制回路等。

一、方向控制回路

控制液压系统油路的通断或换向，以实现工作机构的起动、停止或变换运动方向的回路，称为方向控制回路。

1. 换向回路

图 10-39 所示为采用三位四通换向阀的换向回路，当三位四通电磁换向阀左位工作时，液压缸活塞向左运动；当换向阀中位工作时，活塞停止运动；当换向阀右位工作时，活塞向右运动。

图 10-39　采用三位四通换向阀的换向回路

图 10-40 所示为先导阀控制的换向回路。该回路采用辅助液压泵 2 提供低压控制油，通过手动换向阀 3 作为先导阀来控制液动换向阀 4 的阀芯移动，实现主油路的换向。当手动换向阀 3 在右位时，控制油进入液动换向阀 4 的左端，使液动换向阀 4 左位

工作，主液压泵1输出压力油进入液压缸上腔，活塞下移。当手动换向阀3切换至左位时，即控制液动换向阀4右位工作，活塞上行。当手动换向阀3中位时，液动换向阀4两端的控制油通油箱，在弹簧力的作用下，其阀芯处于中位，主液压泵1卸荷。这种换向回路常用于系统流量、压力较大和换向平稳性要求较高的场合，如大型液压压力机。

2. 锁紧回路

锁紧回路是使液压执行元件停止在其行程中的任一位置上，防止外力作用下发生移动的液压回路。这种回路可以提高执行机构的工作精度，确保安全。

图10-41所示为用液控单向阀的锁紧回路。两个液控单向阀1、2分别装在液压缸两端的油路上。当换向阀处于左位时，泵输出的油液经换向阀、液控单向阀1进入液压缸的左腔，同时压力油进入阀2的控制口K，打开阀2，使液压缸右腔的油经阀2流回油箱，液压缸活塞右移。反之，换向阀处于右位时，活塞左移。若换向阀中位（H型中位机能）接入系统，泵卸荷，油路中的油液无压力，液控单向阀1和2都关闭，这时液压缸被锁紧，活塞的位置不会发生改变。由于液控单向阀的密封性好，泄漏很少，故锁紧效果较好。这种回路广泛用于工程机械、起重机械等场合。

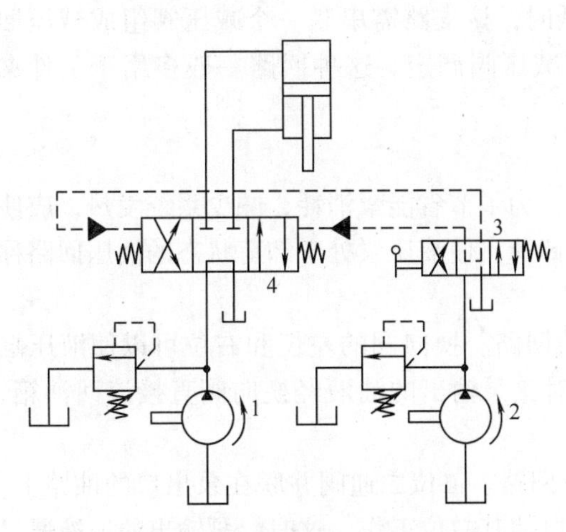

图10-40　先导阀控制的换向回路

1—主液压泵　2—辅助液压泵　3—手动换向阀　4—液动换向阀

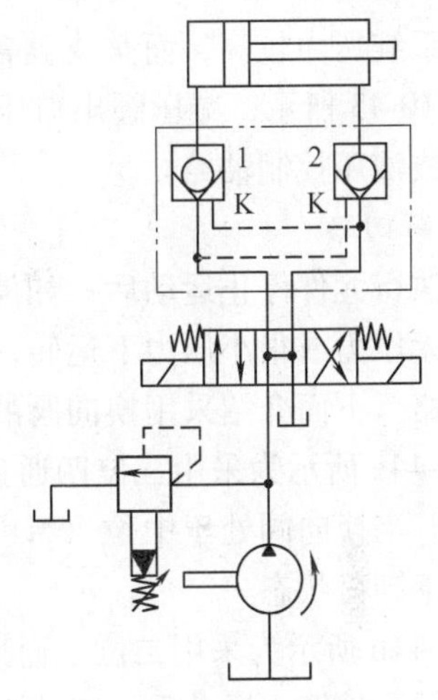

图10-41　锁紧回路

二、压力控制回路

能够控制调节液压系统或系统中某一部分液体压力的回路，称为压力控制回路。这种回路通常用以实现调压、保压、减压、增压或卸荷等功能。

1. 调压回路

用单个溢流阀实现调压的回路在前面章节已有叙述，参见图10-27。图10-42a所示为二级调压回路。在图示状态下，泵出口压力由溢流阀1调定为较高压力；当电磁阀1YA通电后，则由远程调压阀2调定为较低压力。图10-42b所示为三级调压回路。系统处于图示状态时，泵出口压力由阀1调定为最高压力；当换向阀4的1YA、2YA电磁铁分别通电时，泵压由远程控制阀2和3调定，获得两种不同的低压。在此系统中，阀2或阀3的调定压力必须小于阀1的调定压力值，否则将起不到调压作用。

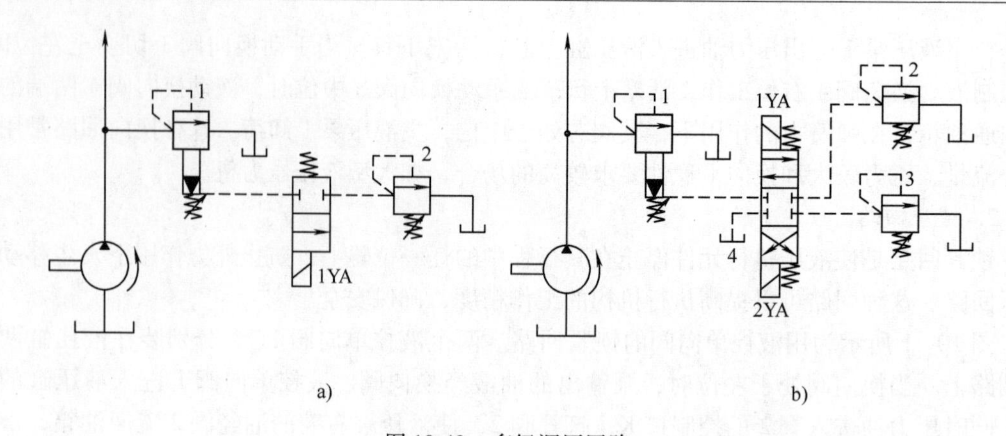

图 10-42　多级调压回路

a）二级调压回路　b）三级调压回路

1—先导式溢流阀　2、3—远程控制阀（溢流阀）　4—三位四通电磁换向阀

2. 减压回路

当主系统压力较高，而某支路需要压力较低时，该支路需串联一个减压阀组成减压回路。如图 10-43 所示，减压阀出口压力的大小由减压阀调定。这种回路一般多用于工件夹紧、润滑或液压控制油路。

3. 卸荷回路

液压执行元件停止运动后，如停止时间较长，为了节省能量消耗，减少系统发热，应使液压泵在无压力或很小压力下运转，这就是泵的卸荷。使液压泵处于卸荷状态的液压回路称为卸荷回路。下面介绍采用换向阀的卸荷回路。

图 10-44a 所示为采用三位四通换向阀的卸荷回路。换向阀的左位和右位可以使液压缸往复运动。当换向阀处于中位（M 型或 H 型）时，泵输出的油液经换向阀直接流回油箱，液压泵处于卸荷状态。

图 10-44b 所示为采用二位二通换向阀的卸荷回路。二位二通阀并联在泵出口的油路上。当液压执行元件停止运动后，二位二通电磁阀通电使其右位工作，这时，泵输出的油液通过它流回油箱，使泵卸荷。

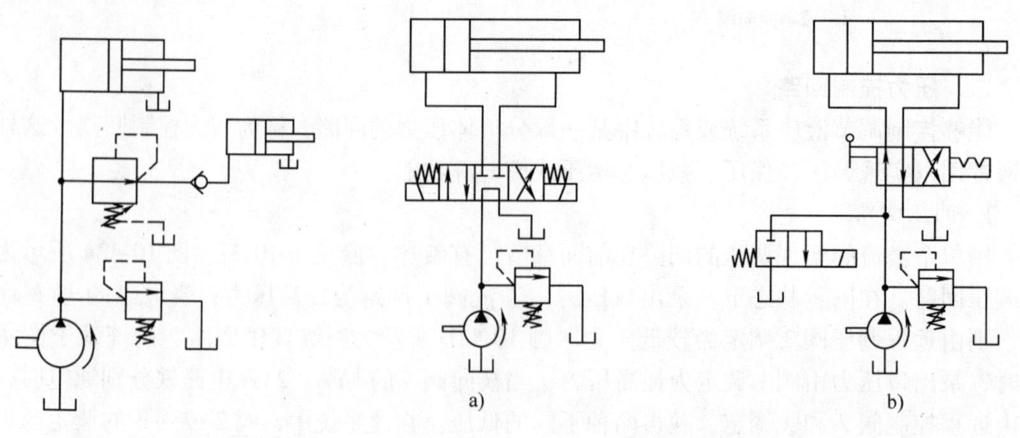

图 10-43　减压回路　　　图 10-44　卸荷回路

三、速度控制回路

速度控制回路是用以控制或变换液压执行元件运动速度的回路。它包括调速回路、增速回路和速度换接回路等。

1. 调速回路

在不考虑泄漏和油液的可压缩性的前提下，由液压缸运动速度 $v=q/A$ 和液压马达转速 $n=q/V$ 可知，液压缸的有效面积 A 很难变化，故合理的调速途径是改变进入执行元件的流量 q 或调节排量 V（变量马达或变量泵）。据此，调速回路有节流调速、容积调速和容积节流调速三种。

（1）节流调速回路 节流调速回路由定量泵、溢流阀、流量阀以及执行元件等组成，它利用改变流量阀的通流截面积来控制进入或流出执行元件的流量，以调节其运动速度。根据流量阀安放位置的不同，有进油路节流调速、回油路节流调速和旁油路节流调速三种。下面将常用的进油路节流调速与回油路节流调速回路做简单的对比。

图 10-45 所示为采用节流阀的进油路节流调速回路。节流阀串接在定量液压泵和液压缸之间，通过节流阀改变进入液压缸的进油量，调节其运动速度大小。图 10-46 所示为采用节流阀的回油路节流调速回路。节流阀串接在执行元件与油箱之间，调节节流阀改变液压缸的回油量，从而调节其运动速度。

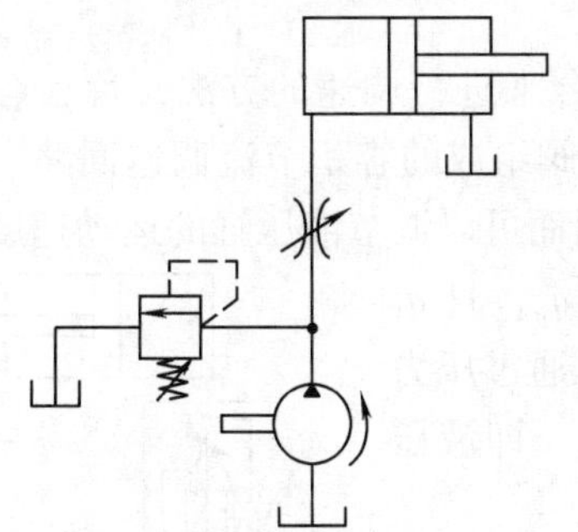

图 10-45 进油路节流调速回路

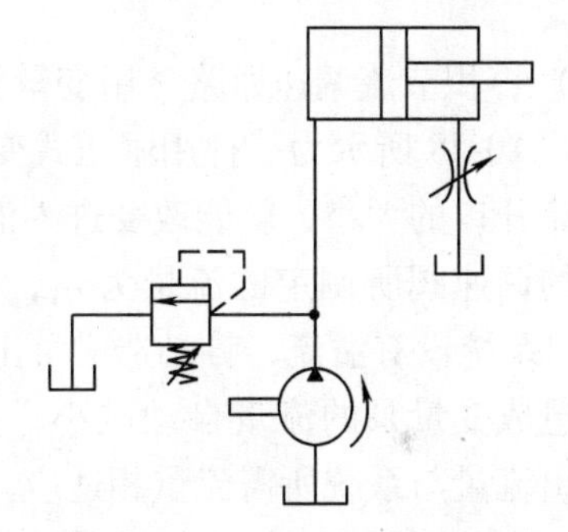

图 10-46 回油路节流调速回路

在这两种节流调速回路中，定量泵输出的油液一部分经节流阀进入液压缸，多余的液压油经溢流阀溢回油箱，因此系统存在节流损失和溢流损失，尤其在低速时，损失大，效率低。另外，当外界负载变化大时，会造成节流阀两端的压力差发生改变，引起节流阀流量的变化，导致执行元件的速度稳定性差，即速度刚性不好。若将节流阀换成调速阀，可获得良好的速度刚性，但是会进一步导致节流损失增大，效率降低。虽然两种回路调速原理和特点类同，但进油路和回油路节流调速回路在承受负值负载，运动平稳性，油液发热的影响，停车后的起动性能等方面也存在明显差异。

总之，节流调速回路的结构简单、价格低廉，但效率低，只适合用在负载变化不大，低速、小功率场合。在实际使用中，大多采用进油路调速，并在其回油路上加背压阀（可采用溢流阀、顺序阀或装有硬弹簧的单向阀），以提高运动的平稳性。

（2）容积调速回路 容积调速回路是通过改变回路中液压泵或液压马达的排量来实现调速的。根据变量泵和变量马达组合形式的不同，容积调速回路可分为变量泵调速回路、变量马达调速回路和变量泵—变量马达调速回路三种。

图 10-47a 所示为变量泵调速回路。变量泵输出的压力油全部进入液压缸中，推动活塞运动。调节泵的输出流量，即可改变活塞的运动速度。系统中溢流阀起安全保护作用，在系统过载时才打开溢流。若回路中的执行机构为定量马达，则当调节泵的流量时，马达的转速会发生改变。图 10-47b 所示为变量马达调速回路。定量泵输出压力油全部进入液压马达，输入流量不变。若改变液压马达的排量，则可调节它的输出转速。图 10-47c 所示为变量泵—变量马达调速回路，它是上述两种回路的组合，调速范围较大。

与节流调速相比，容积调速的主要优点是压力和流量的损耗小，发热小；缺点是执行元件受负载变化影响大，运动平稳性差，且变量泵和变量马达的结构复杂，价格较贵。

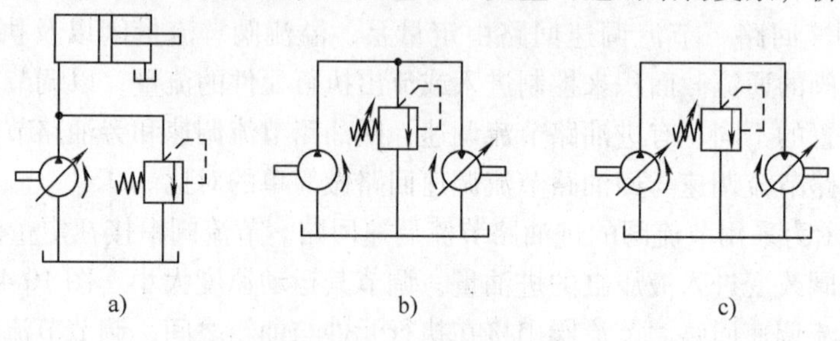

图 10-47　容积调速回路

（3）容积节流调速回路　用变量泵和流量阀相配合来进行调速的方法，称为容积节流调速。图 10-48 所示为一种用限压式变量叶片泵和调速阀组成的容积节流调速回路。调节调速阀节流开口的大小，就能改变进入液压缸的流量，因而可以调节液压缸的运动速度。假设回路中的调速阀所调定的流量为 q_1，泵的输出流量为 q_p，且 $q_1 > q_p$，因系统没有溢流，势必造成泵出口的压力升高，通过压力反馈，造成变量泵的流量自动减小，直到 $q_1 = q_p$ 为止，即液压泵的输出流量与系统所需流量相适应。

在容积节流调速回路中，泵的输油量能与调速阀的流量自相适应，没有溢流损失，因此效率高，发热小；同时，由于调速阀能保证进入液压缸的流量恒定，所以液压缸的运动速度基本上不随负载变化，速度的稳定性好。故容积节流调速回路集合了节流调速和容积调速回路的优点，常用在速度范围大，速度稳定性要求高的中小功率场合，如组合机床的进给系统等。

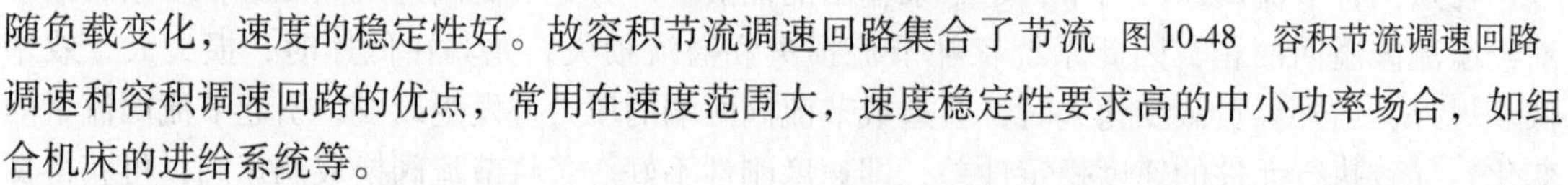

图 10-48　容积节流调速回路

2. 增速回路

增速回路又称快速运动回路，其功用在于使执行元件获得必要的高速度，以提高系统的工作效率或充分利用功率。实现快速运动有多种不同的方案，下面仅介绍液压缸差动连接增速回路和双泵供油增速回路。

图 10-49 所示为液压缸差动连接的增速回路。单活塞杆液压缸可由二位三通电磁换向阀构成差动连接，从而实现液压缸活塞的快速运动。差动快进简单易行，是机床常用的一种增速方法。

图 10-50 所示为双泵供油的增速回路。图中泵 1 为额定压力较高的小流量泵，泵 2 为额定压力较低的大流量泵。在液压缸快进或快退时，由于负载小，液压系统的工作压力低，未

达到外控顺序阀（卸荷阀）4 的调定压力，阀 4 关闭，两泵同时向系统供油，由于流量大，实现了液压缸的快速运动。在液压缸工作进给时，负载大，系统工作压力高，卸荷阀 4 被打开，泵 2 输出的油液经卸荷阀流回油箱，处于卸荷状态。单向阀 5 将高低压油路隔开，泵 1 输出的油液进入液压执行元件，实现慢速工进运动。

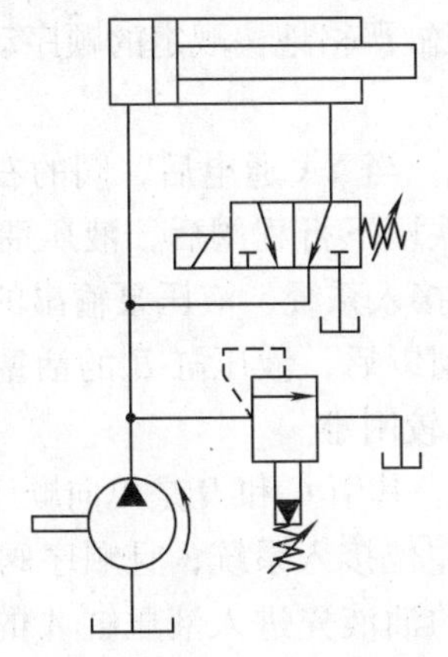

图 10-49 液压缸差动连接的增速回路

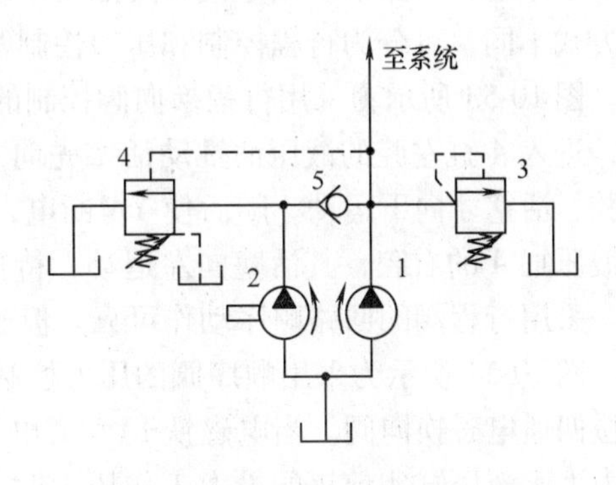

图 10-50 双泵供油的增速回路

1—高压小流量液压泵 2—低压大流量液压泵

3—溢流阀 4—外控顺序阀（卸荷阀） 5—单向阀

3. 速度换接回路

能使执行元件在工作循环中实现不同速度转换的回路，称为速度换接回路。

图 10-51 所示为采用电磁阀的快慢速换接回路，主要由二位二通换向阀和调速阀并联来实现速度转换。定量泵输出的油液进入液压缸，液压缸的回油要通过调速阀或二位二通换向阀流回油箱。当电磁铁通电时，回油通过二位二通换向阀流回油箱，液压缸快速运动；当电磁铁断电时，液压缸的回油须经调速阀流回油箱，速度变为慢速运动。

图 10-52 所示为调速阀串联的速度换接回路。当电磁铁断电时，调速阀 B 被“短路”，液压缸在调速阀 A 的控制下获得一种慢速进给；当电磁铁通电时，调速阀 B 接入回路，且调速阀 B 的流量调得比 A 小，液压缸在调速阀 B 的控制下获得一种更慢的进给速度。

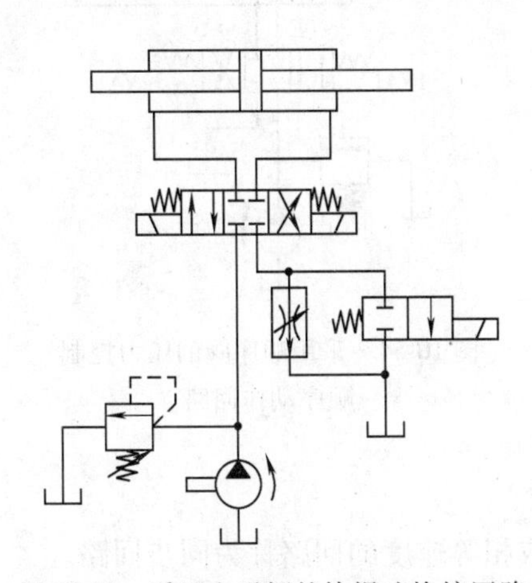

图 10-51 采用电磁阀的快慢速换接回路

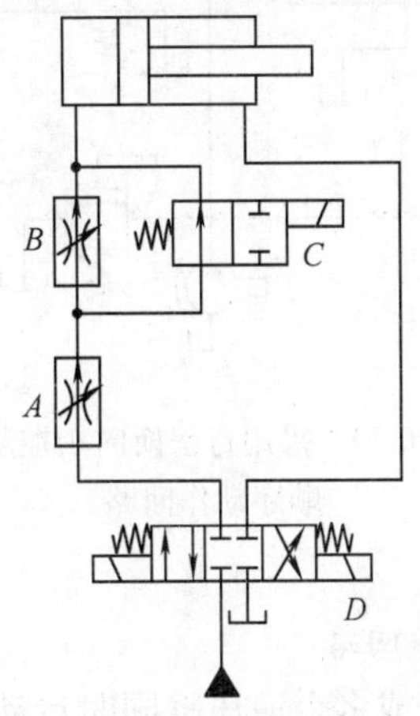

图 10-52 调速阀串联的速度换接回路

四、多缸动作控制回路

在多缸液压系统中，各液压缸之间往往需要有一定的控制要求，或顺序动作，或同步动作等。这就需用多缸动作控制回路来实现其要求。

1. 顺序动作回路

顺序动作回路的功用是使多缸液压系统中的各个液压缸严格地按规定的顺序动作。按控制方式不同，可分为行程控制和压力控制两大类。

图 10-53 所示为采用行程换向阀控制的顺序动作回路。当 YA 通电后，阀的右位接入系统，进入 *A* 缸左腔的液压油推动活塞先向右运动；当挡铁压下行程阀后，液压油进入 *B* 缸上腔，活塞才向下运动。随后使 YA 断电，使换向阀左位接入系统，液压泵输出的油液便进入液压缸 *A* 的右腔，其活塞向左运动；待挡铁松开行程阀以后，液压缸 *B* 的活塞就向上运动。采用行程阀的回路顺序动作可靠，但改变动作顺序比较困难。

图 10-54 所示为采用顺序阀的压力控制顺序动作回路。其中 *C* 和 *D* 是单向顺序阀，*E* 为三位四通电磁换向阀。当电磁铁 1YA 通电后，换向阀的左位接入系统，且顺序阀 *C* 的调定压力大于液压缸 *A* 前进的最大工作压力时，液压泵输出的油液先进入液压缸 *A* 的左腔，实现动作①；当活塞行至终点后，系统中的压力升高，才能打开单向顺序阀 *C*，油液进入液压缸 *B* 的左腔，实现动作②。同理，当 1YA 断电，2YA 通电，换向阀右位接入系统，且顺序阀 *D* 的调定压力大于液压缸 *B* 返回的最大工作压力时，两液压缸则按③和④的顺序返回。这种顺序动作回路动作的可靠性，取决于顺序阀的性能及其压力调定值，即顺序阀的调定压力应比前一个动作的液压缸工作压力高 0.8 ~ 1.0MPa。

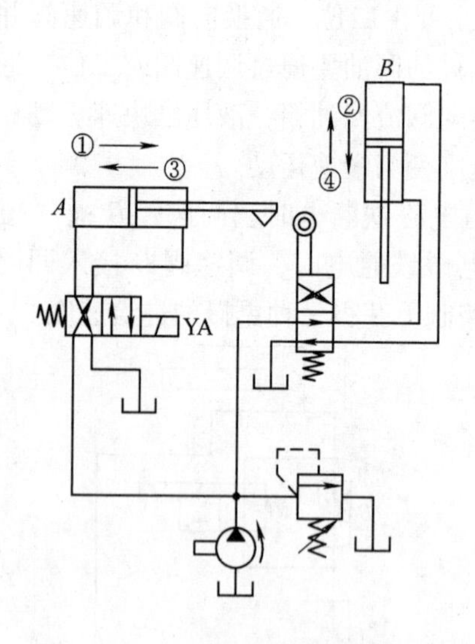

图 10-53　采用行程换向阀控制的顺序动作回路

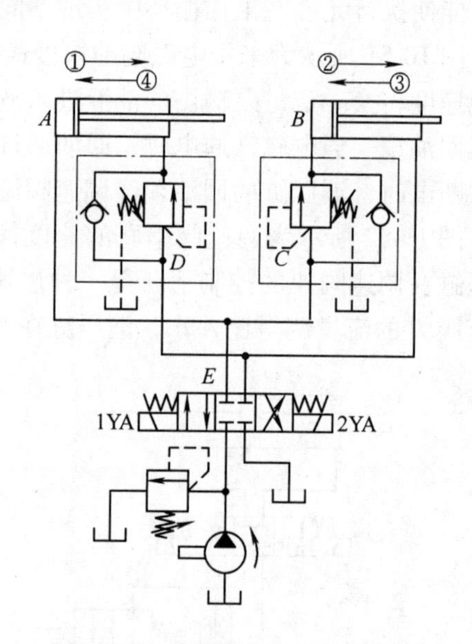

图 10-54　采用顺序阀的压力控制顺序动作回路

2. 同步回路

使两个或多个液压缸同时运动并保持相同位移或相等速度的回路称为同步回路。

图 10-55 所示为串联液压缸的同步回路。液压缸 *A* 回油腔排出的油液输入液压缸 *B* 的进

油腔。如果两缸的有效工作面积相等，便可实现同步运动。但是由于泄漏和制造误差，同步精度不高，尤其是活塞往复运动多次后，会产生严重的失调现象，为此实际使用中要采取补偿措施。

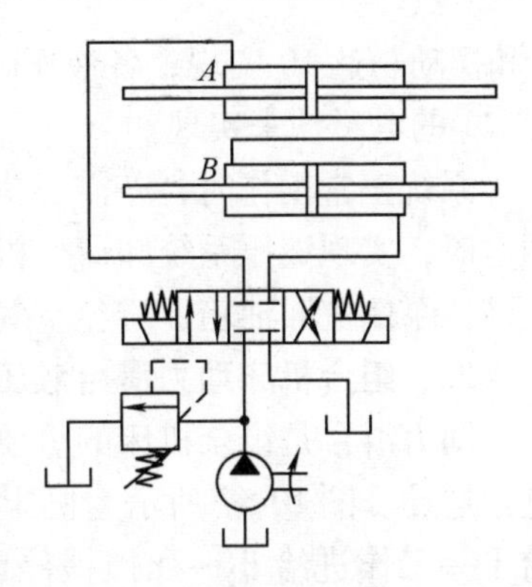

图 10-55　串联液压缸的同步回路

此外，还可以采用两个调速阀分别控制两液压缸的运动速度，组成调速控制的同步回路。即使两液压缸有效工作面积不相等，也可以调节调速阀的开口使其运动速度相同。这种同步回路结构简单，同步精度取决于调速阀性能。对于同步精度要求较高的场合，可以采用由比例调速阀和电液伺服阀组成的同步回路。

第六节　液压传动系统实例

液压传动系统是根据液压设备要完成的工作循环和要求，选用一些不同功能的液压基本回路加以适当组合而构成的。液压系统所用元件以及它们之间的连接方式、控制方式等，是用规定的图形符号（或结构式符号）绘制的，称为液压传动系统图。它可以表达各个液压元件实现各种功能和动作的工作原理，所以它是液压设备重要的技术资料之一。

分析液压系统，主要是阅读液压系统图，其基本要求包括：

1）了解液压系统的任务、工作循环、应具备的性能和需要满足的要求。

2）查阅系统图中所有的液压元件及其连接关系，分析它们的作用及其所组成的回路功能。

3）分析油路，了解系统的工作原理及特点。

下面介绍两个实例，通过对它们的认识和剖析，加深理解液压元件的功能和应用，掌握阅读液压系统图的基本方法，以提高分析液压系统的能力。

一、机械手液压传动系统

在自动化机械或生产线中，机械手常用来夹紧、传输工件（或刀具）、转位和装卸，能操纵工具完成加工、装配、测量、切割、喷涂及焊接等作业，能在高温、高压、多粉尘、危险、易燃、易爆和放射性等恶劣环境中代替人手进行作业。图 10-56 所示为某自动化生产线上的转位机械手液压传动系统。

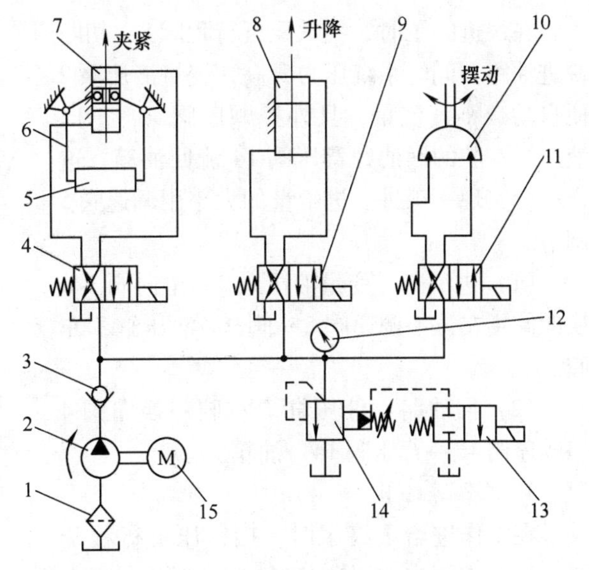

图 10-56　机械手液压传动系统

1—过滤器　2—液压泵　3—单向阀　4、9、11—二位四通换向阀　5—工件　6—机械手手臂　7—夹紧液压缸　8—升降液压缸　10—摆动马达　12—压力计　13—二位二通换向阀　14—先导式溢流阀　15—电动机

在转位机械手液压传动系统中，机械手的夹紧与松开、升降、回转运动分别由执行元件夹紧液压缸 7、升降液压缸

8 和摆动马达 10 实现；各液压缸的换向和顺序动作由电气线路控制三个二位四通换向阀 4、9、11 的电磁铁来实现。

系统正常工作时，若需要执行元件短时间停止不动，可使二位二通换向阀 13 的电磁铁通电时，实现液压系统卸荷，机械手停止工作。当电动机停止工作时，单向阀 3 能防止油液经液压泵倒流回油箱，避免空气进入系统，影响运动的平稳性。

二、组合机床动力滑台液压系统

动力滑台是组合机床的重要通用部件之一，在滑台上可以配置不同用途的主轴箱，实现进给运动。图 10-57 所示为机床动力滑台的液压系统，该系统的工作循环是：快进→工作进给Ⅰ→工作进给Ⅱ→死挡铁停留→快退→原位停止。具体工作原理如下。

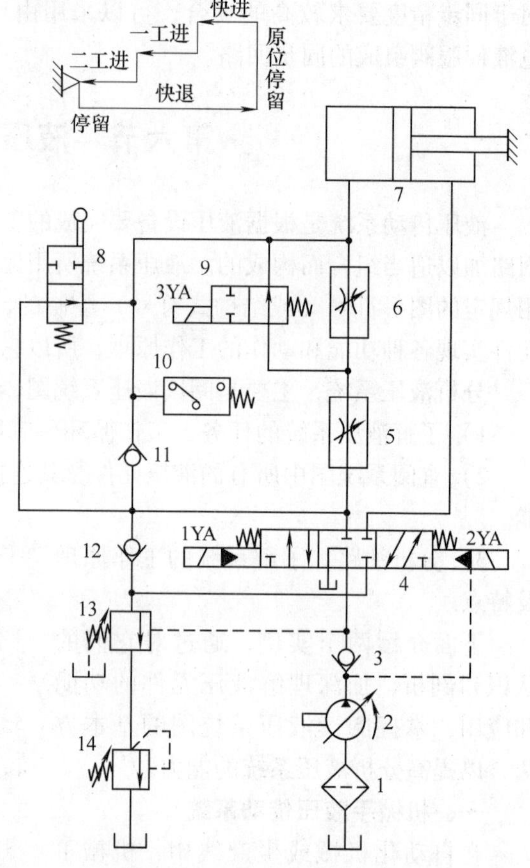

图 10-57 机床动力滑台的液压系统

1—过滤器 2—变量液压泵 3、11、12—单向阀 4—换向阀 5、6—调速阀 7—液压缸 8—行程阀 9—二位二通电磁换向阀 10—压力继电器 13—顺序阀 14—背压阀

1. 快进

按下起动按钮，换向阀 4 的电磁铁 1YA 通电，阀的左位接入液压油路系统，顺序阀 13 因系统压力低而处于关闭状态，变量液压泵 2 输出较大流量，此时液压缸 7 两腔连通，实现差动快进。其液压油路是：

（1）进油路 变量液压泵 2→单向阀 3→换向阀 4 左位→行程阀 8→液压缸 7 左腔。

（2）回油路 液压缸 7 右腔→换向阀 4→单向阀 12→行程阀 8→液压缸 7 左腔。

2. 工作进给Ⅰ

在快进终了时，挡铁压下行程阀 8，切断快进油路。同时系统压力升高，变量液压泵 2 便自动减小其流量，且外控顺序阀 13 打开。液压缸右腔的回油经背压阀 14 流回油箱，这样滑台实现一工进。进给量的大小用调速阀 5 调节。

（1）进油路 变量液压泵 2→单向阀 3→换向阀 4 左位→调速阀 5→阀 9→液压缸 7 左腔。

（2）回油路 液压缸 7 右腔→换向阀 4→顺序阀 13→背压阀 14→油箱。

3. 工作进给Ⅱ

在工作进给Ⅰ终了时，挡铁压下行程开关（图中未画出），使电磁铁 3YA 通电，阀 9 左位接入，这时压力油必须经过调速阀 5 和 6，所以滑台以更低的二工进速度运动。进给量的大小由调速阀 6 调节。其油路与工作进给Ⅰ完全相同。

4. 死挡铁停留

当滑台工作进给Ⅱ终了碰到死挡铁后，系统的压力进一步升高，压力继电器 10 发出电信号给时间继电器，停留时间由时间继电器调定。

5. 快退

滑台停留结束后，电磁铁 1YA、3YA 断电，2YA 通电，换向阀 4 右位接入系统。因负载小，系统压力低，变量液压泵 2 输出流量自动恢复到最大，滑台快速退回。其液压油路为：

（1）进油路　变量液压泵 2→单向阀 3→换向阀 4 右位→液压缸 7 右腔。

（2）回油路　液压缸 7 左腔→单向阀 11→换向阀 4→油箱。

6. 原位停止

当滑台退回到原始位置时，挡铁压下行程开关，使电磁铁 2YA 断电，换向阀 4 处于中位，液压缸两腔油路均被切断，变量液压泵 2 输出的油经换向阀 4 直接回油箱，泵卸荷。

该系统的动作循环表和各电磁铁及行程阀动作见表 10-3。

表 10-3　电磁铁和行程阀动作顺序表

工作环节 \ 电磁铁和阀	1YA	2YA	3YA	行程阀
快进	+	−	−	−
工作进给Ⅰ	+	−	−	+
工作进给Ⅱ	+	−	+	+
快退	−	+	−	+、−
停止	−	−	−	−

注：“＋”表示电磁铁通电或压下行程阀，“－”则相反。

习　　题

10-1　何谓液压传动？其基本工作原理是怎样的？

10-2　液压传动系统由哪几部分组成？各组成部分的主要作用是什么？

10-3　液压传动的两个基本参数是什么？两个基本概念如何表述？

10-4　何谓液压泵的排量、理论流量、实际流量？它们的关系怎样？

10-5　试述外啮合齿轮泵的工作原理。

10-6　哪些液压泵可以做成变量泵？其变量原理又是怎样的？

10-7　液压缸有何功用？按其结构不同主要分为哪几类？

10-8　什么是液压缸的差动连接？它适用于什么场合？

10-9　试比较普通单向阀和液控单向阀的区别。

10-10　何谓换向阀的位、通和中位机能？试举例说明。

10-11　先导式减压阀与先导式溢流阀有何异同？

10-12　直动式溢流阀和直动式顺序阀的调定压力均为 9MPa，若两阀的进、出油口均通 10MPa 的压力油，哪个阀可以开启，为什么？

10-13　现有两个阀，铭牌看不清，要求不拆开阀，根据阀的工作原理怎样判断哪个是先导式溢流阀，哪个是先导式减压阀？

10-14　比较节流阀和调速阀的主要异同点。

10-15　过滤器有几种类型？它们的过滤效果有什么差别？一般安装在什么位置？

10-16　蓄能器有哪几种类型？它有何功用？

10-17　溢流阀在液压系统中有哪些用途，并绘制相关的回路图。

10-18　何谓液压基本回路，并简述其基本类型。

10-19　什么叫卸荷回路？有何作用？试画出两种不同的卸荷回路。

10-20　某液压泵额定压力为32MPa，实际最大工作压力为25MPa，转速为1450r/min，排量为175mL/r，液压泵的容积效率为0.91，总效率为0.87，求该泵工作时最大输入功率和最大输出功率。

10-21　如图10-58所示，已知液压缸Ⅰ小端活塞面积为A_1，大端活塞面积为A_2，液压缸Ⅱ无杆腔面积为A_3，输入液压缸Ⅰ的流量为q，压力为p，求液压缸Ⅱ的输出推力F，缸Ⅱ的速度与缸Ⅰ的速度之比。

10-22　如图10-59所示回路，溢流阀的调整压力为5MPa，减压阀的调整压力为2.5MPa，活塞运动时负载压力为1MPa，其他损失不计，试分析活塞运动中与碰到死挡铁后A、B点的压力值。

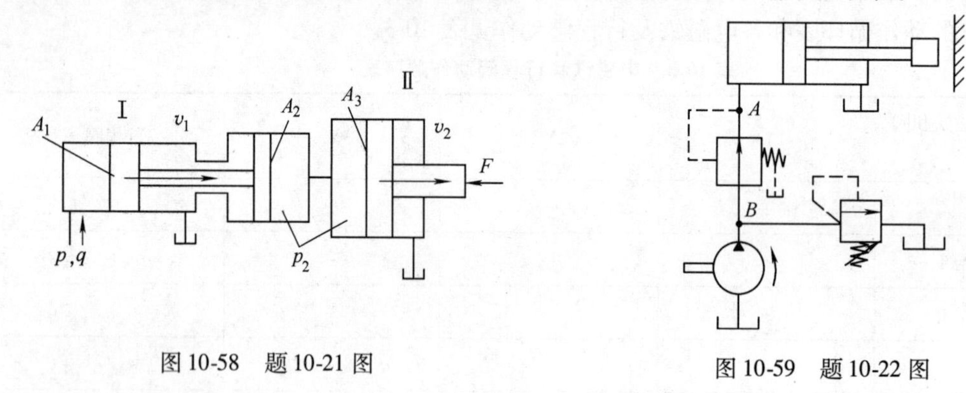

图10-58　题10-21图　　　　图10-59　题10-22图

10-23　如图10-60所示的液压系统，可以实现快进→工进→快退→停止的工作循环要求。

1）给出图10-60中标有序号的液压元件的名称。

2）写出电磁铁动作顺序，填入表10-4中。

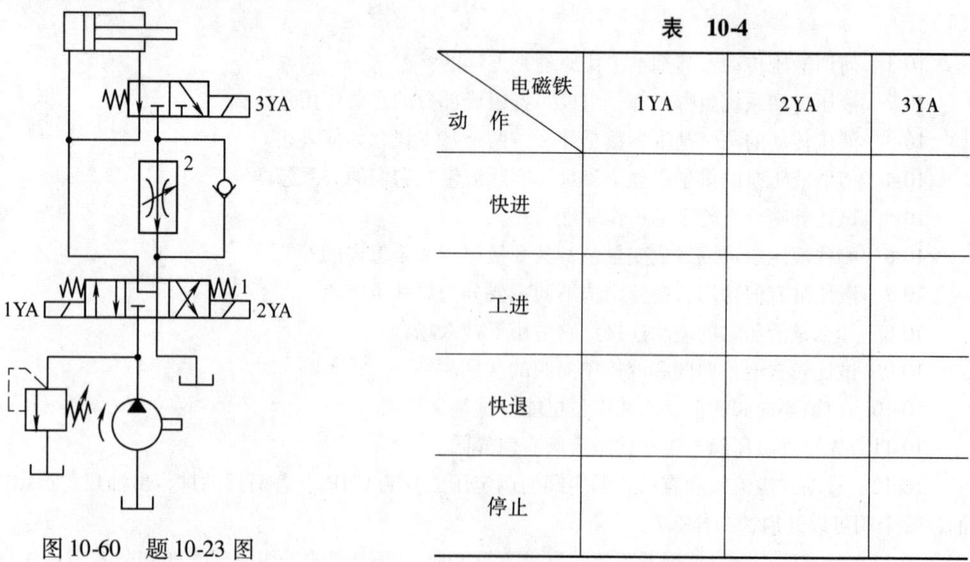

图10-60　题10-23图

表　10-4

动作 \ 电磁铁	1YA	2YA	3YA
快进			
工进			
快退			
停止			

10-24　要求图10-61所示的系统实现“快进→工进→快退→原位停止且液压泵卸荷”工作循环，试写出电磁铁动作顺序，填入表10-5中。

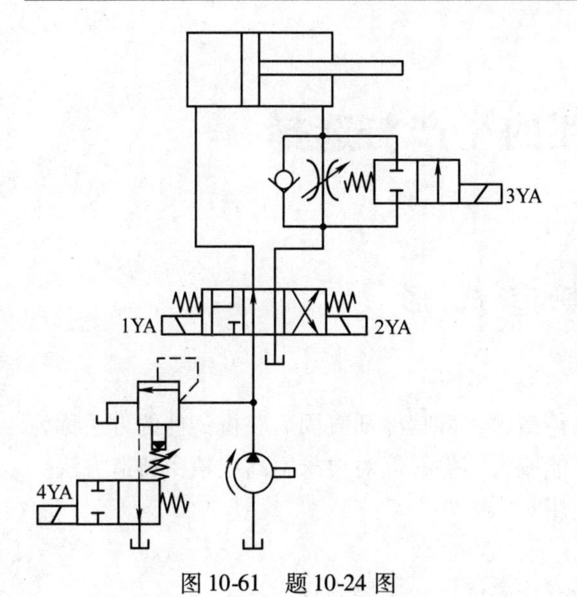

图 10-61　题 10-24 图

表　10-5

电磁铁 动　作	1YA	2YA	3YA
快进			
工进			
快退			
停止			

第十一章　毛坯的生产与选择

第一节　铸 造 成 形

一、概述

将液体金属浇注到具有与零件形状相应的铸型中，待其冷却凝固后获得铸件的方法称为铸造。一般铸件通常是毛坯，经过切削加工才能成为零件，但对要求不高或精密铸造方法生产出来的铸件，也可以不经切削加工而直接使用。

1. 铸造的特点及应用

相对于其他毛坯生产方法而言，铸造生产有许多优点，主要表现为：

1）铸造因为是液态成形，所以可制成形状很复杂的铸件，如机床床身、内燃机缸体和缸盖、涡轮叶片、阀体等；铸件的形状、尺寸和零件十分接近，可节约金属材料，减少切削加工工作量。

2）铸造的适应性广。铸件既可用于单件生产，也可用于成批或大量生产；铸件的轮廓尺寸可从几毫米至几十米，质量可从几克到几百吨；工业中常用的金属材料都可用铸造方法成形。

3）铸造设备投资少，造型材料价廉，可直接利用报废的金属机件及切屑作为铸造金属材料，所以铸件的成本低。

但是，铸造生产也存在一些不足。如铸件的力学性能不及锻件，一般不宜用作承受较大交变、冲击载荷的零件；铸造生产过程比较复杂，铸件的质量不稳定，易出现废品；铸造生产的环境条件差等。

铸造是现代机械制造中获取零件毛坯的最常用方法之一。对于一些精度要求不高的机械，铸件还可直接作为零件使用。据统计，在一般机器设备中，铸件约占总质量的40%～90%；在农业机械中占40%～70%；在金属切削机床和内燃机中占70%～98%。

2. 铸造的分类

铸造成形的方法很多，主要分为砂型铸造和特种铸造两类。砂型铸造是用型砂紧实成形的铸造方法。除砂型铸造外，其他的铸造方法称为特种铸造，如金属型铸造、压力铸造、离心铸造、熔模铸造等。砂型铸造具有较大的灵活性，对不同的生产规模，不同的铸造合金都适用，因此应用最为广泛。特种铸造可以提高铸件的尺寸精度和表面质量，提高铸件的力学性能，提高金属的利用率，改善劳动条件，减少环境污染，便于实现机械化和自动化生产，所以特种铸造的应用越来越广。

二、砂型铸造

1. 砂型铸造的生产过程

砂型铸造的生产过程如图11-1所示。根据零件图的形状和尺寸，设计制造模样和芯盒；制备型砂和芯砂；用模样制造砂型；把烘干的型芯装入砂型并合型；熔炼合金并将金属液浇入铸型；凝固后落砂、清理；检验合格便获得铸件。

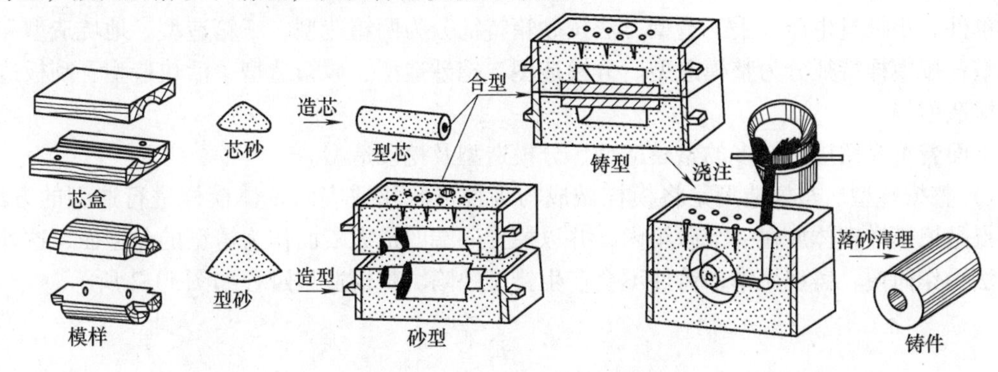

图 11-1 砂型铸造的生产过程

2. 造型材料

制造铸型用的材料称为造型材料。造型材料包括型砂和芯砂。型砂和芯砂由原砂、粘结剂（粘土和膨润土、水玻璃、植物油、树脂等）、附加物（煤粉或木屑）、旧砂和水组成。型（芯）砂应有一定的干、湿强度和热强度；应有足够的透气性；还应有一定的耐火度。此外，它还应具有韧性、退让性等基本性能。

3. 模样和芯盒

模样和芯盒是造型和造芯用的模具。模样用来造型，以形成铸件的外形；芯盒用来造芯，以形成铸件的内腔。小批量生产时，模样和芯盒常用木材（杉木、红松等）制造，大批生产中常用铝合金或塑料制造。

在制造模样和芯盒之前，要以零件图为依据，考虑铸造工艺特点，绘制铸造工艺图，在绘制铸造工艺图时，要考虑如下几个问题：

1）分型面。分型面是上、下砂型的分界面，分型面的选择必须使造型、起模方便，同时保证铸件质量。

2）起模斜度。为便于起模或从芯盒中取出型芯，模样（或芯盒）垂直于分型面的壁，应该有向着分型面逐渐增大的斜度，该斜度称为起模斜度。木模的起模斜度为 $1^\circ \sim 3^\circ$。

3）收缩余量。液态金属在砂型里凝固时要收缩，为了补偿铸件收缩，模样比图形尺寸增大的数值，称为收缩余量。收缩余量主要根据合金的线收缩率来确定。

4）加工余量和铸造圆角。铸件上有些部位需要切削加工，要相应地留出加工余量。加工余量的大小根据铸件尺寸、铸造合金种类、生产量、加工面在浇注时的位置确定。铸件上各表面的转折处在模样上都要做成过渡性圆角以方便造型，防止浇注时冲砂，减少铸件的应力集中。

5）有型芯的砂型为了便于安置型芯和排气，模样与芯盒上都要作出芯头。

4. 造型和造芯

制造砂型的工艺过程称为造型。制造型芯的工作称为造芯。

造型是砂型铸造中的重要工序。造型方法分为手工造型和机器造型两类。目前，前者还是单件小批量生产的主要造型方式；后者主要用于大批、大量生产。

（1）手工造型　手工造型的造型过程全部由手工或手动工具完成。其操作灵活，适应性强，模样成本低，生产准备时间短，但铸件质量不稳定，生产率低，且劳动强度大，主要用于单件、小批量生产。手工造型方法按砂箱特征分为两箱造型、三箱造型、地坑造型和脱箱造型；按模样特征分为整模造型、分模造型、挖砂造型、假箱造型、活块造型、刮板造型和劈模造型等。

下面着重介绍应用较多的整模造型、分模造型及挖砂造型。

1）整模造型。整模造型是将模样做成与零件形状相适应的整体模样进行造型的方法。其特点是把模样整体放在一个砂箱内，并以模样一端的最大表面作为铸型的分型面，这种造型方法操作简便、铸型简单，铸件不会产生错型缺陷。整模造型过程如图 11-2 所示。

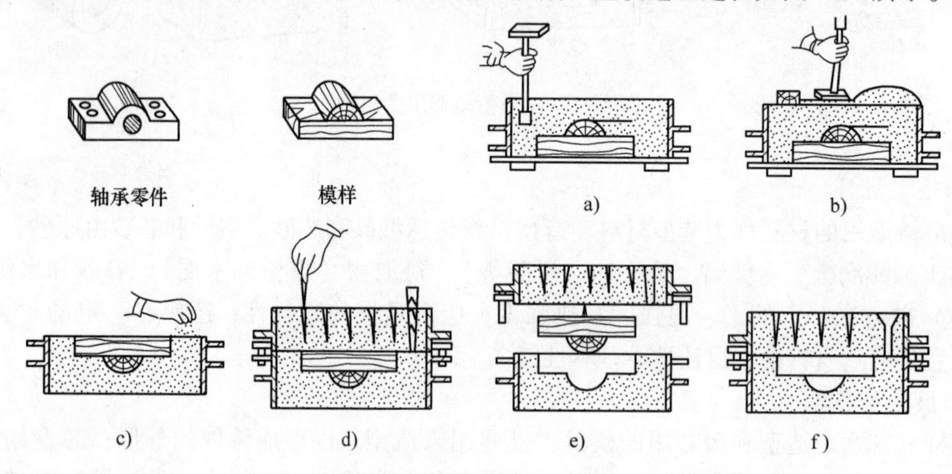

图 11-2　整模造型过程示意图

a）将模样置于砂箱制造下型　b）用砂舂锤平，用刮板刮去余砂　c）翻转下型，修光，撒分型砂　d）放浇注棒，造上型，扎通气孔　e）开箱起模　f）挖浇口，修型，合型

2）分模造型。分模造型是将模样分为两半，造型时模样分别在上、下砂箱内进行造型的方法。这种造型方法操作简便，主要用于一些没有平整的表面，而且最大截面在模样中部，难以进行整模造型的铸件，但分模造型制作模样较麻烦，铸件容易出现错型缺陷。分模造型过程如图 11-3 所示。

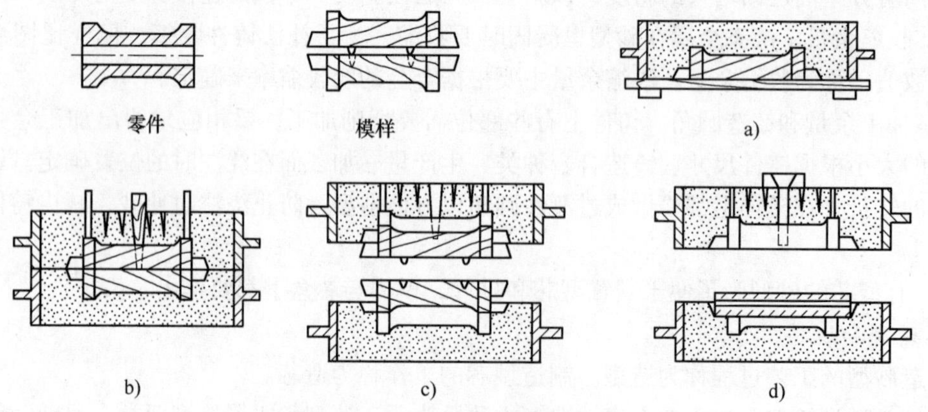

图 11-3　分模造型过程示意图

a）造下型　b）翻转下型，放浇口棒，造上型　c）开箱，起模，开浇口　d）下型芯，合型

3）挖砂造型。挖砂造型时模样是整体的，但铸件的分型面为曲面，为了能起出模样，造型时需要手工将阻碍起模的砂型挖去。挖砂造型过程麻烦、生产率低，分模后易损坏铸型。挖砂造型过程如图 11-4 所示。

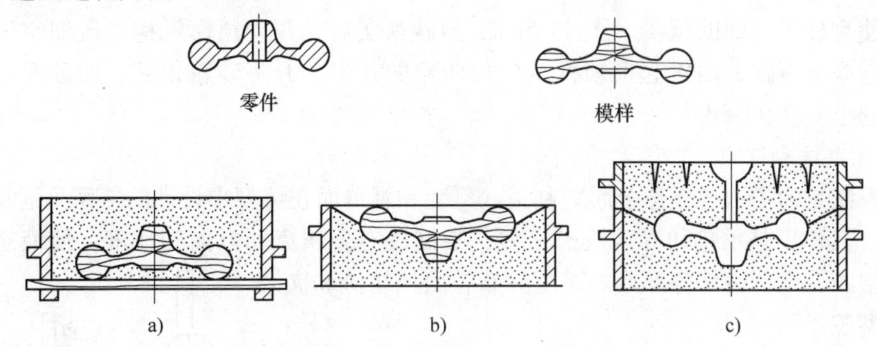

图 11-4　挖砂造型过程示意图

a）造下型　b）翻转，挖出分型面　c）造上型，起模，合型

（2）机器造型　机器造型就是用机器全部地完成或至少完成紧砂操作的造型方法。机器造型生产率高，铸件质量稳定，而且工人的劳动强度低，便于组织流水生产。但由于设备投资大，主要用于成批、大量中、小铸件生产。

机器造型中紧砂、起模等主要工序由机器完成。紧砂的目的就是使砂箱内松散的型砂紧实，从而使砂型具有一定的强度。其方法可分为压实、震实、震压和抛砂四种基本形式，其中以震压式应用较广。其工作原理如图 11-5 所示。工作时打开砂斗门向砂箱中放满型砂，压缩空气从进气口 1 进入震击活塞的下部，使工作台及砂箱上升（图 11-5a），震击活塞上

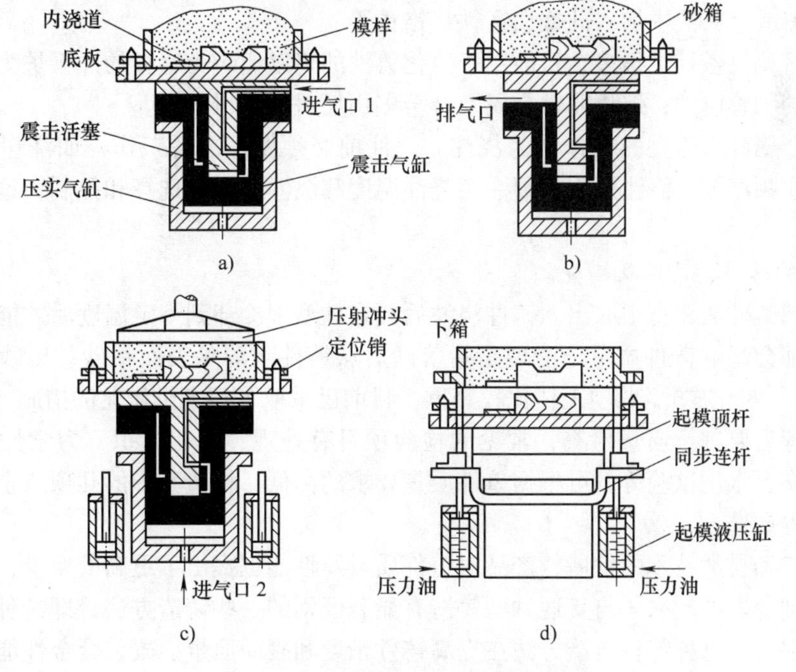

图 11-5　震压式造型机的工作原理

a）填砂　b）震击紧砂　c）辅助压实　d）起模

升使震击气缸的排气孔露出，压缩空气排出，工作台便下落，完成一次震击（图 11-5b）。如此反复多次，将型砂紧实，为提高砂箱上层的紧实度，在震实后还应使压缩空气从压实进气口 2 进入压实气缸的底部，压实活塞（也就是震击气缸）带动工作台上升，在压射冲头作用下，使型砂受到辅助压实（图 11-5c）。型砂紧实后，开动顶模机构，压缩空气推动压力油进入起模液压缸，四根起模顶杆从模板四角的孔中上升将砂箱顶起，使砂箱与模样分开，完成起模（图 11-5d）。

5. 浇注系统和冒口

浇注系统是为了引导液态金属顺利进入型腔和冒口而在铸型中设计的一系列通道，如图 11-6 所示。其作用是承接和导入液态金属，控制液态金属流动方向和速度，使液态金属平稳地充满型腔，调节铸件各部分的温度分布，阻挡熔渣和夹杂物等进入型腔。

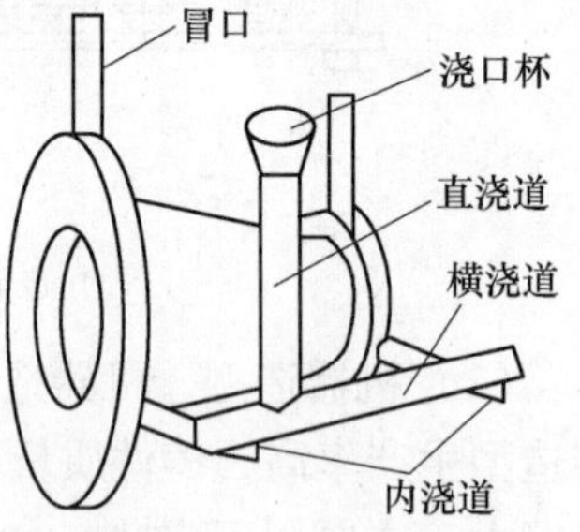

大多数铸件铸造时需设置冒口，如图 11-6 所示。冒口的主要作用是补缩，防止铸件产生缩孔和缩松，此外，还有出气和集渣的作用。为了能有效地补缩，冒口应放在铸件最高、最厚的地方。

冒口
浇口杯
直浇道
横浇道
内浇道

图 11-6　浇注系统和冒口

6. 铸造合金的熔化及浇注

铸造合金的熔化工作包含炉料的处理（破碎炉料、筛选焦炭）、配料、加料和熔化等内容。

炉料包括以生铁锭、回炉铁、废铁为主的金属料；以焦炭为主的燃料；用石灰或氟石稀释熔渣，使之与铁液分离的溶剂。

配料的任务是对组成炉料的各种成分按照工艺需要进行合理地配置。为调整铁液化学成分，常在炉料或金属液中加入硅铁、锰铁、铬铁等。

炉料的熔化设备种类很多，目前用于熔化铸铁的仍以焦炭为燃料的冲天炉为主；熔化铸钢多用电弧炉和感应炉；熔化非铁金属及合金多用反射炉和坩埚炉。

把液体金属浇入铸型的操作称为浇注。浇注前必须做好准备工作，如浇包的修补、烘干，排好浇注顺序等。浇注过程必须注意浇注温度和浇注速度的选择和控制，这直接影响铸件的质量。

7. 铸件的落砂、清理及检查

落砂是把铸件从铸型中取出。铸件浇注后要在砂型中冷却到一定温度后才能落砂，落砂过早或过晚都会影响铸件质量。清理是指落砂后从铸件上清除表面粘砂、型砂、多余金属（包括浇冒口、氧化皮），此项工作比较繁重，目前已采取了很多机械化的措施。

铸件清理后要进行质量检查，常见的检验项目有外观、金相组织、力学性能、化学成分、内部探伤、水压试验等。可根据铸件质量要求的高低，检验其中的几项或全部。

三、特种铸造

随着生产和科学技术的发展，产品对铸件质量及性能也提出了更高的要求，因此，在砂型铸造的基础上发展起来了与普通砂型铸造有显著区别的一些铸造方法，即特种铸造。特种铸造的方法很多，每种特种铸造方法在提高铸件精度和表面质量、改善合金性能、提高劳动生产率、改善劳动条件和降低铸造成本等方面各有优越之处。生产中每一种铸造方法都有它的局限性，因此在选择铸造方法时，需要综合考虑工艺的实用性、具体的生产条件及经济性等。常见的特种铸造方法有熔模铸造、金属型铸造、压力铸造、离心铸造等。

1. 熔模铸造

熔模铸造是用易熔材料（如蜡料）制成精确的模样，在模样上包覆若干层耐火涂料，制成型壳，熔出模样，经高温焙烧后，将金属液浇入型壳以获得铸件的方法。

熔模铸造的主要工艺过程如图 11-7 所示。先根据铸件的要求设计和制造金属母模（图 11-7a）；用压型将易熔材料（石蜡——硬脂酸模料，图 11-7b）压制成蜡模（图 11-7c）；为减少合金消耗和提高生产率，常把数个蜡模组成一个蜡模组（图 11-7d）；在蜡模表面上涂以耐火材料制成型壳（图 11-7e）；然后加热熔去蜡模，形成空心的耐火型壳，即铸型（图 11-7f）；为防止型壳在焙烧、浇注时变形或破裂，常将型壳置于砂箱中，周围用干砂填紧，并经焙烧（图 11-7g）；最后向型壳内浇注金属液而获得铸件（图 11-7h）。铸件取出时要进行脱壳、清理。

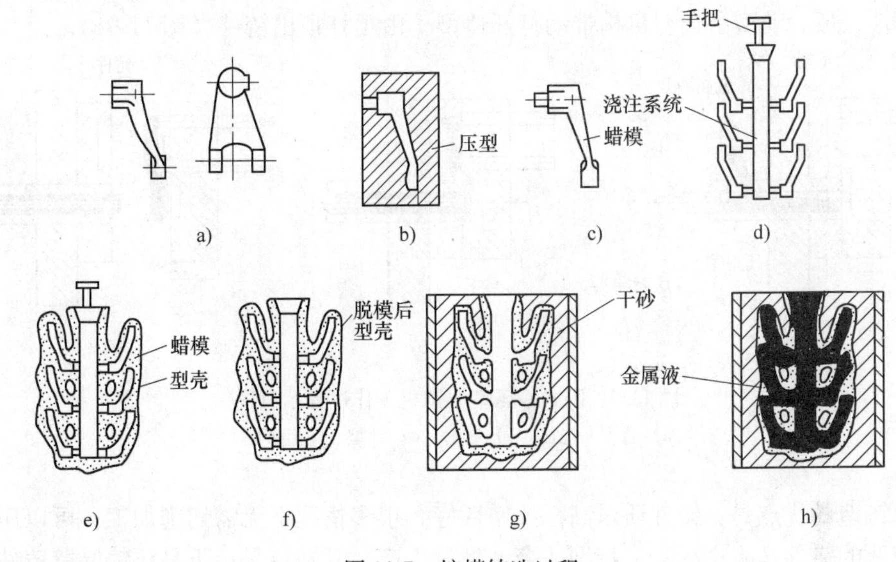

图 11-7　熔模铸造过程

熔模铸造的优点是：铸件精度高，表面质量好；可制造形状复杂的铸件，适用于各种合金的铸件，所需设备简单，投资少，生产批量不受限制。其缺点为：工艺复杂，生产周期长，生产费用高；由于受蜡模、型壳强度和刚度的限制，铸件质量一般不超过 25kg。熔模铸造常用于制造汽轮机叶片、复杂刀具、风动工具，以及汽车、拖拉机、机床上的小零件等。

2. 金属型铸造

把金属液浇入金属铸型中制造铸件的方法称为金属型铸造，又称硬模铸造。由于金属型可以重复使用几百次至几万次，所以又称为“永久铸型”。图 11-8 所示为手动金属型铸造机简图，其铸型

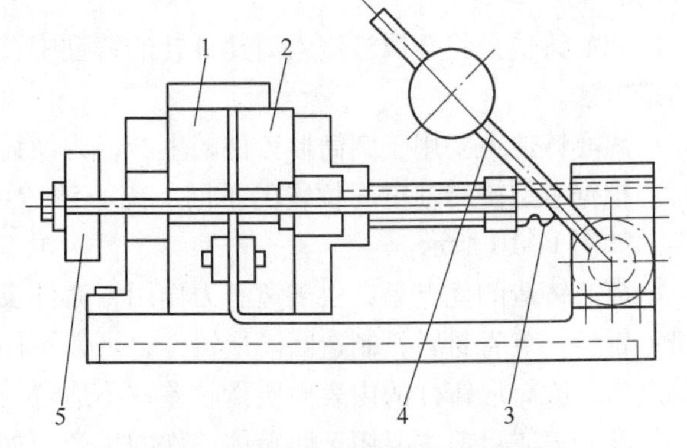

图 11-8　手动金属型铸造机简图

1—定型　2—动型　3—齿条　4—手柄　5—顶杆板

由定型和动型两个半型组成，开型和合型则操纵手柄 4，铸件冷凝后由顶杆板 5 顶出。

金属型铸造的优点是：铸件尺寸精度高，表面粗糙度低，故加工余量小或不需加工；力学性能好；生产率高，生产过程易于实现机械化、自动化。其缺点为：金属型制造周期长，成本高，不易铸造薄壁、复杂铸件，只限于形状简单的中、小件生产。

3. 压力铸造

压力铸造是将熔融金属在高压下快速压入铸型，并在压力下凝固，以获得铸件的铸造方法。压力铸造通常是在压铸机上完成的，压铸机有多种形式，有冷压室和热压室两类。目前应用最多的是卧式冷压室压铸机。

图 11-9 所示为卧式冷压室压铸机工作过程示意图。铸型由定型和动型组成，定型固定在机架上，动型由合型机构带动可以在水平方向上移动。工作时，首先预热金属铸型、喷涂料；然后合型、注入金属液（图 11-9a）；压射冲头在高压下推动金属液充满型腔并凝固（图 11-9b）；最后动型由合型机构带动打开铸型，由顶杆顶出铸件（图 11-9c）。

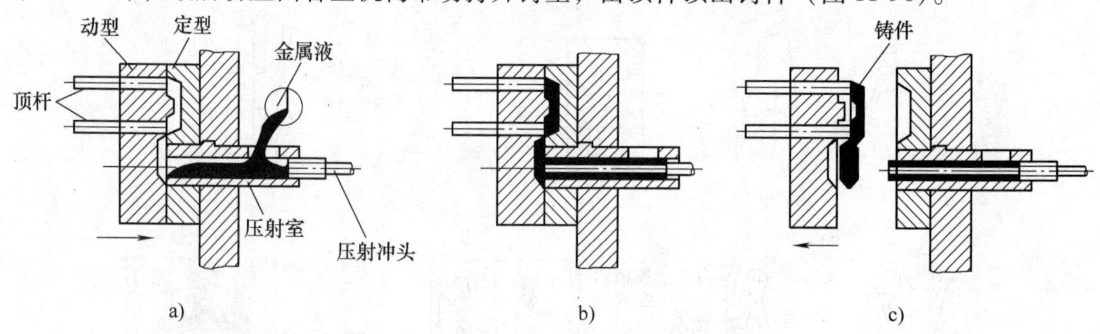

图 11-9　卧式冷压室压铸机工作过程示意图

a）合型、浇注　b）压射　c）开型、顶出铸件

压力铸造的优点是：铸件质量高，致密性好，很多情况下无需切削加工；可以压铸形状复杂、壁薄的铸件；生产率高，特别适合大批量生产。其缺点是：不易压铸厚壁铸件。设备和模具费用高；模具生产周期长。

压力铸造大多用于非铁合金精密铸件，质量从几克到几十克，精细的图案、文字、小孔及螺纹等都可直接铸出。目前压力铸造的应用已扩大到一些钢铁材料。

4. 离心铸造

离心铸造是将金属液浇入高速旋转的铸型中，在离心力作用下充满型腔并凝固成铸件的铸造方法。

离心铸造主要用于圆筒形铸件的生产，为使铸型旋转，离心铸造必须在离心铸造机上进行。根据铸型旋转轴空间位置的不同，离心铸造可分为立式离心铸造和卧式离心铸造两大类，如图 11-10 所示。

离心铸造的优点是：由于离心力作用，铸件没有气孔、缩孔，组织致密，强度高；无浇口、冒口，节省材料；制造圆筒形铸件，可以不用型芯；可铸造薄壁圆筒和双金属铸件。其缺点为：圆筒形铸件的内表面质量较差；不适合铸造易产生偏析的合金（如铅青铜）铸件。

离心铸造目前主要用于回转体铸件的生产，如轴套、缸套、活塞环、铸铁管和圆柱形铸坯等。

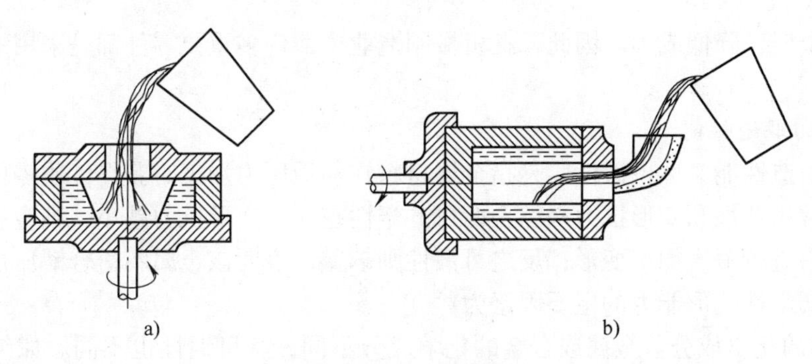

图 11-10　离心铸造的基本方式
a）立式离心铸造　b）卧式离心铸造

第二节　锻 压 成 形

一、概述

1. 锻压的概念

在外力作用下使金属产生塑性变形，从而获得具有一定形状、尺寸和力学性能毛坯或零件的加工方法，称为压力加工。压力加工的基本生产方式有锻造、冲压、轧制、拉拔、挤压等。锻压是锻造和冲压的总称，是压力加工的主要生产方法。

锻造是在锻压设备及工（模）具的作用下，使坯料或铸锭产生局部或全部塑性变形，以获得一定几何形状、尺寸和质量锻件的加工方法，是金属零件的重要成形方法之一。锻造按照所使用的设备和工具分类，可分为自由锻造、模型锻造和特种锻造。锻造常用来制造那些承受重载、冲击载荷、交变载荷等重要机械零件的毛坯，如各种机床的主轴和齿轮、汽车发动机的曲轴和连杆、起重机吊钩及各种刀具、模具等。

冲压一般是通过装在压力机上的模具对板料施压，使之产生分离或变形，从而获得一定形状、尺寸和性能的零件或毛坯。冲压主要用来生产强度高、刚度大、结构轻的板壳类零件，如手表齿轮、日用器皿、仪表罩壳、汽车覆盖件等。

2. 锻压加工的特点

1）改善金属的内部组织，消除内部缺陷，提高材料的力学性能。

2）具有较高的生产率。以生产内六角圆柱头螺钉为例，用模锻成形比切削成形效率高50 倍，若采用多工位冷镦工艺，则比切削成形生产率高 400 倍以上。

3）可以节省金属材料和切削加工工时，提高材料利用率和经济效益。

4）锻压加工的适应性很强。锻压能加工各种形状和各种质量的毛坯及零件，其锻压件的质量可小到几克、大到几百吨，可单件小批量生产，也可以成批生产。

但锻压成形困难，对材料的适应性差。因为锻压成形是金属在固态的塑性流动，其成形比铸造困难得多。塑性差的金属材料（如灰铸铁）不能锻压成形。只有那些塑性优良的钢、铝合金、黄铜等材料才能进行锻压加工；另外锻压设备贵重，锻件的成本也比铸件高。

如上所述，锻压不仅是零件成形的一种加工方法，还是改善材料组织性能的一种加工方法。与铸件相比，锻件具有强度高、晶粒细、冲击韧性好等优点。与由棒料直接切削加工相比，可节约金属，降低成本。因此，在机械制造业中，许多重要零件都是采用锻压的方法成形的。

3. 金属的锻造性能

金属的锻造性能又称可锻性，是指金属材料在经受压力加工时获得优质零件的能力。金属的可锻性常用塑性和变形抗力来综合衡量。塑性越大，变形抗力越小，则金属的可锻性越好，表明容易进行锻压加工变形；反之可锻性则越差，表明该金属不适合锻压加工。

影响金属塑性变形能力的主要因素为：

1）金属的化学成分。金属或合金的化学成分不同，其可锻性也不同。如纯金属的可锻性比合金的好，而钢的可锻性随着钢中含碳量的增加，塑性下降，变形抗力增大，可锻性变差。钢中的合金元素含量越高，其可锻性越差。

2）金属内部组织。金属的组织状态不同，其可锻性也不同。单一固溶体（如奥氏体）比金属化合物（如渗碳体）的塑性高，变形抗力小，可锻性好。

3）变形温度。温度越高，塑性越好；一般热变形的变形抗力只有常温的1/15～1/10。故锻造加工时，工件必须加热。

二、锻造

1. 自由锻造

（1）自由锻的概念、特点和应用　自由锻是将加热好的金属坯料，放在上、下两个砧铁之间，利用冲击力或静压力使金属产生变形，从而获得所需形状及尺寸锻件的一种加工方法。坯料在锻造过程中，在垂直于冲击力或静压力的方向上可进行不受限制的变形，因此称为自由锻。

自由锻的特点是：工艺灵活，所用工具、设备简单，通用性大，成本低，生产准备周期短，可锻造小至几克、大至几百吨的锻件。但自由锻尺寸精度低、加工余量大、生产率低、劳动条件差、强度大，要求操作工人的技术水平高。对于大型锻件，自由锻是目前唯一可行的加工方法，因此自由锻在重型机械制造中占有特别重要的地位。如水轮机发电机主轴、船用柴油机曲轴、连杆等大型零件，在工作中都要承受较大载荷，要求具有较高的强度，它们都采用自由锻造毛坯，经切削加工制成零件。

自由锻一般应用于单件、小批量零件的生产。

（2）自由锻的基本工序　自由锻的基本工序常用的有拔长、镦粗、冲孔等。

拔长是指使毛坯截面积减小、长度增加的锻造工序（图11-11a）。它是自由锻中应用最多的一种工序，多用来制造长轴线的锻件，如光轴、阶梯轴、曲轴、拉杆和连杆等。

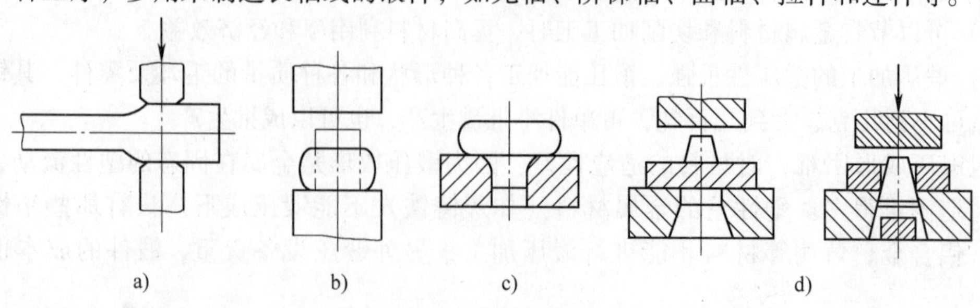

图11-11　自由锻的基本工序

a）拔长　b）整体镦粗　c）局部镦粗　d）冲孔

镦粗是指使毛坯高度减小、截面积增大的锻造工序，镦粗有整体镦粗（图 11-11b）和局部镦粗（图 11-11c）两种基本方法。镦粗多用来制造盘类锻件，如齿轮坯、圆盘、凸轮等。在锻造环、套筒等空心锻件时，镦粗是冲孔的预备工序。

冲孔是指在坯料上冲出通孔或不通孔的锻造工序（图 11-11d）。冲孔有单面冲孔和双面冲孔两种方法，冲孔常用于锻造齿轮坯、圆环、套筒等空心锻件。

（3）自由锻设备　自由锻设备分两类：一类是产生冲击力的设备，如空气锤和蒸汽空气锤；另一类是产生静压力的设备，如水压机等。

空气锤广泛用于小型锻件生产，它的机构比较简单，操作灵活，维修方便，但由于受压缩缸和工作缸大小的限制，空气锤吨位较小，锤击能力也小。空气锤吨位一般在 40～1 000kg，常用吨位范围为 65～759kg。空气锤吨位通常是指落下部分（锤头、锤杆、活塞和上砧铁等）的质量。

水压机是以静压力作用在坯料上，坯料在水压机上一次变形的时间为 1s 到几十秒。水压机工作时振动较小，噪声小，工作条件较好，作用在坯料上的压力时间长，变形速度慢，容易使坯料锻透，能够改善锻件的内部质量。水压机能量利用率较锻锤高，压力大（一般为 5～125MPa），可锻造 1～300t 的钢锭，是大型锻件的主要锻造设备。

2. 模型锻造（简称模锻）

模锻是把加热后的金属坯料放在具有一定形状的锻模模膛内，通过施加压力或冲击力，使坯料变形并充满锻模模膛，从而获得一定尺寸及形状的锻件的工艺方法。

模锻与自由锻相比，优点为：模锻件尺寸精度高，表面粗糙度低，可锻出形状复杂的锻件；模锻件机械加工余量小，材料利用率高，可节省材料和切削加工工时；模锻件的铸造流线组织分布更为合理，力学性能较好，因而可有效提高零件的使用寿命和使用性能；模锻生产操作简单，易于实现机械化和自动化，生产率高。

但是，模锻设备价格高，锻模的设计和制造费用高，生产周期长，成本高，每种锻模只能生产一种锻件，由于设备能力的限制，模锻件质量不宜过大，一般在 150kg 以下。模锻已广泛用于航空航天、汽车、拖拉机、机床和动力机械等行业重要零部件的生产中，主要适用于中小型锻件的成批和大量生产。

模锻分为固定模锻造和胎模锻造两类。

（1）固定模锻造　固定模锻造是把模具的上、下模（图 11-12 中的 2 和 1）分别固定在锻锤的锤头 4 和砧座 6 的模座 5 上，因此而得其名。固定模锻造可以在模锻锤上进行（称为模锻锤上模锻），也可以在热模锻压力机、平锻机或摩擦压力机上进行。此处仅介绍前者。

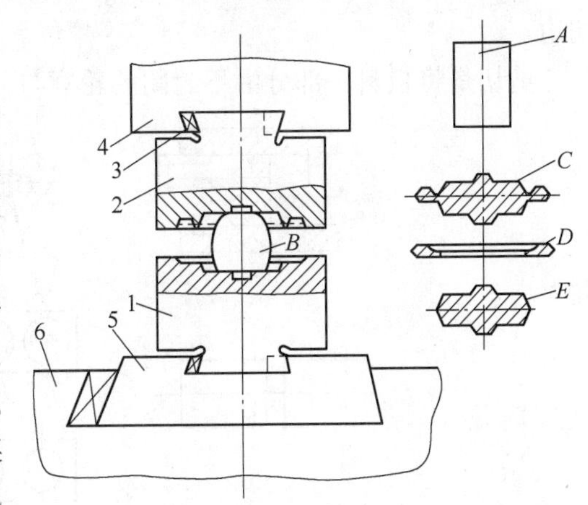

图 11-12　模锻锤上模锻工作示意图
1—下模　2—上模　3—紧固楔铁　4—锤头　5—模座　6—砧座

图 11-12 所示为模锻锤上模锻工作示意图。坯料 *A* 放入模具的模膛内锤击，*B* 为变形中某个瞬时的状态。*C* 为带有飞边的锻件。切下飞边 *D* 后，即得到锻件 *E*。

对于形状复杂的锻件，用一个模膛难以获得所需形状和尺寸，则需要使用多个模膛模具，使坯料形状和尺寸逐步接近锻件。

（2）胎模锻造　胎模锻造是在自由锻设备上使用简单的、可移动的非固定的模具生产出模锻件的一种锻造方法。通常采用自由锻方法使坯料成形，然后放在胎模中（图 11-13）成形。与自由锻相比，胎模锻造具有操作简便、生产率高、锻件尺寸精度高、表面粗糙度值小、加工余量少、节约金属等优点；与模锻相比，胎模锻造具有胎模制造简单、不需要贵重的模锻设备、成本低、使用方便等优点。但胎模锻件尺寸精度和生产率比锤上模锻低，工人劳动强度大，胎模使用寿命短，胎模锻造在没有模锻设备的中小型工厂中得到广泛地应用，主要用于中小批量锻件的生产。

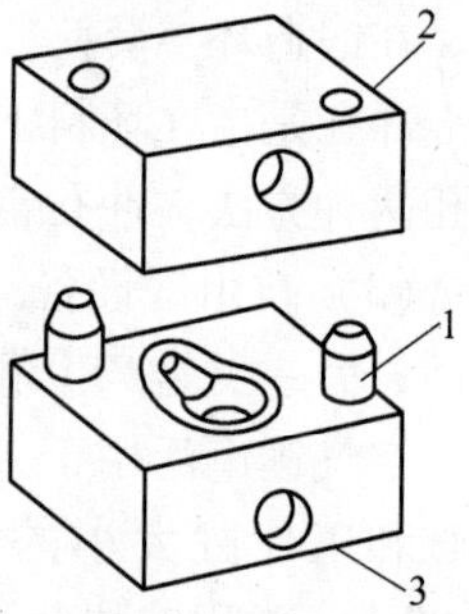

图 11-13　胎模

1—导柱　2—上模　3—下模

三、板料冲压

1. 概述

板料冲压是利用装在压力机上的模具对金属板料加压，使其产生分离或变形，从而获得毛坯或零件的一种加工方法。

板料冲压的坯料通常都是厚度在 1 ~ 2mm 以下的金属板料，而且冲压时一般不需要加热，故又称为薄板冲压或冷冲压。板料冲压的特点如下：

1）应用范围广泛。它可冲制形状简单和复杂的金属和非金属材料的冲压件。

2）冲压件的尺寸精度高，表面粗糙度较低，互换性强，可直接装配使用。

3）冲压件的强度高，刚度好，质量轻，材料的利用率高。

4）板料冲压操作简便，易于实现机械化、自动化，生产率高。

5）板料冲压模具制造周期长，尤其是形状复杂的模具，技术要求高，制造难度大，成本高。板料冲压一般用于中批以上的生产。

2. 板料冲压的基本工序

板料冲压的基本工序分为分离和变形。

（1）分离工序　分离工序是板料一部分与另一部分分离，主要有剪切、落料、冲孔和切边。

剪切是将板料一部分沿不封闭的轮廓与另一部分分离的工序（图 11-14a）。

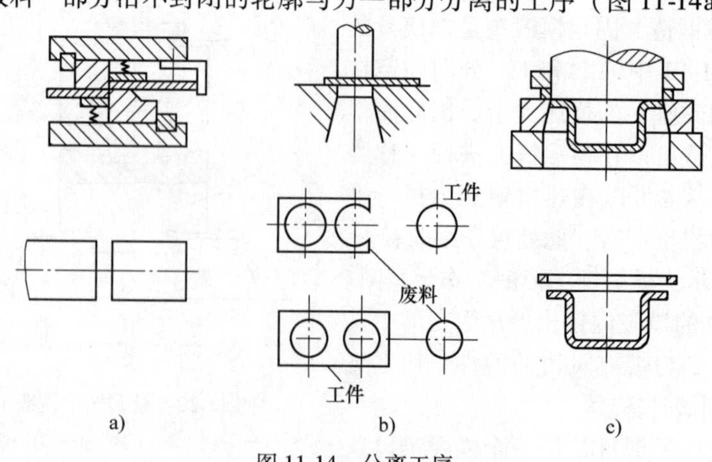

图 11-14　分离工序

a）剪切　b）落料与冲孔　c）切边

落料与冲孔都是使板料一部分沿封闭的轮廓与另一部分分离的工序。冲孔是为了在板料上冲出孔洞，落下部分是废料。落料是为了将工件从原来材料中分离出来，落下部分是工件（图 11-14b）。

切边是将成形后的半成品边缘部分的多余材料切去（图 11-14c）。

（2）变形工序　使板料一部分相对另一部分发生位移而不破坏的工序，称为变形工序。主要包括弯曲、拉深和翻边。

弯曲是改变板料曲线方向的工序，即将平直的板料弯成一定角度和圆弧的工序，如图 11-15a 所示。

拉深是将平板毛坯利用拉深模具制成开口空心零件的成形工艺方法（图 11-15b）。

翻边是把板料上孔的内缘或工件外缘翻成竖立的边缘（图 11-15c）。

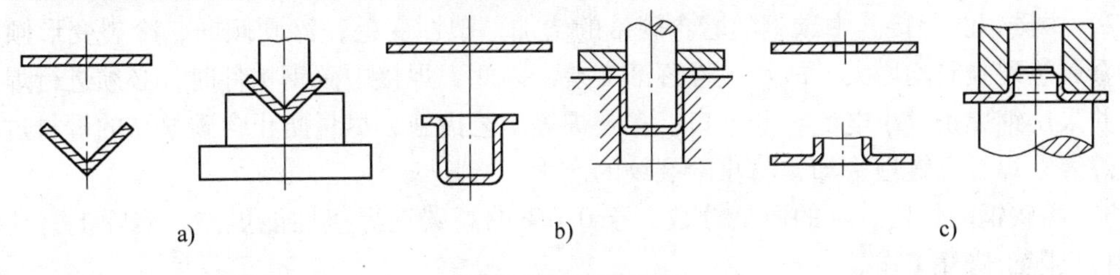

图 11-15　变形工序
a）弯曲　b）拉深　c）翻边

第三节　焊接成形

一、概述

1. 焊接的概念、特点及分类

将两金属件连接处加热熔化或加压，或两者并用，造成金属原子间或分子间的结合而得到永久连接，这种连接金属件的方法称为焊接。

焊接是一种重要的金属加工方法。它不仅在机械制造中有着广泛的应用，能解决一些铸造、锻压所不能解决的制造问题，而且在建筑安装工程、管道架设、桥梁建造等方面也占有重要的地位。我国工业建设中的一些重大产品，如直径为 16m 的大型球罐、12 000t 的水压机、人造卫星等，在其制造过程中，焊接均为一种主要的工艺方法。

焊接的种类很多，按焊接过程的特点不同可分为熔焊、压焊、钎焊三大类。

1）熔焊是指在焊接过程中，将两焊件接头加热至熔化状态，不加压力，靠熔化金属冷却结晶成一体而完成焊接的方法，如焊条电弧焊、埋弧焊、气体保护焊等。

2）压焊是指在焊接过程中，必须对焊件施加压力（加热或不加热）以完成焊接的方法，如电阻焊、摩擦焊等。

3）钎焊是指采用比母材熔点低的金属材料作钎料，将焊件和钎料加热到高于钎料熔点、低于母材熔点的温度，利用液态钎料润湿母材，填充接头间隙并与母材相互扩散实现焊接的方法，如软钎焊、硬钎焊等。

焊接与铆接等其他加工方法相比，具有节省材料，结构质量轻，接头的致密性好，强度高，生产成本低，便于实现工艺过程机械化、自动化等优点，但也存在易产生变形、焊接结构不可拆卸，维修和更换不方便，同时焊接过程易产生焊接缺陷和焊接应力等缺点。

2. 常用金属材料的焊接

（1）金属焊接性　金属焊接性是指在一定条件下（包括工艺方法、焊接材料、工艺参数及结构形式等）获得优质焊接接头的难易程度，即金属材料表现出“好焊”和“不好焊”的差别。

金属材料的焊接性包括两个方面：一是焊接接头产生工艺缺陷的倾向，尤其是出现裂纹的可能性；二是焊接接头在使用过程中的可靠性，包括力学性能及耐热、耐蚀等特殊性能。若焊接接头出现裂纹的可能性很小而且可靠性高，则该金属的焊接性好。

（2）碳钢和低合金高强度结构钢的焊接

1）低碳钢的焊接。低碳钢塑性好，没有淬硬倾向，冷裂倾向小，焊接性良好。可用各种方法进行焊接。

2）中碳钢的焊接。中碳钢随着含碳量的增加，塑性变差，淬硬倾向、冷裂变形倾向和焊缝金属热裂倾向均增大，故焊接性逐渐变差。因此，焊接中碳钢构件时，必须进行焊接预热，并采用细焊条、小电流、开坡口、多层焊等工艺措施，尽量防止含碳量高的母材过多地熔入焊缝。焊后应缓慢冷却，防止冷裂纹的产生。

3）高碳钢的焊接。碳的质量分数大于0.6%的高碳钢焊接性能更差。实际上，高碳钢的焊接只限于修补工作。

4）低合金高强度结构钢的焊接。低合金高强度钢的含碳量都很低，但由于合金元素含量的不同，所以其性能、焊接性差别较大。通常，其焊接性随着强度等级的提高而变差。

（3）铸铁的焊补　铸铁中碳的质量分数高，硫、磷杂质多，其强度低，几乎无塑性，焊接性差。铸铁一般不能用于制造焊接构件，但铸件的缺陷及在使用中发生的局部损坏或断裂，可以通过焊补的方式进行修复。

铸铁焊补的方法有两种，即热焊和冷焊。

1）热焊。焊前将工件整体或局部预热到600～700℃，焊后缓慢冷却。热焊可防止出现焊接缺陷，焊补质量较好，焊后可以进行机械加工。但热焊生产率低，成本较高，劳动条件较差。一般用于焊补形状复杂、焊后需进行加工的重要铸件，如主轴箱、气缸体等。

2）冷焊。焊前不预热或预热温度较低（400℃以下）。冷焊常用的焊接方法是焊条电弧焊。在焊接过程中可依靠焊条成分来调整焊缝的性能，并配合以相应的工艺参数和工艺措施来避免白口组织及裂纹的产生，如小电流、短弧焊、窄焊缝、短焊道，焊后立即锤击焊缝，以松弛焊接应力等。冷焊与热焊相比，生产率高，成本低，劳动条件好，但焊补质量不如热焊，因此主要用于焊补要求不高和怕高温预热引起变形的铸件及非加工表面。

（4）非铁金属的焊接　铝及铝合金、铜及铜合金的焊接性均较差。

铝及铝合金焊接的主要问题有：极易氧化，易形成气孔和裂纹，操作困难等。目前，焊接铝及铝合金较好的方法是氩弧焊。要求不高的也可用气焊，但必须用氯化物和氟化物组成的焊剂去除焊件的氧化膜和杂质。

铜及铜合金焊接的主要问题有：不易焊透（铜的导热性高），易氧化，易产生气孔和变形等。为了防止铜及铜合金焊接缺陷的产生，必须防止铜的氧化和氢的溶解。常用的焊接方法为氩弧焊、气焊和钎焊等，但不宜用电阻焊焊接（铜的电阻很小）。

二、焊条电弧焊

焊条电弧焊是利用电弧产生的热量来熔化局部母材和焊条的一种手工操作的焊接方

法。它是焊接中应用最广泛的一种焊接方法。其特点是所需设备简单，操作灵活，对空间不同位置、不同接头形式的焊缝均能焊接，且能焊接各种金属材料；但生产率低，劳动强度大。

1. 焊接过程

图11-16所示为焊条电弧焊的工作情况。焊条（通过焊钳）和工件分别接到电焊机输出端的两极，引弧时，首先将焊条与工件接触，使焊条回路短路，然后迅速将焊条提起2～4mm。在焊条提起的瞬间，电弧即被引燃。电弧同时将工件（局部）与焊条熔化，形成了金属熔池（由于电弧的吹力作用，在焊件上形成的一个充满金属的椭圆形凹坑）。随着电弧沿焊接方向的不断移动，陆续产生新的熔池，而原来的熔池金属冷凝后形成焊缝。

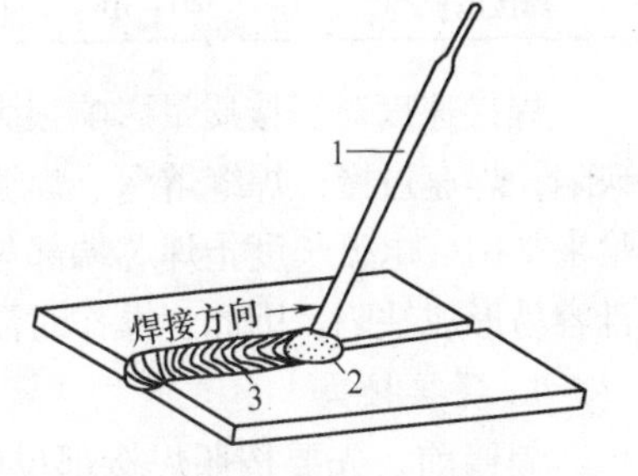

图11-16　焊条电弧焊的工作情况

1—焊条　2—熔池　3—焊缝

2. 焊条

焊条是焊条电弧焊的重要焊接材料，它直接影响到焊接电弧的稳定性，以及焊缝的化学成分和力学性能。焊条的优劣是影响焊条电弧焊质量的主要因素之一。

焊条的种类规格很多，但它们都是由焊条芯（简称焊芯）及包在外面的药皮所组成的。

（1）焊芯　焊芯由专门的焊接钢丝制成。它有两个功用：一是传导电流，产生电弧；二是本身熔化作为填充金属，与焊件上熔化的金属一起构成焊缝。

（2）药皮　药皮的作用是产生大量气体和熔渣，对焊区进行机械保护，隔绝有害气体的影响；对焊缝金属进行脱氧、脱硫、脱磷，并渗入有益元素；稳定电弧。药皮的成分较为复杂，常用的有氟石、大理石、各种合金等。

（3）焊条分类及牌号　焊条按用途不同可分为十大类，即结构钢焊条、不锈钢焊条、耐热钢焊条、低温钢焊条、堆焊焊条、铸铁焊条、镍及镍合金焊条、铜及铜合金焊条、铝及铝合金焊条、特殊用途焊条。各大类焊条又可分为若干小类。其中结构钢焊条应用最广。

焊条牌号国家有统一规定的标准，下面以碳钢焊条为例进行说明。碳钢焊条型号用E加四位数字表示，即E××××。E表示焊条，前两位数字表示焊缝金属的最低抗拉强度值，第三位数字表示焊接位置，第三、四位数字组合表示焊接药皮类型及电流种类。如E4315，“43”表示焊缝金属的$R_m \geqslant 420$MPa；“1”表示适合立、平、横、仰位置焊接；“15”表示药皮为低氢钠型，电流类型为直流反接。

3. 焊接参数

焊接参数有焊条直径、焊接电流、焊接速度和电弧长度。为了获得质量优良的焊接接头，必须选择合适的焊接参数。

首先，根据被焊工件的厚度来选择焊条直径，见表11-1。然后，根据焊条的直径来选择焊接电流，见表11-2。在焊接低碳钢时，焊接电流和焊条直径的关系可采用以下经验公式确定，即

$$I=(30\sim60)d$$

式中，I为焊接电流，单位为A；d为焊条直径，单位为mm。

表 11-1　焊条直径的选择

工件厚度/mm	2	3	4 ~ 7	8 ~ 12	≥ 12
焊条直径/mm	1.6 ~ 2.0	2.5 ~ 3.2	3.2 ~ 4.0	4.0 ~ 5.0	4.0 ~ 5.8

表 11-2　焊接电流的选择

焊条直径/mm	2	2.5	3.2	4.0	5.0
焊接电流/A	40 ~ 70	50 ~ 80	90 ~ 120	160 ~ 200	200 ~ 270

焊接速度对焊接质量影响很大。焊速过快，易产生焊缝的熔深浅、焊缝宽度小及未焊透等缺陷；焊速过慢，焊缝熔深、焊缝宽度增加，特别是薄件易烧穿。焊接速度的快慢由焊工凭经验来掌握。电弧长度指焊芯端部与熔池之间的距离。电弧过长时，燃烧不稳定，熔深减少，并且容易形成缺陷。因此，操作时需要采用短电弧，一般要求电弧长度不超过焊条直径。

4. 焊接接头

焊接前，先要按照焊接部位的形状、尺寸和受力情况，选择接头的类型。常用的焊接接头有对接接头、搭接接头、T 形接头和角接接头。

（1）对接接头　对接接头（图 11-17）为最常用的接头。它分为不开坡口和开坡口两类。开坡口的目的是使焊缝根部焊透，一般用于厚度 6mm 以上的钢板。开坡口的对接接头有 V 形、U 形、X 形和双 U 形四种。其钢板焊接的厚度沿 V—U—X—双 U 的顺序逐步增大。

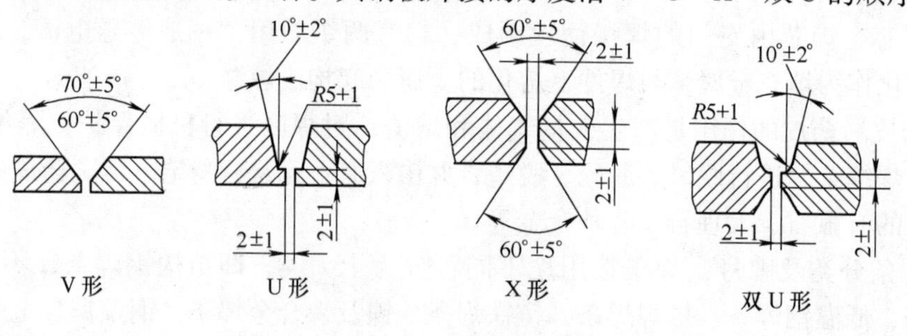

图 11-17　对接接头

（2）搭接接头　搭接接头（图 11-18）承载能力低，在结构设计中应尽量避免使用。

（3）T 形接头　T 形接头（图 11-19）应用较广泛，对于不重要的结构可不开坡口。

（4）角接接头　角接接头如图 11-20 所示，焊接薄工件时不开坡口；焊厚的和重要的工件时要开坡口。

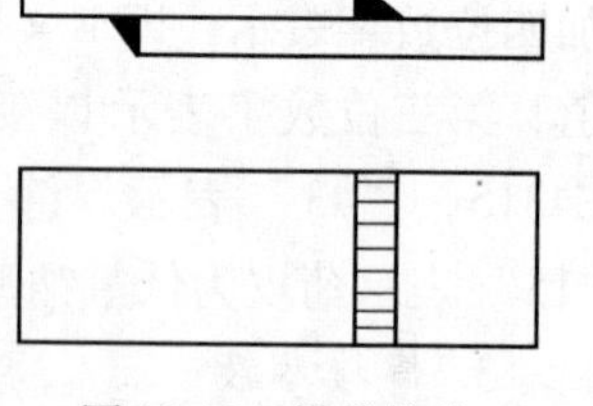

图 11-18　搭接接头

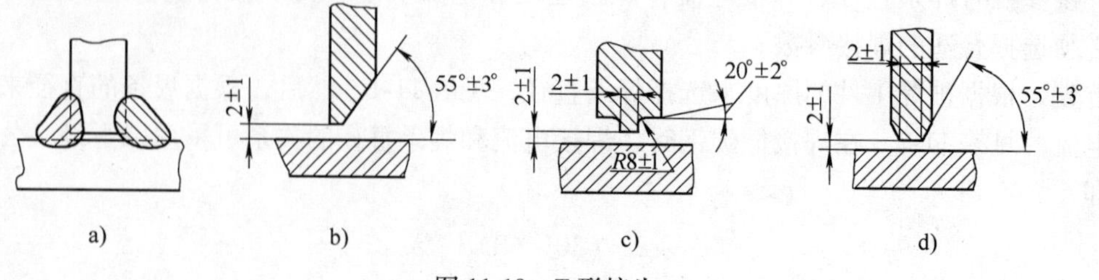

图 11-19　T 形接头

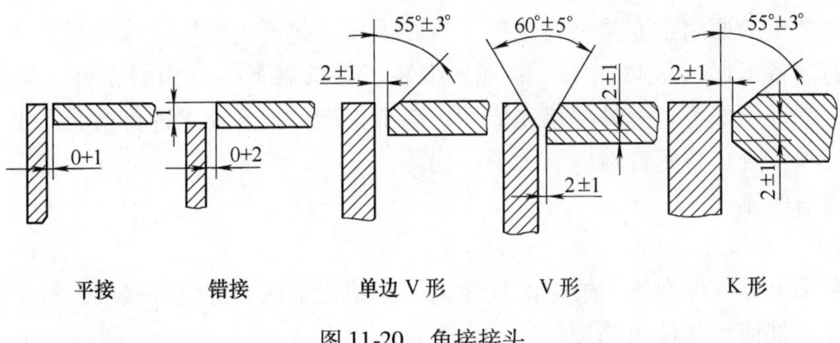

图11-20　角接接头

5. 焊缝的空间位置

焊接时，根据焊缝在空间所处的位置不同，可分为平焊、立焊、横焊和仰焊四种，如图11-21所示。其中以平焊工作位置最为合适，立焊、横焊次之，仰焊最差。

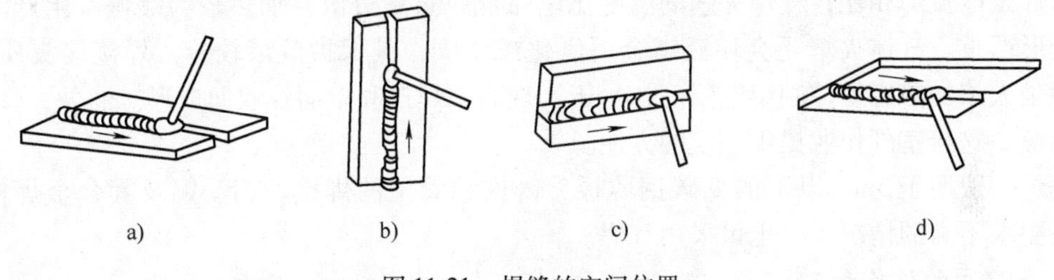

图11-21　焊缝的空间位置

a）平焊　b）立焊　c）横焊　d）仰焊

6. 焊接缺陷及检查

焊条电弧焊常见的焊接缺陷有焊缝尺寸及形状不符合要求、咬边、焊瘤、未焊透、夹渣、气孔和裂纹等，如图11-22所示。咬边是沿焊缝的母材部位产生沟槽或凹陷。焊瘤是在焊接过程中，熔化金属流淌到焊缝之外未熔化的母材上所形成的金属瘤。未焊透是指焊接时接头根部未完全熔透的现象。夹渣是指焊接熔渣残留于焊缝金属中的现象。气孔是指熔池中的气体在凝固时未能逸出而残留下来所形成的空穴。裂纹是指焊接接头中局部的金属原子结合力遭到破坏而形成新界面所产生的裂纹。

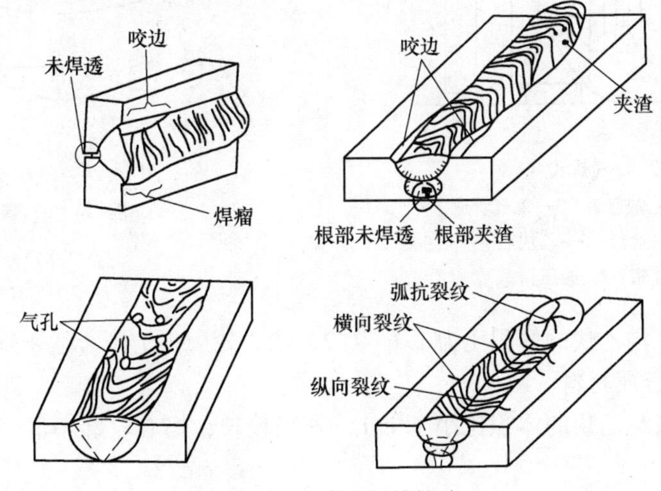

图11-22　常见焊接缺陷

焊接裂纹产生的原因主要是材料选择不当，焊接工艺不正确等。其他焊接缺陷的产生原因一般是焊前准备工作（坡口加工、清理、组装、焊条烘干等）做得不好，焊接参数不适合和操作技术掌握不好等。焊件焊接完成后，应根据产品技术要求进行检验。生产中常用的检验方法有外观检查、致密性检验、无损探伤等。

三、气焊与气割

1. 概述

气焊是利用可燃气体在氧中燃烧的气体火焰来熔化金属以进行焊接的一种工艺方法。气割和多种钎焊也都使用气体火焰加热。

一般使用乙炔和氧气在焊炬中混合，然后从焊嘴喷出燃烧，将工件和不带涂料的焊丝熔化，形成熔池，冷却凝固后形成焊缝。气体燃烧时产生大量的 CO_2 和 CO 气体，可起保护熔池的作用。

与焊条电弧焊相比，气焊火焰的温度比电弧低，热量分散，加热较为缓慢，生产率低，焊接变形严重。气体火焰还会使液态金属氧化或增碳，其保护效果较差，焊接接头质量不高。但是火焰加热容易控制熔池温度，易于实现均匀焊透和单面焊双面成形。此外，气焊不需要电源，这给室外作业提供一定的方便。

气焊一般用于 3mm 以下的低碳钢薄板、铸铁和管子的焊接。铝、铜及其合金焊接时，在质量要求不高的情况下，也可采用气焊。

2. 气焊用的设备和工具

气焊用的设备和工具如图 11-23 所示，包括氧气瓶、乙炔瓶、回火保险器、焊炬等。

3. 气焊火焰

气焊火焰是由氧气与乙炔气体混合燃烧而形成的。根据氧气与乙炔的比例不同，气焊火焰可分为三种，如图 11-24 所示。

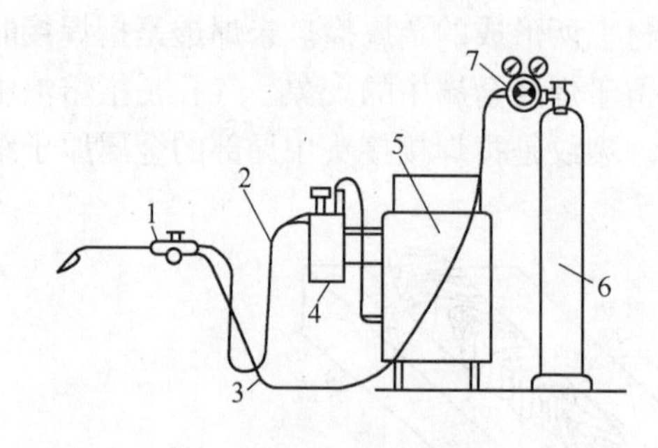

图 11-23　气焊设备

1—焊炬　2—乙炔管道　3—氧气管道　4—回火保险器　5—乙炔瓶　6—氧气瓶　7—减压器

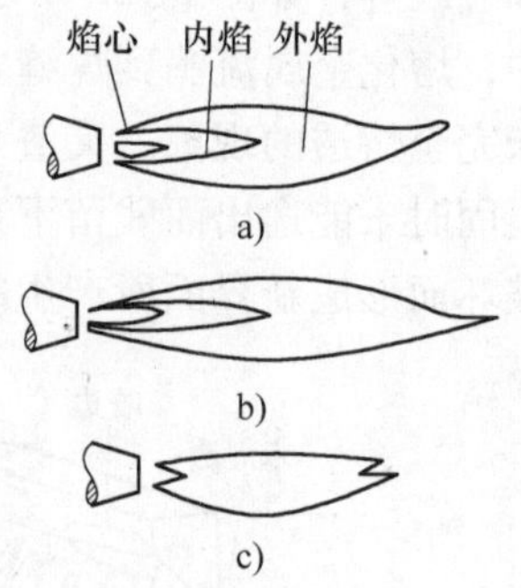

图 11-24　气焊火焰

a）中性焰　b）碳化焰　c）氧化焰

1）中性焰。氧与乙炔的体积比为 1.1 ~ 1.2，焰心轮廓很清晰。适于焊接低碳钢、中碳钢、合金钢及非铁金属材料。

2）碳化焰。氧与乙炔的体积比小于 1.1，外焰较长，焰心轮廓不清。此火焰适于焊接含碳量较高的金属。

3）氧化焰。氧与乙炔的体积比大于 1.2，整个火焰较短，焰心呈蓝白色。此火焰氧化性强，只适于焊接黄铜、锡青铜，一般焊接不采用。

4. 气割

气割是利用氧-乙炔气体混合火焰将工件待割处预热到一定温度，然后施加高压氧气流使金属燃烧放出热量并吹除氧化渣，致使工件被完全割开，如图 11-25 所示。

对金属材料进行气割时，必须具备下列条件：

1）金属的燃点必须低于其熔点。这样才能保证金属气割过程是燃烧过程，而不是熔化过程。

2）金属氧化物的熔点应低于金属本身的熔点，同时流动性要好。否则，氧气切割过程中形成的高熔点金属氧化物阻碍下层金属与切割氧气流的接触，使气割发生困难。

3）金属燃烧时能放出大量的热，而且金属本身的导热性要低，防止散热，这样才能保证气割处的金属具有足够的预热温度，使气割过程能连续进行。

满足上述条件的金属材料有纯铁、低碳钢、中碳钢和低合金钢等，铸铁、不锈钢和铜、铝及其合金不能进行气割。

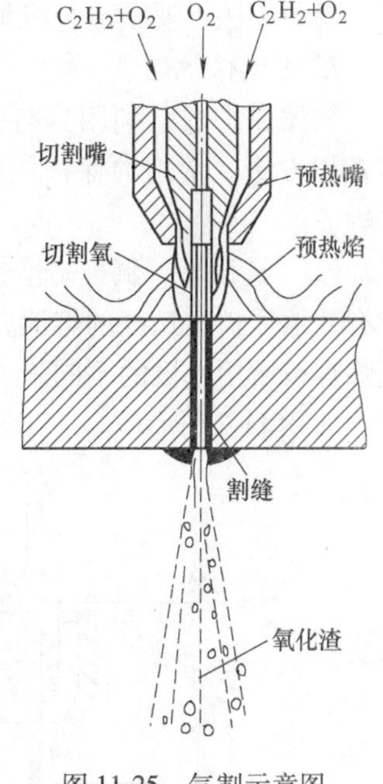

图 11-25　气割示意图

四、其他常用的焊接方法简介

为了提高焊接质量和生产率，改善劳动条件，使焊接技术向机械化、自动化方向发展，便出现了埋弧焊和气体保护焊等焊接方法。

1. 埋弧焊

埋弧焊是指电弧在焊剂层下燃烧进行焊接的方法。它分为自动埋弧焊和半自动埋弧焊，其中自动埋弧焊在生产中应用很广泛。自动埋弧焊的焊缝形成过程如图 11-26 所示。

自动埋弧焊是指引弧、焊丝送进、移动电弧和收弧等动作由机械自动完成。焊接前，将焊剂（代替焊条药皮）做成颗粒状堆集在焊道上，将光焊丝插入焊剂内引弧，电弧熔化焊丝、焊剂和工件形成熔池，熔融金属沉在熔池下部，熔化的焊剂呈熔渣浮在熔池上面保护熔池，冷却后形成渣壳。

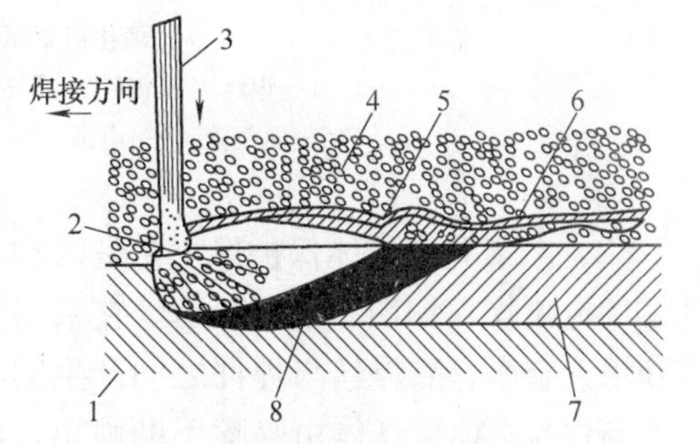

图 11-26　自动埋弧焊焊缝的形成过程

1—母材金属　2—电弧　3—焊丝　4—焊剂　5—熔化了的焊剂　6—渣壳　7—焊缝　8—熔池

自动埋弧焊与焊条电弧焊相比具有如下优点：

（1）生产率高　由于埋弧焊采用大电流焊接（焊接电流可达 800～1 000A），熔深大，不需换焊条，所以生产率比焊条电弧焊提高 5～10 倍。

（2）焊缝质量好　由于埋弧焊焊接区受到焊剂和液态熔渣的可靠保护，焊接热量集中，焊接速度快，热影响小，焊件变形小，所以焊接质量好。

（3）节省材料与能源　埋弧焊穿透能力强，对厚度≤20mm 的焊件可不开坡口也能焊透，同时没有飞溅和焊条头的损失，从而减少了焊接材料的消耗。

（4）改善工人的劳动条件　埋弧焊焊接过程的机械化，使工人的劳动强度大大降低，且电弧埋在焊剂层下燃烧，无弧光，烟尘少，劳动条件得到很大改善。

埋弧焊的不足之处是：对于短焊缝、曲折焊缝及薄板焊接困难；设备费用昂贵；焊接过程看不到电弧，不能及时发现问题。因此埋弧焊的应用受到了一定限制。

埋弧焊适用于批量大的中厚板结构的长直焊缝和较大直径的环焊缝焊接。在桥梁、造船、锅炉、压力器、冶金机械制造等工业中获得广泛应用。

2. 气体保护焊

气体保护焊是利用具有一定性质的气流排除电弧周围的空气，从而达到保护金属熔池的弧焊方法。常用的保护气体有氩（Ar）气和 CO_2，分别称为氩弧焊和二氧化碳气体保护焊。

（1）氩弧焊　氩气是惰性气体，它既不与金属发生化学反应，又不溶解于金属，因此能有效地保护电弧区的熔池、焊缝和电极不受空气的有害作用，是一种较理想的保护气体。氩弧焊按所用电极的不同，可分为熔化极（金属极）氩弧焊和不熔化极（钨极）氩弧焊两种，如图 11-27 所示。

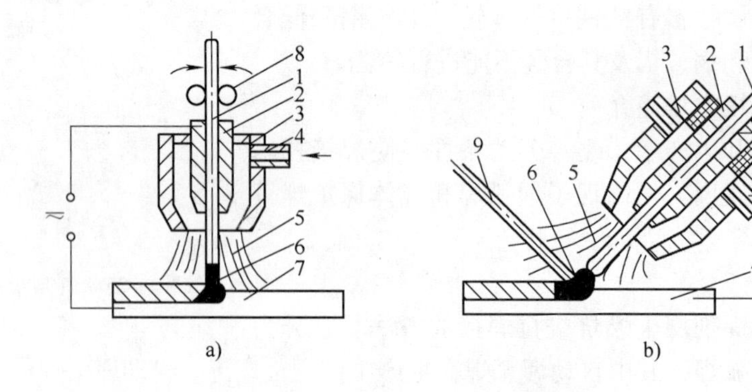

图 11-27　氩弧焊示意图

a）熔化极氩弧焊　b）非熔化极氩弧焊

1—焊丝（或钨极）　2—导电嘴　3—喷嘴　4—氩气进气管

5—氩气流　6—电弧　7—焊件　8—送丝滚轮　9—填充焊丝

（2）二氧化碳气体保护焊　它是以 CO_2 为保护气体的电弧焊，如图 11-28 所示。它采用焊丝作电极和填充金属，靠焊丝与焊件之间产生的电弧熔化工件与焊丝，CO_2 气体由喷嘴不断喷出，形成一个保护区，代替焊条药皮和焊剂来保证焊缝质量。

二氧化碳气体保护焊是用价廉的 CO_2 作保护气体，具有成本低，生产率高，焊接质量比较好等优点。但 CO_2 是氧化性气体，在高温下能分解为 CO 和氧，会烧损合金元素。因此，不能用来焊接非铁金属和高合金钢，只适用于焊接低碳钢和低合金钢（采用锰、硅含量高的焊丝），主要用于焊接薄板。

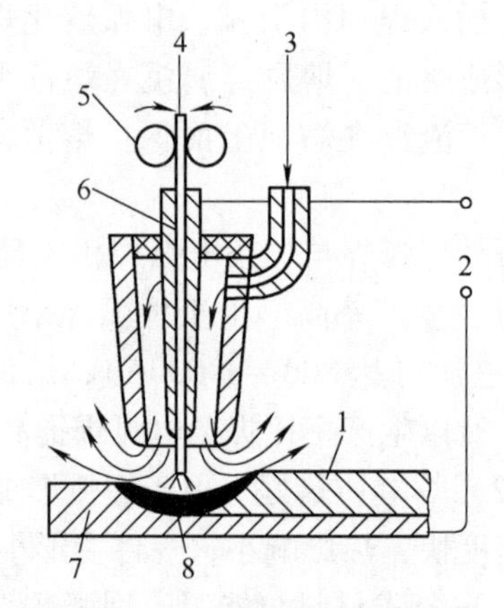

图 11-28　二氧化碳气体保护焊

1—焊缝　2—电源　3—CO_2 气体　4—焊丝

5—滚轮　6—导电嘴　7—基本金属　8—熔池

第四节　毛坯的选择

除了少数要求不高的零件外，机械上的大多数零件都要通过铸造、锻压或焊接等加工方法先制成毛坯，然后再经切削加工制成成品。因此，毛坯选择的正确与否，不仅影响每个零件乃至整个产品制造质量和使用性能，而且对于生产成本也有很大影响。正确选择毛坯的材料、类型和成形方法是机械设计和制造中的重要任务。

一、毛坯选择的原则

机械制造零件毛坯的选择应遵循以下三条基本原则。

1. 满足零件的使用性能要求

毛坯的使用要求是指将毛坯最终制成机械零件的使用要求。零件的使用要求包括对零件形状和尺寸的要求，以及工作条件对零件性能的要求。工作条件通常指零件的受力情况、工作温度和接触介质等。因此，对零件的使用要求也就是对其外部和内部质量的要求。例如，机床的主轴和手柄，虽同属轴类零件，但其承载及工作情况不同。主轴是机床的关键零件，尺寸、形状和加工精度要求很高，受力复杂，在长期使用过程中只允许发生极微小的变形，因此应选用45 钢或40Cr 等具有良好综合力学性能的材料，经锻造制坯及严格的切削加工和热处理制成；而机床手柄，尺寸、形状等要求不很高，受力也不大，故选用低碳钢棒料或普通灰铸铁为毛坯，经简单的切削加工即可制成，不需要热处理。再如，燃气轮机上的叶片和电风扇叶片，虽然同是具有空间几何曲面形状的叶片，但前者要求采用优质合金钢，经过精密锻造和严格的切削加工及热处理，并且需经过严格的检验，其制造尺寸的微小偏差将会影响工作效率，其内部的某些缺陷则可能造成严重的后果；而一般电风扇叶片，采用低碳钢薄板冲压成形或采用工程塑料成型就基本完成了。

由上述可知，即使同一类零件，由于使用要求不同，从选择材料到选择毛坯类别和加工方法，可以完全不同。因此，在确定毛坯类别时，必须首先考虑工作条件对其提出的使用性能要求。

2. 满足经济性

在满足零件使用性能要求的前提下，从几个可供选择的方案中选择总成本较低的方案，尽量以最少的人力、物力、财力投入，高效生产出最多的产品，达到最佳的经济效益。

毛坯的生产成本与批量的大小关系极大，当零件的批量很大时，应采用高生产率的毛坯生产方式，如冲压、模锻、注塑成型及压力铸造等。这些生产方法虽然模具制造费用较高、设备复杂，但当生产批量很大时，分摊在每件产品上的模具费用就较少，产品成本就相应降低；当零件的批量较小时，则应采用自由锻、砂型铸造等毛坯生产方法。

分析毛坯生产方法的经济性时，不能单纯考虑毛坯的生产成本，还应比较毛坯的材料利用率、机械加工成本、产品的使用成本等，使产品具有更好的使用性能、较低的动力消耗和较低的维修管理费用，以提高产品的市场竞争力。

3. 考虑实际生产条件

根据使用要求和制造成本分析所选定的毛坯制造方法是否能实现，还必须考虑企业的实际生产条件。只有实际生产条件能够实现的生产方案才是合理的。因此，在考虑实际生产条件时，应首先分析本企业的设备条件和技术水平能否满足毛坯制造方案的要求。如不能满足要求，则应考虑某些零件的毛坯可否通过厂际协作和外购来解决。随着现代工业的发展，产品和零件的生产正在向专业化方向发展，在进行生产条件分析时，一定要打破自给自足的小生产观念，将生产协作的视野从本企业、本集团的狭小天地里解脱出来。这样就可能确定一个既能保证质量，又能按期完成任务，经济上也合理的方案。

上述三条原则是相互联系的，考虑时应在保证使用要求的前提下，力求做到质量好、成本低和制造周期短。

二、常用毛坯的生产方法及其有关内容比较

常用毛坯的生产方法及其有关内容比较见表 11-3。

表 11-3　常用毛坯的生产方法及其有关内容比较

项　目	铸　件	锻　件	冲 压 件	焊 接 件
对原材料工艺性的要求	流动性好,收缩率低	塑性好,变形抗力小	塑性好,变形抗力小	强度高,塑性好,淬硬性低
常用材料	灰铸铁、球墨铸铁、低中碳钢、铝合金、铜合金	中碳钢及合金结构钢	低碳钢、奥氏体、不锈钢及铜、铝等非铁金属	低碳钢、低合金钢、不锈钢及铝合金等
力学性能特点	灰铸铁件差,球墨铸铁件、可锻铸铁及铸钢件较好	比相同成分的铸钢件好	变形部分的强度、硬度提高,结构刚性较好	焊缝区的力学性能可达到或接近母材
结构特征	可生产较复杂的铸件,形状一般不受限制	形状一般较铸件简单	结构轻巧,形状可以较复杂	尺寸、形状一般不受限制,结构较轻
公差等级	IT16 ~ IT11	自由锻 IT16 ~ IT14 模锻 IT14 ~ IT10	IT12 ~ IT9	IT16 ~ IT14
材料利用率	高	低	较高	较高
适合的生产类型	单件、成批及大批生产	自由锻适合单件、小批量生产;模锻适合成批及大批量生产	大批量	单件及成批生产
生产成本	较低	较高	批量越大,成本越低	较高
主要适用范围	形状复杂、受力不大的零件	受力较大,较复杂的重要零件及工具、模具	以薄板成形的各种零件为主	主要用于各种金属结构件,部分用于制造金属零件
应用举例	设备底座、变速箱体、导轨、轴承座、齿轮、凸轮轴等	传动轴、曲轴、连杆、齿轮、凸轮、锻模、冲模等	仪器仪表零件、汽车车身、油箱及生活用品等	锅炉、压力容器、管道、厂房构架、船体、桥梁等

习　题

11-1　什么是铸造？它有何特点？

11-2　型砂应具有哪些性能？这些性能对铸件质量有何影响？

11-3　制造模样和芯盒时应注意哪些问题？

11-4　零件、铸件和模样三者在尺寸、形状上有何区别？

11-5　简述主要造型方法的特点及应用。
11-6　特种铸造主要有哪几种？分别有何特点？
11-7　什么是锻压？它有何特点？
11-8　什么是自由锻？能完成哪些基本工序？有何特点？
11-9　什么是固定模锻造和胎模锻造？各有何特点？各用于何种情况？
11-10　板料冲压有何特点？应用范围如何？
11-11　板料冲压的基本工序有哪些？
11-12　什么是焊接？根据焊接过程的特点，焊接方法可分为哪几大类？
11-13　试简述焊条电弧焊的焊接过程。
11-14　焊芯的作用是什么？焊条药皮有哪些作用？
11-15　焊接接头形式和坡口形式各有哪几种？
11-16　试述气焊、气割原理。
11-17　简要说明自动埋弧焊及气体保护焊的特点。
11-18　选择毛坯的种类时，主要应考虑哪些原则？
11-19　机械加工中常用的毛坯有哪几种？各有什么特点？

第十二章　金属切削加工与机械装配

利用刀具从金属毛坯上切去多余的金属材料，从而获得符合规定技术要求的机械零件的加工方法称为金属切削加工。切削加工是在材料的常温状态下进行的，它包括机械加工和钳工加工两种。其主要形式有：车削、铣削、刨削、钻削、磨削、齿形加工及锉削、錾削、锯削等。虽然切削加工方式多种多样，但它们的切削运动、切削工具以及切削过程的物理性质都有着共同的现象和规律，这些现象和规律是学习各种切削加工方法的共同基础。

机械装配是决定机械产品质量的重要工艺过程。即使全部合格的零件，如果装配不当，往往也不能形成质量合格的产品。所以，机械装配在整个机械过程中也显得尤为重要。

第一节　切削运动与切削用量

一、切削运动

切削运动是指在切削过程中工件与刀具之间产生的相对运动。在切削运动中，加工刀具与工件相互作用，就形成了工件表面轮廓。切削运动包括主运动和进给运动两个基本运动。

1. 主运动

主运动是切除工件上多余金属的基本运动，也是速度最高、消耗功率最大的运动，主运动只有一个，既可以是工件运动，如车削（图 12-1）；也可以是刀具运动，如铣削和刨削（图 12-2）。

2. 进给运动

进给运动是使切削工作得以连续进行，以得到所需几何表面的运动。车削时的进给运动为车刀沿工件轴线方向的直线移动，如图 12-1 所示。铣削和刨削的进给运动为工件的直线运动，如图 12-2 所示。进给运动也可以是回转运动，如内、外圆磨削时工件的回转。

进给运动速度较低，消耗功率较小。进给运动可以有一个，或一个以上，或通过刀齿的齿升量完成进给运动（如拉削）。

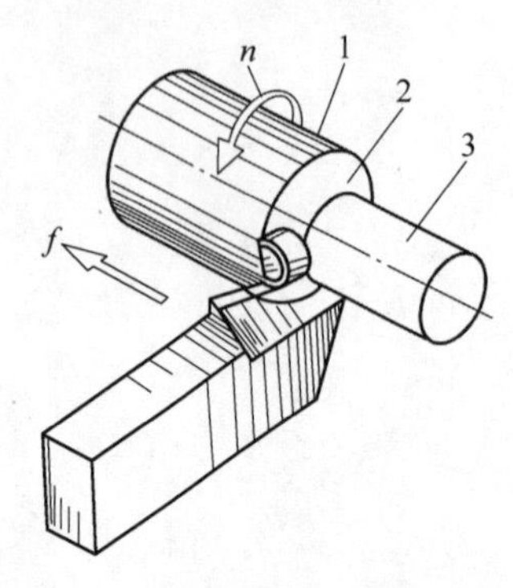

图 12-1　车削时的切削运动

1—待加工表面　2—过渡表面　3—已加工表面

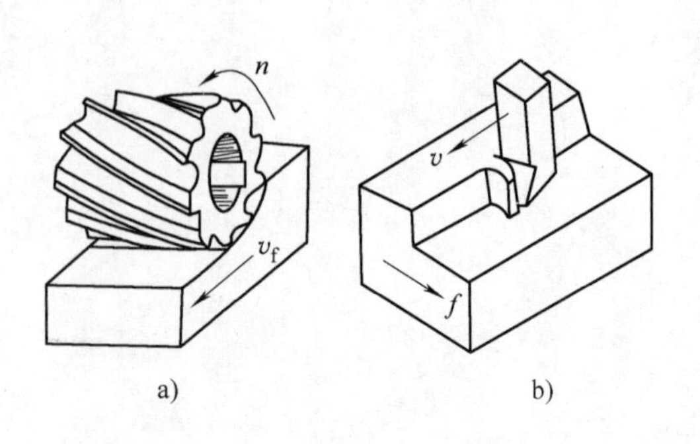

图 12-2　铣削和刨削时的切削运动

二、切削用量

切削用量是切削速度、进给速度及背吃刀量的总称。在切削运动的作用下，工件上同时存在三个不断变化的表面。以车削为例，如图 12-1 所示，即

待加工表面：需要切去金属的表面，如图中表面 1。

已加工表面：切削后得到的表面，如图中表面 3。

过渡表面（也称切削表面）：正在被切削的金属表面，如图中表面 2。

1. 切削速度 v_c（m/min）

切削速度是指刀具切削刃上选定点相对工件主运动的线速度。当主运动为转动（图 12-3）时，其计算公式为

$$v_c = \frac{\pi d_w n}{1000} \tag{12-1}$$

式中，d_w 为待加工表面的直径，单位为 mm；n 为工件的转速，单位为 r/min。

如为钻削、铣削，则 d_w 用刀具直径 d_0 代替，n 则为刀具的转速。

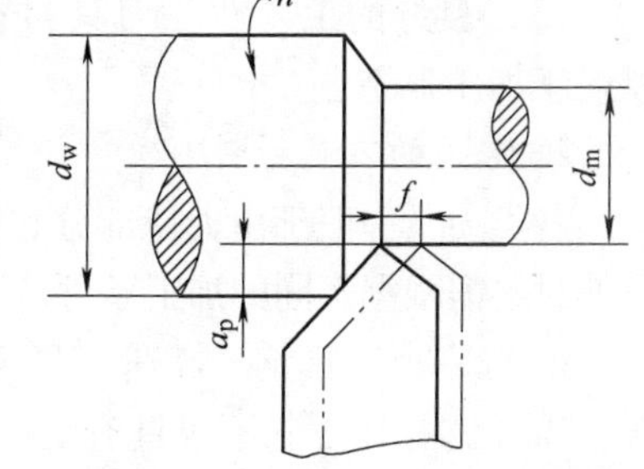

图 12-3　车削时的切削用量

2. 进给量 f

进给量指工件（或刀具）每转一周时刀具（或工件）沿进给方向移动的距离，可用刀具或工件每转或每行程的位移量来表述和度量，如

车削：工件转一圈车刀移动的距离（mm/r）。

钻削：钻头转一圈钻头移动的距离（mm/r）。

刨削：刀具（或工件）往返一次，工件（或刀具）移动的距离（mm/d. str）。

铣削：每齿进给量 f_z(mm/z)、每转进给量 f(mm/r)、进给速度 v_f(mm/min)。它们之间的关系为

$$v_f = fn = f_z zn \tag{12-2}$$

式中，z 为铣刀的刀齿数。

3. 背吃刀量 a_p

背吃刀量指工件已加工表面和待加工表面间的垂直距离，单位为 mm。

车削外圆时

$$a_p = \frac{d_w - d_m}{2} \tag{12-3}$$

式中，d_w 为待加工表面的直径，单位为 mm；d_m 为已加工表面的直径，单位为 mm。

上述切削速度、进给量和背吃刀量与工件的加工质量、刀具磨损、机床动力消耗及生产率等密切相关，因此，应合理选择切削用量。

第二节　金属切削刀具

一、刀具材料的性能及选用

1. 对刀具切削部分材料的基本要求

在切削加工过程中，刀具切削部分是在较大的切削力、较高的切削温度及剧烈的摩擦状

态下工作的，刀具能否完成切削工作首先取决于刀具切削部分材料的性能。因此，刀具切削部分材料应满足下列要求：

（1）高的硬度　刀具材料应具有较高的硬度，且必须高于被切工件的硬度。

（2）高的耐磨性　刀具在切削加工过程中受剧烈摩擦，容易磨损，故要求耐磨。

（3）高的耐热性　刀具材料在高温下保持硬度、强度和耐磨性的能力称为耐热性，也称为热硬性。高温下硬度降低越小，则热硬性越好，它是评定刀具切削部分材料性能优劣的主要指标。

（4）足够的强度和韧性　刀具材料具有承受一定冲击和振动而不断裂或崩刃的能力。

（5）良好的工艺性　刀具材料应具有较好的切削加工性能、热处理性能及焊接性能，以便于加工制造。

2. 常用的刀具材料

各类刀具一般都由夹持部分和切削部分组成。夹持部分的材料一般多用中碳钢，而切削部分的材料需根据不同的加工条件合理选择。通常所说的刀具材料，一般指切削部分的材料。

（1）高速工具钢　高速工具钢是一种含有更多的 W、Cr 等合金元素的合金工具钢。与合金工具钢相比，它不仅具有更高的硬度（室温时为 63 ~ 70HRC）、耐磨性、抗弯强度和冲击韧度，而尤为可贵的是有较高的热硬性（600°C 左右），因而它的切削速度要比合金工具钢高数倍，高速工具钢因此而得名。此外，它还具有良好的工艺性。目前很多切削刀具，如麻花钻、丝锥、铰刀、成形车刀、立铣刀、成形铣刀、拉刀和各种齿轮刀具等，大量采用高速工具钢制造。

（2）硬质合金　硬质合金是由高硬度、难熔的金属碳化物粉末和金属粘结剂在炉中烧结而成的粉末冶金制品。常用的碳化物有碳化钨（WC）、碳化钛（TiC）等。粘结剂一般用钴（Co）。硬质合金的硬度和耐磨性均比高速工具钢高，尤其是热硬性可达 800 ~ 1 000°C。因而它允许的切削速度为高速工具钢的 4 ~ 6 倍。其缺点是抗弯强度和冲击韧度远比高速工具钢低（尤其是后者），且价格较为昂贵。目前硬质合金广泛地应用于各种刀具，如车刀、面铣刀和铰刀等。

常用的硬质合金有以下三类：

1）钨钴类（WC-Co）硬质合金（K 类硬质合金）。如 K10、K20、K30 等。这类硬质合金的基体是 WC，粘结剂为 Co，旧牌号为 YG 类，主要用于加工短切屑的脆性金属和非铁金属。

2）钨钛钴类（WC-TiC-Co）硬质合金（P 类硬质合金）。如 P01、P10、P20、P30、P40 等。这类硬质合金的基体除 WC 外还有 TiC，粘结剂也为 Co，旧牌号为 YT 类，主要用于加工长切屑塑性金属材料。

3）钨钛钽（铌）钴类［WC-TiC-TaC(NbC)-Co］硬质合金（M 类硬质合金）。如 M10、M20、M30、M40 等。这类硬质合金的基体除 WC 外还有 TiC、TaC（NbC），粘结剂也为 Co，旧牌号为 YW 类，既能加工钢材又能加工非金属。

此外，许多高硬度刀具材料，如陶瓷、金刚石和立方碳化硼等，应用也日益增多。

二、刀具切削部分的几何角度

金属切削刀具的种类繁多，构造各异。其中较简单、较典型的是车刀，其他刀具的切削部分都可以看作是以车刀为基本形态演变而成的，如图 12-4 所示。下面以外圆车刀为例来分析刀具切削部分的几何角度。

1. 车刀的组成

如图 12-5 所示，车刀主要由刀杆和刀头两部分组成。刀头为切削部分，刀杆为支承部分。外圆车刀的切削部分由三个表面、两条切削刃和一个刀尖组成。

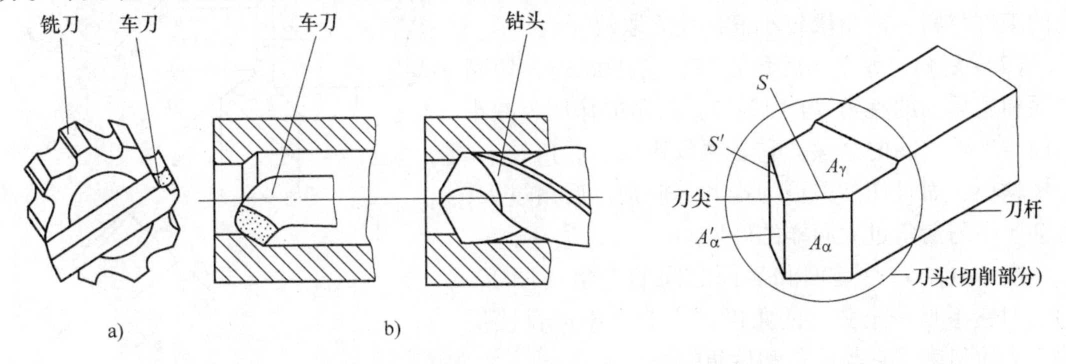

图 12-4　几种刀具切削部分的形状
a）铣刀与车刀　b）钻头与车刀

图 12-5　车刀的组成

（1）前面（A_γ）　切屑流出时所经过的表面。

（2）主后面（A_α）　与工件过渡表面相对的表面。

（3）副后面（A'_α）　与工件已加工表面相对的表面。

（4）主切削刃（S）　前面与主后面的交线。它承担了主要的切削任务，并形成工件上的过渡表面。

（5）副切削刃（S'）　前面与副后面的交线，也起一定的切削作用。

（6）刀尖　主切削刃与副切削刃的交点。一般为半径很小的圆弧，以保证刀尖有足够的强度。

2. 刀具角度的参考坐标系

在定义和确定刀具的角度时，需要一个由若干坐标平面组成的坐标系。此处介绍的仅是制造、刃磨和测量时使用的坐标系，称为刀具标注角度坐标系。刀具图样上的角度标注即是按这个坐标系确定的。其最基本的一种坐标系是由下列坐标平面组成的，如图 12-6 所示。

（1）基面（p_r）　通过切削刃上的选定点，并与该点切削速度方向垂直的平面。

（2）切削平面（p_s）　通过切削刃上的选定点与切削刃相切，并垂直于该点基面 p_r 的平面。

（3）正交平面（p_o）　通过切削刃上的选定点，并同时与该点的基面 p_r 和切削平面 p_s 相垂直的平面。

上述三个平面在空间是相互垂直的。

3. 车刀的主要几何角度

前角（γ_o）、后角（α_o）和楔角（β_o）大多在正交平面内测量。

（1）前角（γ_o）　前角是在正交平面内，基面和前面的夹角（图 12-7）。它的大小主要影响切削变形、刀具寿命和加工表面粗糙度。

前角的选取主要取决于刀具材料和工件材料。对于硬度

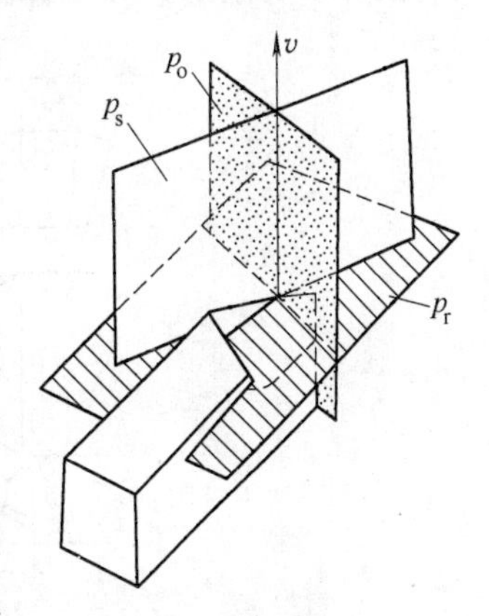

图 12-6　测量刀具角度的坐标平面

高、韧性差的刀具材料（如硬质合金），前角应取得小一些（甚至可为负值）；而对于硬度相对低一些和韧性相对高一些的刀具材料（如高速工具钢），其值可以大一些。一般来说，强度、硬度高的工件材料，前角取较小值；反之取较大值。

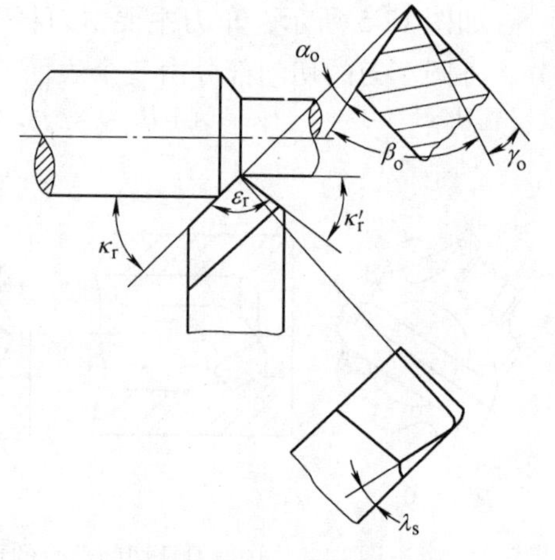

图 12-7　车刀的几何角度

（2）后角（α_o）　后角是在正交平面内，切削平面和主后面的夹角（图 12-7）。后角的作用为减小后面与工件之间的摩擦，它必须取正值。后角越大，摩擦越小，而且切削刃更为锋利。但是，后角过大，也会产生与前角过大同样的后果。

楔角（β_o）是前面和后面之间的夹角（图 12-7），但它不是一个独立的角度，它的大小可直接反映刀头的强度。它与前角和后角的关系为

$$\gamma_o + \alpha_o + \beta_o = 90°$$

在基面中测量的角度有主偏角 κ_r、副偏角 κ_r'和刀尖角 ε_r，应用最多的为主偏角 κ_r。

（3）主偏角（κ_r）　主切削刃在基面上的投影与进给方向之间的夹角（图 12-7）。它的大小影响加工表面粗糙度，主切削刃在切向、径向和轴向之间的受力分配以及刀头的强度和散热状况。在加工强度、硬度较高的材料时，应选较小的主偏角，以提高刀具寿命；加工细长工件时，应选较大的主偏角，以减小径向切削力引起工件的变形和振动。

（4）副偏角（κ_r'）　副切削刃在基面上的投影与进给方向之间的夹角（图 12-7）。副偏角的作用是减小副切削刃与工件已加工表面之间的摩擦，它影响已加工表面的粗糙度。

刀尖角 ε_r 是指主、副切削刃在基面上投影之间的夹角（图 12-7）。它影响刀尖强度和散热条件。它的大小取决于主偏角和副偏角的大小。

主偏角、副偏角和刀尖角三者之间的关系为

$$\kappa_r + \kappa_r' + \varepsilon_r = 180°$$

（5）刃倾角（λ_s）　主切削刃与基面之间的夹角（图 12-7）。它的作用是控制切屑流出的方向（图 12-8）和影响刀尖的强度。采用负的刃倾角（尤其是在断续切削和在冲击力较大的条件下切削时）可以保护刀尖，提高刀头强度。

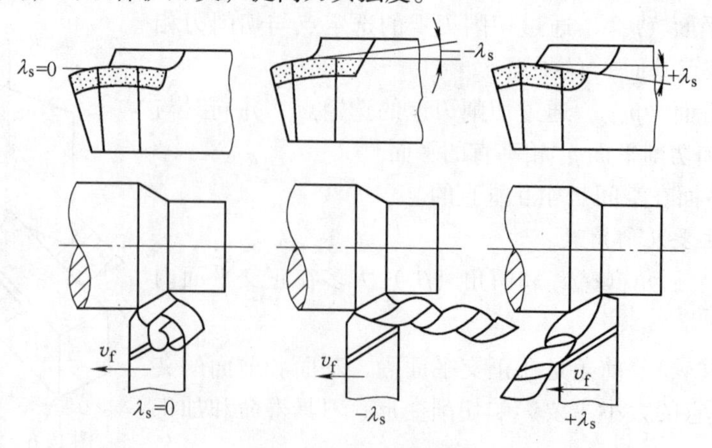

图 12-8　车刀的刃倾角

第三节 金属切削过程的基本规律

金属切削过程是指刀具从工件表面切除多余的金属，使之成为已加工表面的过程。在金属切削过程中，被切除的金属称为切屑，切削层及已加工表面的弹性变形和塑性变形表现为切削阻力，同时切削层发生挤裂变形，被切削的工件与刀面之间的剧烈摩擦产生切削热。切屑、切削阻力、切削热都直接与刀具和切削用量的选择相关，影响工件加工的质量。

一、切屑的形成及种类

1. 切屑的形成

金属切削过程也是切屑形成的过程，切屑的形成如图 12-9 所示，切削层金属受到刀具前面的挤压，经弹性变形、塑性变形，然后当挤压应力达到强度极限时材料被挤裂。当以上过程连续进行时，被挤裂的金属脱离工件本体，沿前面经剧烈摩擦而离开刀具，从而形成切屑。

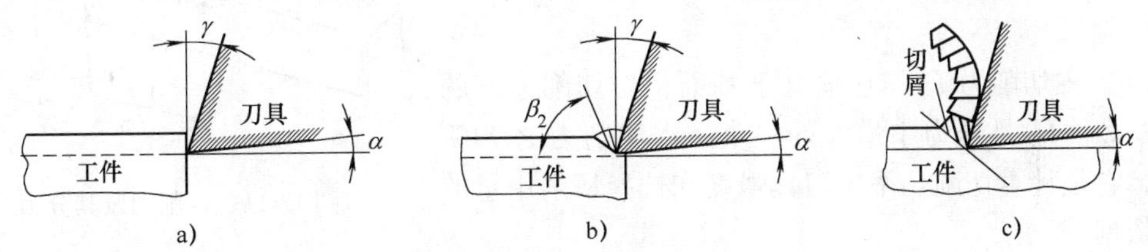

图 12-9 切屑形成过程

a）弹性变形 b）塑性变形 c）挤裂

2. 切屑的种类

由于工件材料及加工条件的不同，形成的切屑形态也不同。常见的切屑大致有四种，如图 12-10 所示。

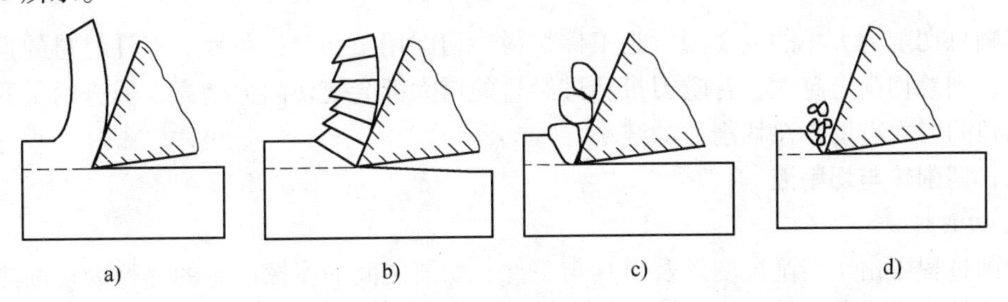

图 12-10 切屑的种类

a）带状切屑 b）节状切屑 c）粒状切屑 d）崩碎切屑

（1）带状切屑 用较大前角的刀具，高速切削塑性金属材料时，切屑呈连续的带状或螺旋状，切削过程平稳，工件表面较光洁。但切屑连续不断，易缠绕工件和刀具，刮伤已加工表面及损坏刀具，应采取断屑措施。

（2）节状切屑 低速切削中等硬度的钢材时，大多出现此种切屑。它与带状切屑的区别是底面有裂纹，顶面呈锯齿形。切削过程不够平稳，已加工表面的粗糙度值较大。

（3）粒状切屑 切削塑性材料时，若整个剪切面上的切应力超过了材料的断裂强度，所产生的裂纹贯穿切屑端面时，切屑被挤裂呈粒状。

（4）崩碎切屑　切削铸铁、青铜等脆性材料时，一般不经过塑性变形材料就被挤裂，而突然崩落形成崩碎切屑。形成这类切屑时，冲击、振动较大，切削力集中在切削刃附近，使切削过程不平稳，刀具刀刃易崩刃或磨损，使已加工表面较粗糙。

二、切削力

在金属切削过程中，切削层及已加工表面将产生弹性变形和塑性变形，因此，有变形抗力作用在刀具上；又因为工件与刀具间、切屑与刀具间都有相对运动，所以还有摩擦力作用在刀具上。这些力的合力称为切削阻力，简称切削力。

切削力不仅是机床、夹具和刀具等设计时必需的重要数据之一，而且是对切削过程工艺质量进行分析的重要参数。

为了分析切削力对工件、刀具、机床的影响，一般将总切削力 F 分解为相互垂直的三个分力，如图 12-11 所示。

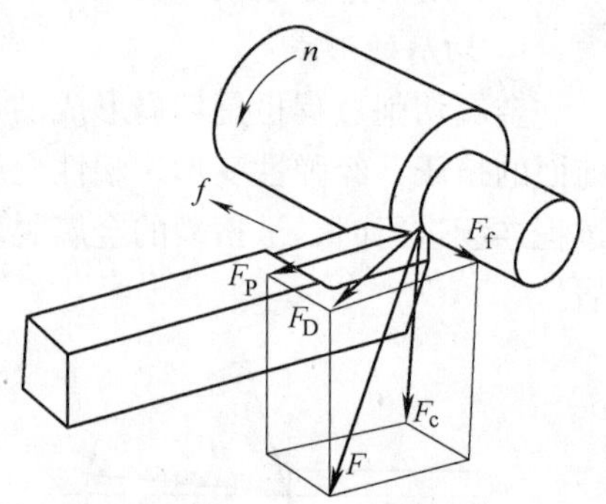

图 12-11　切削力及其分力

（1）主切削力 F_c　它垂直于基面，与切削速度的方向一致。F_c 是分力中最大的一个，占切削力的 90% 左右，它是计算切削功率、刀具强度和选择切削用量的主要依据。

（2）背向力 F_p　背向力是总切削力在背吃刀量方向的分力。它能够使工件在水平方向弯曲变形，容易引起切削过程中的振动，因而影响工件的加工精度。

（3）进给力 F_f　进给力是总切削力在进给方向上的分力。它是计算机床进给机构零件强度的依据。

总切削力与三个分力之间的关系式为

$$F = \sqrt{F_c^2 + F_p^2 + F_f^2} \tag{12-4}$$

影响总切削力大小的主要因素是工件材料、切削用量和刀具角度。工件材料的强度、硬度越高，则总切削力越大。背吃刀量和进给量的增大都会使切削力增大，但进给量的影响小些。前角的增大有助于总切削力的减小。

三、切削热与切削液

1. 切削热

切削过程中由于切削层变形及刀具与工件、切屑之间的摩擦产生的热称为切削热。切削热产生后是通过切屑、工件、刀具以及周围介质（如空气、切削液等）传导出去的。

切削热的产生与传播影响切削区的温度，切削区的平均温度称为切削温度。切削温度过高是刀具磨损的主要因素；工件的热变形则影响工件的尺寸精度和表面质量。实际上，切削热对加工的影响是通过切削温度体现的。

影响切削温度高低的主要因素是切削用量、工件材料和刀具角度。切削用量中三个要素的增大，都会使刀具切削温度升高，但是其中以切削速度影响最大；进给量次之；背吃刀量的影响不明显。一般来说，工件强度、硬度越高，则切削温度越高，刀具前角的增大，有助于切削温度的降低。但如果前角过大，则将因刀具散热体积的减小，而产生适得其反的效果。

为了避免切削温度过高，一是减少切削变形，如合理选择切削用量和刀具角度，改善工件的加工性能等；二是减少摩擦，加强散热，如采用切削液。

2. 切削液

切削液的主要作用有：冷却，降低切削区的温度；润滑，减少刀具与切屑和刀具与工件之间的摩擦因数；清洗，冲走切削过程中产生的细小切屑或砂轮上脱落下来的微粒；另外还有防锈的作用。

常用的切削液可分三大类：水溶液、乳化液和油类。水溶液和低浓度的乳化液其冷却与清洗的作用较强，适用于粗加工及磨削；高浓度的乳化液润滑作用强，适用于精加工；切削油的特点是润滑性好，冷却作用小，主要来提高工件的表面质量，适用于低速的精加工，如精车丝杠、螺纹等。

加工铸铁与青铜等脆性材料时，一般不使用切削液；铸铁精加工时可使用清洗性能良好的煤油作为切削液。当选用硬质合金作为刀具材料时，因其能耐较高的温度，可不使用切削液；如果使用，必须大量、连续地注射，以免使硬质合金因忽冷忽热产生裂纹而导致破裂。

四、提高切削加工质量的途径

切削加工时，影响零件加工质量的因素很多，以下主要讨论工件材料、刀具角度以及切削用量对加工质量的影响。

1. 改善工件材料的切削加工性

通常采用热处理的方法改变工件材料的物理、力学性能和金相组织以改善切削加工性，如对高碳钢和低碳钢分别进行球化退火和正火（或冷拔），以降低前者的硬度和后者的塑性，提高其加工性，从而提高加工效率，减少刀具磨损。

2. 选择合理的刀具角度

前角对刀具的切削性能影响很大。增大前角使刃口锋利，但会使刃口强度削弱。选择前角的原则是保证刃口的锐利，兼顾刃口的强度。

后角用来减小主后面与工件过渡表面之间的摩擦，并与前角共同影响刃口的锋利与强度。后角的选择原则是在保证加工质量和刀具寿命的前提下，取小值。

主偏角的大小间接影响刀具的寿命，直接影响径向分力的大小。减小主偏角能增强刀尖的强度，改善散热条件，从而有利于提高刀具寿命；而增大主偏角，则有利于减小径向力，可避免引起加工中的振动和工件变形。主偏角的大小应根据工艺系统的刚性好坏来选择。

副偏角的作用是减小副切削刃与已加工表面之间的摩擦，但增大副偏角会使残留面积的高度增加，从而降低了加工表面质量，故取值不宜过大。

刃倾角主要影响刀头的强度和切屑的流向。当刃倾角为正时，刀头强度较低，切屑流向待加工表面；当刃倾角为负时，刀头强度较高，切屑流向已加工表面。粗加工时，为增强刀头强度，刃倾角常取负值；精加工时，为不使切屑划伤已加工表面，刃倾角常取正值或零值。

3. 合理选用切削用量

在切削用量三要素中，背吃刀量对切削力的影响最大，背吃刀量增加一倍，切削力增加一倍，而进给量增加一倍，切削力只增加70%～80%。

粗加工时，为尽快切除加工余量，如果工艺系统的刚性好，应尽可能地选取较大的背吃刀量。然后，根据加工条件选取尽可能大的进给量。最后，按对刀具寿命的要求，选取合适的切削速度。

精加工的目的是保证加工精度。为保证表面质量，硬质合金刀具一般采用较高的切削速度，高速工具钢刀具的耐热性差，多采用较低的切削速度。切削速度确定后，从提高加工精度考虑，应选用较小的进给量和背吃刀量。

第四节　金属切削机床的分类与型号

一、金属切削机床的分类

金属切削机床（简称机床）的品种、规格繁多，为了便于区别、使用和管理，则需进行分类并编制型号。机床主要是按机床的加工性质和所用刀具的不同进行分类的。根据国家制定的《金属切削机床　型号编制方法》(GB/T 15375—2008)，目前将机床分 11 大类：车床、钻床、镗床、磨床、齿轮加工机床、螺纹加工机床、铣床、刨插床、拉床、锯床和其他机床。在每一大类中，又按工艺范围、布局形式和结构，分为若干组，每一组又细分为若干系（系列）。

二、金属切削机床型号的编制方法

机床的型号是赋予每种机床的一个代号，用以简明地表示机床的类型、通用性和结构特性及主要技术参数等。GB/T 15375—2008《金属切削机床　型号编制方法》规定，采用由汉语拼音字母和阿拉伯数字按一定规律组合而成的方式，来表示各类通用机床、专用机床的型号。通用机床型号用下列方式来表示：

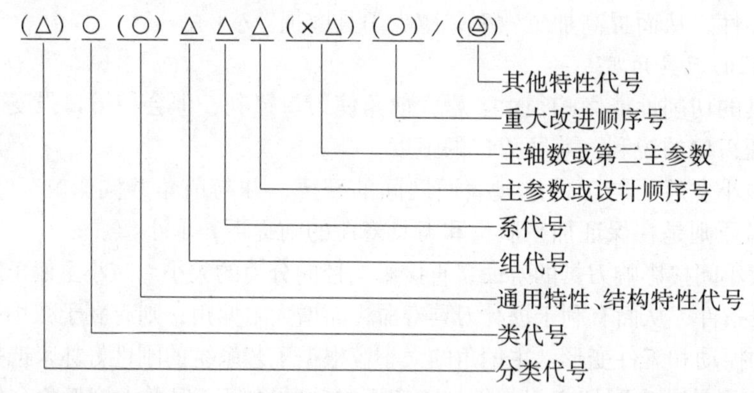

其中，△表示阿拉伯数字，○表示大写汉语拼音字母；括号中内容表示可选项，无内容时此项不表示，有内容时不带括号；◬表示大写的汉语拼音字母，或阿拉伯数字，或两者兼有之。

1. 机床的类代号

机床的类代号用汉语拼音字母（大写）表示，见表 12-1。若每类再有分类，则在类代号前用阿拉伯数字表示。

表 12-1　机床的类代号和分类代号

类别	车床	钻床	镗床	磨床			齿轮加工机床	螺纹加工机床	铣床	刨插床	拉床	锯床	其他机床
代号	C	Z	T	M	2M	3M	Y	S	X	B	L	G	Q

2. 机床的通用特性、结构特性代号

当某类型机床除有普通型外，还具有表 12-2 所列的通用特性时，则在类代号之后，用大写的汉语拼音字母予以表示。例如，精密车床，在“C”后面加“M”。

表 12-2　机床通用特性代号

通用特性	高精度	精密	自动	半自动	数控	加工中心	仿形	轻型	加重型	柔性加工单元	数显	高速
代号	G	M	Z	B	K	H	F	Q	C	R	X	S

对于主参数相同而结构、性能不同的机床，在型号中加结构特性代号予以区分。例如，CA6140 型卧式车床型号中的“A”，可理解为在结构上有别于 C6140 和 CY6140 型卧式车床。

3. 机床的组、系代号

用两位阿拉伯数字表示，第一、二位数字分别代表组别和系别，位于类代号或特性代号之后，如 C6140，其中“6”和“1”即代表车床类中的第 6 组（落地及卧式车床组）和第 1 系列（卧式车床系）。

4. 主参数代号

用折算值（一般为主参数实际数值的 1/10 或 1/100，也可以为主参数本身）表示，位于组、系代号之后。例如，C6140 中的“40”，即表示该车床最大车削直径为 400mm。

5. 机床重大改进顺序号

当机床的结构、性能有重大改进和提高时，按其设计改进的次序，分别用大写英文字母“A，B，C，D，…”表示，附在机床型号的末尾，以示区别。如 C6140A 是 C6140 型车床经过第一次重大改进的车床。

第五节　常用切削加工方法及设备

一、车削加工及车床

1. 车削加工的内容与工艺装备

（1）车削加工内容　工件旋转作主运动，车刀作进给运动的切削加工方法称为车削加工。车削的加工范围很广，适应性很强。在车床上可以车外圆、车端面、切槽和切断、钻中心孔、钻孔、镗孔、铰孔、车削各种螺纹、车削内外圆锥面、车削成形面、滚花、盘绕弹簧等，如图 12-12 所示。

（2）车削的工艺特点

1）易于保证各加工表面的位置精度。对于轴套或盘类零件，在一次装夹中车出各外圆面、内圆面和端面，可保证各轴段外圆的同轴度、端面与轴线的垂直度、各端面之间的平行度及外圆与孔的同轴度等精度。

2）生产率高。因车削切削过程连续进行，且切削面积和切削力基本不变，车削过程平稳，因此可采用较大的切削用量，使生产率大幅提高。

3）由于一般车削加工难以达到配合表面的最终技术要求，所以多用于粗加工或半精加工。

4）生产成本低。由于车刀结构简单，制造、刃磨和安装方便。车床附件较多，能满足一般零件的装夹，生产准备时间短。因此，车削加工生产成本低，既适宜单件小批量生产，也适宜大批量生产。

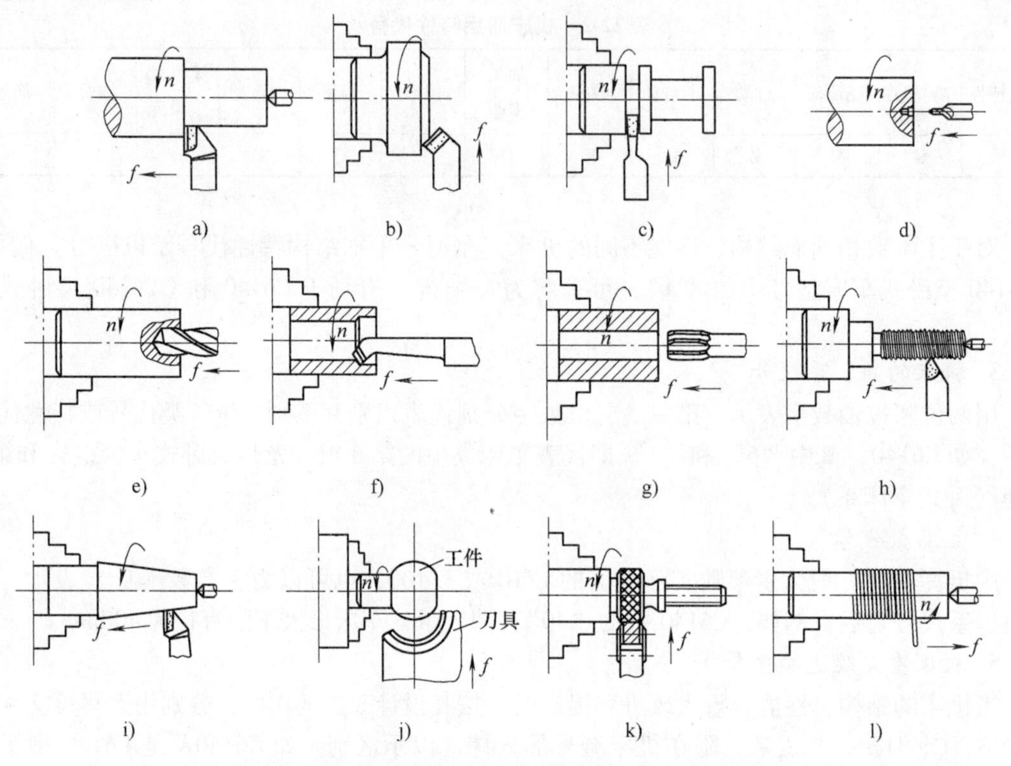

图 12-12　车削加工内容

a）车外圆　b）车端面　c）切槽、切断　d）钻中心孔　e）钻孔　f）镗孔　g）铰孔　h）车螺纹　i）车外圆锥面　j）车成形面　k）滚花　l）盘绕弹簧

（3）常用车刀　车刀按用途可分为：

1）偏刀。如图 12-12a 所示，用于加工外圆、台阶、端面。

2）弯头车刀。如图 12-12b 所示，用于加工外圆、端面和倒角。

3）切断刀。如图 12-12c 所示，用于切槽和切断。

4）镗孔刀。如图 12-12f 所示，用于镗削内孔。

5）螺纹车刀。如图 12-12h 所示，用于车削螺纹。

6）成形车刀。如图 12-12j 所示，用于车削成形表面。

车刀按结构可分为：

1）整体式车刀。高速工具钢车刀大多为此种形式。它的切削部分全部用高速工具钢制造。

2）焊接式车刀。此种车刀是在普通材料的刀体上焊以硬质合金刀片构成（图 12-13a），目前生产中应用仍较广泛。其缺点是焊接时易产生内应力和裂纹，刀杆的浪费较大。

3）机夹式车刀和可转位车刀。分别如图 12-13b、c 所示，这两种车刀采用螺钉、压板、销钉等元件把刀片夹固在刀杆上构成一把车刀。它们避免了焊接车刀的缺点，而且硬质合金刀片可回收利用。可转位车刀无需刃磨，提高了生产率，而且重复定位精度高，尤其适用于数控机床、加工中心等自动化程度很高的机床。它是一种很有发展前途的刀具。

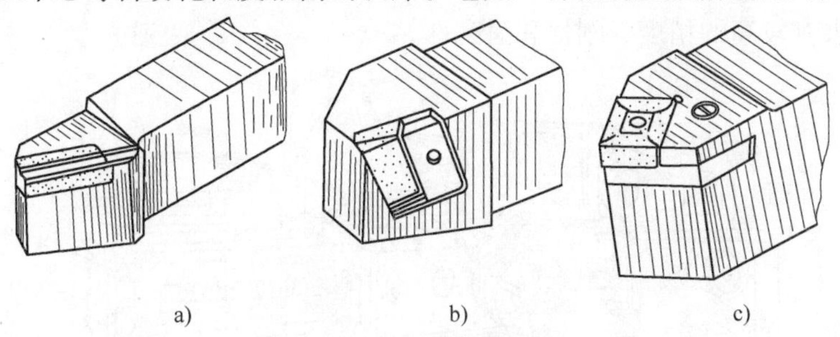

a)　b)　c)

图 12-13　车刀结构的种类

a）焊接式车刀　b）机夹式车刀　c）可转位车刀

2. 工件的安装及车床附件

车削加工时，工件和刀具都必须安装在机床上确定的位置。要准确地安装在机床上，必须使用专门的装夹装置。车削时大部分工件是使用作为车床附件的通用夹具——自定心卡盘、单动卡盘和拨盘—夹头来完成切削任务的，如图 12-14 所示。

（1）自定心卡盘（图 12-14a）　用于截面为圆形、正三边形、正六边形等形状规则的中小型工件的装夹，可以自动定心，无需进行校正，装夹效率高。但是它不能装夹形状不规则的工件，而且夹紧力没有单动卡盘大。

（2）单动卡盘（图 12-14b）　它的四个爪互不相关，可分别作径向移动，故主要用于装夹形状不规则的工件。装夹时用千分表校正，也可以在它上面加工精度较高的工件，但校正工件比较麻烦，效率低，但它的夹紧力较大。

（3）拨盘—夹头（图 12-14c）　对于较长的或需经多次装夹的工件（如长轴、丝杠等），或车削后还需进行铣、磨等多道工序加工的工件，为使每次装夹都保持其定位精度（同轴度），可采用顶尖定位的方法。此时无需校正，定位精度高。主轴通过拨盘和夹头（此处使用的称为直尾鸡心夹头）带动工件回转。螺钉用来紧固工件。

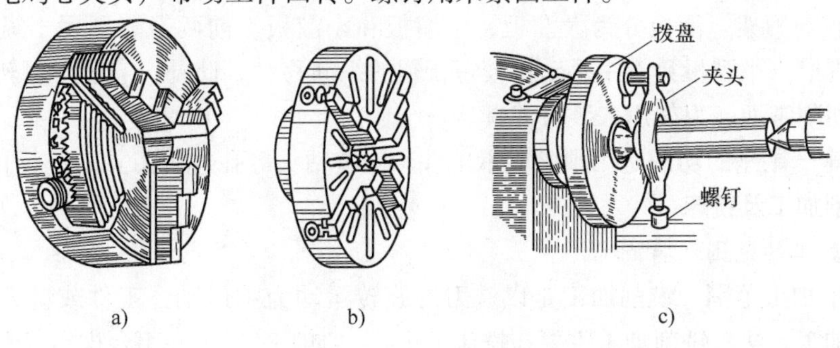

a)　b)　c)

图 12-14　车床的通用夹具

a）自定心卡盘　b）单动卡盘　c）拨盘—夹头

3. 车床

车床种类很多，按其用途和结构不同可分为卧式车床、落地车床、立式车床、仿形车床、转塔车床、自动车床等，其中卧式车床应用最为广泛。下面仅以 CA6140 型卧式车床

(图 12-15）为例，简要介绍卧式车床的机构和主要部件。

（1）床身　床身是车床的基础零件，用以保证安装在它上面的各个部件之间有正确的相对位置，要求有较高的精度、刚性和耐磨性。

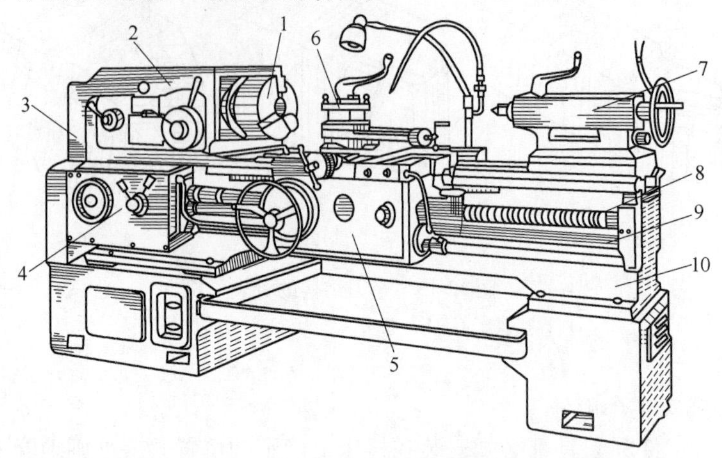

图 12-15　卧式车床外形图

1—卡盘　2—主轴箱　3—交换齿轮箱　4—进给箱　5—溜板箱
6—溜板与刀架　7—尾座　8—长丝杠　9—光杠　10—床身

（2）主轴箱　箱内装有主轴部件和主运动变速机构，通过调整这些机构可以获得合适的切削速度，主轴的前端有可安装夹持工件的装置。

（3）交换齿轮箱　它是连接主轴箱和进给箱的传动机构。变换齿轮（箱内的齿轮）并与进给箱配合，可车削不同螺距的螺纹。

（4）进给箱　内装变速机构，可以按车削时所需的进给量或螺距进行调整，通过光杠或丝杠以相应的转速带动溜板箱作进给运动。

（5）溜板箱　它的功用是把进给箱传来的运动传递给刀架，使刀架作纵向或横向机动进给，摇动手轮可手动进给；利用机动可自动进给。

（6）溜板与刀架　溜板分为大溜板、中溜板和小溜板。前两者分别用于纵向和横向的手动、自动进给。小溜板只能用手动作较短行程的纵向移动，此外，它还可以转动一定的角度，使车刀切削锥面。刀架用来装夹刀具。

（7）尾座　尾座的功用是用顶尖支承工件，安装钻头等孔加工刀具，进行孔加工。

二、铣削加工及铣床

1. 铣削加工的范围及特点

（1）铣削加工范围　铣削加工是以铣刀的旋转运动为主运动，工件或铣刀作进给运动的一种切削加工方法。铣削加工主要在铣床上进行。加工时，工件用台虎钳或专用夹具固定在铣床工作台上，而铣刀安装在铣床主轴的前端刀杆上或直接安装在主轴上。铣刀的旋转运动为主运动，工件相对于刀具的运动（如纵向、横向、垂直方向的移动）为进给运动。

铣削加工的铣刀是一种多刃回转刀具，结构复杂。铣刀的每一个刀齿都可以看成是一把简单的车刀，根据需要，刀齿布置在圆柱形刀体上的不同位置，构成各种各样的铣刀。构成端面刀齿的铣刀加工垂直于铣刀轴线的表面，称为端铣；用圆周刀齿的铣刀加工零件表面称为周铣。使用各种不同类型的铣刀可加工出平面、台阶面、各种键槽、V 形槽、T 形槽及切断工件等，如图 12-16 所示。

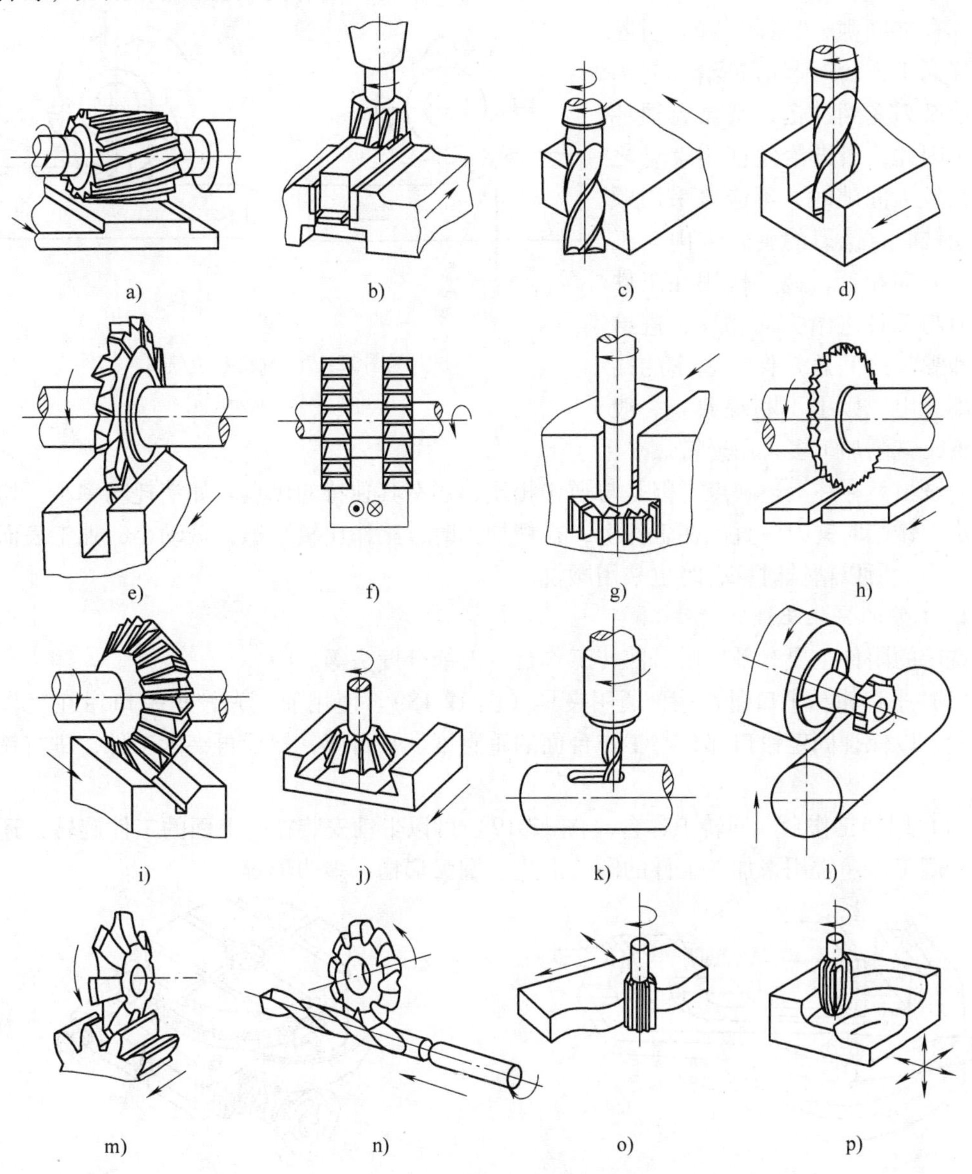

图 12-16　铣削加工内容及铣刀

a)、b)、c) 铣平面　d)、e) 铣直槽　f) 铣台阶　g) 铣 T 形槽　h) 铣狭缝　i)、j) 铣角度槽　k)、l) 铣键槽　m) 铣齿形　n) 铣螺旋槽　o) 铣曲面　p) 铣立体曲面

(2) 铣削加工特点　铣削的优点是铣刀为多刃旋转刀具，铣削时每个刀齿周期性断续地参加切削，所以切削刃散热条件好，生产率较高；由于铣刀的类型多，铣床附件多，使铣削加工范围广，可完成许多车削和刨削无法实现的成形表面加工。但铣削时，刀齿交替切削，产生冲击，且切削厚度是变化的，因而铣削力也是不断变化的，使铣削过程的平稳性差，影响工件表面的加工质量。

(3) 顺铣和逆铣　在铣床上进行铣削加工时，铣刀旋转方向与工件进给方向有相同和相反的两种情况，分别称为顺铣和逆铣（图 12-17）。顺铣时，铣刀的旋转方向与工件进给方向一致，铣刀作用在工件上的力与工件进给方向相同。由于机床进给机构中的丝杠和螺母之间都存在间隙，这样，就会引起工件连同工作台一起沿进给方向窜动，使铣刀受到冲击，甚至会损坏铣刀。因此，当进给丝杠与螺母之间存在较大间隙时，不应该采用顺铣。逆铣时，铣刀的旋转方向与工件进给方向相反，铣刀作用在工件上的力与工件进给方向相反，进给丝杠和螺母之间总是保持紧密的接触，不会出现以上不利现象。一般情况下，铣削加工多采用逆铣。

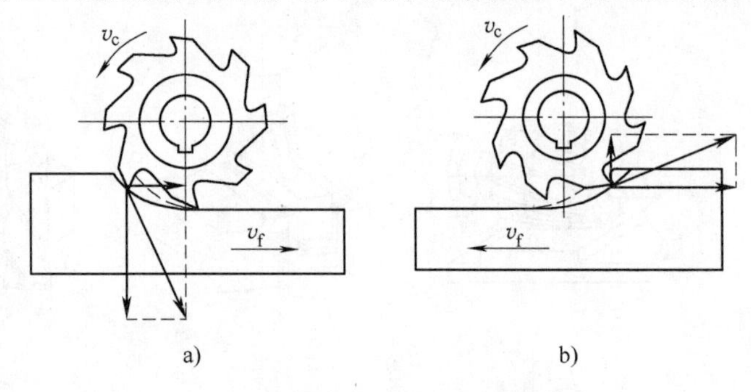

图 12-17 顺铣和逆铣

a）顺铣 b）逆铣

顺铣虽然存在上述缺点，但是与逆铣相比，还有其独特的优点。如消耗功率小，切削刃磨损小，铣削时铣刀一直压在工件上，在精加工时，工作比较平稳，振动小，加工表面粗糙度值较小。所以精铣时，有时也采用顺铣。

2. 工件的安装及铣床附件

铣床的附件主要有平口钳、回转工作台、万能分度头等。

（1）平口钳 平口钳是一种通用夹具（图 12-18）。使用前，先校正平口钳在工作台上的位置，以保证固定钳口部分与工作台面的垂直度、平行度，然后再夹紧工件，进行铣削加工。

（2）回转工作台 回转工作台（图 12-19）可以带动安装在它上面的工件旋转，还可以完成分度工作。常用来加工工件的圆弧形边、圆弧形槽、多边形等。

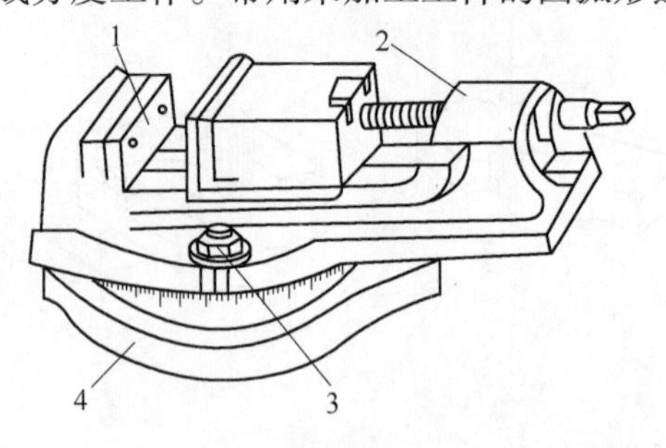

图 12-18 回转式平口钳

1—钳口 2—上钳座 3—螺母 4—下钳座

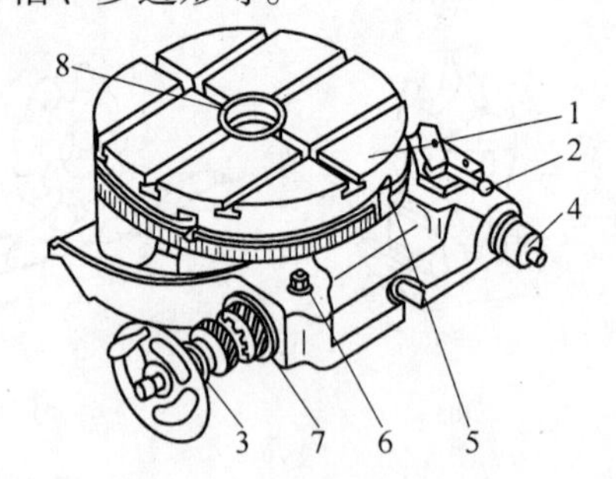

图 12-19 回转工作台

1—转台 2—手柄 3—手轮 4—转动轴

5—挡铁 6—螺母 7—偏心环 8—定位孔

（3）分度头 分度头用以加工多边形工件、花键、齿轮和螺旋槽等。如图 12-20 所示，在分度头的前端有主轴 4，主轴有螺纹，可安装卡盘，主轴孔是标准锥孔，可插入顶尖 3。转动手柄 1，可通过分度头内部的传动机构带动主轴 4 转动。手柄 1 在孔盘（分度盘）2 上转过的具体孔数，可根据工件所需的等分数计算确定。主轴 4 可以随回转体 5 一起回转所需角度，这样，分度头既能适用于长、短工件的安装，又能将工件倾斜一定角度进行加工。

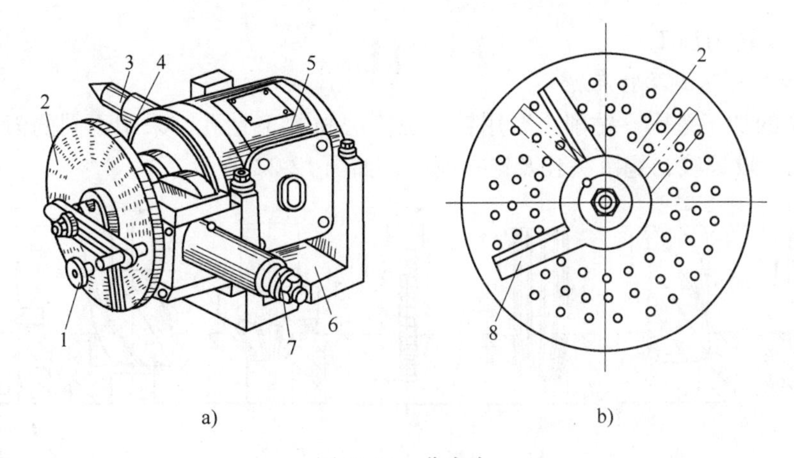

图 12-20　分度头
a）分度头的结构　b）分度盘
1—手柄　2—孔盘　3—顶尖　4—主轴　5—回转体　6—底座
7—交换齿轮轴　8—分度叉

3. 铣床

铣床的种类很多，最常用的是卧式铣床和立式铣床。立式铣床具有直立的主轴，主轴轴线与工作台面垂直。卧式铣床具有水平的轴线，主轴轴线与工作台面平行。但两者都是以铣刀的旋转运动作主运动，工件或刀具作进给运动。下面仅以 X62W 型卧式铣床（图 12-21）为例，简要介绍卧式铣床的结构和主要部件。

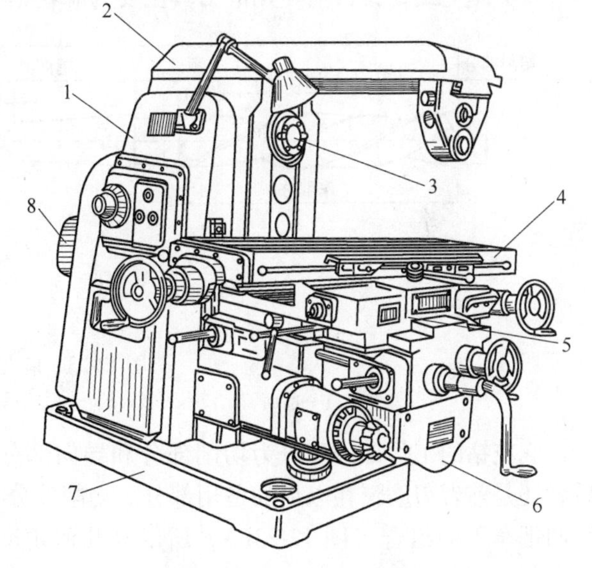

图 12-21　X62W 型卧式铣床
1—床身　2—横梁　3—主轴孔　4—纵向工作台
5—横向工作台　6—升降台　7—底座　8—主电动机

（1）床身　床身 1 用来安装和连接机床其他部件。床身的前面有燕尾形的垂直导轨，供升降台上、下移动时使用。床身的后面装有电动机。

（2）横梁　横梁 2 用以支承安装铣刀和心轴，以加强刀杆的强度。横梁可沿床身顶部的水平导轨移动，以调整其伸出长度。

（3）主轴孔　铣刀主轴孔 3 用以安装铣刀。铣刀一端是锥柄，以便装入主轴的锥孔中，另一端可安装在横梁的挂架上来支承，由主轴带动铣刀刀杆旋转。

（4）纵向工作台　纵向工作台 4 用来安装工件或夹具，并带动它们作纵向移动。

（5）横向工作台　横向工作台 5 位于升降台上面的水平导轨上，可带动纵向工作台作横向移动，以实现横向进给。

（6）升降台　升降台 6 用来支持工作台，并带动工作台上下移动。

（7）底座　底座 7 用来支承铣床的全部重量和盛放切削液。

三、钻削及镗削加工

1. 钻削加工的范围及特点

（1）钻削的加工范围　钻削主要用钻头在实心材料上钻孔，采用不同的刀具还可以进行扩孔、铰孔、攻螺纹，锪沉头孔及锪平面等，如图 12-22 所示。

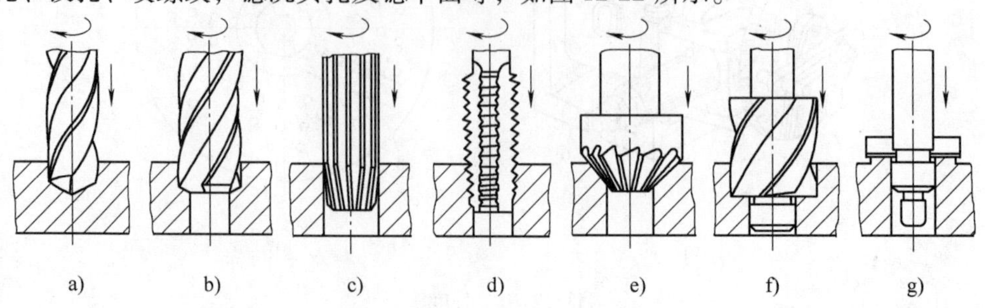

图 12-22　钻削的加工范围

a）钻孔　b）扩孔　c）铰孔　d）攻螺纹　e）锪锥孔　f）锪圆柱孔　g）锪端面

（2）钻、扩、铰削加工及其特点

1）钻孔。钻削的主运动是钻床主轴的旋转运动，进给运动是主轴的轴向移动。钻孔是一种半封闭切削，切削变形大，排屑困难，而且难于冷却、润滑，故钻削温度较高。钻削时钻削力较大，钻头容易磨损。钻削加工精度较低。

在实体上钻孔，目前使用的刀具主要为麻花钻（图 12-23）。

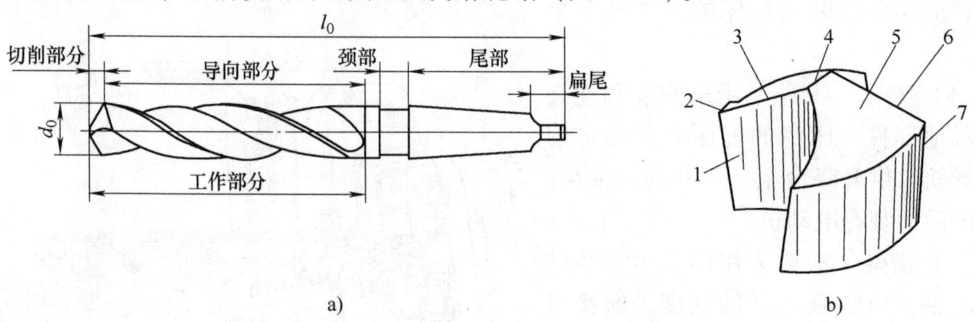

图 12-23　麻花钻

1—前面　2、7—刃带　3、6—主切削刃　4—横刃　5—后面

麻花钻的工作部分可分为切削部分和导向部分，分别起切削和导向作用（图 12-23a）。后者还是前者刃磨消耗以后的备用部分。切削部分可看作正、反两把车刀的组合（图 12-23b），所以其几何角度的定义和概念与车刀基本相同，但又有其自身的特点。它的两条主切削刃上每一点的前角、后角都不一样，而且外缘和接近中心处的值相差很大。起定心作用的横刃处，其前角可达 −54° ~ −60°，产生严重的挤压和很大的进给力。

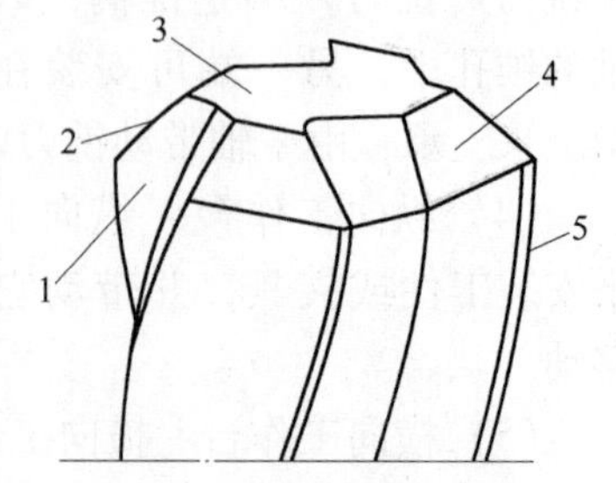

图 12-24　扩孔钻

1—前面　2—主切削刃　3—钻心　4—后面　5—刃带

2）扩孔。扩孔通常作为铰削或磨削前的预加工及毛坯孔的扩大，精度可达 IT11 ~ IT10，加工表面粗糙度值为 Ra6. 3 ~3. 2μm。扩孔使用的刀具为扩孔钻（图 12-24）。

它和麻花钻的主要不同之处是无横刃，进给力小；刀齿和切削刃多（3～4个），生产率高；加工余量小，排屑槽可以浅一些，从而刀体强度和刚性好。由于这些原因，因此它的加工质量和生产率都比麻花钻高。

3）铰孔。用铰刀从工件孔壁上切除微量金属层，以提高其尺寸精度和降低表面粗糙度值的一种半精加工和精加工方法。它用于中小直径未淬火的圆柱孔和圆锥孔，但不宜用于深孔和断续孔。铰削由于加工余量小，刀具齿数多，并且孔壁切削后又经修光刃修光，所以铰削过程兼具了切削和挤刮两种作用的效果，故有较高的加工精度和表面质量。铰孔精度可达IT11～IT6，表面粗糙度值为 $Ra1.6\sim0.2\mu m$。

铰刀一般分为手用铰刀（图12-25a）和机用铰刀。铰刀的切削部分，前者大多采用合金工具钢或高速工具钢制造；后者用高速工具钢或硬质合金制造。图12-25b所示为硬质合金机用铰刀。两种铰刀工作部分的结构基本相同。圆柱部分起导向和修光、挤刮作用，故刀齿上留有宽度为 b_{a1} 的刃带。倒锥的作用是减少刀具与孔壁间的摩擦。

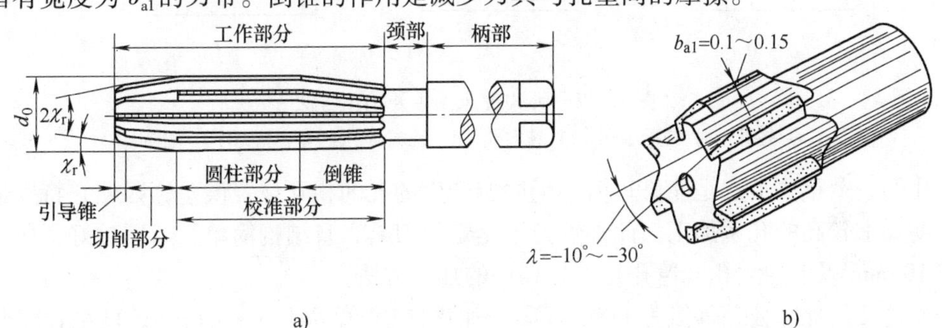

图12-25　铰刀

2. 钻床

在钻床上进行钻削加工时，刀具安装在机床主轴上。刀具的旋转运动为主运动，进给运动是刀具的轴向移动。

常用的钻床有摇臂钻床、立式钻床、台式钻床等。现以Z3040型摇臂钻床（图12-26）为例，作简要介绍。

工件和夹具可安装在底座1或工作台6上，加工时主轴箱4可在摇臂3的水平导轨上移动调整位置，摇臂3可沿立柱2上下移动，并可绕立柱2在360°范围内转动，因此可以方便地在一个扇形面内调整主轴5的位置，以便对工件上不同位置的孔进行加工。

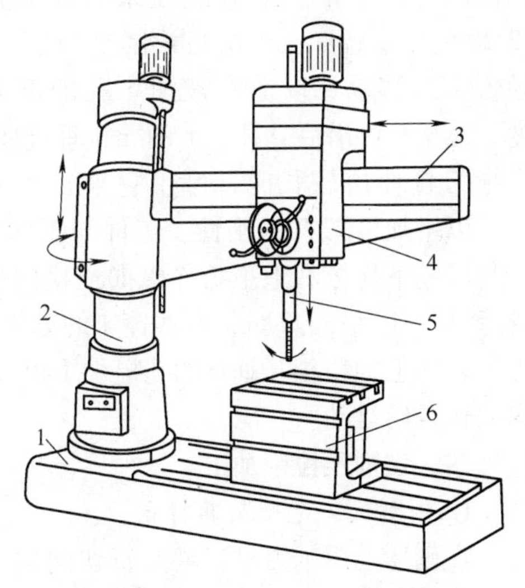

图12-26　Z3040型摇臂钻床外形图

1—底座　2—立柱　3—摇臂　4—主轴箱　5—主轴　6—工作台

3. 镗削的加工范围及其特点

镗削加工是镗刀旋转作主运动，工件或镗刀作进给运动的切削加工方法。镗削加工主要在镗床上进行，是最基本的孔的加工方法。镗床上除了可以镗孔外，还可以进行铣平面、铣端面、钻孔、扩孔、铰孔、车端面、车环形槽、车螺纹等，典型的加工如图 12-27 所示。

镗杆尺寸因受工件孔径的限制，刚性较差，加工时不宜采用太大的切削用量，同时在加工过程中必须通过调刀来达到孔径所要求的精度，因而镗孔生产率较低。

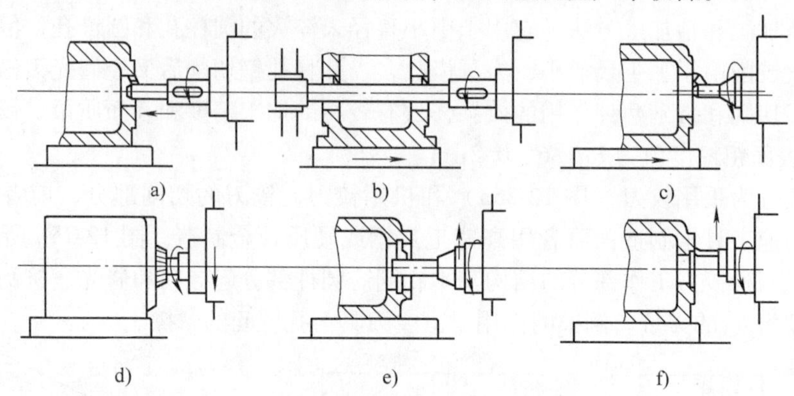

图 12-27　卧式镗床的主要加工方法

a）镗孔　b）镗同轴孔　c）镗大孔　d）铣端面　e）车内槽　f）车端面

镗孔的一个重要特点是能修正前一工序所产生的孔的相互位置误差，因此它特别适合于孔距精度要求较高的孔系加工。此外镗刀不是定值刀具，且结构简单，通用性好，所以对于直径在 100mm 以上的大孔，镗孔几乎是唯一的加工方法。

一般镗孔的尺寸公差等级为 IT8 ~ IT7，表面粗糙度值 $Ra1.6 \sim 0.8\mu m$；精细镗时公差等级为 IT7 ~ IT6，表面粗糙度值 $Ra0.8 \sim 0.1\mu m$。

4. 镗床

常用的镗床有卧式镗床、立式镗床、坐标镗床等，最常用的卧式镗床的外形如图 12-28 所示。镗床主轴箱 1 可沿前立柱 2 上的导轨垂直移动，以适应被加工孔的不同高度。尾架 3 可沿后立柱 4 上的导轨垂直移动，当镗刀杆伸出较长时，可用它来支承另一端，以增加镗刀杆的刚性。工件与工作台 5 一起可随下拖板和上拖板作纵向或横向的进给运动（手动或自动），有些镗床的工作台还可以绕上拖板的圆导轨转过所需的角度。这为加工箱体上轴线相互垂直的孔提供了很大方便。镗刀除了随主轴一起作主运动外，还可以沿纵向作进给运动。

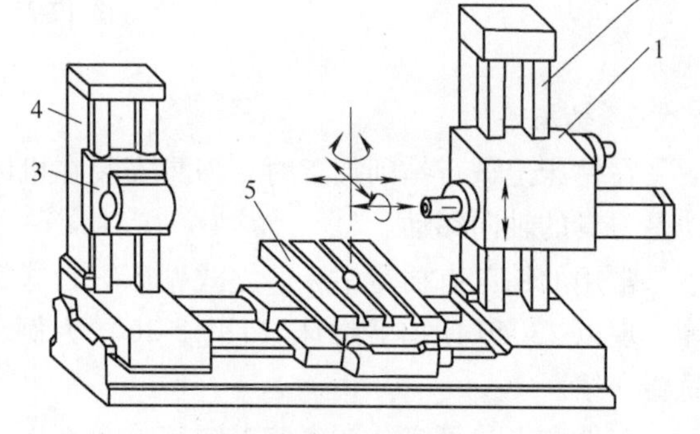

图 12-28　卧式镗床

1—主轴箱　2—前立柱　3—尾架　4—后立柱　5—工作台

四、刨削及拉削加工

1. 刨削加工范围及其特点

在刨床上用刨刀对工件进行切削加工的过程称为刨削加工。刨削时，工件装在工作台上，刨刀安装在刀架上，通过刨刀与工件之间的直线往复运动来完成对工件表面的切削。

刨削主要用于加工水平面、垂直面、斜面、直槽、V 形槽、燕尾槽、T 形槽、成形面，刨刀及其用途如图 12-29 所示。

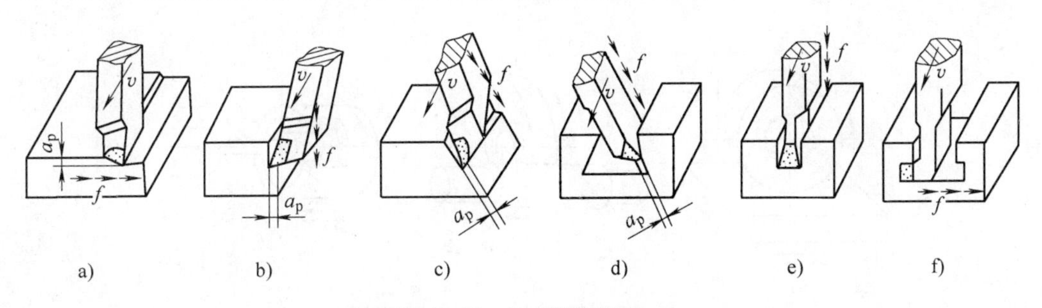

图 12-29　刨刀及其用途

a）刨水平面　b）刨垂直面　c）刨斜面　d）刨燕尾槽　e）刨直槽　f）刨 T 形槽

刨床的结构简单，调整、操作方便；刨刀的制造、刃磨方便，价格低廉，加工成本较低；宽刃精刨可以获得较高的精度及较低的表面粗糙度值（$Ra0.8\sim0.4\mu m$）。刨床的主运动是直线往复运动，切削过程不连续，受惯性力的影响，切削速度不可能很高，因此影响了刨削的加工精度、表面粗糙度及生产率。但刨削窄长平面，在龙门刨床上进行多件、多刀切削，则有较高的生产率。

2. 拉削加工范围及其特点

拉削是用拉刀在拉床上加工工件内、外表面的方法。它是一种精加工方法，其加工精度可达 IT7，表面粗糙度值 $Ra2\sim0.5\mu m$。拉削可用于加工平面、各种截面形状的内孔（圆孔、方孔、内花键等）和沟槽（T 形槽、燕尾槽、各种齿槽和特性槽）等。

不论进行何种表面的拉削，其基本原理都是相同的。拉刀的切削部分由一系列刀齿组成。这些刀齿沿着切削方向逐个升高（图 12-30）。当拉刀相对于工件作直线运动时，拉刀上的刀齿便逐一地从工件上切下多余的一层层金属。一次行程即加工出所需的表面。

拉削的特点是加工精度和表面质量高，生产率高，操作简单，加工范围广。某些复杂表面除用拉削，其他切削加工方法是难以完成的。但是，由于拉刀结构复杂，制造成本高，故大多用于大批量生产。

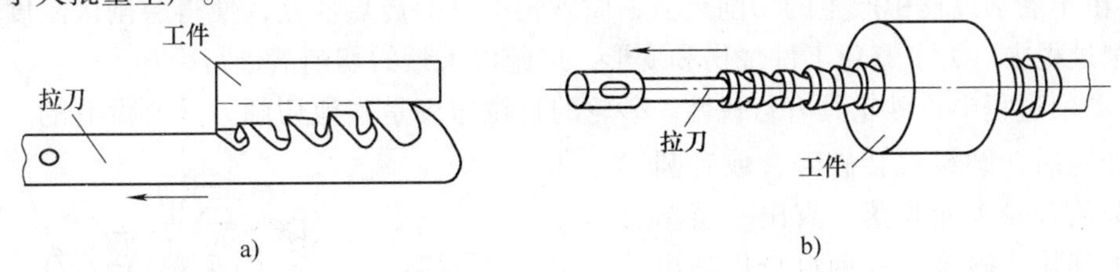

图 12-30　拉刀工作情况

a）拉削平面　b）拉削圆孔

五、磨削加工

1. 磨削加工的范围及特点

（1）磨削加工的范围　磨削加工是磨具以较高的线速度对工件表面进行加工的方法。磨削加工主要在磨床上进行。

磨削加工的范围较广，可以加工各种表面，如外圆面、内圆面、平面、成形面、齿廓面、螺旋面等，还可以刃磨各种刀具。常用磨削加工如图 12-31 所示。

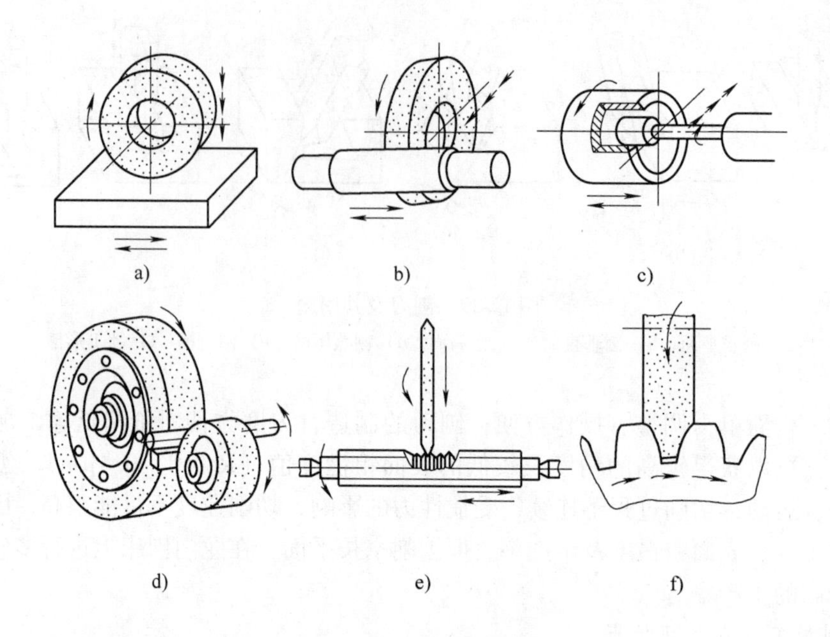

图 12-31　磨削的主要工作

a）平面磨削　b）外圆磨削　c）内圆磨削　d）无心磨削　e）螺纹磨削　f）齿轮磨削

（2）磨削加工的特点　磨削加工的原理与车削、铣削等一般切削加工有许多共同之处，但更有其特殊的规律。砂轮磨削时，它表面上的每一个磨粒相当于一个刀齿，从而可以把砂轮看作一把多刃刀具（如看成圆柱形铣刀或面铣刀）。磨削加工的特点如下：

1）能获得很高的加工精度（IT6 ~ IT4）和很小的表面粗糙度值（Ra1. 25 ~ 0. 1μm）。

2）能加工硬度很高的材料，如硬质合金、淬火钢等。

3）整个砂轮相当于一把具有无数切削刃的铣刀，每齿切削量少，切削效率高。

4）由于磨削过程中产生的切削热多，而砂轮本身的传热性差，使得磨削区温度高。所以在磨削过程中，为了避免工件烧伤和变形，应施以大量的切削液进行冷却。

5）磨削过程中，砂轮具有自锐性。砂轮的自锐作用是其他切削刀具所没有的。砂轮因磨损而变钝后，磨粒就会破碎，或者圆钝的磨粒从砂轮表面脱落，露出一层新鲜锋利的磨粒。砂轮的这种自行推陈出新，以保持自身锋利的性能，称为自锐性。

2. *磨床*

以砂轮或其他磨具对工件进行磨削加工的机床，称为磨床。磨床的种类很多，常用的有万能外圆磨床、普通外圆磨床、内圆磨床、平面磨床等。图 12-32 所示为 M1432 万能外圆磨床，外圆磨削时一般具有以下四个运动：

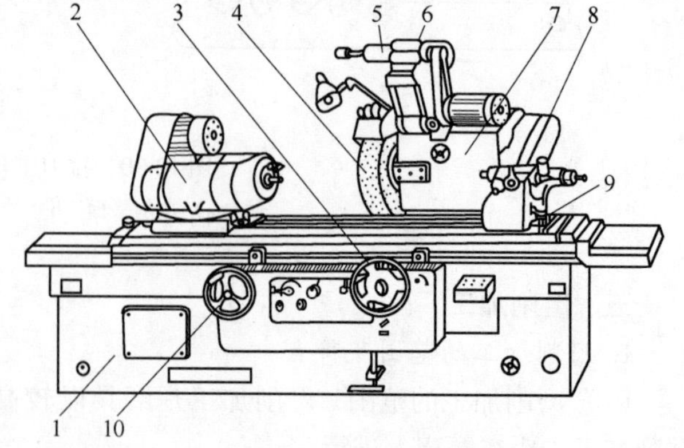

图 12-32　M1432 万能外圆磨床

1—床身　2—头架　3—横向进给手轮　4—砂轮　5—内圆磨具　6—支架　7—砂轮架　8—尾座　9—工作台　10—纵向进给手轮

1）砂轮的主运动。由砂轮架7带动砂轮4完成。主运动由砂轮架7上的专门的电动机驱动，其线速度 v 一般为35m/s。

2）径向进给运动。工作台9和装在它上面的工件（未画出）每经过一次直线往复运动后，砂轮4沿径向移动一定的距离。该运动以径向进给量 f_r 度量，一般 $f_r = 0.005 \sim 0.02$mm/(d. str)。

3）轴向进给运动。工件在由电动机单独驱动的工件头架2的带动下回转时，工件每转一转，在其轴线方向相对于砂轮移动一定的距离。该运动以轴向进给量 f_a 度量，一般 $f_a = 0.2B \sim 0.8B/\mathrm{r}$（$B$ 为砂轮宽度）。

4）圆周进给运动。即工件的回转，其线速度 v_w 比砂轮速度 v 小得多，一般仅为每分钟十多米至数十米。

六、数控加工

1. 数控加工的概念和基本原理

数控是数字控制的简称。数字控制（简称NC）是一种自动控制技术，是利用数字化信号对机床的运动及其加工过程进行控制的一种方法。数控技术在机械制造中应用广泛，除了用于各种金属切削机床外，还可用于压力机、弯管机、焊机等。

数控加工是在数控机床上进行的。这种机床是一种用计算机控制的高效自动化机床。数控加工包括程序制备的全过程和基本原理，其框图如图12-33所示。

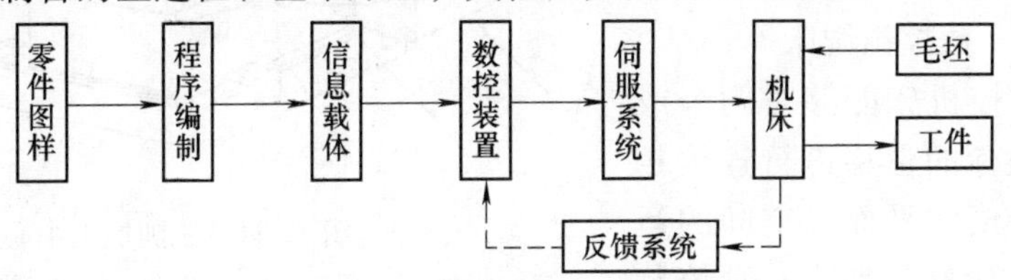

图12-33　数控机床加工零件的过程

在数控加工前，首先分析零件图样，制订合理的工艺及数值计算；根据数控机床规定的代码及程序格式编制程序。然后，把程序存储到统称为信息载体（又称控制介质）的磁带、软盘或光盘等上。数控装置的作用是利用它内部的一台专用计算机或小型通用计算机，对由信息载体输入的信息进行处理和计算，根据计算结果向各坐标的伺服系统分配脉冲，并发出必要的动作信号。伺服系统接到进给脉冲和动作信号后，进行转换与放大，驱动机床的工作台（或刀架）精确定位，或按规定的轨迹作严格的相对运动，最后加工出符合图样要求的零件。

2. 数控机床的组成与分类

（1）数控机床的组成　数控机床主要由零件的加工程序、输入装置、数控装置、伺服驱动装置、辅助控制装置、检测反馈装置、机床本体等七部分组成，其中数控装置、伺服驱动装置、辅助控制装置、检测反馈装置又合称为数控系统。数控装置是数控机床的核心部件。20世纪70年代之后，数控装置的控制和运算多由微型计算机来完成，所以又称为CNC系统。

（2）数控机床的分类

1）按加工工艺方法可分为一般数控机床（数控车、铣、镗、钻、磨等）和数控加工中心，图 12-34 所示为铣削加工中心。数控加工中心带有刀库和自动换刀装置，零件一次装夹后，进行多种工艺、多道工序的集中连续加工，这就大大减少了机床台数。由于减少了装卸工件、更换和调整刀具的辅助时间，从而提高了机床效率；同时由于减小了多次安装造成的定位误差，从而提高了各加工面之间的位置精度，因此，近年来数控加工中心得以迅速发展。

2）按控制运动的方式分为点位控制数控机床、直线控制数控机床和轮廓控制数控机床。

点位控制数控机床只控制运动部件从一点移动到另一点的准确定位。在移动过程中不进行加工。采用点位控制的机床有数控钻床、数控坐标镗床、数控压力机和数控测量机等。

直线控制数控机床不仅要控制点的准确定位，而且要控制刀具（或工作台）以一定的速度沿与坐标轴平行的方向进行切削加工。这种控制常用于简易数控车床、数控镗铣床等。

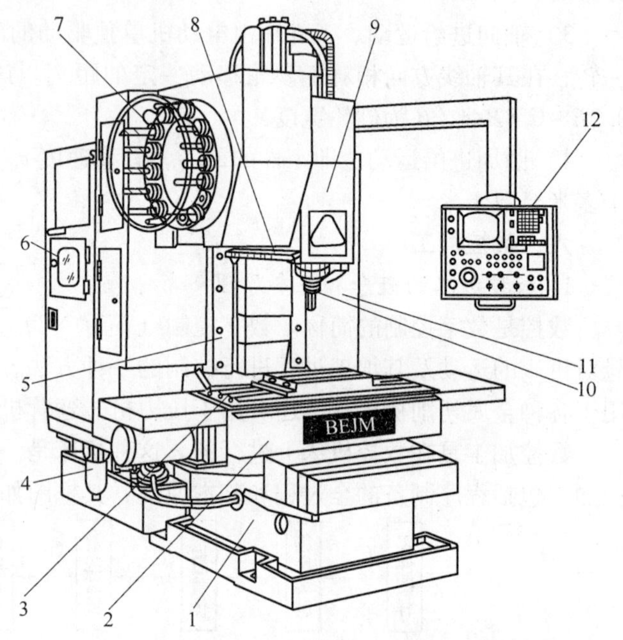

图 12-34　铣削加工中心

1—床身　2—滑座　3—工作台　4—润滑油箱　5—立柱　6—数控柜　7—刀库　8—机械手　9—主轴箱　10—主轴　11—驱动电动机　12—控制面板

轮廓控制数控机床能够对两个或两个以上运动坐标的位移进行连续相关的控制，使合成的平面或空间的运动轨迹满足零件轮廓的要求。数控装置一般要求具有直线和圆弧插补功能、主轴转速控制功能及较齐全的辅助功能。这类机床用于加工曲面、凸轮及叶片等复杂形状的零件。轮廓控制的机床有数控车、铣、磨床和加工中心等。

3）按伺服系统控制环路可分为开环、闭环和半闭环控制数控机床。

开环伺服系统没有位置检测元件（图 12-35），无法测量机床移动部件的实际位置，也就没有对位置误差进行校正、补偿的措施，所以开环控制数控机床加工精度不高，但由于结构简单，反应迅速，工作比较稳定，造价低。所以目前在我国还有较多应用。

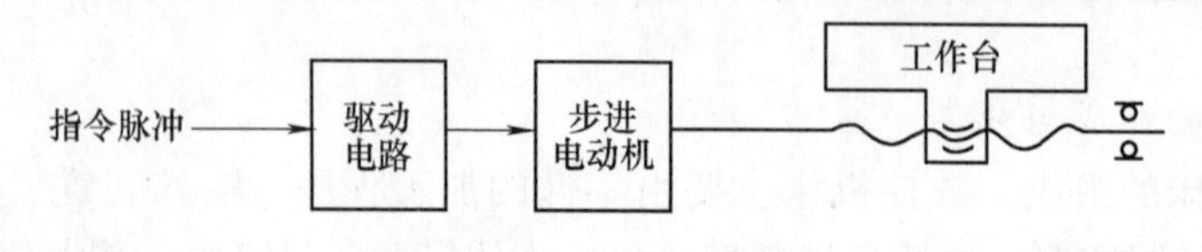

图 12-35　开环控制系统

闭环控制系统上增加检测反馈装置（图 12-36），对机床移动部件（如工作台）的实际位置进行测量，将测量结果送回数控装置与所要求的位置相比较，得出差值后采取措施予以消除，以使加工取得很高的精度。闭环控制数控机床对测量元件、机床结构和传动装置的要求都非常高，构造和调试都比较复杂，造价也高。

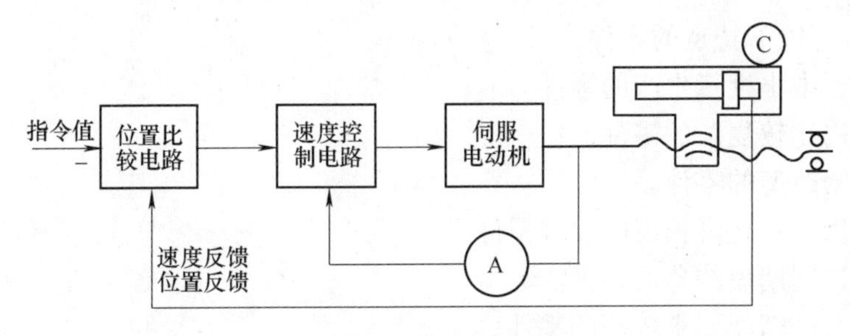

图 12-36　闭环控制系统

当检测装置不是装在机床运动的最终环节——工作台上，而是装在丝杠端部时（图 12-37），反馈量来自丝杠转角，而不是工作台的实际位移。由于丝杠和工作台未包括在反馈环内，因而称为半闭环控制。半闭环控制的数控机床工作平稳，但加工精度稍差。目前，该种机床在数控机床中占多数。

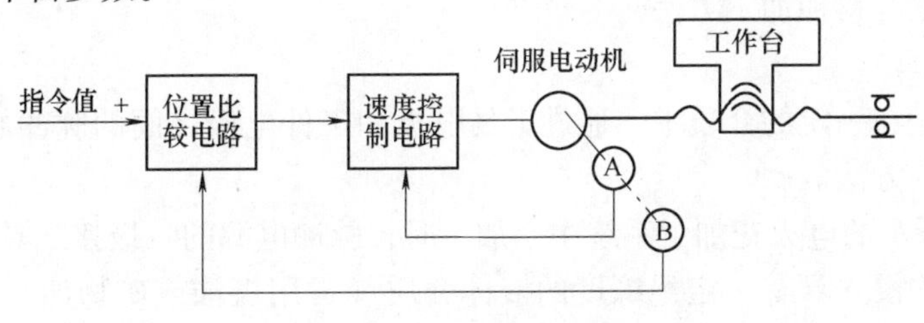

图 12-37　半闭环控制系统

4）按控制系统能同时控制的坐标轴数可分为 2 坐标、2.5 坐标、3 坐标和多坐标数控机床。

5）按数控机床功能强弱分类可分为经济型数控机床、全功能型数控机床和高档数控机床。

3. 数控加工的特点和应用

数控加工的主要特点为：

1）加工精度高。数控机床在整机设计中考虑了整机刚度和零件的制造精度，又采用高精度的滚珠丝杠副传动，机床的定位精度和重复定位精度都很高，特别是有的数控机床具有加工过程自动检测和误差补偿等功能，因而能保证加工精度和尺寸的稳定性。

2）生产率高。由于数控机床刚度和功率较大，自动进给，自动换刀，自动不停车变速，快速空行和多刀同时加工，所以生产率较高，一般为普通机床的 3 ~4 倍。

3）适应性强。数控加工不仅可用于简单零件，而且可用于结构形状复杂，一般通用机床难以加工甚至无法加工的零件。当改变加工对象时，只需重新编制一个加工程序，以适应新的加工要求。因此，数控机床可以适应多种不同零件的加工。

4）自动化程度高，劳动强度低。

5）便于现代化的生产管理。

数控加工目前还存在的不足之处是设备昂贵，投资大；由于设备结构复杂，调整、维修的技术要求高，如缺乏足够的技术力量，则难以发挥设备的利用率。

数控机床有一般机床所不具备的许多优点，数控机床的应用范围正在不断扩大，数控机床最适合加工具有以下特点的零件：

1）多品种、中小批量生产的零件。

2）形状结构比较复杂的零件。

3）需要频繁改型的零件。

4）价值昂贵、不允许报废的关键零件。

5）设计制造周期短的急需零件。

6）批量较大、精度要求较高的零件。

七、特种加工

特种加工是利用电、光、声、化学等能量来去除工件上多余材料的加工方法。

随着科学技术的发展，具有高硬度、高强度、高韧性、高脆性的新材料不断出现，各种复杂结构和工艺要求越来越多，采用传统的切削加工已不能适应这些新材料、复杂结构和特殊工艺要求的加工，故而研发了电火花加工、线切割加工、超声波加工、激光加工、电子束加工、离子束加工等特种加工方法。

1. 电火花加工

电火花加工是在一定的介质中，通过工具电极和工件电极之间的脉冲放电的电蚀作用，对工件进行加工的方法。

在图 12-38 所示的电火花加工系统中，加工时，脉冲电源的一极接工具电极，另一极接工件电极。两极均浸入具有一定绝缘度的液体介质（常用煤油或矿物油）中。工具电极由自动进给调节装置控制，以保证工具与工件在正常加工时维持一很小的放电间隙（0.01～0.05mm）。当脉冲电压加到两极之间时，便将当时条件下极间最近点的液体介质击穿，形成放电通道。由于通道的截面积很小，放电时间极短，致使能量高度集中（10^6～10^7W/mm^2），放电区域产生的瞬时高温足以使材料熔化甚至蒸发，以致形成一个小凹坑。第一次脉冲放电结束之后，经过很短的间隔时间，第二个脉冲又在另一个极间最近点击穿放电。如此周而复始高频率地循环，加之工具电极不断地向工件进给，它的形状最终就复制在工件上，形成所需要的加工表面。

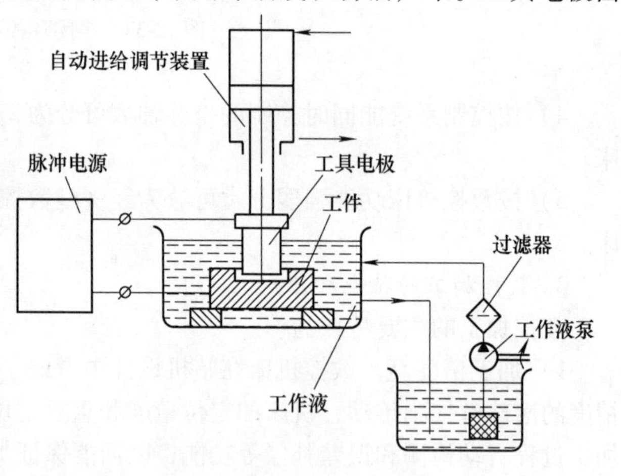

图 12-38　电火花加工原理

从上得知，要使电火花腐蚀原理用于尺寸加工，必须具备以下基本条件：工具与工件被加工表面之间经常保持一定间隙（0.01～0.05mm）；火花放电必须是脉冲性、间隙性的；火花放电必须在有一定绝缘性能的液体介质中进行，以便把电蚀产生的金属微粒冷却凝固后冲走和对电极表面起冷却作用。

电火花加工只适用于导电的金属材料，主要用于各种锻压磨具和三维成形表面的加工，其尺寸精度平均为 0.05mm，最高可达 0.005mm；表面粗糙度值平均为 *Ra*6.3μm，最小为 *Ra*0.1μm。

2. 超声波加工

超声波加工是利用工具端面的超声频振动，或借助于磨料悬浮液加工硬脆材料的一种工艺方法。其加工原理如图12-39所示。超声波发生器产生的超声频电振荡，通过换能器转变为超声频的机械振动。变幅杆将振幅放大到0.01～0.15mm，再传给工具，并驱动工具端面作超声振动。在加工过程中，由于工具与工件间不断注入磨料悬浮液，当工具端面以超声频冲击磨料时，磨料再冲击工件，迫使加工区域内的工件材料不断被粉碎成很细的微粒脱落下来。此外，当工具端面以很大的加速度离开工件表面时，加工间隙中的工作液内可能由于负压和局部真空形成许多微空腔。当工具端面再以很大的加速度接近工件表面时，空腔闭合，从而形成可以强化加工过程的液压冲击波，这种现象称为超声空化。因此，超声波加工过程是磨粒在工具端面的超声振动下，以机械锤击和研抛为主，以超声空化为辅的综合作用过程。

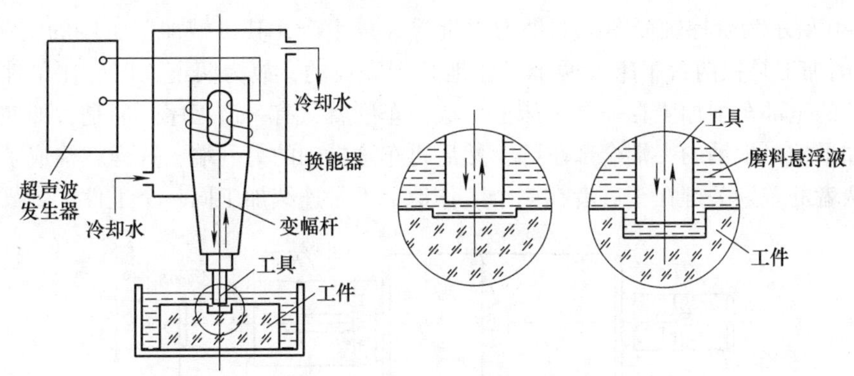

图12-39　超声波加工原理

超声波加工可应用于任何硬脆的金属和非金属材料。虽然其生产率比电火花加工、电解加工低，但其精度（尺寸精度平均可达0.03mm）比它们高；表面粗糙度值（平均值为$Ra0.4\mu m$）比它们小。超声波加工可用来加工不导电的硬脆材料，如宝石、玻璃、金刚石等，这是电加工无法比拟的优点。

第六节　机械加工工艺过程和工艺文件

一、机械产品的生产过程和工艺过程

1. 生产过程

机械产品的生产过程是将原材料转变为成品的全过程。它包括生产技术准备、毛坯制造、机械加工、热处理、装配、测试检验以及包装等过程。上述过程中凡使被加工对象的尺寸、形状或性能产生一定变化的均为直接生产过程。

机械生产过程还包括工艺装备的制造、原材料的供应、工件的运输和贮存、设备的维修及动力供应等。这些过程不使加工对象产生直接的变化，故称为辅助生产过程。

2. 工艺过程

在生产过程中改变生产对象的形状、尺寸、相对位置和性质等，使其成为成品或半成品的过程，称为工艺过程。

产品质量的高低主要取决于产品设计和制造工艺水平。产品设计既能促进工艺水平的提高，在一定条件下工艺水平也受到它的制约。当产品设计定型以后，产品质量、生产率和产品成本等的高低就取决于制造工艺了。同样的产品，即使在同样的生产条件下，也可以有不同的工艺过程。工艺技术人员的任务就是要设计出一个相对最佳的工艺方案和工艺过程。

二、机械加工工艺过程的组成

机械加工工艺过程是由一个或若干个顺序排列的工序组成的，毛坯依次通过这些工序的加工而变为成品，因此，工序是工艺过程的基本组成部分，而工序又可分为安装、工位、工步和走刀等若干个步骤。

1. 工序

一个或一组工人，在一个工作地点对同一个或同时对几个工件所连续完成的那部分工艺过程称为工序。

图 12-40 所示为阶梯轴简图，如果为大批或大量生产，其机械加工工序的安排见表 12-3。轴的车削加工是在两台车床（两个工作地）上完成的，故为两道工序。在单件、小批量生产时，轴的全部车削加工在一台车床上完成，车削就只有一道工序。但是，即使在同一台车床上，如果把一批轴的一端全部车好，然后再车这批轴的另一端，这样就构成了两道车工工序。这两者的差别关键在于后者在一个工作地上不是连续加工同一个工件。

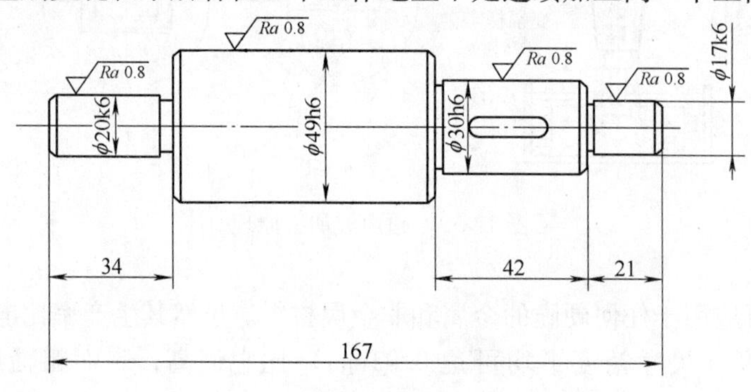

图 12-40　阶梯轴简图

表 12-3　阶梯轴的机械加工工艺过程

工序号	工序内容	设　备
1	铣端面、钻中心孔	铣端面钻中心孔机床
2	车外圆、车槽与倒角	车床
3	铣键槽	铣床
4	去飞边	钳工台
5	磨外圆	外圆磨床

工序不仅是制订工艺过程的基本单元，也是制订时间定额、配备工人、安排作业计划和进行质量检验的基本单元。

2. 工步

在一个工序内，往往需要采用不同的工具对不同的表面进行加工。为了便于分析和描述工序的内容，工序还可以进一步划分为工步。工步是指加工表面（或装配时的连接表面）

和加工（或装配）工具不变及切削用量中的转速、进给量均不变的条件下所完成的那部分工艺过程。一个工序可以包括几个工步，也可以只包括一个工步。例如，在表12-3工序2中，包括车各外圆表面、车槽、倒角等多个工步，而工序3仅有键槽铣刀铣键槽一个工步。

3. 走刀

同一工步中，若加工余量大，需用同一工具，在转速和进给量相同的条件下，对同一加工面进行多次切削，每切削一次就是一次走刀。一个工步可以进行一次走刀，也可以进行多次走刀。

4. 安装

工件经一次装夹后所完成的那一部分工序称为安装。一道工序中可以只进行一次安装，也可以有多次安装。上述阶梯轴就必须进行两次安装。为了减少装卸工件的辅助时间和误差，应尽可能地减少一道工序内的安装次数。

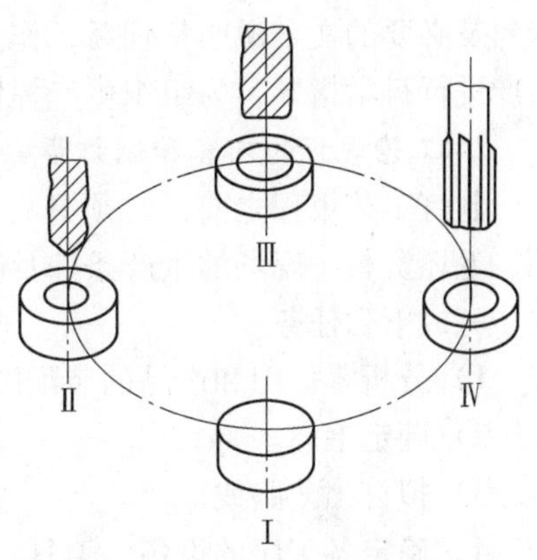

图12-41　四工位机床上的加工情况

5. 工位

工件一次装夹后，它与夹具（或设备的可动部分）一起相对于走刀（或设备的固定部分）所占据的每一个位置，称为工位。图12-41所示为四工位机床上的加工情况，Ⅰ为装卸工件的工位，其他Ⅱ、Ⅲ、Ⅳ工位分别进行钻孔、扩孔、铰孔。由于多工位机床可以在几个不同的工位同时进行不同的加工和装卸工件，所以生产率较高。

三、生产类型及其工艺特点

1. 生产纲领与生产类型

企业在计划内应该生产的产品数量和进度计划称为生产纲领。生产类型是指企业（或车间、工段）生产专业化程度的分类。一般的生产类型可分为单件生产、成批生产和大量生产三种类型。

（1）单件生产　其主要特点是产品的品种很多，而每种产品只生产一件或数件，很少重复。重型机械、非标准设备的制造及新产品试制等都属于单件生产。

（2）成批生产　其主要特点为成批地制造相同的产品，并且按一定周期重复地生产。机床、电动机等产品的制造属于成批生产。

一次投入或产出的同一产品（或零件）的数量，称为生产批量。根据生产批量的大小，成批生产又分为小批、中批和大批生产。小批和大批生产的组织形式和工艺特点分别与单件和大量生产类似。

（3）大量生产　其主要特点为长期地只连续生产数量很大的同一种类型的产品。汽车、拖拉机、轴承、自行车等产品的生产属于大量生产。

在同一个工厂，甚至在同一个车间，各个车间或工段也可能按照不同的生产类型组织生产。例如，航空发动机制造属中、小批生产，而发动机上的各种叶片则按大量或大批生产的原则组织生产。

2. 不同生产类型的工艺特点

不同生产类型零件的加工工艺有很大的不同。产量大、产品固定时，有条件采用各种高生产率的专用机床和专用夹具，以提高劳动生产率和降低成本。但在产量小、产品品种多时，目前多采用通用机床和通用夹具，生产率较低；但采用数控技术加工时，生产率将有较大的提高。

四、工艺规程和工艺文件

1. 工艺规程的概念和作用

机械加工工艺规程是规定零件机械加工工艺过程操作方法的工艺文件。它是经过调研、计算、试验、分析、论证后确认为相对最优化的产品工艺过程，用标准化、规范化的图标、卡片及必要的文字说明整理后，作为技术准备、生产准备和组织生产的依据。它的作用是对生产进行科学指导，为组织生产提供基本资料，为工厂（或车间）设计提供基础资料。

2. 工艺规程的内容和制订步骤

制订工艺规程之前，必须具有产品和零件的装配图、零件图、产品验收标准、生产纲领、毛坯资料、现场的生产条件及国内外有关工艺技术的发展情况等原始资料。在此基础上逐步完成下列任务：

1）分析零件图和产品的装配图。

2）确定毛坯。

3）拟订工艺路线。

4）确定各工序的设备、刀具、量具和辅助工具。

5）确定各工序的加工余量，计算工序尺寸及公差。

6）确定各工序的切削用量和时间定额。

7）填写工艺文件。

3. 工艺文件

一般将工艺规程的内容填入一定格式的卡片，即成为生产准备和施工依据的工艺文件，常用的工艺文件格式有下列几种。

（1）机械加工工艺过程卡片　这种卡片以工序为单位，简要地列出了整个零件加工所经过的工艺路线（包括毛坯制造、机械加工和热处理等），多用于生产管理方面。但是在单件小批生产中通常不编制其他较详细的工艺文件，也以这种卡片指导生产。

（2）机械加工工艺卡片　机械加工工艺卡片是以工序为单位，详细说明整个工艺过程的工艺文件。它是用来指导工人生产，以及帮助车间管理人员和技术人员掌握零件整个加工过程的一种主要技术文件，广泛用于成批生产的零件和小批生产中的重要零件。

（3）机械加工工序卡片　机械加工工序卡片更详细地说明零件的各个工序应如何进行。在此卡片上要画出工序图，标注该工序的加工表面及应达到的尺寸和公差，工件的装夹方式，刀具的类型和位置，进刀方向和切削用量等。多用于大批量生产。

第七节　机 床 夹 具

一、概述

1. 机床夹具的概念

夹具指的是机械加工过程中，为保证加工精度而采用的保证工件相对于机床和刀具正确相对位置，并保证加工过程中不因外力的作用而改变已有正确位置的工艺装备的总称。

由上述可知，夹具的作用之一是保证工件在工艺系统中相对于机床和刀具具有正确的位置，这一过程称为“定位”。正确的定位是工件表面成形的前提。在加工过程中，工件要受到切削力、惯性力、重力等的作用，因此夹具的另一作用就是要保证工件在外力的作用下仍能保持其正确位置。这两方面的作用统称为“安装”。通过正确地安装，可以保证加工精度、稳定加工质量、提高劳动生产率、降低加工成本、减轻劳动强度、扩大机床工艺范围。在工艺系统中，夹具不仅影响系统刚性，更影响加工精度。在某些情况下，夹具是实现特殊零件加工的必要装备。

2. 机床夹具的分类

随着机械制造技术的发展，新型夹具不断涌现，机床夹具的类型也越来越多。生产应用中有以下几种分类方法。

按专门化程度分为通用夹具、专用夹具、专门化拼装夹具等。

（1）通用夹具　通用夹具指已标准化、具有较大适用范围的夹具。如自定心卡盘、单动卡盘、万能分度头、回转工作台等，这类夹具通用性强，一般用于单件小批生产。

（2）专用夹具　专用夹具是根据零件加工过程中某一工序的加工要求而设计的。其结构紧凑、操作方便，可有效地保证加工精度、提高加工效率，但成本较高，适用于批量生产以及必须依靠专用夹具保证精度的场合。

（3）专门化拼装夹具　这类夹具是针对特定工序要求，由通用性较强的标准元件和部件拼装而成。它具有通用夹具和专用夹具的特点，分组合夹具和拼装夹具两种形式，适用于新产品试制和多品种小批量生产使用。

按机床的类型分为车床夹具、铣床夹具、钻床夹具、镗床夹具、齿轮机床夹具等。

按动力源不同可分为手动夹具、气动夹具、液动夹具、电磁夹具等。

3. 夹具的基本组成

夹具虽然种类很多，但都由以下基本部分组成：

（1）定位元件　用来确定工件在夹具中的正确位置，即保证工件与刀具间正确的相对位置。例如，图12-42中的定位销2就是定位元件，它保证被加工的轴线在工件的纵向对称面内，以及轴线至工件左端面之间的距离，满足加工精度的要求。

（2）夹紧元件　用来固定工件在定位后的位置。图12-42中的螺母6、开口垫圈4以及定位销2端部的螺栓部分，都是夹紧元件，它们组成了夹紧装置。

（3）引导元件　用来确定夹具与刀具（或机床）的相对位置。图12-42中的钻套3即为引导元件。

（4）夹具体　用来把上述元件连成一个整体，是夹具的基础件。图12-42中的5为夹具体。

以上四个部分是各类夹具都不可缺少的。某些工件由于设计或工艺的需要，其夹具除了具有上述四个必备部分外，还可能需要其他一些组成部分，例如，工件需要分度时，要设置分度装置。在车床、磨床上加工形状不规则的工件时，则要设置平衡块。

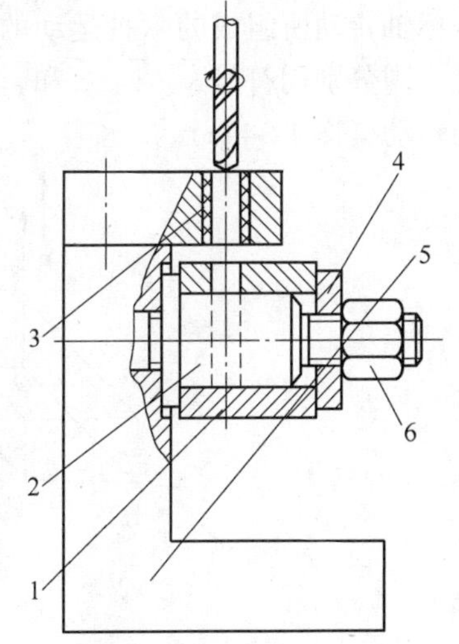

图12-42　机床夹具的组成

1—工件　2—定位销　3—钻套　4—开口垫圈　5—夹具体　6—螺母

二、工件的定位

1. 工件定位的概念

要使加工出的工件符合图样或工艺文件规定的精度要求，必须在切削前使工件在机床上或夹具体中占有正确的位置，这一过程称为定位。

工件的定位方法有以下三种：

（1）直接找正法　用量具或量仪直接找正工件上某一表面，使工件处于正确的位置，称为直接找正法。在这种装夹方式中，被找正的表面就是工件的定位基准。如图 12-43a 所示的套筒，为了保证加工的内孔与外圆同轴，先将套筒预夹在单动卡盘中，用百分表找正外圆表面，使其轴线与机床回转轴线同轴，然后夹紧工件。此时的定位基准是用于找正工件正确位置的外圆表面。

此种方法定位效率低，操作技术要求高，一般在单件、小批量生产而且定位精度要求很高时采用。

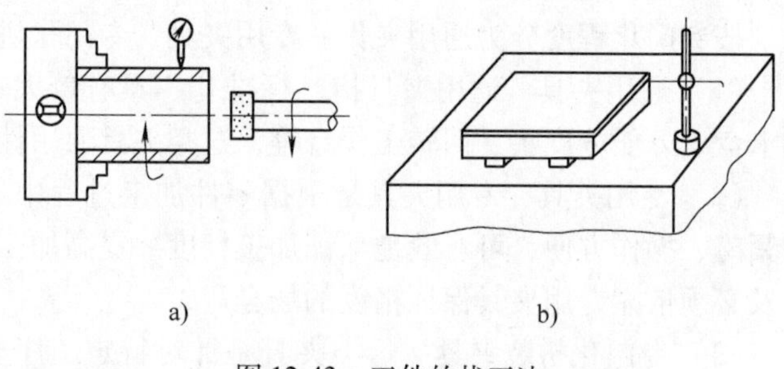

图 12-43　工件的找正法

（2）划线找正法　按图样要求划出待加工表面的轮廓线，然后用通用夹具按所划的线找正工件在机床的位置（图 12-43b）。由于受到划线精度及找正精度的限制，此方法多用于生产批量较小、毛坯精度较低以及大型零件等不便于使用夹具的粗加工中。

（3）夹具定位法　此方法是用夹具上的定位元件使工件获得正确位置的一种方法，采用夹具定位使工件定位快速方便、定位精度也比较高，广泛用于成批和大量生产。

2. 定位的基本原理

（1）六点定位规则　任何一个工件在夹具中未定位前，都可以看成为在空间直角坐标系中的自由物体。其在空间的任意运动，都是它在直角坐标系中沿三个坐标轴平移和绕三个坐标轴转动所组成的六种运动的合成。因此，自由刚体在空间直角坐标系中共有六个自由度。现分别用符号 $\vec{x}$、$\vec{y}$、$\vec{z}$ 和、$\overset{\frown}{x}$、$\overset{\frown}{y}$、$\overset{\frown}{z}$ 表示它沿 Ox，Oy、Oz 三个轴的平移和绕三个轴的转动（图 12-44a）。

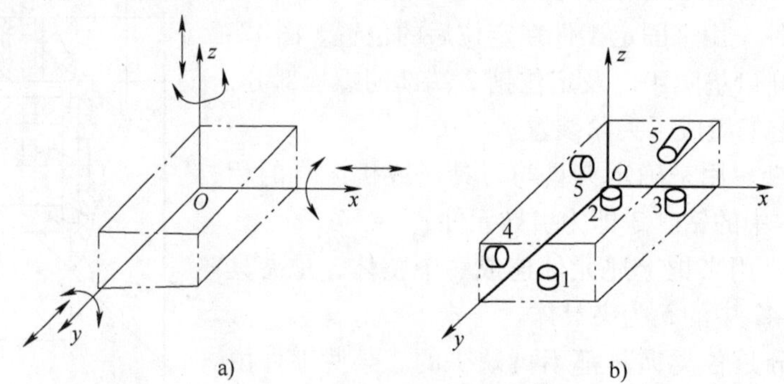

图 12-44　六点定位规则

要使工件在机床上的位置确定下来，就必须对六个自由度加以限制，只要在三个坐标平面内合理地设置六个支承点与工件相接触，就可以将六个自由度全部加以限制（12-44b）。

支承点 1、2、3 限制工件 $\vec{z}$、$\overset{\frown}{x}$、$\overset{\frown}{y}$ 三个自由度（1 、2、3 三点不能在一条直线上，而且点之间的距离尽可能大一些，以增加定位的稳定性）。支承点 4、5 限制 $\vec{x}$、$\overset{\frown}{z}$ 两个自由度。支承点 6 限制 $\vec{y}$ 自由度。在夹具的设计和制造时，这些支承点是用具体的定位元件（如支承板、支承钉）代替的。

（2）完全定位和不完全定位　工件的六个自由度都被限制的定位称为完全定位。工件被限制的自由度少于六个，但对加工要求有影响的自由度都已限制，能够保证加工要求的定位称为不完全定位。完全定位与不完全定位是实际加工中最常使用的定位方式。

（3）过定位和欠定位　按照加工要求应该限制的自由度没有被限制的定位称为欠定位。欠定位是不允许的。因为这种定位方式保证不了加工要求。如图 12-45 所示，如果 $\vec{z}$ 没有限制，$60_{-0.2}^{\ 0}$mm 就无法保证；$\overset{\frown}{x}$ 或 $\overset{\frown}{y}$ 没有限制，槽底与 A 面的平行度就不能保证。

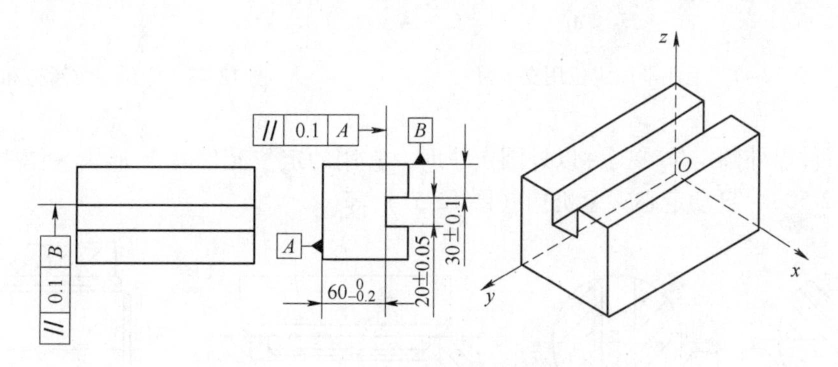

图 12-45　加工要求与自由度之间的关系

工件的一个或几个自由度被不同的定位元件重复限制的定位称为过定位。图 12-46 所示为在车床上加工端面，需保持尺寸 c。若同时采用工件上 A 和 B 两个端面为定位基准（12-46a），则沿工件轴向（尺寸 c 方向）移动的自由度被限制了两次，即出现了过定位。过定位的产生将影响尺寸 c 的精度。因为在一批工件中，每个工件的端面 A 和 B 之间的距离不可能完全相同，这样势必会使某些工件产生如图 12-46b 所示的情况，其后果为实际获得的尺寸不是预保持的 c，而是 $c-\Delta$。如果只采用 B 面为定位基准（图 12-46c），不使 A 面与定位件接触，则避免了过定位。

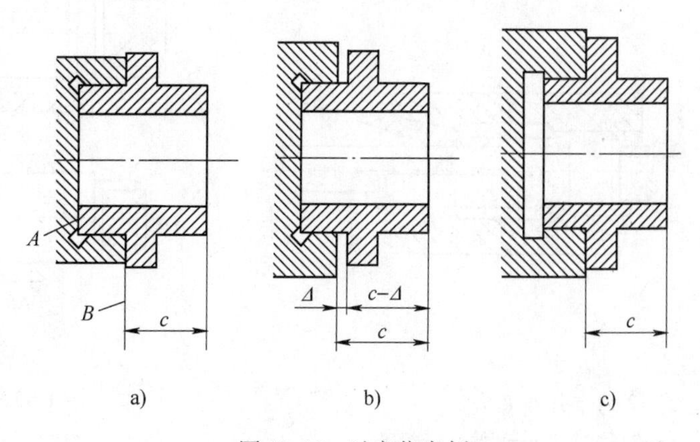

a)　b)　c)

图 12-46　过定位实例

3. 常用的定位方式和定位元件

（1）工件以平面定位　平面定位限制工件三个自由度，故应有三个支承点与工件定位基准接触以实现定位。常用的定位元件为支承钉和支承板。常用于未经切削的毛坯平面的支承钉如图 12-47 所示。常用于经过切削加工的平面的支承钉和支承板如图 12-48 所示。

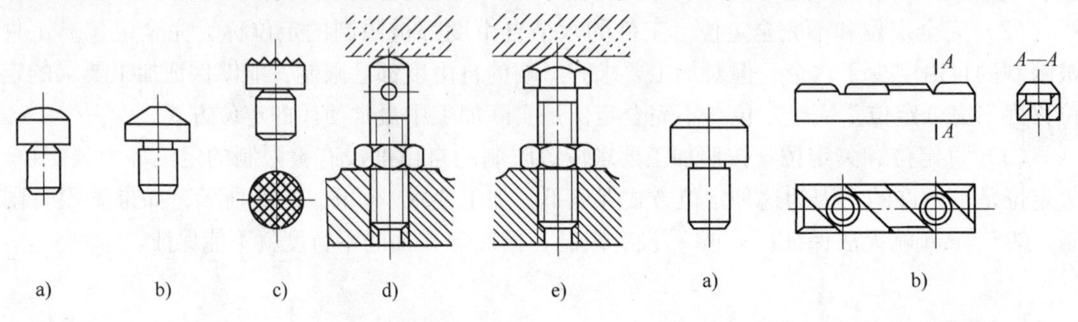

图 12-47　毛坯平面定位用支承钉

图 12-48　定位用支承钉和支承板

（2）工件以外圆定位　工件以外圆定位时，常用的定位元件有 V 形块（图 12-49）、定位套（图 12-50）、自动定心夹紧机构（图 12-51）等。

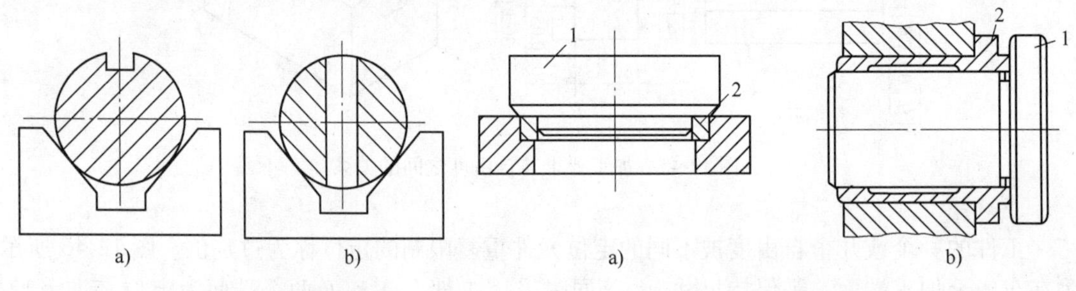

图 12-49　V 形块使工件自动对中

图 12-50　定位套定位

1—工件　2—定位套

（3）工件以圆柱孔定位　套筒、法兰盘、齿轮、杠杆等零件是以其主要孔作为定位基准的，此时夹具所使用的定位元件为心轴（图 12-52）或定位销（图 12-53）。

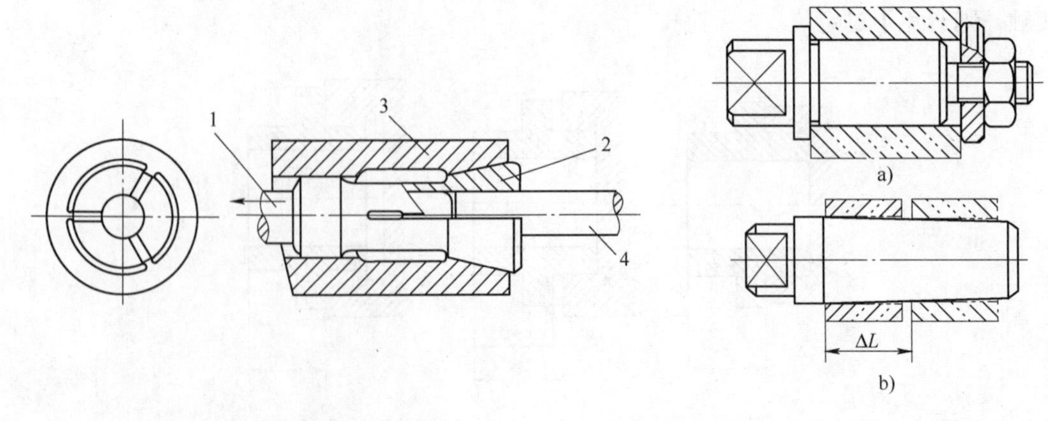

图 12-51　弹簧夹头

1—拉杆　2—弹簧锥夹　3—套筒　4—工件

图 12-52　心轴

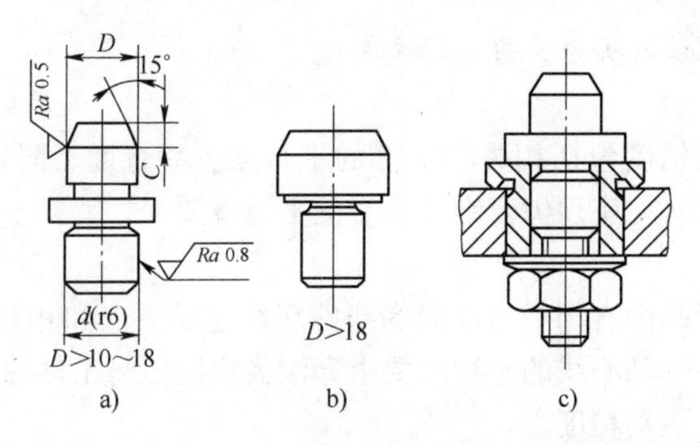

图 12-53　定位销

第八节　机械装配工艺基础

一、装配概述

任何机器都是由许多零件组成的。机械中由若干零件组成的一个相对独立的有机整体，称为部件。如车床的主轴箱、尾座等即为部件。部件中由若干零件组成的，结构上与装配上有一定独立性的部分，称为组件。如主轴箱中的主轴连同装在它上面的齿轮、键等，就作为一个组件。

根据规定的技术要求，将零件结合成组件和部件，并进一步将零件、组件和部件结合成机器的过程称为装配。把零件装配成部件的过程称为部件装配；把零件和部件装配成最终产品的过程称为总装配。

装配是机械制造过程中的最后一个阶段。为了使产品达到规定的技术要求，装配不仅是指零、部件的结合过程，还应包括调整、检验、试验、涂装和包装等工作。

机器的质量是以机器的工作性能、使用效果、可靠性和寿命等综合指标来评定的。这些指标，除和产品结构设计的正确性有关外，还取决于零件的制造质量（包括加工精度、表面质量、热处理性能等）和机器的装配工艺及装配精度。机器的质量最终是通过装配工艺保证的。若装配不当，即使零件的制造质量都合格，也不一定能够装配出合格的产品。反之，当零件的质量不十分良好，只要在装配中采取合适的工艺措施，也能使产品达到规定的要求。因此，装配工艺及装配精度对保证机器的质量起到十分重要的作用。

目前，在多数工厂中，装配工作大多靠手工劳动完成，自动化程度和劳动生产率远不如机械加工。所以研究装配工艺，选择合适的装配方法，制订合理的装配工艺规程，不仅是保证机器装配质量的手段，也是提高产品生产率，降低制造成本的有力措施。

二、装配精度

任何机械产品，设计时不仅应根据使用要求合理地设计机构，而且要确定整机有关机构或部件的运动精度和相互位置精度。设计的装配精度要求可根据国家标准、部颁标准或其他资料予以确定。

产品的装配精度即装配时实际达到的精度。产品的装配精度一般包括零部件间的距离精度、相互位置精度和相对运动精度等。

1. 距离精度

距离精度是指相关零部件间的距离尺寸精度。例如，卧式车床前后两顶尖对床身导轨等高要求，就是一个距离尺寸关系，称为距离精度。

2. 相互位置精度

装配中的相互位置精度包括相关零部件的平行度、垂直度、同轴度及各种跳动等。例如，卧式车床溜板移动对尾座顶尖套锥孔轴心的平行度要求，就属于相互位置精度。

3. 相对运动精度

相对运动精度是产品中有相对运动的零部件间在运动方向和相对速度上的精度。例如，卧式车床溜板移动对主轴轴心线的平行度要求和滚齿机滚刀与工件的回转应保持严格的速比关系要求，都属于相对运动精度。

装配精度除以上三项要求外，还包括接触精度要求，如齿轮啮合、锥体配合以及导轨之间的接触精度要求等。

三、装配工作的基本内容

机械装配是产品制造的最后阶段，在装配过程中不是将合格零件简单地连接起来，而是通过一系列工艺措施，才能最终达到产品质量的要求。常见的装配工作有以下几项：

1. 清洗

机器装配过程中，零、部件的清洗对保证产品的装配质量和延长产品的使用寿命均有重要的意义。清洗的方法有擦洗、浸洗、喷洗和超声波清洗等，常用的清洗液有煤油、汽油、碱液及多种化学清洗液等。

2. 连接

在装配过程中有大量的连接工作，连接的方式一般有两种：可拆卸连接和不可拆卸连接。

可拆卸连接的特点是相互连接的零件拆卸时不损坏任何零件，且拆卸后还能重新装在一起。常见的可拆卸连接有螺纹连接、键连接和销钉连接等。

不可拆卸连接的特点是被连接的零件在使用过程中是不拆卸的，如果拆卸会损坏某些零件。常见的不可拆卸连接有焊接、铆接和过盈连接等。

3. 校正、调整与配作

在产品的装配过程中，特别是在单件小批生产的条件下，为了保证部装和总装的精度，常需要进行一些校正、调整和配作工作。这是因为完全靠零件互换性来保证装配精度往往是不经济的，有时甚至是不可能的。

校正是指产品中相关零部件相关位置的找正、找平及相应的调整工作；调整是指相关零部件相互位置的具体调节工作；配作是指钻、配铰、配刮及配磨等。

4. 零、部件的平衡试验

高速回转及运转平稳性要求较高的零、部件，在装配时必须进行平衡试验，以消除其不平衡质量，避免机器运转时由于离心力引起振动。

回转零、部件的平衡试验有静平衡和动平衡两种方法。大体上说，前者用于盘类零件和转速较低的零件，后者用于较长的圆柱形零件和转速较高的零件。静平衡试验的设备比较简单，在简支梁结构的平衡座上也可以进行。动平衡试验则在各种类型的动平衡试验机上进行。

5. 气密性试验和压力试验

凡在使用过程中承受各种介质（液体或气体）压力作用的零、部件，在装配前或装配后，均需进行气密性试验和压力试验。试验用的介质由于受实际条件的限制，一般用其他介质代替。为了零部件工作安全可靠，压力试验用的压力一般为额定工作压力的1.25～1.5倍。如用于空调器和冰箱的制冷压缩机的壳体，就要进行上述试验。内燃机气缸组件装配时也要进行气密性试验。

6. 整机试验

产品装配完成后，必须按照有关的技术标准和规范，对产品进行全面的检测和试验。由于计算机技术、传感技术的进步，机械产品整机检测和试验的水平近年来有很大提高。在大批、大量生产中，很多工厂对产品的各种参量的检测、试验，已从过去分别由单机、半人工操作，发展到由计算机控制，并且能同时对各个参量进行数据采集、处理、数字显示，直至打印，一次完成。

四、装配方法

1. 互换装配法

在装配时各配合零件不经修理、选择或调整，即可达到装配精度的方法，称为互换装配法，其装配精度主要取决于零件的加工精度。

采用互换装配法装配，可以使装配过程简单，生产率高，易于组织流水作业及自动化装配，也便于采用协作式组织专业化生产。但是当装配精度要求较高，零件的加工精度会要求很高，使加工很困难，故此方法一般用于大批、大量生产中装配精度要求不高的产品，如自行车等。此外，零件数量很少的组件有的也用这种装配方法。

2. 选配法

在成批或大量生产中，将产品各配合副的零件按实际尺寸分组，装配时按组进行互换装配以达到装配精度的方法，称为选配法。它用于装配精度要求很高的场合，如内燃机、轴承等生产中。

这种方法可保证装配精度不变，而将互配零件的尺寸公差放大数倍（其倍数等于分组的组数），以缓解零件高精度加工的困难。

选配法的缺点是测量、分组、保管等工作比较复杂，所需的零件储备量大，且各组内的相配零件数量要相等，形成配套，否则会出现某些尺寸零件的积压浪费。

3. 修配装配法

当产品某一部分的装配精度要求较高时，如果单纯地依靠提高零件的加工精度去保证，不仅是很不经济的，有时甚至在工艺上是无法实现的。此时，可使该部分的零件仅进行一般经济合理的加工，在装配时修去一个指定零件上预留的修配量，以达到装配精度。这种装配方法称为修配装配法。

修配法的优点是能获得很高的装配精度，而零件的制造精度却可得以放宽；缺点是增加了修配工序，难以实现装配的机械化、自动化，管理上也比较麻烦。多用于中、小批生产中零件数较多而装配精度又较高的部件。

4. 调整装配法

在装配时用改变产品中可调整零件的相对位置，或选用合格的调整件以达到装配精度的方法，称为调整装配法。它与修配装配法本质上没有区别。它们都是对组件的某一零件（或环节）进行修配或调整，以获得较高的装配精度和较宽的零件制造公差。

图12-54a所示组件，为保证规定的间隙N，可在轴向调整套筒1的位置。这种方法称

为活动调整法。

同样为保证规定的间隙 N，在图 12-54b 中，将调整件 2 的厚度 A 制成若干不同的尺寸，根据实际装配间隙的大小，从中选出尺寸合适的一件装入，即获得规定的间隙 N。套筒 1 和调整件 2 在轴上的固定方法，为使图面简化，未予画出。

调整法的优点与修配法相同，此外，它还可以补偿在使用中因磨损或内应力、热变形而引起的误差。其缺点是产品结构上增加了一个调整零件。

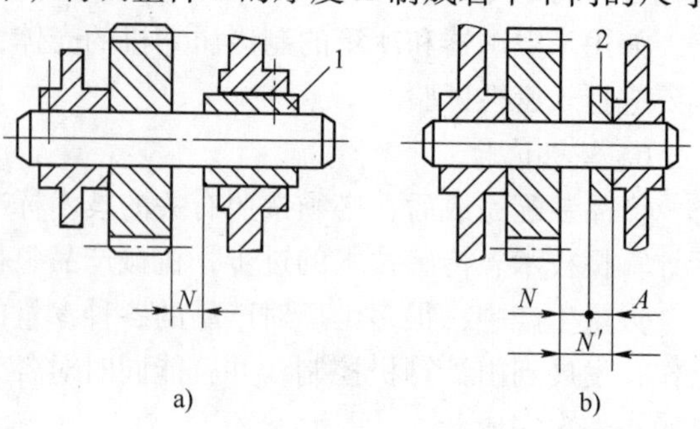

图 12-54　调整装配法

1—套筒　2—调整件

五、装配工艺规程的制订

装配工艺规程是用文件、图表等形式规定下来的装配工艺过程。它是指导装配生产的指导性技术文件，又是进行装配生产计划及技术准备的主要依据，也是设计装配工装、设计装配车间的主要依据。

1. 制订装配工艺规程的步骤与工作内容

（1）产品分析　研究产品图样和装配时应满足的技术要求；对装配尺寸链分析与计算，进一步确定保证产品精度的装配方法；对产品结构进行装配工艺性分析，明确各种零、部件的装配关系。

（2）绘制装配系统图　首先划分装配单元，将产品分解为可进行独立装配的单元，以便组织装配工作实现平行或流水作业，装配单元常分为组件、部件和产品。其次是绘制装配系统图，对于结构比较简单，零、部件又少的产品，可只绘出产品装配系统图；对于结构复杂，零、部件又很多的产品，可按装配单元绘制装配系统图，即产品装配系统图中只绘出直接进入总装的零、部件，再绘出进入装配的部件装配系统图。较常见的装配系统图的形式如图 12-55 所示。

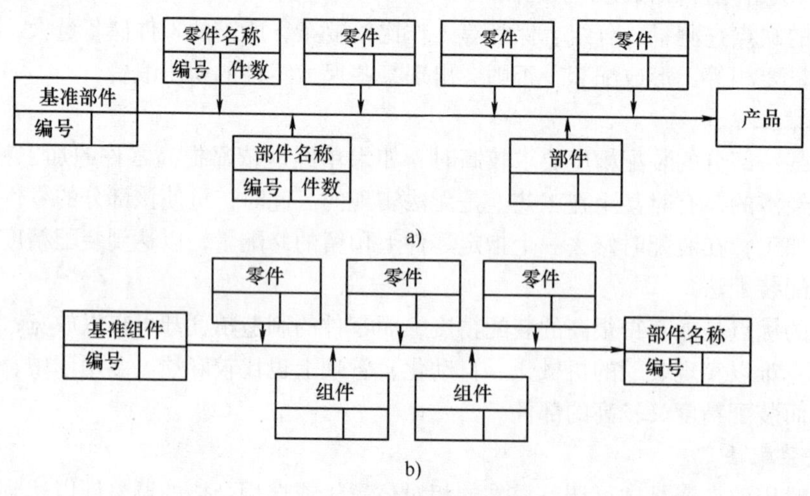

图 12-55　装配系统图

（3）装配工艺过程的编制　装配工艺过程编制的主要内容为：确定装配组织形式；确定工序集中与分散的程度；划分装配工序，确定各工序的具体工作内容；确定各装配工序的装配质量要求、检测项目、检测方法和工具；确定装配中合理的运输方法和运输工具；编制装配工艺过程卡片等。

（4）产品的检验和试验　产品在装配好以后，应进行质量检测和试车，检测的项目、标准以及试车的条件可根据产品质量标准去进行。

2. *划分装配工序的一般原则*

装配顺序的安排，一般原则为基准件首先进入装配，然后按照产品或部件的具体结构，遵循先里后外，先上后下，先难后易，先精密后一般，先重大后轻小的规律，确定其他零、部件的装配顺序。此外，应尽量减少装配对象在装配过程中的翻身、转位的次数。为此，处于基准件同一方位的装配工序，以及使用同样装配设备和工艺装配的装配工序，尽可能集中，一次连续完成。

第九节　现代制造技术简介

由于现代科学技术的迅速发展，社会需求多样化以及市场竞争的日益激烈，现代企业生产的主流已从少品种、大批量生产转向多品种、小批量生产。如何提高多品种、小批量生产的生产率和自动化水平，是现代生产要解决的问题。为提高多品种、小批量的生产率和自动化水平，通常可以从以下两方面考虑。

1）采用一定的方法将多品种、小批量生产转化为大批量生产，利用大批量生产的自动化提高生产率，如成组技术。

2）提高加工设备和制造系统的柔性，使其高效、自动化地加工不同的零件，生产不同产品，如柔性制造系统、计算机集成制造系统。

现代制造技术是指成组技术、计算机辅助工艺规程编制、数控加工、柔性制造系统与计算机集成制造系统等先进的制造技术。而且，成组技术是其他先进制造技术的重要基础。

一、成组技术

1. *成组技术的基本原理*

成组技术是一门生产技术科学，研究如何识别和发掘生产活动中有关事物的相似性，并充分利用它。即把相似的问题归类成组，寻求解决这一组问题相统一的最优方案，以取得所期望的经济效益。

成组技术应用于机械加工，乃是将多种零件按其结构形状、尺寸大小、毛坯材料及工艺要求的相似性，通过一定手段对零件分类成组，并按零件的工艺要求配备相应的工艺设备，采用适当的机床布置形式组织成组加工，从而达到大批量生产的目的。如此，使得多品种、小批量生产也能获得近似于大批大量生产的经济效果。

2. *零件分类编码*

对零件进行分类编码是实施成组技术的重要手段。即对每个零件赋予规定的数字符号表示零件的结构特征（如零件名称、功能、结构、形状等）和工艺特征信息。据此划分出结构相似或工艺相似的零件组。

目前将零件分类成组常用的方法有视检法（凭经验分组）、生产流程分析法（以零件生产流程为依据，把使用同一组机床加工的零件归结为一类）和编码分类法（选择反映零件工艺特征的部分代码作为分组依据）。只有编码分类才有计算机辅助成组技术的实施。

3. 成组技术的效益

在多品种、中小批量生产中采用成组技术，实质上是扩大了生产批量，因此无论在产品设计、制造方面，还是在生产管理方面，都能取得显著的效益。

（1）在产品设计方面　可以促进零件、部件设计的标准化，避免不必要的重复设计和多样设计。

（2）在产品制造方面　可以促进工艺设计的标准化、规范化和通用化，减少重复性劳动，实施成组加工和应用成组夹具，提高生产率和系统的柔性。

（3）在生产管理方面　可以缩短生产周期，简化作业计划，减少制品数量，提高设备的利用率，提高质量和降低成本。

二、计算机辅助工艺过程设计（CAPP）

计算机辅助工艺过程设计（Computer Aided Process Planning）简称 CAPP。它是在成组技术的基础上，通过向计算机输入被加工零件的原始数据、加工条件和加工要求，由计算机自动地进行编码、编程、制订工艺路线、进行工艺设计，直至最后输出经过优化的工艺文件的过程。它改变了手工工艺设计的局限性和手段的落后性，大幅度地提高了工艺设计的效率、生产工艺水平和产品质量。它能把产品的设计信息转为制造信息，所以它是计算机辅助设计和计算机辅助制造的纽带，因此在现代机械制造中有重要的作用。

三、柔性制造单元（FMC）与柔性制造系统（FMS）

1. 柔性制造单元（FMC）

柔性制造单元（Flexble Manufacturing Cell）简称 FMC。它是在加工中心的基础上，配备自动上下料装置或机器人、自动测量和监控装置所组成。它能高度自动化地完成工件与刀具的运输、测量、过程监控等，实现零件加工的自动化，常用于箱体类复杂零件的加工。与加工中心相比，它具有更好的柔性（可变性）和更高的生产率。FMC 是多品种、中小批量生产中机械加工系统的基本单元，特别适用于中、小企业。

2. 柔性制造系统（FMS）

柔性制造系统（Flexble Manufacturing System）简称 FMS。它是指以数控机床、加工中心及辅助设备为基础，用柔性的自动化运输、存储系统有机结合起来，计算机对系统的软、硬件资源实施集中管理和控制，从而形成一个物料流和信息流密切结合的高效自动化制造系统。显然，FMS 由三部分组成，即计算机控制的信息系统、自动化物料输送和存储系统、自动化加工系统。

柔性制造系统具有高柔性、高质量、高效率、低成本等特点，所以应用日益广泛。

四、计算机集成制造系统（CIMS）

计算机集成制造系统（Computer Integrated Manufacturing System）简称 CIMS。它是在信息技术、自动化技术、计算机技术及制造技术的基础上，将企业全部生产活动所需的各种分散的自动化系统，通过计算机及其软件有机地集成起来，成为优化运行的高柔性和高效率的制造系统。

如图 12-56 所示，CIMS 一般可以看成由管理信息系统、设计自动化系统、制造自动化系统及质量保证系统等四个功能分系统和计算机网络系统、数据库系统等两个支撑分系统组成。

（1）管理信息系统　该系统将来自市场的竞争信息，结合企业的人、财、物等资源，制定企业相应的战略规划；将决策结果的信息，通过数据库和通信网络与各分系统进行联系和交换；对各分系统进行管理。

（2）设计自动化系统　该系统根据决策信息，利用计算机进行产品研究、设计和开发工作，并将设计文档、工艺规程、设备信息、工时定额发送给管理信息系统，将数控加工等工艺指令发送给制造自动化系统。

（3）制造自动化系统　该系统是物料流与信息流的结合部，能在计算机的控制与调度下，按照NC代码将毛坯加工成合格的零件并装配成部件或产品。

（4）质量保证系统　该系统通过采集、存储、评价和处理在设计、制造过程中与质量有关的大量数据，从而提高产品的质量。

（5）两个支撑系统　数据库系统管理整个CIMS的数据，实现数据的集成和共享。计算机网络系统传递各个分系统内部和相互之间的信息，实现数据传递和系统通信功能。通过数据库和通信网络，使整个企业集成为一个有机的大系统。

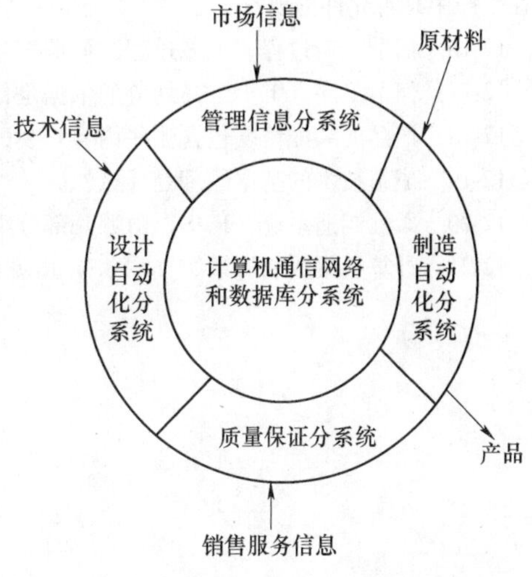

图12-56　CIMS的组成

需要指出的是，CIMS没有一个固定的运行模式和一成不变的组成。由于市场竞争、产品更新和科技进步，CIMS总是处于不断地发展之中。

CIMS可极大地提高企业效益，主要是因为企业集成度的提高，打破了部门界限，促使物料流畅通，使企业的生产技术、生产管理和经营管理得以协调运行。因此，企业能更好地对生产要素实行优化配置，更好地发挥其潜力，并可最大限度地减少企业存在的各种资源浪费，从而获得更好的整体效益。

习　题

12-1　什么是主运动和进给运动？试以外圆车削、铣削、钻削为例，说明什么是主运动，什么是进给运动。

12-2　何谓切削用量？说明切削用量在切削过程中的意义。合理选择切削用量的主要原则是什么？

12-3　外圆车刀的五个基本角度的主要作用是什么？如何选择？

12-4　刀具材料的基本性能如何？高速工具钢和硬质合金在性能上有何区别？各适合于制作何种刀具？

12-5　金属切削时切屑是如何形成的？切屑可分为哪几种？它们对切削过程有何影响？

12-6　什么是切削力？一般将它在哪三个方向分解？各方向的切削分力对加工工艺系统有何影响？

12-7　切削热是怎样产生的？它对工件和刀具有何影响？

12-8　切削液分哪几类？比较其性能和适用范围。

12-9　车削一般可以完成哪些加工内容？车削加工有何特点？

12-10　铣削一般可以完成哪些加工内容？铣削加工有何特点？

12-11　试对钻孔、扩孔、镗孔、铰孔、拉孔、磨孔等加工方法，从刀具结构、工艺特点、应用范围等方面进行比较和分析。

12-12　常用的磨料有哪几类？外圆、内圆和平面磨削时，必须具备哪些基本运动？

12-13　何谓数控加工？数控机床由哪几个部分组成？各部分的基本功能是什么？

12-14　电火花加工和超声波加工适用于哪些材料？它们的工艺特点是什么？

12-15　什么是六点定位原则？什么是完全定位和不完全定位？什么是欠定位和过定位？欠定位和过定位在生产中是否允许出现？

12-16　何谓生产过程、工艺过程？何谓工艺规程？它有何作用？

12-17　何谓工序、工步？其划分的依据是什么？

12-18　产品的装配精度包含哪些内容？装配方法有哪几种？

12-19　成组技术的基本原理是什么？

12-20　柔性制造系统（FMS）由哪几部分组成？它有哪些功能和特点？

12-21　计算机集成制造系统（CIMS）由哪几部分组成？为什么它能够取得显著的效益？

参 考 文 献

[1] 李铁成，孟逵．机械工程基础［M］．3 版．北京：高等教育出版社，2009.

[2] 李培根．机械工程基础［M］．2 版．北京：机械工业出版社，2007.

[3] 徐起贺．机械设计基础［M］．北京：机械工业出版社，2010.

[4] 刘跃南．机械基础［M］．2 版．北京：高等教育出版社，2005.

[5] 范思冲．机械基础［M］．北京：机械工业出版社，2004.

[6] 胡凤兰．互换性与技术测量基础［M］．北京：高等教育出版社，2005.

[7] 石岚，李纯彬．机械基础［M］．上海：复旦大学出版社，2010.

[8] 潘旦君．机械基础［M］．北京：高等教育出版社，2004.

[9] 吴宗泽．机械设计实用手册［M］．3 版．北京：化学工业出版社，2010.

[10] 徐锦康，周国民．机械设计［M］．北京：机械工业出版社，2000.

[11] 胡家秀．机械设计基础［M］．2 版．北京：机械工业出版社，2008.

[12] 田坤．数控机床编程、操作与加工实训［M］．北京：电子工业出版社，2008.

[13] 刘静香．工程力学［M］．郑州：河南科学技术出版社，2006.

[14] 张春梅．工程力学［M］．北京：北京理工大学出版社，2008.

[15] 孙学强．机械制造基础［M］．2 版．北京：机械工业出版社，2008.

[16] 杜伟．工程材料及热加工基础［M］．北京：化学工业出版社，2010.

[17] 钟丽萍．机械基础［M］．北京：北京大学出版社，2006.

[18] 田鸣．机械技术基础［M］．北京：机械工业出版社，2007.

[19] 柴鹏飞．机械设计基础［M］．北京：机械工业出版社，2007.

[20] 周家泽．机械基础［M］．2 版．西安：西安电子科技大学出版社，2007.

[21] 董玉平．机械设计基础［M］．北京：机械工业出版社，2004.

[22] 任成高．机械设计基础［M］．北京：机械工业出版社，2006.

[23] 陈立德．机械设计基础［M］．2 版．北京：高等教育出版社，2008.